Friedrich Freiherr Hiller von Gaertingen

Thera - Untersuchungen, Vermessungen und Ausgrabungen in den Jahren 1895-1902

Jahren 1895-1902

Zweiter Band

Friedrich Freiherr Hiller von Gaertingen

Thera - Untersuchungen, Vermessungen und Ausgrabungen in den Jahren 1895-1902
Zweiter Band

ISBN/EAN: 9783744625265

Hergestellt in Europa, USA, Kanada, Australien, Japan

Cover: Foto ©berggeist007 / pixelio.de

Weitere Bücher finden Sie auf **www.hansebooks.com**

THERA

UNTERSUCHUNGEN, VERMESSUNGEN UND AUSGRABUNGEN

IN DEN JAHREN 1895—1902

UNTER MITWIRKUNG VON

W. DÖRPFELD, H. DRAGENDORFF, D. EGINITIS, † TH. VON HELDREICH,

E. JACOBS, A. PHILIPPSON, A. SCHIFF, H. A. SCHMID, E. VASSILIU, C. WATZINGER,

P. WILSKI, P. WOLTERS, R. ZAHN

HERAUSGEGEBEN VON

F. FRHR. HILLER VON GAERTRINGEN

ZWEITER BAND

BERLIN

VERLAG VON GEORG REIMER

1903

THERAEISCHE GRAEBER

UNTER MITWIRKUNG VON

W. DÖRPFELD, F. FRHR. HILLER VON GAERTRINGEN, A. SCHIFF,
C. WATZINGER, P. WILSKI, R. ZAHN

HERAUSGEGEBEN VON

H. DRAGENDORFF

MIT 5 TAFELN UND 521 ABBILDUNGEN IM TEXT

BERLIN
VERLAG VON GEORG REIMER
1903

ALEXANDER CONZE

GEORG LOESCHCKE

IN DANKBARER VEREHRUNG

GEWIDMET

Inhaltsübersicht.

Der Druck des Buches begann im Januar 1901 und wurde im April 1903 abgeschlossen; für die drei ersten Kapitel war er schon im Juni 1901 beendet. Diese lange Dauer muß manche Ungleichmäßigkeit, auch in Aeußerlichkeiten, entschuldigen. Ein paar gröbere Versehen, die ich bemerkt habe, seien hier berichtigt:

S. 11 Z. 17 von unten lies d e n statt der.
S. 16 Z. 5 von oben lies Doppel h e n k e l statt Doppeldeckel.
S. 98 Anm. 42 lies 936. 941. 945 statt 836. 841. 845.
S. 103 ist in der Anm. 64 nach dem Kolon der Name Zarski Kurgan etc. durch ein
    Versehen weggeblieben.
S. 289 Anm. 35 ist VI. Jahrh. v o r Chr. statt n a c h Chr. zu lesen.

Allen, die mich bei der Korrektur unterstützt haben, vor allen Dingen v. Hiller und G. Loeschcke, die die ganze Korrektur mitgelesen und manche Bemerkung während des Druckes beigesteuert haben, ferner E. Bethe, der bei der Korrektur der Kapitel I—IV mein treuer Helfer war, P. Wilski, der das VI. Kapitel, und C. Watzinger, der den Anhang mitkorrigiert hat, danke ich hier nochmals.

Besonderen Dank schulde ich der Verlagsbuchhandlung und der Druckerei, nicht nur für alle die Sorgfalt, die sie auf Herstellung des Werkes verwandt, sondern auch für die Geduld, mit der sie das oft langsame Fortschreiten der Arbeit ertragen.

Frankfurt a. M., den 3. April 1903.

Hans Dragendorff.

THERA

herausgegeben von F. Frhr. Hiller von Gaertringen.

PLAN DES GESAMTWERKS.

Bd. I: Die Insel Thera in Altertum und Gegenwart, mit Ausschluss der Nekropolen. Unter Mitwirkung von W. Dörpfeld, D. Eginitis, Th. von Heldreich, E. Jacobs, A. Philippson, A. Schiff, H. A. Schmid, E. Vassiliu, W. Wilberg, P. Wilski, P. Wolters herausgegeben von F. Frhr. Hiller von Gaertringen. Mit 31 Heliogravüren, 240 Abbildungen im Text und 12 Karten und Ansichten in Mappe. 1899. Preis M. 180.—

Bd. II: Theraeische Graeber. Unter Mitwirkung von W. Dörpfeld, F. Frhr. Hiller von Gaertringen, A. Schiff, C. Watzinger, P. Wilski, R. Zahn herausgegeben von H. Dragendorff. Mit 5 Tafeln und 521 Abbildungen im Text. 1903.

Bd. III soll die eigentliche Stadtgeschichte, besonders die innere Entwickelung, in Verbindung mit Topographie und Architektur auf Grund der neueren Ausgrabungen von 1899—1902 darstellen und wird voraussichtlich in zwei bis drei Jahren erscheinen.

Bd. IV: Klimatologische Beobachtungen aus Thera unter Mitwirkung von F. Frhr. Hiller von Gaertringen und E. Vassiliu bearbeitet von P. Wilski.

Teil 1. Die Durchsichtigkeit der Luft über dem aegaeischen Meere nach Beobachtungen der Fernsicht von der Insel Thera aus. Mit 3 Abbildungen im Text und 3 Beilagen. 1902. Preis M. 8.—

Teil 2 soll eine allgemeine Schilderung der klimatischen Verhältnisse Thera's von P. Wilski bringen und in etwa zwei Jahren erscheinen.

Anmerkung. Als ergänzendes Urkundenbuch zu diesem Werk kann betrachtet werden: Inscriptiones Graecae insularum maris Aegaei, consilio et auctoritate Academiae Regiae Borussicae ed. F. Hiller de Gaertringen. Berolini, G. Reimer, 1898. (Umfaßt unter anderen die Inschriften, die in Thera bis zum Abschluß der Ausgrabungen von 1896 gefunden sind.)

Abb. 1. Nordabhang des Messavuno und der Sellada.
Unten am Meer Kamari. Rechts im Bimssand der Weg auf die Sellada.

Erstes Kapitel.

Frühere Grabfunde auf Thera. Die Forschungen von 1896 und 1897.

Grabstätten aus dem Altertum sind schon seit langer Zeit auf der vielbesuchten Insel Santorin bekannt geworden. Die Felsgräber, welche an verschiedenen Orten der Insel in Gruppen beisammen liegen, zogen leicht die Aufmerksamkeit der Besucher auf sich; und auch vereinzelte Grabfunde sind schon in älterer Zeit hier gemacht. Im Jahre 1788 war Fauvel **Fauvel** bei seinem Aufenthalt in Thera auf die Felsgräber unterhalb der Kapelle des Hagios Stephanos aufmerksam geworden und hat bei ihnen auch bereits eine kleine Versuchsgrabung vorgenommen: *j'ai trouvé en fouillant sur quelques petites platesformes près ces sépultures des restes de buchers, d'ossement, de vases antiques*[1]. Welcher Art diese Vasen waren, erfahren wir leider nicht und können daher auch über die Zeit, welcher die Gräber angehörten, nach Fauvels Angaben nicht urteilen. Bedeutend scheinen die Funde übrigens nicht gewesen zu sein. Auch die Grabkammern in Kamari lernte Fauvel bereits kennen. In einem Weinberge bei Kamari, unterhalb des Messavuno, das die Reste der alten Stadt Thera trägt, wurde dann noch eine kleine Ausgrabung veranstaltet, welche aber nur unwichtige Grabfunde ergab. Hier

[1] Notiz aus den Tagebüchern Fauvels.

Thera II.   1

handelt es sich wohl sicher um späte Gräber der römischen Zeit. Teile dieser späten Nekropole
sind auch neuerdings wieder bei Kamari aufgedeckt worden[2].

Expedition
de Morée 40 Jahre später, 1829, veranstaltete vermutlich ebenfalls in der Nähe der alten Stadt
der französische Oberst Bory de Saint Vincent bei Gelegenheit der Aufnahme der Insel für
die Expédition de Morée eine kleine Ausgrabung[3]. Bei dieser Gelegenheit wurden unter
einer starken Bimssteinschicht 3 in den Fels gebrochene Kammern gefunden, welche große
Vasen geometrischen Stiles enthielten. Diese Vasen gelangten ins Museum von Sèvres[4].
Auch auf späte Gräber scheint Bory de St. Vincent gestoßen zu sein; wenigstens erwähnt
Fégue in seiner unklaren Notiz über die Ausgrabung[5] auch *lampions de terre cuite d'environ
2 1/2 pouces de diamètre, qu'on trouve quelque fois dans les tombeaux.*

Ueber einen Sarkophag, der 1836 in Therasia am Meere gefunden wurde und von dem
Fégue a. a. O., S. 82 f. eine wüste Beschreibung giebt, weiß ich nichts weiter. Auch über die
Ausgrabungen, denen die in europäischen Museen, in Leyden[6], im Cabinet des Médailles[7], in
Berlin[8], befindlichen theräischen Vasen entstammen, läßt sich Genaueres nicht ermitteln. In
der Nekropole der alten Stadt, auf dem Messavuno, wurde die Amphora gefunden, welche
durch Cessac nach Frankreich kam und sich jetzt im Louvre befindet[9]. Doch zeigt die verhältnismäßig große Zahl sicher theräischer Vasen in altem Museumsbesitz, daß manches Grab
auf Thera geöffnet wurde und manches Gefäß von dort in den Kunsthandel kam. So wird
auch Ross auf diese Gefäße aufmerksam geworden sein, deren Bedeutung er natürlich erkannte.

Ross Ludwig Ross war wieder der Erste, der sich eingehender mit den Gräbern von Thera beschäftigte und den ersten Schritt zu wissenschaftlicher Erforschung derselben that.

1835 Als Ross 1835 zum ersten Male nach Thera kam, hat er nicht nur die Felsgräber be-
sichtigt und zum Teil vermessen und gezeichnet[10], sondern er veranstaltete auch eine kleine
Ausgrabung am Messavuno, d. h. der Sellada, im Bereiche der Nekropole der alten Stadt.
Der Hauptzweck dieser Ausgrabung war, nach Ross' eigenen Worten, einige der großen
Amphoren zu finden, „welche man in Griechenland bisher ausschließlich auf Thera gefunden
hat und in deren gemalten Ornamenten mit spärlichen Tierfiguren (meistens nur eines dem
Ibis ähnlichen Vogels) ägyptische Anklänge nicht zu verkennen sind"[11].

Ross fand etwa 3 Fuß unter dem Boden mehr als 100 Amphoren, zum Teil mit drei und
vier Henkeln, „wie man sich ihrer noch in Griechenland zum Wasserholen bedient". Bis auf
zwei oder drei zerbrachen sie sämtlich. Ein genaueres Bild dieser Gefäße kann man sich aus
Ross' Angaben nicht machen. Anscheinend waren sie undekoriert, 1 1/2 — 2 Fuß hoch. Sie lagen
im Bimssand auf der Seite, die Mündung mit einer runden Steinplatte geschlossen. Den Inhalt
bildete Knochenkohle. Ross schreibt sie in den letzten Jahrhunderten des Altertumes zu. Tiefer
als diese Gräber lagen mit Bruchsteinen umstellte Skelettgräber mit Beigaben aus Glas, Thon
und Bronze. In noch größerer Tiefe endlich fand Ross kleine, unter dem Bimssteingeröll aus-
gehöhlte gewölbte Kammern, deren Eingang mit einer Steinmauer geschlossen und dann wieder
verschüttet ist. „In diesen pflegen die bereits erwähnten großen bemalten Amphoren oder

---

[1]) Vgl. Ξανταρίηη v. 25. Dez. 1898.

[2]) Fégue, *Hist. et phénomènes du volcan et des iles
volcaniques de Santorin, Paris 1842.* p. 75.

[3]) Brogniart, *Traité des arts céramiques I, 577.* Eines
der Gefäße (no. 3322) ist dort abgebildet Fig. 55.
Conze, Anfänge d. Kunst (Sitzungsberichte d.
Wiener Akademie 1870) S. 514.

[4]) Vgl. Anm. 3.

[5]) Es sind die von Conze, Anfänge d. Kunst S. 509,
genannten und zum Teil abgebildeten Gefäße.

Daß sie von Thera stammen, wird im Kapitel IV
gezeigt werden.

[5]) Conze, Anfänge d. Kunst S. 514.

[7]) Aus der Sammlung Sabouroff, Furtwängler Sammlung Sabouroff, Taf. 47. Katal. d. berl. Vasen
3901.

[8]) Pottier, *Vases du Louvre, Taf. 10, Salle A, no. 266.
Catalogue des Vases antiques p. 127.*

[10]) Ges. Abh. II 415 ff.

[11]) Inselreisen I 65 ff.

αἴθοι zu zwei oder mehreren zu stehen. Die von Ross gefundenen Kammern waren eingestürzt und enthielten nur noch Bruchstücke ungewöhnlich großer αἴθοι mit gepreßten Ornamenten statt der gemalten. Ross kaufte aber einige der bemalten, geometrisch dekorierten Gefäße. Es sind dies die später im Theseion, jetzt im Nationalmuseum in Athen ausgestellten Amphoren. Einige Grabsteine verschiedener Zeit vervollständigten Ross' Ausbeute, die aber seinen Erwartungen nicht entsprach, so daß er die Ausgrabungen bald abbrach.

Das ist der kurze Bericht über diese erste systematische Grabung im Bereich der Nekropole von Thera. Das Bild, das Ross giebt, entspricht im wesentlichen dem, welches unsere Ausgrabungen ergaben.

Der Umstand, daß Ross eine Anzahl Vasen auf Thera käuflich erwerben konnte, zeigt, daß damals bereits das Interesse der einheimischen Bevölkerung an diesen Altertümern erwacht war, und daß sie auf eigene Faust Nachgrabungen veranstaltete.

Als Ross im Jahre 1843 wieder nach Thera kam, fand er im Besitze des Demarchen Delenda in Phira eine Sammlung von Vasen, Inschriften und Skulpturen, die dann zum Teil in den Besitz des Herrn Nomikos übergegangen zu sein scheinen. Eine zweite kleinere Sammlung erwähnt Ross bei Herrn Basseggios. Auch der russische Konsul hatte 1842 Ausgrabungen auf der Sellada veranstaltet und das Fundament eines kleinen Heroon aus Marmorquadern freigelegt[1]. Bei der Verschwägerung der vornehmen Familien auf Thera haben diese Sammlungen ganz oder teilweise ihren Besitzer gewechselt. Gegenwärtig bestehen, soweit meine Kenntnis reicht, in Phira drei Privatsammlungen. Die eine, die oben erwähnte

des Herrn Nomikos, enthält neben einigen Vasen aus Amorgos, einer Anzahl von Gefäßen aus den vormykenischen Niederlassungen von Akrotiri und Therasia und einigen mykenischen und hellenistischen Vasen eine Reihe sicher den Gräbern des Messavuno entstammender Gefäße. Ich konnte die Sammlung im September 1896 sehen. Meine Notizen hat dann R. Zahn ergänzt. Die beiden anderen Sammlungen, welche ebenfalls archaische Vasen enthalten, befinden sich im Besitze des Herrn de Cigalla und der Witwe Delenda. Letztere sollen in einem Weinberge bei dem Dorfe Gonia gefunden sein. Auch ihre genauere Kenntnis verdanke ich R. Zahn.

Ross verzeichnet noch kurz einige vereinzelte Grabfunde auf der Insel, so den bei Perissa gefundenen Sarkophag, der jetzt bei der Kirche des Dorfes Vothon steht und an seiner Langseite die Inschrift I. G. I. III 623 trägt[2]; den Fund von Pfeilspitzen aus Obsidian und altertümlichen Marmorfigürchen bei Megalo Chorio[3]; eine Anzahl hellenistischer Grabkammern bei Kap Kolumbo[4]. Beim Monolithos fand Ross in den Aeckern zahlreiche Scherben und erfuhr, daß dort früher Gräber entdeckt seien[5]. Endlich erfahren wir auch den Fund zweier römischer Gräber in einem Weinberge bei Karterados[6]. Hier grub man zwei jener Büsten mit eingesetzten Köpfen aus, wie sie auch in der Stadt Thera bei Hillers Ausgrabungen gefunden sind[7]. Dabei fand man zwei αἴθοι von mittlerer Größe aus gemeinem Thon, ohne Bemalung. Sie waren mit Bimssteinstöpseln geschlossen, die mit Mörtel festgekittet waren, und enthielten verbrannte Knochen. Es ist hierbei namentlich Ross' Bemerkung interessant: „Aehnliche habe ich 1835 auf Messavuno ausgegraben." Als Beigaben dienten 5 Silbermünzen (Traian, Antonine), 2 Schalen mit gepreßten Ornamenten und 2 Glasgefäße.

Das ist alles, was sich über Ausgrabungen und zufällige Funde in den Nekropolen Theras sagen läßt. Die großen Naturereignisse und die Aufdeckung der tief unter der

[1] Inselreisen III 27 31.
[2] Inselreisen I 69.
[3] Inselreisen I 181.
[4] Inselreisen I 185.
[5] Inselreisen I 70.
[6] Inselreisen III 31.
[7] Thera I 227 f.

Haussteinschicht vergrabenen Reste uralter Ansiedelungen lenkten in neuester Zeit das Interesse anderer Teilen der Insel zu. Von Grabfunden im Bereiche der alten Stadt verlautet nichts mehr, und daß Thera einer der ersten und ergiebigsten Fundorte geometrisch dekorierter Vasen gewesen, wurde über den Funden in der gleichzeitigen athenischen Nekropole vor dem Dipylon und anderen von den meisten übersehen. Und doch mußten allein die Berichte über die älteren Funde, namentlich der von Ross, und der vortreffliche Erhaltungszustand vieler Fundstücke zu planmäßigen Grabungen in weiterem Umfange verlocken. Hier war augenscheinlich mit verhältnismäßig geringer Mühe ein reiches Material für die griechische Keramik zu gewinnen. Und ebenso lockend mußte die Durchforschung des Totenfeldes sein, in welchem bereits einige der ältesten griechischen Grabinschriften gefunden waren und das zu der Stadt gehörte, deren Felsboden die ältesten Proben griechischer Schrift überhaupt trägt. Man durfte hoffen, daß Funde im Gräberfeld das Bild der Entwickelung Theras, welches die Ausgrabungen in den ältesten Teilen der Stadt erwarten ließen, in mancher Hinsicht ergänzen würden.

Aber auch über diesen engen Rahmen der örtlichen Geschichte hinaus konnte eine planmäßige Ausgrabung in der Nekropole wichtige Ergebnisse bringen. Hier war allem Anscheine nach die Gelegenheit zur Erforschung einer geschlossenen Fundschicht aus einer Zeit gegeben, die wir bisher von den Kykladen — man darf es wohl ohne Umschweife sagen — nicht kennen. Während die Funde der ältesten, vormykenischen Kultur auf den Inseln sich von Jahr zu Jahr mehren und ihre Verarbeitung rüstig fortgeschritten ist, fehlen, von Vereinzeltem abgesehen, Funde der mykenischen und der älteren archaischen Zeit, der Zeit der geometrischen Stile. Gerade die Zeit, in der die Inseln eine besonders wichtige Rolle in der griechischen Kulturgeschichte spielen, in der sie den Weg bezeichnen, auf welchem nacheinander die verschiedenen Ströme griechischer Kolonisten nach Kleinasien hinüberströmen, ist archäologisch so gut wie unbekannt. Eine gründliche Erforschung der archaischen Fundschichten auf den Kykladen halte ich aber für eine der wichtigsten Aufgaben der Archäologie. Die mykenische und nachmykenische Zeit der Inseln müssen wir kennen lernen, um ihre Mittelstellung zwischen dem griechischen Mutterlande und Kleinasien zu verstehen.

Ausgrabung 1896   Mit großer Freude willigte ich daher ein, als mir Hiller v. Gaertringen den Vorschlag machte, für einige Zeit zu ihm nach Thera zu kommen und ihn bei den dortigen Ausgrabungen zu unterstützen. Wir hatten uns am Schluß der Peloponnesreise des Instituts im April 1896 in Olympia getroffen — Hiller war im Begriff nach Thera zu gehen, um die im Jahre vorher geplante Ausgrabung der alten Stadt zu beginnen. Waren es auch in erster Linie die Vorarbeiten für die Sammlung der Inschriften gewesen, welche die Notwendigkeit von Grabungen im Stadtgebiete des alten Thera ergaben, so hatte Hiller doch von Anfang an den Plan gehabt, möglichst weitgehende Interessen zu fördern, ein möglichst vollständiges Bild dieser griechischen Kleinstadt in ihrer durch die Insellage bedingten Sonderentwickelung zu gewinnen. Dazu gehörte natürlich auch eine Erforschung der Nekropole vor den Thoren der Stadt, wo allein für die älteste Zeit wenigstens Einzelfunde mit Sicherheit zu erwarten waren. Eine gleichzeitige Ueberwachung der Arbeiten oben in der Stadt und unten im Gräberfeld war für eine Person, auch wenn sie über die zähe Arbeitskraft Hillers verfügte, von vornherein ausgeschlossen. So wurde denn schon damals festgesetzt, daß die Ausgrabung der Nekropole erst nach meinem Eintreffen begonnen werden und ich mich andererseits während meines Aufenthaltes in Thera ganz der Nekropole widmen solle.

Von einer Reise nach Kleinasien zurückgekehrt, schiffte ich mich am Abend des 17. Juli im Piräus ein, und die Ἀθηνᾶ trug mich aus der erschlaffenden Sommerglut Athens hinaus in das Bereich der erfrischenden Nordwinde, die dem Menschen Spannkraft und Arbeitsfreude wiedergeben. Voll froher Erwartung landete ich am Abend des 18. in Phira, und die

Hoffnungen sind nicht getäuscht worden. Am nächsten Morgen — es war ein Sonntag — saß ich früh im Sattel, und mein Maultier trug mich in der frischen Morgenluft schnell zur alten Stadt hinauf. Dort traf ich mit Hiller und Wilski zusammen, und es wurde sofort der Arbeitsplan für die nächsten Tage festgestellt. Da Hiller durch ein leichtes Unwohlsein an der Ueber- **Arbeitsplan** wachung der Ausgrabungen gehindert war, beschlossen wir, daß ich zunächst einmal mit allen Arbeitern Versuchsgrabungen außerhalb der Stadt anstellen sollte, um so möglichst bald eine für die Erforschung der Gräber geeignete Stelle zu finden. Durch die bevorstehende Weinernte war Hillers Ausgrabungen eine zeitliche Grenze gesetzt und auch mein eigener Aufenthalt war durch schon früher gefaßte Reisepläne mehr, als mir lieb war, beschränkt. Das gegebene Gebiet, in welchem es zu suchen galt, war die Sellada, der Sattel zwischen dem Stadtberge und dem Prophitis Elias. Hier an dem einzigen Zugange zur Stadt mußten wir nach allen Analogien die meisten Gräber erwarten, und hier waren bereits früher Grabfunde gemacht. Außer dieser Gegend konnte nur noch ein schmaler Streifen in Betracht kommen, der sich ebenfalls an der Grenze der alten Stadt entlang an dem Wege von der Kapelle des Hagios Stephanos zum Evangelismos hinzieht. Vom Πλατις τοιχος [19]) bis in die Gegend des Tempels des Apollo Karneios [19]) ist hier der Fels, der sonst überall rund um die Stadt nackt zu Tage tritt, mit einer Erdschicht bedeckt, über welche verstreut sich zahlreiche Scherben finden. Doch ist diese Erdschicht sehr dünn und durch die Anlage von Aeckern und den für ihren Schutz nötigen Stützmauern vielfach durchwühlt. Auch sind in hellenistischer Zeit hier mehrere größere Grabbauten aufgeführt, wodurch ältere Gräber, wenn solche jemals vorhanden waren, zerstört sein mußten. Bei der von Hiller vor meiner Ankunft vorgenommenen Freilegung dieser Reste waren denn auch keine älteren Gräber gefunden worden. So blieben Kamm und Abhänge der Sellada. Einige späte Grabanlagen, die hier offen zu Tage lagen, zeigten die Ausdehnung des Friedhofes an, und schon bei einem flüchtigen Durchstreifen, wie Wilski und ich es noch am Nachmittage des 19. Juli unternahmen, lehrten die zahlreichen auf der steinigen Oberfläche verstreuten Vasenscherben, daß hier auch Gräber alter Zeit zu finden sein mußten.

Am Morgen des 20. Juli begannen wir die Arbeit, und zwar zunächst ein ziemliches **Region der Ausgrabung** Stück weit bergabwärts, an dem Wege, der von der Sellada südwärts nach Perissa hinabführt, etwa dort, wo auf dem Blatt 2 der Kartenmappe ein roter Punkt neben dem Wege antike Reste anzeigt. Es mußten zunächst aufs Geratewohl parallele Gräben in dem mit Bimsstein untermischten Geröll gezogen werden und dabei sorgfältig auf Anzeichen etwaiger Bewegung des Terrains geachtet werden. Diese Versuchsgräben sind auch auf der Tafel 5 in Band I unterhalb des Weges erkennbar. Daß die in Angriff genommene Stelle in der That der Nekropole angehörte, zeigte sich bald an zahlreichen Scherben und Grabspuren. Wir fanden zwei zerbrochene unverzierte Aschengefäße, ein Skelettgrab und am Abend eine schöne schwarze Amphora (vergl. Grab 5). Auch ein Skelettgrab ohne Beigaben kam zum Vorschein. Dann aber stellten wir eine Reihe vollkommen zerstörter und ausgeraubter Gräber fest, und bei der Fortsetzung der Arbeit am folgenden Morgen wurde es immer mehr zur Gewißheit, daß dieser Teil der Nekropole nicht mehr unberührt sei und wir hier nur noch auf das hoffen durften, was unseren Vorgängern zufällig entgangen war. Ich vermute, daß dies auch die Gegend ist, in der Ross gegraben hat. Es fanden sich deutliche Spuren größerer früherer Ausgrabungen in dem Bimssteingeröll, das hier bedeutend tiefer ist als auf der Höhe. Ich beschloß daher, zunächst ein Stück weiter bergauf das Terrain zu sondieren. Vom Mittag an gruben alle Arbeiter, in einzelne Gruppen verteilt, an dem Abhange über den Felseinarbeitungen, welche

[19]) Vergl. Blatt 3 der Kartenmappe.

dort von dem oben erwähnten Wege westwärts hinziehen (vergl. Blatt 5 der Kartenmappe). In kürzester Zeit kamen überall Funde zu Tage — so schnell, daß es mir kaum mehr möglich war, überall gegenwärtig zu sein, wohin die Arbeiter mich riefen. War ich gerade in der glühenden Julisonne den steilen, geröllbedeckten Abhang hinaufgeklettert, um bei den oben arbeitenden Leuten nach dem Rechten zu sehen, so wurde ich sicher wieder nach unten gerufen. Als erst einige Stücke gefunden waren, wuchs natürlich der Eifer meiner Theräer noch um ein Bedeutendes. Jeder wollte etwas finden, etwas zeigen, und ich mußte nur immer ermahnen, langsam und vorsichtig zu graben. Gleichzeitig stießen die Arbeiter unten auf die Reste der Grabanlage 6; oben waren wir an die Mauer des Kammergrabes 42 gekommen. Weiter östlich wurde die große Grabanlage 17 mit ihrem reichen Inhalte angegraben, dann kamen oben die Scherben der schönen Amphora 49 und das Skelettgrab 50 zum Vorschein. Endlich fanden wir noch das Grab 68. Ueberall sollte ich sehen, notieren, beobachten, Anweisungen geben. Es war eine Anstrengung, welche bloß durch die Anspannung, den Eifer und die Freude zu überwinden ist, in die jeden ein glücklicher Fund versetzt. Todmüde kletterten wir abends mit unseren reichen Funden den Stadtberg hinauf, um sie voll Stolz vor dem Herrn der Ausgrabung aufzustellen. Es war ein guter Anfang gewesen, der zu den besten Hoffnungen berechtigte. Das freilich war uns klar: in diesem Tempo durfte nicht weiter gearbeitet werden, wenn wir nicht mehr verderben als nützen wollten. Ich mußte Hiller bitten, mir die Mehrzahl der Arbeiter wieder abzunehmen. Ein günstiger Teil der Nekropole war gefunden. Jetzt galt es, durch sorgfältige Grabung sich ein Bild von der Beschaffenheit und Geschichte der Nekropole und von dem Zustande der einzelnen Gräber zu bilden. Fortan habe ich immer mit 6—8 tüchtigen Arbeitern gegraben, die in zwei Gruppen geteilt wurden. Bei dem sehr leichten Terrain kamen wir trotzdem noch schnell genug vorwärts. Meist haben nur meine beiden Vorarbeiter gegraben, während die übrigen mit dem Wegschaffen des gelösten Erdreiches, dem Verpacken und Transport der Funde zu den Zelten hinauf beschäftigt waren. Dazwischen wurde auch hin und wieder einen ganzen oder halben Tag die Grabung unterbrochen, damit die Funde gereinigt, endgültig numeriert und geordnet werden konnten, wozu mir während des Grabens wenig Zeit und Gelegenheit übrig blieb. Während weiterer zweier Tage machte der stürmische Nordwind die Arbeit auf der Höhe unmöglich. — Da die Gräber äußerlich durch nichts kenntlich waren, so wurden stets etwa 2 m breite Gräben gegen den Abhang gezogen und diese bis auf den gewachsenen Fels geführt. Hatten wir das Glück, dabei auf Funde zu stoßen, so konnten diese Gräben je nach Umständen und Ergiebigkeit seitlich ausgedehnt und allmählich eine größere Fläche abgedeckt werden. Die Arbeit wurde bedeutend begünstigt durch die sehr leichte und lockere Beschaffenheit des Bodens, welcher sich ohne große Kraftanstrengung bewegen und schieben ließ, so daß die Gefahr, die Funde beim Graben zu zerstören, geringer war als an anderen Orten. Auch in dieser Hinsicht liegen die Verhältnisse in Thera sehr günstig.

Während der ganzen Zeit wurde ich auf das wirksamste von unserem Regierungsepistaten Nikolaos Grimanis unterstützt, der mir überall zur Hand ging und dessen Erfahrung mir sowohl beim Graben selbst, als auch beim Säubern der Funde sehr zu statten kam. Auch unsere Arbeiter, namentlich die beiden Vorarbeiter, erwiesen sich als sehr anstellig. In kurzer Zeit hatten sie begriffen, worauf es ankam, und setzten ihren Stolz darein, möglichst vorsichtig und überlegt zu Werke zu gehen.

In dieser Weise haben wir bis zum 20. August gearbeitet. Im Verlaufe dieses Monates wurde freilich nur 17 volle und 1 halbe Tage gegraben. Von dieser Zeit kommen noch 4 Tage auf Versuchsgrabungen auf dem Kamm und der Nordseite der Sellada, die resultatlos blieben, so daß sich die Masse der Funde auf die Zeit von 16 Arbeitstagen zusammendrängt — der beste Beweis für die Ergiebigkeit der Nekropole.

Am 20. August mußten wir die Arbeiten abbrechen. Wir konnten das um so eher Schluß der
Ausgrabung thun, als neue wissenschaftliche Ergebnisse in diesem Teile der Nekropole anscheinend nicht mehr zu erwarten standen und es uns ja nicht darauf ankommen konnte, das Gräberfeld vollkommen zu erschöpfen. Es schien mir richtiger, einen Teil für etwaige Nachprüfungen unserer Arbeit unberührt zu lassen. Ein klares Bild der archaischen Nekropole konnte mit dem gewonnenen Materiale gegeben werden. Die Nachforschungen nach Gräbern der „klassischen" Zeit waren freilich bis auf ein paar vereinzelte Funde im Gebiete der archaischen Gräber resultatlos geblieben. Hier harrt noch eine Lücke ihrer Ergänzung. Erst für die hellenistische Zeit mehrt sich das Material wieder, ein Ergebnis, das übrigens zu den Funden in der Stadt selbst gut paßt. Auf die bedeutende archaische Periode folgt ein Rückgang, und erst in ptolemäischer Zeit gewinnt die Stadt wieder an Bedeutung.

Die letzte Zeit meines Aufenthaltes war der genauen Durchsicht des Materiales, der Anfertigung von Zeichnungen, Photographien und genauen Beschreibungen gewidmet. Es zeigte sich aber, daß es in der mir noch zur Verfügung stehenden Zeit unmöglich sein werde, alles für die Publikation vorzubereiten. Es war dazu vor allen Dingen eine gründlichere Reinigung und Zusammensetzung einer Anzahl der besten Gefäße nötig. So verabredete ich schon damals mit Hiller, daß ich möglichst bald wieder nach Thera zurückkehren sollte, um diesen Teil der Arbeit zu erledigen.

Schon während der Ausgrabung war beim Evangelismos ein provisorisches „Museum" Museum für die Aufbewahrung unserer Schätze gebaut. Es bestand freilich bloß aus einem viereckigen Raume, der mit einer geschichteten Mauer umgeben wurde und an dessen Wänden entlang auf Steinstufen die Vasen standen; für die gute Jahreszeit und die Dauer unserer Anwesenheit hatte dieses primitive Antiquarium genügt; jetzt aber mußte für eine gesicherte Unterkunft gesorgt werden. Die Funde wurden auf Maultieren nach Phira übergeführt, bei ihrem zerbrechlichen Charakter und dem halsbrecherischen Pfade, der damals noch allein unsere Verbindung mit der Ebene vermittelte, eine sehr schwierige Aufgabe, die aber dank der umsichtigen Sorgfalt von Grimanis glücklich gelöst wurde. Ich selbst nahm am 1. September von den Freunden Abschied, mit denen ich hier oben Arbeit und Freude geteilt und Wochen verbracht hatte, die immer zu den schönsten Erinnerungen meiner Wanderjahre zählen werden.

Meine Absicht, im Frühling 1897 wieder nach Thera zu kommen, wurde durch den 1897 Krieg, der die Verbindungen unterbrach, vereitelt. Aber schon im August desselben Jahres konnte ich von Athen aus die Reise antreten und für 4 Wochen nach Phira übersiedeln. Die ganze Arbeit sollte den vorjährigen Funden, ihrer Reinigung, Zusammensetzung und ihrem genaueren Studium gewidmet sein. Eine Fortsetzung der Ausgrabung war nicht in Aussicht genommen.

Meine Thätigkeit wurde vor allem durch das freundliche Entgegenkommen des Herrn Generalephoros Kavvadias gefördert, indem er mir den geschickten Arbeiter des athenischen Nationalmuseums, Papadakis, mitgab, welcher in der kurzen Zeit die Funde vom Sinter gereinigt und eine große Zahl von Vasen wieder aus ihren Scherben zusammengefügt hat. Unser Quartier schlugen wir in Phira auf, wo wir mit Hilfe unseres Freundes, des Scholarchen Vassiliu, ein leer stehendes Haus mieteten, in welchem Angelis Kosmopulos für alle unsere Bedürfnisse mit der gewohnten Umsicht und Zuverlässigkeit sorgte. — Die Funde fanden wir unter der Aufsicht des Epopten Vassiliu in vortrefflicher Ordnung in den von der Gemeinde zur Verfügung gestellten Räumen bei der Metropolitankirche vor. So konnte ich neben der Arbeit für die Publikation auch für eine übersichtliche Aufstellung der Grabfunde sorgen. Das „Museum" Museum Phira von Phira vereinigt jetzt, nach Gräbern geordnet, alle unsere Funde bis auf 5 Vasen, die als Proben auf Wunsch des Herrn Generalephoros ins athenische Nationalmuseum übergeführt wurden. Bei der Aufnahme eines Teiles der Photographien stand mir wieder, wie im vorhergehenden Jahre, der Photograph des athenischen Institutes, Herr R. Rohrer, zur Seite.

Es sind nun schon 3 Jahre vergangen, seit ich Thera verließ. Neue Berufspflichten haben die Fertigstellung der Publikation so ungebührlich lange verzögert. Manche an die Funde von Thera anknüpfende Untersuchung habe ich beiseite gelassen, um das Erscheinen des genauen Fundberichtes nicht noch weiter hinauszuschieben. Diesen zu fordern, haben die Fachgenossen ein Recht, und ich selbst habe die Pflicht, ihn zu geben, solange die persönliche Erinnerung noch lebendig ist. So soll dies Buch denn in erster Linie ein Fundbericht sein. Es soll den Fachgenossen vorlegen, was wir durch Ausgrabungen in der Nekropole gewonnen und beim Aufenthalte auf der Insel genauer kennen gelernt haben, und diese Aufgabe hoffe ich erfüllt zu haben. Daß ich mich bemüht habe, den Funden auch gleich ihre historische Stellung anzuweisen, sie mit dem in Verbindung zu bringen, was durch frühere Arbeit schon gewonnen war, ist ja nur natürlich. Ebenso natürlich ist es auch, daß nach dieser Seite hin meine Arbeit nicht abschließend ist. Ich kenne manches wichtige Museum nicht durch eigenen Besuch; andere Sammlungen habe ich gesehen, bevor mich die Funde von Thera zu der eingehenderen Beschäftigung mit diesem Gebiete geführt hatten. So wird mir manches Vergleichsmaterial entgangen sein, das nun Erfahrenere nachtragen mögen. Auch die Litteratur war mir hier in Basel nicht vollständig zugänglich, und wenn ich auch durch das liebenswürdige Entgegenkommen der Verwaltung der Kaiserlichen Bibliothek in Straßburg manche besonders fühlbare Lücke ergänzen konnte, so ist mir gewiß auch auf diesem Gebiete vieles unbekannt geblieben, was ich hätte benutzen sollen. — Und dann — wer einmal die Funde einer größeren Ausgrabung veröffentlicht hat, weiß, wie zahlreiche und verschiedenartige Fragen angeregt werden. Alle sofort zu erledigen, ist kaum möglich. So haftet dem Buche auch in dieser Richtung etwas Unvollkommenes, zum Teil Willkürliches an. Das fühle ich, weiß es aber nicht zu ändern. Wo mir eine Zusammenfassung unseres Wissens nützlich schien, habe ich sie versucht. Wo ich nichts Neues zu bieten wußte, unterblieb sie.

Schlimmer als dieser Mangel an Abrundung des Ganzen, ist ein anderer. Erst die abschließende Arbeit für die Publikation hat mir klar gemacht, wie unvollkommen meine Ausgrabung gewesen ist, wie sehr man ihr den Anfänger anmerkt. Ich würde heute die Ausgrabung anders führen, würde vielleicht in der gleichen Zeit weniger Fundstücke, dafür aber ein klareres Bild der Nekropole als Ganzes gewinnen. Ich tröste mich damit, daß die Nekropole nicht erschöpft ist, daß die Erforschung jeden Tag fortgesetzt werden kann und hoffentlich auch fortgesetzt werden wird; und ich hoffe, daß dann die hier niedergelegten Erfahrungen — auch die Irrtümer — von Nutzen sein werden.

Endlich habe ich noch einiges über die äußere Gestalt des Buches zu sagen. Ich habe mich der Uebersichtlichkeit wegen bemüht, zwischen dem Fundberichte und der Verarbeitung des Gefundenen zu scheiden. Ganz durchführen ließ sich das freilich nicht. Abgebildet ist nach Möglichkeit alles. Sparsamkeit mit Abbildungen ist ein großer Fehler in archäologischen Veröffentlichungen, überdies auch heutzutage, wo Abbildungen so leicht und mit verhältnismäßig geringen Kosten beschafft werden können, ein unnützer Fehler. Eine Abbildung spart manches Wort im Text und spricht deutlicher. Da Wort und Bild sich ständig ergänzen sollen, habe ich versucht, nach Möglichkeit jeden Gegenstand da abzubilden, wo er besprochen wird. Tafeln sehen zwar schöner aus als Textabbildungen, aber ich finde nichts störender, als wenn ich beim Lesen fortwährend auf Tafeln am Ende des Buches nach der zugehörigen und zum Verständnis notwendigen Abbildung suchen muß. Wie unbequem die Benutzung gerade des vorliegenden Buches und namentlich einzelner Kapitel desselben bei der Verwendung von Tafeln wäre, kann sich jeder ausmalen. Es sind daher nur zwei gute Beispiele theräischer

Vasen auf einer Lichtdrucktafel gegeben, um so eine möglichst vollkommene Anschauung derselben zu ermöglichen. Auch im übrigen sind die Tafeln nach Möglichkeit beschränkt. — Manche Vase ist im Text zweimal abgebildet, an den Stellen, wo eben die Abbildung zur Ergänzung des Textes notwendig schien. Da jedesmal auf die Gleichheit der Abbildung mit einer früheren ausdrücklich verwiesen ist und damit verhindert wird, daß der Leser zwei verschiedene gleichartige Vasen darin vermutet, wird man wohl auch diese Einrichtung nur als Bequemlichkeit empfinden.

Vielen habe ich für ihre Hilfe zu danken; in erster Linie natürlich meinen Arbeitsgenossen Hiller und Wilski, die zahlreiche Beobachtungen beigesteuert haben. Hiller gebührt noch ein besonderer Dank für das freundschaftliche Verständnis, mit dem er als Herausgeber des ganzen Werkes auf alle meine Wünsche eingegangen ist und mir die Möglichkeit gegeben hat, so frei in jeder Richtung zu schaffen, wie es wohl selten einem Autor vergönnt ist. W. Dörpfeld verdanke ich den Abschnitt über das Heroon beim Evangelismos. P. Wolters Anteil an dieser Arbeit kann ich nicht umschreiben. Wie viel Anregung er mir überhaupt gegeben, das können die beurteilen, die gleich mir in längerem Verkehre mit ihm gestanden. Und sie alle werden verstehen, wenn ich diese Frucht meines Aufenthaltes in Griechenland nur mit dem Gefühle herzlichster Dankbarkeit gegen ihn reifen sehen kann. In freundschaftlichster Weise wurde ich während der Arbeit von A. Schiff und R. Zahn unterstützt. Von Schiff rühren die photographischen Aufnahmen der Felsgräber und manche Notizen darüber her. Zahn hat die Photographien der Sammlungen Delenda und de Cigalla, zum Teil auch der Sammlung Nomikos, beschafft und war stets hilfsbereit, wenn es galt, Fragen, wie sie bei der Bearbeitung der Funde stets entstehen, vor den Originalen zu prüfen und zu entscheiden. — Manchem Fachgenossen schulde ich noch Dank für Auskunft und Anregung. Ich will ihn nach Möglichkeit im Texte selbst abstatten. Mehr Befriedigung möge ihnen allen gewähren, wenn sie sehen, daß ihre Bemühungen nicht vergeblich waren, daß, was sie gegeben haben, zum Nutzen des Ganzen verwertet wurde.

Abb. 2. Blick vom Fels unterhalb des Hagios Stephanos auf Sellada und Ebene von Perissa.

Zweites Kapitel.

Die Nekropole an der Sellada.

Lage. Boden-
beschaffenheit

Zwischen dem Messavuno, dem Stadtberge von Thera, und dem Prophitis Ilias bildet ein schmaler Sattel, die Sellada, die Verbindung (vergl. Blatt 2 der Mappe). Von der jähen Felsstufe, auf welcher die kleine weiße Kapelle des Hagios Stephanos steht, zieht der Grat in nordwestlicher Richtung gegen die steilen, kahlen Felswände des Eliasberges hin. Wer von der alten Stadt in die Ebene und zum Meere hinabgehen wollte, mußte, bis für den Transport der Funde aus den Hillerschen Ausgrabungen ein besserer Weg angelegt wurde, auf einem halsbrecherischen Stufenwege vom Hagios Stephanos auf die Sellada hinabsteigen. Auf dem Kamm, der etwa 260 m über dem Meere liegt, teilt sich der Pfad. Der eine Arm führt nördlich den steilen, mit einer dicken Bimssteinschicht bedeckten Abhang hinunter nach Kamari, dem alten Hafen der Stadt, Oia. Der andere, dessen Verlauf auf Taf. 7 des ersten Bandes gut zu sehen ist, zieht sich am Westabhang des Messavuno hin und führt in die südliche, von Weingärten bedeckte Ebene von Perissa hinab. Ein dritter Weg, der allerdings kaum diesen Namen verdient, läuft, dem Grat der Sellada folgend, dem Eliasberge zu, den er in Windungen ersteigt. Diese drei Wege [1]).

---

[1]) Vergl. Blatt 5 der Kartenmappe. Der dritte Weg ist 1900 auf Kosten des Demos Kalliste durch die Energie des Demarchen Dadinakis zu einem für Reittiere bequem gangbaren Saumpfade ausgebaut worden; Wilski hat die Strecke abgesteckt und zur Probe das unterste Stück unter seiner eigenen Aufsicht ausführen lassen.

die natürlichen Verbindungen des Messavuno mit dem umliegenden Lande, waren gewiß im wesentlichen in der Gestalt, die sie heute noch haben, schon im Altertum vorhanden [1]. Und im Bereiche dieser Wege haben nach antiker Sitte die alten Theräer ihre Toten bestattet.

Es ist ein öder, unwirtlicher Ort, diese Sellada. Mit elementarer Gewalt fegt der Nordwind über sie hin, wenn er sich zwischen Eliasberg und Messavuno hindurchzwängt. Glühend fallen die Strahlen der Mittagssonne auf den Abhang. Aber schon früh verschwindet die Sonne den Blicken hinter den Felswänden des Elias, die dann ihre düsteren Schatten über die Sellada breiten (s. Bd. I Taf. 31). Das Geröll, Kalkstein, Schiefer, Bimsstein, ist mit spärlichem Pflanzenwuchs bedeckt, kein Baum und kein Strauch steht auf der Höhe. Nur hin und wieder durchbricht der nackte, helle Fels die eintönig graubraune Oberfläche. Unwillkürlich folgt das Auge den Wegen thalabwärts in die frischgrünen Rebgärten der Ebene mit ihren weißen Winzerhäuschen, zu dem sonnigen Strande und dem leuchtenden tiefblauen Meere, das ihn bespült und sich unbegrenzt ausdehnt. Es ist ein Gegensatz, der täglich wieder seine Wirkung ausübt. Er mag auch schon die alten Bewohner der Stadt bewegt haben, wenn sie, zwischen den Gräbern der Ihrigen hindurch wandelnd, auf ihren reichen Besitz in der Ebene hinabblickten. — Aber gewiß war es nicht der ernste Charakter des Ortes, so passend er uns als Ruhestätte der Toten erscheint, der die Theräer dazu geführt hat, hier ihren Friedhof anzulegen. Es war auch die Notwendigkeit, sparsam zu sein mit dem fruchtbaren Boden ihrer Insel, jedes Fleckchen, das sich zur Feldbestellung eignete, auszunutzen, die die Theräer ihre Gräber hier auf der steinigen Höhe anlegen ließ. Nicht nur in dem Geröll haben sie die Asche der Toten vergraben, sondern in späterer Zeit weithin auch in den nackten Fels Stufen gehauen und kleine runde und viereckige Vertiefungen eingeschnitten, in denen sie eine Urne bergen konnten. Abgesehen von diesen späten Felsgräbern, verraten nur Scherben, die auf der Oberfläche zerstreut liegen, das Vorhandensein des Begräbnisplatzes. Nirgends fand ich mehr eine aufrecht stehende Stele oder gar der Rest eines Hügels. An dem steilen Abhange sind längst alle derartigen äußeren Spuren verwischt, und die Auffindung eines Grabes blieb stets dem Zufall überlassen. Man darf wohl annehmen, daß im allgemeinen die den Fels bedeckende Erd- und Geröllschicht seit dem Altertum noch erheblich abgenommen hat. Sie ist durch die Regengüsse hinabgeschwemmt in die Schluchten, die tief in den Kalkstein des Berges eingeschnitten sind. Denn von mehreren gemauerten Grabkammern steht die hintere, an den Fels gelehnte Wand noch über 1 m hoch, während die Höhe der Seitenwände, dem Abfall des Bodens folgend, nach vorn zu immer mehr abnimmt und die Vorderwand entweder ganz verschwunden ist oder nur noch aus einer Lage Steinen besteht, die unmittelbar unter der Oberfläche liegt. Hier ist offenbar das Terrain allmählich abgerutscht und hat die Mauersteine mit sich genommen.

Die Beisetzungen, welche durch die Ausgrabung von 1896 aufgedeckt wurden, gehörten {Beschaffenheit der Gräber} mit wenigen Ausnahmen zwei durch einen langen Zeitraum getrennten Perioden an, die sich leicht voneinander scheiden ließen. Der Ort wurde zuerst in archaisch-griechischer Zeit als Begräbnisplatz benutzt. Dann hat man wieder in römischer Zeit hier Gräber angelegt. Namentlich bei Anlage der Skelettgräber der Spätzeit sind zahlreiche archaische Gräber ganz oder teilweise zerstört worden. Grabkammern, auf die man stieß, wurden wieder benutzt, die Scherben zertrümmerter Gefäße teilweise herausgeworfen, teilweise mit der ausgehobenen Erde wieder in

---

[1] Ein künstlicher, durch Stützmauern gehaltener Weg zweigte im Altertum von dem nach Perissa führenden Pfade ab und führte westwärts am Abhange entlang nach den Schluchten des Eliasberges. Auf dem Blatt 5 der Kartenmappe sind die Spuren des Weges, der heute nicht mehr gangbar ist, verzeichnet. Er ist im Dezember 1900 von Wilski genau untersucht. Näheres in Bd. III. Ueber einen antiken Weg, der von der Sellada an der reichen Quelle Zoodochos vorbei an den Nordabhang des Elias führt, das Nähere ebendort und bei Besprechung der späten Felsnekropolen.

2 *

die Grube geschaufelt, so daß der Boden oft ganz durchsetzt ist mit den Resten alter Beisetzungen. Doch ist eine genügende Zahl unberührt geblieben, um über die Bestattungsweise Aufschluß zu geben. Man darf wohl sagen, daß die Zerstörung der archaischen Gräber immer eine zufällige war. Zur Plünderung konnten sie bei dem gänzlichen Fehlen jeder irgend kostbareren Beigabe auch wahrlich nicht locken. Daß die späten Skelettgräber häufig tiefer liegen als die archaischen Brandgräber — eine Thatsache, die auch Ross bei seinen Ausgrabungen beobachtete — ist wohl nicht auffallend. Zum Teil mag es auch in der inzwischen erfolgten Abnahme der Erdschicht seinen Grund haben, durch welche die alten Beisetzungen häufig nahe an die Oberfläche rückten. Aus der langen Zwischenzeit, vom VI. bis etwa dem II. vorchristlichen Jahrhundert, haben sich nur wenige vereinzelte Gräber und Inschriften in dem von uns durchforschten Terrain, namentlich seinem oberen Teile, gefunden. Ganz aufgegeben ist der Begräbnisplatz auf der Sellada nie gewesen; doch muß der Hauptfriedhof dieser Jahrhunderte in einem anderen Teile des Gebietes der Stadt gelegen haben, den wir bisher nicht gefunden haben. Erst in späthellenistischer Zeit ist man zu unserem Friedhof zurückgekehrt. Dieser Zeit gehören anscheinend die offen zu Tage liegenden Felsgräber an.

Ausdehnung Wie weit sich diese Nekropole ausdehnt, haben wir noch nicht feststellen können. Oestlich und westlich geben die Abhänge des Eliasberges und des Messavuno die natürliche Grenze ab. Auf dem Grate der Sellada selbst habe ich archaische Gräber nicht gefunden. Sie mögen bei der Anlage der Felsgräber spurlos verschwunden sein. Wenige Meter unterhalb beginnen sie am südlichen Abhange und füllen den Raum von dem Wege zum Eliaskloster bis gegen die Reihe von Felsgräbern hin, die etwa bei der Höhenkurve 220 auf der Karte 5 eingezeichnet ist. Weiter hin war in dieser Richtung die Anlage der Gräber durch den steilen Absturz und den Mangel an Erde verhindert. Dagegen ziehen sie sich längs des nach Perissa führenden Weges noch ein ziemlich weites Stück bergab, wie an unserem ersten Ausgrabungstage konstatiert wurde. Und zwar finden sich auch hier archaische Brand- und späte Skelettgräber durcheinander gemischt, wie ja auch Ross offenbar hier beide Arten nebeneinander aufgedeckt hat. An dem Nordabhange der Sellada habe ich archaische Gräber nicht finden können [1]. Hier liegt der Bimsstein anscheinend viele Meter dick. Wir haben mehrere Meter tief in denselben hineingegraben, ohne auch nur eine Scherbe zu finden. Für diese zunächst sehr auffällige Thatsache, daß die Nordseite des Abhanges so gänzlich der antiken Reste entbehrt, suche ich vergeblich nach einer natürlichen Erklärung. Mein erster Gedanke war, daß ein Teil der Bimssteindecke einem der Ausbrüche historischer Zeit entstamme, etwa dem vom Jahre 726 n. Chr., von welchem Nikephorus und Kedren sprechen; damals wurde das Meer weithin mit Bimsstein bedeckt. Das scheint nach den Ausführungen Philippsons, die ich seitdem gelesen habe, nicht möglich zu sein. Er stellt die Einheitlichkeit der Bimssteindecke fest [2]. Auch eine zweite Erklärung, auf die ich verfallen bin, befriedigt mich nicht. Philippson betont die große Rolle, die das Regenwasser in den Lagerungsverhältnissen des Bimssteins spielt. Allmählich ist die Schicht von den höchsten Punkten herabgeschwemmt, an tieferen zusammengetragen worden. So fehlt der Bimsstein jetzt auf dem Kamme der Sellada fast ganz. Der Südabhang der Sellada stellt sich, wie ein Blick auf die Karte zeigt, als ein konvexer Abhang dar. Auch er ist allmählich abgespült, nur einige höhere Bimssteinklötze sind von den Fluten verschont und in der Mitte stehen geblieben. Sonst ist der Bimsstein teils in die Ebene von Perissa geschwemmt, teils an die Seiten gegen den Eliasberg und das Messavuno gedrängt, wo er in

---

[1] Der Grabstein des Πρώτως έργαιέτας (I. G. I. III 762), den schon Ross nach Athen brachte, soll nach Angabe des Herrn Seliveros aus Gonia an dem Wege von der Sellada zur Zoodochos-Quelle gefunden sein. Woher die Kenntnis stammt, weiß ich nicht. Leider habe ich das nicht während meines Aufenthaltes in Thera erfahren.

[2] Vergl. Thera I S. 59.

den Terrainfalten jetzt noch ziemlich hoch hinauf liegt. Anders liegen die Verhältnisse am Nordabhange. Dieser bildet gleichsam eine Mulde zwischen Eliasberg und Messavuno, welche hier nahe zusammenrücken. Das Wasser strömt von den Abhängen hier zusammen und könnte so im Laufe der Zeit die Bimssteinschicht durch das Material, das es mit sich brachte, erheblich verstärkt haben. Die Gräber, die hier lagen, würden so im Laufe der Jahrhunderte von einer dicken Schicht überlagert sein, so daß wir nur schwer bis zu ihnen hätten vordringen können. So würde sich erklären, weshalb die Südseite bis tief hinab mit Gräbern bedeckt ist, der Kamm der Sellada ebenfalls, am Nordabhange aber, so weit die starke Bimssteinschicht reicht, Gräber fehlen. Weiter nordwärts, wo der Felsabhang des Eliasberges wieder nackt zu Tage tritt, beginnen auch sofort die Felsgräber wieder. Gegen diese Annahme spricht nur, daß die Bimssteinschicht hier so rein und ungemischt auftritt, während man bei der allmählichen Entstehung erwarten müßte, sie von dünnen Humusschichten durchschnitten und gelegentlich auch von anderem Geröll der Abhänge durchsetzt zu finden. — Wir müssen uns also vorläufig mit der Feststellung der Thatsache begnügen.

Auf dem erforschten Raume verteilen sich die Gräber sehr unregelmäßig. Oft liegt Verteilung der Gräber eine ganze Gruppe eng bei einander, während dann wieder ganze Strecken frei bleiben. Es erklärt sich das durch die Beschaffenheit des Bodens. Die Oberfläche des Felsens ist an vielen Stellen nur von einer so geringen Geröllschicht bedeckt, daß die Anlage von Gräbern gar nicht oder nur unvollkommen möglich war. Irgend welches Prinzip der Anordnung der Gräber ist deshalb auch nicht befolgt. Das einzig Maßgebende ist, ob das Terrain die Möglichkeit zur Anlage bot. Auf die Aufnahme eines genauen Planes, der die Fundstelle jedes Grabes verzeichnete, konnte unter diesen Umständen auch verzichtet werden. Eine solche hätte große Schwierigkeiten gehabt bei dem steilen, unebenen Terrain, und weil mit dem Augenblicke, wo das gefundene Aschengefäß geborgen war, die Stelle meistens durch nichts mehr kenntlich war. Auf dem Blatt 5 sind nur die Felsgräber und die wenigen gemauerten Gräber eingemessen. Im übrigen hielt ich es für praktischer, im einzelnen die Lage von Gräbern zu einander zu skizzieren, wenn sie irgend wie Interessantes bot, sonst nur größere Gruppen zusammenzufassen.

1. Verzeichnis der Gräber.

Ich lasse nun, nach diesen allgemeinen Bemerkungen über die Oertlichkeit, zunächst den Fundbericht folgen. In das Verzeichnis sind alle Gräber aufgenommen, die noch mit Sicherheit als solche kenntlich waren. Fortgelassen habe ich nur eine Anzahl später Skelettgräber, die ohne alle Beigaben waren, und die Felsgräber, die keine Fundstücke mehr enthielten und mit den gleichartigen Anlagen am Eliasberge und bei Exomyti zusammen betrachtet werden müssen. Die Numerierung geht den Abhang aufwärts, beginnt mit den am tiefsten gelegenen Gräbern und schließt mit den dem Grat zunächst gelegenen. Die Einteilung in Gruppen ergab sich meist daraus, daß eine Felsstufe die Gräber unterbrach, die erst über dieser wieder begannen. Bei der Beschreibung habe ich mich bemüht, möglichst kurz zu sein. Alle wichtigeren Stücke sind abgebildet, und die Abbildungen geben ja ein weit klareres Bild von Form und Ornament, als Worte vermögen. Eine genauere Beschreibung der Gefäße folgt, wo sie nötig schien, in dem Kapitel über die einzelnen Vasengattungen.

A. Gräber am unteren Wege nach Perissa (1—5).

Die genauere Ortsangabe auf S. 5. Außer einigen Skelettgräbern ohne Beigaben und einem Mauerrest unmittelbar am Wege, der wohl von einem Kammergrabe herrührt, wurden hier folgende 5 Gräber aufgedeckt:

1. Brandgrab.

Tiefe 0,80 m im losen Bimssand.

Bauchige Amphora (Abb. 3). Auf der Seite liegend gefunden. Höhe 0,45 m, etwas beschädigt; ziegelroter, feiner Thon. Das ganze Gefäß ist außen und innen mit mattem, schwarzbraunem, streifigem Firnis überzogen. Geschlossen mit einer runden Kalksteinplatte, die mit Mörtel aufgeklebt ist. Inhalt: Knochenkohle.

Abb. 3. Amphora aus Grab 1. Höhe 0,45 m.

2. Brandgrab.

Tiefe 0,80 m im losen Bimssand.

Stark beschädigte Amphora, Form genau wie die vorige, auch ebenso geschlossen und beigesetzt. Thon gröber und unreiner als bei der vorigen. Der Firnisanstrich fehlt. Inhalt: Knochenkohle.

In der Nähe dieser beiden Gräber fand sich im Sande noch eine kleine einhenkelige Tasse, wie Abb. 20, ohne Firnisüberzug.

3. und 4. Brandgräber.

Unmittelbar neben 1. und 2. sind senkrecht zwei Höhlungen in den weichen, schiefrigen Fels gearbeitet, etwa 2 m tief, 2 m lang, 0,80 m breit. Die Höhlungen sind vollkommen mit Bimssand gefüllt. Im Sande fanden sich Scherben von mindestens 3 Gefäßen geometrischen Stiles. Die Form des einen ließ sich noch erkennen. Es war ein kleiner, kelchförmiger Becher. Da diese Gefäße aber unvollständig sind und die Scherben zerstreut in verschiedenen Tiefen stecken, so ergiebt sich, daß die Gräber ausgeraubt sind.

5. Brandgrab.

0,80 m tief im Bimssande wurde eine große, schlanke, schwarze Amphora (Abb. 4) vollkommen erhalten gefunden. Höhe 0,675 m. Grauer Thon. Sie lag auf der Seite, war mit einer Scherbe geschlossen und enthielt Knochenkohle.

Abb. 4. Amphora aus Grab 5. Höhe 0,675 m.

B. Gräber am Südabhange der Sellada.

a) Unmittelbar über den Felsgräbern und nahe am Wege nach Perissa.

6.

In geringer Tiefe finden sich Reste einer großen Grabanlage. Erhalten sind die untersten Schichten einer Bruchsteinmauer, die in der Richtung des Abhanges lief und an welche am

Westende eine zweite rechtwinklig ansetzte, die nach Süden zu lief. Die östliche Seiten- und die Vorderwand sind samt dem Ende der West- und Nordwand gänzlich verschwunden. Die Reste sind auf Blatt 5 der Kartenmappe gleich unter der Höhenkurve 240 schwarz eingetragen.

An der Hinterwand standen noch aufrecht, aber stark zerdrückt, zwei undekorierte Amphoren, wie die aus Grab 1, dicht nebeneinander, davor eine dritte, gut erhaltene, die Abb. 5 wiedergegeben ist. Höhe 0,35 m. Roter Thon und Firnis. Im Schutte fanden sich Scherben von einer Reihe anderer geometrisch verzierter Gefäße, welche zeigen, daß noch mehrere weitere Beisetzungen in diesem Grabe erfolgt waren.

Abb. 5. Amphora aus Grab 6.
Höhe 0.35 m.

Abb. 6. Amphora aus Grab 7, Vorderseite.
Höhe 0.82 m.

b) Gruppe der Gräber 7—16.

Etwa 30 m oberhalb des Grabes 6, in einem Streifen zwischen dem zu Tage tretenden Fels westlich und dem Wege nach Perissa östlich. In der Nähe des Grabes 7 wurde eine Lavaquader mit der archaischen Grabinschrift I. G. I. III 783 gefunden. Eine Vermutung über die Zugehörigkeit derselben zu einem bestimmten Grabe läßt sich nicht äußern. Ebensowenig bei der christlichen Inschrift I. G. I. III 966, die in der Nähe der Gräber 15 und 16 zu Tage kam.

7. Archaisches Kindergrab.

In 1.50 m Tiefe gefunden. Als Urne dient eine schlanke Amphora mit hohem Halse, welche auf die Seite gelegt ist. Höhe 0.82 m (Abb. 6). Roter Thon mit gelbweißem Ueberzug. Brauner Firnis. Die Mündung ist mit Steinen geschlossen.

Die Urne enthielt die unverbrannten Knochen eines kleinen Kindes und einen kleinen protokorinthischen Skyphos (Abb. 7). Dieser hat noch den feinen gelben Thon und die papierdünnen Wandungen der gut protokorinthischen Näpfe. Unten Strahlen, oben drei laufende Tiere in sehr flüchtiger Ausführung.

Abb. 7. Skyphos aus
Grab 7.

8. Brandgrab.

In gleicher Tiefe, wie das vorige.

Große „bootische" Amphora mit hohem, durchbrochenem Fuß (Abb. 8a, b). Höhe 0.63 m.
Die eine Seite ist eingeschlagen, und die betreffenden Fragmente fehlen im Grabe.

Abb. 8a, b. Amphora aus Grab 8. Vorder- und Rückseite. Höhe 0.63 m.

Nahe dabei lag ein Napf mit Doppeldeckel (Abb. 9). Höhe 0.12 m. Grünlich-grauer
Thon. Matter, bräunlicher Firnis. Auf dem Rande 6 mal 5 Striche. An der Vorderseite
am Halse Punkte; auf der Schulter hängende Dreiecke und
Rauten.

Die Zugehörigkeit dieses Napfes zum Grabe ist nicht ganz
zweifellos.

9. Archaisches Kindergrab.

In gleicher Tiefe.

Abb. 9. Napf aus Grab 8.
Höhe 0.12 m.

Die große theräische Amphora (Höhe 0.80 m, Abb. 10) lag
auf der Seite, etwas in den Felsen eingetieft; vollkommen erhalten
bis auf den einen Henkel, der schon bei der Beisetzung gefehlt haben muß. Die Mündung
war mit Steinen geschlossen.

Inhalt: unverbrannte Knochen eines kleinen Kindes.

10. Brandgrab.

In 1.80 m Tiefe lag die große theräische Amphora (Abb. 11) auf der Seite. Das Gefäß
war schon im Altertum zerbrochen und mit Bleiklammern geflickt.

Den Inhalt bildeten verbrannte Knochen und drei kleine Näpfchen schlechter protokorinthischer Art, wie Abb. 47 b (S. 23).

Ueber der Amphora, etwa 0.50 m unter der heutigen Oberfläche, lagen vier Lavaquadern
und einige Bruchsteine. Es ist hier offenbar die ursprüngliche äußere Herrichtung des Grabes
noch erhalten, worüber das Nähere im III. Kapitel gesagt werden wird.

Abb. 10. Amphora aus Grab 9.
Höhe 0.80 m.

Abb. 11. Amphora aus Grab 10.
Höhe 0.80 m.

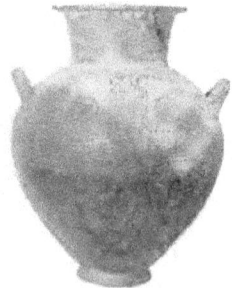

Abb. 12. Amphora aus Grab 11.
Höhe 0.41 m.

11. Brandgrab.

Ungefähr 1.50 m tief.

Kleine „böotische" Amphora mit niedrigem Fuß (Abb. 12). Höhe 0.41 m. Matter und
stark abgeriebener Firnis.

Inhalt: Knochenkohle, drei Scherben einer kleinen Tasse der gewöhnlichen Art, wie
Abb. 20 (S. 19), mit Resten schwarzen Firnisüberzuges.

12. Brandgrab.

Theraische Amphora mit Doppelhenkel, Form wie Abb. 155. Höhe 0.31 m. Die Oberfläche ist ganz abgerieben, so daß von der Dekoration nichts mehr zu erkennen ist.

Inhalt: Knochenkohle.

13. Brandgrab.

Einhenkliger Kochtopf aus grobem Thon ohne Ueberzug. Form wie Abb. 177, zerbrochen. Er stand zwischen Steine gepackt im Boden und enthielt verbrannte Knochen.
Daneben stand ein kleiner aus demselben Material. Am Rande ist ein archaisches Λ
eingeritzt.

14. Zerstörtes Brandgrab.

1.20 m tief wurde neben Grab 13 ein kleiner „Opfertisch" mit drei Füßen aus Lava gefunden (Abb. 13). Länge 0.43 m, Breite 0.29 m, Höhe 0.18 m, Dicke der Platte 0.07 m.

Unter diesem, der aufrecht im Boden stand, steckte der geometrisch dekorierte Teller Abb. 14. und eine geriefelte Thonperle Abb. 15. Es scheint hier ein Grab gewesen zu sein, denn es fanden sich etwas tiefer auch noch Reste einer Steinpackung. Dasselbe war aber zerstört und dabei jedenfalls auch der „Opfertisch", der vorher auf dem Grabe gestanden hat, unter die Erde gekommen. Der Teller hat gelblichen Thon, ähnlich dem protokorinthischen, schwarzbraunen Firnis und violette Farbe.

Abb. 13. Tisch aus Lava. Grab 14.   Abb. 14. Teller aus Grab 14.   Abb. 15. Thonperle aus Grab 14.

15. Skelettgrab.

Beigaben: 1) Kegelförmige Flasche mit langem Halse aus grünem Glas (Abb. 16). Höhe 0.14 m.

2) Becher aus grünem Glase. Höhe 0.14 m. Form wie in Grab 70 (Abb. 180).

Abb. 16. Flasche aus Grab 15.   Abb. 17 a, b, c. Beigaben des Grabes 16. a Höhe 0.08 m,
Höhe 0.14 m.   b Höhe 0.16 m, c Höhe 0.13 m.

16. Skelettgrab.

Beigaben (Abb. 17 a, b, c): a) Becher mit gefalteten Rändern; dünnes, weißes Glas. Höhe 0.08 m.

b) Hohe vierseitige Flasche mit kurzem Halse und flachem Henkel aus dickem grünem Glas. Höhe 0.16 m.

c) Kugelige Flasche aus weißem Glas, verziert mit eingeschliffenen umlaufenden Linien. Höhe 0.13 m.

Massenfund.

Hart neben dem Grabe 13 wurde am 15. August eine Masse kleiner Gefäße und Terrakotten gefunden. In fast 3 m Tiefe war eine Fläche von etwa 1 qm mit einer ungefähr 40 cm dicken Schicht von kleinen Vasen und Scherben bedeckt. Von einer besonderen Herrichtung der Stelle war wenig mehr zu konstatieren. An der Westseite bildete der Absatz des Felsens, der anscheinend künstlich verstärkt war, die Begrenzung, an der Nordseite einige kleine, roh aufeinander geschichtete Steine; auch an der Südseite lagen ein paar Steine, die man allenfalls als eine Art Begrenzung auffassen konnte. Die Steine waren zum Teil etwas geschwärzt, das Erdreich zwischen den Scherben ebenfalls mit Asche, etwas Kohle und einigen verbrannten Knochen durchsetzt, zum Teil auch gerötet, wie verbrannter Schiefer und Lehm zu werden pflegen.

Gefunden wurden auf diesem engen Raume fest zusammengepackt über 100 vollständige Vasen, Scherben von wohl doppelt so vielen gleichartigen, eine Reihe größerer und kleinerer Terrakotten und einige kleine Muscheln. Eines der Gefäße war ebenfalls mit kleinen Muscheln gefüllt. Ein anderes enthielt zwei kieselförmige Stücke von grünem Glasfluß. Etwas östlich von dieser Stelle zwischen ihr und dem Grab 10 fanden sich etwa 80—100 Astragalen im Boden.

Die gefundenen Gefäße sind fast alle von ganz geringer Größe. In dem nachfolgenden Verzeichnis sind nur die Gefäße aufgeführt, die entweder ganz erhalten waren oder deren Form und Art doch wenigstens noch sicher festzustellen war. Unter den Scherben überwiegen die von kleinen Skyphoi. Es ist zweifellos, daß eine Anzahl der Gegenstände bereits zerbrochen war, als sie hier in den Boden kamen. Bei der kleinen Dutzendware war natürlich an ein Zusammenpassen der einzelnen Scherben nicht zu denken. Doch fehlen auch von so leicht kenntlichen Stücken, wie den großen Terrakotten, Teile, welche trotz sorgfältigsten Suchens nicht gefunden wurden und offenbar nicht mit in den Boden gekommen sind.

a) Gefässe.

I. Aus grobem rotem wohl einheimischem Thone.

1) Drei Nachbildungen von Trinkhörnern. Länge 0.09 m. Grober roter Thon ohne Ueberzug (Abb. 18).

2) Nachbildungen einer Amphore in der Form der großen theräischen. Roter Thon, heller Ueberzug. Geometrische Dekoration mit mattrotem Firnis. Höhe 0.09 m. (Abb. 19.)

a   b

Abb. 18. M(assenfund) 1.   Abb. 19. M. 2.   Abb. 20a, b. M. 4.

3) Schlauchförmige Kanne aus grobem rötlichem Thone, ohne Glättung der Oberfläche und Ornament. Höhe 0.065 m.

4) Einhenklige Tassen mit scharf absetzender Lippe, wie sie auch in den Gräbern zahlreich gefunden sind. Rötlicher Thon, brauner Firnisüberzug. Höhe 0.032—0.05 m. (Abb. 20a, b.)

5) Eine ebensolche größere; über den schwarzbraunen Ueberzug sind noch eine rote und zwei weiße Linien gezogen.

3*

II. Aus graugelbem bis grünlichem feinem Thone. Hellbräunlicher
matter Firnis.

6) Sechs Gefäße in Form weithalsiger Amphoren mit senkrecht vom Halse zur Schulter
geführten Henkeln. Heller, etwas rötlicher Thon, sehr gut geglättete Oberfläche, kein Ornament.
Höhe 0.11—0.06 m. (Abb. 21.)

Abb. 21. M. 6.   Abb. 22a, b. M. 7.

7) Zwei Näpfe mit scharf umgebogener Lippe an dem niedrigen Halse. Doppelhenkel.
Geometrische Ornamente. Höhe a) 0.09 m und b) 0.052 m. (Abb. 22a, b.) Scherben mehrerer
ähnlicher.

8) Fünf Näpfe. Niedriger Mündungsrand. Bandförmige, wagerecht angesetzte Henkel,
niedriger Fuß. Geometrische Ornamente. Höhe 0.09—0.05 m. Drei Beispiele Abb. 23a, b, c.
Bruchstücke von ähnlichen.

Abb. 23a, b, c. M. 8.   Abb. 24. M. 9.

9) Ein gleichartiger, doch haben die Henkel runden Durchschnitt (Abb. 24).

10) Zwei ähnliche. Hals enger, ganz niedrig. Aufrecht stehende Henkel auf der Schulter.
(Abb. 25.) Höhe 0.085 und 0.09 m. Die Form bildet den Uebergang zu der folgenden Pyxis.

11) Zwei runde Pyxides mit flachem Deckel. Feiner grünlicher Thon. Höhe 0.07 und
0.065 m. (Abb. 26.) Außerdem der Deckel einer gleichen.

Abb. 25. M. 10.   Abb. 26. M. 11.   Abb. 27. M. 12.   Abb. 28. M. 13.

12) Drei Kannen mit Kleeblattmündung. Verziert mit umlaufenden Linien. Höhe 0.15,
0.15 m, 0.11 m. (Abb. 27.) Scherben von ein bis zwei anderen.

13) Zwei gleiche; etwas rötlicherer Thon. Höhe 0.07 und 0.05 m. (Abb. 28.)

14) Eine Kanne mit rundem Ausguß. Henkel mit Rotellen angesetzt. Stumpfer schwarzbrauner Firnis. Umlaufende Linien. Höhe 0.077 m. (Abb. 29.)

15) Zwei schlauchförmige Kannen. a) Höhe 0.104 m, b) Höhe 0.09 m. (Abb. 30a, b.)

16) Kanne. Gedrückte Form. Gelbroter Thon, glatte Oberfläche. Kein Ornament. Höhe 0.055 m. (Abb. 31.)

a   b

Abb. 29. M. 14.   Abb. 30a, b. M. 15.   Abb. 31. M. 16.

17) Zwei kleine Hydrien. Höhe 0.095 m. (Abb. 32a, b.)

18) Zwei korinthische Amphoriskoi. Senkrechte Henkel vom Halse zur Schulter. Grüngrauer Thon. Matter abgeriebener Firnis. Höhe 0.08 m. (Abb. 33.)

19) Drei Gutti mit Bügelhenkel. Rötlicher, feiner Thon, matter brauner Firnis. Umlaufende Linien. Höhe 0.055—0.045 m. (Abb. 34.)

a   b

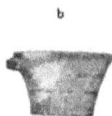

Abb. 32a, b. M. 17.   Abb. 33. M. 18.   Abb. 34. M. 19.

20) Drei Becher mit flachem Boden und steil ansteigenden Wandungen. Zwei kleine wagerechte Henkel. Höhe 0.06 – 0.075 m. (Abb. 35a, b, c.) Bruchstücke einer Reihe gleicher. Ein Boden hat das in den weichen Thon geritzte Zeichen ⊗.

a   b   c

Abb. 35a, b, c. M. 20.

21) Näpfchen, ähnlich den vorigen, aber ohne Henkel. Innen gefirnißt. Höhe 0.03 m. (Abb. 36.)

22) Näpfchen ohne Henkel mit senkrechtem Rande. Höhe 0.035 m. (Abb. 37.)

Abb. 36. M. 21.   Abb. 37. M. 22.   Abb. 38. M. 23.   Abb. 39. M. 24.

23) Näpfchen ohne Rand. Die Wandung oben durchbohrt. Höhe 0.035 m. (Abb. 38.)

24) Kleines Schälchen mit durchbohrtem Rand. Grauer Thon. Keine Farbe. Durchmesser 0.06 m, Höhe 0.02 m. (Abb. 39.)

25) Schälchen mit einwärts gebogenem Rand und kleinem Fuß. Der Rand ist durchbohrt und mit leicht eingedrückten Riefen verziert. Kein Ornament. Durchmesser 0.038 m. Höhe 0.02 m. (Abb. 40.)

26) Etwas höheres Schälchen. Ganz mit braunschwarzer Farbe überzogen. Durchmesser 0.08 m, Höhe 0.035 m. (Abb. 41.)

27) Schälchen. Mattbrauner Firnis. Durchmesser 0.085 m, Höhe 0.027 m. Durchbohrt. (Abb. 42.)

Abb. 40. M. 25.    Abb. 41. M. 26.    Abb. 42. M. 27.

28) Zwei φιάλαι μεσόμφαλοι. Neben braunem Firnis ist auch etwas mattes Rot verwandt. Durchmesser der einen 0.09 m, der zweiten 0.045 m. Beide zerbrochen. Bruchstück einer dritten erhalten.

29) Zwei kleine Schalen; zwei wagerechte Henkel am Rande, vorne ein kleiner Ausguß. Umlaufende Linien. a) Durchmesser 0.105 m, b) Durchmesser 0.09 m. Bruchstücke eines weiteren Exemplares. (Abb. 43a, b, c.)

a   b   c

Abb. 43a, b, c. M. 29. 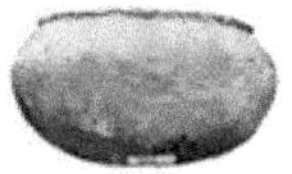   Abb. 44. M. 30.

30) Miniaturdeinos aus grobem dunkelgrauem Thon. Höhe 0.05 m. (Abb. 44.)

31) „Kothon". Durchmesser 0.11 m; Höhe 0.04 m. (Abb. 45.) Bruchstück eines zweiten.

32) Zwei ähnliche kleinere und schlechter gearbeitete Gefäße (Abb. 46 a, b).

a   b

Abb. 45. M. 31.   Abb. 46a, b. M. 32.

33) Drei größere (Höhe 0.07 m) und 31 kleine (Höhe 0.03 m) Skyphoi der gewöhnlichen protokorinthischen und korinthischen Form mit wagerechten Henkeln. Grüngrauer Thon; mattbrauner Firnis. Die Dekoration ist ganz stereotyp: unten umlaufende Streifen, am Rande zwischen den Henkeln mehr oder weniger geschlängelte Vertikallinien. Bruchstücke von einer großen Zahl weiterer. (Beispiele Abb. 47 a, b, c.)

34) Drei kugelförmige korinthische Aryballoi. Grünlicher Thon. Zwei (Abb. 48) haben das bei diesen Gefäßen häufige Vierblattornament, der dritte, ganz verrieben, läßt noch einen nach links laufenden Pegasus erkennen. Etwas Gravierung. — Bruchstücke von zwei weiteren.

a   b   c

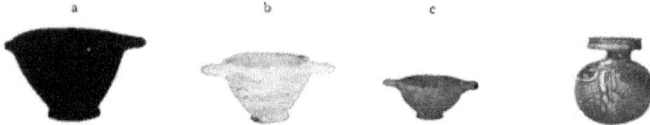

Abb. 47 a, b, c. M. 33.   Abb. 48. M. 34.

35) Runde Pyxis mit flachem Boden, senkrechtem Rande, übergreifendem Deckel. Feiner grauer Thon. Sehr dünnwandig. Matter schwärzlicher Firnis und mattes Rot. Parallelkreise, Gruppen von senkrechten Schlangenlinien, Punkte. (Abb. 49.) Höhe 0.04 m, Durchmesser 0.095 m. Zweite ähnliche fast vollständig. Bruchstücke mehrerer weiterer sind ebenfalls vorhanden.

36) Scherbe vom Deckel einer sehr feinen korinthischen Pyxis; sowohl am senkrechten Rande als auch oben auf dem Deckel sind Reihen kleiner Tiere mit schwarzem Firnis gemalt. Neben Löwen sind weidende Hirsche kenntlich. Als Füllornamente dienen Punkte und kleine Kreuze. (Abb. 50.)

Abb. 49. M. 35.   Abb. 50. M. 36.   Abb. 51. M. 38.

37) Vereinzelt stehen ein paar kleine Scherben von grünlichem Thon. Tiere in korinthischem Schmierstil. Gravierte Linien.

38) Kleine Kanne mit flachem Boden, langem dünnem Halse und Kleeblattmündung, zerbrochen. Heller Thon, schwarzer Firnisüberzug, einige eingravierte Linien, aufgesetzte weiße und rote Streifen. (Abb. 51.)

III. Vereinzelte Gefäße anderer Technik.

39) Amphoriskos, sehr feiner roter Thon. Ganz schwarz gefirnißt bis auf den Hals und einen Streifen an der Schulter, die thongrundig gelassen sind. Höhe 0.095 m. (Abb. 52.)

40) Zwei bauchige Kannen mit Kleeblattmündung. (Abb. 53.) Dunkelgrauer Thon mit schwarzem Firnis. Höhe 0.085 m. Ornament: am Halse Punktreihe in ausgespartem Streifen. Auf der Schulter hängende tropfenförmige Verzierungen, neben dem Henkel jederseits ein hängendes Dreieck und ein Kreuz.

Abb. 52. M. 39.   Abb. 53. M. 40.

41) Becher auf hohem Fuße. Zwei senkrechte Henkel. Rötlicher Thon. Schwarz-
braurner Firnis. Höhe 0.078 m. (Abb. 54.)

42) Miniatur - Amphora a colonnette.
Schwarz gefirnißt. Umlaufender Streifen mit
aufgesetztem Weiß. (Abb. 55.)

43) Flacher Teller mit polychromer
Malerei. Durchmesser 0.25 m. Abgebildet auf
Taf. II. Ueber diesen Teller wird weiterhin
genauer gehandelt.

Abb. 54. M. 41.   Abb. 55. M. 42.

b) Terrakotten.

I. Aus grobem, rötlichem Thon.

1) Stehende Klagefrau (Abb. 56), beide Hände greifen an der linken Kopfseite ins
Haar. Sie trägt ein langes Gewand, das glatt herabfällt und nur die nackten Füße frei läßt.
Der Chiton hat kurze Aermel. Er ist braun, vorn mit einem breiten roten Einsatz. Gegürtet
mit einem Gürtel von der Farbe des Thongrundes mit dunklen Tüpfeln. Gesicht und Arme
sind weiß; die großen Augen haben dunkle Pupille, braune Umränderung, starke Augenbrauen;
die Nase ist groß, der Mund mit roten Lippen; braunes Haar fällt in zwei großen, wagerecht

geteilten Massen auf die Schultern. Ueber der Stirn kleine Stirnlöckchen. Die Figur ist nicht mit einer Form hergestellt, sondern
aus freier Hand geknetet, die Finger und Zehen sind scharf in den
weichen Thon eingeschnitten. Die Hinterseite ist ganz unbemalt
gelassen. Der Unterteil der Figur ist hohl. Höhe 0.31 m. Der
Saum des Gewandes legt sich unten etwas auseinander, wie z. B. an
der samischen Hera des Louvre.

2) Bruchstück einer gleichen Frau (Abb. 57). Erhalten sind
Kopf, Hals, Schultern, Arme. Die Hände greifen von beiden Seiten
ins Haar. Farben wie bei 1). Vielleicht gehört dazu ein Unterkörper,
der genau dem von 1) entspricht. Höhe 0.085 m. Ohne Verwendung
einer Form gearbeitet.

Abb. 56. M. Terrakotten 1.   Abb. 57. M. Terrakotten 2.   Abb. 58. M. Terrakotten 3.

3) Oberkörper einer dritten (Abb. 58). Beide Arme, die nicht mehr anpassen, waren
anscheinend gesenkt und im Ellenbogen gebogen, die Unterarme vorgestreckt, die Fäuste
geschlossen und senkrecht durchbohrt. Grauweißes Gesicht. Die Haare sind nur mit einer

braunen Wellenlinie abgeschlossen. Im Haar ein braunes Band. Grauweißes Gewand mit braunen Tupfen. Ohne Verwendung einer Form hergestellt.

4) Bruchstück einer sitzenden langgewandeten Frau. Höhe 0.10 m. Das Kleid hat wagerechte braune Streifen. Aus freier Hand geknetet. Brettförmig flach wie die ältesten böotischen Terrakotten.

II. Aus feinem rotem Thon.

5) Stehende Frau (Abb. 59), beide Arme hängen am Körper herab, die Hände zu Fäusten geschlossen; der linke Fuß etwas vorgesetzt. Kleidung: Rote Schnabelschuhe, langer Chiton mit Halbärmeln, der vorn zwischen den Beinen in Parallelfalten herabfällt. Ein kleiner Mantel unter dem rechten Arm durchgezogen, auf der linken Schulter genestelt; seine Ränder, die schwarz gefärbt sind, fallen vorn und hinten herab. Die Haare sind braun. Die Hauptmasse fällt in wagerechte Locken geteilt auf den Rücken, jederseits zwei lange Locken nach vorn auf die Brust herab. Die Figur steht auf einer viereckigen Basis. Sorgfältige Arbeit, aus einer Form gepreßt, wie auch alle folgenden. Höhe 0.25 m.

Abb. 59. M. Terrakotten 5.   Abb. 60. M. Terrakotten 6.   Abb. 61. M. Terrakotten 7.   Abb. 62. M. Terrakotten 9.

6) Salbgefäß in Form einer stehenden Frau (Abb. 60). Linker Fuß etwas vorgesetzt. Der gesenkte rechte Arm faßt den Zipfel des Gewandes. Die linke Hand ist auf die Brust gelegt und hält eine Blüte. Kleidung: Langer Chiton mit wagerecht gestreiftem Saume, kleines auf der rechten Schulter zusammengestecktes schräges Mäntelchen. Die Füße nackt. Die Haare fallen senkrecht geteilt hinten herab, je zwei lange Locken auf Schulter und Brust; Stirnlöckchen. Rückseite wenig ausgeführt. Höhe 0.21 m. Ueber dem Kopf die Mündung des Gefäßes.

7) Alabastron. Den oberen Teil bilden Oberkörper und Kopf einer Frau. Verwaschene Formen. Beschädigt. Die rechte Hand ist vor die Brust gelegt und hält einen Vogel. Der Mantel scheint über den Kopf gezogen gewesen zu sein. Höhe 0.17 m. Ueber dem Kopf die Mündung des Gefäßes.

8) Kopf einer gleichen Frau.

9) Thronende Frau oder Göttin (Abb. 62). Beide Hände sind auf die Kniee gelegt. Vor dem Thron ein Schemel. Die Frau trägt Schuhe, langen roten Chiton mit Halbärmeln, einen

Thera II.   4

hohen cylindrischen Kopfputz mit darüber gelegtem Kopftuch, das bis auf die Schultern herabfällt. Höhe 0.17 m.

10) Ebenso (Abb. 63), nur ist der Stuhl rot, das Gewand anscheinend dunkel. Die linke
Hand ist vor die Brust gelegt und hält einen Vogel. Höhe 0.125 m.

Abb. 63. M. Terrakotten 10.   Abb. 64. M. Terrakotten 11.   Abb. 65. M. Terrakotten 12.

11) Gefäß in Form eines knienden nackten bartlosen Mannes von weichlichen Formen
(Abb. 64). Beide Hände sind auf die Schenkel gelegt. Das Haar fällt hinten in wagerecht
geteilter Masse herab, auf die Schultern und Brust in je drei langen Locken. Ueber dem Kopf
die Mündung des Gefäßes. Höhe 0.165 m.

Abb. 66. M. Terrakotten 13.

12) Gefäß in Form eines auf einem Maultier reitenden Silens (Abb. 65). Am Hals- und
Schwanzansatz je eine kleine Oese. Hinter dem
Reiter das Eingußloch. Der Körper des Tieres
ist ganz ungegliedert, hinten spitz zulaufend;
ebenso die sehr kurzen Beine. Mähne und Augen
sind schwarz gefärbt. Der ithyphallische Silen
hat große Pferdeohren, aufgeworfene Nase, großes
Maul, das geöffnet ist. Die Füße sind leider nicht
erhalten, doch waren es zweifellos Pferdefüße,
da die Terrakotte, wie die sämtlichen dieser
II. Gruppe, jonischer Kunst entstammt. Der Bart
und das Haar des Silens, das hinten lang herabfällt und wagerecht gegliedert ist, sind schwarz.
Höhe 0.20 m.

13) Gefäß in Form einer Sirene (Abb. 66). Auf dem Rücken eine Oese zum Aufhängen.
Der Kopf, über welchem sich die Mündung des Gefäßes befindet, ist nach der Seite gedreht. Die

Beine liegen angezogen unter dem Körper. Das Haar hängt hinten lang herab, vorn fallen jederseits zwei Locken auf die Brust. Der Bauch ist weiß, die Schulter rotbraun, dann folgt ein weißer Streifen; die Spitzen der Flügel und der Schwanz sind schwarz. Höhe 0.155 m. Es haben sich noch Bruchstücke einer gleichen erhalten.

14) Ebenso, nur kleiner (Abb. 67). Farben sind nicht erhalten. Drei Locken jederseits auf die Schulter fallend. Höhe 0.11 m.

15) Gefäß in Form eines sitzenden Vogels (Abb. 68 c). Der Kopf ist nach vorn gewandt, die Beine angezogen, der Schwanz senkrecht gehalten. Schwarzer Kopf, roter Schnabel, etwas Rot auch am Körper erhalten. Höhe 0.065 m, Länge 0.11 m.

16) Ebenso, nur ist der Kopf etwas gesenkt und der Schwanz wagerecht gelegt (Abb. 68 a). Schnabel vorn rot, hinten schwarz. Höhe 0.065 m.

Abb. 67. M. Terrakotten 14.

17) Wie 15 (Abb. 68 b). Der Kopf nach rechts gedreht. Der Schwanz ist schwarz.

18) Wie 15 (Abb. 68 d). Der Kopf etwas nach rechts gedreht. Schnabel schwarz, Schulter rotbraun.

Abb. 68 a, b, c, d, e. M. Terrakotten 15—19.

19) Wie 15 (Abb. 68 e). Der Kopf nach rechts gedreht, schwarz, der Schnabel hell. Am Flügel schwarze Farbe.

20) Gefäß in Form eines liegenden Esels (Abb. 69). Höhe 0.075 m, Länge 0.095 m.

21) Hockender Affe (Abb. 70). Weißer eiförmiger Körper. Kopf, Arme und Beine schwarz. Auge und Maul sind weiß. Eine Hand an die Brust, die andere auf den Kopf gelegt. Die Mündung des Gefäßes befindet sich auf dem Rücken. Ohne Form hergestellt. Höhe 0.075 m.

Abb. 69. M. Terrakotten 20.   Abb. 70. M. Terrak. 21.

4*

III. Heller korinthischer Thon.

22) Liegender Widder (Abb. 71). Große schneckenförmige Hörner, zwischen denen sich das Eingußloch befindet. Grauweiß mit braunen Firnistüpfeln, braunen Hörnern und Beinen. Ohne Form gemacht. Höhe 0.06 m, Länge 0.10 m.

23) Bruchstück eines Gefäßes in Form eines Kopfes mit herabgezogenem korinthischen Helm (Abb. 72). Der Helm ist schwarz, rot gerändert. Das Gesicht hell, thongrundig; Augenbrauen, Nase und Lippen braun. Der Busch ist rotbraun und setzt vorn mit einem halbkreisförmigen Bügel an den Helm an.

Abb. 71. M. Terrakotten 22.   Abb. 72. M. Terrakotten 23.

c) In gleicher Höhe des Abhanges, auf der Ostseite des Weges nach Perissa.

17. Kammer mit Brandgräbern.

Ein rechteckiger Raum ist in den weichen Felsen gearbeitet und von einer Bruchsteinmauer umgeben, die sich auf drei Seiten an den Abhang lehnt, an der Vorderseite freistehend gebaut ist. Die Länge der Seitenwände beträgt 3.10 m, die der Hinterwand 2.80 m, die der Vorderwand 2.75 m. Die Hinterwand ist noch 1.85 m hoch erhalten, die Höhe der Seitenwände nimmt dem Abfall der Erdoberfläche folgend ab. Von der Vorderwand ist nur noch eine Lage von Steinen erhalten. Einen Plan giebt die Skizze Abb. 73.

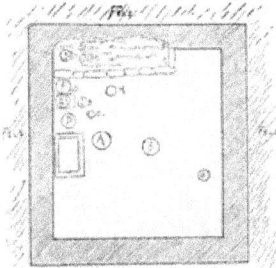

Abb. 73. Grab 17.   Abb. 74. Aschenkiste aus Grab 17.

Das Erdreich innerhalb des Mauervierecks ist von zahlreichen Bruchsteinen und Scherben durchsetzt. Auf dem Boden, der durch festgestampfte Erde gebildet war, fanden sich noch eine Anzahl Beisetzungen in mehr oder minder guter Erhaltung. Die hauptsächlichsten Funde sind auch auf der Planskizze Abb. 73 verzeichnet.

An der linken Seitenwand stand eine viereckige Aschenkiste aus vulkanischem Tuff. (Abb. 74). Höhe 0.42 m, Breite 0.42 m, Länge 0.59 m. Sie war unbedeckt und leer.

Rechts neben dieser Kiste stand bei *A* die große „bootische" Amphora, welche Abb. 75a, b abgebildet ist. Höhe 0,59 m. Roter Thon; braunschwarzer Firnis. Sie enthielt verbrannte Knochen und Asche.

a   b

Abb. 75a, b. Amphora aus Grab 17, Vorder- und Rückseite. Höhe 0,59 m.

Neben der Amphora lag eine kleinere (Höhe 0,19 m) aus grünlich-grauem Thone; geometrische Verzierungen in braunschwarzem Firnis (Abb. 76). Ferner zwei Scherben, von zwei geometrisch verzierten Näpfen herrührend. Rechts von *A* lag bei *B* eine große kugelförmige Kanne (Abb. 77), Höhe 0,31 m, mit niedrigem Halse und senkrechtem Henkel. Die Mündung fehlt. Grober roter Thon ohne besondere Pflege der Oberfläche. Mit weißer Farbe sind ein paar hängende Dreiecke und umlaufende Streifen auf die Schulter gemalt. Kein Inhalt.

Abb. 76. Amphora aus Grab 17.   Abb. 77. Kanne aus Grab 17 *B*.   Abb. 78. Bronzekessel aus Grab 17 *D*.
Höhe 0,19 m.   Höhe 0,31 m.   Höhe 0,20 m, Durchmesser 0,34 m.

Unmittelbar hinter der Aschenkiste stand bei *D* ein Bronzekessel (Abb. 78). Höhe 0,20 m, Durchmesser 0,34 m. Es fanden sich auch noch Reste seines flachen Deckels. Den Inhalt bildeten verbrannte Knochen und Bruchstücke einer verbrannten protokorinthischen Lekythos. An den Wänden klebten in der Patina Reste von Zeug, in welches die Knochen eingepackt waren. Neben dem Kessel stand bei *C* eine kleine frühprotokorinthische Kanne

(Abb. 79). Höhe 0,055 ᵐ. Sie ist unten gefirnißt; dann folgen zwei Streifen; auf der Schulter Dreiecke.

Etwas weiter rechts stand ein zerbrochener Napf. Höhe 0.10 ᵐ, (Abb. 80.) Feiner roter Thon, lederfarbene Oberfläche, ausgesprochen bräunlicher Firnis. Die Zeichnung ist flüchtig und ganz abweichend von Theräischer. Ob diese Gefäße zu D oder etwa zu A und B gehören, kann nicht mit Sicherheit entschieden werden.

Bei E stand ein großer, glockenförmiger Krater mit hohem Fuß (Abb. 81).

Abb. 79. Kanne aus Grab 17 C. Höhe 0.055 ᵐ.

Höhe 0.24 ᵐ, Durchmesser 0.23 ᵐ. Feiner braunroter Thon, Oberfläche heller. Schwarzbrauner Firnis, der stark abgerieben ist. Das Ornament ist auf der Abbildung kenntlich und entspricht genau dem der Amphora aus Grab 18 (S. 35), mit der das Gefäß auch technisch übereinstimmt. Der untere Teil und der Fuß ist gefirnißt bis auf einige ausgesparte Streifen. Innen ganz gefirnißt. Das Gefäß stand auf einem Stein und enthielt

Abb. 80   Napf aus Grab 17. Höhe 0.10ᵐ.

Abb. 81. Krater aus Grab 17 E. Höhe 0.24 ᵐ.

verbrannte Knochen, einen kleinen einfachen Fingerring von Bronze und die schlanke Amphora Abb. 82 (Höhe 0.265 ᵐ), deren Dekoration, da die Oberfläche ganz zerfressen ist, nicht mehr genauer zu erkennen ist. Roter theräischer Thon mit hellem Ueberzug. Die Amphora lag auf der Seite, und ihre Mündung war durch die kleine Kanne Abb. 83 geschlossen. Höhe 0.08 ᵐ. Diese hat feinen roten Thon mit hellerer Oberfläche, wie die Amphora Abb. 75, und violettbraunen Firnis.

Um den Krater herum standen mindestens 6 mehr oder weniger beschädigte Näpfe theräischer Art, wie Abb. 84, und eine kleine Kanne aus sehr feinem hellgelblichem Thone (Höhe 0.09 ᵐ, Abb. 85).

Abb. 82. Amphora aus Grab 17 E. Höhe 0.265 ᵐ.   Abb. 83. Kanne aus Grab 17 E. Höhe 0.08 ᵐ.   Abb. 84. Napf aus Grab 17.   Abb. 85. Kanne aus Grab 17. Höhe 0.09 ᵐ.

Die Oberfläche der Kanne ist vorzüglich geglättet, die Farbe ganz abgeblättert. Die Malerei läßt sich aber noch an dem verschiedenen Glanze der Oberfläche erkennen. Den unteren

Teil schmückten umlaufende Linien, die Schulter konzentrische Kreise und senkrechte Schlangenlinien.

Gleich hinter dieser Beisetzung fanden sich bei *F* Reste eines sehr zerstörten Gefäßes. Die Oberfläche ist zerfressen und abgesplittert. Es scheint eine schlanke dünnwandige Amphora gewesen zu sein, aus rotem feinem Thone, gefirnißt bis auf einige ausgesparte Streifen. Auf den Firnis sind weiße Linien und konzentrische Kreise gemalt. Die Schulter war unten durch ein Flechtband abgeschlossen. Geteilt war die Schulterdekoration durch senkrechte Streifen mit Zickzacklinien. Dazwischen Radornamente. Den oberen Abschluß bildet eine Art primitiven Stabornamentes. Inhalt: Knochenkohle und eine kleine Muschel. Daneben stand eine kleine Kanne (Höhe 0.09 m Abb. 86), genau Abb. 85 entsprechend. 50 cm weiter rechts stand ein theräischer Napf (Abb. 87) auf seiner Mündung.

Abb. 86. Kanne aus Grab 17. Höhe 0.09 m.

Die Hinterwand des Grabes war zum Teil von oben her ausgebrochen, als man einen Schacht senkrecht in den Boden grub, um einen Leichnam beizusetzen. Das Skelett fand sich ausgestreckt auf dem stehengebliebenen Reste der Mauer ruhend, wie der Plan zeigt. Es war mit Steinen umstellt und bedeckt. Beigaben fanden sich nicht; doch zeigt die Anlage des Grabes und der Vergleich der übrigen Skelettgräber auf der Sellada, daß wir es mit einer ganz späten Beisetzung zu thun haben. Ein menschlicher Schädel fand sich auch auf dem Boden des archaischen Grabes, dicht neben dem Stein, auf welchem das Gefäß *E* stand. Auch er gehört gewiß einem Grabe der Spätzeit an, und es wird sich dadurch erklären, weshalb dieser Teil des alten Grabes in so zerstörtem Zustande auf uns gekommen

Abb. 87. Napf aus Grab 17.

ist und fast alle Funde nahe der linken Wand gemacht wurden. Die Mitte und die rechte Seite waren nicht mehr unberührt.

Im Schutte des Grabes 17 fanden sich noch eine Reihe kleiner Gefäße und Scherben von zahlreichen Vasen der verschiedensten Arten und Formen, die der Vollständigkeit halber hier aufgezählt werden sollen.

1) Bruchstück eines Deckels mit Knopf (Durchmesser 0.20 m). Roter theräischer Thon mit weißlichem Ueberzug, der meist abgesprungen ist. Der senkrechte Rand ist mit tangierten konzentrischen Kreisen verziert.

2) An der rechten Seitenwand bei *G* auf dem Plane standen zwei ganz gleiche theräische Näpfe aufeinander, von denen der eine Abb. 88 abgebildet ist.

Abb. 88. Skyphos aus Grab 17 G.   Abb. 89. Scherbe einer theräischen Amphora aus Grab 17 (No. 4).

3) Bruchstücke eines Napfes aus theräischem Thon; ganz gefirnißt bis auf den bandförmigen Henkel, der hellen Ueberzug und darauf wagerechte Firnisstriche hat.

4) Bruchstück von einer Urne, Form wie Abb. 155. Theräischer Thon. Sehr guter Ueberzug. Auf der Schulter schraffierte Dreiecke (Abb. 89).

5) Zwei Bruchstücke eines großen wohl theräischen Napfes (Abb. 90a, b). Der Henkel ist durch einen Bügel mit dem Rande verbunden. Am senkrechten Rande Flechtband. Darunter senkrechtes Flechtband, Gitterstreifen, Dreiecke.

a

b

Abb. 90a, b. Aus Grab 17 (No. 5).

6) Drei Scherben eines reich dekorierten Gefäßes. Das größte derselben ist Abb. 91 in halber Größe wiedergegeben. Der Thon ist rot und fein, sicher nicht theräisch. Die Oberfläche lebhaft rotbraun, der Firnis violettbraun.

a

b

Abb. 92a, b. Bruchstücke eines Deckels aus Grab 17 (No. 7).

Abb. 91. Scherbe aus Grab 17 (No. 6).

Abb. 93. Scherbe aus Grab 17 (No. 8).

7) Deckel aus rotem Thon mit violettrotem Firnis. Dreifaches Zickzack, schraffiertes Zickzackband, schraffierter Mäander. Dazu gehört ein hoher Knopf. (Abb. 92a, b.) Technisch No. 6 entsprechend.

8) Scherbe eines Gefäßes mit Doppelhenkel und hohem Halse. Unter jeder Schlinge des Henkels ist ein Auge gemalt, so daß die Schlinge die Augenbraue, das Mittelstück des Henkels die Nase bildet. (Abb. 93.) Nach dem Thon nicht theräisch.

9) Scherbe von einer großen Kanne mit Kleeblattmündung. Feiner roter Thon. Die Lippe gefirnißt. Darunter Schlangenlinie.

10) Scherbe eines Tellers. Roter Thon. Form wie Abb. 14 (S. 18). Der Rest der Darstellung ist unverständlich. (Abb. 94.)

11) Scherben von drei Deckeln. Feiner roter Thon mit violettbraunem Firnisüberzug. Ausgesparte helle Linien. Der größte hat auf dem Knopf ein Kreuz. (Abb. 95, 96.)

12) Zwei Scherben eines der Teller mit Schlingenhenkel wie Abb. 118.

Abb. 94. Scherbe aus Grab 17 (No. 10).

Abb. 95. Deckel aus Grab 17 (No. 11).

Abb. 96. Deckelknopf aus Grab 17 (No. 11).

Abb. 97. Napf aus Grab 17 (No. 16).

13) Scherbe von einer Art Pyxis mit senkrechter Wandung und wagerechtem, einwärts gebogenem Rande. Der senkrecht angeklebte, aus zwei Stäben zusammengesetzte Henkel ist erhalten.

14) Scherbe von der Schulter einer Kanne wie in Grab 84 (Abb. 200).

15) Scherben von Hals und Schulter eines ähnlichen Gefäßes. Engere Mündung.

16) Napf mit Doppelhenkeln (Abb. 97), verziert mit einigen Linien in mattem hellbraunem Firnis. Scherben mehrerer gleichartiger, auch solcher mit einfachem bandförmigem Henkel. Gleichartige im Massenfund (S. 20).

17) Zerbrochener kleiner Napf mit zwei Henkeln und senkrechten Wandungen. Form und Technik wie bei Abb. 35c (S. 21).

Abb. 98. Skyphos aus Grab 17 (No. 20). Höhe 0.08 m.

Abb. 99.

18) Bruchstück einer Schale mit hohem Fuß. Thon und Technik wie bei den kleinen Napfen mit Doppelhenkel (vergl. No. 16). Geschmückt mit umlaufenden Streifen.

19) Bruchstücke eines größeren und eines kleineren einhenkligen Kruges. Form wie Abb. 20 (S. 19).

20) Zwei beschädigte Skyphoi mit scharf absetzendem Rande (der eine Abb. 98). Höhe 0.08 und 0.075 m. Beide sind etwa in der Mitte des Grabes gefunden. Sehr feiner roter Thon. Schwarzer Firnis. Der eine trägt am Rande die eingeritzte Inschrift Τερψία ἠμί. I. G. I. III 990 (Abb. 99). Auf der anderen Seite sind die drei ersten Buchstaben der Inschrift noch einmal wiederholt.

Thera II.

5

Außer diesen beiden fanden sich noch Bruchstücke einer ganzen Reihe gleichartiger Skyphoi. Auch Scherben eines Amphoriskos wie Abb. 52 (S. 23). Diese Amphoriskoi gehören sicher der gleichen Gattung wie die Skyphoi an.

21) Undekorierter zweihenkliger Topf aus feinem gelblichem Thon. Höhe 0.10 m. (Abb. 100.) Gehört technisch zu den Kannen wie Abb. 85 (S. 30). Bruchstück eines zweiten.

22) Kleine protokorinthische Lekythos. (Abb. 101.) Höhe 0.065 m. Sehr fein. Auf dem Rand der Mündung Strahlen, auf der Schulter Hakenspiralen. Dann umlaufende Streifen, laufende Hunde, zwischen denen Punktrosetten. Am Fuß Strahlen.

| Abb. 100. Aus Grab 17 (No. 21). Höhe 0.10 m. | Abb. 101. Aus Grab 17 (No. 22). Höhe 0.065 m. | Abb. 102. Aus Grab 17 (No. 23). Höhe 0.06 m. | Abb. 103. Aus Grab 17 (No. 24). Höhe 0.055 m. |

23) Kleiner korinthischer Aryballos. Höhe 0.06 m. (Abb. 102.) Gefirnißt. Dann senkrecht durch gravierte Linien in Segmente geteilt, die abwechselnd Firnisfarbe und rote oder gelbe Deckfarbe zeigen.

24) Korinthischer Aryballos mit Fuß. Höhe 0.055 m. (Abb. 103.) Mit roter und schwarzer Farbe sind umlaufende Linien aufgemalt.

25) Bruchstück eines protokorinthischen Lekythion.

26) Scherbe eines protokorinthischen Pyxisdeckels.

27) Scherben eines schönen großen protokorinthischen Deckels. (Abb. 104.)

28) Scherbe eines protokorinthischen Skyphos; ganz gefirnißt mit aufgesetztem gelbem Streifen. Zur Verdeutlichung vergl. z. B. Ἐφ. ἀρχ. 1898, πίν. 2, No. 3, 4.

| Abb. 104. Aus Grab 17 (No. 24). | Abb. 105. Aus Grab 17 (No. 30). | Abb. 106. Aus Grab 17 (No. 31). |

29) Scherbe einer feinen protokorinthischen Lekythos. Rest einer dunkeln Schlangenlinie mit aufgesetzten weißen Punkten und graviertem Umriß.

30) Drei Scherben eines feinen Kännchens. Die Form war gedrückt mit einer starken Biegung der Wandung. (Vergl. etwa Abb. 79 S. 30.) Braun gefirnißt. Auf den Firnis sind mit Weiß umlaufende Linien und konzentrische Kreise gesetzt. (Abb. 105.)

31) Scherbe eines Aryballos aus hellgrauem feinem Thon; von oben nach unten laufen vor dem Brande eingeritzte Linien. (Abb. 106.)

32) Auch vor der Vorderwand des Grabes fanden sich noch eine Reihe geometrischer und protokorinthischer Scherben. Ich habe besonders angemerkt einige Scherben von großen

theräischen Amphoren; Scherben eines gewöhnlichen Kochtopfes; Scherben von zwei größeren schwarz gefirnißten Gefäßen. Ueber die Form dieser letzteren ist nichts mehr auszusagen. Ausgesparte umlaufende Linien. Bei dem einen ist auch aufgesetztes Weiß verwendet. — Scherben einer Kanne aus hellem Thon. Ueber dem Fuße Strahlen, alles weitere gefirnißt. Mit aufgesetztem Weiß und Rot ist auf der Schulter ein Stabornament gemalt, dessen Umrisse graviert sind.

d) Gruppe der Gräber 18—41.

Diese Gräber liegen unmittelbar über dem Grab 17, unter ihnen die große Grabkammer 31, die auch auf Blatt 5 der Kartenmappe eingemessen ist. Grab 32—41 liegen westlich, 18—30 östlich von 31.

18. Brandgrab.

Auf dem Felsen, der sich hier nur 0.50 m unter der Erdoberfläche befand, lag 1.80 m von der Nordost-Ecke des großen Grabes 17 entfernt eine schlanke Amphora mit Doppelhenkeln (Abb. 107). Der Hals, der schon im Altertum einmal angeflickt war, fehlt.

Neben dem Boden der Amphora lagen:

a) Zwei Scherben eines großen Gefäßes aus grobem Thon;

b) ein kleiner Kochtopf, etwa wie Abb. 109;

c) ein paar Scherben einer theräischen Amphora mit Doppelhenkeln, wie Abb. 155 (S. 48);

d) das Bruchstück eines Deckels der üblichen theräischen Art mit senkrechtem Rand, auf den tangierte konzentrische Kreise gemalt sind.

19. Brandgrab.

In 1.00 m Tiefe lag auf der Seite eine Amphora aus dem groben Thon der Kochtöpfe, ohne Dekoration, mit Asche gefüllt. Der Boden eines zweiten groben Gefäßes hat wohl als Deckel gedient.

Daneben lag ein geometrisch verzierter Napf mit abgesetzter Lippe. Beide Gefäße waren ganz zerdrückt, mit Steinen umstellt und bedeckt.

Abb. 107. Amphora aus Grab 18.

20. Archaische Grabkammer.

Großes gemauertes Rechteck wie Grab 17. Länge der Vorderwand 5.00 m, der Seitenwand 2.00 m, der Hinterwand 2.80 m. An der vierten Seite bildet der Abfall des hier in südöstlicher Richtung verlaufenden Felsens die Begrenzung. Die Wände sind 0.50 m dick und aus Bruchsteinen aufgeschichtet. Von dem ursprünglichen Inhalt war nichts mehr vorhanden. Das Grab ist bei der Anlage zweier Skelettgräber, welche keine Beigaben enthielten, zerstört und ausgeraubt worden. Vor dem Grabe fand sich einer der „Opfertische" mit drei Füßen (wie Abb. 13, S. 18), der vielleicht ursprünglich darüber gestanden hat.

21. Archaisches Kindergrab.

Der Fels ist von oben her etwas ausgehöhlt, so daß man bis zu 1.20 m unter die Boden-oberfläche vordringen konnte. Hier lag eine Amphora (Abb. 108a, b) auf der Seite. Höhe 0.535 m. Es ist ein plumpes kleines Exemplar der theräischen Gattung; auch die Malerei ist sehr flüchtig.

Abb. 108a, b. Amphora aus Grab 21, Vorder- und Rückseite. Höhe 0.535 m.

In der Mündung steckte der einhenklige Krug Abb. 109, aus grobem rotem Thon, der aber etwas besser geglättet ist als sonst bei den Kochtöpfen. Höhe 0.17 m.

Abb. 109. Beigabe des Grabes 21.
Höhe 0.17 m.

Abb. 110. Beigabe des Grabes 21.
Höhe 0.06 m.

Abb. 111. Beigabe des Grabes 21.
Höhe 0.055 m.

Im Inneren der Amphora fanden sich die unverbrannten Knochen eines kleinen Kindes; ferner zwei kleine Henkelkrüge aus theräischem Thon mit einem schlechten Ueberzug, der abblättert, ohne Ornament (Abb. 110); Höhe 0.06 m; ein Töpfchen mit seitlicher enger Ausgußröhre (Abb. 111); Höhe 0.055 m. Der Henkel ist abgebrochen. Der Thon hat hellen schlechten Ueberzug; mit blassem Firnis sind umlaufende Linien und Punkte auf das Gefäß gemalt.

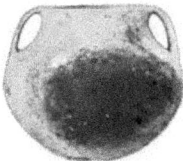

22. Brandgrab.

Gefunden in 1.00 m Tiefe.

Großer Kochtopf aus grobem Thon mit zwei breiten senkrechten Henkeln (Abb. 112). Höhe 0.32 m. Inhalt: verbrannte Knochen.

Abb. 112. Kochtopf aus Grab 22.
Höhe 0.32 m.

23. Brandgrab.

1.30 m tief wurde eine auf der Seite liegende Amphora von der Form Abb. 108 gefunden. Höhe 0.53 m. Die Oberfläche ist ganz zerfressen, so daß nicht mehr zu sagen ist, ob Ueberzug vorhanden war. Auch von der Dekoration ist nichts mehr zu sehen. Inhalt: verbrannte Knochen. Keine Beigaben.

24. Brandgrab.

Unmittelbar neben Grab 23, zum Teil über ihm liegend wurde ein zweites Grab gefunden. Es enthielt eine kleine Urne aus grobem Thon, ohne Dekoration, von der nur zwei Stücke erhalten waren. Keine Beigaben. Dieses Grab muß nach 23 angelegt sein, doch gehört es wohl auch noch der archaischen Periode an.

25. Brandgrab.

1.20 m tief wurde eine große theräische Amphora der üblichen Form auf der Seite liegend gefunden, leider ganz zerdrückt. Der Hals abgebildet (Abb. 113).

Abb. 113. Hals der Amphora   Abb. 114. Krug aus Grab 25.   Abb. 115. Krug aus Grab 25.
aus Grab 25.

Die Mündung war mit einer großen groben Schale theräischer Technik geschlossen, deren Fuß zum Teil fehlt. Durchmesser 0.32 m. Am Rand ist die Schale zweimal durchbohrt. Dekoration: Firnisstreifen. In der Amphora waren verbrannte Knochen, ein kleiner, einhenkliger Krug aus ziegelrotem Thon (Abb. 114) und ein Krug mit seitlichem röhrenförmigem Ausguß (Abb. 115); letzterer ist mit mattem dunklem Firnis überzogen.

26. Brandgrab.

Direkt neben dem Fuß der Amphora von Grab 25 lag eine zerbrochene fußlose Amphora aus grobem Thon, verziert durch vier umlaufende, in den noch weichen Thon tief eingerissene Linien. Höhe 0.30 m. Form etwa wie Abb. 192 (in Grab 79). Sie enthielt nur verbrannte Knochen.

27. Archaisches Kindergrab.

Tiefe 1.00 m. Große schlanke Amphora, ganz zerdrückt auf der Seite liegend gefunden, etwas in den Felsen eingearbeitet und mit einigen Steinen bepackt. Die Amphora ist aus dunkelgrauem Thon mit weißen Einsprengungen gefertigt, der vom Brande an einzelnen Stellen etwas gerötet ist. Die Oberfläche ist nicht gut geglättet und hat einen grauen durch

Schlemmen hergestellten Ueberzug. Die Mündung hat dieselbe blechartig umgebogene Lippe, wie andere theräische Amphoren. Metallform zeigen auch die Henkel, welche vom Halse senkrecht zur Schulter hinablaufen. Diese sind aus drei Stäben zusammengesetzt, deren mittelster schräg schnurartig gerillt ist. Auf einer Scherbe des Gefäßes ist die Inschrift Abb. 116 (I. G. I. III 986) eingeritzt.

Als Deckel dient der Boden einer zerbrochenen Vase.

Inhalt: unverbrannte Kinderknochen und ein kleines Täßchen mit Henkel (Abb. 117).

Abb. 116.

Abb. 117. Tasse aus Grab 27.

28. Archaisches Grab.

In etwa 3.00 m Tiefe ist seitwärts eine große Höhlung in den Fels gebrochen, etwa 1.00 m hoch. Die Oeffnung war ursprünglich mit einer Mauer geschlossen, die zum Teil zerstört aufgefunden wurde. Das Grab selbst war ausgeraubt. Vor der Höhle an der Mauer lagen die Bruchstücke eines geometrisch verzierten Tellers (Abb. 118). Braunroter feiner Thon ohne Ueberzug; violettbrauner Firnis. Durchmesser 0.25 m. Im Inneren fand sich nur noch eine

Abb. 118. Teller aus Grab 28.
Durchmesser 0.25 m.

Abb. 119. Kanne aus Grab 28.

Abb. 120. Tasse aus Grab 28.

kleine Kanne mit seitlichem röhrenförmigem Ausguß (Abb. 119), zwei kleine Täßchen der üblichen Form (Abb. 120), drei Scherben eines protokorinthischen Napfes der schlechten Sorte wie im Massenfund und eine Scherbe eines größeren Gefäßes, gefirnißt bis auf ausgesparte Streifen.

29. Zerstörtes Brandgrab.

Reste einer großen theräischen Amphora, welche stark geschwärzt ist und auf einer dicken Kohlenschicht liegt.

30. Spätes Skelettgrab.

Ohne Beigaben. Die Umfassung ist zum Teil aus alten Lavaquadern zusammengesetzt. Auf zwei mitverbauten Kalksteinblöcken von 0.62 m resp. 0.39 m Länge stehen die archaischen Grabinschriften I. G. I. III 804 und 812.

31. Grabkammer.

Große Grabkammer (2.30 × 2.38 m), deren Mauern mit Tuffquadern verkleidet sind. An der Vorderseite eine Thür, die durch einen kurzen Dromos zugänglich ist. Für alles Nähere verweise ich auf die Ausführungen im dritten Abschnitt des dritten Kapitels. Einen Plan giebt Abb. 121.

Von den Beisetzungen im Innern fanden sich nur noch ein paar verstreute Knochenreste.

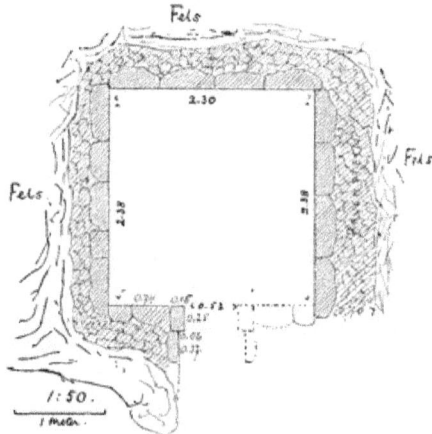

Abb. 121. Grabkammer 31.

32. Brandgrab,

1.30 m tief im Schutt gefunden.

„Böotische" Amphora (Abb. 122a, b). (Höhe 0.47 m.) Schlechte Technik. Thon und Firnis rot.

Abb. 122a, b. Amphora aus Grab 32. Höhe 0.47 m.

Bedeckt war die Amphora mit den Abb. 123 a, b, c abgebildeten eigenartigen Scherben von einem großen Gefäß aus grobem rotem Thon. Die Dekoration besteht aus scharf eingepreßten Dreiecken und Kreisen. c paßt oben an b an, was ich erst nach Aufnahme der Photographie bemerkt habe. Oben an c ist uns der Rand erhalten. Die Scherben stammen also von einem großen offenen Gefäß.

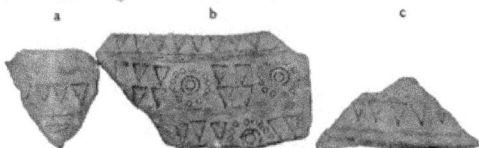

a   b   c

Abb. 123a, b, c. Scherben aus Grab 32.

Abb. 124 Tasse aus Grab 32.
Höhe 0.037 m.

Die Amphora enthielt nur verbrannte Knochen. Dabei stand ein einhenkliger Kochtopf aus grobem Thon. (Höhe 0.19 m, Form wie Abb. 177.) In diesem lagen zwei kleine einhenklige Tassen (Höhe 0.037 m und 0.033 m, Abb. 124) und eine Thonkanne (Abb. 125, Höhe 0.125 m) aus theräischem Thon. Der Henkel der letzteren fehlt. Sie war mit schlechtem schwarzem Firnis überzogen.

Abb. 125. Kanne aus Grab 32.
Höhe 0.125 m.

Abb. 126. Hydria aus Grab 33.
Höhe 0.28 m.

Abb. 127. Bronzeblatt
aus Grab 33.

33. Brandgrab hellenistischer Zeit.

Tiefe 1.00 m.

Schlanke kleine Hydria (Höhe 0.28 m Abb. 126). Sie ist fein profiliert, namentlich der Fuß, der unten geschlossen, nach dem Gefäße zu aber offen ist. Feiner roter Thon, rötlicher matter Firnis. Die Malerei ist mit weißer Deckfarbe aufgetragen. Auf dem Bauch des Gefäßes ein nach links schreitender Steinbock; hinter ihm ein knorriger Baum. Die Urne war aufrecht stehend in Steine eingepackt und durch die Erdmassen zerdrückt. Den Inhalt bildeten verbrannte Knochen und Reste eines vergoldeten Bronzekranzes, der aus herzförmigen Blättern besteht, zwischen welchen kleine vergoldete Thonbeeren saßen. Der Kranz ist leider ganz zerfallen. Eines der Blätter ist Abb. 127 abgebildet.

Unmittelbar über dieser Urne lag ein spätes Skelettgrab.

34. Brandgrab.

Dicht neben Grab 33 und wohl derselben Zeit angehörig.

Schlanke Hydria, aufrecht stehend, aber ganz zerdrückt gefunden. Schulter stark abgesetzt.
Niedriger Fuß. Der Hals ist Abb. 128 abgebildet. Hellziegelroter Thon. Die Oberfläche ist gut

Abb. 128. Hals der Amphora aus Grab 34. 　　Abb. 129. 　　Abb. 130. Bronzeblatt aus Grab 34.

geglättet. Die einzige Dekoration bilden das Abb. 129 gezeichnete Ornament, das mit bräunlichem
Firnis auf den Hals gemalt ist, und umlaufende Firnisstreifen. Inhalt: außer Knochen nur zwei dünne
Bronzeblättchen (Abb. 130), wohl auch Reste eines Bronzekranzes, mit Resten von Vergoldung.

35. Brandgrab.

Hydria, genau der vorigen entsprechend und unmittelbar neben dieser
gefunden. Außer Knochen fanden sich in dieser Spuren eines Gewebes, in das
die Knochen wohl eingewickelt waren.

36. Skelettgrab.

Inhalt: drei „Thränenfläschchen" aus Glas wie Abb. 131. Höhe 0.15 m,
0.11 m, 0.035 m.

Abb. 131. Aus
Grab 36.

37 und 38. Brandgräber.

Unmittelbar nebeneinander fanden sich zwei ganz zerbrochene Urnen mit Knochenkohle. Die Amphora aus Grab 38 hat groben theräischen Thon mit Ueberzug, weite Mündung,
breite vom Hals zur Schulter laufende Henkel, an deren Ansatz vier plastisch aufgesetzte
Knöpfchen, wie Nagelköpfe, sitzen. Es ist also Nachahmung eines Metallgefäßes. Das Gefäß
aus Grab 37 ist so zerstört, daß über die
Form Sicheres nicht mehr zu sagen ist.

Die Gräber sind in dieser Gegend
alle in sehr traurigem Zustande, da sie dicht
unter der Oberfläche liegen.

39. Brandgrab.

Tiefe 1.40 m. Theräische Amphora
Abb. 132. Höhe 0.59 m.

Inhalt: ein bauchiger kleiner Koch-
topf aus grobem Thon mit einem Henkel.
Form wie Abb. 177 (S. 54); ein zerbrochener
kleiner Krug ohne Dekoration; der Henkel
ist abgebrochen. Höhe 0.07 m. (Abb. 133.)
Eine kleine Tasse aus grauem Thon. Der
Firnis ist ganz abgerieben. Form wie
Abb. 135 (S. 45). Höhe 0.04 m.

Abb. 132. Amphora aus Grab 39.　Abb. 133. Gefäß
Höhe 0.59 m.　aus Grab 39. Höhe
0.07 m.

40. Brandgrab.

Tiefe 1,40 m. Die Asche lag in einer „böotischen" Amphora mit hohem Fuß (Abb. 134 a, b), die in mehrere Stücke gebrochen war. Einige Scherben fehlen. Höhe 0,50 m. Roter Thon mit hellem gelblichem Ueberzug; Malerei mit dunkelbraunem Firnis.

Abb. 134 a, b. Amphora aus Grab 40, Vorder- und Rückseite. Höhe 0,50 m.

41. Brandgrab.

Tiefe 1,80 m.

Eine große theräische Amphora wurde ganz zerbrochen und auf der Seite liegend gefunden. Als Deckel diente der Boden eines Gefäßes. Sie war in Steine eingepackt. Darunter lag eine dicke Aschenschicht, die nach beiden Seiten über das Gefäß hinausreichte.

e) Gruppe der Gräber 42—50.

Die Front des Grabes 42 ist auf Blatt 5 der Kartenmappe gezeichnet. Sie liegt in gerader Linie westlich von Grab 34, über der Gruppe b und reicht im Westen bis an den hier zu Tage tretenden Fels. Grab 43 und 44 sind hart an der östlichen Seitenwand von 42, Grab 45 und 46 vor der Vorderwand desselben Grabes gefunden, wo auch die Inschriften I. G. I. III 934, 944,

Abb. 135. Grab 42.

952, 954, 960, 962 und 967 zu Tage kamen. Grab 47 bis 50 liegen einige Meter weiter östlich nahe bei einander.

42. Grabkammer.

Die Wände der Kammer lehnen sich auf zwei Seiten an den Abhang. Die freigelegte Frontmauer mit der Thüre ist auf Abb. 135

skizziert, der Grundriß derselben Abb. 136; für alles Nähere verweise ich auf den dritten
Abschnitt des dritten Kapitels, wo das Grab genauer behandelt werden muß. Hinter der
Thür fand sich ein Skelettgrab, in der
Richtung der Thür, aus Platten zu-
sammengesetzt. Es enthielt geringe
Skelettreste; der Kopf lag offenbar un-
mittelbar an der Thür. Etwa in der
Mitte des Körpers lag an der linken
Seite desselben ein geriefelter Becher
aus rotem Thon, ohne besondere Pflege
der Oberfläche (Abb. 138). Höhe 0.09 m.
Ferner eine Salbflasche aus feinem
grauem Thon (Abb. 137). Höhe 0.14 m,
der Hals einer Glasflasche, ein Stück

Abb. 136. Grab 42.

vom Rande eines Glasbechers und eine Perle aus Bernstein.

Außerdem fanden sich vor dem Grabe im Schutt: a) ein kleiner henkelloser Becher
aus grobem Thon, ähnlich dem eben genannten. Höhe 0.08 m; b) mehrere späte Lampen;
c) Scherben verschiedener Zeit.

Abb. 137. Flasche aus
Grab 42. Höhe 0.14 m.

Abb. 138. Becher aus
Grab 42. Höhe 0.09 m.

Abb. 139 Kännchen aus
Grab 43. Höhe 0.08 m.

Abb. 140 Napf aus
Grab 43. Höhe 0.125 m.

43. Brandgrab.

Unmittelbar neben der rechten Seitenwand von 42 liegt, durch ein Skelettgrab ohne
Beigaben zerstört, ein Brandgrab; darin die Bruchstücke einer großen theräischen Amphora.
Beigaben: ein protokorinthischer Napf (Höhe 0.10 m) aus feinem grünlichem Thon;
ein bauchiges Kännchen (Abb. 139) aus feinem rotem Thon mit Firnisüberzug, der Hals fehlt.
Höhe 0.08 m; ein zweihenkliger Napf mit enger Mündung (Abb. 140). Höhe 0.125 m, mit auf-
fallend rotem Thon und Firnis.

44. Skelettgrab.

In 2.20 m Tiefe gefunden.

Das Grab lag neben der rechten Seitenwand des Grabhauses 42, an dessen Mauer das
Kopfende stößt. Es bestand aus einer Steinsetzung von 1.10 m Länge, 0.50 m Breite, 0.40 m Tiefe.
Beigaben: große Kanne mit Henkel aus rotem Thon, Höhe 0.25 m; Salbfläschchen
aus feinem grauem Thon wie Abb. 137. Höhe 0.135 m.

45 und 46. Brandgräber.

Etwa 0.80 m von der Mauer des großen Grabhauses entfernt, 1.00 m rechts von der
Thüre kamen in einer Tiefe von 1.60 m zwei große theräische Amphoren zum Vorschein, die

hintereinander lagen, durch einen Zwischenraum von nur 0.40 m voneinander getrennt. Bei beiden ist die Mündung durch eine rund zugehauene Steinplatte geschlossen. Sie enthielten nur geringe Aschenreste.

Abb. 141. Amphora aus Grab 45. Höhe 0.78 m.

Abb. 142. Amphora aus Grab 46. Höhe 0.82 m.

45. (Abb. 141.) Höhe 0.78 m. Vollkommen intakt.

46. (Abb. 142.) Höhe 0.82 m. Ganz ähnlich der vorigen. Diese Amphora war schon im Altertum zerbrochen und geflickt, wie es scheint mit Schnur, da sich in den Bohrlöchern keine Spuren von Bleiklammern mehr fanden.

47. Brandgrab.

Tiefe: 1.40 m. Einhenkliger Kochtopf aus grobem rotem Thon, wie Abb. 177 (S. 54). Höhe 0.28 m, stark zerfressen und zerdrückt. Das Gefäß lag auf der Seite, war in roher Weise mit einem Stein geschlossen und enthielt Knochenkohle.

48. Brandgrab.

Abb. 143. Aus Grab 48.

Das Grab ist bei Anlage eines Skelettgrabes zerstört. Hals und Schulter einer großen theräisch-geometrischen Amphora (Abb. 143) lagen noch in situ, durch eine runde Steinplatte geschlossen. Die übrigen Scherben waren fortgeschafft. Das Grab lag 1.50 m tief, während das Skelettgrab bis fast 3.00 m Tiefe hinab geführt war.

49. Brandgrab.

1.75 m unter der Oberfläche lag in der Erde die große theräische Amphora Abb. 144 (S. 45) auf der Seite, von der Schwere der darüber liegenden Erde zwar zerdrückt, aber vollständig.

Aschenreste konnte ich nicht mehr feststellen. In der Amphora lagen zwei kleine einhenklige Tassen (Abb. 145), die eine mit schwarzem Firnis überzogen, die andere ohne Ueberzug. Der Terraindurchschnitt ließ hier noch deutlich erkennen, wie von oben senkrecht ein Schacht von der Breite der Amphora in den Boden gegraben war, in den man dann die Urne legte.

50. Skelettgrab.

Unmittelbar vor 49, etwas tiefer als dieses gelegen. Länge der Steinsetzung 2.00 m, Breite 0.55 m, mit großen flachen Steinen bedeckt. Geringe Reste des Skelettes. Rings um das Skelett liegen Holzsplitter und eiserne Nägel, die Reste eines Sarges.

Von Beigaben fand sich nur ein Knopf aus Bronze. Eine vereinzelte geometrische Scherbe kann nur durch Zufall bei der Bestattung oder auch bei unserer Ausgrabung in das Grab gekommen sein. Und in der That scheint bei Anlage dieses Grabes ein älteres Kammergrab zerstört worden zu sein, wie der Rest einer gerundeten Bruchsteinmauer unmittelbar daneben und eine ziemliche Menge Kohle im Boden zeigten.

Abb. 144. Amphora aus Grab 49.

Abb. 145. Tasse aus Grab 49.

Abb. 146. Grab 51 bei der Auffindung.

f) Gruppe der Gräber 51—65.

Diese Gräber liegen über der Gruppe e in einem Streifen, der sich vom Fels im Westen bis an den Weg im Osten hinzieht. Die nördliche Begrenzung bildet der Fels, der

hier eine gut markierte Stufe bildet und bis nahe an die Oberfläche reicht. Einzelne Gräber
sind seitwärts in diese Felsstufe hinein gehauen. Oberhalb dieser Stufe nimmt das Erdreich
allmählich wieder an Dicke zu, so daß weitere Gräber angelegt werden konnten. In dieser
Gruppe fanden sich besonders viele Skelettgräber der Spätzeit, die aber zum größeren Teil
keine Beigaben enthielten und deshalb nicht mit aufgezählt sind.

51. Brandgrab.

Abb. 147. Amphora
aus Grab 51.

Tiefe 1,30 m. Amphora geometrischen Stiles. (Abb. 147.)
Höhe 0,41 m. Als Deckel war der Boden eines großen Gefäßes
benutzt. Den Inhalt bildeten verkohlte Knochen.

Die Urne war auf einen flachen Stein und eine große
Scherbe gestellt und dann mit Steinen umgeben und bedeckt,
wie Abb. 146 (S. 45) zeigt. Sie besteht aus grauem, an der
Oberfläche rotem, ganz feinem und sehr hart gebranntem Thon.
Die obere Hälfte des Gefäßes hat einen dünnen weißen Anstrich erhalten, der ungleichmäßig ist, so daß bald hier bald da
der Thongrund durchscheint. Darauf sind mit braunem Firnis
einfache Ornamente gemalt.

52. Brandgrab.

In 1,80 m Tiefe wurde die schöne theräische Amphora Abb. 148 a, b auf der Seite
liegend gefunden. Höhe 0,50 m.

a   b

Abb. 148 a, b. Amphora aus Grab 52, Vorder- und Rückseite. Höhe 0,50 m.

Inhalt: Knochenkohle und zwei kleine Bronzefibeln (Abb. 149, S. 47). Daneben lag ein
Bruchstück eines geometrisch dekorierten Gefäßes, anscheinend einer Kanne, braun gefirnißt
mit ausgesparten thongrundigen Parallellinien.

53. Brandgrab.

Sehr zerstört.

Theräische Amphora mit weitem niedrigem Halse. Form wie Abb. 153; der untere Teil schwarz gefirnißt bis auf die ausgesparte Schulterdekoration. Ein Bruchstück Abb. 150.

Abb. 149. Fibel aus Grab 52.

Abb. 150. Scherbe einer Amphora aus Grab 53.

Abb. 151. Skyphos aus Grab 53.

Dabei lag ein protokorinthischer Skyphos (Abb. 151), Höhe 0.06 m, und der Rest eines Napfes von sehr feinem Thon und mit etwas ins Grünliche spielendem Firnis, von der Art wie Abb. 98 (S. 33).

54. Brandgrab.

Tiefe 1.40 m.

Große theräische Amphora (Höhe 0.775 m) auf der Seite liegend gefunden. Zerdrückt, aber ziemlich vollständig. (Abb. 152.)

Inhalt: Knochenkohle.

Abb. 152. Amphora aus Grab 54. Höhe 0.775 m.

Abb. 153. Teller aus Grab 55.

55. Brandgrab.

Kleine Amphora, Form wie Abb. 155 (S. 48), ganz zerdrückt und zerfressen. Die Amphora war, wie die Lage der Bruchstücke lehrt, aufrecht stehend beigesetzt worden. Sie war mit einem flachen Teller aus feinem rotem Thon (Abb. 153) bedeckt.

56. Brandgrab.

In 1.00 m Tiefe stand in der Erde auf einem Steine ein einhenkliger Kochtopf wie Abb. 177 (S. 54), aus grobem rotem Thon.

Inhalt: verkohlte Knochen. Keine Beigaben. Das Gefäß war ganz zerdrückt. Die Scherben sind mit denen von Grab 55 durcheinander geraten.

57. Kammergrab.

2,50 m unter der Oberfläche ist in den hier senkrecht abfallenden weichen Fels seitwärts eine Höhle gearbeitet, deren größte Höhe 0,80 m bei 1.00 m Breite beträgt. Eine Glättung der Wände findet sich nirgend. Die Vorderseite war durch einige aufeinander geschichtete Steine geschlossen. Bei der Oeffnung wurde das Grab unversehrt gefunden; die sofort aufgenommene Photographie ist als Vignette über dem dritten Kapitel wiedergegeben (Abb. 293).

Abb. 154. Schüssel aus Grab 57.
Durchmesser 0.29 m.

Abb. 155. Amphora aus Grab 57.
Höhe 0.31 m.

Hinten in der Höhlung, so weit zurückgeschoben, als die abfallende Decke es gestattete, stand eine viereckige Aschenkiste aus vulkanischem Tuff, durch eine Platte aus dem gleichen Materiale geschlossen. Die Höhe beträgt 0.27 m, die Länge 0.56 m, die Breite 0.40 m. Den Inhalt bildeten verbrannte Knochen.

Vor der Aschenkiste standen dicht nebeneinander zwei Urnen. Das eine ist eine bauchige Amphora aus rotem Thon, etwa der Form Abb. 3 (S. 14), deren Hals offenbar schon vor der Beisetzung gefehlt hat; jetzige Höhe 0.40 m. Der einzige Schmuck des Gefäßes ist ein heller Ueberzug, ähnlich dem der theräischen Vasen.

Abb. 156. Krug aus
Grab 57. Höhe 0.075 m.

Das zweite Gefäß ist eine schlechte theräische Amphora mit Doppelhenkel (Abb. 155). Höhe 0,31 m. Die Mündung war mit einem flachen Stein zugedeckt. Beide Gefäße enthielten verbrannte Knochen.

Vor den Urnen stand eine flache geometrisch verzierte Schüssel ziemlich gewöhnlicher Technik aus rotem Thon mit hellem Ueberzug; Durchmesser 0.29 m. Die Ornamente, umlaufende Streifen, sind mit mattem violettbraunem Firnis aufgemalt (Abb. 154).

An der anderen Seite der Höhlung lag ein kleiner einhenkliger Krug (Höhe 0.075 m) aus theräischem Thon, mit Resten von Firnisüberzug (Abb. 156).

Unmittelbar vor dem Grabe wurden die Bruchstücke eines kleinen Napfes gefunden aus hellem gelblichem Thon, mit mattem Firnis bemalt, dorthin geraten, als man das Grab zum Zweck einer der späteren Beisetzungen öffnete.

Unmittelbar vor diesem Grabe lag ein Skelettgrab ohne Beigaben.

58. Brandgrab.

Links neben der Höhle des Grabes 57 ist der Fels, der hier etwa 1.30 m unter der Oberfläche liegt, von oben her etwas abgearbeitet. In dieser Vertiefung lag das Grab 58, unmittelbar daneben 59, vor diesen zwei Skelettgräber, von denen das eine über der oberen Ecke des anderen angelegt ist. Vergl. die Skizze Abb. 157, welche die Lage der drei Gräber 57, 58, 59 im Fels von rechts nach links andeutet.

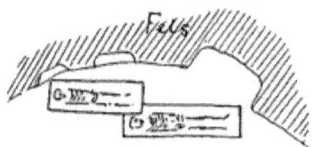

Abb. 157. Lage der Gräber 57, 58, 59.

Abb. 158. Aus Grab 58.

Im Grab 58 lag eine durch die Schwere der Erdmasse zerdrückte große theräische Amphora auf der Seite. Ein Bruchstück Abb. 158. Neben dem Halse derselben stand eine kleine einhenklige Tasse der Form Abb. 20 (S. 19), die ebenfalls zerbrochen ist.

59. Brandgrab.

Neben 58 fanden sich auf dem Felsen die Reste eines Urnengrabes, das bei Anlage eines Skelettgrabes zerstört ist. Es sind drei Bruchstücke einer „böotischen" Amphore aus rotem Thon mit violettbraunem Firnis. Den Hals schmücken die üblichen senkrechten Schlangenlinien, darunter ein falsches Flechtband, durch hintereinander gesetzte S-förmige Linien gebildet; in dem Auge, das aus je zwei solchen entsteht, ein Punkt. Hierauf folgt ein Band aus Punkten, alles mit breitem Strich gemalt. Vom Mittelbilde der Schulter, das seitwärts durch senkrechte Linien und Gitterwerk, unten durch ein Flechtband abgeschlossen ist, hat sich nur der geöffnete Rachen und die Vordertatze eines Raubtieres erhalten. Vergl. die Abb. 159.

Abb. 159. Aus Grab 59.

60. Brandgrab.

Große bauchige, unten fast spitz zulaufende Amphora von der Art wie die in Grab 96 (Abb. 213, S. 62). Aus rotem Thon, ohne Ornament. Sie wurde 1.50 m tief auf der Seite liegend gefunden, von ein paar Steinen umgeben und ganz zerdrückt.

61. Grabkammer.

Hinter der Grabkammer 42 ist aus Bruchsteinen ein Rechteck wie beim Grab 17 aufgemauert von 2,30 m innerer Länge, 0.85 m innerer Breite und 1.60 m Tiefe. Die erhaltene Höhe der Mauer beträgt 1.10 m, die Dicke 0.50 m. Die oberste Steinlage befindet sich also 0.50 m unter der heutigen Oberfläche. In dem dieses Rechteck füllenden Erdreich wurde eine Menge geometrisch dekorierter Scherben, zum Teil von großen theräischen Amphoren, gefunden. Alles war gänzlich durcheinander geworfen und ließ nur erkennen, daß auch hier wie in Grab 17 mehrere Bestattungen erfolgt waren. Die Zerstörung ist durch ein spätes Skelettgrab, das in der Nordwest-Ecke angelegt ist, hervorgerufen.

62 und 63. Brandgräber.

Unmittelbar neben der Ostwand von 61 liegen 1.20 m tief zwei Urnen nebeneinander.

62. Hydria (Abb. 160), Höhe 0.435 m. Dünnwandiges Gefäß aus feinem rotem Thon. Die Oberfläche ist heller durch Schlemmung; mit rotem dünnem nicht glänzendem Firnis sind umlaufende Bänder und ein ⎯⁓⎯ förmiges Ornament aufgemalt.

63. Grober Kochtopf wie Abb. 177 (S. 54).

64. Grabkammer.

Abb. 160. Hydria aus Grab 62.
Höhe 0.435 m.

Die Einzelheiten dieser Grabanlage, einer gemauerten Kammer, sollen im dritten Abschnitt des dritten Kapitels besprochen werden. An der Vorderwand standen nebeneinander die folgenden Gefäße:

a) Bauchige theräische Amphora mit Doppelhenkel (Abb. 161). Höhe 0.37 m. In dieser Urne fanden sich außer den verkohlten Knochen fünf zweihenklige Näpfe. 1—3 sind einander sehr ähnlich, 0.08 m hoch bei einem Durchmesser von 0.115 m.

1) (Abb. 162) hat schraffierten Mäander, neben jedem Henkel jederseits einen Stern.

2) (Abb. 163) hat schraffierten Mäander, an jeder Seite ein Feld mit Rautenmuster, Punktrosetten neben den Henkeln.

3) (Abb. 164) hat schraffierten Mäander; hier sind aber die schraffierten Bänder nicht fortlaufend gezeichnet, sondern nur hakenförmig in einander greifend.

Alle drei haben guten Ueberzug auf theräischen Thon. Diese Näpfe stammen sicher aus derselben Fabrik, wie auch die Amphore. Daß der Thon etwas feiner ist, kann bei der geringeren Größe dieser Gefäße nicht auffallen.

4) Napf ähnlicher Form (Abb. 165), aber mit aufrecht stehenden bandförmigen Henkeln. Höhe 0.085 m, Durchmesser 0.115 m. Grünlich-grauer, anscheinend nicht theräischer Thon. Schraffierter Mäander.

5) Ebenso (Abb. 166), aber ohne Firnis und Ornament.

b) Amphora, in zwei Teile gebrochen. Fast gleich a). (Abb. 167) Inhalt: verbrannte Knochen.

c) Schlanke Amphora (Abb. 168). Ziegelroter feiner Thon. Matter grauschwarzer leicht abspringender Firnis überzieht das ganze Gefäß bis auf den Hals, auf den als einzige Dekoration ein Kreis mit eingeschriebenem Kreuz gemalt ist. Höhe 0.40 m.

Abb. 161. Höhe 0.37 m.   Abb. 167. Höhe 0.37 m.

Abb. 162. Höhe 0.08 m.   Abb. 163. Höhe 0.08 m.

Abb. 164. Höhe 0.08 m.   Abb. 165. Höhe 0.085 m.

Abb. 166. Höhe 0.08 m.   Abb. 168. Höhe 0.40 m.

Gefäße aus Grab 64.

7*

d) Kleine Kanne aus feinem gelblichem Thon, ohne Dekoration (Abb. 169). Höhe 0.10 m.
Es lagen hier ferner ein theräischer Deckel der üblichen
Form mit senkrechtem Rand. Durchmesser 0.235 m. Daneben
eine Schale aus theräischem Thon, deren Oberfläche stark
verrieben ist, die aber einen hellen Ueberzug gehabt zu haben

Abb. 169. Kanne aus   Abb. 170. Amphora aus Grab 64.   Abb. 171. Amphora aus Grab 64.
Grab 64. Höhe 0.10 m.   Höhe 0.36 m.   Höhe 0.36 m.

scheint und mit Parallelkreisen verziert ist. Höhe 0.19 m. Durchmesser 0.115 m. Beide Gefäße
haben wohl ursprünglich zur Bedeckung der beiden Urnen gedient.

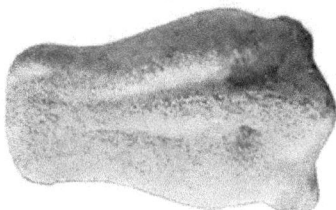

a

An der Hinterwand standen in der linken
Ecke

e) Amphora mit Doppelhenkel (Abb. 170).
Höhe 0.36 m. Inhalt: verbrannte Knochen.

f) Kleine schlanke Amphora (Abb. 171).
Höhe 0.36 m. Der schöne lederbraune Thon
und der braunschwarze Firnis sind ähnlich wie
bei dem Napf aus Grab 17 (Abb. 80, S. 30).

In der Grabkammer lagen ferner der
Abb. 172 a, b, c abgebildete, aus Marmor gearbeitete leider stark verriebene Stierkopf, und
zwei Eier aus Stein. Ein drittes gleiches Ei

b

c

Abb. 172 a, b, c. Stierkopf aus Grab 64.

fand sich vor dem Grabe. Es ist wohl dorthin gekommen, als man im späten Altertum das Grab öffnete, um darin eine Leiche beizusetzen (Grab, 65).

65. Skelettgrab.

Dieses Grab befand sich mitten in der alten Grabkammer 64. Das Skelett lag ausgestreckt auf dem Boden.

Beigaben: a) Bauchige Glasflasche mit langem Halse aus weißem Glas. Höhe 0,19 m. (Abb. 173.)

b) Kugelförmige Flasche mit kleinem Fuß und nach oben trichterförmig erweitertem Halse ohne Lippe. Höhe 0,15 m. Feines weißes Glas. Vom Halse abwärts laufen feine plastische Rippen über das Gefäß. (Abb. 174.)

c) Kleines kegelförmiges Fläschchen mit langem Halse, aus weißem Glas. Form wie Abb. 16, S. 18. Höhe 0,08 m.

d) Reste von zwei eisernen Strigiles mit Holzgriff.

Abb. 173. Glasgefäß aus Grab 65. Höhe 0,19 m.

Abb. 174. Glasgefäß aus Grab 65. Höhe 0,15 m.

g) Gruppe der Gräber 66—104.

Diese Gräber fanden sich in dem obersten Teil des Ausgrabungsfeldes bis nahe an die Felseinarbeitungen hin, die auf dem Kamm der Sellada zu Tage treten. Die Gräber der archaischen Periode befinden sich hier teilweise in recht schlechtem Zustande, da die Wiederbenutzung dieser Stelle in späterer Zeit besonders stark gewesen ist. Hier fanden sich auch mehrere spätere Brandgräber und Inschriftsteine. Dahin gehören die Gräber 89 und 101. Auch die Brandgräber 95, 96, 97, 98 dürften jünger sein als die Menge der archaischen Gräber. Die Marmorstelen mit den Inschriften I. G. I. III 825, 835, 838, 851 sind dem dritten und zweiten Jahrhundert v. Chr. zuzuschreiben. Auch eine Kalksteinquader mit Einsatzloch für eine Stele, die beim Grab 77 gefunden wurde, gehört der gleichen Zeit an.

66. Brandgrab.

Tiefe 1,40 m. Das Aschengefäß war mit aufeinander geschichteten Bruchsteinen umgeben und bedeckt, förmlich festgekeilt in dieselben. Vergl. die Aufnahme Abb. 295 im dritten Kapitel.

Abb. 175. Amphora aus Grab 66. Höhe 0,36 m.

Es ist eine bauchige Urne aus rotem sehr hartgebranntem Thon (Abb. 175). Höhe 0,36 m. Der senkrechte Rand der Mündung war mit einem dünnen bräunlichen Firnis gefärbt. Mit derselben Farbe sind auf der Schulter hakenförmige Striche und auf dem Leib des Gefäßes drei umlaufende Streifen gemalt. Auf jedem Henkel drei Striche. Die Grenze der Schulter bildet eine in den weichen Thon gerissene Linie.

Ueber die Mündung war eine einfache Schale gleicher Technik ohne Firnismalerei gedeckt (Abb. 176). Höhe 0,11 m, Durchmesser 0,28 m. Den Inhalt bildeten sehr mangelhaft verbrannte Knochen, ein teilweise verbranntes schlankes Salbgefäß aus Alabaster (Höhe 0,08 m) und die Scherbe eines kleinen Thonnapfes, die ebenfalls im Feuer gewesen war.

Abb. 176. Schale aus Grab 66. Durchmesser 0,28 m, Höhe 0,11 m.

67. Brandgrab.

Tiefe 1,20 m.

Großer einhenkliger Kochtopf (Abb. 177), aus grobem Thon gefertigt, ohne Ueberzug, stark rauchgeschwärzt; er stand in einer leichten Vertiefung des Felsens, von ein paar Steinen umgeben. Höhe 0.27 m.

Inhalt: Knochenkohle.

68. Brandgrab.

Abb. 177. Topf aus
Grab 67. Höhe 0.27 m.

1 m tief fand sich die kleine theräische Amphora Abb. 178. Höhe 0,36 m. Die Urne lag auf der Seite in der Erde, mit einer Scherbe geschlossen.

Inhalt: Knochenkohle, Bruchstücke einer kleinen wohl protokorinthischen Kanne aus gelblichem Thon mit braunem Firnis. Die Seiten sind durch konzentrische Ringe ornamentiert, wie das schon bei mykenischen Kannen oft vorkommt.

Kleine Tasse der üblichen Form wie Abb. 20 (S. 19), aus grobem theräischem Thon, ohne Ornament.

Fuß eines feinen schwarz gefirnißten Napfes der Art wie Abb. 98 in Grab 17 (S. 33).

69. Skelettgrab.

Mit Steinen umstellt und bedeckt.

Beigaben: Salbfläschchen aus grauem Thon (Abb. 179), neben dem rechten Knie der Leiche liegend gefunden. Am Halse des Skelettes eine lange glatte Bronzenadel, wohl von dem zugesteckten Gewand herrührend.

Abb. 178. Amphora aus Grab 68.
Höhe 0.36 m.

Abb. 179. Salbgefäß
aus Grab 69.

Abb. 180. Glasbecher aus Grab 70.
Höhe 0.95 m.

70. Skelettgrab.

Herrichtung wie bei dem vorigen Grabe.

Beigaben: a) Glasbecher aus hellgrünem Glas (Abb. 180). Höhe 0.95 m. 1 cm unter dem Rande ein breiter eingravierter Streifen zwischen zwei schmalen.

b) Kugelförmige Glasflasche mit langem dünnem Halse, Form etwa wie Abb. 189 in Grab 76 (S. 56). Sehr dünnes Glas. Höhe 0.22 m.

71. Skelettgrab.

Herrichtung wie bei 69 und 70.

Inhalt: a) Schlauchförmige Flasche aus weißem sehr dünnem Glas. Leicht eingravierte umlaufende Linien. Höhe 0.165 m. (Abb. 181.)

b) Kegelförmige Flasche mit breitem Boden und langem Halse. Höhe 0.14 m. (Abb. 182.) Bruchstücke einer dritten Glasflasche.

72. Brandgrab.

Großer einhenkliger Kochtopf aus grobem Thon. Form wie Abb. 177 im Grab 67. Höhe 0.26 m. Derselbe wurde nur 0.90 m tief aufrecht stehend ohne Inhalt im Sande gefunden.

Abb. 181. Glasflasche aus Grab 71. Höhe 0.165 m.

Abb. 182. Glasflasche aus Grab 71. Höhe 0.14 m.

73. Skelettgrab.

Herrichtung wie immer.

Beigaben: a) Salbfläschchen aus grauem Thon, wie Abb. 179 in Grab 69.

b) Reste einer Kette aus Bronzedraht.

74. Skelettgrab.

Ohne Beigaben.

In der Umgrenzung sind außer mehreren unbeschriebenen flachen Lavaquadern zwei archaische Grabsteine verbaut:

a) Rote Lavaquader, Länge 0.48 m, Breite 0.32 m, Höhe 0.14 m. An der Vorderseite die Inschrift Ἀναξαιβία (I. G. I. III 772).

b) Roh behauener länglicher Kalksteinblock, Länge 0.40 m, Breite 0.24 m. An der einen Seite die Inschrift Καλ(λ)ιμένα? (I. G. I. III 789).

75. Skelettgrab.

Herrichtung wie bei der vorigen.

Beigaben: a) Bauchige Flasche aus grünem klarem Glas. Höhe 0.12 m. Der Boden ist flach. An den kurzen, mit breiter Lippe versehenen Hals setzt ein breiter flacher Henkel an, der im rechten Winkel gebogen ist. (Abb. 183.)

Abb. 183. Glasflasche aus Grab 75. Höhe 0.12 m.

b) Becher aus grünem Glas mit senkrechter Wandung und schwach abgesetzter Lippe. Höhe 0.075 m. Form wie Abb. 180 in Grab 70.

76. Skelettgrab.

In der üblichen Herrichtung mit reichen Beigaben:

a) Bauchiges Gefäß mit zwei aufrecht stehenden Henkeln und Deckel. Höhe 0.115 m, Hellroter Thon. Keine Dekoration.

b) Schlanker Becher aus grünlichem Glas mit Fuß und gefältelter Wandung. Höhe 0,12 m. (Abb. 184.)

Abb. 184.   Abb. 185.   Abb. 186.    Abb. 187.    Abb. 188. Höhe   Abb. 189. Höhe
Höhe 0.12 m.   0.048 m.   0.155 m.

Glasgefäße aus Grab 76.

c—f) „Thränenfläschchen" verschiedener Größe, aus grünem zum Teil sehr dickem Glas. Form wie Abb. 185.

g—h) Zwei kleine Fläschchen aus dickem grünem Glas. Höhe 0.115 m und 0.07 m. Abb. 186, 187.

i) Kleines Fläschchen der gleichen Form aus hellgrünem Glas. Höhe 0.052 m.

k) Kleines Fläschchen aus weißem Glas (Abb. 188). Höhe 0.048 m.

l) Kugelförmige Flasche aus dickem grünlichem Glas. Mit langem dünnem Halse. Höhe 0.155 m. Verziert durch einen aufgeschmolzenen Glasfaden, der um das Gefäß gewunden ist. (Abb. 189.)

m) Zwei Stücke einer Haarnadel aus Knochen. Oben durch einen scheibenförmigen Knopf verziert.

77. Rest einer Grabkammer.

Durch spätere Gräber zerstört. Erhalten war noch ein Teil der Hinterwand

Abb. 190. Grab 77.

einer Grabkammer, vor welcher eine Aschenkiste aus rötlichem Tuff stand. Länge 0.66 m, Breite 0.48 m, Höhe 0.37 m. Vergl. die beistehende Skizze (Abb. 190). Der Deckel der Kiste und aller Inhalt fehlten.

Dicht dabei lag ein Kalksteinquader mit Einsatzloch für eine Stele, die aber sicher jüngeren Datums ist. In der Nähe wurden zwei Marmorstelen mit Grabinschriften des III. und II. Jahrhunderts gefunden (I. G. I. III 825 und 835).

78. Skelettgrab.

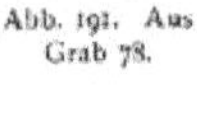

Beigaben: a) Kleiner Teller aus rotem Thon ohne Ueberzug (Abb. 191).

Abb. 191. Aus Grab 78.

b) Lampe.

79 und 80. Brandgräber.

Nur 0.70 m unter der Oberfläche stehen dicht nebeneinander zwei stark geschwärzte Urnen. Sie enthielten verbrannte Knochen und waren mit Steinen zugedeckt.

79) Amphora (Abb. 192), Höhe 0.39 m, ist ein plumpes Gefäß ohne Fuß, aus grobem rotem, wohl theräischem Thon, der von Steinen durchsetzt ist. Die Oberfläche ist nur etwas mit Wasser geglättet, so daß sie gelbbraun aussieht. Keine Ornamente. Darin lagen Bruchstücke eines kleinen Kännchens (?) aus theräischem Thon, mit schwarzem Firnis überzogen.

80) Amphora (Abb. 193). Der Boden fehlt. Feiner roter Thon, der stark gebrannt ist. Oberfläche gelbbraun. Braunschwarzer Firnis, der sich leicht abreiben läßt. Weiße Deckfarbe.

Zu welcher der beiden Beisetzungen die daneben gefundenen Beigaben gehören, ist nicht auszumachen. Es fanden sich:

a) Bruchstücke einer Schale aus theräischem Thon mit schwarzem, fast ganz abgesprungenem Ueberzug. Ohne abgesetzten Rand, nur mit einem leichten Randwulst versehen. Höhe 0.11 m, Durchmesser 0.195 m.

b) Bruchstück einer großen Schale aus theräischem Thon mit aufrecht stehendem bandförmigem Henkel und ausladendem Rande. Schwarzer Firnisüberzug.

Abb. 192. Amphora aus Grab 79. Höhe 0.39 m.

Abb. 193. Amphora aus Grab 80.

Abb. 194.

c) Bruchstück einer Schale aus feinem dunkelrotem Thon, mit dünnem glänzendem Firnis überzogen. Ausgesparter Streifen außen und innen, senkrechter scharf abgesetzter Rand. Der Thon ähnelt am meisten dem der im gleichen Grabe gefundenen Amphora (Abb. 193). Das Profil der Schale ist Abb. 194 gezeichnet.

d) Vier Bruchstücke eines großen theräischen Gefäßes. Es war mit schwarzem Firnis überzogen. Der Ueberzug ist aber ganz abgesprungen.

e) Bruchstücke eines kleinen Bechers aus schlecht gebranntem hellgrauem Thon.

f) Zwei Bruchstücke von gewöhnlichen großen theräischen Amphoren mit hellem Ueberzug.

g) Henkel eines Kruges oder einer Flasche aus gelbem Thon. Dieses Stück ist sicher jung. Daß hier der Boden nicht mehr unberührt war, geht auch aus dem übrigen Scherbenbestande deutlich hervor.

81. Brandgrab.

Einhenkliger Kochtopf der gewöhnlichen groben Art, die Form etwa gleich Abb. 198 (Grab 83). In demselben lag außer den verbrannten Knochen ein kleines Kännchen aus feinem gelblichem sehr schön geglättetem Thon, von derselben Art wie die im Grab 17 gefundenen, die Abb. 85 und 86 abgebildet sind. Die Farbe der Ornamente war auch hier ganz abgesprungen.

doch war die ursprüngliche Dekoration noch an dem verschiedenen Glanze der Oberfläche zu erkennen, so daß die Abb. 195 hergestellt werden konnte. Außer diesem Kännchen fand sich der Knopf eines großen Deckels von bester protokorinthischer Art (Abb. 196).

82. Brandgrab.

Unmittelbar unter der Oberfläche fanden sich die Scherben eines Kochtopfes wie Abb. 198, Grab 83, darin das Kännchen Abb. 197, aus grünlich-gelbem feinem Thon. Höhe 0.04 m.

Abb. 195. Kännchen aus Grab 81. ⅓ nat. Gr.

Abb. 196. Aus Grab 81.

Abb. 197. Aus Grab 82. Höhe 0.04 m.

Abb. 198. Kochtopf aus Grab 83. Höhe 0.25 m.

83. Archaisches Kindergrab.

Der einhenklige grobe Kochtopf Abb. 198, Höhe 0.25 m, wurde in geringer Tiefe gefunden und zwar war er auf die Mündung gestellt. Er enthielt die unverbrannten Knochen eines kleinen Kindes.

84. Brandgrab.

Es wurde in einer Tiefe von 1.00 m gefunden.

Die kleine theräische Amphora Abb. 199, 0.50 m hoch, lag auf der Seite und in Steine eingepackt. Die Mündung war mit einer zerbrochenen und sehr verriebenen Schale aus theräischem Thon bedeckt. In dem Halse steckte, mit der Mündung nach unten, die kugelförmige Kanne

Abb. 200. Kanne. Höhe 0.17 m.

Abb. 201. Kanne. Höhe 0.14 m.

Abb. 199. Amphora. Höhe 0.50 m.

Abb. 202. Krug. Höhe 0.075 m.  Abb. 203. Becher. Höhe 0.07 m. Gefäße aus Grab 84.

Abb. 200, Höhe 0.17 m; roter Thon mit hellem Ueberzug. Der untere Teil und der kurze Hals sind mit schwarzem Firnis überzogen. Auf der Schulter vier Doppelkreise. Die Amphora selbst enthielt verbrannte Knochen und folgende Beigaben:

a) Kanne derselben Technik wie die eben beschriebene (Abb. 201), Höhe 0.14 m. Die gleiche Dekoration auf der Schulter.

b) Einhenkliger Krug aus grobem Thon ohne Dekoration. Höhe 0.075 m. (Abb. 202.)

c) Kleine Kanne aus feinem hellem Thon wie die aus Grab 81. Höhe 0.09 m. Von der Dekoration war hier nichts mehr zu erkennen.

Neben der Amphora stand ein kleiner schwarz gefirnißter Becher ohne Henkel (Abb. 203) und links von ihm eine zerbrochene ebenfalls schwarze Tasse der Form wie Abb. 20 (S. 19).

85. Archaisches Kindergrab.

In 1.25 m Tiefe war der Fels etwas ausgehöhlt und hier hinein auf drei Scherben von großen theräischen Amphoren eine bauchige theräische Amphora mit Doppelhenkeln gestellt (Abb. 204), Höhe 0.30 m. Der Boden war bereits im Altertum angeflickt,

Abb. 204. Amphora aus Grab 85. Höhe 0.30 m.

wie einige Bohrlöcher zeigen, aber offenbar bloß mit einer Schnur, da sich keine Reste von Bleiklammern fanden.

Ueber die Mündung war eine zerbrochene Schale der üblichen schlechten theräischen Sorte gedeckt, die nur geringe Reste von dunklem Firnisüberzug zeigt. Der Durchschnitt ist Abb. 205 gegeben. Darüber lagen noch ein paar Scherben von großen theräischen Amphoren.

In der Amphora lagen die unverbrannten Knochen eines kleinen Kindes. Die Schädeldecke hatte sich noch einigermaßen erhalten. Die Länge des Schädels betrug danach 0.12 m, der Durchmesser 0.10 m.

Neben der Amphora lag noch ein kleiner einhenkliger zerbrochener Krug, Form etwa wie Abb. 202 in Grab 84.

Abb. 205.

86. Brandgrab.

Kochtopf aus grobem Thon wie Abb. 198, ganz zerdrückt, auf der Seite liegend gefunden. Inhalt: verbrannte Knochen. Keine Beigaben.

87. Skelettgrab.

Herrichtung wie üblich.

Beigaben: a) Hoher viereckiger Becher mit kleinem Fuß und Lippe (Abb. 206). Die Wandungen sind nach innen eingebogen. Weißes Glas. Höhe 0.145 m.

b—e) Vier kegelförmige Flaschen mit langem Halse wie Abb. 207. Weißes Glas. Höhe 0.165 m.

f) Kleinere Flasche der gleichen Form aus grünlichem Glas. Höhe 0.09 m.

Abb. 206. Höhe 0.145 m.

Abb. 207. Höhe 0.165 m.

8*

g) Trichterförmiger Hals einer Flasche aus feinem weißem Glas.
h) Zwei Teile einer einfachen Bronzekette.
i) Eiserne Strigilis mit Holzgriff.

88. Skelettgrab.

Unmittelbar neben 87.

Beigaben: a) Flasche wie Abb. 207.

b) Kanne aus rötlichem Thon ohne Ueberzug. Dekoriert mit umlaufenden Streifen, die durch leicht eingedrückte senkrechte Striche gebildet sind. Höhe 0.145 m.

89. Zerstörtes Grab.

Nahe der durchwühlten Oberfläche lagen mehrere Bruchstücke einer schwarzfigurigen attischen Amphora a colonette und einer Schale gleicher Technik.

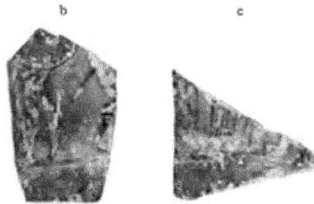

Abb. 208 a, b, c. Scherben aus Grab 89.

Die Amphora war von guter sorgfältiger Arbeit. Auf dem einen Bruchstück (Abb. 208 a) sind die Pferde eines Viergespannes erhalten, vor ihnen der Rest eines Kriegers. Auf den anderen Scherben (Abb. 208 b, c) offenbar Reste einer Rüstungsszene, zwei Frauen und zwei Männer.

Die Schale ist ganz zerstört: auf der einen Seite dionysische Szene, auf der anderen Kampf. Flüchtigster Schmierstil. Dies ist bisher das einzige Grab auf der Sellada, das attische schwarzfigurige Vasen enthielt. Die Gefäße gehören nach der flüchtigen Ausführung der Schale und der freien Zeichnung des Viergespannes frühestens dem Ende des VI. Jahrhunderts an.

90. Brandgrab.

„Böotische" Amphora (Abb. 209) mit hohem Fuß, der vier rechteckige Ausschnitte hat. Höhe 0.44 m. Der Hals hat schon bei der Beisetzung gefehlt, da ein als Deckel benutzter Gefäßboden noch auf der Oeffnung lag. Thon und Firnis wie gewöhnlich; die Glättung der Oberfläche ist bei diesem Stücke ganz besonders gut.

Abb. 209. Amphora aus Grab 90.
Höhe 0.44 m.

Den Inhalt bildeten verbrannte Knochen, eine Scheibe aus Bronze (Spiegel?) und zwei kleine protokorinthische Lekythoi, von denen die eine stark beschädigt ist; die andere Abb. 210. Beide sind von der ältesten protokorinthischen Sorte: bauchige Form, verhältnismäßig niedriger enger Hals und kleiner Henkel. Der untere Teil ist mit Parallellinien geschmückt. Auf der Schulter Hakenspiralen.

91. Brandgrab.

Einhenkliger Kochtopf, wie Abb. 198 (S. 58), ganz zerdrückt. Darin außer den verbrannten Knochen eine kleine Tasse mit Henkel, wie Abb. 20 (S. 19).

Abb. 210. Lekythos aus Grab 90.

92. Brandgrab.

Grobes Gefäß aus rotem Thon, ohne Ornament, 1.75 m tief in Steine eingepackt gefunden. Ganz zerdrückt. Das Gefäß ist eine Art plumpe Amphora, der Hals mit den zwei Henkeln höher als bei den anderen Kochtöpfen und etwas deutlicher abgesetzt. Auch ein ganz niedriger Ringfuß ist vorhanden. Der Thon ist etwas besser, als gewöhnlich, aber das Gefäß ist doch sicher technisch zu den Kochtöpfen zu rechnen.

Dabei fanden sich zwei Scherben eines einhenkligen schwarz gefirnißten Kruges der gewöhnlichen Form, wie Abb. 20 (S. 19).

93. Grabkammer.

Der Fels liegt hier nur 0.40 m unter der Oberfläche. In denselben ist seitwärts eine kleine

Abb. 211. Grab 93.

Höhle gebrochen, deren Boden 1.40 m unter der Oberfläche liegt. Da die Höhle zu klein schien, hat man sie an der Westseite durch eine kleine angesetzte Bruchsteinmauer vergrößert (vergl. die Abb. 211). Geschlossen war sie durch einige vorgesetzte Steine. In dem Grabe haben zwei Beisetzungen stattgefunden.

a) Amphora ohne Fuß mit niedrigem Halse (Abb. 212). Höhe 0.33 m. Feiner roter sehr harter Thon. Braunschwarzer Firnis. Weiße Deckfarbe. Der Bauch ist durch mehrere umlaufende Firnisstreifen geschmückt, die Schultern durch konzentrische Kreise. Die Gattung ist die gleiche wie die aus Grab 80. Die Urne enthielt verbrannte Knochen und war mit einer Scherbe zugedeckt.

b) Bauchige Urne aus grobem mit weißen Steinchen durchsetztem Thon, mit hellem Ueberzug und geometrischen Ornamenten; sie war sehr zerstört. Auch dieses Gefäß enthielt verbrannte Knochen und war mit

Abb. 212. Amphora aus Grab 93. Höhe 0.33 m.

der Scherbe einer besonders großen theräischen Amphora zugedeckt, die Abb. 213 abgebildet ist.

In der Nähe wurde ein kleiner „Opfertisch" gefunden.

Abb. 213. Scherbe aus Grab 93.

Abb. 214. Amphora aus Grab 94.
Höhe 0.61 m.

94. Brandgrab.

Unmittelbar unter der Oberfläche, etwas in den Felsen eingetieft, liegt auf der Seite die schlanke Amphora Abb. 214. Höhe 0.61 m. Sie enthielt verbrannte Knochen. Daneben lag eine kleine archaische Terrakotte, ein ganz roh gekneteter Mann. Da ihre Zugehörigkeit zu dem Grabe fraglich ist, habe ich sie unter die Einzelfunde aufgenommen. Die Amphora hat feinen ziegelroten Thon und braunen Firnis von nicht ganz gleichmäßiger Dicke. Mit diesem sind zwei fast aneinander gerückte breite Streifen unter der Schulter um das Gefäß gezogen, ein weiterer tiefer unten. Ebenso ist die Lippe gefirnißt. An jedem Henkel läuft ein breiter Strich herunter, der sich bis fast zu dem unteren Band fortsetzt. An der Vorderseite des Halses das Zeichen |/|. Vorne auf der Schulter ist mit roter Farbe eine Art Signatur aufgemalt.

95. Brandgrab.

1 m tief lag neben 94 eine unten fast spitz zulaufende Amphora, ganz zerdrückt. Von Asche oder Knochen konnte ich nichts mehr feststellen.

Die Form und der Thon sind genau entsprechend der Amphora aus Grab 96. Hier ist die Mündung mit einem hellbraunen Firnis bemalt; mit derselben Farbe auch ein paar umlaufende Linien auf dem Bauch des Gefäßes.

96. Archaisches Kindergrab.

In 1.30 m Tiefe lag auf der Seite die Amphora Abb. 215, etwas zerbrochen. Graubrauner feiner Thon, gut geglättet, nicht theräisch. Die Mündung war mit Steinen geschlossen.

Abb. 215. Amphora aus Grab 96.

Den Inhalt bildeten die unverbrannten Knochen eines kleinen

Kindes und ein kleines einhenkliges Näpfchen wie Abb. 20 (S. 19). Auf der Schulter der Amphora ist die Inschrift 𝔐𝔢 (I. G. I. III 988) eingeritzt (Abb. 216).

97. Brandgrab.

Bauchige Amphora wie Abb. 215. 1.00 m tief gänzlich zerbrochen gefunden. Roter Thon.

Abb. 216.

Abb. 217.

Hals und Schulter werden durch einen scharfen plastischen Reifen geschieden. Hälse mehrerer gleicher Amphoren sind im Gebiet der Nekropole gefunden.

Am Halse der Amphora, am Henkel und auf der Schulter die Graffiti I. G. I. III 987a, b, c (Abb. 217).

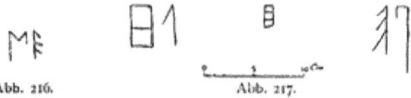

98. Brandgrab.

Nahe bei 97 und in derselben Tiefe lag eine zerbrochene Spitzamphora im Schutt auf der Seite (Abb. 218). Höhe 0.87 m. Die Amphora ist aus einem unreinen, mit kleinen Steinchen durchsetzten Thon gefertigt. Dieser hat einen harten rötlich-weißen Ueberzug. Darauf sind mit rotbraunem dünnem Firnis umlaufende Linien und einige Schnörkel gemalt.

Den Inhalt bildete Knochenkohle.

99. Skelettgrab.

Eine niedrige Mauer aus einigermaßen quaderförmig zurecht gehauenen Steinen wurde aufgedeckt, hinter der ein Skelettgrab liegt. Es scheint der Rest einer alten Grabanlage zu sein, der für die spätere benutzt ist, denn die Mauer ist bedeutend länger als das Skelettgrab. Bei der Freilegung der Mauer wurden drei archaische Inschriftsteine gefunden:

a) Roher Kalksteinblock. Länge 0.45 m, Breite 0.27 m. Inschrift Χαριτέχνο(υ) I. G. I. III 807.

b) Roher Kalksteinblock. Länge 0.50 m, Breite 0.26 m. Inschrift Ἀριστο- I. G. I. III 773.

Abb. 218. Amphora aus Grab 98. Höhe 0.87 m.

c) Roher ungefähr quaderförmiger Kalkstein. Länge 0.35 m, Breite 0.11 m. Inschrift Ἐπιπ(h)ό̈βο(ς) I. G. I. III 778.

In dem Skelettgrabe lagen zwei Gläser:

a) Hoher Becher mit gefalteten Wandungen und etwas ausladendem Rand. Grünliches Glas. Höhe 0.115 m. (Abb. 219.)

b) Kugelförmige Flasche mit langem Halse aus dickem grünlichem Glas, verziert mit eingeschliffenen umlaufenden Linien. (Abb. 220.)

In der Umgrenzungsmauer des Skelettgrabes fanden sich zwei weitere Inschriften verbaut:

a) Roher Kalkstein. Länge 0.62 m, Breite 0.23 m. Inschrift Biem I. G. I. III 775.

b) Auf einer Tuffquader roh eingehauen mit kleinen Buchstaben Ἀλί(α)ας I. G. I. III 817. Länge 0.39 m, Breite 0.37 m, Höhe 0.19 m.

Abb. 219. Becher aus Grab 99. Höhe 0.115 m.

Abb. 220. Flasche aus Grab 99.

100. Brandgrab.

Tiefe 1.60 m. Große bauchige Amphora aus feinem rotem Thon (Höhe 0.655, Abb. 221) auf der Seite liegend gefunden. Am Halse sind auf jeder Seite zwei Doppelkreise gezeichnet. Der Körper der Amphora scheint ganz mit einem schlechten schwarzen Firnis überzogen gewesen zu sein. Nur einige umlaufende Streifen sind ausgespart. Auf der Schulter findet sich das Graffito Ἀγλ- I. G. I. III 984.

Die Mündung war mit der Schale Abb. 222 geschlossen, welche auf feinem rotem Thon vier vom Fuße aufsteigende Strahlen und am Rande einen Kranz von Punktrosetten in rotem Firnis zeigt. Durchmesser 0.19 m, Höhe 0.09 m. Innen gefirnißt; darauf zwei weiße Streifen.

Im Inneren der Amphora fanden sich folgende Beigaben:
    a) Tasse aus grobem Thon mit einem Henkel. Höhe 0.065 m. (Abb. 223.)
    b) Täßchen, Höhe 0.035 m. Dieselbe Form und Gattung. (Abb. 224.)
    c) Napf mit senkrechten Wandungen und zwei kleinen Henkeln. Höhe 0.45 m. Gelbgrauer Thon mit schlechtem Firnis. (Abb. 225.)

Abb. 222. Schale. Höhe 0.09 m, Durchmesser 0.19 m.

Abb. 223. Tasse. Höhe 0.065 m.

Abb. 221. Amphora. Höhe 0.655 m.

Abb. 224. Täßchen. Höhe 0.035 m. Abb. 225. Becher. Höhe 0.045 m.

Gefäße aus Grab 100.

101. Brandgrab.

In späterer Zeit ist man bei einer zweiten Beisetzung auf dieses Grab gestoßen. Dabei ist der untere Teil der Amphora zerschlagen und die Scherben sind beiseite geschoben. Dann ist eine Spitzamphora der späteren gewöhnlichen Gattung, deren Hals fehlt, mit der Oeffnung so in die alte Urne hineingeschoben, daß diese nun gleichsam den Verschluß für die zweite bildete. Die Spitzamphora enthielt verbrannte Knochen.

102. Skelettgrab.

Herrichtung wie üblich. In die Steinumgrenzung war ein alter Grabstein verbaut, roher Kalkstein von 0.70 m Länge, 0.13 m Breite. Inschrift: Τειτονίδα (I. G. I. III 802).

103. Skelettgrab.

Herrichtung wie üblich. Darin fand sich eine große grobe Schüssel aus rotem Thon, von 0.315 m Durchmesser.

104. Skelettgrab.

In seine Umfassung verbaut wurden drei Grabsteine gefunden:

a) Roh zugehauener Kalksteinblock von 0.40 m Länge, 0.29 m Breite. Inschrift: Φρασίλο(ς). (I. G. I. III 806.)

b) Rote Lavaquader. Länge 0.35 m, Breite 0.31 m, Dicke 0.19 m. Auf der Oberseite roh eingehauen die Inschrift: Θεομάνδρο(ς) (I. G. I. III 816).

c) Rote Lavaquader. Länge 0.39 m, Breite 0.28 m, Dicke 0.12 m. An der Vorderseite ist die Inschrift: Καλ(λ)ιτώ eingehauen (I. G. I. III 790).

C. Gräber auf dem Grat der Sellada.

Bei den hier angestellten Grabungen kam in dem spärlichen Erdreich nur ein Grab (No. 105) zum Vorschein.

105. Brandgrab.

Abb. 226. Aus Grab 105. Höhe 0.19 m.

Auf dem Grat der Sellada wurde ein tiefes Gefäß ohne Fuß (Abb. 226) mit zwei kleinen aufrecht stehenden Henkeln und flachem Deckel gefunden. Höhe 0.19 m. Gefüllt mit verbrannten Knochen. Das Gefäß gehört seiner Technik nach später Zeit an. Charakteristisch sind die starken Radriefen an der Außenseite.

2. Einzelfunde aus dem Bereiche des Gräberfeldes.

Dem Verzeichnis der Grabfunde lasse ich gleich die Aufzählung der Einzelfunde, die bei den Grabungen gemacht wurden, folgen. Sie stammen ohne Zweifel meist aus zerstörten Gräbern und können deshalb als Ergänzung der Grabfunde dienen. Der Boden des Gräberfeldes war stark mit Scherben durchsetzt. Nur in wenigen Fällen ließ sich aus ihnen noch ein leidliches Ganze gewinnen. Unversehrt kamen nur Gefäße kleinen Maßstabes zum Vorschein, die weniger dem Zerbrechen ausgesetzt waren. Daß nicht jede Scherbe aufgezählt ist, bedarf keiner Rechtfertigung.

A. Inschriften.

Die Inschriften, welche bei unseren Ausgrabungen in der Nekropole gefunden wurden, haben zwar schon alle in den Inscriptiones Graecae Insularum Heft III Aufnahme gefunden[*] und sind zum Teil auch schon im vorhergehenden Abschnitt angeführt; doch scheint es im Hinblick auf die Wichtigkeit derselben für die Beurteilung der Gräber und mit Rücksicht auf die Bequemlichkeit nützlich, sie hier noch einmal übersichtlich zu vereinigen.

[*] Vergl. Blass, Samml. d. griech. Dialektinschriften III 2, 2 (1900) No. 4808 ff.

a) Grabsteine archaischer Zeit.

1) Rohe Stele aus Kalkstein. Länge 0.78 m. Am oberen Ende die mit großen Buchstaben eingehauene Inschrift: *Παδίμα*. Gefunden am Nordabhang der Sellada (I. G. I. III 771).

2) Quader aus rotem vulkanischem Tuff. Länge 0.48 m, Breite 0.14 m, Dicke 0.32 m. Auf der einen Seitenfläche die sorgfältig eingehauene Inschrift *Ἀναχαιβία*. Verbaut in die Umgrenzung des Skelettgrabes 74 (I. G. I. III 772).

3) Stele aus Kalkstein. Länge 0.62 m, Breite 0.23 m. Am oberen Ende die Inschrift *Βίωτι*. Gefunden in der Umgrenzung des Skelettgrabes 99 verbaut (I. G. I. III 775).

4) 5) Kalksteinblöcke unregelmäßiger Form. Auf jedem die Inschrift *Βλέπις* (I. G. I. III 776, 777); die beiden Inschriften wurden gleichzeitig im Schutt am Südabhang der Sellada gefunden, gehören also zu demselben Grabe.

6) Kalksteinstele von ungefähr rechteckiger Form. Länge 0.35 m, Breite 0.11 m. Am oberen Ende die Inschrift *Ἐπιπ(h)όγο(ς)* (I. G. I. III 778). Gefunden in der Umgrenzung des Skelettgrabes 99.

7) Kleiner Tisch aus Tuff. Länge 0.52 m, Breite 0.32 m, Höhe 0.135 m. An der einen Seitenfläche die Inschrift *Ἐφία(h)ων* (I. G. I. III 779). Gefunden in dem Graben, der die Gräber 85 und folgende freilegte.

8) Roher Kalksteinblock. Auf der oberen Fläche die Inschrift *H(ι)ερισχρέ(ων)* (I. G. I. III 780). Gefunden wie 7.

9) Roh zugehauene Kalksteinstele. Länge 0.70 m. Am oberen Ende die Inschrift *Ἐτεόχλεια* (I. G. I. III 781). Gefunden in der Nähe des Grabes 20.

10) Roh zugehauene Stele aus Kalkstein. Länge 0.95 m. Am oberen Ende die sehr flüchtig eingekratzte Inschrift *Εἰαγγέλο(ς)?* (I. G. I. III 782). Gefunden am Südabhang der Sellada.

11) Rechteckiger Block aus vulkanischem Tuff. Länge 0.43 m, Breite 0.32 m, Höhe 0.20 m. An der einen Seitenfäche mit großen tief eingehauenen Buchstaben die Inschrift *Εἰανίο(ς)* (I. G. I. III 783). Gefunden im Gebiet der Gräbergruppe b.

12) Roh zugehauener länglicher Kalkstein. Länge 0.55 m, Breite 0.23 m. Am oberen Ende die Inschrift *Ἔχειμι*- (I. G. I. III 785). Gefunden auf dem Grat der Sellada etwa 1.20 m unter der Oberfläche.

13) Roher flacher Kalkstein. Länge 0.40 m, Breite 0.24 m. Auf der oberen Fläche die flüchtig eingehauene Inschrift *Καλ(λ)ιμένα?* (I. G. I. III 789). Gefunden in der Ummauerung des Skelettgrabes 74 verbaut.

14) Rechteckiger Block aus rötlichem vulkanischem Tuff. Länge 0.39 m, Breite 0.28 m, Dicke 0.12 m. Auf der einen Seitenfläche die sorgfältig eingehauene Inschrift *Καλ(λ)ιτώ* (I. G. I. III 790). Verbaut in der Umgrenzung des Skelettgrabes 104 gefunden.

15) Roher länglicher Kalkstein. Länge 0.60 m. An der einen Seite die Inschrift *Λαδίχα* (I. G. I. III 794). Gefunden in der Nähe der Gräber 85—88.

16) Rohe längliche Kalksteinstele. Länge 0.63 m. Das untere Ende fehlt. Inschrift *Παπαγά(θ)ο(ς)* (I. G. I. III 796). Gefunden am Südabhang der Sellada.

17) Rohe längliche Kalksteinstele. Länge 0.70 m, Breite 0.13 m. Am oberen Ende die Inschrift *Τερπονίδα* (I. G. I. III 802). Sie wurde nahe dem Grat der Sellada in einem spätes Skelettgrab ohne Beigaben (102) verbaut gefunden.

18) Rohe Stele aus Kalkstein. Länge 0.62 m. Die Inschrift *Τιμόνασ(α)α* ist sorgfältig eingehauen (I. G. I. III 804). Gefunden in der Ummauerung des Skelettgrabes 30 verbaut.

19) Kalksteinquader. Länge 0.40 m, Breite 0.29 m. Auf der oberen Fläche die Inschrift *Φρασίλο(υ)* (I. G. I. III 806). Verbaut in dem Skelettgrab 104.

20) Roher Kalkstein. Länge 0.45 m, Breite 0.27 m. Auf der oberen Fläche die Inschrift *Ναρτίχνο(υ)* (I. G. I. III 807). Gefunden beim Grab 99.

21) Kalksteinblock von ungefähr rechteckiger Form. Länge 0.39 m. Auf der oberen Fläche die Inschrift *Βάζακ̣ος* (I. G. I. III 812). Gefunden in das Skelettgrab 30 verbaut.

22) Quader aus rotem vulkanischem Tuff. Länge 0.35 m, Breite 0.19 m, Höhe 0.31 m. Auf der einen Seitenfläche die Inschrift *Θεομάνδρο(υ)* (I. G. I. III 816). Den Schriftzügen nach dem V. Jahrhundert angehörig. Gefunden in das Skelettgrab 104 verbaut.

23) Quader aus rotem vulkanischem Tuff. Länge 0.39 m, Breite 0.19 m, Höhe 0.37 m. Auf der oberen Fläche die Inschrift *Λάλ(α)κος* (I. G. I. III 817). Nicht früher als V. Jahrhundert. Der Stein war in das Grab 99 verbaut.

b) Grabsteine späterer Zeit.

24) Stele aus weißem Marmor (Höhe 0.38 m, Breite 0.31 m, Dicke 0.075 m), von einem Giebel mit drei Akroterien bekrönt, links und am unteren Ende fehlt ein Stück. Die Inschrift ist gut geschrieben und zeigt Buchstabenformen etwa des IV. vorchristlichen Jahrhunderts. *Ι'Αρχιτέλις* (I. G. I. III 838). Gefunden in der Nähe der Gräber 66 und 67.

25) Stele aus weißem Marmor (Abb. 227). Sehr sauber gearbeitet. Höhe 0.73 m, Breite unten 0.33 m, oben 0.27 m, Dicke 0.10—0.075 m, den oberen und unteren Abschluß der Platte bildet je ein Kymation, die obere Bekrönung ein Giebel mit drei Akroterien. Die Inschrift ist flüchtig und in Buchstaben verschiedener Größe eingehauen (0.016—0.03 m hoch). Sie dürfte etwa dem III. vorchristlichen Jahrhundert angehören. *Ρόδος* (I. G. I. III 851). Die Stele wurde noch in ihre Basis, eine Kalksteinquader, eingezapft, aber nicht mehr in situ etwa 0.40 m unter der Oberfläche in der Nähe der Gräber 69—72 gefunden.

26) Stele aus weißem Marmor mit Giebelbekrönung; das untere Ende fehlt. Jetzige Höhe 0.45 m, Breite 0.22 m, Dicke 0.06 m. Buchstabenhöhe 0.011—0.018 m. Die Buchstaben sind von eigentümlich geschweifter und gerundeter Form. Hiller weist sie aber noch dem III. vorchristlichen Jahrhundert zu. Inschrift *Ζεμμίς ; Κλερίσις* (I. G. I. III 825). Gefunden in der Nähe der Gräber 73—76.

Abb. 227. Grabstele von der Sellada (No. 25).

9*

27) Stele aus weißem parischem Marmor (Abb. 228). Oben und unten durch ein Kymation abgeschlossen. Höhe 0.58 m, Breite 0.18-0.20 m, Dicke 0.06 m. Die Buchstaben (Höhe 0.018 m) sind sorgfältig zwischen vorgeritzten Linien eingehauen. Die Formen weisen in spätere hellenistische Zeit, etwa das II. vorchristliche Jahrhundert. Inschrift: Ἐπιτιμίδας Ἡσιχίγόρου Σολαΐς (I. G. I. III 833). Gefunden wie 26. Ein Epitimidas erscheint, worauf Hiller mich aufmerksam macht, unter den ptolemäischen Söldnern (I. G. I. III 327, 134). Da der Name selten ist, der Söldner ebenfalls wohl nicht Theräer war und nach 230 v. Chr. in Thera stand, also bis ins II. vorchristliche Jahrhundert gelebt haben kann, so wäre eine Identität mit dem in der Grabinschrift genannten möglich. Die Schriftzüge unserer Inschrift erinnern an die der Söldner-Inschrift.

Abb. 228. Stele von der Sellada (No. 27).

Abb. 229. Christliche Grabstele von der Sellada (No. 32).

c) Grabsteine christlicher Zeit.

28) Rohe Marmorstele, aus dem Teil einer größeren Platte bestehend, deren Rand an drei Seiten erhalten ist, während links der Bruch ungeglättet gelassen ist. Höhe 0.44 m, Breite 0.165 m. Inschrift: ἄγγελος Ἀγαθήποδας (I. G. I. III 934). Gefunden vor dem Grabe 42.

29) Rohe Kalksteinplatte. Höhe 0.26 m, Breite 0.16 m. Inschrift sehr nachlässig eingehauen: ἄγγελος] Βαϊδίονος (I. G. I. III 935). Gefunden im Schutt am Südabhang der Sellada.

30) Kleine Marmorstele. Höhe 0.27 m, Breite 0.17 m. Oben ist ein kleiner Giebel mit einer Rosette als Füllung eingehauen. Schlechte Schrift: ἄγγελος] Δημέα (I. G. I. III 936). Gefunden vor dem Grabe 31.

31) Kleine Marmorstele. Höhe 0.21 m, Breite 0.135 m. Oben Giebelbekrönung. Inschrift: ἄγελος] Ζηνᾶ (I. G. I. III 941). Gefunden vor dem Grabe 31.

32) Stele aus Marmor (Abb. 229). Höhe 0.29 m, Breite 0.21 m. Inschrift: ἄγγελος]'Ἡλιοδώρου (I. G. I. III 944, Thera I 180). Gefunden vor dem Grabe 42.

33) Kleine Marmorstele. Giebelbekrönung mit Rosette. Höhe 0.20 m, Breite 0.165 m. Inschrift: ἄγγελος Ἡρακλίωνος (I. G. I. III 945). Gefunden vor dem Grabe 31.

34) Kleine Marmorstele. Höhe 0.24 m. Breite 0.23 m. Giebel mit Rosette und zwei Akroterien geschmückt. Inschrift: ἄγγλις (sic) [Νυηφτεῆς (I. G. I. III 952). Gefunden vor dem Grabe 42.

35) Stele aus weißem Marmor, oben giebelförmig zugehauen. Höhe 0.25 m, Breite 0.16 m. Inschrift: ἄγγλος Τρίφωνος (I. G. I. III 954). Gefunden vor dem Grabe 42.

36) Kleine Kalksteinstele. Höhe 0.29 m, Breite 0.10 m. Inschrift: ἄγγελος (I. G. I. III 960). Gefunden vor dem Grabe 42.

37) Marmorplatte. Höhe 0.44 m, Breite 0.23 m. Inschrift: ἄγγελος (I. G. I. III 962). Gefunden vor dem Grabe 42.

38) Rohe Kalksteinplatte. Höhe 0.30 m, Breite 0.21 m. Inschrift: ἀγγέλου (I. G. I. III 966). Gefunden in der Nähe der Gräber 15 und 16.

39) Marmorplatte. Höhe 0.31 m, Breite 0.19 m. Inschrift: ἄγγλου (sic) (I. G. I. III 967). Gefunden vor dem Grabe 42.

40) Marmorstele, gefunden vor dem Grabe 31. Die Inschrift war ausradiert.

d) Graffiti.

Die Graffiti, die sich auf Aschengefäßen in Gräbern fanden, sind schon bei Besprechung der Gräber verzeichnet worden. Sie gehören sämtlich der archaischen Zeit an. Ebenso die beiden folgenden, die ich auf Scherben las, welche während der Ausgrabung auf der Sellada gefunden wurden.

41) Bruchstück einer undekorierten archaischen Vase. Inschrift: Πον (I. G. I. III 989).

42) Bruchstück von der Schulter eines Gefäßes aus gelblichem feinem Thon. Die Inschrift . . . ίφιος [oder Ἴφιος als Genetiv von Ἴφις? v. H.] (I. G. I. III 991) ist ganz leicht und flüchtig eingeritzt.

B. Vasen.

1) Unter den Scherben, die aus dem Schutt der Sellada aufgelesen wurden, herrschen die von großen Amphoren theräischen Stiles vor. Die wichtigeren, welche noch Reste von Malerei zeigen, werden in dem Abschnitt über die theräischen Vasen genauer beschrieben und abgebildet werden. Erwähnen will ich hier die Bruchstücke vom weiten Halse eines riesigen Pithos theräischen Stiles und bester Technik. Die Mündung muß etwa 0.54 m Durchmesser gehabt haben. An den niedrigen Hals setzte ein sehr weit bauchiger Körper an.

Außer diesen feinen theräischen Scherben fanden sich auch zahlreiche Bruchstücke von den groben unverzierten Kochtöpfen und den kleinen einhenkligen Krügen und Tassen.

2) Neben den theräischen Scherben waren zahlreiche andere geometrische Gattungen vertreten. Der Gattung der Amphora aus dem Grabe 93 b gehört die Amphora Abb. 230 an, welche aus zahlreichen Bruchstücken wieder zusammengefügt werden konnte. Das Gefäß besteht aus ganz grobem bräunlich-grauem Thon, der von vielen schwarzen Steinchen durchsetzt ist. Es hat dann einen hellgraugelben dünnen Ueberzug erhalten, der leicht abblättert. Darauf ist mit schlechtem

Abb. 230. Einzelfund vom Südabhang der Sellada.
Höhe 0.55 m.

blassem schwarz-grauem bis rötlichem Firnis gemalt. Am Halse einige breitere und schmälere Streifen, ebenso am unteren Teil des Gefäßes. Auf der Vorderseite der Schulter waren drei Enten und der Rückseite drei Störche gemalt.

Der gleichen Gattung gehören einige Bruchstücke einer Amphora und einer Hydria an.

3) Zahlreich waren die Scherben der oben als „böotisch" bezeichneten Gefäße. Zu einer Urne, welche etwa die Form der Amphoren mit Doppelhenkel, dabei aber einen einfachen

a   b

Abb. 231 a, b. Bruchstücke einer Urne. Einzelfund 3. ½ nat. Gr.

wagerechten handförmigen Henkel hatte, gehören die beiden vorstehend (Abb. 231) abgebildeten Bruchstücke. Dem Schulterbilde einer Amphora der gleichen Gattung entstammt das Bruchstück Abb. 232. Erkennbar ist noch der Rest eines getüpfelten Raubtieres.

4) Dem Thon und Firnis nach könnten auch der Skyphos Abb. 233 und die Kanne Abb. 234 hierher gehören. Ersterer hat Kreise zwischen senkrechten Parallellinien, letztere umlaufende Linien und Punktreihen.

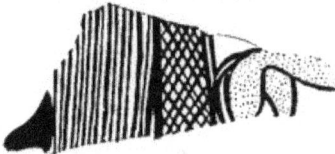

Abb. 232. Bruchstück von der Schulter einer Amphora. Einzelfund 3.   Abb. 233. Einzelfund 4.   Abb. 234. Einzelfund 4.

5) Von einer Amphora, wie die No. 59 des athenischen Nationalmuseums (abgebildet bei Wide, Jahrb. XIV 38, Fig. 18) stammen eine Anzahl sehr hart gebrannter Scherben, die weiße konzentrische Kreise und eine rote Linie auf schwarzbraunem Firnis tragen.

6) Hals einer Amphora (Abb. 235). Feiner roter Thon, rötlicher Firnis. Das ganze Gefäß, von dem noch einige Bruchstücke gefunden wurden, scheint mit parallelen Linien umzogen gewesen zu sein. Am Halse geometrische Dekoration. Auffallend verwaschene Ornamente, Dreiecke, Rauten, Radornament, Punktreihen.

Abb. 235. Einzelfund 6.

7) Kanne (Abb. 236). Höhe 0.125 m. Braunroter feiner Thon. Mattbrauner Firnis. Der untere gerundete Teil ganz gefirnißt. Am oberen Teil umlaufende Streifen. Zwei Reihen Punkte, eine Reihe größerer tangierter Punkte. Henkel bandförmig wagerecht gestreift.

Abb. 236. Einzelfund 7.　　　Abb. 237. Einzelfund 8.　　　Abb. 238. Einzelfund 8.

8) Zwei Kannen (Abb. 237 und 238) aus feinem hellgelblichem Thon. Mit blassem bräunlichem Firnis sind umlaufende Linien auf die Gefäße gemalt. Bei beiden ist der obere Teil zerstört.

Zahlreich sind die Bruchstücke aus dem protokorinthischen Kreise. Ich hebe folgende hervor:

9) Bruchstück eines großen protokorinthischen Gefäßes feinster Technik (Abb. 239).

10) Bruchstück eines großen Tellers mit flachem Rande aus feinem protokorinthischem Thon (Abb. 240). Einfaches Spiralornament, mit braunem Firnis aufgemalt.

Abb. 241. Einzelfund 11.

Abb. 239. Einzelfund 9.　　　Abb. 240. Einzelfund 10.　　　Abb. 242. Einzelfund 12.

11) Bruchstück eines Tellers gleicher Technik (Abb. 241). Dreieck- und Rankenmotive.

12) Protokorinthische Lekythos mit Tierfries (Abb. 242).

13) Zwei Kännchen aus hellem Thon, ähnlich dem protokorinthischen (Abb. 243a, b). Mit braunem Firnis ist der untere Teil überzogen. Am Halse umlaufende Linien. Auf der Schulter Dreiecke mit Gitterfüllung. Ein Kännchen gleicher Gattung Abb. 79 (S. 30).

14) Miniaturnäpfchen (Abb. 244) mit zwei senkrecht angesetzten Henkeln. Hellgelber Thon. Ohne Dekoration.

Abb. 243a, b. Einzelfund 13.

Abb. 244. Einzelfund 14.

15) Miniaturamphoriskos aus gleichem Material (Abb. 245). Ohne Dekoration.

16) Näpfchen mit senkrechten Wandungen und zwei wagerecht angesetzten Henkeln (Abb. 246). Gleicher Thon. Umlaufende Linien. Wellenlinie. Gleichartige Näpfchen im Massenfund S. 21, Abb. 35, Grab 100, Abb. 225 (S. 64) und sonst.

Abb. 245. Einzel-   Abb. 246. Einzel-   Abb. 247. Einzelfund 17.   Abb. 248. Einzelfund 15.   fund 16.   fund 18.

17) Napf mit Doppelhenkeln (Abb. 247). Graugelber feiner Thon. Matt-graubrauner Firnis. Umlaufende Linien, Punktreihen, Dreieckmotive. Aehnliche Gefäße im Massenfund S. 20, Abb. 22; in Grab 17 (S. 33, Abb. 97) und sonst.

18) Skyphos (Abb. 248). Aehnliche Technik.

Abb. 249. Einzelfund 19.   Abb. 250. Einzelfund 20.   Abb. 251. Einzelfund 21.

19) Bruchstück eines Tellers mit flachem Rande (Abb. 249). Heller Thon. Violettbrauner matter Firnis. Auf dem Rande Gruppen paralleler Striche. Innen flüchtiges Lotosknospen-Blütenband. Zickzacklinien. Reste eines die Mitte füllenden geometrischen Ornamentes.

20) Bruchstück eines Tellers gleicher Technik (Abb. 250). Umlaufende Linien und Zickzacklinien. Auf dem Rande wieder die Gruppen paralleler Striche.

Abb. 252. Einzelfund 22.   Abb. 253. Einzelfund 23.   Abb. 254. Einzelfund 24.

21) Bruchstück vom Rande eines Tellers gleicher Art (Abb. 251). Rechtecke, durch gekreuzte Linien verbunden.

22) Skyphos mit abgesetztem Rande (Abb. 252). Heller Thon mit violettrötlichem, mattem Firnis. Umlaufende Bänder.

23) Miniaturnäpfchen mit drei Henkeln (Abb. 253). Heller Thon.

24) Miniaturschälchen aus hellem graugelbem Thon (Abb. 254).

25) Eine Anzahl Deckel verschiedener Größe; alle aus hellem nicht theräischem Thon gefertigt und mit umlaufenden Firnisstreifen verziert. Abb. 255 a—f geben Beispiele derselben.

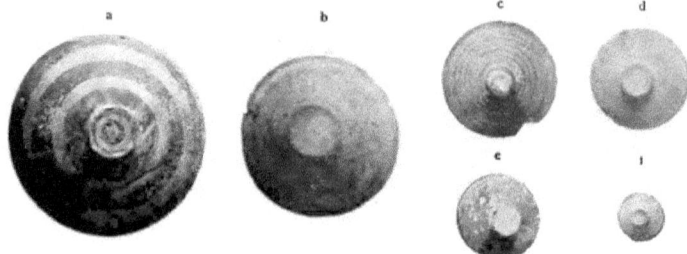

Abb. 255 a—f. Deckel aus der Nekropole an der Sellada.

26) Schlauchförmiges korinthisches Salbgefäß (Abb. 256). Am Boden und am Halse Stabornament. Umlaufende Linien. Gitterstreifen.

27) Korinthischer kugelförmiger Aryballos mit niedrigem Ringfuß (Abb. 257). Umlaufende Streifen mit braunem Firnis und roter Deckfarbe aufgemalt. Auf der Schulter Blattornament.

28) Vier Bruchstücke einer korinthischen Pyxis mit Tierfries in recht sorgfältiger Ausführung (Abb. 258 a—d).

Abb. 256. Einzelfund 26.

Abb. 257. Einzelfund 27.

29) Kugelförmige Kanne aus feinem hellem Thon mit vorzüglicher Glättung der Oberfläche. Gehört zu derselben Gattung wie Abb. 195 (S. 58). Die Dekoration ist ganz verschwunden.

Abb. 258 a—d. Einzelfund 28.

30) Krug mit Henkel aus ähnlich feinem gut geglättetem Thon von etwas dunklerer Farbe (Abb. 259).

31) Kleines Schälchen mit zwei henkelartigen Ansätzen (Abb. 260). Aus feinem hell-gelblichem Thon. Der Rand zierlich gerieft. Dazu der Deckel aus demselben Materiale, mit Knopf und senkrechtem Rand.

32) Zahlreich fanden sich die Scherben von sog. ionischen Schalen, wie

Abb. 259. Einzelfund 30.

Abb. 260. Einzelfund 31.

Abb. 98 in Grab 17. Derselben Gattung gehört auch die Abb. 261 abgebildete Schale an. Bei dieser ist der Firnis ganz rot geworden.

Abb. 261. Einzelfund 32.   Abb. 262 a, b. Einzelfunde 33.

33) Eine Anzahl Scherben von kleinen Schalen, wie sie aus Kamiros, Naukratis, Aegina und italischen Nekropolen bekannt sind. Vergl. z. B. Ath. Mitt. XXII, 272. Zwei Bruchstücke sind Abb. 262 a, b gegeben. Vom Fuß laufen in Kontur gezeichnete Strahlen aufwärts. Der Dekorationsstreifen ist durch senkrechte Linien in Felder geteilt, in denen Rautenornamente, Vögel u. a. sich finden. Heller braungelber gut geglätteter Thon, brauner, oft rot gewordener Firnis. Die Schalen haben keinen abgesetzten Rand und einen ganz niedrigen Fuß.

Derselben Gattung gehören die beiden als Abb. 263 a, b abgebildeten Bruchstücke an. Sie stammen vom oberen Teil einer Schale.

Abb. 263 a, b.   Abb. 264. Einzelfund 34.

34) Bruchstück eines sehr feinen Tellers der milesischen Gattung (Abb. 264). Sehr heller glatter Ueberzug, schöner lebhaft roter Firnis. Erhalten ist der Hinterleib und die Schenkel eines geflügelten Raubtieres, vielleicht einer schreitenden Sphinx. Es ist dies das einzige sicher milesische Bruchstück aus dem Gräberfeld. Vergl. S. 81, Abb. 287.

35) Tasse aus grauem Thon mit mattschwarzer Oberfläche (Abb. 265).

Abb. 265. Einzelfund 35.   Abb. 266. Einzelfund 36.

36) Miniaturlämpchen oder Räuchergefäß auf hohem Fuß (Abb. 266); roter Thon mit schwarzen Firnisstrichen.

37) Bruchstück einer Kanne (Abb. 267), aus hellem Thon, der dem protokorinthischen ähnlich, aber rauher ist. Mit matter ungleichmäßiger gelbbrauner Farbe sind Linien und

Dreiecke auf das Gefäß gemalt. Ich kenne nichts Gleiches, halte das Gefäß aber nach Technik und Dekoration für archaisch.

38) Auch die undekorierten Vorratsgefäße sind in recht zahlreichen Bruchstücken vertreten; namentlich fanden sich graue Scherben, von der Art wie die Amphora aus Grab 27. Ferner ließen sich Bruchstücke mehrerer Amphoren wie Abb. 215 in Grab 96 nachweisen. Am Halse der einen waren Dreiecke eingedrückt.

Scherben der Spätzeit sind entsprechend der geringeren Menge der Beigaben in diesen Gräbern in ziemlich geringer Zahl gefunden. Ich hebe hervor:

39) Tiefe Schale mit niedrigem Fuß (Abb. 268). Höhe 0.215 m,

Abb. 267. Einzelfund 37.   Abb. 268. Einzelfund 39.

Durchmesser 0.32 m. Gut profilierter Rand. Zwei wagerechte Henkel. Ziegelroter feiner Thon; dünnwandig. Mit roter Firnisfarbe sind umlaufende Streifen und eine Schlangenlinie nahe dem Rande aufgemalt. Auf dem Rande sind kurze Striche mit Weiß aufgesetzt.

40) Kuglige Henkelflasche (Abb. 269) mit niedrigem Ringfuß. Henkel mit scharfem Knick umgebogen. Bis auf den untersten Teil mit einem matten bräunlichen Firnis überzogen.

40a) Kanne mit Kleeblattmündung aus ganz grobem Thon. Henkel fehlt.

41) Flasche aus violettgrauem Thon (Abb. 270). Form wie bei gleichzeitigen Glasflaschen.

Abb. 269. Einzelfund 40.   Abb. 270. Einzelfund 41.   Abb. 271 a, b. Einzelfunde 42.   Abb. 272. Einzelfund 43.   Abb. 273. Einzelfund 44.

42) Zwei kleine Henkelkrüge aus feinem hartem violettrotem Thon, ohne besondere Glättung der Oberfläche. Scharf abgesetzter Rand. (Abb. 271 a, b.)

43) Ein ähnlicher schlankerer; der Henkel ist abgebrochen, der Thon gröber. (Abb. 272.)

44) Ein Anzahl thönerner „Thränenfläschchen" aus grauem und rotem Thon, bald von schlankerer, bald von breiterer Form. Ein Beispiel Abb. 273.

45) Ein großer flacher Sigillateller ohne Fuß. Durchmesser 0.30 m. Aus der feinen hellroten matten Sigillata, wie sie namentlich in Aegypten und Südrußland vorkommt.

46) Die im Gräberfeld gefundenen Lampen sind auf Abb. 274 a—i vereinigt. Sie gehören verschiedenen Zeiten an. a hat die alte attische Form. Der Oelbehälter ist fast ganz offen, die Schnauze ganz kurz. b und c zeigen bereits die Neigung, das Eingußloch zu verkleinern

und die Schnauze zu verlängern. Zu vergleichen sind Lampen lokaler Technik aus Olympia
Olympia IV 1315, 1316).

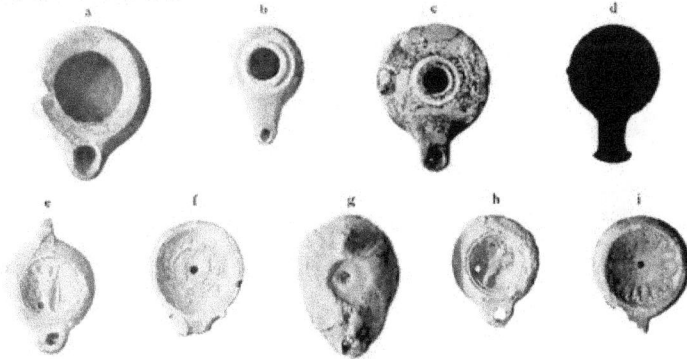

Abb. 274a—i. Lampen aus der Nekropole an der Sellada.

Die Form von d bildet dann den Uebergang zu der späteren Form. Das Eingußloch
wird ganz eng und liegt vertieft. e—i sind gewöhnliche Typen römischer Zeit. Die obere
Platte ist mit Relief geschmückt. Auf e eine Amphora, auf f ein Epheukranz, auf h ein Füll-
horn, auf i eine Rosette. Bemerkenswert ist, daß die christlichen Lampen unter den Funden fehlen.

C. Glas.

Abb. 275. Einzel-
fund 47.

47) Nur ein Glasgefäß wurde heil im Schutt des Gräberfeldes
gefunden. Es ist das unter Abb. 275 wiedergegebene Fläschchen aus blass-
violettem Glase in Form einer Frucht (?). Wagerechte Riefeln laufen um das
mittelst einer zweiteiligen Form gefertigte Gefäß.

D. Terrakotten.

Während Terrakotten in den Gräbern fehlen, sind im Bereich des Gräberfeldes eine
Anzahl gefunden worden. Sie sind auf Abb. 276 vereinigt.

48) Das altertümlichste Stück ist wohl Abb. 276, 2, ein kleiner ganz roh gekneteter
Mann. Große Nase und Augen. Brauner Firnis. Er wurde bei Grab 94 gefunden.

49) Oberteil einer archaischen Frauenfigur (Abb. 276, 8). Gefunden bei dem Grabsteine der Rhoda (No. 25, S. 67), aber sicher älter als dieser.

50) Kopf einer ähnlichen (Abb. 276, 7).

51) Kopf einer Ente, roh geformt (Abb. 276, 6). Gefunden in der Nähe der Gräber 66, 67.

52) Ziegenbock mit schraubenförmig gedrehten Hörnern (Abb. 276, 1). Mit Firnis sind
die Hörner gefärbt und ein Strich auf dem Rücken gemalt. Archaisch.

53) Drei Vögel aus hellrotem Thon (Abb. 276, 9, 10, 11).

54) Eine Schildkröte aus hellrotem Thon (Abb. 276, 12).

55) Ein Schwein aus hellrotem Thon (Abb. 276, 13).

56) Zwei Gefäßmündungen in Form von Widderköpfen (Abb. 276, 3, 4). Aus hellem wohl korinthischem Thon, mit blassen Firnislinien bemalt.

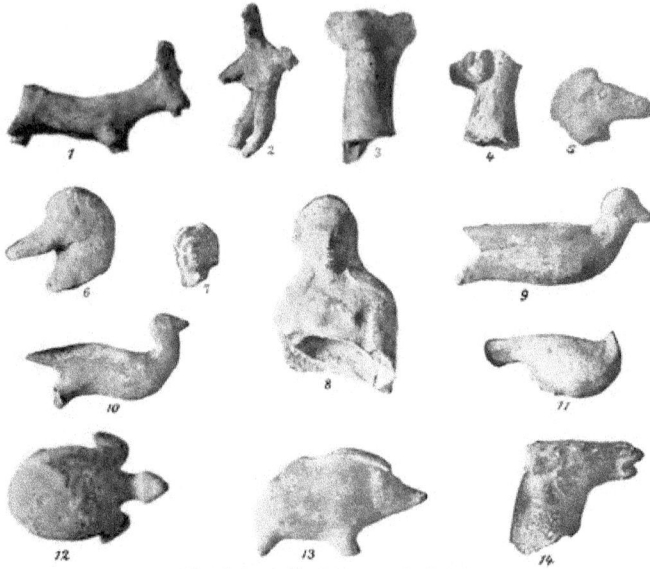

Abb. 276, 1—14. Terrakotten von der Sellada.

57) Kopf eines Pferdes archaischen Stiles (Abb. 276, 5). Das Auge ist durch einen eingedrückten Kreis wiedergegeben. Schwarzer Firnisüberzug. Archaisch.

58) Pferdekopf, schwarz gefirnißt (Abb. 276, 14). Nach dem freien Stil und dem erregten Ausdruck des Kopfes frühestens dem IV. Jahrhundert angehörig.

59) Bruchstücke eines Apfels aus feinem rotem Thon.

60) Ein Spinnwirtel aus Thon, mit eingravierten einfachen Ornamenten (Abb. 277).

61) Zum Schluß mag die interessante Nachbildung eines Salbgefäßes in Stein erwähnt werden, fast kugelförmig, mit niedrigem Halse und zwei kleinen Henkeln. Vergl. Abb. 278.

Abb. 277. Einzelfund 60.

Abb. 278. Steinerner Aryballos. Einzelfund 61.

Eine Höhlung ist nicht vorhanden. Der Gegenstand ist lediglich Attrappe. Für die Form, die sehr selten ist, ist ein streng rotfiguriges Gefäß in Bologna[*]) und ein sehr feines weiß-

*) G. Pellegrini, Museo civico di Bologna. Catalogo dei vasi antichi dipinti No. 322.

grundliges Gefäß, das ich mir im Museum von Tarent notierte, zu vergleichen[1]). Eine Weiterbildung ist das auch stilistisch jüngere Oelfläschen der Berliner Vasensammlung[2]), bei dem der
untere Teil abgeplattet, die Schulter scharf vom Körper abgesetzt und fast wagerecht ist.
Daß auch das theräische Steingefäß erst dem Anfang des V. Jahrhunderts angehören müßte
(in diese Zeit haben wir die drei genannten Gefäße zu datieren), ist natürlich nicht gesagt;
es kann auch älter sein. Am genauesten entspricht ihm in allen Einzelheiten der Form von
Mündung und Henkeln das Tarentiner Gefäß.

3. Scherbenfunde vom Messavuno.

Anhangsweise füge ich an dieser Stelle ein paar Bemerkungen über Scherbenfunde auf
dem Messavuno hinzu. Es sind bei den Ausgrabungen Hillers in der Stadt auffallend wenig
Vasenscherben gefunden, die irgendwelche Bedeutung hatten. Fast durchweg war es grobe
zeitlose Ware, die man in der Stadt benutzt hat. Neben dieser fanden sich die üblichen glänzend
schwarz gefirnißten Gefäße attischer und späterer Technik. Geometrisch dekorierte Bruchstücke
der theräischen Art fanden sich namentlich am Abhang zwischen dem Tempel des Apollo
Karneios und dem Evangelismos, also außerhalb der Stadtgrenze. Sie können demnach von
zerstörten Gräbern herrühren.

Ferner fanden sich hier eine Anzahl von Bruchstücken großer Gefäße, die mit gepreßten
Ornamenten verziert sind und ebenfalls der archaischen Zeit angehören. Ross fand gleichartig
verzierte Gefäße in Gräbern der Sellada. In dem von mir durchforschten Teile des Gräberfeldes fehlten sie vollständig, so daß ich in der Annahme bestärkt werde, daß Ross in einem
anderen Teile des Gräberfeldes gegraben hat. Die Scherben tragen meist Verzierungen
orientalisierenden Stiles. Sie gehören also einer jüngeren Zeit als die Mehrzahl der von mir
auf der Sellada gefundenen Gräber an, in denen nicht nur diese
Gefäße fehlen, sondern Vasen orientalisierenden Stiles überhaupt
selten sind.

Die Bruchstücke bestehen meist aus grobem graurotem Thon
mit vielen weißen bis grauschwarzen Einsprengungen.

Große Pithoi mit ähnlich gepreßter Dekoration haben
sich namentlich in Rhodos gefunden. Für die Ornamente selbst
sind dann besonders Bronzebänder aus Böotien, Olympia und anderen
Fundorten zu vergleichen.

Das älteste Stück dürfte das Abb. 279 wiedergegebene
sein, das sich durch die gravierte rein geometrische Dekoration von
den anderen unterscheidet. Das Ornament, anscheinend ein falscher
Mäander, wie auf manchen theräischen Vasen mit gemalter Verzierung (z. B. Abb. 144, S. 45), ist
flüchtig in den noch weichen Thon eingeritzt. Die Scherbe stammt anscheinend vom Gefäßkörper.

Abb. 279. Scherbe eines
groben Gefäßes. ½ nat. Gr.

---

[1]) Ich habe das Gefäß nur durch die Glasscheiben
des Schrankes gesehen. Hals und Mündung sind
schwarz, ebenso ein Streifen an der Schulter. Auf
der einen Seite ein Mann, der ein Pferd führt, in
sehr feiner Konturzeichnung. Inschrift Διογένες
καλος: Auf der Rückseite, die ich nur schlecht
sehen konnte, ein Mann, der sich auf seinen Stock

lehnt, ein Jüngling und ein sitzender Mann. Inschrift καλος Διογε[ν]ες καλος. Auf dem dunklen
Streifen steht mit Weiß die Inschrift HI . . O . . γο:
καλος: Buchstabenformen der I. Hälfte des V. Jahrhunderts. Vergl. Klein, Lieblingsinschriften S. 102.
[2]) Arch. Ztg. 1881 Taf. 8. Berlin 2326.

Abb. 280, ebenfalls vom Gefäßkörper, hat schlecht geglättete Oberfläche. Auf einem erhabenen Bande sind hier unverbundene Spiralen mittelst einer Form gepreßt.

Abb. 281, der vorigen ähnlich, doch mit echter fortlaufender Metallspirale verziert. Ein zweites gleiches Bruchstück ist vorhanden.

Abb. 280. Grobe Scherbe vom Ostabhang des Messavuno. ⅔ nat. Gr.

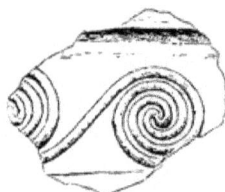

Abb. 281. Grobe Scherbe vom Ostabhang des Messavuno. ⅔ nat. Gr.

Bedeutend bessere Technik und schärfer ausgepreßte Ornamente zeigen die folgenden Bruchstücke.

Abb. 282a, b stammt vom flachen Rande einer großen Schale. Die Oberfläche hat einen mattroten Anstrich erhalten. Die Spiralen nicht fortlaufend, sondern durch ineinander gehakte S-förmige Glieder hergestellt. In den Zwickeln bereits eine Füllung durch ein rautenförmiges Blatt und zwei Punkte.

Abb. 283a, b, ebenfalls von Rande einer Schüssel und in der Technik dem vorigen ganz gleich, hat ein breites doppeltes Flechtband von sehr feiner Ausführung. Vergl. z. B. die Bronzebänder Ἐφ. ἀρχ. 1892 Taf. 10, 3; Arch. Anz. 1891, 125; Olympia IV Taf. 42, 733, S. 109.

Abb. 284a, b. Scherbe vom Gefäßkörper. Die Oberfläche hat einen rotgelben Anstrich. Das Ornamentband ist durch einen plastischen Streifen abgeschlossen. Alternierendes Palmettenlotosband. Vergl. z. B. Bronzeband in Berlin, aus Böotien, Arch.

Abb. 282a, b. a Scherbe vom Rande einer Schale. b Profil derselben. ⅔ nat. Gr.

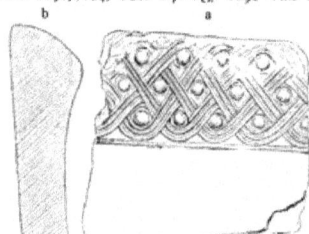

Anz. 1891, 124, oder Ἐφ. ἀρχ. 1892 Taf. 12, 1. 2. 3 und ähnlich Olympia IV Taf. 42, 746. 749.

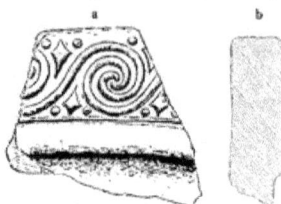

Abb. 283a, b. a Scherbe vom Rande einer Schale. b Profil derselben. ⅔ nat. Gr.

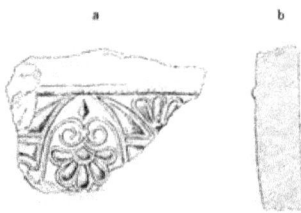

Abb. 284a, b. a Scherbe eines Reliefgefäßes. b Profil desselben. ⅔ nat. Gr.

Abb. 285a, b. Ebenfalls vom Gefäßkörper und von gleicher Technik wie die vorige. Palmetten, durch Spiralranken verbunden. Interessant ist, daß hier gerade die Stelle erhalten ist, an der der Töpfer seine Arbeit begann und schloß. Der Streifen beginnt mit einer halben Palmette. Die Länge der vom Töpfer benutzten Matrize ging in der Länge des zu schmückenden Streifens nicht genau auf, so daß die erste Palmette unvollendet blieb und der Streifen mit einer halben Ranke enden mußte. Ob die Herstellung des Ornamentbandes durch nebeneinander gesetzte Stempel oder durch Abrollen eines Cylinders erfolgte, ist nicht mit voller Sicherheit zu entscheiden, da unsere Bruchstücke zu klein sind. Für den Gebrauch eines Cylinders spricht, daß der Anfang des Streifens beim Abdrücken des Schlußornamentes nicht zerstört wurde. Den rollenden Cylinder kann man in dem Augenblick abheben, wo der Ausgangspunkt wieder erreicht ist. Verwendet man dagegen einen flachen Stempel, so muß man ihn, soll das Ornament scharf werden, in seiner ganzen Länge gleichmäßig abdrücken. In diesem Falle würden auf unserem Bruchstücke zwei Abdrücke übereinander geraten, oder zum mindesten das Ornament verwischt sein. Das ist aber nicht der Fall. Lediglich die beiden das Ornament unten begrenzenden Striche überschneiden die Anfangspalmette. Die Art aber, wie sie ein wenig aus der Richtung weichen und sich biegen, weist auch mehr auf das nicht ganz geschickte Abheben des rollenden Cylinders hin. Den cylinderförmigen Stempel verwenden seit dem Ende des VII. Jahrhunderts auch die Verfertiger der Buccherogefäße[*]).

Abb. 285a, b. a Scherbe eines Reliefgefäßes. b Profil derselben. ¹/₃ nat. Gr.

Das interessanteste Stück dieser Gattung hat Wilski erst im Sommer 1900 gefunden. Es ist eine große Scherbe, anscheinend von einem Pithos. Ich kenne das Stück leider nur durch einen Papierabklatsch, den ich Wilski verdanke; ich kann deshalb nur ein allgemeines Urteil darüber abgeben. Im oberen Streifen sind die Beine zweier nebeneinander schreitender Pferde erhalten, offenbar von einem Zweigespann; ich glaube auch die Deichsel, an die sie geschirrt sind, noch zu erkennen. Figurenhöhe ungefähr 0.15 m. Die Ausführung, in flachem Relief, scheint recht gut gewesen zu sein, den bekannten böotischen Reliefpithoi jedenfalls weit überlegen. Die ganze Herstellung ist auch eine andere als dort, indem die Figuren mehr durch Eindrücken des Kontur hervorgehoben als erhaben modelliert sind. Vor den Pferden ein unkenntlicher Rest einer Figur. Nach unten folgen drei glatte erhabene Streifen, dann ein schönes breites Spiralband.

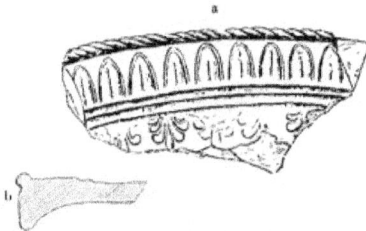

Abb. 286a, b. a Scherbe vom Ostabhang des Messavuno. b Profil derselben. ²/₅ nat. Gr.

Ein zweites von Wilski gefundenes Stück gleicher Art ist dadurch interessant, daß es in der Dekoration dem in Ialysos gefundenen Reliefpithos entspricht, den Furtwängler und Loeschcke (Myken. Vasen. S. 3 Fig. 1) bekannt gemacht haben. Auf einen Streifen mit fortlaufender Spirale folgt auch hier ein solcher mit stufenförmig gebogenen Parallellinien.

---

[*]) Vergl. G. Karo, De arte vascularia antiquissima p. 11.

Das Abb. 286a, b wiedergegebene Bruchstück zeigt ganz anderen Charakter und ist nicht aus derselben Fabrik, wie die bisher aufgeführten. Auch dieses Stück stammt von einem flachen Rande. Es besteht aus ganz feinem hellrotem Thon ohne alle Einsprengungen. Die Oberfläche ist etwas heller. Der Rand ist sehr fein profiliert. Die Kante wird durch eine plastische Schnur gebildet. Er folgt sowohl auf der wagerechten als auch auf der senkrechten Fläche ein Eierstab, auf der wagerechten dann nach einem leichten dreigliedrigen Profil unverbunden nebeneinander gesetzte Palmetten. Die Ornamente sind viel leichter und flüchtiger ausgepreßt als bei den bisher betrachteten. Auch die Form der Palmetten weist auf spätere Zeit hin.

Abb. 287.   Abb. 288.   Abb. 289.

Scherben aus der Stadt Thera.

Die orientalisierenden Stile werden weiter durch die Abb. 287—289 wiedergegebenen Scherben vertreten. Abb. 287 stammt von einem Gefäß der „milesischen" Gattung. Erhalten ist der untere Teil eines Dammhirsches in sorgfältiger Zeichnung. Daneben Füllornamente. Derselben Gattung gehört wohl Abb. 288 an, das Bruchstück eines Tellers. Erhalten ist ein Teil eines schönen Lotos-Knospen- und -Blütenbandes, dann ein Mäanderstreif, endlich von dem Mittelbild ein Teil des unteren Kreissegmentes, das, wie häufig, mit einem rosettenartigen Ornament gefüllt war. Sehr deutlich erkennbar ist die Vorzeichnung. Von einem ähnlichen Teller stammt auch das Bruchstück Abb. 289. Roter Thon, heller Ueberzug, schwarzer Firnis. Erhalten ist der die Mitte einnehmende Stern. Auch auf der Außenseite der Scherbe sind Reste eines Kreisornamentes erhalten.

Abb. 290. Scherbe aus der Stadt Thera.   Abb. 291.

Attische schwarzfigurige und rotfigurige Ware ist nur in ganz geringen Bruchstücken erhalten. Abb. 290 giebt die Henkelplatte einer Amphora a colonnette wieder, auf der ein männlicher Kopf mit Spitzbart zu erkennen ist.

Ueber das Abb. 291 gegebene Thonstück weiß ich Sicheres nicht zu sagen. Es ist ein Bruchstück eines Thonkuchens, der mit eingepreßten einfachen Verzierungen versehen ist. Vielleicht ist es der Rest eines Webegewichtes.

Den Schluß dieser Uebersicht über die Funde von Thon innerhalb der Stadt mögen die beiden Abb. 292a, b wiedergegebenen hübsch gearbeiteten Griffe von Lampen bilden, die der späthellenistischen oder frührömischen Zeit angehören.

Abb. 292 a, b. Griffe von Lampen.

Auch die nirgend in hellenistisch-römischen Schichten fehlenden Kohlenbeckenhenkel liegen in einer Anzahl von Beispielen vor. Die meisten sind schon von Winter (Arch. Jahrb. XII 160 ff.) in seinem Nachtrag zu Conzes Typenverzeichnis (Arch. Jahrb. V 118 ff. aufgezählt. Ich notierte folgende:

a) Ein sehr verriebenes Exemplar des Kopfes mit spitzer Mütze. Conze I A No 1 ff.

b) Fünf Exemplare des epheubekränzten Kopfes. Conze II C No. 274. Ein Exemplar hat über dem Kopfe den Rest eines Stempels . *I PYLAΦI* . Ein sechstes, wieder mit dem diesmal deutlicheren Stempel Ἑρμαφι, ist 1899 im Theater gefunden.

c) Zwei Exemplare des Kopfes mit aufwärts gesträubtem Haar und Silensohren in rechteckiger Umrahmung. Conze III A No. 305. Ein drittes mit Stempel *EKATAIO* ist 1900 in der Stadt gefunden.

d) Drei Exemplare des Kopfes mit aufwärts gesträubten Haaren und Silensohren in bogenförmiger Umrahmung. Conze III A No. 324.

e) Stierkopf mit kurzen, breiten Hörnern. Vergl. Conze VI B No. 827. Zwischen den Hörnern Stempel *KALAII* (I. G. I. III 1005).

f) Rosette wie Conze VIII No. 861, aber in glattem Rahmen.

Abb. 293. Grab 57 bei der Auffindung.

Drittes Kapitel.

Die archaischen Gräber.

1. Verbrennung und Bestattung.

Der im vorigen Kapitel gegebene Fundbericht zeigt, daß alle auf der Sellada geöffneten In Thera Gräber der archaischen Zeit Brandgräber sind. Eine Ausnahme machte man, wie zu allen Zeiten, nur mit den kleinen Kindern, die auch in Thera schon unverbrannt beigesetzt wurden. Hier haben wir wohl die ältesten Beispiele für diesen Brauch[1], der sich dann bis in die römische Zeit verfolgen läßt[2].

Die Verbrennung ist auch in Thera wie anderwärts auf besonderen Brandplätzen erfolgt. Leider ist es mir nicht gelungen, solche Brandplätze aufzufinden. Vermutlich hat man sie an Stellen angelegt, wo der Fels nackt zu Tage trat, und der Boden doch nicht zur Anlage von Gräbern zu benutzen war. Nur in zwei Fällen (Grab 29 und 41) könnte man an ein Verbrennen der Leiche im Grabe selbst denken. Beide Male lag die Urne im Grabe auf einer dicken Aschenschicht, die seitwärts beträchtlich über das Gefäß hinausreichte. Doch möchte

---

[1] Andere Beispiele: in Megara Hyblaia (Orsi. Mon. ant. I 771 f.), in Carthago (Rev. Arch. 1889 I 166) und sonst.

[2] Plin. nat. hist. VII 71, Juvenal XV 139 f. und zahlreiche Funde.

11*

ich hier lieber an Reste eines Opfers denken, das nach altem Brauch v o r der Bestattung dargebracht ist.

Die Verbrennung der Leichen war in Thera eine sehr vollständige, denn in den Urnen fanden sich stets nur ganz geringe Aschenreste.

Vergleich mit gleichzeitigen Nekropolen Daß in Thera die erwachsenen Toten durchweg verbrannt wurden, verdient Beachtung; denn unser Gräberfeld tritt dadurch in einen Gegensatz zu den meisten bekannten archaisch griechischen. In den zeitlich nächststehenden Nekropolen, den archaischen Nekropolen Athens vor dem Dipylon, fanden Brückner und Pernice unter 19 Dipylongräbern nur eines, welches eine Urne mit verbrannten Knochen enthielt[1]. Skias zählt unter den eleusinischen Gräbern mit Funden des geometrischen Stiles 86, welche unverbrannte Knochen enthielten, denen 10 Brandgräber und 19 Brandplätze gegenüberstehen[2]. Das absolute Verhältnis der beiden Bestattungsweisen zu einander ist hier schwerer zu berechnen, da einzelne der Brandplätze zu einem der gefundenen Brandgräber gehören können. Ebenso dürfen wir nach dem oben Bemerkten die Kindergräber nicht ohne weiteres zu den Skelettgräbern zählen. Lassen wir aber auch die 27 Kindergräber und die 19 Brandplätze aus der Berechnung fort, so behalten wir immer noch 59 Skelettgräber gegenüber 10 Brandgräbern. Aehnlich wie in Attika liegen die Verhältnisse in den ältesten griechischen Nekropolen des VIII. bis VI. Jahrhunderts in Sicilien. In der Necropoli del fusco bei Syracus wies Orsi[3] 30 Brandgräber neben 332 Leichengräbern nach, in Megara Hyblaia 89 Brandgräber neben 354 Bestattungen, was immer noch das Verhältnis von 1 : 4 ergiebt. In Cumae enthalten die ältesten Gräber durchweg Skelette, und erst etwa mit Beginn des VI. Jahrhunderts treten daneben Brandgräber auf[4]. Auch die Samier haben ihre Toten in archaischer Zeit in weitaus den meisten Fällen beerdigt. Boehlaus Beobachtungen ergaben zwischen Verbrennung und Bestattung das Verhältnis von 1 : 40[5]. Sehr viel verbreiteter ist das Verbrennen des Leichnams in Kreta gewesen. Die Nekropolen des IX. und VIII. Jahrhunderts bei Knossos, Anapolis und Stavrakia enthalten größtenteils Brandgräber[6]. Die ausnahmslose Verbrennung, wie in Thera, kenne ich nur noch aus der frühgeometrischen Nekropole von Assarlik in Karien[7]. Diese beiden Grabstätten sind für uns also die besten Belege für die Sitte, welche die homerischen Gedichte voraussetzen, die ebenfalls bloß Verbrennung des Leichnams kennen[8].

Diese kurze Uebersicht über eine Anzahl von Nekropolen zeigt bereits, daß in der archaischen Zeit, in der ersten Hälfte des I. vorchristlichen Jahrtausends, bei den Griechen zwei verschiedene Begräbnisarten im Gebrauche waren. Neben Gräberfeldern, die nur Brandgräber, und solchen, die nur Skelettgräber enthalten, finden sich auch solche, in denen Verbrennung und Bestattung nebeneinander vorkommen. Wir können aber auch noch erkennen, in welchem Verhältnis die beiden Bestattungsweisen zu einander stehen: das Verbrennen des Leichnams ist die jüngere Sitte.

Uebergang vom Bestatten zum Verbrennen In der ältesten Zeit hat man in Griechenland die Toten stets begraben. Sowohl die Gräber der sog. Kykladenkultur wie die der mykenischen Zeit sind durchweg Skelettgräber, ganz gleich, ob man den Leichnam zusammengekrümmt in ein enges Plattengrab zwängte oder ihn feierlich in einem prunkvoll ausgestatteten Kuppelgrab beisetzte[9]. Es ist bisher, soweit ich sehe, noch kein Brandgrab in Griechenland nachgewiesen, das mykenische Kunst-

---

[1] Ath. Mitth. XVIII 148 ff., wo weitere Beobachtungen angeführt sind. Auch die archaische Nekropole von Theben scheint nur Leichengräber zu enthalten.

[2] Ἐφ. ἀρχ. 1898, 76 ff.

[3] Not. d. scavi 1895, 110; Mon. ant. I 774.

[4] Vergl. v. Duhn Riv. di stor. antica 1895, 55 Anm. 12.

[5] Aus ion. und ital. Nekropolen 13.

[a] Vergl. Orsi American Journal 1897, 264; Mon. antichi dei Lincei VI 170 (Mariani).

[b] Paton, Journal of hell. stud. 1887, 66 ff.; Helbig, Nachrichten d. Gött. Ges. 1896, 233 ff.

[10] Nur Δ 174 kann auf Bestattung hinweisen und würde dann bemerken, daß auch in der Heimat dieses Dichters der ältere Brauch schon wieder aufzuleben begann.

[11] Vergl. Tsountas-Manatt The Mycenean age 138.

erzeugnisse enthalten hätte[12]). Auch die Thonkästen mykenischen Stiles, die in kretischen Gräbern gefunden sind, beweisen nicht das Gegenteil. Sie sind zu groß, als daß ich sie mir für die Aufnahme der Asche hergestellt denken könnte. Vielmehr sollten sie wohl den in zusammengebogener Stellung beigesetzten Leichnam aufnehmen[13]). Im übrigen gehören sie ans Ende der mykenischen Zeit, wo ein allmählicher Beginn der Leichenverbrennung nicht weiter auffallend wäre. — Skias Bericht über die Funde in der mykenischen und vormykenischen Schicht in Eleusis[14]) kenne ich natürlich. Aber ich wage nicht daraus den Schluß zu ziehen, daß man in Eleusis in mykenischer Zeit, abweichend von sonstigem Brauch, die Leichen verbrannt hätte. Ein Grab mit verbrannten menschlichen Gebeinen ist hier, wenn ich recht verstehe, nicht gefunden, und es kommt mir trotz der sorgfältigen Beobachtung von Skias doch immer wieder der Zweifel, ob wir es bei seinen Funden denn wirklich mit Brandplätzen für die Verbrennung der Leichen und nicht vielmehr mit primitiven Hausplätzen zu thun haben[15]).

Daß die Griechen, als sie in Griechenland einwanderten, ihre Toten verbrannten und erst hier, in der Zeit der mykenischen Kultur, zur Bestattung übergingen, ist also zunächst noch durch keinen gesicherten Fund zu belegen[16]). Sichere Brandgräber können wir in griechischem Kulturgebiet erst nach der Zeit der großen Wanderungen nachweisen, d. h. in der Zeit, für welche die Leichenverbrennung auch durch Homer bezeugt ist. Und zwar waren es wieder nicht etwa die aus dem Norden nachrückenden, auf ursprünglicherer Kulturstufe stehenden Griechenstämme, die den neuen Brauch der Verbrennung einführten. Zu einer solchen Annahme könnte man ja vorschnell durch die ausschließlich herrschende Verbrennung auf dem dorisch besiedelten Thera verleitet werden. Aber in Sparta, dem konservativsten dorischen Staat, hat man stets an der Bestattung festgehalten, und die oben berührten Verhältnisse in den ältesten Nekropolen der dorischen Kolonien Siciliens, Syracus, Megara gestatten

---

[12]) Aus Thera stammt das große frühmykenische Vorratsgefäß Furtwängler - Loeschcke, Myken. Vasen S. 21, Fig. 8. Es soll mit Asche gefüllt auf dem Messavuno gefunden sein (Lenormant A. Ztg. 1866, Anzeiger Taf. A 2, S. 257). Das wäre zugleich das einzige mykenische Brandgrab und das einzige Fundstück mykenischer Zeit vom Messavuno. In diesem Falle möchte ich eher annehmen, daß man ein altes Gefäß in späterer Zeit wieder benutzt hat. Finden konnte man auf Thera solche wohlerhaltenen Gefäße im Altertum ebenso gut wie noch heutzutage. Doch ist ja auch der Fundbericht nicht sicher und stammt überdies aus verdächtiger Quelle. Auf dem Messavuno fand man häufig große Gefäße mit Asche. Das war eine jedem Theräer bekannte Fundangabe, die deshalb wohl auch Fundstücken, deren Provenienz nicht sicher war, angehängt wurde.

[13]) Mariani Mon. ant. dei Lincei VI 345 ff. Orsi (Mon. ant. dei Lincei I 219 ff.) dachte an Behälter, welche bestimmt waren die Reste früherer Bestattungen aufzunehmen, die man bei Wiederbenutzung der Grabkammern sammelte.

[14]) Ἐφ. ἀρχ. 1898 29 ff.

[15]) Es sind nur 2 sichere Gräber im Bereich der Fundstelle nachgewiesen. Beidemale enthielten sie die Reste von kleinen Kindern. Diese waren unverbrannt. Warum sollte man die Kinder zwischen den Brandplätzen begraben, die Asche der hier verbrannten Erwachsenen aber an einem anderen Orte beigesetzt haben? Dagegen würde bei der

Annahme, daß es sich um Hausplätze handelt, das Erscheinen vereinzelter Kindergräber in ihrer unmittelbaren Nähe weniger auffallend sein, wenn wir an die alte Sitte denken Tote im Hause oder seiner unmittelbaren Nähe zu bestatten, eine Sitte, die gerade auch aus Athen belegbar ist. Kindergräber haben sich auf der Akropolis von Athen und sogar in den Häusern in Mykenae gefunden. — Die Asche der Verbrannten müßte mit großer Sorgfalt gesammelt sein. In mehreren Brandstellen fanden sich gar keine Knochenreste. p. 67 sagt Skias selbst, daß sich nur im Brandplatz 59 ganz wenige verbrannte Menschenknochen fanden. Dagegen fanden sich in 56, 57, 40 unverbrannte Knochen. Sie stammten von Tieren. Wie soll man sie in den Resten eines Scheiterhaufens erklären? In 55 erscheinen Menschenknochen. Hier ist leider nicht gesagt, ob verbrannt oder unverbrannt. Auch 60 hat Menschenknochen. Hier ist aber der mykenische Ursprung nicht sicher. Auch ist der Brandplatz zu klein für einen Scheiterhaufen (1.45 m lang). In 34 fanden sich Menschenzähne. Sie waren aber wieder unverbrannt. Daneben fand Skias in den Brandplätzen Austernschalen und Tierknochen. — Soviel zur Begründung des im Text geäußerten Zweifels.

[16]) Ich bemerke das gegen Helbig Sitzungsber. d. Münchener Akademie 1900 S. 199. Leider ist mir dieser umfassende Aufsatz erst bekannt geworden, als mein Manuskript abgeschlossen war. Ich konnte ihn nicht mehr berücksichtigen, wie er es verdiente.

ebenfalls einen Rückschluß auf den Brauch der Mutterstädte. Vielmehr ist der Uebergang
von der Bestattung, dem mykenischen Brauch, zur Verbrennung augenscheinlich zuerst bei den
Besiedlern der kleinasiatischen Küste erfolgt, für welche das Epos Zeugnis ablegt [17]. Leider
versagen die Funde für diese Gegend noch so gut wie ganz, so daß wir nicht einmal prüfen
können, ob wirklich in Kleinasien die Verbrennung so ausschließlich herrschte, wie es nach
den Angaben des Epos scheinen möchte. Assarlik bei Halikarnass ist bisher der einzige Zeuge.
Die Grabfunde aus dem äolischen Neandria sind nicht zahlreich genug, um sichere Resultate
zu ergeben. Neben Brandgräbern des VIII. oder VII. Jahrhunderts scheinen dort gleichzeitig
auch Leichengräber vorzukommen [18]. Wir können aber sehen, wie die Verbrennung sich
allmählich westwärts verbreitet. Zunächst nimmt man auf den Inseln die neue Sitte an. Thera,
Kreta sind die Belege: hier war man schon zur Verbrennung übergegangen, während gleichzeitig die festländischen Griechen noch an der alten Sitte des Begrabens festhielten. In Attika
hat man während der ganzen Dauer der geometrischen Stile größtenteils begraben; und wenn
einmal — wir wissen nicht, ob aus einem bestimmten Anlaß — der Tote verbrannt wird,
so setzt man das Aschengefäß in einem Grabe bei, das seiner Form nach zur Aufnahme eines
Leichnams dienen sollte. Erst ganz allmählich, mit dem Steigen des ostgriechischen Einflusses,
den wir in der attischen Kunst vom Ende dss VIII. Jahrhunderts an so deutlich Schritt für
Schritt verfolgen können, nimmt auch die Zahl der Brandgräber in Attika zu. Mit dem Brandgrab bürgert sich der Tumulus ein [19]. Aehnlich werden wohl auch die Verhältnisse in anderen
Landschaften Griechenlands liegen, nur daß der Zeitpunkt, in dem die neue Sitte herrschend
wird, wechselt. In Korinth und Megara hat man in der zweiten Hälfte des VIII. Jahrhunderts
jedenfalls noch vorwiegend begraben, wie die ältesten griechischen Nekropolen der Pflanzstädte
in Sicilien vermuten lassen.

Daß die Verbrennung auf dem griechischen Festlande auch nur an einzelnen Orten
jemals zu ausschließlicher Herrschaft gelangt ist, glaube ich nicht. Jedenfalls hätte diese nicht
lange gedauert. Schon mit Anfang des VI. Jahrhunderts müssen wir auch für Kleinasien
wieder ein starkes Zunehmen des Begrabens annehmen, wie die Nekropolen von Klazomenai,
Samos u. a., die dieser Zeit angehören, zeigen.

Gründe für
den Wechsel   Sehr viel schwieriger als die Feststellung des Thatbestandes ist eine Antwort auf die Frage
nach den Gründen, die zu dem Wechsel der Begräbnisweise geführt haben, einem Wechsel, der
um so mehr auffällt, weil solche Sitten in der Regel ganz besonders fest zu wurzeln pflegen.

Ebenso wie verschiedenen Begräbnisritus können wir im Laufe der Zeit bei den Griechen
auch verschiedene Ansichten von dem Leben nach dem Tode und dementsprechend eine Verschiedenheit des Totenkultus feststellen. Für alle Einzelheiten kann ich auf Rohdes Ausführungen verweisen, auf denen natürlich das Folgende beruht. Als feststehend können wir
Altgriechischer
Seelenglaube betrachten, daß die Griechen in der ältesten Zeit eine lebendige Ueberzeugung von dem
kräftigen Weiterleben der Seele nach dem Tode hatten. Der Tote lebt weiter, er teilt die
Bedürfnisse der Lebenden und ist imstande, das, was ihm im Leben gedient, auch noch im Tode
zu verwerten. Diesem Glauben entspringt die Sitte, den Toten mit allem Nötigen ausgerüstet
beizusetzen, ihm Kleidung, Waffen, Geräte, ja sogar Speise und Trank ins Grab mitzugeben.
Der Tote ist nicht absolut vom Reiche der Lebenden abgeschlossen. Er behält auch die Fähigkeit, thatkräftig in das Geschick der Lebenden einzugreifen, Segen und Schaden zu bringen.
Deshalb beschränkt sich die Verpflichtung der Hinterbliebenen nicht auf das Begräbnis,
sondern der Tote wird weiter gepflegt; es entwickelt sich ein fortgesetzter Totenkult. Solchem
Glauben entsprechen die Funde aus der mykenischen Zeit, die prächtigen Gräber mit ihren

---

[17]) So urteile, wie ich nachträglich sehe, auch Engelbrecht Festschr. f. Benndorf 3.

[18]) Koldewey Neandria 14 ff.
[19]) Vergl. Brückner Arch. Anz. 1892, 19 ff.

reichen Beigaben, die Spuren fortgesetzter Opfer am Grabe. Daß solchem Glauben die Vernichtung des Leibes durch Feuer fernlag, ist vollkommen verständlich. Der Tote braucht zu einer solchen Weiterexistenz nach naivem Glauben eben auch seinen Leib; und es ist nur konsequent, wenn in dieser Zeit sogar Versuche einer künstlichen Erhaltung des Leichnams gemacht werden. Die ägyptischen Bräuche dürfen als Analogie herangezogen werden. Freilich sind die Griechen weder in der Ausstattung der Leichen noch in ihrer Konservierung jemals so weit gegangen und so raffiniert gewesen wie die Aegypter. Diese stumpfsinnige Konsequenz war ihnen fremd. Aber im Grunde ist sowohl der Glaube als auch der aus ihm entstehende Brauch verwandt.

Ganz anderer Glaube und veränderte Sitte tritt uns in den homerischen Gedichten entgegen. Ein schattenhaftes kraftloses Dasein in einem Totenreich, aus dem es, wenn einmal das Begräbnis vollzogen ist, keine Rückkehr giebt. Der Leib wird durch Feuer vernichtet, die geringen Aschenreste werden dem Grabe anvertraut. Die Bestattungsfeier hat noch halb unverstanden eine Reihe von Bräuchen der älteren Zeit festgehalten. Noch wird den Toten ein Teil seiner Habe mit auf den Scheiterhaufen gegeben; noch findet das Leichenmahl statt, an dem der Tote ursprünglich teilnehmend gedacht ist; noch werden dem Verstorbenen zu Ehren und zur Freude Leichenspiele abgehalten. Aber einen fortgesetzten Totenkult kennt Homer nicht, denn vor den Gespenstern der Toten fürchtet man sich nicht mehr. Vom Reich der Lebenden sind sie abgeschlossen.

Homerischer Glaube

Die Frage ist für uns nun: Steht dieser verblaßte homerische Glaube und das Auftreten der Leichenverbrennung überhaupt in einem Zusammenhang? Und wenn das der Fall ist, was ist Ursache, was ist Wirkung? Ist dann die Annahme der Leichenverbrennung eine Folge des Schwindens des Glaubens, oder hat umgekehrt die Sitte, den Leichnam zu vernichten, den Glauben an die thatkräftige Fortexistenz des Toten erschüttert?

Die erste Frage hat Rohde bekanntlich bejaht [29].

Rohdes Ansicht

Durch die Vernichtung des Leibes wird die Seele gänzlich vom Lande der Lebenden abgetrennt. Und diese gänzliche Trennung war nach Rohdes Ansicht auch der Zweck, den man durch die Vernichtung des Leibes erreichen wollte. Dem Toten soll gleichsam die Möglichkeit genommen werden, fernerhin in die Geschicke der Lebenden einzugreifen. Eine verstandesgemäße Reflexion hätte somit zu der Annahme der Leichenverbrennung geführt, das Streben, vor dem unheimlichen Treiben der Gespenster sich zu sichern. War dies der Grund der Einführung der Leichenverbrennung, so war die Folge jedenfalls das Absterben des Totenkultes. Das Verbrennen des Toten ist für Rohde nicht nur ein Beweis für den schwindenden Seelenglauben, sondern auch eine Folge dieses Schwindens des ursprünglichen Glaubens.

Ich kann mich in diesem Punkte Rohdes Ansicht nicht vollkommen anschließen. Was hier in den homerischen Gedichten ausgesprochen ist, das ist zunächst nur der Glaube des Dichters und des Kreises, für den er dichtet. Daß wir seine Ansichten nicht ohne weiteres mit dem Glauben auch nur seiner Stammesgenossen identifizieren dürfen, hat auch Rohde mehr als einmal ausgesprochen. Gerade in den uns hier beschäftigenden Fragen müssen wir besonders vorsichtig sein. Sicher ist, daß durch die Wanderungen und Schiebungen, durch welche Angehörige verschiedener Stämme sich zusammenfanden, neue staatliche und religiöse Gemeinschaften sich bildeten, und durch die Eroberung neuer Wohnsitze, wo man von den Stätten alteingewurzelten Kultus und Glaubens getrennt war, wo man vor allem weit entfernt war von den Stätten, an denen man die Ahnen verehrt hatte — daß da der rechte Boden war, auf dem freiere allgemeinere religiöse Vorstellungen wachsen konnten und thatsächlich auch gewachsen sind. Daß dort gewisse

Kritik der Rohdeschen Ansicht

---

[29] Vergl. besonders Psyche I 29 ff., 37 ff.

Kreise sich auch frei gemacht hatten von Gespensterfurcht und Totenglauben, daß verstandesgemäße Reflexion sie wohl auch dazu führte, Mittel zu suchen, sich davon zu befreien, und daß
diesen die Vernichtung des Leibes, durch welche dem Toten die Möglichkeit einer irdischen
Wirksamkeit genommen schien, eine angenehme Beruhigung war, glaube ich wohl. Solchen
Gedanken geben die homerischen Gedichte Ausdruck. Daß aber die breite Masse des Volkes
diese Gedanken geteilt und eine nüchterne Ueberlegung also dazu geführt habe, den Begräbnisritus zu ändern, in, man kann nicht anders sagen, als frivoler Weise den Toten ihr gutes Recht,
die Möglichkeit einer thatkräftigen Weiterexistenz zu nehmen, das halte ich für ausgeschlossen.
Ich bin überzeugt, daß die homerischen Vorstellungen von dem schattenhaften kraftlosen Dasein
nach dem Tode niemals wirklich Volksglaube gewesen sind, auch nicht in Ionien. Allenthalben
treten die alten Vorstellungen in nachhomerischer Zeit wieder hervor, weil sie eben im Volke
niemals wirklich abgestorben waren, so wenig, wie jemals trotz aller Aufklärung der Totenkult
abgestorben ist. Wenn selbst in den Gesängen der Dichter, in den Bräuchen, wie sie sie
schildern, die alten Sitten und alten Vorstellungen in Resten erhalten sind, wie viel mehr im
Volke. Das Volk hat in Ionien gewiß so gut wie in Attika seine Toten weiter gepflegt, ihnen
Gaben ans Grab getragen, sie als höhere Wesen verehrt, von denen Segen und Fluch kommen
kann. Wäre nun das Verbrennen des Leichnams eine Folge des schwindenden Glaubens,
dann müßte es zunächst wenigstens nur in den aufgeklärten Kreisen heimisch gewesen sein
und wäre an vielen Orten wohl überhaupt auf sie beschränkt geblieben, während das Volk
den alten Bestattungsritus beibehielt. Zu dieser Annahme berechtigen aber weder die Angaben
des Epos noch die Funde. Und nun sehen wir in der That, daß der Wechsel des Begräbnisritus offenbar ganz unabhängig von dem Totenglauben ist. Das Verbrennen des Leichnams
hindert wenigstens nach griechischem Volksglauben das Fortwirken des Toten nicht. Ein Blick
auf die Grabfunde zeigt uns mit aller nur wünschenswerten Deutlichkeit, daß es für den Totenkult ganz gleichgiltig war, ob das Grab, an dem er sich abspielte, einen Leichnam oder nur
geringe Aschenreste barg. In Attika hat der Totenkult nicht aufgehört und hielt sich der
Glaube an die Macht der Unterirdischen, auch als man mehr und mehr zur Verbrennung der
Leichen überging. Wenn auch Zeiten laxerer Religiosität und Pietät hier nicht fehlen —
daß das mit dem Verbrennen der Leichen zusammenhinge, dafür haben wir keinerlei Beweis.
Die folgenden Abschnitte dieses Kapitels werden dasselbe auch für Thera erweisen. Auf die
oben formulierten Fragen kann ich also nur antworten: der Uebergang der Griechen zur
Leichenverbrennung ist nicht eine Folge des schwindenden Seelenglaubens, sondern unabhängig
von diesem; dagegen mag hin und wieder die Verbrennung des Leibes, die vollständige Vernichtung der realen Existenz des Toten dem wankend gewordenen Glauben einen weiteren
Stoß gegeben haben, und logisch Denkende kamen schließlich zu dem homerischen Glauben:
wir vernichten den Leib; damit nehmen wir dem Toten seine irdische Existenz; dann brauchen
wir auch keinen Totenkult mehr, denn die Toten können uns nicht mehr schaden.

Ich wollte diese Bemerkungen gegen Rohdes Gedanken nicht unterdrücken, obgleich
sie zu einem positiven Ergebnis nicht führen. Denn eine Antwort auf die Frage, was denn
nun den Wechsel des Bestattungsritus, den Uebergang von der Beerdigung zur Bestattung
verursacht habe, bleibe ich schuldig. Ich sehe keine Möglichkeit, mit dem uns augenblicklich
zu Gebote stehenden Material eine Entscheidung zu geben. Der Vergleich gleichartiger Vor-
gänge hilft uns nichts, weil uns außerhalb Griechenlands die die Thatsachen bedingenden Vorstellungen noch viel weniger bekannt sind. Auch in Mitteleuropa finden wir einen gleichen
Wechsel des Bestattungsritus. In der Steinzeit wird begraben, in der Metallzeit verbrennt man
im allgemeinen den Toten. Auch hier ist der Uebergang ein allmählicher und tritt an den
verschiedenen Orten zu verschiedenen Zeiten auf, und Verbrennen und Bestatten gehen oft

lange nebeneinander her. Die Thatsachen gleichen auffallend denen aus griechischem Gebiet, aber eine Erklärung fehlt uns auch hier. Wir können nur das mit Sicherheit feststellen, daß dabei ein Bevölkerungswechsel ebensowenig mitgespielt hat wie in Griechenland[21]. — Auf griechischem Gebiete werden fortgesetzte Beobachtungen uns weiter führen, vor allen Dingen, wenn uns erst ein größeres archäologisches Material aus Kleinasien für die archaische Zeit zu Gebote steht. Die theoretische Möglichkeit, daß die griechischen Ankömmlinge die neue Sitte von einem der Volks-stämme angenommen haben, mit denen sie in ihren neuen Sitzen zusammentrafen, ist immerhin zuzugeben. Daß sie im Begräbniswesen einzelnes von den Kleinasiaten übernommen haben, dafür glaube ich unten einen Beleg geben zu können. Wir müssen also die Bestattungsgebräuche der Kleinasiaten vor der Einwanderung der Griechen und den Wandel des Brauches bei den frühesten eingewanderten Griechen kennen zu lernen suchen.

Mögliche Gründe für den Wechsel

Ein anderer Gedanke, der möglicherweise bei der Annahme der Verbrennung wirksam gewesen sein könnte, wäre der, daß man dadurch die sterblichen Reste seiner Angehörigen vor Entweihung durch fremde Hand schützen wollte. Die unruhigen Zeiten der Wanderung, die Ansiedelung in neuen Wohnsitzen konnten auch derartige Gedanken nahe legen.

Um nach dieser langen Abschweifung zu der theräischen Nekropole zurückzukehren, so können wir jedenfalls die Thatsache feststellen, daß Thera in dieser Zeit in seinem Be-stattungsbrauch „moderner" ist als Attika, moderner wohl als das ganze griechische Festland. Es hat sich der Sitte des griechischen Ostens schneller angeschlossen.

2. Die Beisetzung der Asche.

War der Leichnam auf dem Scheiterhaufen verbrannt, so wurden die Gebeine gesammelt, in Tücher eingewickelt, in einen Behälter gethan und in diesem beigesetzt. Homer schildert auch diesen Teil der Trauerfeier bei Gelegenheit der Bestattung des Patroklos und Hektor[22]; veranschaulichen können wir uns die einzelnen Züge seiner Schilderung wieder an den theräischen Funden. Zwar die fürstliche Prachtentfaltung, in deren Schilderung der Dichter sich naturgemäß gefällt, kennt unsere ärmliche Nekropole nicht. Aber das Wesentliche kehrt auch in den bescheidenen Verhältnissen Theras wieder. An Stelle der goldenen Gefäße, welche die Asche des Patroklos und Hektor aufnehmen, finden wir thönerne und steinerne; nur einmal, im Grab 17, hat man zu einem Bronzekessel gegriffen. An Stelle der weichen purpurnen Gewänder ist ein grobes Gewebe um die Ueberreste gewickelt. In dem eben erwähnten Kessel sind, durch das Oxyd erhalten, die Reste eines solchen Gewebes deutlich erkennbar geblieben (vergl. oben S. 29), und gewiß ist man in Thera noch häufiger auch hierin dem homerischen Brauche gefolgt, der ja offenbar nur ein Rest der alten Sitte ist, den Leich-nam feierlich zu bekleiden[23]. Einen Beleg für die Sitte aus hellenistischer Zeit brachte noch das theräische Grab 35 (S. 41).

Homerischer und theräischer Brauch

Einen eigens für die Aufnahme der Ueberreste des Toten hergestellten Behälter kennen die Griechen ursprünglich nicht. Man griff zu Gefäßen, die ihrer Form nach dafür geeignet schienen. Das waren vor allem der Topf und der Kasten[24]. Beide können wir nebeneinander in altgriechischen Gräbern nachweisen. Die Asche des Patroklos wird in einer φιάλη, die des Achill in einem Amphoreus geborgen, Hektors Ueberreste dagegen von den Troern in eine

[21] Ich stütze mich dabei auf das Material, das Much Kupferzeit in Europa S. 311 ff. zusammengestellt hat.

[22] Ψ 252 ff. Ω 795 ff. Vergl. υ 71 ff., Ψ 91.

[23] Vergl. über den Brauch Helbig Gött. Nachr. 1896,

250 und Anm. 1, wo weitere Nachweisungen ge-geben sind.

[24] Daneben kommt auch seit ältester Zeit die Wanne vor. Vergl. Fredrich Sarkophagstud. Gött. Nachr. 1895, S. 72.

λάρναξ gesammelt. Ersteren entsprechen die Thongefäße der theräischen Gräber, letzterer die Steinkästen, die in mehreren Beispielen eben dort gefunden sind. Helbig hat mit Recht zur Veranschaulichung der λάρναξ auf einen mit Silber beschlagenen Bronzekasten hingewiesen, der in einem Grabe des ausgehenden VII. Jahrhunderts in Vetulonia gefunden ist und die Asche des Verstorbenen enthielt[12]. Wir lernen den Kasten als Aschenbehälter durch die theräischen Funde nun auch für Griechenland selbst und eine ältere Zeit kennen, welche der des Dichters näher liegt. Die Bemerkungen, die Engelbrecht gegen Helbigs Vergleich macht[29], berühren keinen wesentlichen Punkt. Wie groß die λάρναξ war, in welche Hektors Asche gethan wurde, wissen wir nicht und es ist auch gleichgiltig. Daß sie aus Gold bestand, beweist natürlich nicht ihre Kleinheit. Ebensowenig aber folgt aus dem Umstand, daß λάρναξ auch Sarkophag bedeuten könnte oder daß die Truhe, in welcher Hephäst sein Handwerkszeug verwahrt, eine λάρναξ genannt wird[26]), eine bedeutende Größe dieses Aschenbehälters. Eine λάρναξ ist ein Kasten, eine Truhe. Da der älteste Sarkophag ebenso wie die Aschentruhe nichts weiter als ein Kasten ist[25]), so mag man ihn auch als λάρναξ bezeichnet haben. Einen direkten Beleg dafür kenne ich nicht; ich finde die λάρναξ immer nur zur Aufnahme der Asche verwandt[19]). Aber das mag Zufall sein. Daß wir uns Hektors λάρναξ mit Engelbrecht als einen großen Sarkophag vorstellen müßten, ist jedenfalls nicht notwendig; es ist mir sogar unwahrscheinlich, weil ich glaube, daß die Verwendung eines Behälters für den Toten sich in Griechenland erst durch das Verbrennen der Leichen eingebürgert hat. In mykenischer Zeit legt man den Leichnam in Griechenland nicht in einen Sarg, sondern setzt ihn ohne einen solchen bei. Die spätmykenischen Thonkästen aus Kreta stehen in mykenischer Zeit allein und sind lokal beschränkt[30]). Auf dem griechischen Festlande hält man an der mykenischen Sitte auch noch in der folgenden Periode meist fest. Reste von Särgen fehlen in den Dipylongräbern und die ἐκφοφά erfolgt, wie die gleichzeitigen Vasenbilder zeigen, offen auf der Kline. Dagegen mußte die Sitte des Verbrennens der Leiche sehr schnell dazu führen, daß man die Reste in ein Gefäß sammelte. Und als man einmal dazu gekommen war, lag es nahe, auch dem unverbrannten Körper den gleichen Schutz durch einen Behälter angedeihen zu lassen: er wird ebenfalls bald in einen großen Kasten, bald in ein großes Vorratsgefäß gelegt. Den Sarkophag also auf fremden, etwa orientalischen Einfluß zurückzuführen, halte ich für unnötig. Fremd und zwar ägyptisch ist nur die specielle Form des anthropoiden Sarkophages. Ebensowenig ist die Ausgestaltung des Sarges zum Haus des Toten auf fremden Einfluß zurückzuführen. Die älteste ägyptische Kunst kennt zwar auch den Haussarkophag. Aber der Gedanke ist zu naheliegend und wiederholt sich an zu vielen Orten, auch für den Aschenbehälter, als daß wir hier gegenseitige Beeinflussungen anzunehmen gezwungen wären[31]).

Von der λάρναξ des Hektor geben uns nach meiner Meinung nach die steinernen Aschenkisten von Thera die beste Vorstellung, wie sie Abb. 74 und 190 (S. 28 und 56) abgebildet sind. Sie sind aus leicht zu bearbeitendem grauem vulkanischem Tuff verfertigt. Ihre Form zeigt aber deutlich, daß sie Holzkästen nachahmen. Auf vier niedrigen Füßen steht der rechteckige Kasten, dessen Wände, wie es noch heutzutage bei Tischlerarbeiten üblich ist, aus einer in einen Rahmen von stärkeren Leisten eingesetzten dünneren Füllung bestehen. Genau ebenso sieht noch der hölzerne Sarg auf dem attischen Vasenbilde Mon. d. J. VIII Taf. 4, 1b aus. Als Deckel dient eine einfache Platte, wie bei ältesten Sarkophagen meist[31]). Die

---

[10] Gött. Nachr. 1896, 249. Not. d. scavi 1887 Taf. 18, 503 ff.

[25] Festschrift für Benndorf 5.

[27]) Σ 413.

[24] Vergl. Fredrich Sarkophagstudien (Gött. Nachr. 1895, 71).

[29] Vergl. außer der Homerstelle auch noch Thuc. II 34.

[25]) Vergl. oben Anm. 13.

[31]) Einiges bei Fredrich Sarkophagstudien S. 71 Anm. 10. Vergl. Reinach Nécrop. royal à Sidon II 240 ff.; Wiegand, Ath. Mitth. XXV, 208 ff.

[32]) Fredrich a. a. O.

dachförmigen Deckel, wie sie schon an den kretischen λάρνακες und der Aschenkiste von Vetulonia vorkommen, setzen bereits den Gedanken an das Haus voraus. — Als Maße notierte ich für den Abb. 74 abgebildeten Kasten: Höhe 0.42 m, Länge 0.59 m, Breite 0.42 m. Die anderen haben ähnliche Dimensionen, ebenso die λάρναξ aus Vetulonia.

In weitaus den meisten Fällen dient in Thera ein thönernes Gefäß als Aschenbehälter. Urne In Betreff der Form der Urne hat ein fester Brauch nicht bestanden. Wer etwas daran wenden wollte, wählte einen der stattlichen, fast meterhohen Pithoi mit schöner geometrischer Dekoration. Andere begnügten sich mit einer kleinen Amphora oder einer der halslosen bauchigen Urnen, noch andere mit einem Vorratsgefäß ohne alle Dekoration. Der Arme barg die Asche seines Toten in dem einhenkligen groben Kochtopf, dessen Außenseite noch deutlich vom Gebrauch geschwärzt ist. Auch die Leichen der unverbrannt beigesetzten kleinen Kinder sind in Gefäße gethan, und auch hier beschränkte man sich keineswegs auf die notwendigste Größe. Das Kinderskelett im Grabe 83 war in einen kleinen Kochtopf zusammengepreßt, während andererseits gerade wieder ein paar der stattlichsten Gefäße, wie die Amphoren aus Grab 7 und 9, Kinderknochen enthielten [38].

Daß einzelne dieser Aschengefäße ganz speciell für den Grabgebrauch hergestellt wären und sonst keine Verwendung gefunden hätten, wie es z. B. für manche der großen Dipylongefäße sicher ist, läßt sich nicht erweisen. Von allen Formen finden sich Exemplare, welche Spuren vorhergegangenen Gebrauches tragen. Die großen Pithoi der Gräber 10 und 46 waren schon im Altertum sorgfältig geflickt. Die Amphora in Grab 90 ist schon ohne ihren Hals vergraben worden, die Amphora 9 ohne den rechten Henkel. Bei der bauchigen Urne in Grab 85 war der Boden angeflickt. Alle diese, von den Kochtöpfen ganz abgesehen, sind also erst in zweiter Verwendung als Aschengefäße benutzt. In den Fällen, wo ein Name oder ein sonstiges Zeichen auf das Gefäß graviert ist, müssen wir deshalb annehmen, daß hier der Besitzer, nicht der Tote, wofern nicht beide identisch sind, bezeichnet wird. Uebrigens finden sich diese Graffiti wohl nicht zufällig nur auf Gebrauchsgefäßen. — Ich wage deshalb auch bei den wenigen mit figürlichem Schmuck versehenen Gefäßen (Amphora aus Grab 17 mit einer Sirene, aus Grab 5, 59 und 90 mit einem Löwen) nicht, eine Beziehung dieses Schmuckes auf die Bestimmung der Vase als Aschenbehälter für sicher hinzustellen. Sirene sowohl wie Löwe spielen zwar bekanntlich eine große Rolle in der Grabkunst, kommen aber auch sonst so häufig vor, daß ich lieber vorsichtig sein möchte, namentlich da es sich hier um Gefäße handelt, die erst durch Handel nach Thera gekommen sind.

War die Asche in die Urne gethan, so wurde diese geschlossen. Als Verschluß dienten Verschluß mehrfach dünne Kalksteinscheiben, die genau die Größe des Mündungsrandes hatten (z. B. Grab 1, 2, 45, 46, 48) [39]. In anderen Fällen begnügte man sich mit einigen rohen Steinen, die man in die Mündung steckte (z. B. Grab 7, 9, 19, 47, 96) oder einer Scherbe, die darüber gedeckt wurde (Grab 5, 19, 27, 32, 41, 68, 90, 93). Thönerne Deckel fanden sich mehrfach in der Nekropole, leider kein einziger mehr wirklich auf dem zugehörigen Gefäß. Nach Form und Größe gehören sie meist auf die halslosen Urnen mit Doppelhenkel, wie Abb. 155 (S. 48). Mit diesen Urnen fanden sie sich mehrfach in dem gleichen Grabe. Sonst hat man die Schale oder den Teller benutzt, um die Mündung zu bedecken (Grab 25, 55, 66, 84, 85, 100), oder man

---

[38] Die Beobachtung, daß Kindergräber gerade besonders reich ausgestattet werden, kann man übrigens auch an anderen Orten machen. Vergl. Boehlau Nekrop. S. 20 f. — Die Sitte, Kinderleichen, obwohl sie nicht verbrannt wurden, doch in Gefäßen beizusetzen, ist uns auch indirekt bezeugt. E. Bethe macht mich auf den Ausdruck χυτρίζειν

— Kinder aussetzen aufmerksam. Man setzte sie in χύτραι aus zum Tode, also gleichsam in ihrem Sarg. Schol. Aristoph. Vesp. 289. Hesych s. v. χυτρίζειν. Moeris p. 195, 23 Bekk. ἐγχυτρισμός· ή τοῦ βρέφους ἔκτεσις ἐπεί ἐν χύτραις ἐξέτεντο.

[39] Eine ähnliche aus Chalkis, mit Inschrift versehen, ist Ἐφ. ἀρχ. 1899, 141 abgebildet.

12*

steckte sonst eines der beigegebenen Gefäße in den Hals und schloß diesen so. Im Halse der Amphora in Grab 17 E steckte in dieser Weise eine kleine Kanne, in einem anderen Falle ein einhenkliger Krug (Grab 21). Bisweilen blieb die Mündung auch unbedeckt. Der Topf im Grab 33 war, nachdem die Kinderleiche hineingelegt, einfach umgekehrt und auf die Mündung gestellt.

3. Die Grabformen.

Vergraben
der Urne

Die Gefäße, welche die Asche des Toten aufgenommen haben, werden in Thera in verschiedener Weise beigesetzt. Die einfachste Art, die denn auch in weitaus den meisten Fällen gewählt wurde, war, das Gefäß in die Erde zu vergraben. Man grub von oben her einen Schacht von genügender Breite senkrecht in den Boden. Dieser Schacht war in manchen Fällen, besonders deutlich beim Grab 49, noch vollkommen deutlich im Erdreich zu erkennen. Seine Breite entsprach ungefähr der Länge des Gefäßes, das hineingelegt werden sollte. Auch bei den ausgeplünderten Gräbern 3 und 4 konnten wir den Schacht noch gut feststellen, da sich seine Füllung durch ihre hellere Farbe von dem sie umgebenden gewachsenen Boden Tiefe unterschied. Die Tiefe dieser Gräber ist sehr verschieden und ganz abhängig von der Dicke der Erdschicht, die an der betreffenden Stelle gerade vorhanden war. Auch kann natürlich bloß die Tiefe unter der heutigen Oberfläche gemessen werden, und diese hat sich nachweislich seit der Zeit der Anlage der Gräber vielfach stark verändert. Einzelne Urnen lagen fast unmittelbar unter der Oberfläche auf dem Fels, in den man dann bisweilen noch eine kleine Mulde gehauen hatte, um so wenigstens etwas tiefer zu kommen. Andere Aschengefäße fanden sich 2 m tief unter der Oberfläche. Wo man nach den Bodenverhältnissen freie Hand hatte, sind die Schachte 1.50 m bis 1.80 m tief hinabgeführt. Das entspricht dem Brauch auch an anderen Orten.

In den Schacht that man das Aschengefäß, nachdem man bisweilen einige flache Steine oder große Scherben als Unterlage auf den Boden gelegt hatte. Die großen Pithoi wurden auf die Seite gelegt, während die kleineren Urnen häufig aufrechtstehend gefunden wurden. Dann wurde der Schacht ohne alle weiteren Maßregeln zum Schutze des Gefäßes zugeschüttet. Als Beispiel mag die gleich nach der Aufdeckung gemachte Photographie des Grabes 9 dienen (Abb. 294).

Stein-
packungen

Wollte man die Urne besser schützen, so schichtete man Bruchsteine um das Gefäß und packte es so gleichsam in Steinen ein. Diese Steinpackungen verjüngen sich, der Form des Gefäßes folgend, nach oben und schließen sich über demselben. Ein Beispiel kann die Abb. 295 geben (Grab 66). Diese Steinpackungen umschlossen meist kleinere Gefäße, doch kommen sie auch bei den großen Pithoi vor. Sie sind auch in anderen Grabfeldern beobachtet worden, z. B. in Eleusis und in Megara Hyblaia [35]. In unserer Nekropole gehören hierhin die Gräber 13, 19, 27, 41, 60, 66, 67, 84, 92. Bei dem Grab 51, dessen Zustand bei der Auffindung die Abb. 146 (S. 45) wiedergiebt, ist mir ein Zweifel geblieben, ob es sich um eine solche Steinpackung oder nicht vielmehr um eine gänzlich eingestürzte kleine Grabkammer, wie wir sie im folgenden kennen lernen werden, handelt. Auch diese Vorsichtsmaßregel hat die Aschengefäße häufig nicht genug geschützt. Sie sind nur zu oft durch den Druck der darüberliegenden Erdmassen vollkommen zerdrückt worden.

Die bisher besprochenen Gräber sind natürlich stets Einzelgräber. Wo einmal zwei Urnen mit Asche sich unmittelbar nebeneinander fanden, wird es mehr Zufall als Absicht sein. Es war ja doch gleiche Mühe, einen neuen Schacht zu graben als einen zugeschütteten wieder

---

[35] Orsi Mon. ant. dei Lincei I 875. Auch bei Skelettgräbern kommt eine derartige Schutzmaßregel vor.

So wird z. B. in Suessula der Leichnam unter einem Steinhaufen geborgen.

zu öffnen. Daneben giebt es nun auch größere Grabanlagen, Kammern, die leicht wieder **Grabkammern** geöffnet werden konnten und wohl von vornherein bestimmt waren, mehrere Tote auf-zunehmen. In den von mir gefundenen war denn auch stets mehrmalige Benutzung nach-zuweisen. Die Funde bestätigen übrigens auch hier nur, was man schon vermuten konnte. Der von Ross auf der Sellada gefundene archaische Grabstein des Rhexanor trägt neben dem Namen des Archegetes noch acht weitere. Es sind hier also in dem Grabe des Königs mit der Zeit noch acht Männer — wohl aus seiner Sippe — bestattet und ihre Namen auf den Grabstein geschrieben worden. Aus der Art und Weise, wie sich die Namen auf dem Stein verteilen, scheint mir schon deutlich hervorzu-gehen, daß sie nicht gleichzeitig darauf geschrieben sind.

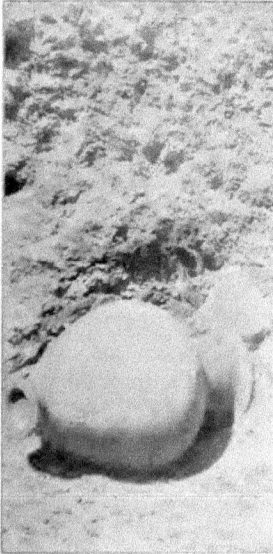

Abb. 294. Grab 9 bei der Auffindung.

Abb. 295. Grab 66.

Die Grabkammern sind entweder in den Fels gebrochen oder aus Bruchsteinen auf- **Höhlengräber** gemauert. Zur Anlage der Felskammern verlockte der stufenförmige Abfall des schiefrigen Gesteines, auf den man beim Graben stieß. Es war leicht, hier von dem Schacht aus seitwärts eine kleine Höhle in die fast senkrechte Felswand zu brechen. Diese Felsgräber finden sich denn auch auf der Sellada nur in dem weichen Schiefer, der im oberen Teile zu Tage tritt, nicht in dem harten und ungleich schwerer zu bearbeitenden Kalkstein. Beispiele solcher Fels-kammern boten die Gräber 28, 57, 93. Auch Ross und Bory de Saint Vincent fanden an ihren Ausgrabungsstellen solche kleine Kammergräber[36]); und an anderen Orten können sie eben-

---

[36]) Vergl. oben S. 2.

falls vor. Ganz gleichartig müssen beispielsweise die archaischen Gräber bei Siana auf Rhodos
sein. Auch hier waren in die aufsteigende Hügelwand kleine unregelmäßige Höhlen gehauen,
die nach der Benutzung mit Steinen geschlossen und mit Erde bedeckt wurden [1]).

Die beste Vorstellung einer solchen Kammer giebt die Abbildung des Grabes 57 nach
einer sofort nach der Auffindung gemachten Photographie, die über diesem Kapitel auf S. 83
wiedergegeben ist. Alle Aschengefäße und Beigaben sind noch genau in ihrer ursprünglichen
Lage. Etwa 2.50 m unter der Oberfläche ist in den senkrecht abfallenden Fels seitwärts eine
Höhle gebrochen, ohne daß der Versuch gemacht wäre, ihr eine bestimmte Form zu geben
oder die Wandungen zu glätten. Die Breite der Höhle beträgt 1.00 m, die größte Höhe 0.80 m.
In der Höhle haben drei Beisetzungen stattgefunden, die erste in einer λάρναξ, welche zu
hinterst in dem Grabe stand, die anderen beiden in Thongefäßen, welche vor der Kiste ihren
Platz gefunden haben. Die Beigaben, eine große Schüssel und eine kleine Tasse, lagen auf
dem Boden der Höhle. Die Oeffnung der Höhle wurde durch einige davor geschichtete Steine
geschlossen und dann der Schacht, durch den man zu ihr gelangte, zugeschüttet. In diesem
Schutt, auf dem Boden des Schachtes fanden sich unmittelbar vor der Mauer, welche das Grab
schloß, die Bruchstücke eines kleinen schlecht protokorinthischen Skyphos, der anscheinend bei
einer der späteren Beisetzungen, als man das Grab geöffnet hatte, herausgerollt war.

Ganz gleichartig ist das Grab 28 gestaltet, das leider ausgeraubt gefunden wurde.

Bei Grab 93 liegt der Fels nur 0.40 m unter der Oberfläche. Hier ist die Höhle
bedeutend kleiner. Der Boden derselben liegt 1.40 m tief. Die Skizze S. 61 veranschaulicht den
Befund. Da die Höhle für die beiden Beisetzungen, die hier stattgefunden haben, zu klein
schien, hat man sie an der Westseite durch eine kleine Bruchsteinmauer vergrößert. Geschlossen
wurde auch dies Grab durch einige vorgesetzte Steine [2]).

Gemauerte Kammern   Den vornehmsten Eindruck machen unter den archaischen Gräbern auf der Sellada die
rechteckigen gemauerten Kammern — auch sie immer noch sehr bescheiden im Vergleich mit
den Wohnungen der Toten an anderen Orten. Solche Kammern fanden sich mehr oder weniger
gut erhalten in einer ganzen Reihe von Beispielen (Grab 6, 17, 20, 31, 42, 61, 64, 77, 99).
Soweit der Erhaltungszustand noch gesicherte Beobachtungen zuließ, haben auch hier in allen
mehrere Beisetzungen stattgefunden. Im Grabe 17 waren nacheinander mindestens fünf Tote
beigesetzt. Doch können in den zerstörten Teilen des Grabes noch mehr Aschenurnen
gestanden haben. Auch die bedeutend kleinere Grabkammer 64 enthielt fünf Beisetzungen.
Es sind also Familiengräber.

Technische Herstellung   Beim Bau dieser Kammern grub man zunächst eine Grube etwa von der Größe des
beabsichtigten Raumes. Diese wurde dann in der Weise ausgemauert, daß Hinterwand und
Seitenwände sich als Stützmauern gegen das umgebende Terrain lehnten und mit Steinen und
Erde hinterfüllt werden konnten. Die glatte Fläche dieser Mauern ist dem Innern des Baues
zugekehrt. Nur die Vorderwand, welche an der Abhangseite steht, von der aus das Grab
zugänglich war, und bisweilen der zunächst daranstoßende Teil der Seitenwände wurden als
freistehende Mauern mit zwei glatten Flächen aufgeführt [3]). Die Abmessungen dieser Grabkammern sind sehr verschieden. Das stattliche Grab 17 hat eine Breite von 2.75 m bis 2.80 m
bei einer Tiefe von 3.08 m bis 3.10 m. An der höchsten Stelle ist die Mauer hier noch
1.85 m hoch. Diesem größten Grabe gegenüber hatte das Grab 64 nur eine Grundfläche von
2.30 × 1.50 m, und die Höhe, die hier vollständig erhalten war, betrug nur 1.50 m.

---

[1]) Arch. Jahrb. 1886, 138 (Furtwängler).
[2]) Ross fand an seiner Ausgrabungsstelle auch kleine
in die Bimssteinschicht gehöhlte Kammern. Vergl.
Inselreisen I S. 65 ff.

[3]) Bei Grab 20 sind Vorder- und linke Seitenwand
freistehende Mauern, die Rückwand Stützmauer, die
rechte Seite wird durch den Fels selbst gebildet.

Der Boden der Kammern ist geglättet und festgestampft. Die Wände sind aus Bruch-steinen aufgemauert und die Fugen mit Lehm verstrichen. Auch die Bedachung hat aus Bruch-steinen bestanden. Ihre Herstellung war mir längere Zeit unklar geblieben, da, wie ich oben erwähnte, die Stärke des Erdreiches auf dem Abhange der Sellada seit dem Altertum abgenommen hat und mit der schützenden Erdschicht auch der obere Teil der Grabkammern verschwunden ist, so daß sie sich bei der Auffindung nur noch als von Mauern umgeschlossene, oben offene Rechtecke darstellten, deren Wände gerade bis an die Erdoberfläche reichten. Den Gedanken, daß diese Steinrechtecke vielleicht nur eine Umgrenzung einer Grabstätte vorstellen sollten, etwa eine Art κρηπίς für einen Tumulus, und daß ein Dach überhaupt nie vorhanden gewesen sei, widerlegten für die meisten dieser Gräber die Steine, welche stets in großer Menge in den Schichten lagen, die den Raum über den Beisetzungen füllten. Sie mußten von der eingestürzten Decke des Grabes herstammen. Endlich gelang es, im Grab 64 noch ein wohl- Grab 64 erhaltenes Kammergrab dieser Art aufzudecken, das über alle Einzelheiten wünschenswertes Licht verbreitete. Auch hier ist die Vorderwand freistehend mit glatter Außenfläche aufgeführt. Durch diese Vorderwand führt ins Innere eine kleine Thür, deren Schwelle 0.80 m über dem Boden des Grabes liegt. Die Oeffnung ist 0.60 m hoch, 0.50 m breit und war bei der Auf-findung durch einige Bruchsteine geschlossen. Die Decke der Kammer war durch flache, unbehauene, roh überkragende Steine gebildet, deren höchste Schlußschicht 1.50 m hoch über dem Boden liegt. Was bei den mykenischen Kuppelgräbern in größtem Maßstab, kunst-vollster Weise und vollendetster Technik durchgeführt ist, finden wir hier also in primitiver Weise angewandt. In derselben Weise wie dieses kleine Grab müssen wir uns auch die größeren Kammern auf der Sellada überdacht denken. Daß es keiner starken Gewalt bedurfte, um diese Kammern zum Einsturz zu bringen, liegt bei der mangelhaften Technik auf der Hand. Der Einsturz wird sich bei manchen schon im Altertum ereignet haben, so z. B. sicher beim Grab 17. Als man dort in römischer Zeit die Grube für ein Skelettgrab anlegte, brach man von oben her die Hinterwand der alten Kammer aus dem Boden, bis man die genügende Tiefe erreicht hatte, um den Leichnam zu bergen, der bei der Ausgrabung auf dem stehen gebliebenen Teil der Mauer ruhte. Ein solches Vorgehen ist erst wahrscheinlich, nachdem bereits das auf der Mauer ruhende Gewölbe eingestürzt und die Kammer selbst dadurch unbenutzbar geworden war.

Weniger sicher läßt sich die Frage nach der Anlage des Einganges im einzelnen Falle entscheiden. Bei Grab 64 liegt die kleine Thür etwa 0.80 m über dem Boden des Grabes. Auch beim Grab 17 war sie wenigstens nicht unmittelbar in der Höhe des Bodens angebracht, da hier die unterste Steinreihe der Vorderwand gerade noch vorhanden war und lückenlos von einer Ecke bis zur anderen lief. Auch die Mauern des Grabes 20 waren, soweit sie erhalten sind, nicht von einer Thür durchbrochen; sie sind freilich nicht mehr hoch. Die Mauern von Grab 61 waren noch bis 1.10 m Höhe erhalten, ohne daß sich eine Thür gezeigt hätte. Doch muß auch hier mit der Möglichkeit gerechnet werden, daß mir die vermauerte Thür oder ihre Spuren in der teilweise zerstörten Seitenwand entgangen sind. Bei den Gräbern 6, 77, 99 waren nur noch so geringe Reste des ursprünglichen Mauerwerkes vorhanden, daß genauere Beob-achtungen über die Anlage im einzelnen ausgeschlossen waren. Die Möglichkeit, sie nach dem Vorbilde des Grabes 64 zu ergänzen, ist wenigstens vorhanden. Doch will ich auch die Möglichkeit nicht von vornherein in Abrede stellen, daß einzelne dieser Mauerrechtecke als Reste jener kasten- oder hausförmigen, über die Oberfläche der Erde hervorragenden Grabbauten angesprochen werden könnten, wie sie namentlich in Attika in einer Reihe von Beispielen bekannt geworden sind [40]. Fortgesetzte sorgfältige Beobachtungen werden uns hoffentlich auch darüber aufklären.

[40] Vergl. jetzt namentlich Delbrück Ath. Mitth. XXV. 292 ff.

Es bleibt schließlich in diesem Zusammenhange noch die Frage zu erörtern, ob die
beiden stattlichsten von mir aufgedeckten Grabkammern auf der Sellada, Grab 31 und 42, eben-
Grab 42 falls schon der archaischen Zeit angehören. Ich glaube das für 42 beweisen zu können. Hinterwand und linke Seitenwand dieses Grabes werden durch den Fels gebildet, auf welchem auch
noch ein Teil der Vorderwand aufsitzt, während die rechte Seitenwand sich als Stützmauer gegen
lockeres Terrain lehnt. Die 4 m lange Front wird von einer 0.80 m breiten Oeffnung durchbrochen, welche von großen sorgfältig behauenen Quadern eingerahmt ist und von einem 1.35 m
langen Thürsturz überdeckt wird. Eine Schwelle ist nicht vorhanden. Die Vorderwand hat
eine Dicke von 70 cm, sie ist aus ziemlich großen polygonalen Steinen aufgeführt, deren Fugen
mit kleinen Steinen gefüllt sind. Wie Skizze und Plan Abb. 135 und 136 auf S. 42 f. erkennen
lassen, ist die innere Thüröffnung um 0.20 m schmäler und auch niedriger als die Thürnische.
Es wird so jederseits ein 0.10 m breiter Falz gebildet, der die Thüröffnung umgiebt. Gegen
diesen lehnte die große Steinplatte, die zum Verschluß der Thüre diente. Diese Thürplatte
wurde noch in situ gefunden, sie war nur in ihrem oberen Teil durch den Einsturz der Decke
des Grabes und den Druck dieser Massen etwas nach außen gedrängt. Zu beiden Seiten des
Einganges standen die christlichen Angelosinschriften I. G. I. III 934, 944, 952, 954, 960, 962,
967. Als wir die Thürplatte fortnahmen, kam hinter derselben, im Innern des Grabes ein
spätes Skelettgrab zum Vorschein, dessen Kopfende genau an der Thüre der Kammer lag.
Der Leichnam war in der üblichen Weise von einer Steinsetzung umgeben, die durch darüber-
gedeckte Platten geschlossen war. Nur die Vorderwand fehlt. Hier hat das Grab genau die
Breite der Thüröffnung. War die Thürplatte an ihre Stelle gesetzt, so war auch das Skelettgrab geschlossen. Die Geschichte des Grabes können wir danach ohne weiteres so weit
erkennen: in die fertige Grabkammer wurde das Skelettgrab eingebaut, die Leiche von der
Thüre aus hineingeschoben, dann die Thüre geschlossen. Einige Zeit darauf ist dann die Decke
des Grabes eingestürzt. Das Skelettgrab im Innern mit seinen geringen späten Beigaben, die
christlichen Inschriften und einige späte Lampen vor dem Grabe, alles erweckt zunächst den
Anschein, daß es sich um eine späte Grabstätte handelt; und ich gestehe, daß auch ich das
Grab längere Zeit für spät gehalten und ihm nicht ganz die Sorgfalt zugewandt habe, die es
verdiente. Ich bin aber jetzt vollkommen überzeugt, daß es sich auch hier, wie beim Grab 64,
nur um eine spätere Wiederbenutzung einer älteren Grabkammer handelt. Die große Kammer
ist sicher nicht für dies ärmliche Skelettgrab hergestellt, welches so ungeschickt in die Thüre
hineingesetzt ist, daß es den Eingang versperrt. Die schön gearbeitete Thür mit dem mächtigen
Thürsturz in der kyklopischen Mauer macht einen echt archaischen Eindruck. Ich glaube, daß
es sich um eine Anlage handelt, die den eben behandelten Grabkammern gleich war und daß
wir uns die eingestürzte Decke daher wie bei 64 als aus überkragenden Steinen gebildet
denken müssen. Es kommt eine Beobachtung hinzu, welche den archaischen Ursprung der
Grabkammer zu bestätigen geeignet ist. Auf ein paar geometrisch verzierte Scherben, die im
Schutt vor dem Grabe lagen und vielleicht zu dem einstigen Inhalt des Grabes gehören, will
ich kein Gewicht legen. Unmittelbar vor der Vorderwand des Grabes aber, etwa 1 m
rechts von der Thür lagen in gleichem Niveau mit dem Boden des Grabes zwei große
geometrisch verzierte Amphoren vollkommen unversehrt und sicher unberührt, seit sie in den
Boden gekommen. Sie wären schwerlich unverletzt geblieben, wenn sie beim Bau des Grabes 42
schon an dieser Stelle gelegen hätten. Ebensowenig das Grab 43, das unmittelbar neben der
rechten Seitenwand von 42 gefunden wurde und erst bei Anlage eines Skelettgrabes zerstört
ist. Diese Fundumstände scheinen mir den Beweis zu liefern, daß die Grabkammer 42 schon
stand, als die Urnen 43, 45 und 46 neben ihm vergraben wurden, daß es folglich der Zeit des
geometrischen Stiles angehört.

Für die zeitliche Bestimmung der Grabkammer 31 fehlen leider gleich sichere Anhaltspunkte. Wie die Planskizze Abb. 121 auf S. 39 zeigt, aus der auch die Maße zu ersehen sind,
lehnen sich auch hier die Rückwand, beide Seitenwände und ein Teil der Vorderwand gegen
den Fels. Die Vorderwand war rechts von der Thür vollkommen zerstört. Ergänzt man, wie
es auf dem Plan mit punktierter Linie geschehen ist, hier nach Maßgabe der linken Seite ebenfalls eine Wand von 0.74 m Länge und einen Thürpfosten von 0.18 m Breite, so bleibt in der
Mitte eine Thüröffnung von 0.58 m Breite. Daß diese Ergänzung das Richtige trifft, zeigt die
steinerne Thürplatte, die nahe bei dem Grabe gefunden wurde. Sie mißt 0.62 m in der Breite
bei 0.95 m Höhe, kann also gut gegen den Falz lehnen, welcher wie bei Grab 42 die Thüre
umgab. An den Thürpfosten stößt rechtwinklig noch eine Tuffquader von 0.37 m Länge an,
in deren Verlängerung gerade die Kante des Felsens liegt. Danach scheint bei diesem Grabe
ein kurzer Dromos zu der Thüre geführt zu haben, wie ich ihn auf dem Plan ergänzt habe.

Das Grab 31 zeichnet
sich durch besonders sorgfältige
Bauart aus; die aus kleinen
Bruchsteinen aufgeführten
Wände sind im Innern des
Grabes mit sorgfältig bearbeiteten, rechtwinklig geschnittenen
Blöcken von rotem vulkanischem Tuff verkleidet. Wie die
Abb. 296 zeigt, sind sie nicht
sämtlich gleich groß; deshalb
ist auch eine durchgehende
Schichtung nicht erreicht. Die
Blöcke sind flach, die vordere
Fläche und die Stoßflächen glatt
bearbeitet, während die Rückseite, die sich gegen die Bruchsteinmauer lehnt, roh gelassen
ist. In der Mitte der Hinterwand ist in dieser Verkleidung

Abb. 296. Grab 31.

1 m über dem Boden eine kleine Nische frei gelassen, 0.45 m hoch, 0.12 m breit, 0.11 m tief,
hinten durch die Bruchsteinwand geschlossen. Nach der schrägen Schnittfläche der Steine in
der obersten Schicht scheint über dem Schlußstein der Nische ein Entlastungsdreieck oder
-trapez ausgespart gewesen zu sein, was bei dem verhältnismäßig spröden Material vielleicht
nicht unnötig war. Aehnliche Nischen in der Wand des Grabes finden sich häufig. Sie
dienten wohl dazu, Gaben aufzunehmen [1]).

Die Seitenwände steigen jetzt 0.75 m senkrecht auf. Die folgende oberste Quaderreihe
liegt etwas nach innen geneigt, was aber durch den Druck des Terrains erklärt werden kann.
Die Hinterwand ist fast in ihrer ganzen Höhe erhalten. Wie die Abbildung erkennen läßt,
schließt sie oben deutlich halbkreisförmig ab. Wir müssen daraus schließen, daß die Kammer
durch eine Art Tonnengewölbe bedeckt war. Gewölbeschnittsteine sind nicht gefunden worden,
überhaupt auch nicht genügend viele Tuffquadern, um aus ihnen auch noch das Dach der Kammer

---

[1]) Sie lassen sich seit der ältesten Zeit nachweisen, z. B. schon in einem vormykenischen Grabe von Syra,
Ἐφ. ἀρχ. 1899 S. 80 Fig. 8; S. 83.

zu ergänzen. Es war also wahrscheinlich bei dieser Kammer wie bei den oben besprochenen die Bedachung durch ein falsches Gewölbe, mittelst überkragender Kalksteine hergestellt.

Welcher Zeit dieser Grabbau angehört, dafür sind wir auf Vermutungen angewiesen. Entscheidende Fundstücke sind im Grabe selbst nicht zum Vorschein gekommen. Daß sich in der Kammer einige Reste eines Skelettgrabes und vor der Vorderwand vier christliche Grabsteine fanden [12], kann nach den bisherigen Beobachtungen über die Wiederbenutzung der Grabkammern nichts beweisen. Eine relative Datierung giebt der Umstand, daß in die Umfassung eines in der Nähe befindlichen späten Skelettgrabes (Grab 30) eine ganze Reihe von Tuffblöcken und Quadern verbaut war, die allem Anscheine nach zu der Verkleidung des Grabes 31 gehört haben [13]. Die Grabkammer war also bei der Anlage des Grabes 30 offenbar schon teilweise zerstört und gehört älterer Zeit an. Aber wie hoch wir sie hinaufdatieren müssen, bleibt unsicher. Die Bildung des Einganges, Thüröffnung, Falz, Thürverschluß zeigen eine auffallende Uebereinstimmung mit den gleichen Teilen des Grabes 42. Das falsche Tonnengewölbe kann gegen archaischen Ursprung kaum geltend gemacht werden. Es findet sich, falls die Publikation richtig ist, auch z. B. in einem der Gänge des Alyattesgrabes bei Sardes [14]. Das Material der Wandverkleidung, der rote Tuff, ist in archaischer Zeit beliebt gewesen und kommt gerade in gleichartig zugeschnittenen sorgfältig bearbeiteten flachen Quadern auf archaischen Gräbern in Thera häufig vor. Das leicht zu bearbeitende Material verlockte zu dieser regelmäßigen Herrichtung, wie z. B. der Poros in Attika schon in früher Zeit in regelmäßig geschnittenen Quadern verbaut wurde, während man bei dem harten Kalkstein noch lange an der polygonalen Bauweise festhielt. Dagegen kenne ich für die Technik des Verkleidens einer Bruchsteinmauer durch die dünnen rechtwinklig geschnittenen Platten, wie unser Grab sie zeigt, in Thera keinen weiteren Beleg aus archaischer Zeit, während sie in hellenistischer Zeit hier mehrfach vorkommt, z. B. an dem großen Heroon beim Evangelismos und einem kleinen Grabbau, dessen Reste an der Südseite der Sellada zwischen den späten Felsgräbern liegen. Ich lasse daher die Frage, ob wir die Grabkammer bis in archaische Zeit hinaufrücken dürfen oder der hellenistischen Zeit zuzuweisen haben, vorab offen.

Zusammenhang mit den Kuppelgräbern

Die archaischen Grabkammern von Thera sind für die Geschichte der griechischen Grabbauten nicht uninteressant. Ihre durch überkragende Steine gebildeten Decken erinnern an die mykenischen Grabbauten, und in der That sind sie, so gering auch ihre technische Vollendung ist, doch Verwandte der mykenischen Kuppelgräber. Sie gehen mit diesen auf die gleiche Urform zurück. Diese Urform liegt uns, wie ich glaube, in den kleinen Kammergräbern der vormykenischen Zeit vor, wie sie jetzt namentlich von Tsuntas in beträchtlicher Zahl auf Syra gefunden sind [15]. Es sind das kleine rohgebaute Kammern, rechteckig, trapezförmig, rund, oval oder auch von ganz unregelmäßigem Grundriß. In konstruktiver Hinsicht aber ist alles Wesentliche der Kuppelgräber schon vorhanden. Wie diese liegen auch die Grabkammern von Syra im Abhange, direkt unter der Oberfläche. Bei der Herstellung hat man eine Grube ausgehoben und in diese die Wände der Kammer gebaut, die, nach oben konvergierend, den Raum schließen. Dann wurden diese Kammern wie die Kuppelgräber verschüttet. Zugänglich waren sie durch eine nach oben verjüngte Thür, auf welche ein kurzer Dromos hinführt. Weder im Grundriß noch im Aufbau bringen die mykenischen Kuppelgräber etwas wesentlich Neues hinzu. Aber die urwüchsige, gleichsam natürlich entstandene Form ist in ihnen zu einer vollendeten Kunstform ausgestaltet. Das Kuppelgrab verhält sich zu ihnen,

---

[12]) I. G. I. III 836. 841. 845. Bei der vierten Stele war die Inschrift ausgekratzt.

[13]) Die beiden in dasselbe Grab verbauten archaischen Grabinschriften auf Kalkstein (I. G. I. III 804. 812)

gehören nicht zum Grab 31, da sie aus ganz verschiedener Zeit stammen.

[14]) Olfers Abh. der Berl. Akad. 1858 Taf. IV.

[15]) Ἐφ. ἀρχ. 1899, besonders S. 80.

wie das mykenische Kammergrab zu den schmucklosen Höhlengräbern der Urzeit, wie das
ausgemauerte, mit Balken und Steinen geschlossene Schachtgrab auf der Burg von Mykenae
zu der kunstlos mit Platten ausgekleideten Grube der Kykladengräber. Für prachtliebende
Fürsten haben die Baumeister aus den alten Kammern die ebenmäßig sich wölbenden, in
vollendeter Technik ausgeführten Kuppelräume geschaffen, wie sie für dieselben Fürsten aus
dem einfachen, bescheidenen Bedürfnissen genügenden Wohnhause die Kunstform des mykenischen Palastes schufen. Das Kuppelgrab ist die vollendetste Lösung der Aufgabe, welche
sich schon die Erbauer der Grabkammern von Syra stellten. Ueber einem kreisrunden Grundriß
errichtet, kommt die Wölbung zur vollkommensten Wirkung. Aber gelegentlich hat man auch
noch einmal einen anderen Grundriß gewählt: das Kuppelgrab in Thorikos hat elliptischen
Grundriß [16]), und in nachmykenischer Zeit steht die durch überkragende Steine gebildete Decke
der Grabkammern besonders häufig auf quadratischer Grundfläche.

So bezeichnet also das mykenische Kuppelgrab den Endpunkt einer Entwickelung, nicht
den Anfang. Und zugleich ergiebt sich aus dieser Betrachtung, daß wir keinen Grund haben,
es für eine fertig aus der Fremde eingeführte Kunstform zu halten [47]). Es ist im mykenischen
Kulturgebiet entwickelt aus einer dort schon vor der mykenischen Zeit heimischen Grabform [48]).

Es ist mehrfach die Ansicht ausgesprochen, das Kuppelgrab sei eine Nachahmung der **Kuppelgrab**
altgriechischen runden Hütte [49]). Auch das erhält zweifellos durch die obigen Ausführungen **und Tholos**
eine Einschränkung. Denn wir sehen, daß bei den ältesten Gräbern der runde Grundriß
keineswegs unumgänglich ist, sondern daneben viereckige und ganz unregelmäßige vorkommen.
Will man für sie ein Vorbild suchen, so sind es die kleinen primitiven Hütten, wie sie sich der
Hirt oder der Bauer zu allen Zeiten und überall, wo es Steine gab, draußen aufgeschichtet
hat als Unterschlupf für die Nacht. Die Aehnlichkeit ist aber, wie ich glaube, keine beab-
sichtigte, sondern eine ganz unwillkürliche, auf der Gleichheit der Technik und des Materiales
beruhende. Die ältesten Gräber unserer Gattung sind in Gegenden gefunden, in denen ein
rundes Haus bisher mit Sicherheit festgestellt ist, auf den griechischen Inseln. Die
Frage nach der Form des altgriechischen Hauses kann hier nur gestreift werden, soweit sie
für unsere gegenwärtigen Ausführungen wichtig scheint. Sowohl das viereckige wie das runde
Haus sind in griechischem Gebiete alt. Den viereckigen Grundriß haben alle vormykenischen
und mykenischen Hausreste sowohl auf dem griechischen Festlande, wie auf den Inseln [50]).
Doch läßt sich das hohe Alter der runden Hütte ebenfalls beweisen. Wir finden sie in
homerischer Zeit nur noch als Nebengebäude im Hofe des Odysseus [51]). Dagegen hat der Kult
sie festgehalten und bezeichnenderweise gerade der Kult, der allein von Anbeginn an das
Haus gebunden ist, der Kult des Herdes. Die mykenische Zeit kennt noch keine Tempel, und
als man in nachmykenischer Zeit den Göttern Häuser baute, erhielten sie den damals für das
Wohnhaus allein üblichen viereckigen Grundriß. Der Gemeindeherd aber, an dem die Prytanen
opfern und bei dem sie speisen, steht in der θόλος, in einem Rundbau, und das beweist, daß
für die altgriechische Hütte, deren Mittelpunkt dies heilige Herdfeuer ist, ebenfalls einmal
der runde Grundriß gebräuchlich war [52]). Aus demselben Grunde ist der römische Vestatempel

---

[46]) Ἐφ. ἀρχ. 1895 S. 222.

[47]) Adler in Schliemanns Tiryns, Einleitung p. XXXVII
—XXXIX. Perrot-Chipiez *Hist. de l'art* VI p. 603 f.
Köhler, Kuppelgrab von Menidi S. 56.

[48]) Auch Tsuntas sieht richtig in dem Kuppelgrabern
eine griechische Form (Tsuntas-Manatt *The mycenaean
age* S. 248).

[49]) Vergl. z. B. Tsuntas Ἐφ. ἀρχ. 1885 S. 29 ff.

[50]) Thera: Fouqué Santorin p. 96. 109. Paros: Aus-

grabungen O. Rubensohns auf der Akropolis von
Parikia. Syra: Ἐφ. ἀρχ. 1899 S. 118. Kreta: (Goulas)
Annual of the brit. school II p. 183. Mykenae:

[51]) ζ 442. 459. 466.

[52]) Vergl. 1. v. Müller Griech. Privataltert. S. 9. —
τόλος in Athen: Milchhofer Schriftquellen XCIII.
Ihre runde Gestalt: Harpocr. s. v. τόλος. Bekk.
Anecd. gr. I^a 264, 26. Tim. *Lex. Plat.* 402 u. a.
Auch θατίς, wie die τόλος häufig in Inschriften

rund; in Italien sind wir in der glücklichen Lage, auch noch durch die Funde beweisen zu können, daß die altitalische Hütte in der That rund war. Helbigs treffliche Ausführungen überheben mich weiterer Nachweise [52]. Für Griechenland können wir die Rundhütte als menschliche Wohnung vorläufig nur erschließen, aber mit Sicherheit.

Wie erklärt sich nun, daß in griechischem Kulturgebiet schon in so früher Zeit zwei grundsätzlich verschiedene Hausformen nachweisbar sind? Diese Thatsache gehört zu einer Reihe weiterer Beobachtungen, die mir für die Beurteilung der mykenischen Kultur wichtig scheinen. Sie erinnern uns daran, daß in mykenischer Zeit die Bevölkerung Griechenlands keine einheitliche war. Die Griechen fanden, als sie von Norden her einwanderten, wenigstens stellenweise stammfremde Einwohner vor bezw. hatten sich mit anderen Bewerbern um das Land auseinanderzusetzen, die sie teils vertrieben, teils aufsogen [54]. Besonders schwer fallen die zahlreichen ungriechischen geographischen Namen in Griechenland ins Gewicht. Ich hoffe, wir werden das Vorhandensein verschiedener Bevölkerungselemente im griechischen Gebiete und ihr teilweises Verschmelzen allmählich auch durch archäologische Thatsachen belegen können. Und dahin zählt gerade auch die Feststellung zweier verschiedener Hausformen. Die mykenische Kultur ist griechisch, insofern sie sich in später griechischem Gebiet, auf den Inseln und an den Küsten des südlichen ägeischen Meeres, entwickelt, insofern Griechen an ihr teilhaben und sie der späteren griechischen Kultur wesensverwandt ist. Wir dürfen sie aber nicht ohne weiteres für nationales Eigentum der einwandernden Griechen halten, das sie aus dem Norden mitbrachten. Vielmehr kann sich diese Kultur überhaupt erst da entwickelt haben, wo sie heimisch ist, eben im Gebiet des südlichen ägeischen Meeres. Und angesichts der wichtigen Rolle, welche gerade in der ältesten mykenischen Kunst die Inseln spielen, auf denen sich die vorgriechische Bevölkerung besonders lange gehalten hat, ist die Frage berechtigt, welchen Anteil denn diese nichtgriechischen Stämme an der mykenischen Kultur und ihren Errungenschaften haben, inwieweit die Griechen sich eine fremde Kultur angeeignet haben, was sie als ihr persönlichstes Eigentum hinzugethan haben; schließlich: wieweit das, was uns griechisches Wesen erscheint, sich überhaupt erst durch diese in Griechenland sich vollziehende Mischung des einwandernden europäischen Stammes und der Urbevölkerung gebildet hat [55]. Unter solchen Gesichtspunkten die älteste Kultur Griechenlands zu bearbeiten, ist eine Aufgabe der Zukunft, die heute wohl noch nicht zu lösen ist. In dem Falle, von dem ich hier ausging, wage ich allerdings auch eine Antwort auf die Frage, was europäisch-griechisch, was im weiteren Sinne mykenisch sei, vorausgesetzt, daß die Berechtigung dieser Fragestellung prinzipiell zugestanden wird. Die Rundhütte, die durch den Kult geheiligt ist und die die Griechen mit anderen aus dem Norden südwärts ziehenden stammverwandten Völkern, den Italikern, den Phrygern, gemeinsam haben, ist die urgriechische. Das viereckige Haus, das schon in vormykenischer Zeit im Mittelmeergebiet heimisch ist, haben die Griechen erst hier angenommen, freilich dann auch rasch ihre eigene nationale Hausform gegen diese praktischere und künstlerisch gestaltungsfähigere eingetauscht.

(C. I. A. III 1048, 1051 etc.; vergl. Wachsmuth Stadt Athen II 315) genannt wird, bezeichnet ein rundes Haus: *Etym. Magn.* s. v. (S. 717, 38). — In Sparta steht am Markt ebenfalls ein altes σκηνα περιφερές mit Götterbildern darin, Paus. III 12, 9. Daneben, offenbar ebenfalls ein Rundbau und vielleicht ursprünglich bestimmt, jenes alte schlichte Gebäude zu ersetzen, die σκιάς, welche Theodoros von Samos erbaut hatte. — Auch die σκιάδες im Karneenfest sind nicht unwichtig. — Aus der Tholos wird die Kunstform des Rundtempels entwickelt, die in späterer, namentlich hellenistischer

und deshalb auch römischer Zeit sehr beliebt ist und oft auch auftritt, wo ein tieferer Grund für die Wahl der Form nicht mehr nachweisbar ist.
[53] Helbig Italiker i. d. Poebene S. 50 ff. Vergl. Rh. Mus. Ll S. 282.
[54] Vergl. E. Meyer Gesch. des Altert. II 59 ff. und die dort angeführten Belege. U. Köhler Sitz.Berichte der Berl. Akad. 1897, 1. 259 f. Kretschmer Einleitung in die Gesch. d. griech. Sprache 401 ff.
[55] Ich finde ähnliche Gedanken auch von Reisch (Verh. d. 42. Philol.-Vers. S. 110 ff.) und Furtwängler (Antike Gemmen Bd. III S. 13 ff.) ausgesprochen.

Die Kuppelgräber gehören zu den reichen mykenischen Fürstensitzen. Sie hören deshalb in Griechenland mit dem Ende der mykenischen Herrlichkeit auf. Ihre bescheidenere Urform aber, die überwölbte, aus Bruchsteinen gebaute Kammer, hat wie so vieles andere die mykenische Zeit überdauert und tritt nach dem Ende derselben wieder hervor. Das zeigen uns die Grabkammern von Thera. Auch ihr Ursprung liegt in den kleinen Grabkammern von Syra, und sie haben sich von ihnen weniger weit entfernt als die älteren mykenischen Prachtgräber. In der historischen Entwickelungsreihe vertreten die Kammergräber von Thera eine ältere Stufe als die mykenischen Kuppelgräber.

Wie viel mehr mykenisches Gut die Kunst des griechischen Ostens bewahrt, können wir auch an den Gräbern sehen. Zwar ist bisher noch kein eigentliches Kuppelgrab auf kleinasiatischem Boden gefunden worden, womit die Möglichkeit nicht in Abrede gestellt werden soll, daß sie auch hier noch einmal nachgewiesen werden. Aber den Kuppelgräbern nahestehende Anlagen giebt es auch hier. Unser Material an archaisch-griechischen Gräbern aus Kleinasien ist ja noch sehr klein. Einstweilen trifft es sich gut, daß eine dem Kuppelgrabe verwandte Form gerade in dem frühgeometrischen Gräberfeld von Assarlik nachgewiesen ist und auch eine Anzahl anderer Gräber in Karien, das erst in spätmykenischer Zeit stärkere Einflüsse von Westen her erfahren hat, als Weiterentwickelung des mykenischen Kuppelgrabes aufgefaßt werden darf. Der Dromos führt auch hier durch eine von großen Steinbalken umrahmte, nach oben verjüngte Thür zu einer Kammer, deren Wandungen entweder nach oben konvergieren oder in ihren unteren Schichten senkrecht stehen und eine durch überkragende Steinreihen gebildete Kuppel tragen [56]. Wenn Dümmler [57] die Aehnlichkeit der Gräber von Assarlik mit den mykenischen Kuppelgräbern für zufällig hält, so kann ich ihm hierin ebensowenig zustimmen, wie manchem anderen, was dieser Aufsatz enthält. Richtig hat auch hier Helbig geurteilt [58]. Während die hier sich ansiedelnde Bevölkerung die alte mykenische Sitte der Bestattung mit der Verbrennung vertauscht hat, behielt sie doch die alte Grabform zunächst noch bei. Die Grabkammern von Assarlik stehen zu den mykenischen Kuppelgräbern in demselben Verhältnis wie die ebendort gefundenen Vasen zu der mykenischen Thonware: sie knüpfen an Mykenisches an, sind einerseits als letzte Ausläufer desselben zu betrachten, weisen anderseits aber auch schon auf eine neue beginnende Entwickelung hin. Das Neue ist die Verbindung der Grabkammer mit dem Tumulus. Während die Mykenäer in einen Berg ein Loch gruben und dort hinein die Kammer bauten, baut man jetzt die Kammer auf den ebenen Boden und schüttet den Hügel darüber.

Auf die weitere Geschichte dieser Grabform kann ich hier nur kurz eingehen und muß Genaueres anderer Gelegenheit vorbehalten. Die Geschichte der antiken Grabformen ist überhaupt eines der wichtigsten und interessantesten Kapitel der Archäologie, das in größerem Zusammenhange behandelt werden muß, dann aber wichtige Aufschlüsse auch über das Gebiet der Kunstgeschichte hinaus bringen wird. Ich glaube, daß uns schließlich Beobachtungen über die Verbreitung der Grundtypen der Gräber auch zahlreiche Fingerzeige in ethnographischen Fragen geben können. Wo hat man im östlichen Mittelmeergebiet in ältester Zeit den Toten in ein Schachtgrab gelegt, wo in eine Grabkammer gelegt, wo hat man einen Tumulus über seinen Resten aufgeschüttet? Wie wandern diese Grabformen? Wo und wie mischen sie sich? Das sind solche Fragen. Ursprünglich hat gewiß jedes Volk nur eine Bestattungsweise gehabt. Die Mischung, das Nebeneinander verschiedener Formen ist schon eine jüngere Stufe und ein Beweis für mittelbare oder unmittelbare Kulturbeziehungen zwischen verschiedenen Stämmen. Freilich muß man in sehr alte Zeit hinaufgehen, um sich das Material zu verschaffen. Denn

[56] *Journal of hellenic stud.* 1887, 67. 79 ff.; 1896, 245 ff.   [57] Ath. Mitth. XIII 275.
[58] Gött. Nachr. 1896, 243.

schon in mykenischer Zeit gehen mehrere Grabformen nebeneinander her — eine Thatsache, die ganz gleich zu beurteilen ist wie der oben berührte Nachweis zweier Hausformen in dieser Zeit. Ein Beispiel für die Mischung zweier ursprünglich getrennter Typen liegt nun, wie ich glaube, auch in den Gräbern von Assarlik und ihren Verwandten vor. Die überwölbte Grabkammer, die wir seit der mykenischen Zeit als griechisch betrachten dürfen, erscheint hier mit dem Tumulus verbunden. Ob der Tumulus im letzten Grunde eigentlich eine griechische Grabform ist, weiß ich nicht. Jedenfalls ist er keine für die mykenische Zeit irgendwie charakteristische Form, und die nach Kleinasien hinüberwandernden Griechen haben ihn schwerlich aus Griechenland mitgenommen. Einzelne Beispiele aus vormykenischer oder frühmykenischer Zeit, wie der Tumulus von Aphidna, beweisen nichts dagegen, da es fraglich ist, ob sie von Leuten griechischen Stammes herrühren. Den hohen steilen Tumulus, wie er in späterer Zeit in Griechenland, in früher Zeit in Kleinasien vorkommt, verwenden die Mykenäer jedenfalls, soweit meine Kenntnis reicht, nicht, und auch den zunächst folgenden Jahrhunderten des geometrischen Stiles ist er fremd. Daß sich über den Schachtgräbern in Mykenae ein Tumulus erhob, ist mir sehr unwahrscheinlich [39], und jedenfalls gehörte er nicht zur ursprünglichen Anlage [60]. Die Kuppelgräber sind nicht unter einem weithin sichtbaren Tumulus verschüttet, sondern in den Bergabhang eingesenkt. Ob der Tumulus, dessen Reste sich über dem Kuppelgrab von Menidi fanden, zur ursprünglichen Anlage gehört oder erst später über dem Grabe, an dem noch bis ins V. Jahrhundert ein reger Grabkultus sich abspielte, hinzugefügt ist, wird schwer zu entscheiden sein. Bemerkenswert ist jedenfalls, daß er nicht über der Spitze der Grabkammer, sondern nach der einen Seite hin verschoben liegt und niemals sehr hoch gewesen sein kann. Einzig das Kuppelgrab von Vafio unterscheidet sich von anderen Kuppelgräbern dadurch, daß es nicht in die Seite eines Hügels eingegraben, sondern auf einen niederen Hügel aufgesetzt und verschüttet ist [61].

Dagegen hat der Tumulus in Kleinasien seit ältester Zeit eine sehr weite Verbreitung. A. Körte hat sehr hübsch nachgewiesen [62], daß die Tumuli und die troisch-phrygische Kultur in Kleinasien so weit verbreitet sind, als die Herrschaft der Phryger reichte, und daß der Tumulus die bezeichnende Grabform der Phryger war, die sie schon aus ihrer europäischen Heimat in Thrakien und Makedonien nach Kleinasien mitbrachten. Bei Homer, also bei den kleinasiatischen Griechen tritt uns nun auf einmal der Tumulus als die gewöhnliche Form des griechischen Grabes entgegen. Es wäre nicht unmöglich, daß die Griechen erst in Kleinasien von ihren neuen barbarischen Nachbarn angenommen hätten.

Die alt-phrygischen Tumuli enthalten wie die homerischen keine Grabkammer, sondern sind eine Erdaufschüttung über den Resten des Toten. Dagegen finden sich in Lydien Tumuli mit steinerner Einfassung und aus Quadern gemauerter Kammer, auf die ein Dromos hinführt. Das bekannteste Beispiel dafür ist das Alyattesgrab [63], das der Zeit angehört, als Lydien unter stärkstem jonischen Einfluß steht. Da wir die Verbindung der Grabkammer mit dem Tumulus schon weit früher an der von Griechen in Besitz genommenen Küste nachweisen können, so werden wir zu dem Schlusse gedrängt, daß die Vereinigung des kleinasiatischen Tumulus mit der mykenischen Kammer eben eine That der kleinasiatischen Griechen ist.

---

[59] Belger Arch. Jahrb. X 120 f. Bei den Grabhügeln in Griechenland, die Pausanias erwähnt und die als Gräber mythischer Personen galten, können wir die Zeit ihrer Entstehung nicht bestimmen. — Ich glaube, daß Belger mit Recht in dem von Paus. II 15, 4 geschilderten ἐργεὶς ἰζων, der das Grab des Opheltes umschloß, eine dem Plattenring von Mykenae gleichartige Anlage erkennt. Das χῶμα γῆς, das man für das Grab des Lykurgos, des Vaters des Opheltes erklärte, braucht deshalb natürlich nicht der gleichen Zeit anzugehören.

[60] Das giebt auch Tsuntas Jahrb. X 148 ff. zu.

[61] Ἐφ. ἀρχ. 1889, 130 f.

[62] Ath. Mitth. XXIV 38 ff.

[63] Vergl. Perrot-Chipiez Histoire de l'art V 266 ff. Olfers Abh. d. Berl. Akad. 1858, 539.

Die Jonier haben diese neue Grabform nun weiter verbreitet. Wie sie dieselbe nach Lydien brachten, so haben sie sie auch in ihr Kolonisationsgebiet nach Süd-Rußland getragen, wo sie in monumentaler Größe und prächtigster Ausführung in den Kurganen wiederkehrt. Die Kammern dieser Fürstengräber erinnern nicht nur zufällig in letzten Grunde an die mykenischen Kuppelgräber [64]).

Aber auch in dem zweiten Absatzgebiet ostgriechischer Kunst, in Italien, kehrt diese Grabform wieder und hier hat sie schließlich die großartigste Entwickelung gefunden. Schon in Kleinasien ging man daran, auch das Aeußere der Gräber architektonisch auszugestalten. Aus dem schlichten Steinkranz, der den Fuß des Hügels umfaßt und die Erde zusammenhält [65]), wird ein fester Mauerring [66]), aus diesem ein profilierter Sockel, auf dem sich der kegelförmige Hügel erhebt. Das vollendetste Beispiel archaischer Zeit dürfte auf kleinasiatischem Boden das sog. Tantalusgrab am Sipylus sein, wo auch der Erdhügel durch einen Steinkegel ersetzt ist [67]). Als Bekrönung dieser Gräber, sowohl in der Nekropole am Sipylus als des Alyattes-grabes, dient immer noch der knopf- oder kegelförmige Stein, der schon etwa anderthalb Jahrtausende früher die Bekrönung der phrygischen Tumuli bildete [68]).

Der Erdhügel auf der cylindrischen κρηπίς mit der Grabkammer im Innern kehrt dann namentlich häufig in Etrurien wieder. Gräber, wie die in Caere, Corneto und an anderen Orten, stimmen auch in der Gliederung des Sockels vollkommen mit dem Tantalusgrab überein [69]). Von den Etruskern haben die Römer sie übernommen, und im letzten Grunde gehen die großartigen Grabbauten der Caecilia Metella, das Mausoleum der Augustus und das Grab des Hadrian noch auf dieselbe Urform der Gräber — Hügel mit κρηπίς, eine Kammer im Innern — zurück.

4. Die äussere Bezeichnung der Gräber.

Ueber die äußere Bezeichnung der Gräber archaischer Zeit sind wir, wie es nur natürlich ist, durch Funde verhältnismäßig schlecht unterrichtet. Längst hat sich die Erdober-fläche über diesen alten Gräbern stark verändert; spätere Gräber sind dazwischen gesetzt; der Schmuck der Gräber wurde entfernt oder er sank in den Boden; die Zeit vertilgte die Spuren der Grabhügel. Es bedarf schon eines recht geübten Auges, um in dem Durchschnitt des ebenen Terrains noch die Reste einer ehemaligen Aufschüttung zu erkennen. In Thera vollends an dem steilen Abhang, in dem leichten rollenden Boden, mußte der äußere Grabschmuck leicht verschwinden, sobald ihm keine Pflege mehr zu teil wurde. So sind denn auch alle äußeren Bezeichnungen der Gräber in der Nekropole getilgt. Daß sie ursprünglich nicht gefehlt haben, konnte ich aber bei den Ausgrabungen noch feststellen.

Auf das Grab der homerischen Helden setzen seine Gefährten ein σῆμα. Sie schütten einen Hügel auf, den τύμβος, den sie mit einem Kranz von Steinen umgeben, um ihm Halt zu geben, und auf den Hügel setzen sie die στήλη. Folgen auch hierin wie in der Verbrennung die Theräer dem homerischen Brauch?

[64]) Vergl. z. B. die Kurgane bei Kertsch: Der einfache Tumulus ohne Grabkammer ist hier schon in vorgriechischer Zeit heimisch.

[65]) So in Assarlik und bei Homer Ψ 255; ferner im griechischen Mutterlande unbekannter Zeit die Hügel des Oinomaos in Olympia und des Aipytos in Arkadien, die Pausanias erwähnt (VIII 16, 2).

[66]) Tumulus von Syme. Arch. Zeitung VIII Taf. 13. Ross Arch. Aufs. II S. 383 ff. u. Taf. III.

[67]) Perrot-Chipiez V 48 ff.

[68]) Perrot-Chipiez Histoire V 51. 273. Vergl. dazu Körte Ath. Mitth. XXIV 6 ff. Die alte Bedeutung des Steines ist im Laufe der Zeit vergessen und die Form daher mannigfach variiert. Auch im öst-lichen Karien finden sich diese Steine. Paton Journ. of hell. stud. XX 65 ff.

[69]) Beispiele: Mon. d. I. I Taf. 41. Canina Cere an-tica Taf. 3 ff.

Tumulus

Tumuli sind auf Thera nicht erhalten, weder auf der Sellada, noch, soweit meine Kenntnis reicht, an anderen Orten der Insel. Damit ist ihre einstige Existenz freilich nicht ohne weiteres in Abrede gestellt. Angesichts der Grabkammern von Assarlik ist die Frage berechtigt, ob die Grabkammern von Thera vollkommen in den Abhang des Berges eingesenkt waren, wie die mykenischen Gräber, oder ob sich, wie in Assarlik, ein Tumulus wenigstens über ihrem oberen Teile erhob, der den Abhang des Berges überragte und die Stelle des Grabes bezeichnete. Wir können diese Frage bei dem heutigen Zustande der Gräber nicht mehr beantworten. Die Wölbung mehrerer Kammern würde die heutige Oberfläche des Abhanges nicht unbeträchtlich überragen, bei anderen sie fast berühren. Doch können wir diese Verhältnisse, wie schon mehrfach bemerkt, nicht ohne weiteres auf die Zeit, in der die Gräber angelegt wurden, übertragen. Bei der Mehrzahl der theräischen Gräber dürfte meiner Ansicht nach kein Tumulus vorhanden gewesen sein. Auch die attischen Gräber der Dipylonzeit haben keinen Tumulus. Dieser bürgert sich in Attika erst im VII. Jahrhundert ein, offenbar wie die Verbrennung aus dem Osten [10]; das ist nur ein Grund mehr für die schon oben geäußerte Ansicht, daß die Griechen den Tumulus von den Kleinasiaten übernommen haben.

Wie theräische Gräber äußerlich hergerichtet waren, darüber hat uns ein glücklicher Fund aufgeklärt. Ueber dem Grabe 10 hat sich die Bedeckung noch erhalten. Hier ist das Erdreich tief. Die umgebenden Felsen haben offenbar ein Abrutschen desselben verhindert. Etwa 1.30 m über der Urne fanden sich hier, von einer dünnen Erdschicht bedeckt, Steine im Boden, wie die Skizze des Durchschnittes Abb. 297 es zeigt. Vier Tuffquadern bildeten, nebeneinander gelegt, eine fast quadratische Platte von etwa 0.80 m Seitenlänge. An diese schlossen sich einige Bruchsteine an, die eine Art Pflasterung bilden, welche sich nach außen zu etwas senkt. So wurde die Platte ein wenig über ihre Umgebung hervorgehoben und geschützt. Als Tumulus wird wohl niemand diese flache Erhebung bezeichnen wollen.

Abb. 297. Grab 10.

Liegende
Grabsteine

Daß andere Gräber in gleicher Weise bezeichnet und geschmückt waren, schließe ich aus gleichartigen Tuffquadern, die in beträchtlicher Zahl in der Nekropole gefunden sind. Beispiele giebt Abb. 298, die wie einige weitere Inschriftsteine mit Erlaubnis der Akademie der Wissenschaften nach den Inscriptiones Gr. insularum Bd. III hier wiederholt werden. Bisweilen tragen sie an einer der Seitenflächen den Namen des Toten, auf dessen Grab sie flach hingelegt waren [11]. Es ist ein horizontal liegender Grabstein, eine Form des Grabschmuckes, der sich in Thera großer Beliebtheit erfreut hat. In diese Kategorie gehört vor allem der vornehmste im Bereich der theräischen Nekropole gefundene Grabstein, der des Archegeten Rhexanor (Abb. 299 nach I. G. I. III 762). Der etwa viereckige, flache Tuffblock trug ursprünglich auf der oberen und allen 4 Seitenflächen Inschriften, kann also nur auf der sechsten unbeschriebenen Fläche gelegen, nicht als Stele aufrecht gestanden haben. Bei jedem Versuche, den Stein aufzustellen, käme überdies eine der Inschriften auf den Kopf zu stehen. Legt man den Stein flach aufs Grab, so steht der Name des ersten und vornehmsten Inhabers auf der Hauptfläche, während die weiteren Namen in der Weise angebracht sind wie bei den oben angeführten Tuffblöcken, auf den Seitenflächen. Zuletzt dürften dann die in kleinerer Schrift auf einer noch freien Stelle der oberen Fläche eingehauenen Namen hinzugefügt sein.

---

[10] Vergl. Brückner Arch. Anz. VII S. 22.   [11] Andere Beispiele I. G. I. III 772. 783. 788. 790.
Brückner-Pernice Ath. Mitth. XVIII 95. 154.   793. 799. 801. 805. 810. 813

Auch den Marmorblock, der auf einer seiner freien Seitenflächen die metrische Inschrift
I. G. I. III 768 trägt, halte ich für einen solchen liegenden Grabstein. Weiter rechne ich
hierher eine Anzahl von Steinen nahezu rechteckiger Form, bei denen die Art, wie die Inschrift

Abb. 298. Grabsteine von der Sellada. (I. G. I. III 772 und 790.)

Abb. 299. Grabstein des Königs Rhexanor, Oberseite und drei Seitenflächen. (I. G. I. III 762.)

Abb. 300. Grabsteine von der Sellada. (I. G. I. III 786 und 806.)

auf der Fläche angebracht ist, eine stelenartige Aufrichtung und eine Befestigung im Boden unwahrscheinlich macht, dagegen eine flache Lage des Steines empfiehlt. So z. B. I. G. I. III 780, 786, 789, 806, 807, 811 u. a. Vergl. Abb. 300 (S. 105).

Eine besonders große Steinplatte ist in einer archaischen Nekropole gefunden, die sich in der Nähe des Kap Kolumbo auf Thera befindet. Es ist eine Platte aus schwarzem Tuff von 1,00 m Breite, 1,88 m Länge, 0,18 m Höhe, an deren einer Seitenfläche die Inschrift I. G. I. III 774 angebracht ist; doch möchte ich hier lieber an den Deckel einer großen λάρναξ denken. In derselben Nekropole trägt eine horizontale Felsplatte die archaische Inschrift I. G. I. III 797.

Da solche flachen Grabsteine mit und ohne Inschrift vorkommen, so kann kein Zweifel sein, daß die Form des Grabsteines das ältere, die Inschrift, welche den Begrabenen nennt, etwas Sekundäres ist. Es ist also die Frage zu stellen: was ist der ursprüngliche Zweck dieser liegenden Grabsteine?

Liegende Grabsteine, gestaltet wie eine Stufe, ein Bathron, bald höher, bald niedriger, einfach rechteckig oder auch mit Profilierungen versehen, kennen wir auch in späterer griechischer Zeit. Wir finden sie in der athenischen Nekropole so gut wie auf den Bildern attischer und unteritalischer Grabvasen [16]. Hier wie dort werden sie benutzt, um auf sie die Spenden für den Toten, die Geräte für den Totenkult zu stellen [19]. Daraus erklärt sich weiter, daß sie auch altarförmig gebildet werden. Sie sind gleichsam der Altar des Toten. An der einen Seitenfläche tragen auch die athenischen Steine den Namen des Verstorbenen. Ich schließe, daß man die theräischen flachen Steine auf den Gräbern ebenso benützt hat, um dem Toten die Gaben auf sie zu stellen, und weiter halte ich es auch für möglich, daß die attischen und unteritalischen Steine bloß die monumentalere Ausgestaltung der archaischen Steine sind, wie wir sie aus Thera haben [71]).

τράπεζαι   Schon Becker und Kumanudis [72]) haben in diesen liegenden Grabsteinen die τράπεζαι erkannt, eine der drei Formen der Grabdenkmäler, die durch das Luxusgesetz des Demetrios von Phaleron erlaubt blieben, und wie sie z. B. auf den Gräbern des Isokrates und des Lykurgos standen [73]. Ihre Ansicht ist wohl meist angenommen worden [74]. Der Name wird sowohl durch die Form als die Verwendung zum Aufstellen der Totenspenden empfohlen. Bei einem besonders prächtigen Exemplare, wie dem, welches auf dem Grabe des Isokrates lag, konnten an den Seitenflächen figurenreiche Darstellungen in Relief oder Malerei Platz finden. Endlich hatte ein solcher liegender Stein einen berechtigten Platz neben der hohen Säule, welche den weiteren Schmuck des Grabes des Isokrates bildete. Entsprechend finden wir auf Vasenbildern in bescheidenerem Maßstabe neben der aufrecht stehenden Stele die liegende Platte.

[16] Vergl. Brückner Sitzungsber. d. Wiener Akademie CXVI 511 ff. Brückner Ornament und Form d. att. Grabstelen 1 ff. Watzinger *De vasculis pictis Tarentinis* p. 5. p. 18.

[19] Bei attischen Grabsteinen dieser Art haben sich mehrfach die Reste der steinernen Lekythoi erhalten, welche in die Platte eingezapft waren.

[71] Delbrück hat letzthin (Ath. Mitth. XXV 302 ff.) gut ausgeführt, wie diese sockelförmigen Grabbauten sich in Attika seit dem VII. Jahrhundert nachweisen lassen. Auch er erkennt darin die mensae. Nach seiner Ansicht aber ist die Form entstanden aus einer Nachahmung des Hauses. Dann wäre also ihre Benutzung als Tisch und ihre Benennung als τράπεζα erst etwas Sekundäres.

Angesichts der theräischen Tische ist das kaum aufrecht zu erhalten. Diese Grabmale sind, was ihr Name sagt, Tische. Doch will ich nicht bestreiten, daß einzelne von ihnen auch auf andere Vorstellungen zurückgehen könnten. Vorstellungen und Formen kreuzen und mischen sich natürlich im Laufe der Jahrhunderte in mannigfacher Weise.

[72] Becker-Göll. *Charikles* III 147. Kumanudis 'Αττικῆς ἐπιγραφαὶ ἐπιτύμβιοι ιέ.

[73] Cic. *de legg.* II 26. 66. Ps. Plut. vit. X orat. p. 838 C. 842 E.,

[74] Vergl. Brückner Ornament und Form der att. Grabstelen 1 ff. Watzinger *De vasc. pictis Tarentinis* a. a. O.

Ich glaube, wir können jetzt den Beweis dafür erbringen, daß diese liegenden Grabsteine in der That die τράπεζαι der Griechen sind, und daß Cicero τράπεζα richtig auffaßte, wenn er es mit mensa übersetzte. Form und Verwendung dieses Grabschmuckes sind zugleich sehr viel älter, als man wohl bisher anzunehmen geneigt war. In der theräischen Nekropole haben sich teils schon früher, teils bei unseren Ausgrabungen eine ganze Anzahl kleiner Tische gefunden. Sie sind aus dem gleichen vulkanischen Tuff gearbeitet wie die einfachen Platten und haben auch etwa dieselben Abmessungen wie diese. Ein Beispiel giebt Abb. 301 nach I. G. I. III 769. An eine rechteckige Platte von etwa 0.40—0.50 m Länge, 0.25 m Breite, 0.06 m Dicke setzen, wie die Abbildung zeigt [1]), drei kurze dicke Füße an, von denen zwei an den Ecken der einen Breitseite, der dritte in der Mitte der gegenüberliegenden Seite sich befinden; es ist also ein dreibeiniger Tisch ganz in der auch später noch üblichen griechischen Form. Die Kürze und Dicke der Beine ist natürlich nur durch das Material bestimmt. An der einen Längsseitenfläche der Platte befindet sich bei einzelnen dieser Tische genau wie bei den Quadern die Inschrift, die den Toten nennt. Andere Exemplare tragen keine Inschrift. Wollten wir den heutigen Theräern glauben, so dienten diese Tischchen allerdings den Toten als Auflager für den Kopf. Diese Angabe wird schon einfach durch die Thatsache widerlegt, daß in der Zeit, in welche nach den Inschriften die Tische gehören, kein Toter bestattet ist, ein Auflager für den Kopf also überflüssig war. Bei unseren Ausgrabungen hat sich denn auch keiner derselben in einem Grabe gefunden, sondern sie kamen alle, wie auch die Tuffquadern und Stelen, nahe der Oberfläche zu Tage. Sie haben also wie diese auf dem Grabe gestanden. Ein Tisch auf dem Grabe kann keinen anderen Zweck gehabt haben als den, die Spenden, die man dem Toten brachte, aufzunehmen. Es ist der Speisetisch des Toten, die τράπεζα in des Wortes gewöhnlichster Bedeutung. Und neben ihm hat diejenige Form des Grabmonumentes das meiste Anrecht auf die Bezeichnung

Abb. 301. Steintisch von der Sellada.

τράπεζα, die in ihrer Gestalt diesen Tischchen am nächsten kommt und dem gleichen Zweck, der Aufnahme der Spenden, dienen kann. Das ist aber der liegende Grabstein, der in den meisten Fällen den eigentlichen Tisch vertritt. Es ist gleichsam die Urform des Tisches. So lange man auf dem Boden hockend sein Mahl einnahm, genügte eine einfache auf den Boden gelegte starke Platte [2]). Die Sitte, auf Stühlen sitzend sein Mahl einzunehmen, führte dazu, die Tischplatte auf vier Füße zu setzen und so zu heben. Wenn der griechische Speisetisch später stets nur drei Beine hat [3]), so ist das erst eine weitere Umbildung. An die viereckige Platte gehören naturgemäß vier Beine, wie auch der Name des Möbels, τράπεζα, zeigt. Drei Beine gab man dem Tisch aus Bequemlichkeitsgründen, als die Sitte des Liegens beim Mahle sich einbürgerte, teils um der Frau das Sitzen auf dem Fußende der Kline zu ermöglichen [4]), teils um dem Mann das Aufstehen von der Kline zu erleichtern. Die Sitte, beim Mahle zu liegen, kommt aus Kleinasien, ebendaher die Form der dazu gehörigen Möbel. Seit dem VII. Jahrhundert können wir das Liegen beim Mahle und den dreibeinigen Tisch auch auf festländisch griechischen Denkmälern nachweisen. In Thera wird die Einführung der neuen Sitte wieder etwas früher anzusetzen sein. Die Toten machen die Sitte der Lebenden mit, wenn auch hier im Kulte das Alte neben dem Neuen nicht ganz verschwindet. Neben den

---

[1]) Andere Beispiele I. G. I. III 770. 795. Ohne Inschrift aus Grab 14 (Abb. 13 S. 18); Grab 20
(S. 35).

[2]) Loeschcke Arch. Ztg. 1884, 96.

[3]) Vergl. Blümner Arch. Ztg. 1884, 179 ff.

[4]) Ich glaube, daß ich den Hinweis darauf Loeschcke verdanke.

dreibeinigen Tischen finden wir auf den Gräbern die einfache Tischplatte, und in einem, allerdings sehr rohen Exemplare (I. G. I. III 795) ist uns sogar die erforderliche Zwischenstufe mit vier Beinen erhalten.

Aus den theräischen *τράπεζαι* lernen wir weiter, daß auch die Theräer in echtgriechischer Weise ihre Toten mit Speiseopfern bedacht haben. Denn nur dann haben die Speisetischchen einen Sinn. Zum Wohlbefinden der Verstorbenen gehören Speise und Trank, die man ihnen nicht nur beim Begräbnis spendet, sondern fortgesetzt ans Grab trägt. Den Toten denkt man sich am liebsten beim festlichen Mahle. Dieser Gedanke, der, wie überhaupt der fortgesetzte Totenkult, homerischem Glauben fremd ist, tritt uns in Thera in gleicher Weise wie in Attika lebendig entgegen. Er hat Zeiten der Aufklärung überdauert und lebt sowohl in den Bräuchen der attischen Totenfeste wie auch in den Totenmahlreliefs fort, die gerade in spätester Zeit sich bekanntlich wieder besonderer Beliebtheit erfreuen. Indem die Theräer den Verbrennungsritus aus dem Osten annahmen, hielten sie doch ihren alten Glauben an das Fortleben der Toten fest.

Demetrios von Phaleron gestattete in seinem Gesetz gegen den Gräberluxus drei Formen des Grabschmuckes: niedrige Säulchen (columellae), Becken (labella) und Tische (*τράπεζαι*). Sein Gesetz richtet sich gegen den Luxus, der in steigender Weise mit Grabbauten und Grabstelen getrieben wurde. Die richtige Erklärung der Grabformen hat Brückner gegeben [8]. An Stelle der Grabstelen setzt Demetrios die Säulen, auf die der Name des Toten geschrieben werden konnte, die aber zu bildnerischer Ausschmückung kaum verleiten konnten. Mit rücksichtsloser Konsequenz hat der Philosoph damit die attische Grabkunst unterbunden und die Stele gleichsam zu ihrer anfänglichsten und eigensten Funktion zurückgeführt, das Andenken des Toten der Nachwelt zu erhalten. Bezeichnend scheint mir aber auch die Wahl der anderen beiden Formen, des Beckens und des Tisches. Oder sollte es ein Zufall sein, daß der gelehrte Staatsmann, der Antiquar, gerade zwei Formen herausgreift, deren Ursprung in dem Glauben und Kultus der ältesten Zeit liegt? Daß das Wasserbecken, in dem man dem Toten das Bad rüstet, zum ältesten Totenapparat gehört, hat uns Wolters gezeigt [8]. Daß der Tisch, auf dem man ihm Speise und Trank darbringt, in die älteste Zeit zurückreicht, lehren uns jetzt die Funde von Thera.

Stelen — *Τράπεζα* und *λουτήριον* gelten dem Toten als einem höheren Wesen, dem Kult des Heros. Dem Menschen und seinem Andenken gilt die Stele, die zunächst keinerlei kultliche Bedeutung hat. Homer kennt natürlich nur die Stele. *Τύμβος* und *στήλη* sind das Recht des Toten nach Ansicht des Dichters. Es ist nicht uninteressant, daß in Thera neben den Opfertischen auch die Stele erscheint. Stelen finden sich in Thera in zahlreichen Beispielen und in altertümlichster Form teils auf der Oberfläche der Sellada liegend, teils schon in die Umfassungsmauern später Skelettgräber verbaut. Meist sind es unbehauene Kalksteine, langgestreckte schmale Steinsplitter, wie die als Beispiele ausgewählten in Abb. 302 (S. 109) zeigen.

In leicht eingehauenen großen archaischen Buchstaben, wie sie von den zahllosen Felsinschriften her bekannt sind, tragen sie den Namen des Toten, und zwar fast immer von dem einen Ende des Steines beginnend geschrieben. Das untere Ende bleibt frei. Mit diesem sollte also der Stein aufrecht in den Boden gesteckt werden, und die Inschrift lief dann von der Spitze der Stele abwärts. Nur wenige Ausnahmen von dieser Regel kommen vor, soweit mir die Formen der Steine, die zum Teil auch schon vor meiner Anwesenheit in Thera gefunden waren, bekannt sind. Auf den beiden Steinen, welche den Namen *Βλέπυς* tragen, ist

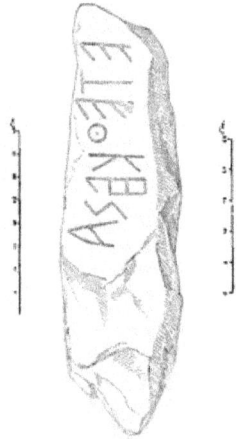

(I. G. I. III 802.)   (I. G. I. III 804.)   (I. G. I. III 771.)   (I. G. I. III 781.)

(I. G. I. III 782.)   (I. G. I. III 794.)   (I. G. I. III 785.)

Abb. 302. Archaische Grabstelen von der Sellada.

der Name der Breite nach auf den Stein geschrieben, so daß er, wenn die unbeschriebene Seite des Steines in den Boden gesteckt wurde, wagerecht stand (Abb. 303). Bei dem einen der beiden (I. G. I. III 776) ist das allerdings kaum möglich, und es ist zu erwägen, ob dieser flache Stein etwa als ganz rohe *τράπεζα* aufzufassen ist. So würde sich auch erklären,

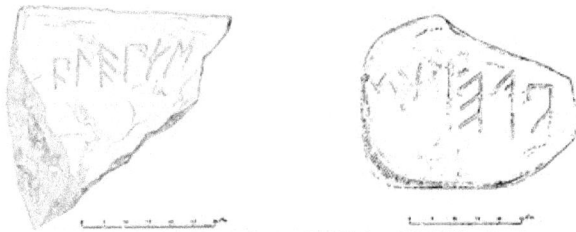

Abb. 303. Archaische Grabsteine von der Sellada. (I. G. I. III 776. 777.)

weshalb die beiden, übrigens auch gleichzeitig gefundenen Steine denselben Namen tragen. Wir hätten dann hier Stele und Trapeza auf einem Grabe vereinigt, wie das ja auch in späterer Zeit vorkommt[*]. Ob bei 796 wirklich der Name aufwärts laufend geschrieben war, ist nicht mehr zu entscheiden, da der Stein nicht mehr vollständig ist. Nur in 2 Fällen, I. G. I. III 763. 787

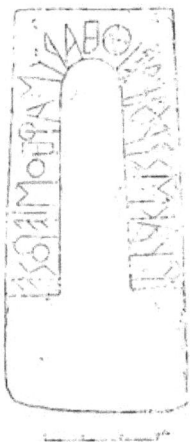

Abb. 304. Archaische Grabstele, gefunden bei Ano Gonia
auf Thera. (I. G. I. III 763.)

Abb. 305. Archaische Grabstele
aus Thera. (I. G. I. III 787.)

(Abb. 304 und 305), ist eine kunstvollere Form der Stele gewählt. Beide Male verjüngt sich die Steinplatte ein wenig nach oben und ist sorgfältig zugehauen; die Inschrift beginnt an der rechten Seite, etwa in der Höhe, bis zu welcher der Stein über der Erde sichtbar war, und läuft an dem Rande der Stele entlang um die drei sichtbaren Kanten des Steines. Bei 763 ist der Schriftstreifen durch einen in den Stein gegrabenen Strich von der Mittelfläche der Stele getrennt. Daß auf dieser Fläche ursprünglich ein Bild gemalt gewesen und die Inschrift den Künstler nenne, wie Loch[**] annimmt, ist mir höchst unwahrscheinlich. Der Raum ist für ein Bild zu schmal, und die Inschrift:

Πραξίλαι με Θαρρύμαχος ἐποίε(ι) besagt doch wohl, daß Tharrymachos seiner Gemahlin Praxila oder einem Praxilas diesen Grabstein gesetzt habe. Uebrigens steht die Fassung der Inschrift unter den archaischen Grabinschriften Theras vereinzelt und ihre äußere Form ist eine ähnliche ornamentale Spielerei wie sie auch bei den Fels-

---

[*] Vergl. Brückner, Ornament u. Form d. att. Grab-   [**] *De titulis Graecis sepulcralibus* p. 9. Ein ähnlicher
stelen S. 2.   Grabstein von Melos I. G. I. III 1184.

inschriften der Stadt mehrfach vorkommt und wie sie sich auch in dem Wechsel der Schriftrichtung auf den beiden *Bλίατος*-Steinen zeigt.

Bemerkenswert ist bei den Stelen wieder der große Rückschritt gegenüber der
mykenischen Periode, die ja nicht nur die sorgfältig zugeschnittene Grabstele, sondern auch
schon das figürliche Grabrelief kennt. Die Zeit des geometrischen Stiles kennt in Griechenland
nur die einfachste Form der Stele, wie sie hier in Thera nachgewiesen ist. Gleichartige rohe
Grabsteine haben auch auf Gräbern in Eleusis[46], Athen[47], Amorgos[48], Neandria[49] gestanden.
Und sie würden uns noch für manchen anderen Ort bezeugt sein, wenn eben diese unbehauenen
schmucklosen Steine nicht gar zu leicht unbeachtet gelassen werden könnten, wenn sie einmal
nicht mehr in situ sind. Wer vermag solch einem auf der Oberfläche liegenden Steine anzusehen,
daß er einst auf einem Grabe als Stele gestanden habe? Wären in Thera nicht die Inschriften
auf den Stelen, ich hätte sie unter der Menge sonstiger umherliegender Bruchsteine gewiß auch
nicht hervorgezogen. Und manche wird uns sicher entgangen sein. Denn die leicht eingegrabenen Buchstaben sind oft kaum mehr zu erkennen. Diese einfachste Urform der Stele mag
schon vormykenisch sein und ist wohl überall im griechischen Gebiete heimisch. Für Thera Grab-
inschriften
bezeichnend ist das frühe Auftreten der Grabinschrift, das jedenfalls mit der sehr frühen allgemeinen Verbreitung der Schrift auf dieser Insel und der ganz auffälligen Schreiblust der Theräer
zusammenhängt. Die gleichzeitigen attischen Grabsteine sind noch stumm. Thera ist in dieser
Hinsicht viel früher entwickelt, wie es ja überhaupt in der uns beschäftigenden Zeit ganz
anders im Verkehr steht als das damals noch ganz abgelegene Attika. Die Grabinschriften von
Thera, die uns hier beschäftigen, gehören durchaus zu Gräbern mit Funden geometrischen Stiles.
Denn unsere Nekropole enthält außer den späten Gräbern ja nur sehr vereinzelte Gräber nacharchaischer Zeit, zu denen die Grabinschriften nicht gehören können. Auch finden sich Graffiti
mit gleichen Buchstabenformen auf einigen Vasen geometrischen Stiles. Die meisten Grabinschriften
gehören der zweiten Stufe der Entwickelung des theräischen Alphabetes an. Doch gehen einige,
vor allem der Grabstein des Archegeten Rhexanor, bis in die erste uns bekannte Periode theräischer
Schrift hinauf und sind den Felsinschriften beim Heiligtum des Apollon Karneios in der Stadt
ungefähr gleichzeitig.

Was die Form der archaischen Grabinschriften von Thera betrifft, so nennen sie in
weitaus den meisten Fällen nur den Namen des Verstorbenen, und zwar gewöhnlich im
Nominativ. Diese Eigentümlichkeit teilt Thera, wie schon Dümmler bemerkt hat[50], mit Melos,
Amorgos und Böotien. Auch in Sparta ist der Nominativ häufig. In Attika findet sich auf
alten Grabsteinen bekanntlich stets der Genetiv, der in Thera sehr viel seltener ist. Ausgeschlossen ist er dagegen keineswegs; die Beispiele dafür haben sich seit der Zusammenstellung von Loch noch beträchtlich vermehrt[51]. Der Dativ kommt außer auf dem Grabsteine
der Praxila, wo er durch die Konstruktion gefordert ist, nur noch einmal vor[52]. Der Vatersname wird bei den alten theräischen Inschriften nie hinzugefügt[53]. Er pflegt überhaupt auf

<hr>

[46] Ἐφ. ἀρχ. 1898, 86 f.; 1889, 176. 179. 184

[47] Ath. Mitth. XVIII 153 f.

[48] Ath. Mitth. XI 99; Bull. de corr. hell. XV 598.

[49] Koldewey Neandria 17 Fig. 30. Die hier gefundenen
sehr hohen Stelen geben den besten Begriff von
den Grabsteinen, an welche der homerische Dichter
dachte, wenn er N 437 den Alkathoos von Poseidon
festgebannt wie eine Stele dastehen läßt: ὅς τε
στήῃ, ἢ δένδρεον ὑψικέτηλον, oder wenn er Ω 349 ff. den
Alexandros sich beim Schießen gegen die Stele
des Ilos lehnen läßt, das μέγα σῆμα Ἴλου.

[50] Ath. Mitth. XI 100. Vergl. Loch a. a. O. p. 8, wo

vereinzelte Beispiele aus anderen Landschaften angeführt sind.

[51] a. a. O. p. 8. Hinzuzufügen z. B. I. G. I. III 778. 782.
783. 793. 795. 796. 806. 807 u. s. w. Die vollere Fassung
mit Zusatz von 'εμί findet sich nur einmal I. G. I.
III 769, der Zusatz von σῆμα vielleicht in 774.

[52] I. G. I. III 775.

[53] Ein sicheres Beispiel fehlt jedenfalls. I. G. I. III
771 ist unsicher, 784 kann den Rest von zwei
koordinierten Namen im Nominativ enthalten. Die
Vereinigung mehrerer Namen findet sich ja bekanntlich mehrfach.

archaischen Grabsteinen zu fehlen. In Attika wird seine Hinzufügung erst allmählich im Laufe des V. Jahrhunderts gebräuchlicher; in Böotien hält man an dem einfachen Namen bis in späte Zeit fest, auf Grabsteinen von Kasos fehlt der Vatersname noch im IV. Jahrhundert, und auch auf theräischen Grabsteinen scheint er noch bis in hellenistische Zeit nicht gebräuchlich zu sein. Eine geschlossene Gruppe alter Grabsteine, auf denen der Vatersname erscheint, haben wir, soweit mir bekannt ist, nur aus Melos[24]). Das scheint mir aber eher ein Grund mehr, diese melischen Grabsteine nicht zu früh zu datieren. Von sonstigen Zusätzen findet sich in Thera nur einmal der Titel, nämlich auf dem Grabsteine des Ῥηξάνωρ ἀρχαγέτας. Und auch nur ein Grabepigramm archaischer Zeit ist bisher gefunden worden[25]).

Der Zusatz des Vatersnamens entspricht also im allgemeinen jüngerem Brauch. Im übrigen kann man die oben berührten Verschiedenheiten nicht als zeitliches Kriterium verwenden. Nicht einmal für Thera allein läßt sich der Nachweis führen, daß eine bestimmte Form der Grabinschrift, etwa der Nominativ oder der Genetiv, die ältere sei. Und eine allgemein giltige Regel ist vollends nicht aufzustellen. Die Bevorzugung einer oder der anderen Form entspringt rein lokalem Geschmack, landschaftlicher Sitte. Es verhält sich hier genau so, wie mit dem sonstigen Grabschmuck, der auch lokal verschieden ist. So kenne ich in Thera, um nur eines hervorzuheben, keinen Beleg für die in archaischer Zeit in Attika so verbreitete Sitte, ein großes Gefäß als σῆμα auf das Grab zu stellen. Die Scherben großer Gefäße, die auf der Sellada zerstreut umherliegen, stammen wohl alle aus zerstörten Gräbern; wenigstens ließ sich in keinem Falle nachweisen, daß solch ein Gefäß auf dem Grabe gestanden habe. Vereinzelt Grabstatuen steht bisher das vornehmste Skulpturwerk Theras, die Grabstatue eines Jünglings, die als Apollo von Thera bekannt ist[26]). Sie ist von Ross bei seinem Besuche der Insel in Emborio erworben worden und soll vor einem der Felsgräber bei Exomyti an der Südseite der Insel gefunden sein, gehört aber sicher zu keinem von diesen, da sie alle erst aus jüngerer Zeit stammen[27]).

5. Die Beigaben.

Das Verzeichnis der Grabfunde zeigt, daß die Beigaben, die man in Thera dem Toten mitgegeben hat, bescheiden sind. Wären nicht die teilweise sehr ansehnlichen Aschengefäße, so würden die Gräber einen ärmlichen Eindruck machen. Daß wir nicht etwa den Friedhof der Armen ausgegraben haben, zeigen die stattlichen Grabkammern, deren Aus-Sparsamkeit stattung sich aber von der anderer Gräber nicht wesentlich unterscheidet. Wirklich kostbare Sachen hat man den Toten überhaupt nicht mitgegeben. Metallgegenstände finden sich so gut wie gar nicht; zwei kleine Bronzefibeln (Grab 52, S. 47), ein einfacher Fingerring (Grab 17, S. 30) und eine Bronzescheibe unbestimmter Verwendung (Grab 90, S. 60) — das ist alles, was ich an Metall in den archaischen Gräbern fand. Nehmen wir dazu den allerdings fast 2 m langen ὅρμός aus kleinen scheibenförmigen Perlchen von ägyptischem Porzellan, der mit ein paar größeren Perlen aus hellgrünem Glasfluß im Grabe 10 gefunden wurde[28]), eine vereinzelte größere Thonperle, die im Grabe 14 (S. 18) lag, und das schlanke Salbfläschchen von Alabaster aus dem Grabe 66 (S. 53), so haben wir alles aufgezählt, was irgendwie als Kostbarkeit oder Schmuck aufgefaßt werden könnte. Der ganze Rest der Beigaben ist Thonware, die in allen möglichen Formen, Größen und Gattungen auftritt. Böhlau hat eine ähnliche Sparsamkeit in Samos beobachtet[29]). Im allgemeinen kann man für Griechenland wohl den Satz aufstellen,

[24]) I. G. I. III 1128 ff.

[25]) I. G. I. III 768.

[26]) Die Litteratur bei Kavvadias Γλυπτὰ τοῦ ἐθνικοῦ μουσείου No. 8. Zur Deutung Loeschcke Ath. Mitth. IV 304.

[27]) Ross Inselreisen I 81.

[28]) Durch ein Versehen ist seine Erwähnung im Fundbericht S. 17 ausgefallen.

[29]) Böhlau, Aus jon. und ital. Nekropolen 20 ff. In Sicilien ist es ähnlich.

daß im Laufe der Zeit die Beigaben der Gräber bescheidener und an Zahl geringer werden, und zwar gehen kulturell höher entwickelte Landschaften den weniger entwickelten hierin voran. In einer Zeit, in der man sich in Attika mit ganz wenigen stereotypen Beigaben begnügt, enthalten böotische Gräber und vor allem die Gräber des halbbarbarischen Süd-Rußland noch eine Fülle zum Teil sehr kostbarer Beigaben. Homer kennt überhaupt keine Beigaben im Grabe; nur in dem Verbrennen der Waffen auf dem Scheiterhaufen und in dem formelhaften κτέρεα κτερείζειν steckt noch ein Rest des alten Brauches [109], während die attischen Gräber derselben Zeit noch eine Menge Beigaben enthalten. Wir können diese Entwickelung aber auch zeitlich in ein und derselben Landschaft verfolgen: dem Kuppelgrab von Menidi mit seinem reichen Inhalt stehen die Dipylongräber gegenüber, die meist nur noch Thonware enthalten, und vom V. Jahrhundert an finden wir in attischen Gräbern eigentlich nur noch die stereotype Beigabe der Lekythos. Die archaischen theräischen Gräber sind in der Ausstattung sparsamer als die gleichzeitigen Dipylongräber. Der alte Luxus der Grabausstattung ist bereits aus der Mode, auf der Insel Thera wieder etwas früher als in Athen. Aber prinzipiell hält man doch noch an dem alten Beigabenritus fest, während man in der Leichenverbrennung schon ostgriechischer Sitte folgt. So wenig die Annahme des Verbrennungsritus in Thera ein Absterben des Totenkultes zur Folge hatte, so wenig hat er auch der Sitte der Beigaben ein Ende gemacht. Ein fester Brauch für die Auswahl der Beigaben hat sich in Thera nicht ausgebildet. Willkürlich wählt man ein oder mehrere Thongefäße, die man entweder zur Asche in die Urne legt oder neben derselben auf den Boden des Grabes stellt.

Wenn es somit mehr oder weniger Zufall ist, was wir in dem einzelnen theräischen Sinn der
Beigaben Grab finden, so ist damit nicht gesagt, daß sich nicht manches bedeutungsvolle Stück unter den Beigaben fände, manches Gefäß, das die Theräer vielleicht schon, ohne sich viel dabei zu denken, ins Grab thaten, dessen ursprüngliche Bedeutung wir, die wir die Entwickelung überschauen, aber noch erkennen können. Ich muß hier in aller Kürze ein paar allgemeine Bemerkungen vorausschicken, um so die Gesichtspunkte anzudeuten, unter denen ich die Beigaben betrachte. Daß alle Beigaben ursprünglich zum Gebrauch des Toten bestimmt sind, bezweifelt wohl niemand. Der Gedanke wiederholt sich wohl auf der ganzen Erde. Wie der Tote die Opfer und Spenden genießen soll, so soll er das Gerät, das man ihm mitgiebt, benutzen. Er erhält Teller, Schüsseln, Kannen und Becher für Speise und Trank, der Mann seine Waffen, die Frau ihren Arbeitskorb, ihre Webegewichte, ihre Spindel, aber auch ihren Schmuck und ihren Spiegel, das Kind sein Milchfläschchen und sein Spielzeug. Die Angehörigen müssen den Toten so ausstatten, daß ihm nichts abgeht. Das ist der ursprüngliche Gedanke. Folgerichtig müßte man eigentlich den ganzen Hausrat ins Grab legen; bei den Aegyptern, deren gleichartigen Brauch wir wieder heranziehen dürfen, hat man dem Verstorbenen oft auch ein ganzes Museum der verschiedenartigsten Dinge mit ins Grab gegeben; und was man ihm nicht mitgeben konnte, das Vieh, die Kornfelder, die gefüllten Scheuern, das malte und schrieb man wenigstens an die Wand des Grabes. Dem Griechen ist solche Konsequenz fremd. Aber manchem ähnlichen Gedankengang, wie er sich in den Malereien der ägyptischen Gräber ausspricht, begegnen wir in Spuren auch bei ihnen.

Prinzipiell kann somit eigentlich alles, was der Mensch braucht oder brauchen kann, auch im Grabe als Totengabe erscheinen. Auch die Totenopfer sind weit weniger durch ein festes Ritual beschränkt, wie die Opfer an die Götter. Sie ändern sich im Laufe der Zeit, wie sich Lebensweise und Lebensbedürfnisse der Menschen eben auch im Laufe der Zeit ändern [110].

---

[109] Rohde Psyche I 23.

[110] Vergl. die Ausführungen von Stengel Festschrift f. Friedländer 414 ff., besonders 425 ff.

So erklärt sich die große Mannigfaltigkeit der Totengaben, die scheinbare Willkür, die oft in ihnen herrscht. Neben Neuem wird dann einzelnes Alte zäh festgehalten und stereotyp immer wiederholt. So kommen bestimmte Speisen im Totenopfer besonders häufig vor, wie auch bestimmte Geräte besonders gern ins Grab gelegt werden. Gerade die Unmöglichkeit, dem Toten alles mitzugeben, führt dazu.

Zu den Beigaben ziehe ich auch solche Fundstücke, bei denen es nicht sicher ist, ob sie im Grabe selbst gelegen haben und nicht vielmehr auf demselben als Grabschmuck standen oder zu den Totenopfern gehörten. Eine reinliche Scheidung der äußeren und inneren Grabausstattung kann man gar nicht durchführen, ohne innerlich Zusammengehöriges auseinanderzureißen. Was als Beigabe im Grabe erscheint, kann auch als Totenopfer an das Grab gebracht werden; was hier im Grabe liegt, steht dort als Schmuck auf dem Grabe. Speiseopfer finden sich im Grabe wie auf dem Grabe. In Athen steht der große Pithos auf dem Grabe als σῆμα[102], in Thera nimmt er die Reste des verbrannten Leichnams auf, in Samos, Massilia und anderen Orten liegt er als Beigabe neben dem Leichnam des Bestatteten[103]. Die Lekythoi und Luthrophoroi erscheinen aus Marmor gefertigt als Grabschmuck auf den späteren athenischen Gräbern, in der Zeit des Dipylonstiles steht die Luthrophoros noch im Grabe[104]; der Kalathos, der Arbeitskorb, den man seit den ältesten Zeiten als Beigabe im Grab der Frau findet[105], findet sich auf dem Grabe stehend auf unteritalischen Vasenbildern[106], auf den mit Stuck überzogenen Grabhügel gemalt in Athen u. s. f.[107]).

Der MassenfundIch ziehe deshalb auch den „Massenfund" in den Bereich dieser Betrachtungen, obgleich ich mir über sein eigentliches Wesen nicht ganz klar bin. Wie der Fundbericht S. 19 ff. zeigt, fand sich hier tief im Boden eine Schicht von weit über hundert kleinen Vasen, Terrakotten, Muscheln u. s. w. Ein Aschengefäß war nicht dabei, wohl aber fanden sich an den Steinen, die neben den Vasen lagen, einige Brandspuren, und manche der Fundstücke waren, schon bevor sie hier in den Boden kamen, nicht mehr vollständig. Die Annahme, daß diese Beigabenmasse zu einem der zunächst gelegenen Gräber, etwa 13 gehöre, ist nicht strikt zu widerlegen, aber unwahrscheinlich. 13 ist ein besonders ärmliches Grab, das nur das gröbste Aschengefäß, einen Kochtopf, enthielt. Die Fülle der Beigaben, der auch nichts annähernd gleichkommt in der theräischen Nekropole, müßte hier besonders überraschen. Zudem war auch keinerlei Verbindung zwischen dem Massenfunde und dem Grabe festzustellen. Und endlich enthielt der Fund zahlreiche Terrakotten, die in den archaischen Gräbern Theras sonst fehlen. Eine weitere Möglichkeit wäre, an eine Art Opfergrube zu denken, in die man Gaben für die Toten geworfen hätte. Bei längerer Benutzung derselben müßten dann aber, da die Wände der Grube nicht durch eine Mauer gestützt waren, die Gefäße mehr in Schichten, von herabgeglittenem Erdreich durchsetzt, gefunden sein; das war aber nicht der Fall. Die einfachste Erklärung bleibt wohl, daß man auf diese Weise Gaben, die auf den Gräbern gelegen hatten, von Zeit zu Zeit fortgeräumt hat. So würde sich auch erklären, weshalb manches Stück schon zerbrochen in die Grube kam. Was einmal dem Toten geweiht ist, einerlei ob Speise und Trank oder ein Gerät, das darf der Lebende nicht mehr benutzen, denn man würde dadurch den Toten berauben. Das ist altgriechischer Glaube, der sich im Ritual klar ausspricht. Vom Totenopfer genießt man nichts; Gefäße, die dabei gedient haben, zerschlägt man häufig[108];

---

102) Beispiel Ath. Mitth. XVIII 92 ff.

103) Vergl. Böhlau, Nekropolen 23 f.

104) Ath. Mitth. XVIII 143. Hydria und Lutrophoros finden sich auch in der unteritalischen Vasenmalerei, besonders oft mit Szenen des Grabkultes geschmückt, sind also für den Grabgebrauch hergestellt.

105) z. B. in Eleusis, Ἐφ. ἀρχ. 1898 Taf. II 17 S. 107.

106) Vergl. Watzinger De vasculis pictis Tarentinis p. 16 ff.

107) Ath. Mitth. XXV 297 (Delbrück).

108) So erklärt sich, weshalb man so oft unvollständige oder absichtlich unbrauchbar gemachte Dinge im Grabe findet.

die Weihgeschenke, die sich auf den Gräbern sammeln, vergräbt man schließlich, um sie aus dem Wege zu schaffen. So ist es ja auch in manchem Heiligtum mit zerbrochenen und veralteten Weihgeschenken geschehen. Vielleicht finden Kundigere auch noch eine andere Erklärung für diesen Fund. Ich habe es vorgezogen, einstweilen den unbestimmten Ausdruck „Massenfund" beizubehalten.

Was aber auch die Entstehung dieses Depots war, in jedem Falle sind es Gaben für die Toten, und die folgenden Seiten werden zeigen, daß sich unter ihnen gerade besonders interessante und bedeutungsvolle befinden.

Die Durchsicht der Grabfunde und namentlich auch des Massenfundes läßt uns noch eine interessante Beobachtung machen. Jedem muß die große Menge kleiner und kleinster Gefäße auffallen, die sich darunter befinden. Rechnen wir auch die zahlreichen Oelgefäße, Salbfläschchen, Lekythoi, Aryballoi ab, bei denen der kleine Maßstab in der Kostbarkeit des Inhaltes begründet ist, so bleiben doch noch eine Menge kleiner Skyphoi, Becher, Kännchen, Näpfchen, Amphoriskoi u. a. übrig, für die sich eine solche Verwendung nicht annehmen läßt, ja die überhaupt praktischem Gebrauch gar nicht gedient haben können. Man möchte sie für Kinderspielzeug halten, wenn sie eben nicht so zahlreich wären und in allen Gräbern, nicht nur den Kindergräbern vorkämen. Diese kleinen Gefäßchen sind nun sehr häufig in Form und Dekoration genaue Nachbildungen großer, wirklichem Gebrauch dienender Vasen. Für fast alle diese kleinen Gefäße können wir die großen Vorbilder bald in Thera selbst, bald anderen Ortes nachweisen. Neben den protokorinthischen Miniaturskyphoi stehen größere, die wirkliche Trinkbecher sind, neben den kleinen Tassen, die in unseren theräischen Gräbern so häufig sind, gleichgeformte große. Die kleine Amphora Abb. 19 (S. 19) ist in Form und Dekoration eine genaue Nachbildung der großen theräischen Amphoren (vergl. etwa

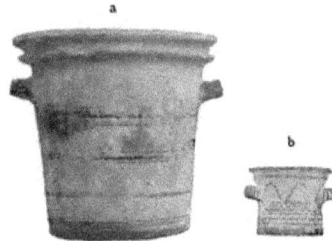

Abb. 306a, b. a Eimer der Sammlung Nomikos. Höhe 0.395 m. b = Abb. 35 c. Kleine Nachbildung derselben Gefäßform.

Abb. 10 und 11 auf S. 17), während der Amphoriskos Abb. 52 (S. 23) in demselben Verhältnis zu dem Vorratsgefäß aus Grab 100 (Abb. 221, S. 64) steht. Die Formen der kleinen Kännchen kehren alle auch in großen Beispielen wieder, sei es nun in Thera oder an anderen Orten, ebenso die kleinen Hydrien, der Miniaturdeinos Abb. 44 (S. 22), der Miniaturkothon Abb. 46 (S. 22). Zu den Näpfen, wie Abb. 225 (S. 64), hat sich wieder gerade auf Thera das Vorbild gefunden. Es ist der Abb. 306a abgebildete große Eimer theräischer Fabrik, der sich in der Sammlung Nomikos in Phira befindet. Die Nachbildungen geben ihn in allen Einzelheiten, sogar in der Profilierung des Randes, wieder. Die Schälchen mit Ausguß Abb. 43 (S. 22), die in ihrem Maßstab gänzlich unbrauchbar sind, braucht man nur zu vergrößern, um Gefäße, wie etwa das aus der Nekropole von Assarlik (*Journal of hell. stud.* 1887, 69, Fig. 4) oder die Schüssel von Aigina im Berliner Museum zu erhalten. Die zahlreichen Becher mit einem Henkel, die Rhyta, die bloß einen Fingerhut voll Flüssigkeit aufzunehmen vermögen, alle die kleinen Schälchen und Tellerchen, die kleinen φιάλαι μεσόμφαλοι, den Becher Abb. 54 (S. 24), die Amphora a colonette Abb. 55 erwähne ich bloß. Ihre Vorbilder kann man leicht finden.

Die Sitte, solche Miniaturgefäße dem Toten mitzugeben, beschränkt sich nicht auf Thera; alle Grabfelder dieser Jahrhunderte liefern Belege dafür und vervollständigen die oben zusammengestellte Liste.   Wie man die Zahl der Beigaben beschränkt, sich mehr und mehr mit einer Andeutung derselben begnügt, so deutet man auch das einzelne Gefäß gleichsam nur noch symbolisch durch eine Nachbildung an, die wirklichem Gebrauch ihrer Kleinheit wegen nicht mehr dienen kann.   Ja, man geht noch weiter, indem man dem Toten schließlich auch Dinge mitgiebt, die bloß noch äußerem Scheine dienen.   Unter den vereinzelten Funden von der Sellada befindet sich ein kugelförmiges Salbgefäß, Abb. 278 S. 77, dem man äußerlich sehr sorgfältige Form verliehen hat; jede Aushöhlung im Innern fehlt aber, das Stück ist lediglich Atrappe; der fromme Sinn der Theräer hat offenbar nicht daran Anstoß genommen, daß der Tote mit diesem Stein nichts anfangen konnte.   Das Stück steht nicht vereinzelt.   Im Akademischen Kunstmuseum in Bonn befindet sich seit kurzem der Abb. 307 wiedergegebene Gegenstand[109].   Es ist ein Meerschaumknollen, den man oberflächlich geglättet und in die Form eines kugelförmigen Aryballos gebracht hat.   Eine Höhlung fehlt auch hier vollkommen.   Das Mündungsloch ist nur oberflächlich eingebohrt.   Das Stück stammt aus dem Kunsthandel und ist wahrscheinlich in Böotien gefunden.

Diese kleinen und unbrauchbaren Nachbildungen haben in vielen Fällen den Toten genügen müssen.   Andeutende Symbolik ist bereits an die Stelle der buchstäblichen Auffassung getreten, ein Beweis dafür, wie früh sich das Verständnis für den ursprünglichen Sinn solcher Bräuche zu verwischen beginnt, wie früh der Mensch nach Vereinfachung solcher Bräuche strebt und wie wenig konsequent er in solchen Dingen zu denken pflegt.   Die gleiche Inkonsequenz des Denkens liegt ja auch vor, wenn man die Beigaben, die eigentlich zum Gebrauch der Toten bestimmt sind, absichtlich unbrauchbar macht, die Nadeln der Fibeln umbiegt und anderes mehr.   Von den unbrauchbaren Schwertern an, die den mykenischen Toten mitgegeben sind, können wir solche symbolische Beigaben verfolgen

Abb. 307. Meerschaum-
aryballos in Bonn. Höhe
0.065 m.

bis in späteste Zeit hinein[110].   Wenn man den Toten Lekythoi mitgiebt, die infolge ihrer Technik zu praktischem Gebrauch nicht taugen, oder versilberte Thongefäße, bei denen sich der Töpfer die Herstellung des Bodens gespart hat, so ist eben die ursprüngliche Anschauung, daß der Tote die Gegenstände wirklich benutzen soll, nicht mehr lebendig; die Beigabe ist in erster Linie zu einem Schmuck des Grabes geworden.

Trinkgefäße
Wenn wir uns nun den einzelnen Beigaben zuwenden, die in Thera gebräuchlich waren, so finden wir da, wie schon oben bemerkt, eine große Freiheit.   In erster Linie ist es das Geschirr für den täglichen Gebrauch, Trinkgefäße, Kannen, Teller und Schüsseln, das immer wieder erscheint.   Es ist dasjenige, was auch in dem einfachsten Haushalte nicht fehlen darf; mitsprechen mag dabei aber auch, daß man den Toten auch weiterhin durch Speiseopfer nährte und ihn sich am liebsten bei den Genüssen des Mahles dachte.   Die häufigste Beigabe ist das Trinkgefäß, das in den verschiedensten Formen als Skyphos, Becher, Schale, Tasse auftritt und selten in irgend einer Form fehlt, bisweilen auch in mehreren Exemplaren erscheint, wie z. B. die Urne 2 in Grab 64 nicht weniger als 5 Skyphoi enthielt.   In einem Falle (Abb. 98, Grab 17) trägt die Schale auch die Inschrift ihres einstigen Besitzers, die er wohl selbst mit einiger Mühe und nach einigen Verschreibungen am Rande eingekratzt hat.   Neben den elegant geformten Trinkgefäßen der Reichen, die mit hübscher geometrischer Verzierung versehen (Beispiele besonders in Grab 17 und 64), bisweilen sogar auswärtigen Ursprunges sind (z. B.

[109] Die Photographie und die Erlaubnis zur Veröffentlichung verdanke ich Loeschcke, der mich auf das Stück aufmerksam machte.

[110] Ἐφ. ἀρχ. 1897 S. 121.

Abb. 80, 98, 222), lernen wir die schlichten einheimischen Becher und Krüge aus grobem Thon kennen, die zum Hausrat des einfachen Mannes zählten (z. B. Abb. 108, 109, 113 u. a.). Und natürlich nehmen die Trinkgefäße auch unter den kleinen Nachbildungen einen besonders breiten Raum ein.

Eine interessante Form des Trinkgefäßes ist das Trinkhorn, das Rhyton (vergl. Abb. 18 S. 19), ein altertümliches Trinkgerät, das aber gerade den Heroen nebst Dionysos und seinem Gefolge eigen blieb[110]. Aus dem Gebrauche des alltäglichen Lebens war es in Thera offenbar schon verschwunden, denn es erscheint nur in kleinen Nachbildungen, die für den Grabgebrauch hergestellt sind. Der Totenkult hält an der alten Form fest.

Wie man dem Erwachsenen sein Trinkgefäß mitgab, so dem Kinde sein Milch-fläschchen. Dies scheint auch mir die einleuchtendste Erklärung für die kleinen Krüge mit etwas verengter Mündung und einem rechtwinklig zum Henkel gestellten feinen röhren-förmigen Ausguß zu sein, die in Thera in mehreren Beispielen gefunden sind (Abb. 111, 115, 119 aus Grab 21, 25, 28)[111]. Die Form hält sich durch das ganze Altertum; sie kommt ganz gleichartig noch in römischen Gräbern der Kaiserzeit vor. In der späteren griechischen Keramik hat sie noch eine weitere Ausgestaltung erfahren, indem man die Eingußöffnung durch ein Sieb schloß, wodurch das Eindringen der Milchhaut in das Gefäß verhindert wurde. Daß eines dieser Gefäße in Thera in einem sicheren Kindergrabe gefunden wurde, spricht für diese Erklärung. Grab 28 war leider nicht mehr unberührt, die Urne fehlte hier. Grab 25 enthielt verbrannte Gebeine.

Zahlreich sind in der theräischen Nekropole die Salbgefäße, Oelbehälter u. s. w., die Salbgefäße auch in allen gleichzeitigen Gräbern einen großen Teil der Funde ausmachen. Lekythoi, Aryballoi, Amphoriskoi, Gutti, Pyxides finden sich in reicher Auswahl, und manches andere kleine Gefäß mag auch noch diesem Zwecke oder auch als Schminknäpfchen gedient haben. Figürliche Salbgefäße enthielt der Massenfund. Wohlgerüche und Salben gehörten damals schon so sehr zu den Bedürfnissen des Lebenden, daß auch der Tote sie nicht entbehren sollte. Nicht uninteressant ist, daß diese Salbgefäße fast ausnahmslos nicht-theräischen Töpfereien entstammen. In Thera hat man, wenigstens in so alter Zeit, Salben und Wohlgerüche wohl nicht fabriziert. Sie sind importiert und mit ihnen zugleich die Gefäße dafür, die wohl häufig schon mit ihrem luxuriösen Inhalt, gleichsam als Originalverpackung, verkauft wurden. Aus dem Orient hat sich dieser Luxus über die kleinasiatischen Griechenstädte westwärts verbreitet. Kein Wunder, wenn die figürlichen Salbgefäße in Thera fast alle kleinasiatischen Ursprunges sind. Unter den übrigen Salbgefäßen stammt weitaus der größte Teil aus dem protokorinthischen und korinthischen Kreise. Chalkis und Korinth sind es in erster Linie gewesen, die den Luxus des Ostens Griechenland vermittelt haben.

Neben dem Aschengefäß kommt bisweilen auch noch eine Amphora als Beigabe vor; ebenso finden sich Kochtöpfe. Deinos und Krater sind durch kleine Nachbildungen (Abb. 44 und 55 S. 22 und 24) vertreten. Auch der oben Abb. 306 abgebildete Eimer und seine kleinen Nachbildungen finden ihre beste Erklärung doch wohl als Mischgefäße. Der sogenannte Kothon ist im Massenfunde dreimal vertreten (Abb. 45 und 46a, b S. 22). Auch dies Gefäß, Kothon das den Namen Kothon natürlich mit Unrecht trägt[112], ist als Totengabe ganz am Platz, sei es nun, daß wir es mit Loeschcke[113] für eine Lampe oder mit Pernice[114] für ein Räuchergerät

---

[110] Vergl. Athen. XI 461 B. C. u. die Denkmäler.
[111] Diese Erklärung der Gefäßform ist allmählich durch mündliche Tradition verbreitet worden. Ob sie irgendwo gedruckt ist und auf wen sie im letzten Grunde zurückgeht, weiß ich nicht.
[112] Arch. Jahrb. XIV 60 ff. (Pernice).
[113] Bei Böhlau Nekropolen S. 39.
[114] Arch. Jahrb. a. a. O.

halten. Die beiden Deutungen schließen sich vielleicht nicht einmal aus. Die Berliner Dreifuß-
vase aus Metall ist offenbar Räuchergerät. Das geht aus dem eisernen Boden hervor. Doch
zweifle ich, daß die Form hierfür erfunden ist. Derselbe Grund, der das Gefäß als Trinkgerät
unpraktisch macht, hindert auch bei dem Räuchergerät: man kann das Gefäß nicht ausleeren.
Und doch ist diese Manipulation auch bei einem Räuchergefäß nötig. Es dürfte eine ziemliche
Geduldsprobe gewesen sein, die ausgeglühten Kohlen und die Asche aus dem Gefäß zu entfernen. Erfunden ist die Form zweifellos für einen Zweck, bei dem ein Ausleeren überhaupt
nicht nötig war. Das spricht für die Deutung als Lampe, wo der Inhalt ohne Rückstand
verbrennt.

Eine kleine Nachbildung der späteren Räuchergefäße, wie die von Pernice a. a. O. S. 68
abgebildeten, ist das kleine vereinzelt gefundene Thongefäßchen Abb. 266 S. 74[116]).

Hydria   Unter den Nachbildungen des Massenfundes erscheinen endlich noch zwei Gefäßformen,
die größeres Interesse beanspruchen, die Hydria und die Schale mit Ausguss. (Abb. 32 S. 21,
Abb. 43 S. 22.) Brückner und Pernice fanden mehrfach in Dipylongräbern hohe Hydrien aufrechtstehend in der Ecke des Grabes[117]), und sie haben schon gezeigt, daß diese Gefäße, wie sie in ihrer
Form die Vorläufer der Lutrophoros sind,
diese auch in ihrer Funktion vertreten. In der
Lutrophoros holte man das Wasser von der
Kallirrhoë zum Brautbade und den unver-
mählt Gestorbenen stellte man sie aufs Grab,
damit ihnen so gleichsam im Tode noch zu
teil werde, was das Leben ihnen versagt. Die
Sitte, dem Toten neben Speise und Trank,
neben Schmuck und Salbe auch das Bad
zu teil werden zu lassen, reicht bis in die
Dipylonzeit hinauf. Nur erscheint das Bad

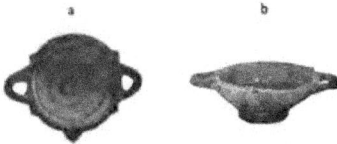

Abb. 308 a, b = Abb. 43 b, c. λουτήρια aus dem
Massenfund.

λουτήριον hier im Grabe. Gefüllt und wohlverschlossen wird die Hydria in eine Ecke des Grabes gestellt.
Einen weiteren Beitrag zur Kenntnis dieses Brauches hat dann Wolters in seinem inhaltreichen
Aufsatz über die Vasenfunde von Menidi geliefert, indem er die großen Schüsseln auf hohem
Fuß, die mit zwei seitlichen Henkeln und einem Ausguß versehen sind, als Waschbecken
deutete[118]). Aus der Häufigkeit derselben unter den Resten der Totenopfer am Grabe von
Menidi hat Wolters mit Recht geschlossen, daß diese Gefäße eine besondere Bedeutung für
den Totenkult haben müssen, daß man in ihnen dem Toten ein Bad dargebracht habe. Seine
Ausführungen überheben mich aller weiteren Auseinandersetzungen. Unsere kleinen Schälchen
(vergl. Abb. 308) sind nun nichts anderes als die Miniaturnachbildungen dieser Waschbecken
oder λοετρεϊα, vielmehr des oberen Teiles derselben; denn daß der hohe Fuß ursprünglich ein
selbständiger Untersatz und erst allmählich mit dem daraufgesetzten Gefäß zusammengewachsen
ist, hat Wolters ebenfalls schon ausgeführt. So ist es denn kein Zufall, daß in den theräischen
Gräbern unter den für den Totenkult hergestellten Nachbildungen auch Hydria und Waschbecken erscheinen. Sie bezeugen uns die Sitte des Totenbades wenigstens noch in einem
Rudiment auch für Thera[119]). Wolters läßt es unentschieden, ob auch die als Grabschmuck

---

[116]) Ein ganz gleiches in Syrakus, aus Megara
Hyblaia Gr. 43.

[117]) Ath. Mitth. XVIII 143 ff.

[118]) Arch. Jahrb. 1899, 103 ff.

[119]) Ich notierte mir auch unter den archaischen
Grabfunden, die sich im Mus. in Reggio befinden,
besonders zahlreiche gleichartige kleine [Nach-

bildungen von Hydrien. — Auch Gottheiten wird
das Becken als Gabe geweiht. In Thera sind
mehrere Marmorbecken in der Stadt gefunden,
ein weiteres mit einer Weihinschrift an die
Göttermutter bei dem Heiligtum dieser Gottheit
bei Kontochori (I. G. I. III 437).

verwendeten großen kelchförmigen Dipylongefäße als Becken auf einem Untersatz zu betrachten seien. Ich glaube es, ohne es beweisen zu können. Für diese Annahme kann in gewissem Sinne sprechen, daß wir auch diese Form in einer kleinen Nachbildung aus dem theräischen Massenfunde haben, es also wahrscheinlich auch eine durch den Kult geheiligte Form ist (Vergl. Abb. 34 S. 24). Von einem λοετρίον in originaler Größe stammt vielleicht die Abb. 309 abgebildete Scherbe eines großen schalenförmigen theräischen Gefäßes mit Ausguß, die im Schutt der Sellada gefunden ist.

Manche Gefäßformen, die in anderen gleichzeitigen Gräbern häufig sind, fehlen natürlich in Thera. Der lokale Brauch wechselt eben auch hier. So fehlen in Thera, um nur ein paar charakteristische Beigaben zu nennen, die thönernen Kalathoi, die mehrfach in Dipylon-gräbern gefunden sind; es fehlen ferner die ebendort häufigen Thondreifüße [120]. Endlich Waffen fehlen die interessanten Nachbildungen von Waffen [121], wie überhaupt die Waffen. In keinem der von mir geöffneten Gräber hat sich irgend ein Waffenstück gefunden, während in der Zeit des geometrischen Stiles in Attika der Mann noch seine Waffen mit ins Grab bekommt [122]. Erst nach dieser Zeit verschwinden die Waffen aus attischen Gräbern. Die Dipylongräber stammen noch aus der Periode des ὁπλοφορεῖν; das zeigen auch die Vasenbilder dieser Zeit, auf der die attischen Männer bewaffnet erscheinen. Aus dem Fehlen der Waffen in den theräischen Gräbern dürfen wir wohl den Schluß ziehen, daß man in Thera in der gleichen Zeit keine Waffen mehr zu tragen pflegte. Sie gehören nicht mehr zur täglichen Tracht des Mannes. Daher erhält sie auch der Tote nicht mehr in sein Grab. Daß die Sitte des Waffentragens auf der kleinen Insel mit ihrer sicheren Lage früher aufgegeben wurde als in Attika, ist leicht verständlich [123].

Abb. 309. Scherbe von der Sellada.

Es fehlen in den archaischen Gräbern von Thera auch die Kränze; die beiden einzigen Kränze Reste von solchen fanden sich in hellenistischen Gräbern (33, 34). Einen Kranz erhält der theräische Tote in alter Zeit offenbar so wenig, wie der homerische. Ueberhaupt bekränzt man sich in homerischer Zeit noch nicht. Die Sitte ist erst etwas später aufgekommen [124].

Im Grab 64 fanden sich als Beigaben 3 Eier aus weichem weißem Kalkstein — wiederum Eier die Nachbildung der häufigsten Gaben, die man dem Toten nach Ausweis der Denkmäler darbrachte [125]. In einem der archaischen Gräber von Eleusis fand Skias Eierschalen [126], da hat man also noch nicht zu der Nachbildung gegriffen. Die Sitte reicht über die Grenzen Griechenlands hinaus: auch unter den Grabfunden von Corneto sah ich mehrfach Eier [127]. Eier sind nicht nur früh eine beliebte Speise, sondern man hat auch schon früh darin ein Symbol der Fruchtbarkeit gesehen und sie deshalb den Unterirdischen dargebracht. — Auch Früchte kommen in Nachbildungen vor. Aus der theräischen Nekropole stammen Bruchstücke eines Apfels aus Terracotta, der allerdings wohl kaum mehr archaischer Zeit angehört. Aber das

---

[120] Kalathoi, z. B. Ἐφ. ἀρχ. 1898 S. 107, Taf. 2, 17 (aus Eleusis). Der Brauch läßt sich bis in hellenistische Zeit verfolgen, namentlich in unteritalischen Gräbern. Dreifüße ebenda S. 108, Taf. 4, 3.

[121] Vergl. Wolters Arch. Jahrb. 1899, 118 ff.

[122] Ath. Mitth. XVIII 147. Auch die sicher ältere Nekropole von Assarlik enthielt Waffen. *Journal of hell. stud.* 1887, 68.

[123] Auch in den ältesten Gräbern von Megara Hyblaia fehlen Waffen. Orsi *Mon. ant.* I 777. In Samos

sind sie selten. Bohlau fand hier ein Schwert, eine Lanzenspitze und eine Pfeilspitze. Nekropolen S. 162 f.

[124] Belege bei Hermann-Blümner Griech. Antiquitäten IV 245 Anm. 4 und 5; Rohde Psyche I 204.

[125] Vergl. z. B. die Reliefs des Harpyienmonumentes, das Relief von Chrysapha u. a.

[126] Ἐφ. ἀρχ. 1898 S. 105.

[127] Eine Anzahl Belege auch bei Raoul Rochette *Mém. de l'Inst. de France* XIII 1838, 676 ff.

mag Zufall sein. In Eleusis findet sich die bekannte Totengabe des Granatapfels in einer thönernen Nachbildung schon in einem Grabe der Dipylonzeit[128].

Spielzeug   Nahe beim Massenfunde und dem Grabe 10 fanden sich 80—100 Astragalen. Sie sind eine häufige Beigabe, merkwürdigerweise gerade in dieser großen Masse. Boehlau fand nahezu 100 Astragalen in zwei samischen Gräbern, Orsi erwähnt sie in einem Kindergrab bei Syrakus und aus Gräbern bei Megara Hyblaia[129]. Auch in Eleusis sind sie in einem Frauengrabe gefunden. Spiel gehört zu den Freuden des diesseitigen wie des jenseitigen Lebens. Auch für die Kurzweil des Toten müssen die Lebenden sorgen. Auffallend bleibt es, daß die Astragalen stets in so großer Zahl auftreten. Dafür fehlt mir eine Erklärung.

Die rundlichen Stücke von grünem Glas, die im Massenfunde gefunden sind, mögen als Spielsteine gedient haben, wie die bunten Kiesel der samischen Nekropole[130]) und die Thonkugeln, die in eleusinischen Gräbern häufig sind.

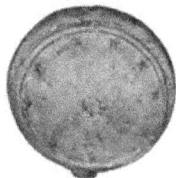

Eine Kinderklapper ist vielleicht das Gefäß, welches in der Sammlung De Cigalla in Phira aufbewahrt wird (Abb. 310). Es ist ein flaches rundes Gerät aus feinem braunem Thon mit geometrischer Bemalung. Unterhalb der Mündung ist ein kleines Loch durch beide Wandungen gebohrt, offenbar zum Durchziehen einer Schnur, an der das Gerät umgehängt werden konnte. Vielleicht ist das, was jetzt wie eine Mündung aussieht, der Rest eines Griffes, wie ihn eine der Thonklappern aus einem archaischen Grabe in Eleusis

Abb. 310. Aus der Sammlung De Cigalla in Phira. Durchmesser 0.085 m.

hat[131]). Die Durchbohrung der Wandungen findet sich bei dem zweiten dort gefundenen Exemplar.

Stierkopf   Eine vereinzelt stehende Beigabe fand sich noch im Grab 64, der Stierkopf aus grobkörnigem Inselmarmor, der Abb. 172 (S. 52) in drei Ansichten abgebildet ist. Es kann hier zunächst gefragt werden, ob diese Skulptur an die Beisetzungen gehört oder etwa erst mit dem späten Skelettgrab 65 in die Grabkammer gelangt ist. Doch genügt, obwohl die Oberfläche des Kopfes stark abgerieben ist, ein Blick auf die Formen desselben, um den archaischen Ursprung erkennen zu lassen. Es ist einer der wenigen Reste archaischer Skulptur von unserer Insel. Daß er das Werk eines theräischen Künstlers sei, können wir bei ihm ebensowenig beweisen, wie bei der bekannten Apollostatue. Noch leichter als die lebensgroße Figur konnte der kleine Stierkopf importiert werden. Das Material ist bei beiden nicht theräisch, denn weißer Marmor findet sich, soweit meine Kenntnisse reichen, auf Thera nicht[132]). Nach dem Stil die Kunstschule, der unser Kopf entstammt, bestimmen zu wollen, würde bei seiner schlechten Erhaltung und der immerhin sehr dürftigen Ausführung wohl jeder für müßig halten. Nur die Hauptformen sind, wie trotz der starken Verwitterung noch erkennbar ist, sicher und charakteristisch wiedergegeben. Der Kopf ist so, wie er gefunden wurde, vollständig. Er hat nie zu einer Figur gehört. Seine Verwendung muß aus der Herrichtung der Unterseite, welche Abb. 172a zeigt, erschlossen werden. Vom Genick zur Schnauze zieht sich an der

---

[128]) 'Εφ. ἀρχ. 1898 Taf. II 5. Einen solchen korinthischen Stiles besitzt das Mus. Kircher in Rom. Aus Samos stammt Böhlau Nekropolen Taf. II 2. In späterer Zeit finden sich zahlreiche Belege.

[129]) Nekropolen S. 21. Orsi *Not. d. scavi* 1893 p. 48. Polygnot läßt in seiner Nekyia Kamiro und Klytie sich mit Astragalenspiel die Zeit vertreiben (Paus. X 30, 2). Verwischt ist der ursprüngliche Sinn meist schon, wenn in späterer Zeit der Astragal

auf Grabsteinen erscheint, gewöhnlich mit irgend welcher künstlerischen Pointe. Vergl. Weißhäupl Abh. d. arch. epigr. Sem. VII 69 ff.

[130]) Böhlau Nekropolen S. 21.

[131]) Vergl. 'Εφ. ἀρχ. 1898 S. 111. 112 Fig. 30 u. 31.

[132]) Das Material des Apollo erklärt Sauer (Ath. Mitth. XVII 44, vergl. S. 66) für naxisch. Der Marmor des Stierkopfes ist nicht ganz so grobkörnig.

Unterseite ein Wulst hin, der an seinem hinteren Ende durchbohrt ist. Hier sollte also eine Schnur oder ein Ring durchgezogen werden, an dem der Kopf aufgehängt werden konnte. Ueber die Bestimmung des Gegenstandes habe ich nur eine Vermutung[133]. Es war vielleicht ein Gewicht. Figürliche Gewichte haben sich vielfach erhalten[134], und Gewichte in Form von Köpfen, die an einem Ring befestigt sind, sind in späterer Zeit häufig. Aber früher, schon auf ägyptischen Wandmalereien im mittleren Reich, finden sich Gewichte in Form von Tierköpfen. Von Aegypten aus, wo auch die Gewichte in Form von liegenden Tieren ihren Ursprung haben, mag sich die Sitte schon früh vereinzelt auch in Griechenland eingebürgert haben.

Eine Gruppe von Beigaben bleibt endlich noch zu erledigen, das sind die Terrakotten. In Thera hat man sie auffallenderweise den Toten nie ins Grab gelegt, wie anderenortes in archaischer Zeit. Sie sind sämtlich entweder im Massenfund oder im Schutt der Nekropole gefunden, wurden also offenbar als Gaben auf die Gräber gestellt[135]. Der lokale Brauch ist demnach auch hier wieder verschieden. Die Terrakotten sind zu beurteilen wie alle anderen Grabbeigaben auch. Da die Gräber ursprünglich nur Gegenstände enthalten, die der Tote braucht, so sind auch sie zum Gebrauch des Toten in irgend welchem Sinne bestimmt. Dieser Sinn ist dann freilich verwischt, und in noch höherem Masse als die Gefäße dienen in der späteren Zeit die Thonfiguren zum Schmuck des Grabes. Sie erhalten die Bedeutung von Kunstwerken, während ursprünglich ihre Bedeutung in dem dargestellten Gegenstande liegt.

Eine erschöpfende Behandlung der Terrakotten, ihres Zweckes, der Anschauungen, die man mit ihnen verband, kann ich hier natürlich nicht geben. Das würde mich zu weit abführen von meiner Aufgabe. Ich beschränke mich auf einiges Thatsächliche und verweise namentlich auf Furtwänglers Einleitung zu den Terrakotten der Sammlung Sabouroff.

Der Gedanke, daß das Abbild den Gegenstand selbst ersetzen könne, tritt uns bei den Terrakottafiguren am allerklarsten und wohl am allerfrühesten entgegen. Die menschlichen Figürchen, die wir in den Gräbern finden, sind die Begleitung des Toten. Da finden wir die Frauen, die ihm sein Brot backen, den Friseur, der ihn verschönert, die Mädchen und Jünglinge, die ihn durch Musizieren oder Tanzen ergötzen. Es ist die vollkommene Parallele zu den Holzfiguren von Dienern und Dienerinnen in allen möglichen Thätigkeiten, die der Aegypter des alten Reiches seinen Toten zur Bedienung mit ins Grab giebt. In der theräischen Nekropole wird diese menschliche Begleitung des Toten vertreten durch die Klagefrauen des Massenfundes (S. 24 Abb. 56 ff.). Es ist das Trauergefolge, Weiber, die die Totenklage mit den heftigsten Geberden exekutieren, indem sie sich das Haar raufen, genau wie das weibliche Gefolge des Leichenzuges auf den großen Bestattungsvasen des Dipylonstiles. Die Totenklage ist ein Teil der Verpflichtung, die der Ueberlebende dem Toten gegenüber hat. Daß sie ihm fortdauere, dafür sorgen die Thonfiguren, die man ihm ans Grab brachte. In grob sinnlicher Weise geben sie dem gleichen Gedanken Ausdruck, dem in veredelter Form die ergreifenden Gestalten der trauernden Frauen an dem sidonischen Sarkophage oder auf der von Wolters veröffentlichten athenischen Metope ihren Ursprung verdanken.

Daß auch die lebende Umgebung, die Frau, die Dienerschaft, das Leibroß, die Hunde u. s. w. eigentlich dem Toten ins Grab folgen müßten, um ihm im Jenseits weiter zu dienen, ist nur eine konsequente Weiterentwickelung des Gedankens, dem der ganze Beigabenritus

---

[133] Den schönen aus Metall getriebenen Stierkopf aus dem mykenischen Schachtgrab wird man zur Erklärung kaum heranziehen können. Auch seine Bedeutung ist übrigens nicht klar.

[134] Pernice Griechische Gewichte S. 6 fl. giebt einiges Material.

[135] Nur eine archaische Terrakotte wurde nahe bei einem Aschengefäße gefunden (Grab 94), die Zugehörigkeit zu ihm ist aber zweifelhaft.

seinen Ursprung verdankt. Der wirklichen Ausführung stellten sich naturgemäß nicht nur materielle Schwierigkeiten, sondern auch bald das menschliche Gefühl entgegen. Aber auch bei den Griechen können wir zweifellose Spuren von Menschenopfern am Grabe nicht nur in der Litteratur, sondern auch in den Funden nachweisen. Und wenn sie auch wohl stets zu den Ausnahmen gehörten, so kamen sie doch bis in historische Zeit vor [136]. Einen Ersatz hat man in der Weihung des Bildes des Opfers gefunden, und in diesem Sinne kann man denn in der That sagen, daß die kleinen Thonfiguren von Menschen, die als Grabbeigaben gefunden werden, eigentlich ein Menschenopfer vertreten, wie die Tierfiguren ein Tieropfer, wie die kleinen Nachahmungen der Gefäße des alltäglichen Lebens diese selbst.

Nicht uninteressant ist, daß die Klagefrauen, die noch so unmittelbar mit dem Grabkult zusammenhängen, theräisches Lokalfabrikat sind. Theräisches Erzeugnis ist jedenfalls auch das rohe männliche Figürchen Abb. 276, 2, S. 77, das durchaus den in den tiefsten Schichten Olympias, namentlich in der Umgebung des großen Altares zwischen Pelopion und Heraion gefundenen gleicht [137].

Idole

Götterbilder fehlen unter den echt theräischen Terrakotten. Die wenigen, die hier auftreten, sind auswärtige Ware. Dies Zurücktreten des Götterbildes ist wieder ein echt altertümlicher Zug. Wir haben uns zwar gewöhnt von Inselidolen, mykenischen Idolen, böotischen Idolen u. s. w. zu reden, aber, wie ich glaube, mit Unrecht. Wir müssen auch hier an dem Satze festhalten, daß die plastischen Typen der griechischen Kunst für die Darstellung von Menschen erfunden sind, und nur weil man sich die Gottheit in menschlicher Gestalt denkt, benutzt man die Typen auch, um einen Gott darzustellen. Daß eine archaische Figur einen Gott darstelle, muß in jedem Falle erst durch irgend welche Aeußerlichkeit, ein Attribut oder Fundumstände bewiesen werden. Dann schrumpft aber die Zahl der sicheren Götterbilder archaischer Zeit sehr zusammen, wie ja auch die homerischen Gedichte nur einmal ein Kultbild und einmal eine bildliche Darstellung von Gottheiten erwähnen, beides, wie man wohl sagen kann, auch ohne zu den verwickelten Fragen der Homerkritik Stellung zu nehmen, in verhältnismäßig jungen Stellen des Ilias [138]. Die Mehrzahl der ältesten Terrakotten halte ich für menschliche Figuren. Wo sie in einer bestimmten Situation erscheinen, sind es sicher Menschen. Es ist nicht abzusehen, warum die ruhig dastehenden anders zu beurteilen sein sollten. Die Marmorfigürchen, die in den ältesten Gräbern der griechischen Inseln vertreten die Terrakotten, stellen meiner Meinung nach Menschen dar. Neben weiblichen giebt es auch männliche, neben ruhig stehenden sitzende und solche in bestimmter Thätigkeit, neben den kleinen Figuren im Grabe auch einmal eine große, die als Grabfigur auf demselben stehen sollte, also sicher einen Mensch darstellt [139]. Ich

---

[136] Der klassische Beleg ist das Opfer der troischen Jünglinge auf dem Scheiterhaufen des Patroklos, das durchaus gleich zu beurteilen ist, wie die anderen Opfer auch. (Vergl. jetzt auch Bloch, Neue Jahrb. IV S. 44 ff., dessen Anschauungen sich im Wesentlichen mit den in diesem Abschnitte gegebenen decken. Sie sind mir leider erst während der Korrektur bekannt geworden.)

[137] Olympia IV 17.

[138] Z 92. 303. Dies Kultbild kann man nicht mit Reichel (Vorhellenische Götterkulte 54) weginterpretieren. Vergl. auch v. Fritze Rhein. Mus. 1900 S. 596. Σ 516 ff. Zu diesen Stellen vergl. Dümmler (Wissowa Realencyklop. II 1946); Robert Studien zur Ilias 194.

[139] Männlich, ganz in der Haltung der weiblichen mit auf die Brust gelegten Armen, ist eine Figur des British Mus.; andere in Athen (Ath. Mitth. XVI 51 [Wolters]). Ein sitzendes Exemplar aus Ios in Bonn, hockende Ath. Mitth. XVI 53. Fast lebensgroße Figuren gleicher Art ebendort S. 46. Musicierende Journal IX S. 82—87; Ath. Mitth. IX Taf. 6. Replik des Leierspielers in Karlsruhe. Loescheke vermutet, — und es scheint mir richtig — daß die roten Linien auf Stirn und Wangen einer dieser Figuren, die Wolters a. a. O. für Tätovierung hielt, blutige Kratzspuren wiedergeben sollten, welche die klagenden Frauen sich nach ritueller Vorschrift beigebracht hätten. — Sollten etwa auch die auf die Brust gelegten Arme das Schlagen der Brüste andeuten? (Vergl. auch Bloch a. a. O., S. 124 ff., der die Figuren ebenfalls richtig als Menschen deutet. Daß bisweilen mehrere Figuren in einem Grabe gefunden werden, er-

sehe nicht ein, warum da die übrigen eine semitische Göttin, der man sogar einen bestimmten Namen zu geben gewagt hat, darstellen sollen.

Mit den sog. Idolen mykenischer Zeit ist es ebenso. Auch dies sind in weitaus den meisten Fällen, wie schon M. Mayer richtig ausgesprochen hat, Klagefrauen [140]), ebenso wie die künstlerisch so viel besser gearbeiteten Bronzefiguren mykenischer Zeit, die sich das Haar raufen und die Brust schlagen — die vollkommene Parallele zu unseren theräischen Thonfiguren, nicht Gottheiten [141]). Und für die ältesten böotischen Terrakotten kann der Polos auf ihrem Kopfe natürlich ihre göttliche Natur nicht beweisen. Denn die Götter haben ihn doch erst von den Menschen übernommen. Die ältesten Grabfiguren stellen also Menschen dar, teils das Gefolge des Toten, teils auch den Toten selbst. Letzteres bekräftigt dann wieder den Satz, daß zwischen äußerem Grabschmuck und Grabbeigaben ein prinzipieller Unterschied nicht besteht: hier steht die Figur des Verstorbenen als Grabstatue auf dem Grabe, dort liegt sein Abbild als Beigabe im Grabe. Weshalb aber hat man dem Toten eine Nachbildung seines Leibes mitgegeben? Doch wohl auch in der Voraussetzung, daß er ihn brauchen könnte, wie die übrigen Gaben. Es ist gleichsam ein Ersatz für den Leib, der im Grabe zerfällt. Wiederum bietet die Parallele — darauf weist Weicker (*De Sirenibus* p. 49 f.) richtig hin — der ägyptische Brauch: dort stellt man eine Anzahl steinerne Statuen des Toten ins Grab, damit die Seele, wenn der Leib trotz der sorgfältigen Konservierung zu Grunde gehen sollte, einen neuen Sitz finde.

Ueber die weiteren Terrakotten von der Sellada kann ich kurz sein. Sie stammen nicht aus theräischen Werkstätten, sondern gehören meist zu einer bekannten Gruppe von Thonfiguren, meist figürlichen Salbgefäßen, welche in dieser Zeit, etwa von Ende des VII. bis zum Ende des VI. Jahrhunderts in Kleinasien, auf den Inseln, auf dem griechischen Festlande, in Sicilien und Italien weiteste Verbreitung gefunden haben [142]). Während im allgemeinen die Regel gilt, daß Terrakotten nur für lokalen Bedarf gearbeitet werden, machen diese Gefäße eine Ausnahme, was wohl mit Recht darauf zurückgeführt wird, daß ihr Inhalt den Handelsartikel bildete und sie um seinetwillen gewandert sind. Die Typen sind jedem, der ein größeres Museum besucht hat, geläufig. Ich gebe nur einige Repliken an, die mir gerade bekannt sind, ohne nach Vollständigkeit zu streben. Der Typenkatalog der Terrakotten, den das Institut vorbereitet, wird hoffentlich bald das gesamte erreichbare Material bringen.

Auch für theräischen Glauben und Brauch sind diese Figuren ihres fremden Ursprunges wegen nicht unmittelbar belehrend. Ich glaube, daß diese Figuren wenigstens teilweise schon mit Rücksicht auf ihre Verwendung im Grabe gearbeitet sind, die Typen also mit Bezug darauf gewählt sind. Lehrreich sind sie aber zunächst nur für die Anschauungen ihres Fabrikationsortes, und es bleibt wenigstens fraglich, ob sich der Theräer bei der einzelnen Figur viel mehr dachte, als daß er dem Toten darin eine kostbare Salbe darbrachte.

Während die theräischen Terrakotten Menschen darstellten, finden wir unter diesen aus dem Osten eingeführten auch schon Typen göttlichen Charakters. In 2 Beispielen erscheint die **thronende Göttin** mit hohem cylindrischen Kopfschmuck und Schleier (Abb. 62. 63 S. 25 f.) [143]).

---

klärt sich meiner Ansicht nach dadurch, daß es eben nicht nur das Bild der Frau ist, sondern das Trauergefolge überhaupt, der Chor der Klagenden, zu denen auch die Musiker passen).

[140]) Arch. Jahrb. VII 196 ff.

[141]) Arch. Anzeiger 1889, 94. Vergl. Furtwängler Sitz.-Berichte d. bayr. Akad. 1899 Bd. II 559 ff.

[142]) Die Fundorte am vollständigsten bei Winter, Arch. Jahrb. 1899, 73 ff.

[143]) Beispiele: Heuzey *Terrescuites du Louvre* Taf. XI 2 (Rhodos). Böhlau Nekropolen S. 159 (Samos). *Bull. de corr.* VII 82 (Myrina). Orsi *Not. d. scavi* 1893 p. 39 (Syrakus). Gerhard Ant. Bildwerke Taf. 95 ff. (Paestum). Kekulé Terrakotten S. 26 (Sicilien). — Mit einer männlichen Gottheit gruppiert Böhlau Nekropolen Taf. XIV 6. 8 S. 159. Oesterr. Jahreshefte III 1900, 211. Gerhard Ant. Bildwerke Taf. 1.

ihr einen bestimmten Namen zu geben, ist kaum möglich; nur im allgemeinen dürfte ihr
mütterlicher nährender Charakter feststehen, auf den bei manchen Beispielen auch noch besonders durch Hinzufügung eines Kindes oder eines Tieres hingewiesen wird.

Eine Göttin ist gewiß auch die stehende langgewandete Frau, die in der auf die Brust
gelegten Linken einen Vogel hält[144] (Abb. 60 S. 25). Zweifelhaft ist mir der göttliche
Charakter bei Abb. 61, wo ein weiblicher Oberkörper, dessen rechte Hand auf die Brust
gelegt ist und einen Vogel hält, in ein Alabastron ausgeht[145]. Ebenso bei der Frau, die ruhig
mit gesenkten Armen dasteht und durch keinerlei Attribute näher charakterisiert ist[146].

Apo-
tropäisches Bei einer Anzahl weiterer ist es offenbar der apotropäische Charakter, der sie als Totengabe geeignet scheinen ließ, das Karrikierte, Komische, zum Teil ans Obscöne Streifende, bald
mehr in dem Sinne, daß es Uebel von dem Toten abwehren, bald daß es den Toten erheitern,
bei guter Laune erhalten und so die Ueberlebenden schützen soll. Dahin zählen aus unserer
Terrakottenserie die Figuren des Bes und des dicken Dämons, der aus dem Typus des Ptah-
embryo abgeleitet ist[147]. Aus den theräischen Funden gehört hierhin das Gefäß in Form
eines knieenden Jünglings von sehr weichlichen Formen[148]. Böhlau vermutet wohl mit
Recht, daß in diesem Falle eine Kreuzung des Dämonentypus mit den in dem gleichen Kreise
beliebten knieenden Silenen vorliege[149]. Auch einen Zusammenhang dieser Figuren mit dem
dickwänstigen Gefolge des Dionysos auf korinthischen und samischen Vasen halte ich für
möglich. Aus apotropäischen Gründen erklärt sich auch das häufige Auftreten der Affen
in Gräbern[150]. Schon zu Archilochos Zeit ist der Affe dem Griechen ein gewohnter
Anblick. Seine Menschenähnlichkeit, zugleich seine abstoßende Häßlichkeit fiel jedem auf.
Der Affe wirkt apotropäisch wie eine Fratze. Der in Thera gefundene (Abb. 70 S. 27) faßt
mit der einen Hand auf seinen Kopf, soll also wohl in komischer Weise die Gebärde der
Klagenden nachahmen. Denn die Bewegung muß bedeutungsvoll sein, da sie noch bei
mehreren anderen Terrakotta-Affen aus archaischen Gräbern vorkommt[151].

Silen Ein in seiner Art treffliches Stück ist der auf einem Maultier reitende Silen Abb. 65
(S. 26). Mit sichtlichem Behagen hat der Künstler die maskenhaft verzerrte Fratze mit den
aufgeworfenen Lippen, der Stumpfnase, dem struppigen Bart und den Pferdeohren ausgeführt.
Es ist ein echtjonischer Silen. Oberflächlicher ist das Reittier behandelt; nur der Kopf ist hier
ausgeführt, während der Körper ganz ungegliedert ist, hinten spitz zuläuft und auf zu kurzen
Beinen ruht. Die Bildung des Reittieres, die für unsere Gruppe von Terrakotten charakteristisch
ist, wiederholt sich in gleicher Weise in Megara Hyblaia, wie in Samos[152]. Daß die Silene
und Silensmasken nicht nur wegen des apotropäischen Charakters so gern als Grabbeigabe

---

[144] Andere Beispiele: Heuzey *Terrescuites* Taf. XII 5
(Rhodos). Martha *Cat. des fig. du Louvre* 89. 183. 186
(Cypern). Zur Deutung Furtwängler in Roschers
Lexikon I 408 ff. Statt des Vogels kommt auch
ein Apfel vor, z. B. bei Exemplaren aus Delos.
Furtwängler Arch. Ztg. 1882, 333 ff.

[145] Ganz gleichartiges Stück im Louvre Pottier *Vases
du Louvre* Taf. 35. Salle D. 161.

[146] Andere Beispiele: Heuzey *Terrescuites du Louvre*
Taf. XII 4 (Rhodos). *Mon. ant.* I Tav. V 8 (Megara
Hyblaia). Böhlau Nekropolen Taf. XIV 7 (Samos).
Lechat *Bull. de corr.* 1891, 29 Taf. I (Corfu).

[147] Vergl. Orsi *Mon. ant.* 1 838 A. 1. Böhlau Nekropolen 155 ff. Taf. XIII 4.

[148] Andere Beispiele: *Mon. ant.* I Taf. IV 5 (Megara
Hyblaia). Im Mus. Gregoriano; in Florenz. In

Fayance ausgeführt aus Naukratis (Flinders Petrie
Naukratis I Taf. II 10). In Berlin, Vasenkatalog
1292.

[149] Nekropolen 156. Auch hockend, ganz wie die
Silene, kommt dieser Jüngling vor, z. B. in d.
Necrop. del Fusco; in Naukratis (a. a. O. I Taf. II
13). Vergl. auch Berlin, Vasenkatalog 1332. 1333
(Silene mit Pferdefüßen, knieend).

[150] z. B. in Berlin (Vasenkatalog 1313 ff., korinthischer
Fabrik); in Münster (Arch. Anz. 1892, 27, korinthisch).
In verschiedenen Verbindungen mit anderen Tieren:
Böhlau Nekropolen 156 f.

[151] z. B. im Museum in Florenz, in Syrakus, im Louvre.

[152] *Mon. ant.* I Taf. VI 2 p. 876. Böhlau Nekropolen
160 Taf. XIV 1. 4.

erscheinen, sondern dies in erster Linie ihren und ihres Herren Dionysos Beziehungen zum Totenreiche verdanken, halte ich für sicher.

Gleiche Beziehungen zu den Toten veranlassen auch das so häufige Vorkommen **Sirene** der Sirene in der uns beschäftigenden Terrakottenserie (vergl. Abb. 66. 67 S. 26. 27)[153]). Böhlau will ihnen zwar jede sepulkrale Bedeutung absprechen, doch mit Unrecht. Mag ihre Bedeutung auch im VI. Jahrhundert, als diese Terrakotten gearbeitet wurden, schon verwischt gewesen sein, so ist es doch kein Zufall, wenn sie gerade so oft als Grabschmuck erscheinen. Denn, wie Weicker in seiner sorgfältigen Dissertation[154]) ausgeführt hat, auf die ich für weiteres verweise, die Sirenen sind Seelen Verstorbener. Die Vogelgestalt ist eine der Gestalten, welche die Phantasie den Seelen gegeben hat, wie aus zahlreichen Zeugnissen hervorgeht; den Menschenkopf gaben die Künstler der Sirene, um sie von gewöhnlichen Vögeln zu unterscheiden. Vielleicht steckt auch noch ein Stück alten Glaubens in der häufigen Verwendung der Vogelform für Salbgefäße und Terrakotten (vergl. Abb. 68 S. 27. Abb. 276, 9, 10, 11 S. 77). Es sind ebenfalls Seelenvögel. Für diese figürlichen Salbgefäße aber wird die oben ausgesprochene Meinung, daß sie speciell zum Grabgebrauch hergestellt wurden, durch die Wahl der Typen bekräftigt.

Auch das Pferd (Abb. 270 S. 77) hat ursprünglich sepulkrale Bedeutung. Es genügt, **Tiere** an die zahlreichen hocharchaischen Pferde und Reiter aus böotischen und attischen Gräbern, und an die Rolle des Pferdes auf Heroenreliefs zu erinnern. Wenn häufig[155]), und so auch auf Thera (Abb. 276, 12 S. 77), die Schildkröte im Grabe erscheint, so hängt das mit ihren Beziehungen zu Unterweltsgottheiten, namentlich zu Hermes, zusammen. Bei Schwein, Bock, Esel, Ente (Abb. 276, 13. 6. 1 S. 77, Abb. 69 S. 27) ist wohl keine tiefere Bedeutung vorauszusetzen, obwohl auch diese Typen natürlich nicht auf die theräische Nekropole beschränkt sind. In die hier behandelte Gruppe figürlicher Salbgefäße gehören die in diesem letzten Abschnitt aufgezählten Stücke übrigens nicht mehr hinein.

Einer anderen Terrakottenserie, die ebenfalls weiteste Verbreitung in archaischen Gräbern gefunden hat, gehören der Widder Abb. 71 (S. 28) und die beiden Ausgüsse in Form von Widderköpfen Abb. 276, 3. 4 (S. 77) an. Bei dieser Serie tritt die sepulkrale Verwendung in der Wahl des Gegenstandes wenig oder gar nicht hervor. Sie haben, ebenso wie der derselben Fabrik entstammende behelmte Kopf (Abb. 72 S. 28), lediglich die Bedeutung von hübschen Gefäßen für die Salben.

Ich fasse schließlich kurz zusammen, was diese Uebersicht über die archaischen Gräber **Schluß** und ihre Beigaben für theräischen Totenkult und Brauch ergiebt. Die Funde umfassen die archaische Zeit bis ins VI. Jahrhundert hinein. Dem VI. Jahrhundert gehören die meisten Terrakotten und zahlreiche kleine Gefäße an, während die Anfänge der Nekropole natürlich weit älter sind, in einer Zeit liegen, wo noch die rein geometrischen Stile herrschten. Genauer wird über die Zeit der einzelnen hier gefundenen Vasengattungen später zu handeln sein, ebenso wie ich auch alle kunstgeschichtlichen Fragen in diesem Kapitel absichtlich beiseite gelassen habe. Schon in den ältesten Teilen der Nekropole finden wir den ostgriechischen Brauch, den Toten zu verbrennen, vollkommen eingebürgert. Damit ist aber weder ein Aufhören des Totenkultes noch ein Verzicht auf die Beigaben verbunden. Nach wie vor lag den Angehörigen die Sorge für den Verstorbenen am Herzen, wenn auch die Pietät schon mehr in der Gesinnung gesucht wird, die man dem Toten bewahrt, als in der Fülle der Beigaben. In diesen ist bereits eine gewisse Beschränkung bemerkbar. Sie werden mehr symbolisch

---

[153]) Heuzey *Terrecuites* XIII, 6 (Rhodos). Böhlau Nekropolen Taf. II 1 (Samos). Kekulé Terrakotten 26 Fig. 64 (Sicilien).

[154]) *De Sirenibus quaestiones selectae*, Lipsiae 1895.

[155]) z. B. in Tanagra (Kekulé Griech. Thonfiguren S. 10) und Megara Hyblaia.

angedeutet durch einzelne Gefäße, die man ins Grab thut. Auch kleine Nachahmungen erfüllen den Zweck nach theräischem Glauben vollkommen. Aber diese Gaben kommen doch meist noch unversehrt ins Grab, sie werden nicht mit dem Toten auf dem Scheiterhaufen verbrannt, wie das z. B. mit den Waffen der Toten bei Homer geschieht. Nur in einem Falle, beim Grabe 66 (S. 53), dessen Alter wohl kein allzuhohes ist, wiesen die Beigaben Brandspuren auf.

Von Speisen, die man den Toten mit ins Grab gegeben, fand sich keine Spur. Ein paar vereinzelte Muscheln, die sich in Gräbern fanden, können als solche nicht angesehen werden, da es keine eßbaren Arten, sondern schön aussehende große Gehäuse sind. Auch durch dieses Fehlen der Speiseopfer im Grabe trägt die theräische Nekropole augenscheinlich jüngeres Gepräge als die altathenische. In den Dipylongräbern finden sich häufig Reste von Opfertieren, Teile des Opfers und Totenmahles, das nach altem Brauch vor dem Begräbnis stattfindet, in Athen erst durch Solons Gesetz eingeschränkt wird[156]. Vielleicht dürfen wir aus dem Fehlen derartiger Reste in Thera den Schluß ziehen, daß man auch hier sich schon auf das Totenmahl nach dem Begräbnis beschränkte[157].

Nirgend konnte ich konstatieren, daß man, während die Grube zugeschüttet wurde, Gaben und Gegenstände, die bei der Totenfeier gebraucht waren, in dieselbe hinabgeworfen hätte.

An dem geschlossenen Grabe aber hat der Kult fortbestanden. Darin steht der theräische Brauch in scharfem Gegensatz zum homerischen. Wenn die Theräer in ihre Totenstadt hinabstiegen, dann trugen sie Gaben zu den Gräbern der Ihrigen. Auf die Gräber, die durch die Stele bezeichnet waren, auf die Grabplatten und die Tischchen stellten sie Gefäße mit Oel, Wein, Honig, Speisen, und was sonst griechischer Brauch war. Die zahlreichen Pfahlmuscheln in einem Gefäße des Massenfundes mögen der Rest eines solchen Speiseopfers sein. Und als die Kunstfertigkeit der Theräer wuchs, da stellte man wohl auch eine Thonfigur hinzu, deren Klagegebärde die Stimmung der Leidtragenden dem Toten klar vor Augen führen sollte. So sammelt sich auf den Gräbern eine Fülle von Gaben. Manches wurde zerbrochen, von den flachen, dicht gedrängten Gräbern gestoßen, in den Boden getreten; anderes sorgsam beiseite geräumt und dem irdischen Gebrauche durch Vergraben entzogen. So sind die Gaben auf uns gekommen, und sie geben uns heute Zeugnis von der Pflege, die die Theräer in archaischer Zeit ihren Toten angedeihen ließen. Auch in Thera mögen Zeiten stärkeren religiösen Bedürfnisses mit Zeiten laxeren Glaubens gewechselt haben. Ganz abgestorben ist der Totenglaube und damit der Grabkultus aber nie. Ja, er hat in späterer Zeit wie an vielen Orten so auch in Thera eine entschiedene Steigerung erfahren, für welche die prachtvollen Grabtempel hellenistischer Zeit und vor allem das Testament der Epikteta deutliches Zeugnis ablegen.

---

[156] Plut. Solon 21. Vergl. Rohde Psyche I 212. Ath. Mitth. XVIII 147. Ἐφ. ἀρχ. 1889 S. 173 Anm. 2.
[157] Nur in zwei Fällen (Grab 29 und 41) fand sich eine Aschenschicht im Grabe, die vielleicht als Rest eines vor der Bestattung veranstalteten Opfers angesehen werden kann.

Viertes Kapitel.

Die archaischen Thongefässe von Thera.

1. Einleitendes.

Bei der Durchsicht der Vasen, welche aus den Gräbern auf Thera stammen, wird **Mannigfaltigkeit** jedem sofort die große Mannigfaltigkeit der vertretenen Gattungen auffallen. Obgleich es zeitenweise ein blühendes Töpferhandwerk auf Thera gab, das einen eigenen Stil entwickelt hat, sind doch in Menge Erzeugnisse anderer griechischer Töpfereien nach Thera eingeführt worden. Etwa die Hälfte der archaischen Gefäße, die auf Thera gefunden sind, kann man als Einfuhr betrachten. Manche dieser fremden Vasengattungen treten nur in wenigen Beispielen auf; es sind zufällig in theräischen Besitz geratene vereinzelte Stücke. Andere dagegen finden sich in solcher Zahl, daß wir eine ausgedehnte und dauernde Einfuhr derselben feststellen können. Analogien dafür sind unschwer zu finden. Auch in Samos, über dessen archaische Nekropole wir durch Böhlaus vortreffliches Buch belehrt worden sind, haben wir neben einer blühenden einheimischen Thonindustrie eine ausgedehnte Einfuhr fremder Thonware. Und eine ähnliche bunte Musterkarte verschiedener Stile und Gattungen bietet noch manche andere archaische Nekropole.

Im Gegensatz dazu zeigen andere Fundplätze ein auffallend einheitliches Bild, das einheitlichste bisher wohl die archaische Nekropole von Athen, die durchaus beherrscht ist von dem Dipylongeschirr. Der Grund dafür ist nicht so sehr in dem blühenden attischen Töpferhandwerk zu suchen, das in späterer Zeit freilich die Einfuhr fremder Thonware so gut wie völlig abgeschnitten hat. Der mangelnden Einfuhr fremder Thongefäße nach Attika entspricht die fast völlig mangelnde Ausfuhr attischer Thonware in dieser ältesten Zeit. Dipylongefäße finden sich in größerer Zahl außerhalb Attikas nur in seinen unmittelbaren Grenzgebieten, in Böotien und Aigina. An weiter entfernt liegenden Fundorten ist kaum ein sicheres attisches Gefäß gefunden worden. Diese Beobachtungen passen zu der geringen Rolle, die Attika in vorsolonischer Zeit in Handel und Verkehr gespielt hat. Die einheimische Produktion genügte noch, und die attischen Handwerker arbeiteten ihrerseits im wesentlichen für attischen Bedarf.

Ganz anders ist in der gleichen Zeit bereits die Stellung Theras im Verkehr. Die kleine Insel ist ohne Verkehr mit den nahegelegenen, leicht zu erreichenden Nachbarinseln garnicht denkbar. Fremde Kaufleute brachten neben anderen Waren auch Erzeugnisse ihrer heimischen Töpfereien nach Thera, und der Theräer erwarb wohl auch in der Fremde ein oder das andere Gefäß, das er in seine Heimat mitbrachte und das für uns jetzt ein, wenn auch bescheidenes, historisches Dokument für die Handelsverbindungen Theras werden kann. In den Vasenfunden spiegelt sich, wie anderen Ortes so auch in Thera, ein Teil der Geschichte der theräischen Industrie und des theräischen Handels wieder.

Wie interessant es unter solchen Gesichtspunkten ist, sich eine genaue Uebersicht über die gesamte Vasenmasse zu schaffen, die an einem bestimmten Orte gefunden ist, brauche ich nicht auszuführen. Eine möglichst vollständige Uebersicht über alle Vasensorten, welche in Thera bisher nachgewiesen sind, ist ein Hauptzweck der folgenden Abschnitte. Daneben sollen diejenigen Gattungen, für welche erst die Ausgrabungen in Thera ein größeres Material geliefert haben, eine eingehendere Behandlung finden. Für beides aber war es nötig, daß ich mich nicht auf die zufällig von mir gefundenen Gefäße beschränkte, sondern nach Möglichkeit auch das Material zusammenbrachte, das in der Litteratur und in Museen als aus Thera stammend aufgeführt wird oder auf der Insel selbst in Privatsammlungen sich fand. Daß mir dabei gewiß manches Stück entgangen ist, wird jeder nachsichtig beurteilen, der einmal Aehnliches versucht hat.

Gerade bei dieser sichtenden Thätigkeit wird sich freilich zeigen, wie lückenhaft unsere Kenntnis der älteren Vasenmalerei noch ist. Zwar kennen wir bereits eine große Zahl von Vasengattungen. Aber jede größere Ausgrabung bringt neue. Bei einer ganzen Reihe können wir wohl das eine oder andere zugehörige Stück aus irgend einem Museum beibringen. Aber Genaueres über Heimat u. s. w. der Gattung können wir noch nicht sagen. Für Thera fällt noch besonders ins Gewicht, daß wir die archaischen Schichten auf den anderen Inseln, deren Vergleich natürlich besonders lehrreich wäre, noch so gut wie garnicht kennen. Ich hoffe, daß gerade von dieser Seite meine Ausführungen bald Ergänzungen erfahren werden. Besonders bedaure ich, daß die Vasenfunde von Paros und Rhenaia erst gemacht sind, nachdem ich Griechenland verlassen hatte, so daß ich sie nicht mehr für Thera ausnutzen konnte.

Aelteste vorhistorische Funde   Die ältesten Vasenfunde auf Thera gehören der vor- und frühmykenischen Zeit an. Es ist allgemein bekannt, daß sich unter der Bimssteindecke, die dem gewaltigen Ausbruch entstammt, welcher der Insel ihre heutige Gestalt gab, Reste menschlicher Wohnungen gefunden haben, die bei jener Katastrophe verschüttet wurden. Neben Gefäßen, die noch mit Mattmalerei verziert sind, fanden sich in diesen Ruinen solche, die mit Firnis bemalt sind und der frühesten Zeit des mykenischen Stiles, der Periode, welche durch die Schachtgräber in Mykenai vertreten wird, angehören. Ein genaueres Eingehen auf diese Funde unterlasse ich, da die Forschungen nach diesen ältesten Resten theräischer Kultur mittlerweile von Zahn und Watzinger fortgesetzt worden sind, deren Bericht wohl bald erfolgen wird. Wir erkennen, daß Thera zu dem Gebiete des südlichen Aegeischen Meeres gehört, in welchem die Wiege der mykenischen Kunst gesucht werden muß. Die fruchtbare vulkanische Insel beherbergte damals wohl eine zahlreiche Bevölkerung, deren Hinterlassenschaft wir an den sanften äußeren Abhängen der Insel finden. Der felsige südöstliche Teil der Insel, der den späteren griechischen

Siedlern der sicherste und deshalb lockendste Aufenthalt schien, ist in dieser ältesten Zeit offenbar gemieden worden. Im ganzen Gebiete der späteren Stadt Thera, des Messavuno und der Sellada, sind bisher keine sicheren Reste der Kykladen- und protomykenischen Kultur gefunden worden[1].

Das blühende Leben der Insel ward vernichtet durch die furchtbare Umwälzung, welche der Ausbruch des Vulkans hervorrief. Sie ist im ersten Bande dieses Werkes von sachkundiger Seite geschildert worden. Ein Teil der Insel war zersprengt, ein anderer ins Meer versunken und der Rest unter einer dicken Bimssteinschicht begraben. Viele Bewohner mögen dabei ihren Tod gefunden haben, und die mit dem Leben davonkamen, sind entsetzt geflohen. Lange hat es gewiß gedauert, bis der verwüstete Boden wieder anbaufähig war, und noch länger, bis die Schrecken der Katastrophe soweit in der Erinnerung verblaßt waren, daß die Insel von neuem besiedelt wurde. Keine historische Ueberlieferung hat eine Spur des großen Naturereignisses bewahrt, das nach den Funden etwa im XVII. oder XVIII. Jahrhundert eingetreten sein muß. Einen leisen Nachklang hat vielleicht die Sage von einer Scholle, die ins Meer versenkt ward und wieder emportauchte, gerettet[2]. Die Funde lehren uns nicht nur die Katastrophe selbst, sondern auch ihre Folgen kennen. Nach der frühmykenischen Zeit, welche durch die verschütteten Ansiedelungen vertreten ist, klafft eine große Lücke: Funde aus der eigentlichen Blütezeit der mykenischen Kultur, der Zeit des entwickelten Firnisstiles, fehlen, soweit meine Kenntnis reicht, bisher auf Thera. Das zeigt uns doch wohl, daß die Insel zu dieser Zeit unbewohnt oder nur schwach bewohnt war. Die Wiederbesiedelung Theras wird allmählich erfolgt sein. Sie zu verfolgen haben wir noch wenig Material. Die nächste geschlossene Fundmasse gehört erst der Zeit der entwickelten geometrischen Stile an. Sie wird hauptsächlich durch die Funde aus dem Gebiet der Stadt auf dem Messavuno und ihrer Nekropole auf der Sellada vertreten. In dieser Stadt ist nun nichts gefunden, was in die Zeit vor der Besiedelung der Insel durch die Dorer führte. Unter den zahlreichen hocharchaischen Inschriften findet sich keine undorische, und es ist daher bis heute wenigstens nicht zu beweisen, daß die Stadt auf dem Messavuno schon vor der dorischen Einwanderung bestanden habe[3]. Damit kommen wir aber mit diesen Funden in eine verhältnismäßig späte Zeit, wohl schwerlich viel über das IX. Jahrhundert hinaus. Daß die ganze Insel so lange unbewohnt geblieben sei, ist nicht glaublich, und in der That berichtet die Sage, daß die Dorer nicht die ersten Griechen waren, welche die Insel besiedelten, sondern daß Minyer und Kadmeer in Thera ansässig gewesen sind, ehe die Dorer hinkamen. Thera ist von demselben Strome griechischer Kolonisten besiedelt worden, der schon vor den Dorern die meisten Inseln und einen großen Teil der kleinasiatischen Westküste besiedelte. Diese Kolonisation ist aber zum großen Teil bereits im Verlaufe der mykenischen Periode erfolgt. Das Fortleben mykenischer Traditionen in diesen Gegenden genügt als Beweis. Ich glaube daher, daß wir auch in Thera noch etwas ältere Funde aus frühgeometrischer, wohl auch noch aus spätmykenischer Zeit machen werden; Funde, die etwa denen von Ialysos, Cypern, den ionischen Inseln gleichzeitig sein werden, und daß sich so die Lücke, welche jetzt noch in der Fundreihe von Thera klafft, verkleinern wird. Daß diese Reste gerade auf dem Messavuno zu Tage kommen müßten, ist nicht gesagt. Dem Brauch der mykenischen Zeit würde es noch mehr entsprechen, wenn diese vordorischen Ansiedelungen an leichter zugänglichen Plätzen der Insel gelegen hätten. Es ist eine lohnende Aufgabe, auf Thera nach den Ansiedelungen zu suchen, die in dem Zeitraum

[1] Vergl. oben S. 85 Anm. 12.
[2] So auch Studniczka, Gött. Anz. 1901, 541.
[3] Einiges Undorische, namentlich in der Götterwelt Theras, ist zwar als Beweis für die stattgehabte Mischung auf Thera interessant, genügt aber nicht, um das Zurückreichen der Stadt auf dem Messavuno in vordorische Zeit zu beweisen.

zwischen der großen Katastrophe in frühester mykenischer Zeit und der dorischen Besiedelung des Messavuno entstanden sind, sagen wir kurz den Ansiedelungen der Kadmeer[1]). Sie würden nicht nur für die Geschichte von Thera wichtig sein, sondern auch für die Frage nach der griechischen Occupation der Kykladen überhaupt. — So viel über die älteste Zeit Theras, für welche wir noch manche Aufklärung erhoffen.

Zeit der geometrischen Stile. Nekropolen   Die große Masse der archaisch-griechischen Vasen von Thera gehört erst der Zeit der ausgebildeten geometrischen Stile an. Fast das gesamte Material stammt bisher aus der Nekropole des Hauptortes auf dem Messavuno. Zu den in früheren Jahren und 1896 gefundenen Gefäßen kommt jetzt noch der Inhalt eines besonders reich ausgestatteten Grabes, das A. Schiff im Sommer 1900 entdeckt und ausgebeutet hat. Gestützt auf seinen sorgfältigen Bericht und sein Inventar, das mir während der Arbeit zugeht, will ich dieses Grab als Ganzes im Anhange dieses Buches behandeln. Die einzelnen Vasen habe ich jedoch schon nach Möglichkeit in den folgenden Abschnitten berücksichtigt, um sie gleich dem Ganzen einzuordnen. Sie erscheinen dort aufgeführt als „aus Schiffs Grab" stammend. Eine zweite Nekropole der gleichen Zeit befindet sich bei dem Dorfe Gonia, wo in einem Weinberge eine Anzahl von Vasen gefunden worden sind, welche die Witwe Delenda in Phira besitzt. Aus derselben Nekropole bei Gonia scheint ein „Kochtopf" zu stammen, der sich im Louvre befindet (Pottier, Catal. No. 264). Es ist sehr wahrscheinlich, daß hier, vielleicht auf der sehr markierten Höhe von Pyrgos, einer der sieben χῶροι Herodots lag. Archaische Grabinschriften, die hier gefunden sind, z. B. I. G. I. III 763, bestätigen das Vorhandensein der Nekropole. Die Inschrift I. G. I. III 792, die sich westlich von Pyrgos am Wege zum Ἀγρίου-Hafen gefunden hat, mag aus der Nekropole des gleichen Ortes stammen. Nur durch Inschriften (I. G. I. III 774. 797) ist uns bekannt, daß die Nekropole bei Kap Kolumbo schon in archaisch-griechischer Zeit benutzt worden ist. Das Vorhandensein archaischer Gräber bei der Echendra beweist einstweilen auch bloß eine Inschrift (I. G. I. III 800) und der Fund des sog. Apollo von Thera. Vasenfunde archaischer Zeit aus diesen beiden Nekropolen sind bisher meines Wissens nicht bekannt geworden.

Vasenfunde   Aus den Nekropolen Theras sind bereits seit geraumer Zeit geometrisch dekorierte Vasen in die Museen gelangt, und daß ein Teil von ihnen eine charakteristische Gruppe innerhalb der geometrischen Stile bildete, konnte jeder, der den Saal der ältesten Vasen des athenischen Museums nach seiner Neuordnung durchschritt, sofort sehen. Diese Exemplare, die zu dem alten Museumsbestand gehören und sich früher im Theseion befanden, stammen wohl von Ross' Besuch von Thera im Jahre 1835, bei dem Ross, nach eigener Aussage, zwar keine heilen Gefäße selbst fand, aber einige Körbe voll käuflich erwarb. Es ist interessant bei Ross zu lesen, daß Thera damals als Hauptfundort geometrisch verzierter Vasen galt, die um jene Zeit noch wenig bekannt waren. Durch ihre Größe und gute Erhaltung zogen sie die Aufmerksamkeit auf sich. Rochette erwähnt 1848 zwei als „kürzlich" ins Cabinet des Médailles gekommen[2]). Es sind das, wie ich jetzt schon vor dem Erscheinen des Kataloges einer freundlichen Mitteilung A. de Ridders entnehmen konnte, die beiden Amphoren No. 21 und 22 des Kataloges der Vasensammlung des Cabinet des Médailles, welche am 19. Juni 1844 von Bory de St. Vincent erworben wurden,

---

[1]) Mit den unter dem Bimsstein begrabenen Ansiedelungen können diese vordorischen natürlich nicht identisch sein. In so frühe Zeit dürfen wir das Vordringen der Griechen auf den Inseln nicht setzen, und in unserem Falle verbietet sich eine derartige Annahme noch durch die Erwägung, daß die Besiedelung von Thera durch die Eruption notwendigerweise eine Unterbrechung erfahren haben muß, dagegen die Dorer bei ihrem Eindringen eine

griechische Bevölkerung vorfanden: in der Auswanderung eines Teiles der Theräer und der Gründung von Kyrene in der zweiten Hälfte des VII Jahrhunderts gipfeln die Parteikämpfe, die zwischen den alten Bewohnern und den neuen Herren der Insel tobten.

[2]) Mém. d'arch. comparée. Mém. de l'Inst. de France. Acad. des inscr. XVII 2, Paris 1848, 78 ff.

dessen Grabung auf Thera ich S. 2 erwähnt habe. Meine dortige Angabe ist also hiernach zu ergänzen[4]). Gleichartige Vasen sah Rochette auf der Insel in Privatbesitz, im Theseion und eine weitere in Kopenhagen, die ebenfalls von Ross stammte.

Auch unter den von Conze in seinem Aufsatz über die Anfänge der griechischen Kunst zusammengestellten geometrisch verzierten Vasen finden sich mehrere, die sicher der theräischen Gattung angehören, und weitere, die er anführt, stammen offenbar von Thera, wenn auch die Provenienz nicht mehr urkundlich belegt werden kann. Es handelt sich namentlich um eine Anzahl geometrisch verzierter Vasen im Museum in Leiden. Diese kamen vornehmlich aus der Sammlung des holländischen Konsuls van Lennep 1836 ins Museum in Leiden. Ihr gehören die Nummern II 1547. 1548. 1550—56. 1567—74 (Conze a. a. O. Taf. XI 2. Taf. I 1 und 2. Taf. III 4. Taf. II. Taf. III 1. 3. 5) an[5]). Die Sammlung ist in Smyrna zusammengebracht, wo van Lennep Konsul war. Aber Smyrna ist hier natürlich nur Durchgangspunkt gewesen. Die Nummern II 1548. 1552—56 sind sicher theräisches Fabrikat, 1547 eine der „böotischen" Amphoren, die wir bisher auch nur aus Thera kennen. Gerade diese Vereinigung von theräischen Vasen mit einer „böotischen" ist aber so charakteristisch, daß ich die genannten Gefäße als zweifellos in Thera gefunden behandle. Daß sie im Kunsthandel nach Smyrna gekommen sind, ist nicht weiter befremdlich bei den ausgedehnten Beziehungen, welche Santorin durch seinen Weinhandel unterhält. Die Gattung der Vasen 1550 und 1551 wage ich, ohne die Gefäße selbst gesehen zu haben, nicht zu bestimmen. Immerhin können sie auch auf Thera gefunden sein.

Leiden II 1557, ein Skyphos, stammt aus der Sammlung Rottiers, von der nur feststeht, daß sie in Griechenland gebildet ist. Die Vase kann theräisch sein, ebenso gut aber auch von einem anderen Orte stammen.

Fest steht die Provenienz Thera noch für das von Conze Taf. III 2 abgebildete protokorinthische Gefäß in Leiden (II 1560), welches der holländische Gesandte Baron van Zuylen van Nyevelt erworben und dem Museum im April 1830 überlassen hat.

Auch der Louvre, das Museum in Sèvres, das British Museum, das Berliner Museum besitzen einzelne Gefäße, für welche theräischer Fundort feststeht.

Schon die wenigen hier aufgezählten geometrisch verzierten Vasen aus Thera gehören Vielheit der geometrischen Stile verschiedenen Stilen an, und ihre Zahl hat sich durch die Funde von 1896 noch bedeutend vermehrt. Als Conze vor 30 Jahren seine grundlegende Arbeit „Zur Geschichte der Anfänge griechischer Kunst" veröffentlichte und damit eine ganze Periode griechischen künstlerischen Schaffens eigentlich erst entdeckte, da behandelte er die geometrisch dekorierten Gefäße zunächst als eine Klasse gegenüber den orientalisierenden. Daß innerhalb dieser Klasse sich mancherlei Verschiedenheiten zeigten, war auch ihm nicht entgangen. Doch galt es zunächst, der ganzen Gruppe ihre feste Stellung in der griechischen Kunstgeschichte zuzuweisen. Seitdem ist unsere Kenntnis gerade in dieser Richtung sehr gewachsen. Wir kennen eine Menge verschiedener

---

[4]) Vergl. jetzt de Ridder *Cat. des vases peints* p. 11.

[5]) Bei Conze ist hier eine kleine Verwirrung eingetreten, auf welche Herr Dr. Jesse, Konservator des Museums in Leiden, mich aufmerksam zu machen die Freundlichkeit hatte, und welche ich, um folgenschweren Irrtümern vorzubeugen, korrigiere. Die große Amphora bei Conze Taf. I 1 führt die Nummer II 1548 (nicht II 1540). Conze S. 510 Zeile 29 ff. ist dahin zu berichtigen, daß 1548 ebenfalls von van Lennep stammt, 1557 von Rottier, 1566 dagegen nicht von diesem, sondern vom hol-

ländischen Gesandten Baron van Zuylen van Nyevelt. Wichtig ist, daß keines der von Conze angeführten Gefäße aus der Sammlung des Konsuls van Breughel in Tripolis stammt — wichtig namentlich, weil diese Sammlung zum Teil aus Funden aus den Gräbern der Kyrenaika gebildet ist, was zu naheliegenden Schlüssen führen könnte. Diese Sammlung enthält jedoch, wie mir Dr. Jesse mitteilt, nichts, was irgendwie mit den geometrisch dekorierten Gefäßen van Lenneps vergleichbar wäre.

17*

geometrischer Stile, die gleichzeitig in Griechenland geherrscht haben, und wir haben gelernt, daß ihre Verschiedenheit in erster Linie örtlich bedingt ist. Während in mykenischer Zeit große Centren tonangebend wirkten und infolgedessen eine auffallende Gleichartigkeit der Funde festzustellen ist, auch wenn sie an den entferntesten Orten gemacht sind, haben wir in der darauf folgenden Zeit lokale Produkte. In den Kunsterzeugnissen dieser Zeit prägt sich aufs deutlichste die Zerstückelung des Landes, die Sonderentwickelung der einzelnen Kleinstaaten aus, welche diese Periode charakterisiert. Wie die Gleichartigkeit gerade des mykenischen Thongeschirres an den entlegensten Orten der beste Beweis für langdauernden gesicherten Verkehr ist, so zeigt sich die Sonderexistenz der einzelnen Gemeinwesen in den lokalen keramischen Stilen der folgenden Periode. Man darf wohl behaupten, daß in der nachmykenischen Zeit jede Landschaft Griechenlands ihren eigenen keramischen Stil hatte. Von einer ganzen Reihe von Landschaften, Attika, Bootien, Argolis, Lakonien, Melos, Thera, Kreta, Rhodos, Cypern, sind uns die Stile nach und nach bekannt geworden. Eine Anzahl weiterer geometrischer Stile kennen wir durch mehr oder weniger Beispiele, ohne ihre Heimat schon genau fixieren zu können. Hier werden glückliche Funde weiter helfen, und gerade von Ausgrabungen auf den Inseln haben wir hier sicher viel zu erwarten.

Wenn somit unser Unterscheidungsvermögen der verschiedenen geometrischen Stile, die lokale Kenntnis schon beträchtlich gefordert ist, hat die Erkenntnis der historischen Entwickelung derselben nicht gleichen Schritt gehalten. Eine Geschichte des griechischen geometrischen Stiles muß noch geschrieben werden. Selbst die Entwickelung so wichtiger und bekannter Vasengattungen, wie der Dipylonvasen, ist nicht genügend untersucht. Ich glaube nicht, daß wir der Aufgabe, eine Geschichte der Kunst der geometrischen Periode zu schreiben, schon vollkommen gewachsen sind. Noch ist unsere Kenntnis dieser Periode eine zu ungleichmäßige, zufällige, das Material vielfach zu wenig durchgearbeitet, und gerade momentan bringt fast jede Woche Neues, so daß ein Abschluß nicht möglich ist. Eine Geschichte des geometrischen Stiles beabsichtige ich im folgenden daher auch nicht zu geben. Was ich geben will, ist zunächst eine möglichst reinliche Uebersicht über die in Thera vertretenen archaischen Vasenstile, deren stellenweise rein registrierende Form eben durch den Stand unserer Kenntnisse bedingt ist. Daß ich die einzelnen Stile, wenn möglich, wiederum dem Gesamtbilde der Kunst dieser Zeit einzufügen suchte, ist natürlich. Denn bei jeder Einzeluntersuchung ist es nützlich, sich die großen Zusammenhänge klar zu machen und sich der Probleme zu erinnern, um derentwillen man sie macht. Die Fähigkeit, Vasenstile zu unterscheiden, ist nichts gar Großes. Die kann sich auch ein verständiger Scavatore aneignen. Das Scheiden und Trennen ist nur der erste Teil der Arbeit, über dem man den zweiten, wichtigeren nicht vergessen darf, die getrennten Teile wieder zusammenzusetzen und zu verbinden, aus ihnen etwas zu machen. So glaube ich es verantworten zu können, wenn einzelne Bemerkungen im folgenden auch über die engen Grenzen Theras und über den Rahmen der dortigen Funde hinausgreifen. Vielleicht ist unter den Gedanken, die mir bei der Beschäftigung mit den theräischen Funden kamen und die ich in ihrer unvollendeten Form in dieses Kapitel gesetzt habe, doch einer oder der andere, der die Geschichte der geometrischen Stile Griechenlands fördern hilft, sei es auch nur, weil seine wissenschaftliche Widerlegung zur Weiterarbeit anregt. Alle die angeregten Fragen zu einem Abschluß zu bringen, war mir nicht möglich. Für die meisten fehlt mir in Basel alles Material. Und auch wenn ich es gehabt hätte, hätte ich das Erscheinen dieses Berichtes nicht noch länger hinausschieben und seinen Umfang nicht noch mehr anschwellen lassen dürfen, als es ohnehin schon geschehen ist. Ich hoffe manche der angeregten Fragen selbst bald weiter fördern zu können.

2. Die theräisch-geometrische Gattung.

Den ersten Platz bei der Betrachtung der einzelnen in Thera gefundenen Vasen-gattungen nehmen billigerweise die geometrisch dekorierten Gefäße einheimischer Fabrik ein. Aus der Masse der Vasen hebt sich deutlich eine geschlossene Gruppe heraus, die in Thera selbst gefertigt ist und für uns jetzt das einzige Zeugnis für den künstlerischen Geschmack der Theräer während der Zeit der geometrischen Stile bildet. Wenn die theräischen Vasen als besondere Gruppe bis vor kurzem in der archäologischen Litteratur fehlten, so lag das daran, daß eine größere Anzahl mit sicherer Provenienzangabe nur in Athen vorhanden war. Bei den in anderen Museen zerstreuten Beispielen wurde die Provenienz nicht beachtet. Als gesonderte Gruppe zeigen sie sich zuerst in Wides Aufsatz im Jahrbuch Bd. XIV. In der richtigen Erkenntnis, daß in der Periode der geometrischen Stile die Thongefäße meist nur eine beschränkte Verbreitung gefunden haben und deshalb auf den Fundort der Vasen ein besonderes Gewicht zu legen sei, hat Wide dort eine Anzahl geometrischer Vasen, nach ihrer Herkunft geordnet, publiziert — eine wichtige Vorarbeit für eine umfassendere Bearbeitung der geometrischen Stile überhaupt. Die dort veröffentlichten theräischen Vasen sind die im Athenischen Nationalmuseum, in Kopenhagen und ein Teil der in der Sammlung Nomikos auf Thera befindlichen [1]).

Als theräisches Fabrikat ergeben sich die Vasen dieser Gattung allein schon durch Fundort die Fundstatistik. Mit einer Ausnahme sind alle, bei denen der Fundort sich überhaupt fest-stellen läßt, auf Thera gefunden.

Eine weitere Bestätigung giebt das Material. Die theräischen Vasen sind aus einem Material. porösen, dunkelziegelroten Thon gefertigt, der mehr oder weniger graue und weiße kleine Technik. Einsprengungen enthält — vulkanische Bestandteile, aus welchen ebenfalls zu schließen ist. daß die Gefäße auf Thera selbst gefertigt sind [2]). In der Handhabung der Töpferscheibe waren die theräischen Töpfer sehr geschickt. Die Gefäße sind gleichmäßig geformt und zum Teil für ihre Größe auffallend dünnwandig. Ein starker Brand gab ihnen die nötige Festigkeit. Die vollständig erhaltenen Gefäße geben beim Anschlag einen hellen Klang.

Die durch den grobkörnigen Thon hervorgerufene rauhe Oberfläche erhielt einen Ueberzug aus feinem Thon, und dieser Ueberzug, der bei geometrisch dekorierten griechischen Vasen in dieser Weise sonst nicht vorkommt, ist ein Hauptkennzeichen der theräischen Vasen. Bei gut gearbeiteten Exemplaren ist dieser Ueberzug ziemlich dick, an der Oberfläche schön geglättet und von gelbweißer Farbe, ähnlich dem der milesischen und samischen Vasen. Bei schlechteren Exemplaren ist er dünner, nimmt eine dunklere, graue oder rötliche Färbung an. Bisweilen scheint die Oberfläche nur durch eine starke Schlemmung geglättet zu sein. Auch der Firnis gleicht dem der milesischen Vasen; er ist in der Regel schwarzbraun, durchläuft aber auch alle Schattierungen von Gelbbraun bis zu reinem Rot und Violettbraun. Er ist

---

[1]) Ich bedaure, daß Wide sich bei seiner Veröffent-lichung überhaupt in erster Linie an die im Atheni-schen Nationalmuseum befindlichen Vasen gehalten hat, die schließlich jedem Archäologen bekannt und bei ihrer übersichtlichen Bezeichnung und Auf-stellung nach Fundorten leicht zu studieren sind. Sehr dankenswert wäre eine derartige Veröffent-lichung der in anderen Museen verstreuten und ver-einzelten geometrischen Gefäße, soweit möglich, mit Feststellung des Fundortes.

[2]) Ich kann mich dafür auch auf eine Mitteilung Prof. Philippsons an Hiller berufen, der den Thon für vulkanisch und sicher von Thera stammend er-klärt. Melos, an das man bei den vulkanischen Be-standteilen allenfalls noch denken könnte, kommt nicht in Betracht, da die dort gefundenen geo-metrisch verzierten Gefäße einer anderen Gattung angehören.

offenbar in ziemlich flüssigem Zustande aufgetragen, so daß er bei den flüchtiger hingesetzten Schraffierungen oft heller als bei den fester gezeichneten Grenzlinien der Ornamente erscheint.

Die guten theräischen Gefäße sind leicht kenntlich, und Technik und Ornamentik zusammen entscheiden meist auch bei den schlechten Stücken mit Sicherheit. Natürlich giebt es hier wie bei jeder Vasengattung Stücke, über deren Zugehörigkeit man zweifeln kann, wo die technischen Kennzeichen sich so verwischen, daß ein sicherer Entscheid nicht mehr möglich ist. Namentlich ist das bei kleinen Gefäßen und bei dem undekorierten groben Geschirr der Fall. Letzteres habe ich daher in dem folgenden Verzeichnis beiseite gelassen, soweit es sich nicht um Stücke handelt, bei denen der theräische Ursprung zweifellos ist.

Ich gebe zunächst das Verzeichnis der mir bekannt gewordenen Vasen theräischen Stiles, nach Formen geordnet. Von den zahlreichen Scherben großer Amphoren, welche während der Ausgrabung im Schutt der Nekropole gefunden wurden, führe ich nur diejenigen auf, die irgend eine Besonderheit in der Dekoration zeigen. Text und Abbildung sollen sich dabei ergänzen. Ich habe deshalb die Beschreibung möglichst kurz gefaßt. Bei komplizierteren geometrischen Ornamenten reichen Worte doch nicht aus, eine klare Vorstellung zu vermitteln. Da soll dann die Abbildung eintreten. Ich habe es mir so gedacht, daß für den, welchem es bloß darauf ankommt, sich einen Begriff von theräischen Vasen zu bilden, die Durchsicht der Abbildungen, die deshalb auch aus dem ersten Teile dieses Buches und mit gütiger Erlaubnis des Redaktion des Archäologischen Jahrbuches aus Wides Aufsatz wiederholt wurden, genügt. Wer specielle Interessen hat, soll in der Beschreibung Bestätigung für das, was er auf der Abbildung zu sehen glaubt, finden können. Bei der Aufzählung der Ornamentbänder beginne ich stets oben am Gefäss; ist ein Streifen metopenartig geteilt, so zähle ich die Felder von links beginnend auf. Mit „falsche Spirale" bezeichne ich der Kürze halber die durch Tangenten verbundenen Reihen von Doppelkreisen, mit „Mäanderband" die eckig gezeichnete Wellenlinie, wie beispielsweise auf Abb. 312, zum Unterschiede von dem gewöhnlichen „Mäander".

A. Amphoren.

a) Große Amphoren mit weitem cylindrischem Halse, der mit einem scharf umgebogenen wagerechten Rand versehen ist. Der Hals gegen die Schulter scharf abgesetzt. Der Körper eiförmig, nach dem Fuß zu meist stark verjüngt. Auffallend kleiner Ringfuß, auf dem das Gefäß nur unsicher steht. An der Schulter sitzen zwei wagerecht befestigte, schräg aufwärts gerichtete starke Henkel von rundem Querschnitt. — Auf dem Mündungsrand finden sich stets Gruppen radial gestellter Striche. Die Unterseite der Lippe, der Fuß und die obere Seite der Henkel sind mit Firnis überzogen, das ganze übrige Gefäß durch zahlreiche breite umlaufende Firnislinien in breitere und schmälere Streifen zerlegt. Die Ornamente beschränken sich auf die Vorderseite von Hals und Schulter.

1) Abb. 312. Athen, Nat.-Mus. 892. „Θήρα". Wide a. a. O. S. 29, Fig. 2. Höhe 0.74 m. Hals: Zickzacklinie; falsche Spirale; schraffiertes Mäanderband; falsche Spirale; Zickzacklinie. Schulter: oben und unten falsche Spirale, bei der oberen Reihe ist an beiden Enden ein Stück dreifache Zickzacklinie angesetzt; Mittelstreif rechts und links durch ein Rechteck mit gittergefüllten Diagonaldreiecken begrenzt; dazwischen Mäanderband wie am Halse; unter dem Mittelstreif eine Punktreihe.

2) Abb. 313. Thera, Sammlung Nomikos. Wide a. a. O. S. 30, Fig. 3. Höhe 0.40 m. Hals: falsche Spirale; Zickzacklinie; falsche Spirale. Schulter: schraffiertes Zickzackband; schraffierter Mäander, rechts und links durch ein Rechteck mit schraffierten Diagonaldreiecken abgeschlossen; falsche Spirale. Der Deckel, den Wide a. a. O. als zugehörig abbildet, gehört ursprünglich nicht zu der Amphora, da er nicht theräisch ist. Er ist aus gutem hell lederbraunem Thon gefertigt, mit einigen kleinen weißen Einsprengungen.

Ein Ueberzug fehlt. Auch die Ornamente sind untheräisch. Zahn, der mir das Nichtzusammengehören von Deckel und Amphora bestätigt, vergleicht geometrische Vasen von Paros. Damit ist natürlich nicht ausgeschlossen, daß er als Deckel dieser Urne benutzt gefunden ist[10]).

Abb. 312. Theräische Amphora 1.
Höhe 0.74 m.

Abb. 313. Theräische Amphora 2.
Höhe 0.40 m.

3) Abb. 314. Athen, Nat.-Mus. 824b. „Θήρα". Wide a. a. O. S. 29, Fig. 1. Höhe 0.51 m. Hals: falsche Spirale; Zickzacklinie; schraffierter Mäander; falsche Spirale. Schulter: oben Dreiecke mit Gitterfüllung; unten falsche Spirale; Hauptstreifen rechts und links je ein Wasservogel, vor ihm unverstanden als Zickzacklinie gezeichnet, die Schlange, die er im Schnabel halten sollte; in der äußeren oberen Ecke ein Rechteck, darin Diagonaldreiecke mit Gitterfüllung; schraffierter Mäander. — Das Gefäß ist nicht sorgfältig gearbeitet.

4) Mus. von Syra. Herkunft unbekannt. Erwähnt von Pollak, Ath. Mitth. XXI 1896, 198. Auf meine Bitte von Zahn untersucht, der mir die Zugehörigkeit zur theräischen Gattung bestätigt. Das Museum in Syra enthält auch eine Anzahl Inschriften aus Thera. — Hals fragmentiert. Größte Höhe jetzt 0.62 m. Hals: erhalten schraffierter Mäander; Zickzacklinie. Schulter: unten und oben durch falsche Spiralen abgeschlossen. Hauptstreifen wagerecht geteilt, oben schraffiertes Zickzackband, darunter schraffierter Mäander, an dessen Enden je ein Rechteck mit gittergefüllten Diagonaldreiecken wie bei 1.

5) Abb. 76, S. 29. Thera, Grab 17. Miniaturamphora. Höhe 0.19 m. Aus grünlich grauem Thon gefertigt. Hals und Schulter mit je einer Reihe von Doppelkreisen.

6) Leiden, Museum II 1548. Aus der Sammlung des Konsuls van Lennep in Smyrna. Conze, Anfänge Taf. I, 1; Baumeister, Denkmäler III 1942, Abb. 2068; Perrot-Chipiez, Histoire VII 168, Fig. 50. Hals: falsche Spirale; schraffierter Mäander; falsche Spirale. Schulter: dreiteilig. a) und c) oben schraffiertes Vierblatt, unten Rautenmuster; b) oben gittergefüllte Dreiecke, unten schraffierter Mäander. Den Abschluß bildet eine falsche Spirale.

Abb. 314. Theräische Amphora 3.
Höhe 0.51 m

[10]) Einen ähnlichen Fall — schwarzfigurige attische Amphora, auf die eine nicht attische Schale als Deckel mit Bleibändern befestigt ist — citiert Böhlau aus Samos (Zur Ornamentik d. Villanovaperiode 21).

7) Abb. 315. Athen, Nat.-Mus. 893. „Θήρας". Wide a. a. O. S. 30, Fig. 4. Höhe 0.625 ᵐ. Hals: falsche Spirale; Zickzacklinie; schraffierter Mäander; Zickzacklinie; falsche Spirale. Schulter: dreiteilig und unten durch falsche Spirale abgeschlossen. Feld a) und c) haben schraffiertes Zickzackband, darunter schraffiertes Mäanderband, darunter Zickzacklinie. Im Mittelfeld zwei konzentrische, durch eine Punktreihe getrennte Kreise, die einen achtstrahligen schraffierten Blattstern umschließen. In den unteren Ecken des Feldes je ein Dreieck mit Gitterfüllung, in den oberen ein Rechteck mit Diagonalen.

Abb. 315. Theräische Amphora 7. Höhe 0.625 ᵐ.

Abb. 316 (= Abb. 199). Theräische Amphora 8. Höhe 0.50 ᵐ.

Abb. 317.

8) Abb. 316. Thera, Grab 84. Höhe 0.50ᵐ. Schlechter Ueberzug und Firnis. Hals: falsche Spirale; Zickzacklinie; schraffierter Mäander; falsche Spirale. Schulter: dreiteilig. a) Zickzackband mit Punktfüllung; schraffiertes Zickzack. — b) In den oberen Zwickeln Rechteck, in den unteren gittergefülltes Dreieck. — c) Gleich a), nur ist neben dem Mäander noch ein Vogel mit einem Wurm im Schnabel gesetzt. Den unteren Abschluß bildet eine falsche Spirale.

9) Abb. 318. Thera, Sammlung Nomikos. Der untere Teil fehlt. Wide a. a. O. S. 30, Fig. 5. Hals: falsche Spirale; Zickzacklinie; schraffierter Mäander; falsche Spirale. Schulter: unten durch falsche Spirale abgeschlossen, durch je drei senkrechte Linien in drei Felder geteilt. a) und c) oben schraffiertes Zickzack mit darunter gesetzten gittergefüllten Dreiecken; unten schraffierter Mäander. — b) schraffierter Blattstern von zwei Kreisen umschlossen, zwischen denen eine Punktreihe; in den oberen Ecken Rechteck mit Diagonalen, und eingesetzten gittergefüllten Dreiecken; darunter zwei Doppelkreise; unter diesen Rechteck mit Schachbrettmuster.

Abb. 318. Theräische Amphora 9. Höhe 0.52 ᵐ.

10) Vergl. Abb. 143, S. 44. Thera, Grab 48. Nur der Hals und ein kleiner Teil der Schulter wurden gefunden. Hals: falsche Spirale; dicke, stark zusammengedrängte Zickzacklinie zwischen zwei breiten Streifen; schraffierter Mäander; Zickzack wie oben; falsche Spirale. Schulter: Reste von drei Feldern. a) und c) hatten sicher schraffiertes Zickzackband, darunter eine einfache Zickzacklinie. b) Kreisornament; in den oberen Ecken des Feldes je ein Rechteck mit den üblichen Diagonaldreiecken. Die Malerei ist sehr sauber.

11) Thera, Grab 58. Ganz zerdrückte Amphora. Ein Bruchstück Abb. 319. Hals: falsche Spirale; Zickzacklinie; schraffierter Mäander; Zickzacklinie; falsche Spirale. Schulter: drei Felder; a) und c) schraffiertes

Zickzackband, darunter schraffierter Mäander; b) schraffierter Blattstern, von einer doppelten Kreislinie umschlossen; die beiden Kreislinien sind durch mehrere Gruppen von vier kurzen Strichen verbunden. In den oberen Ecken des Feldes je ein Rechteck mit diagonalen Dreiecken; in zwei der entstehenden Dreiecke ist ein Punkt gesetzt; in den unteren Ecken ∧-förmiges getüpfeltes Band. Unten falsche Spirale.

12) Schulterbruchstück einer theräischen Amphora, gefunden auf der Akropolis von Athen. Inv. d. Akrop. Scherben 297 bis. Sicher theräisch nach Technik und Dekoration, und das einzige bisher außerhalb Theras gefundene Stück [1]). — Von der Dekoration erhalten in einem Felde Rest der Rosette, im anderen dreifache Zickzacklinie, deren Ecken durch kleine Striche mit den den Streifen begrenzenden Linien verbunden sind. Darunter schraffierter Mäander. Den oberen Abschluß scheint ein punktiertes Zickzackband gebildet zu haben.

Abb. 319 (= Abb. 138). Von der theräischen Amphora 11.

13) Paris, Cabinet des Médailles. de Ridder *Cat. des vases peints* No. 21 (Inv. 756). Erworben 19. Juni 1844 von Bory de St. Vincent; gefunden auf dem Messavuno, de Ridder, a. a. O. S. 11. Conze Anfänge S. 514. R. Rochette *Mém. de l'Inst. de France* XVII 2. 78 ff. Millet-Giraudon 1, Taf. 2. Höhe 0,75 m. Die Amphora hat ausnahmsweise einen doppelbogigen Henkel; der Knopf des mittleren Ansatzes ist mit einer Rosette verziert. Die genauere Beschreibung verdanke ich de Ridder. Roter Thon, heller Ueberzug, braunschwarzer Firnis. H a l s : falsche Spirale; Zickzack; schraffierter Mäander; Zickzack; falsche Spirale; Zickzack; falsche Spirale. S c h u l t e r : schraffiertes Zickzack, an jedem Ende ein Rechteck abgeteilt, in dem einen Gitterwerk, im anderen Vierblatt; falsche Spirale. Hauptstreifen fünfteilig: a) und e) senkrechtes Band von vier gittergefüllten Rauten, an jede setzen seitwärts Häkchen an. — b) und d) senkrecht laufender schraffierter Mäander. — c) oben ein Mäanderglied zwischen zwei Wasservögeln, Zickzacklinie vor dem Schnabel, hinter ihnen ein Dreieck; unten mit den Spitzen aufeinander gestellte gittergefüllte Dreiecke. Unterer Abschluß: falsche Spirale. Der untere Teil des Gefäßes ist mit enggedrängten umlaufenden Streifen verziert. Dadurch, wie durch die Doppelhenkel, ähnelt das Gefäß den kleinen Amphoren der Gruppe c.

14) Abb. 320. A t h e n , Nat.-Mus. 824 a. „Θήραϊ". Wide a. a. O. S. 31, Fig. 6. Höhe 0.75 m. H a l s : falsche Spirale; Zickzacklinie; schraffierter Mäander; falsche Spirale; Zickzacklinie; Wellenlinie (sog. laufender Hund), die aber nicht bis zum Ende des Streifens durchgeführt ist, sondern hier durch je fünf aneinander gereihte Rechtecke mit Diagonalen abgelöst wird; falsche Spirale. S c h u l t e r : 5-teilig; a) und e) oben schraffiertes Vierblatt, darunter Schachbrettmuster — b) und d) schraffiertes Zickzackband; Rechtecke mit gittergefüllten Dreiecken; schraffierter Mäander. — Mittelfeld c) ein verriebenes Kreisornament, wahrscheinlich Blattstern im Doppelkreis; in den oberen Ecken Rechtecke mit Diagonalen, unten Dreiecke mit Gitterfüllung. — Den unteren Abschluß bilden eine falsche Spirale, dann eine

Abb. 320. Theräische Amphora 14. Höhe 0.75 m.

Abb. 321. Theräische Amphora 15. Höhe 0.71 m.

in fünf Teile geteilter Streifen. Abschnitt a) und e) hat Wellenlinie, b) und d) Rechtecke mit gittergefüllten Dreiecken, c) vergl. die Abbildung.

---

[1]) C. Watzinger hatte die Freundlichkeit, das Bruchstück auf meine Bitte noch einmal zu untersuchen und bestätigt die theräische Herkunft desselben.

15) Abb. 321. Kopenhagen, Nat.-Mus. Durch Ross nach Kopenhagen gekommen. Aus Thera stammend [*] Conze Mel. Thongefäße S. VII. Anfänge der griech. Kunst Taf. IX. 2. Wide Jahrb. a. a. O. S. 32. Fig. 9. Höhe 0.74 m. Hals: falsche Spirale; Zickzack; schraffierter Mäander; falsche Spirale; schraffiertes Mäanderband; falsche Spirale. Schulter: 5-teilig: a) und e) oben Vogel mit einem Wurm im Schnabel, in der oberen Ecke Rechteck mit Diagonalen, von dem eine Zickzacklinie herabhängt; drei hängende Dreiecke; Schachbrettmuster. — b) und d) schraffiertes Zickzackband; schraffierter Mäander; Spirale. — Mittelfeld c) schraffierter Blattstern von doppelter Kreislinie umgeben, zwischen die Punkte gesetzt sind; in den oberen Ecken Rechtecke mit Diagonalen, in den unteren gittergefüllte Dreiecke und ein Stern. Unterer Abschluß: falsche Spirale. Der unterste Streifen ist in sieben Felder zerlegt. a) und g) schraffiertes Zickzackband, b) und f) sind leer, c) und e) je vier Wasservögel hintereinander gereiht, d) ein Stück Mäander.

16) Vergl. Abb. 113, S. 37. Thera, Grab 25. Ganz fragmentiert gefunden. Die Malerei ist mit auffallend breiten Strichen ausgeführt, so daß sie dunkler als gewöhnlich wirkt. Hals: Zickzacklinie; schraffierter Mäander; Zickzacklinie; Punktreihe. Schulter: drei Felder durch Gitterstreifen getrennt und abgeschlossen. Die Ecke jedes Feldes nimmt ein kleiner Stern ein, die Mitte ein Kreisornament. In diesen ist durch Sehnen ein Quadrat eingezeichnet, in dieses ein vierblättriger Stern. Blattstern und Kreissegmente sind schraffiert.

Abb. 322. Theräische Amphora 17.   Abb. 323 (= Abb. 142). Theräische Amphora 18.
Höhe 0.71 m.   Höhe 0.82 m.

17) Abb. 322. Athen, Nat.-Mus. 824. „θήρας" Annali 1872, Tav. K. 1 (ungenau). Wide a. a. O. 30, Fig. 7. Höhe 0.71 m. Hals: falsche Spirale; Zickzacklinie; schraffierter Mäander; Zickzacklinie; Reihe von vierfachen Kreisen, die ohne Verbindung eng aneinander gerückt sind. Schulter: drei Felder, geschieden durch je zwei senkrechte gigitterte Rautenbänder. Jedes Feld zeigt ein Kreisornament, je zwei Kreise mit einer Punktreihe dazwischen. In diesen sind durch je fünf kleinere Kreise Kreuze gebildet, wie die Abbildung zeigt. In Feld a) trägt der mittelste ein schwarzes Kreuz, in Feld b) sind alle fünf mit einem ebensolchen Kreuz gefüllt; unten in beiden Ecken des Feldes nochmals je ein dreifacher Kreis. — In c) in der Mitte wieder das Kreuz; die anderen vier Kreise sind nicht voll ausgezogen, sondern nur etwa ³/₄ Kreise, mit der offenen Seite an die sie umschließende Kreislinie anstoßend; die kleinen Kreise sind noch mit Punktreihen umgeben. Den unteren Abschluß des Schulterbildes bildet eine falsche Spirale.

18) Abb. 323. Thera, Grab 46. Höhe 0.82 m. Schon im Altertum zerbrochen und geflickt. Hals: Reihe dreifacher Kreise mit auffallend großem Mittelpunkt; schraffierter Mäander; Reihe von großen Punkten, die durch gebogene Linien verbunden sind; Kreise wie oben. Schulter: durch zwei senkrechte Bänder von gittergefüllten Rauten in drei Felder geteilt. In jedem ein Kreisornament. Der Ring jedesmal durch eine dünne Außen- und breite Innenlinie gebildet, zwischen denen eine Punktreihe. Die Füllung des Kreises

---

[*] Mit dem Gefäße zusammen in demselben Grabe soll ein Inselidol gefunden sein. Vergl. Mitteilung v. Sommers an Conze, Anfänge II 22. Das ist natürlich unwahrscheinlich. Sommer hat den Fund nicht selbst gemacht, sondern durch Ross erhalten. Doch kann das Idol — und das wird die Quelle des Mißverständnisses sein — sehr wohl auch aus Thera stammen.

besteht in einem großen schwarzen Centrum mit schraffiertem Blattstern darum. Den unteren Abschluß bildet eine falsche Spirale. Unter jedem Henkel ein doppelter Kreis, wie ein Auge.

19) Abb. 324. Thera, Grab 45. Höhe 0.78 m. Vollkommen intakt. Hals: Reihe dreifacher Kreise; schraffiertes Zickzackband; schraffierter Mäander; schraffiertes Zickzackband; Reihe dreifacher Kreise. Schulter: oben durch eine doppelte Zickzacklinie, unten durch eine falsche Spirale abgeschlossen; bei der Zickzacklinie sind die Ecken durch kurze Striche mit den den Streifen abschließenden umlaufenden Linien verbunden. Der Hauptstreifen ist in fünf Felder geteilt. a) und e) siehe Abb. 325. — b) und d) oben zwei Rechtecke, die von doppelten Diagonalen durchzogen sind; unten zwei schwarze Scheiben, jede von zwei Kreisen umgeben. — c) Kreis wie in a) und e) aber mit schraffiertem Blattstern gefüllt.

20) Abb. 326. Thera, Grab 39. Höhe 0.59 m. In Form und Malerei flüchtig. Hals: falsche Spirale; schraffierter Mäander, der aber nicht die ganze Länge des Streifens einnimmt; an jedem Ende ist noch ein Feld mit Rautenmuster angeschlossen; falsche Spirale. Schulter: 5-teilig. a) c) und e) oben Schachbrettmuster, darunter doppelte Zickzacklinie. — b) d) Kreisornament mit achtteiligem schraffiertem Blattstern; in jedem Zwickel ein Hakenkreuz. — Unter jedem Henkel eine Zickzacklinie.

21) Abb. 327. Thera, Grab 93. Scherben einer sehr großen Amphora. Vom Ornament des Halses ist nur der Rest einer Reihe von dreifachen Kreisen erhalten. Schulter: unten durch eine Reihe dreifacher Kreise, oben durch eine doppelte Zickzacklinie abgeschlossen, deren Ecken mit den den Streifen begrenzenden Linien durch kurze Striche verbunden sind. Hauptstreifen drei Felder, durch zwei breite Trennungsglieder geschieden. Die Felder enthalten einen Doppelkreis mit elfstrahligem Stern, dessen Mitte durch einen großen Punkt mit umgebendem getüpfeltem Ring gebildet wird (vergl. die Abb.); in den Zwickeln Dreiecke. — Die Trennungsstreifen sind jederseits von einer senkrechten Spirallinie begrenzt; das mittlere Band ist wiederum in drei Felder zerlegt; im obersten zwei gegeneinander gekehrte Vögel, im zweiten Schachbrettmuster, im dritten schraffiertes Mäanderband.

Abb. 324 (= Abb. 141). Theräische   Abb. 325.
Amphora 19. Höhe 0.78 m.

Abb. 326 (= Abb. 132). Theräische
Amphora 20. Höhe 0.59 m.

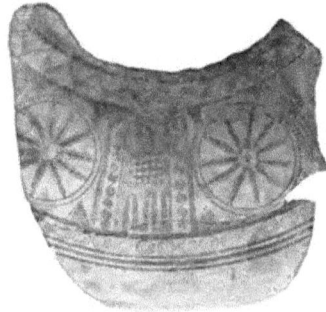

Abb. 327 (= Abb. 213). Theräische Scherbe 21.

22) Abb. 328. Thera, Sellada. Schulterbruchstück. Auffallend der Blattstern, der nur von einem einfachen Kreis umgeben ist und dessen Blätter eine punktierte Mittellinie haben. Selten auch das senkrecht verlaufende schraffierte Mäanderband.

23) Abb. 329. Thera, Sellada. Schulterbruchstück. Achtstrahliger Stern in Doppelkreis, unten gittergefüllte Dreiecke. Auffallend das Kreuz aus vier dreieckigen dunklen Blättern. Reihe von dreifachen Kreisen.

Abb. 328. Theräische Scherbe 22.

Abb. 329. Theräische Scherbe 23.

24) Abb. 330 (vergl. Abb. 152). Thera, Grab 54. Höhe 0.775 m. Hals: Zickzacklinie; falsche Spirale; schraffierter Mäander; Zickzacklinie; falsche Spirale. Schulter: schraffierte Zickzacklinie; darunter fünf Felder, durch doppelte Vertikallinien geschieden. a) und e) dreifacher Kreis mit eingeschriebenem achtblättrigem schraffiertem Stern; in den oberen Ecken je ein Stern, in den unteren ein schraffiertes Dreieck. — b) und d) oben ein Dreieck mit Schachbrettmuster; darunter zwei Kreise mit eingeschriebenem schwarzem Kreuz. — c) dreifacher Kreis mit eingeschriebenem Stern; in den oberen Ecken je ein Stern, in den unteren ein schraffiertes Dreieck. — Den unteren Abschluß der Schulterdekoration bildet eine falsche Spirale. Die um das Gefäß laufenden Linien sind sehr breit.

Abb. 330. Theräische Amphora 24. Höhe 0.775 m.

Abb. 331. Theräische Amphora 25. Höhe 0.77 m.

25) Abb. 331. Thera, Sammlung Nomikos. Wide a. a. O. S. 32, Fig. 8, in nicht ganz genauer Umzeichnung. Höhe 0.77 m. Hals: falsche Spirale; Zickzacklinie; schraffierter Mäander; Zickzacklinie; falsche Spirale; das letzte Band geteilt: an den Seiten Rechtecke mit Diagonalen und gittergefüllten Dreiecken, dazwischen schraffiertes Mäanderband. Schulter: dreiteilig, doch ist die Teilung nicht mehr streng durchgeführt. Sie wird gebildet durch zwei von oben herabhängende Dreiecke mit Schachbrettmuster;

darunter zwei aneinandergereihte Rechtecke mit Diagonalteilung; von diesen Rechtecken läuft abwärts eine dreifache Zickzacklinie, an deren Ecken Haken ansetzen; jederseits steht ein Wasservogel. Von den so entstehenden Feldern sind die beiden äußeren durch das übliche Kreisornament mit eingeschriebenem schraffiertem Blattstern eingenommen, während den Kreis des Mittelfeldes eine richtige Rosette einnimmt. Schraffierte Dreiecke, Hakenkreuze und Sterne vervollständigen die Füllung der Felder. Den seitlichen Abschluß gegen die Henkel bildet, was auf Wides Abbildung fehlt, ein senkrechter Streifen von gegitterten Rauten, an deren Ecken ebenfalls Haken ansetzen. Der untere Abschluß der Schulterdekoration wird durch zwei Streifen gebildet. Im oberen falsche Spirale, im unteren an den beiden Enden ein schraffiertes Zickzackband, in der Mitte schraffierter Mäander, dazwischen jederseits ein rechteckiges Feld mit je zwei gegeneinander gekehrten Vögeln und einem Hakenkreuz.

Abb. 332. Theräische Scherbe 26.   Abb. 333. Theräische Scherbe 27.

26) Abb. 332. Thera, Sellada. Schulterbruchstück. Am nächsten verwandt der Amphora 25. Die Felder waren durch eine ähnliche Kombination von Ornamenten getrennt: Rechtecke mit Diagonaldreiecken, senkrechte doppelte Zickzacklinie mit angesetzten Häkchen; jederseits daneben ein Wasservogel. Das die Felder trennende, aus einer einfachen dünnen Linie gebildete Mäander ist ungewöhnlich.

27) Abb. 333. Thera, Sellada. Schulterbruchstück. Im Kreise des Hauptfeldes ein schraffiertes Vierblatt, zwischen dessen Blätter noch je ein schraffiertes Dreieck gesetzt ist. Das daran anschließende Ornament leider nicht mehr deutlich. Es scheint ein halbmondförmiger Bogen mit darunter gesetzten Vögeln gewesen zu sein. Den unteren Abschluß bilden Rauten.

28) Thera, Sellada. Schulterbruchstück. Der oberste Teil des die Felder trennenden Streifens war zweigeteilt. Jeder Teil enthielt ein Dreieck mit Schachbrettmuster.

29) Bruchstück vom Halse einer großen theräischen Amphora, abgebildet von R. Rochette *Mém. d'arch. comparée, Mém. de l'Inst. de France* XVII 2, Taf. IX, 1. Mit einem noch jetzt im Cab. des Médailles befindlichen kleinen Bruchstück einer theräischen Amphora (de Ridder *Cat. des vases peints* No. 23) scheint es nicht identisch zu sein. Falsche Spirale; schraffiertes Zickzackband; Zickzacklinie.

Abb. 334. Theräische Scherbe 31.   Abb. 335. Theräische Scherbe 32.

30) Zwei Bruchstücke vom Halse einer großen Amphora. Louvre A 268. Falsche Spirale; schraffiertes Zickzackband; schraffierter Mäander; falsche Spirale. Ich verdanke den Hinweis auf die aus Thera stammenden Bruchstücke G. Karo; die theräische Technik bestätigt mir auf meine Frage Herr P. Jamot, dem ich auch die Beschreibung verdanke.

31) Abb. 334. Thera, Sellada. Bruchstück eines Amphorenhalses. Falsche Spirale; Mäander aus einer einfachen breiten Linie gebildet.

32) Abb. 335. Thera, Sellada. Bruchstück von einem Halse. Unter dem Rande ein plastischer Reif. Den oberen und unteren Abschluß bildet eine Reihe von Punkten, die durch gebogene Linien verbunden sind, wie bei der Amphora 18. Dazwischen eine sehr steil gestellte Zickzacklinie.

b) Amphoren gleicher Form, nur haben sie statt der Schulterhenkel solche, die senkrecht vom Halse zur Schulter herab geführt sind. Die Verteilung der Dekoration ganz entsprechend wie bei Gruppe a.

33) Abb. 336. Thera, Sellada. Nur Hals und Henkel sind erhalten. Malerei ziemlich flüchtig mit rotem Firnis ausgeführt. Punktierte Ringe um große Mittelpunkte oben und unten. Dazwischen schraffierter Mäander. Die Stäbchen der Henkel sind in Rechtecke mit durchgezogenen Diagonalen eingeteilt.

Abb. 336. Theraisches Bruchstück 33.

Abb. 337.

Abb. 338. Detail von Amphora 34.

34) Taf. I 2; vergl. Abb. 144, S. 45. Thera, Grab 49. Dies Exemplar ist besonders sorgfältig ausgeführt und dekoriert. Henkel: mit Linien, Punktreihen und Zickzacklinien geschmückt. Hals: Reihe von dreifachen Kreisen; Punktreihe zwischen zwei Linien; Band von gittergefüllten Rauten, in jedes helle Feld ist noch ein Punkt gesetzt; falscher Mäander, durch abwechselnd gestellte schraffierte Haken gebildet; gittergefüllte Dreiecke, wieder mit Pünktchen zwischen dem Gitterwerk; Streifen von dunkelgefirnisten gegeneinander gekehrten Dreiecken, wie Abb. 337; Kreise wie oben. Schulter: durch zwei breite senkrechte Trennungsstreifen in drei Felder geteilt. Vergl. Abb. 338. In jedem dieser Felder ein Kreisornament. Die Trennungsglieder bestehen aus Schachbrettstreifen und einem senkrechten Flechtband. Unterer Abschluß der Dekoration: Reihe dreifacher Kreise wie am Halse.

Abb. 339. Detail von Amphora 35.

35) Taf. I 1; vergl. Abb. 10, S. 17. Thera, Grab 9 (jetzt in Athen im Nat.-Mus.). Höhe 0,80 m. Hals: Punktsterne; starke Wellenlinie, bei der in jeden Bogen ein Punkt gesetzt ist; Mäander; zwei Parallellinien, die durch kleine Striche verbunden sind; Treppenornament; Reihe von dreifachen Kreisen. Schulter (vergl. Abb. 339): stark stilisierte

hängende Lotosblüten; dazwischen je ein Punktstern. Reihe von dreifachen konzentrischen Kreisen. Auf dem Henkel ein breites doppeltes nach oben laufendes Flechtband, an der Spitze durch eine Palmette abgeschlossen, deren Blätter abwechselnd in Kontur gezeichnet und dunkel gefüllt sind. In jedem Auge des Flechtbandes ist ein rundes Loch durch den Henkel gebohrt. Das Gefäß zeichnet sich durch besonders sorgfältige Technik und geschmackvolle Dekoration aus. Der Firnis ist vollkommen rot geworden. Die Zeichnung ist mit starken breiten Linien ausgeführt. Schraffierung fehlt gänzlich. Wo der Maler eine breitere Fläche geben wollte, ohne sie ganz mit Firnis auszufüllen, wie z. B. an dem Flechtbande, den Stielen und den Kelchblättern der Blüten, setzte er zwischen die Grenzlinien Punkte.

36) Abb. 340. Thera, Sellada. Schulterbruchstück. Oben Stabornament, darunter ein Rankenornament. Die Ranken sind wie bei der Amphora 35 aus Doppellinien gebildet, zwischen denen Punkte stehen.

Abb. 340. Theräische Scherbe 36.

37) Abb. 341. Vergl. Abb. 11 S. 17. Thera, Grab 10. Sehr schlechtes flüchtig dekoriertes Exemplar. Höhe 0.80 m. Der rote Thon hat einen dünnen schmutzig-grüngrauen Ueberzug, auf den die Ornamente mit mattem hellgrau-bräunlichem Firnis aufgetragen sind. Die ganze Dekoration ist sehr verblaßt und verrieben. Hals: hängende Dreiecke; Streifen wie Abb. 337; zwei sich kreuzende Zickzacklinien, an jedem Knickpunkt ein Tupfen; in der Mitte eines breiten freien Streifens vier ineinander geschriebene Rhomben, an die freien Ecken des äußeren ist ein T-förmiges Ornament angesetzt; Zickzackstreifen wie oben. Schulter: Stabornament; drei Felder, die durch vier Trennungsstreifen geschieden und seitlich begrenzt sind. a) und c) zeigen einen Stern wie Abb. 338, b) in getüpfeltem Ring einen achtblätterigen schraffierten Stern. In den unteren Zwickeln des ersten Feldes vier kreuzweis gestellte und durch Linien verbundene Blättchen. An der gleichen Stelle im Mittelfeld schraffierte Dreiecke. Die Trennungsstreifen haben die beistehend Abb. 342a, b gezeichneten Ornamente. Den unteren Abschluß bildet eine doppelte Zickzacklinie, wie am Halse; dann eine Reihe von Hakenspiralen. Letztere ist nicht bis ans Ende geführt, sondern es schließen noch jederseits drei dreifache Kreise an. Auf den Henkeln ein einfaches Flechtband.

Abb. 341. Theräische Amphora 37.
Höhe 0.80 m.

Abb. 342a, b. Details von Amphora 37.

38) Vergl. Abb. 19, S. 19. Thera, Massenfund No. 2. Kleine Nachbildung einer theräischen Amphora; nur 0.09 m hoch; roter Thon und heller Ueberzug, auf welchen mit rotem Firnis ein paar einfache geometrische Ornamente gemalt sind.

c) Amphoren mit schlankerem Halse. Unter der Lippe ist noch ein plastischer
Reif angebracht. Verteilung der Dekoration ganz wie bei den beiden ersten Gruppen.

39) Abb. 343. Paris, Cab. des Médailles. de Ridder *Cat. des vases peints* No. 22 (Inv. No. 748).
Erworben mit No. 13 zusammen von Bory de St. Vincent. R. Rochette *Mon. de l'inst. de France* XVII, 2
p. 78 ff. Conze Anfänge S. 513. Photographie und Beschreibung verdanke ich de Ridder. Höhe 0.80 m. Hals:
vier Reihen falscher Spiralen, getrennt durch zwei Zickzacklinien und einen schraffierten Mäander. Schulter:
dreiteilig; a) und c) haben oben zwei mit den Spitzen aufeinander gestellte gittergefüllte Dreiecke, an deren
Berührungspunkten jederseits ein Haken angesetzt ist; darunter je ein Wasservogel; vor ihm eine Zickzacklinie; hinter ihm Rechteck mit eingezeichneten gittergefüllten Dreiecken. — b) das übliche Kreisornament mit
eingezeichnetem schraffiertem Blattstern; zwischen die Blätter sind Punktrosetten gesetzt; in den oberen
Ecken des Feldes Hakenkreuze, in den unteren gittergefüllte Dreiecke.

40) Abb. 344a, b. Athen, Nat.-Mus. 899. „θήρας". Wide a. a. O. S. 33, Fig. 10. Höhe 0.275 m. Kleines
Exemplar der Form von 39. Nur sind hier Doppelhenkel vor-
handen. Hals: Wellenlinie, welche Punkte tangiert; Zickzacklinie; schraffierter Mäander; Zickzacklinie; schraffiertes Mäanderband; Wellenlinie wie oben. Schulter: gittergefüllte Dreiecke;
Zickzacklinie; dreiteiliger Streifen. a) und c) Vogel, als Füllornamente dienen Gruppen von je 3 Punkten; in der oberen
Ecke Rechteck mit Diagonalen. — b) schraffiertes Vierblatt.
Streifen von Rechtecken mit eingezeichneten Diagonalen und
Dreiecken; falsche Spirale. Der ganze untere Teil des Gefäßes
ist mit eng gereihten Parallellinien bedeckt.

Abb. 343. Theräische Amphora 39.   Abb. 344a, b. Theräische Amphora 40. Höhe 0.275 m.
Höhe 0.80 m.

41) London, Brit. Mus. A 409. Aus Lenormants Nachlaß 1867 erworben. Von Wide a. a. O.
S. 33 als theräisch erkannt. Cecil Smith bestätigte mir die theräische Technik der Vase und stellte mir
freundlichst die genaue Beschreibung zur Verfügung. Höhe 0.27 m. Die Form genau No. 40 entsprechend.
Bei Formung des mittleren Henkelansatzes scheint der Töpfer versucht zu haben, ihn einem Stierkopf
anzuähneln. Hals: falsche Spirale; Zickzack; schraffierte Dreiecke. Rechtecke mit Diagonalen und Dreiecken.
Schulter: schraffiertes Zickzack; Punktreihe; gittergefüllte Dreiecke; Zickzack. Der untere Teil der Vase
ist gefirnißt mit Ausnahme einiger thongrundig ausgesparter Linien.

42) Leiden, Mus. II 1552. Aus der Sammlung van Lennep in Smyrna, also wohl wie andere
Vasen dieser Sammlung aus Thera. Nach der Dekoration sicher theräisch. Auch Wide a. a. O. S. 39 hält
die Vase für theräisch. Hals: falsche Spirale; schraffierter Mäander; Zickzacklinie; Punktreihe. Schulter:
gittergefüllte Dreiecke; Vogel mit Wurm, als Füllornamente Punktrosetten, in der oberen Ecke des Feldes
Rechteck mit Diagonalen; Punktreihe.

43) Vergl. Abb. 82, S. 30. Thera, Grab 17. In der Form 42 nächstverwandt; aus rotem Thon gefertigt, mit hellem Ueberzug, also doch wohl auch theräisch. Ueber die Dekoration läßt sich Genaueres nicht mehr ermitteln, da die Oberfläche ganz zerfressen ist. Nur einige umlaufende Parallellinien sind am unteren Teil des Gefäßes noch zu erkennen.

a   b

Abb. 345a, b (= Abb. 108a, b). Theräische Amphora 44. Höhe 0 535 m.

44) Abb. 345a, b. Thera, Grab 21. Höhe 0.535 m. Gleiche Form, nur plumper. Einfache Henkel. Der plastische Reifen am Halse ist schnurartig gekerbt. Dekoration auf beiden Seiten sehr schlecht ausgeführt. Hals: Zickzack; schraffiertes kompliziertes Mäanderband; hängende dreifache Halbkreise. Schulter: Reihe von Doppelkreisen mit eingezeichnetem Stern. Hauptstreifen 5-teilig. a) und e) Gitterfüllung; b) und d) großes schraffiertes Hakenkreuz; c) auf der einen Seite mit einem kompliziert gebogenen Stück Mäander, auf der anderen mit einem gewöhnlichen schraffierten Mäander und einer schraffierten Zickzacklinie gefüllt.

a   b

Abb. 346a, b (= Abb. 148a, b). Theräische Amphora 45. Höhe 0.50 m.

45) Abb. 346a, b. Thera, Grab 52. Höhe 0.50 m. Aehnliche Form. Die beiden Henkel setzen senkrecht an die Schulter an und sind wie aus zwei Stäben zusammengefügt. Sehr sorgfältiges Stück mit zweiseitiger Dekoration. Hals: auf der obersten umlaufenden Linie sitzen doppelte Halbkreise. Es folgt eine falsche Spirale und schraffierter Mäander. Schulter: Reihe dreifacher Kreise, in deren mittelsten ein Ordenskreuz eingeschrieben ist; doppelte Halbkreise wie am Halse; schraffierter Mäander; an jedem Ende des Bandes ist ein Rechteck abgetrennt, in dem sich ein Vierblatt befindet; falsche Spirale. Der untere Teil der Vase ist mit breiteren und schmäleren Firnisstreifen umzogen. Die Rückseite ist der Vorderseite gleich, nur findet sich statt des Mäanders auf der Schulter ein mit Gitterwerk gefüllter Streifen; in jedes der kleinen Vierecke ist ein Punkt gesetzt.

46) Abb. 347. Thera, Grab 68. Höhe 0.36 m. Bauchige Amphora mit niedrigem Halse; Lippe, Henkel und Fuß wie bei den großen Amphoren, mit denen sie auch den Charakter und die Verteilung der Dekoration gemein hat. Hals: Flechtband; Rhomben mit eingezeichnetem liegendem Kreuz; Flechtband. Schulter: oben durch hängende Dreiecke, unten durch ein Flechtband abgeschlossen. Dazwischen drei Felder. a) und c) punktierter Kreis mit Stern darin; in den oberen Ecken Dreiecke mit Gitterfüllung, in den unteren Rhomben. — b) Rhomben mit eingezeichnetem liegendem Kreuz; Mäander mit Punktfüllung; einfache Rhomben.

Abb. 347 (= Abb. 178). Theräische Amphora 46. Höhe 0.36 m.

d) Pithos.

47) Einige Bruchstücke eines mächtigen Pithos wurden im Schutt der Sellada gefunden. Es muß ein sehr umfangreiches bauchiges Gefäß gewesen sein; die Mündung maß 0.54 m im Durchmesser. Ganz niedriger Hals mit breitem flachem Rand. Technik und Dekoration ganz den großen Amphoren entsprechend. Auf dem Halse falsche Spirale, von der Schulterdekoration hat sich eine Zickzacklinie und ein Kreis mit schraffiertem Blattstern erhalten.

e) Bauchige Amphoren ohne Hals. Die Mündung von niedrigem senkrechtem Rand umgeben. Doppelbügelhenkel, niedriger Ringfuß. Die Dekoration beschränkt sich auch hier auf die eine Seite der Schulter. Der ganze übrige Körper des Gefäßes ist bis auf einige schmale hell ausgesparte Streifen mit Firnis überzogen.

48) Abb. 348. Thera, Grab 64a. Höhe 0.37 m. Blaßrötlicher Ueberzug, braunschwarzer, zum Teil rot gewordener Firnis. Die Schulter ist in sechs Felder, vier kleine Seitenfelder und zwei größere Mittelfelder geteilt. In den oberen Seitenfeldern schraffiertes Vierblatt, in den unteren gegitterte Rauten. Im oberen Mittelfeld schraffiertes Zickzack mit darunter gesetzten gittergefüllten Dreiecken, im unteren schraffierter Mäander.

49) Abb. 349. Thera, Grab 64b. Höhe 0.37 m. Sehr ähnlich der vorigen. Sehr gute Technik. Seitenfelder wie bei den vorigen. Das Mittelfeld hat drei Streifen. Oben gegitterte Dreiecke, dann schraffierter Mäander, zu unterst doppelte Zickzacklinie.

50) Abb. 350. Thera, Grab 64c. Höhe 0.36 m. Das Gefäß hat schlechteren Firnis als die beiden vorigen. Schulter: oben gittergefüllte Dreiecke, darunter drei Felder. a) und c) Vogel mit einem Wurm im Schnabel; unter ihm ein Gitterdreieck, hinter ihm ein Hakenkreuz. Mittelfeld b): oben Punktreihe, darunter Zickzacklinie, dann falsche Spirale.

51) Abb. 351. Thera, Grab 85. Höhe 0.30 m. Sehr sorgfältiges Stück. Schulter: oben ein Streifen mit hängenden Gitterdreiecken, darunter ein breiteres Mittelfeld, gefüllt mit schraffiertem Mäander, und zwei schmale Seitenfelder, in eine senkrechte doppelte Zickzacklinie, deren Zacken durch kurze horizontale Striche mit den seitlich begrenzenden Linien verbunden sind.

52) Abb. 352. Thera, Sammlung Nomikos. Höhe 0.29 m. Ueberzug und Firnis vielfach abgesprungen. Schulter: aufrechte Gitterdreiecke. Darunter drei Felder: im Mittelfeld schraffierter Mäander; die Seitenfelder haben Gitterfüllung; in jedem der entstehenden kleinen Vierecke ein Punkt.

53) Mus. in Leiden II, 1553. Aus der Sammlung van Lennep, Smyrna. Abgebildet bei Conze Anfänge Taf. III, 1. Schulter: im oberen Streifen eine Reihe von Dreiecken, in die Zwickel noch jedesmal eine Zacke eingesetzt. Der untere Streifen ist fünfteilig. a) und e) Kreuz von zwei getüpfelten Balken. — b) und d)

Abb. 348 (= Abb. 161). Theräische
Amphora 48. Höhe 0.37 m.

Abb. 349 (= Abb. 167). Theräische
Amphora 49. Höhe 0.37 m.

Abb. 355 (= Abb. 155).
Theräische Amphora 56.
Höhe 0.31 m.

Abb. 350 (= Abb. 170).
Theräische Amphora 50.
Höhe 0.36 m.

Abb. 351 (= Abb. 204).
Theräische Amphora 51.
Höhe 0.30 m.

Abb. 356. Theräische
Amphora 60. Höhe
0.255 m.

Abb. 352. Theräische Amphora 52.
Höhe 0.29 m.

Abb. 357. Theräische Amphora 61.
Höhe 0.325 m.

zwei senkrechte Zickzacklinien, an den Ecken setzen Haken an. – c) fünf wagerechte Zickzacklinien. Auch die Platte, mit welcher der Doppelhenkel in der Mitte an den Körper des Gefäßes ansetzt, ist verziert, und zwar mit zwei diagonal gezogenen Linien und einem Kreis mit eingezeichnetem Kreuz. Die Amphora besitzt noch ihren Deckel, der senkrechten Rand hat und anscheinend leicht gewölbt ist. Oben ein einfacher Knopf.

53) Abb. 353. Thera, Grab 53. Ganz zerbrochen. Schulter: oberer Streifen mit gegitterten Dreiecken. Darunter ein Feld mit schraffiertem Vierblatt zwischen dessen Blätter Punktreihen gesetzt sind. Mittelfeld: Zickzacklinie; Punkte, durch Linien verbunden; schraffiertes Zickzackband.

Abb. 353 (= Abb. 150). Theräische Scherbe 54.   Abb. 354 (= Abb. 89). Theräische Scherbe 55.

55) Abb. 354. Thera, Grab 17. Bruchstück von der Schulter. Sehr guter Ueberzug. Dekoration: Dreiecke mit Gitterfüllung, darunter Reste eines schraffierten Mäanders.

56) Abb. 355. Thera, Grab 57. Höhe 0.31 m. Schlechtes Exemplar. Ein Ueberzug ist kaum vorhanden. Auf die hellrote Oberfläche ist mit schlechtem braunem Firnis gemalt. Schulter in drei Streifen zerlegt: oben und unten falsche Spirale, dazwischen eine einfache Zickzacklinie.

57) Thera, Grab 12. Höhe 0.31 m. Die Oberfläche ist ganz abgerieben, so daß von der Dekoration nichts mehr zu erkennen ist.

58) Thera, Grab 55. Ganz zerdrückt und zerfressen.

59) Einige Scherben einer solchen Amphora wurden auch noch im Grab 18 gefunden.

60) Abb. 356. Thera, Sammlung Nomikos. Höhe 0.255 m. Mit einfachem Bandhenkel. Ziegelroter grober Thon. Orangegelber Ueberzug. Firnis braun bis rot. Mündung und Fuß gefirnist. Breitere und schmälere umlaufende Firnisstreifen. Die Schulterfläche in der Mitte durch zwei senkrechte Parallellinien geteilt. Auf den Henkeln ebenfalls Parallellinien.

61) Abb. 357. Thera, Sammlung Delenda. Höhe 0.325 m. Die einfachen Henkel sind abgebrochen. Grober roter Thon. Heller Ueberzug. Mündung gefirnist. Von den Henkeln abwärts ist das Gefäß mit feinen Parallellinien umzogen. Die ausgesparte Schulterfläche ist durch Gruppen von je sechs senkrechten Parallellinien in vier Felder geteilt. Photographie und nähere Angaben verdanke ich hier wie bei 52 und 60 R. Zahn.

B. Eimer.

62) Abb. 358. Thera, Sammlung Nomikos. Höhe 0.395 m. Durchm. 0.435 m. Profilierter Rand. Zwei wagerechte bandförmige Henkel. Grober ziegelroter Thon, außen und innen mit graugelbem Ueberzug. Mit braunem Firnis sind umlaufende Linien um das Gefäß gezogen und die Henkel bemalt.

Abb. 358 (= Abb. 306a). Theräische Vase 62. Höhe 0.395 m.

C. Skyphoi.

Die theräischen Skyphoi haben niedrigen Ringfuß; die Wandungen ziehen sich nach oben wieder etwas zusammen und schließen mit einer schwach abgesetzten niedrigen senkrechten Lippe ab. Die Henkel setzen wagerecht etwa an der Stelle des größten Durchmessers an. Als Beispiel mag der Abb. 359 wiederholte Napf dienen.

63) 64) Vergl. Abb. 88, S. 31. Thera, Grab 17. Zwei ganz gleiche Näpfe aufeinander stehend gefunden. Das ganze Gefäß ist gefirnist bis auf einen Streifen zwischen den Henkeln. In diesem senkrechte, eng aneinander gerückte Zickzacklinien.

65) 66) Vergl. Abb. 84 und 87, S. 30 f. Thera, Grab 17. Zwei ebenfalls gleiche Näpfe. Auf dem Rande ein Firnisstreifen. Im Streifen zwischen den Henkeln, zwischen je neun senkrechten Strichen, zwei schraffierte Haken, mäanderartig gegeneinander gestellt.

67) Vergl. Abb. 162, S. 51. Thera, Grab 64. Höhe 0.08 m. Auf dem Rande ein Firnisstreifen. Zwischen den Henkeln schraffierter Mäander. Neben den Henkeln jederseits ein Stern. Unter dem Ornamentstreifen zwei ausgesparte Linien. Das übrige Gefäß gefirnist.

68) Vergl. Abb. 163, S. 51. Thera, Grab 64. Höhe 0.08 m. Wie der vorige, nur laufen die hellen Streifen um. Im Mittelstreifen schraffierter Mäander; jederseits ein Feld mit Rautenmuster, in jeder Raute ein Punkt. Neben den Henkeln Punktrosetten.

69) Abb. 359. Thera, Grab 64. Höhe 0.08 m. Wie die vorigen. Der schraffierte Mäander, der hier den Dekorationsstreifen füllt, besteht nur aus S-förmigen Bändern, die ineinander greifen.

70) Thera, Sammlung de Cigalla. Höhe 0.075 m. Im ausgesparten Streifen parallele wagerechte Zickzacklinien.

71) Mus. in Leiden II, 1554. Aus der Sammlung van Lennep, Smyrna. Conze Anfänge Taf. III, 3. Zwischen den Henkeln in ausgespartem Streifen schraffierter Mäander.

72) 73) Mus. in Leiden II, 1555 und 1556. Gleiche Provenienz. Conze Anfänge S. 509. Zwei gleiche Skyphoi. Statt des Mäanders doppelte liegende Zickzacklinie.

74) Mus. in Leiden II, 1557. Aus der Sammlung Rottiers. Conze a. a. O. S. 510. Statt des Mäanders einfache Zickzacklinie.

Abb. 359 (= Abb. 164). Theräischer Skyphos 69.
Höhe 0.08 m.

Abb. 360. Theräischer Skyphos 80.
Höhe 0.19 m.

75) Mus. in Leiden II, 1558. Herkunft unbekannt. Conze Anfänge S. 510. Drei Zickzacklinien.

76) Mus. in Sèvres. Erwähnt von Brogniart und Riocreux *Descr.* p. 98. Zickzack und Mäander. Notiz von G. Karo.

77) Louvre. Thera. Pottier *Cat. des vases* 267. Höhe 0.08 m. Rötlicher Thon und Firnis. Zwischen den Henkeln ein schraffierter Hakenmäander. Ich verdanke die näheren Angaben P. Jamot.

78) Scherben von gleichartigen Näpfen fanden sich zahlreich in den Gräbern und im Schutt der Nekropole. So z. B. in Grab 17.

79) Thera, Grab 17 (3). Bruchstück. Ganz gefirnißt bis auf den bandförmigen Henkel, der hellen Ueberzug und wagerechte Firnisstriche hat.

80) Abb. 360. Thera, aus Schiffs Grab. Höhe 0.19 m, Durchm. 0.25 m. Großer Skyphos. Der Streifen zwischen den Henkeln durch Gruppen von je sechs senkrechten Linien in vier Felder geteilt. Den unteren Teil umziehen breite Firnisstreifen. In demselben Grab Bruchstücke eines ähnlichen.

D. Schüsseln und Aehnliches.

81) Mehrfach fanden sich Bruchstücke größerer undekorierter henkelloser Schalen aus theräischem Thon, die ganz mit schwarzem Firnis überzogen waren. Sie hatten teils einen abgesetzten Rand wie die Skyphoi (z. B. in Grab 79 und 80 und in Grab 85, vergl. Abb. 194. 205, S. 57 und 59), teils war der Rand oben etwas eingezogen (z. B. Grab 64 und 79/80). Leider war keine dieser Schalen auch nur einigermaßen gut erhalten.

82) Eine ähnliche Schale fand sich in Grab 25; hier ist die Außenseite mit Firnisstreifen verziert. Am Rande war sie zweimal durchbohrt zum Durchziehen einer Schnur.

83) Vergl. Abb. 90a b, S. 32. Thera, Grab 17. Zwei Scherben eines tiefen Napfes mit niedrigem senkrechtem Rand. Der wagerecht angesetzte Henkel ist durch einen Bügel mit dem Rande verbunden. Nach Thon und Ueberzug theräisch. Am Rande Flechtband; am Bauch des Gefäßes senkrechtes Flechtband, Rautenmuster, darunter eine Reihe von Dreiecken.

84) Vergl. Abb. 309, S. 119. Thera, Sellada. Bruchstück einer Schüssel mit Ausguß. Unter dem Ausguß ein schraffiertes Vierblatt und Punktreihen. Wagerechtes zweigartiges Ornament.

85) Vergl. Abb. 154, S. 48. Thera, Grab 57. Große zweihenklige Schüssel. Durchm. o.29 ᵐ. Aus ziemlich grobem rotem Thon mit hellem Ueberzug. Mit mattem violettbraunem Firnis sind Streifen auf die Außenseite der Wandung gemalt. Ganz sicher ist der theräische Ursprung des Gefäßes nicht.

E. Teller.

86) Abb. 361. Thera, aus Schiffs Grab. Durchm. o.135 ᵐ. Flacher Teller. Der Henkel am Rande angeklebt. Die Enden des Henkels etwas aufgebogen. Dekoration an der Außenseite: in der Mitte schraffierter Blattstern; dann Gitterdreiecke, falsche Spirale, Zickzacklinie.

Abb. 361. Theräischer Teller 86. Durchm. o.135 ᵐ.   Abb. 362. Theräischer Teller 87.

87) Abb. 362. Thera, aus Schiffs Grab. Form wie bei 86, aber mit einfachen Henkeln. In der Mitte einfacher Stern, dann Zickzacklinie zwischen breiten Firnisbändern.

F. Deckel.

Die theräischen Deckel haben einen niedrigen senkrechten Rand; die obere Fläche ist schwach gewölbt, der Knopf flach. Thon, Firnis und Ueberzug entsprechen denen der großen Amphoren. Auf den senkrechten Rand ist meist eine falsche Spirale gemalt, während die obere Fläche breitere und schmälere Firnisstreifen aufweist. Mehrfach wurden diese Deckel gerade in Gräbern gefunden, welche Amphoren der Form e (No. 46 ff.) enthielten. Auf den Deckel der Leidener Amphora, der dieselbe Form hat, wurde oben schon hingewiesen; wahrscheinlich sind auch diese beiden Stücke zusammen gefunden. Nach Form und Größe passen die Deckel vortrefflich auf den niedrigen senkrechten Mündungsrand der Amphoren.

88—90) Es fanden sich solche Deckel, mehr oder weniger gut erhalten, im Grab 17 (Durchm. o.20 ᵐ), im Grab 18, im Grab 64. Letzterer hat o.235 ᵐ Durchmesser. Der Firnis spielt ins Violette. Am Rande falsche Spirale. Die obere Fläche ist gefirnist bis auf ein paar ausgesparte helle Linien. Auf dem Knopf findet sich ein Kreis mit Kreuz darin. Zwischen die Balken desselben sind schraffierte Dreiecke gesetzt.

Auch im Schutt fanden sich noch Reste solcher Deckel.

G. Räuchergefässe.

91) Abb. 363. Thera, aus Schiffs Grab. Kelchförmiges Gefäß mit hohem Fuß und durchbrochenen Wandungen. Unvollständig. Im oberen Streifen war wohl ein schraffierter Mäander; darunter falsche Spirale; dann Dreiecke mit Gitterfüllung. Am Fuß umlaufende Streifen.

92) Abb. 364. Thera, aus Schiffs Grab. Aehnliche Form. Der obere Teil fehlt. Punktuertes Flechtband mit großen Augen. Punktreihen auf den Stäben des durchbrochenen Teiles.

Abb. 363. Theräische Vase 91.

Abb. 364. Theräische Vase 92.

H. Kleine unverzierte Gefässe.

Auch von diesen sind manche, soweit das Auge entscheiden kann, aus theräischem Thon gefertigt, der meist ganz mit schlechtem Firnis überzogen ist. Besonders zahlreich sind kleine Tassen mit einem Henkel, bald größer bald kleiner, oft ganz flach, dann wieder recht zierlich mit scharf abgesetztem Rand geformt. (Vergl. Abb. 365). Sie fanden sich sehr zahlreich im Massenfunde (No. 4) und in dem von Schiff gefundenen Grabe; ferner in den Gräbern 11, 17, (19), 21, 25, 27, 28, 32, 39, 57, 58, 68, 79, 85, 91, 92, 100, oft als einzige Beigabe.

Kleine Milchfläschchen (vergl. S. 117) derselben Technik fanden sich im Grab 25 und 28. Im Grab 32 lag ein kleines undekoriertes Kännchen, im Grab 84 ein eigentümlich geformter henkelloser Becher. Endlich dürfen hierfür wohl noch die drei kleinen Nachbildungen der Rhyta (S. 19 Abb. 18), die aus grobem rotem Thon gefertigt sind, gezählt werden, und eine kleine Kanne aus demselben Material, ebenfalls ohne Glättung der Oberfläche und ohne Ornament, die wie jene in dem Massenfund zu Tage gekommen ist.

Abb. 365. Theräische Tasse.

Auch manches weitere kleine Gefäß mag noch in Thera gefertigt sein. Eine sichere Entscheidung darüber ist nicht möglich, und zur Kenntnis des theräischen Stiles tragen sie auch nichts weiter bei.

Die Durchsicht des vorstehend vereinigten Materiales lehrt, daß, auch abgesehen von Material und Technik, die theräischen Vasen sich deutlich aus der Fülle der geometrischen Stile herausheben. Zwar bieten die Ornamente, einzeln betrachtet, wenig Besonderes und lassen sich zum weitaus größten Teil bald aus dem einen, bald aus dem anderen gleichzeitigen Stil belegen. Ebenso giebt es für die Formen hier und dort Analogien und nicht einmal die Dekorationsverteilung ist in der nachmykenischen Vasenmalerei ohne gleichen. Aber in dieser Vereinigung konnten bestimmte Gefäßformen mit einer bestimmten Auswahl von Ornamenten in bestimmter Anordnung doch eben nur in Thera vor.

Die theräischen Gefäße zeichnen sich durch einfache klar gegliederte Formen aus, die Formen aller baroken Uebertreibungen, wie sie andere geometrische Stile, namentlich der Dipylonstil hervorgebracht haben, entbehren. Die Dekoration ist sparsam. Nie ist das ganze Gefäß mit Ornamenten überzogen, sondern immer nur bestimmte Teile. Diese sind mit richtigem Gefühl gewählt; es sind die Teile, die unwillkürlich die Blicke zuerst auf sich ziehen, der Hals und der Streifen zwischen den Henkeln. Der ganze untere tragende Teil des Gefäßes bleibt unverziert. Diese Oekonomie des Ornamentes erhöht den klar disponierten Eindruck, den die Gefäße machen, und hebt die Gliederung noch schärfer hervor. Indem der Töpfer die tragenden Teile der Vase dunkel färbte oder mit umlaufenden Parallellinien umzog, gab er ihnen ein festes, straffes Aussehen, gleichsam als seien sie mit Bändern oder Reifen zusammengeschnürt. Die Formen, bei denen der Körper sich auffallend stark nach dem Fuß hin verjüngt und der größte Durchmesser in den oberen Teil des Gefäßes verlegt wird, unterstützen diesen Eindruck. Bei aller Bauchigkeit machen die Gefäße doch einen elastischen Eindruck. Dieses feine Formgefühl ist der Hauptvorzug der theräischen Töpfer. Die Dekoration ordnet sich der Form unter. Die Ornamente treten den kräftigen Einteilungslinien gegenüber etwas zurück. Während diese mit breitem Pinselstrich gezogen sind, werden jene mit feinen Linien gemalt und größere dunkle Flächen vermieden. Die Figuren sind fast stets in Kontur gezeichnet und mit feiner Schraffierung gefüllt. Die Ausführung der Ornamente ist eine saubere und sorgfältige. Wenn trotz solcher Vorzüge die theräischen Vasen, namentlich in größerer Zahl betrachtet, einen etwas nüchternen Eindruck machen, so liegt das wohl in erster Linie gerade an der Korrektheit und Planmäßigkeit, bei der einmal gefundene Ornamentformen und -dispositionen mechanisch immer wiederholt werden. Nur ganz wenige Gefäße zeigen ein etwas eigenartigeres Gepräge und einen individuelleren Geschmack ihres Verfertigers.

Formen-
armut Auffallend ist zunächst die Formenarmut der theräischen Keramik. Der charakteristische theräische Stil beschränkt sich in unseren Grabfunden auf wenige Vasenformen. Es mag hier der Umstand in Rechnung gezogen werden, daß wir bisher die theräischen Vasen ausschließlich aus Gräbern kennen und hier selbstverständlich nicht alle Formen, über welche die Töpfer verfügten, vertreten zu sein brauchen. Doch kann man die Beobachtung auch anderen Ortes machen, daß zu gewissen Zeiten an gewissen Orten bestimmte Formen von den Töpfern bevorzugt und so recht eigentlich zu Trägern des betreffenden Stiles gemacht werden [13], während in denselben Töpfereien für die Bedürfnisse des alltäglichen Lebens noch zahlreiche andere Formen hergestellt wurden, die unverziert in den Handel gebracht wurden und deren Herkunft daher für uns nicht mehr so leicht festzustellen ist.

Pithoi Als die charakteristischen Vertreter des theräischen Stiles, auf denen er sich in seiner Eigenart am klarsten zeigt, darf man die Amphoren und unter ihnen wohl die großen Pithoi der Gruppe a zu betrachten. Es ist die alte Form des Vorratsgefäßes, die hier in weiterer Ausbildung vorliegt, eine der Formen, bei deren Ausgestaltung die Verwendung ganz besonders deutlich mitgewirkt hat. Wir können ihre Entwickelung von den riesigen Getreidebehältern Troias an verfolgen [14]. Ein großes Vorratsgefäß braucht einen weiten Bauch, um möglichst viel zu fassen, einen weiten Hals, damit man den Inhalt bequem hinein und herausthun kann. Praktisch ist eine starke Verjüngung nach unten hin, damit auch der Rest des Inhaltes sich noch sammelt. Allen diesen Forderungen entspricht unsere Gefäßform. Dagegen brauchen die schweren Gefäße, die ursprünglich bestimmt waren, an ihrem einmaligen Standort zu bleiben, nicht notwendig Henkel und Fuß. Mit dem verjüngten unteren Ende wird das Gefäß in den Boden eingegraben und steht nun fest. Fuß und Henkel fehlen daher oft ganz, und neben ästhetischen Rücksichten mag auch diese Aufstellungsart es bedingt haben, daß man die Dekoration oft auf den oberen Teil des Gefäßes beschränkte.

Eine unentwickelte Vorstufe zu den theräischen Amphoren bilden z. B. undekorierte Pithoi aus Thera in der Sammlung Delenda (Abb. 421) und der große am Dipylon gefundene [15]). Der Rand ist hier schon ganz so wie in Thera gestaltet. Das war praktisch, weil die breite flache Lippe bequem ein festes Zudecken mittels einer Platte gestattete. Die Henkel fehlen,

---

¹³) Vergl. Böhlau Nekropolen S. 140 f. Man braucht blos an die Caeretaner Hydrien, die chalkidischen Amphoren zu erinnern, oder an die Rolle, welche die Schale bei der Ausbildung des streng rotfigurigen Stiles spielt.

¹⁴) Schliemann Ilios S. 39. Auch das vormykenische

Gefäß aus Thorikos Ἐφ. ἀρχ. 1895 Taf. XI 3 kann verglichen werden.

¹⁵) Brückner-Pernice Ath. Mitth. XVIII, 134. Ganz ähnliche, nur undekorierte auch in der geometrischen Nekropole von Eleusis, Ἐφ. ἀρχ. 1898, 92 (Skias).

die scharfe Trennung von Hals und Schulter ist namentlich bei dem athenischen noch nicht
vorhanden, ebensowenig ein eigentlicher Fuß. Der Dipylonstil scheint zunächst diese Form
der νίθοι nicht weiter ausgebildet zu haben. Sie fehlt unter den bemalten Dipylongefäßen.
Dagegen treten Weiterbildungen in ostgriechischen und von ihnen abhängigen Fabriken auf.
Mit scharf abgesetztem Halse, aber teilweise noch ohne Fuß wird die Form im cyprisch-
geometrischen Stil verwendet[16]. Dann begegnet sie uns in Rhodos und Böotien, wo eine
ganze Anzahl mit Relief verzierter Pithoi gefunden sind[17]. An diesen beiden Fundplätzen
haben wir die nächsten Verwandten der theräischen Pithoi, mit denen sie auch die Beschränkung
der Dekoration auf Hals und Schulter und die häufige Bevorzugung einer Seite als der Vorderseite teilen[18]. Bei diesen Reliefgefäßen, deren Dekoration durch Metallarbeiten beeinflußt ist,
tritt auch die Form des senkrecht vom Halse zur Schulter geführten Henkels auf, die in Thera
bei der Gruppe b vorkommt — auch sie deutlich Metallvorbildern nachgeahmt. Ich kann für
das Material auf de Ridders Ausführungen verweisen[19]. Bei den Metallgefäßen war entweder
ein Stab vom Hals zur Schulter geführt und der größeren Festigkeit wegen durch Querstäbe
mit dem Halse verbunden, oder es war ein Blechstreifen in der gleichen Weise angebracht
und der Zwischenraum zwischen ihm und dem Halse vorn durch eine aufgelötete Blechplatte
geschlossen, so daß man von hinten in den Henkel hineingreifen konnte. Diese Platte wurde
durch getriebene und gravierte Ornamente verziert und auch durchbrochen gearbeitet. Ersterem
entsprechen die Henkel der theräischen Amphora 33, letzterem die der rhodischen und böotischen
Amphoren, der Netosamphora und der theräischen Amphora 34. In spielender Verkürzung
findet sich die Henkelform dann bei den theräischen Amphoren 35 und 37, wohl nicht zufällig
den stilistisch jüngsten theräischen Amphoren. Hier ist eine einfache Thonplatte an Hals und
Schulter angeklebt, an der man das Gefäß nicht mehr heben kann.

Wichtig ist, daß der theräische Stil mit diesem Pithos eine Form verwendet, welche
ihre eigentliche Ausbildung in den ostgriechischen Töpfereien gefunden hat. Wenn sie in
Böotien erscheint, so wird sie damit noch nicht als ursprünglich festländisch griechisch erwiesen.
Die Reliefgefäße sind wohl nicht älter als das Ende des VII. Jahrhunderts; sie zeigen auch
in der Dekoration stärkste ostgriechische Einflüsse und sind kein selbständiges Erzeugnis des
böotischen Kunsthandwerks. Fast zur gleichen Zeit wird die Form auch in Attika aufgenommen,
auch dort erst in einer Zeit, in der der geometrische Stil bereits überwunden ist und stärkste
ostgriechische Einflüsse sich auch in Attika geltend machen. Die primitivere Form mit den
einfachen Schulterhenkeln, die in Thera die gewöhnliche ist, fehlt denn auch bezeichnenderweise
sowohl in Attika als in Böotien. Hier haben wir nur die letzte Ausgestaltung mit den Metallhenkeln, die auch in Thera erst für die jüngere Stilentwickelung charakteristisch ist.

Die kleineren theräischen Amphoren geben zum Teil einfach diese Pithosform verkleinert **A Amphoren**
wieder. Daneben findet sich eine schlankere Form mit höherem engerem Halse, häufig mit
Doppelhenkeln und einem plastischen Ring unter dem Mündungsrand (vergl. besonders
Amphora 39—44). Diese Form ist in der Dipylonkeramik sehr häufig. Dagegen fehlt der
theräischen Keramik ganz die Form der Amphora mit gerundeter Lippe und ziemlich weit
unter derselben am Halse ansetzenden und senkrecht zur Schulter geführten Henkeln von

---

[16] z. B. Pottier *Vases du Louvre* Taf. 8. Myres-Ohne-
falsch-Richter Cyprus Mus. Taf. 5 (mit Fuß).
[17] Salzmann *Nécrop. de Camiros* Taf. 25—27. Furtwängler-Loeschcke Myk. Vasen S. 3. Έφημ. άρχ.
1892 S. 213 ff. Taf. 8 und 9 (Wolters); *Bull. de corr.
hell.* XXII p. 439 ff. **497 ff.** Taf. IV—VI bis (de Ridder).
[18] Wolters sucht a. a. O. diese Beschränkung des
Schmuckes durch die Verwendung der Gefäße als

σήματα zu erklären, und in Attika wie in Böotien
haben sie in der That auf dem Grabe, mit dem
unteren Teil in die Erde eingegraben, gestanden.
Für Thera trifft dieser Grund nicht zu, hier muß
die ähnliche Aufstellung der Vorratsgefäße die
Erklärung abgeben.
[19] *Bull. de corr. hell.* XXII p. 507 ff.

rundem oder ovalem Querschnitt[20]). Diese Form kommt im attischen geometrischen Stil gleichzeitig mit bestimmten Dekorationsprinzipien vor, von denen später zu handeln sein wird. Besonders häufig ist sie in den östlichen nachmykenischen Stilen; sie ist denn auch die Vorläuferin der jonischen Amphoren geworden.

Halslose Amphora   Auch eine zweite Lieblingsform der theräischen Töpfer, die halslose Amphora mit niedrigem senkrechtem Mündungsrand (Gruppe e) ist im Dipylonstil selten, während sie sonst in den geometrischen Stilen häufig ist. Im Dipylonstil kenne ich nur ein überdies sicher junges Beispiel mit einfachen steil aufgerichteten Henkeln, das sich im Louvre befindet[21]). Zahlreiche Beispiele lassen sich aus dem kretischen geometrischen Stil anführen, wo häufig vier Henkel vorhanden sind, was an die Doppelhenkel der theräischen Exemplare erinnert[22]). Ferner findet sie sich unter den rhodischen geometrischen Vasen und lebt hier auch in einer späteren lokalen Gattung fort[23]). Im kretischen wie im rhodischen Stil ist auch die Verteilung der Dekoration — nur Schulterschmuck, während der untere Teil bis auf ein paar umlaufende Linien mit Firnis überzogen ist — genau der theräischen entsprechend. Ferner begegnet die Form in Cypern, dann unter den geometrischen Vasen, welche den frühesten griechischen Import in Italien bezeichnen[24]), im Bucchero, in Böotien, wo sie auch mit dem hohen Hypokraterion verwachsen sich findet[25]). Endlich sind davon nicht zu trennen meist in kleinem Maßstabe ausgeführte Gefäße des protokorinthischen Kreises, deren auch der Massenfund in Thera eine Anzahl geliefert hat[26]) (oben S. 20 Abb. 23 ff.). Wir haben hier also wieder eine Form, die zwar allen geometrischen Stilen bekannt ist, aber doch in gewissen Landschaften viel häufiger auftritt. Die Form variiert etwas, der Mündungsrand fehlt bisweilen ganz oder er wird etwas ausladend gestaltet; der Körper wird bald weiter, bald straffer geformt, am breitesten in der theräischen und protokorinthischen Gruppe. Dennoch gehören alle diese Gefäße zweifellos zusammen. Ihre Vorstufen liegen wohl auch schon in mykenischer Keramik, wo die großen Pithoi im Palast von Knossos und das Gefäß II. Stiles aus Thera Beispiele für ähnliche Formen bieten[27]).

Eimer   In unseren Grabfunden überwiegen die leicht begreiflichen Gründen die Amphoren. Andere Formen treten viel seltener auf. Nur in einem Exemplar ist der große Eimer 62 vertreten, für dessen Form ich bisher als Analogien nur die kleinen Nachbildungen, wie z. B. Abb. 225 (S. 64), anzuführen vermag, die aber kaum theräisches Fabrikat sein dürften.

Skyphos   Der theräische Skyphos entspricht ganz dem in den geometrischen Stilen allgemein gebräuchlichen. Die Form findet sich im protokorinthischen Stil, aus dem sie der korinthische übernommen hat, in den geometrischen Stilen der Argolis, der Inseln u. s. w. Aber auch in Kleinasien, in dem ältesten griechischen Import nach Italien, im Bucchero ist sie vertreten[28]). Eine besondere Ausbildung hat die Form in dieser Zeit wieder nur im Dipylonstil gefunden:

---

[20]) Mit dieser Amphorenform hängen im letzten Grunde die Amphoren der Gruppe b zusammen. Ihre Henkelform ist eine weitere Ausbildung der eben besprochenen. Diese Henkelform ist aber, wie eben gesagt, erst spät in Thera als ein fremdes Element eingedrungen.

[21]) Pottier Cat. A. 514. Conze Anfänge Taf. IX 1.

[22]) Beispiele bei Wide Arch. Jahrb. XIV 36 ff. Ath. Mitth. XXII 234. 236. 241 ff.

[23]) Beispiele Arch. Jahrb. I 135. 136. 152. Pottier *Vases du Louvre* Taf. 13 A 335. Einige weitere Beispiele rhodischer Provenienz im Britischen Mus. kenne ich bloß durch Skizzen, deren Einsicht ich Wide verdanke.

[24]) Orsi *Notizie* 1895, 135. 176 etc. Pottier *Vases du Louvre* Taf. 31 und 33.

[25]) Vergl. z. B. Arch. Jahrb. XIV 81 Fig. 35, 82 Fig. 37, 83 Fig. 40.

[26]) Richtig hierhergezogen von Böhlau Nekropolen 146, der auch schon einen Teil des oben benutzten Materials vereinigt hat. Daß der Versuch, diese Form aus dem Orient herzuleiten, berechtigt ist, bezweifle ich.

[27]) Fabricius Ath. Mitth. 1886 Taf. IV. Wolters Arch. Anz. 1900, 144. Arch. Ztg. Anz. 1866 Taf. A 2. Furtwängler-Loeschcke Myk. Vasen 21 Fig. 8.

[28]) Argolis: z. B. Wide Arch. Jahrb. XIV 85 Fig. 43. Melos: ibid. 34 Fig. 12. Jahrb. XV 53 Fig. 113. Kreta: Jahrb. XIV 40 Fig. 25. Rhodos: Pottier *Vases du Louvre* Taf. 11 A 298. Vergl. über die Form Böhlau Ath. Mitth. XXV 66 ff.

hier wächst der steile Rand auf Kosten des Körpers, der oft nur noch als der flach gerundete untere Abschluß des Randes erscheint [79]. Im schärfsten Gegensatz dazu ist bei den theräischen Skyphoi der Rand vernachlässigt; er ist ganz niedrig und oft nicht deutlich von der Wandung abgesetzt. Auch die Krüge aus theräischem Thon (Abb. 365) zeigen diese Eigentümlichkeit, während im Dipylonstil auch bei diesen der Rand wächst und der Körper zusammenschrumpft [80].

Auch die Teller (No. 86 und 87) kommen genau so in anderen geometrischen Stilen vor. Namentlich wiederholt sich dort auch die Henkelbildung. Die Form dieser Henkel erklärt sich, wie ich glaube, durch ihre Entstehung. Sie ahmen eine durch den Rand des Tellers gezogene Schnur nach. Um dem Henkel größere Haltbarkeit zu geben, durchbohrte man den Gefäßrand jederseits zweimal und setzte den Knoten, welcher das Durchgleiten der Schnur verhindern sollte, an die Außenseite des Gefäßes. Diese Henkelbildung kommt schon bei den böotischen Schalen vor, an deren älteste die theräischen Teller überhaupt erinnern [31]. Sie hat sich aber lange gehalten und ist noch in der unteritalischen Keramik zu reicher dekorativer Ausgestaltung gelangt. — Mit anderen geometrisch verzierten Tellern haben die theräischen auch gemein, daß sich die Dekoration auf die Außenseite beschränkt.

Eine auffallende Form ist die der Gruppe G, die ich vermutungsweise als Räuchergefäße bezeichnet habe. Die durchbrochenen Wandungen, welche die Luft durchstreichen lassen, würden sie zu diesem Zwecke geeignet machen. Genau Entsprechendes kenne ich nicht. Aehnliche Luftlöcher kommen bei sicheren Räuchergefäßen späterer Zeit vor. Für die Technik mag man auf die thönernen Kalathoi aus Dipylongräbern erinnern [32]. Doch paßt zu einem Kalathos nicht der Fuß, den die theräischen Gefäße aufzuweisen haben.

Auffallend ist, daß uns unter den sicher theräischen Gefäßen bisher vollständig alle Kannen fehlen, die in anderen geometrischen Stilen, namentlich auch im attischen, eine so große Rolle spielen. Auch kleine Salbgefäße kann ich der theräischen Fabrik bisher nicht zuweisen. Doch wäre bei diesen immerhin die Möglichkeit offen zu lassen, daß sie aus einem feiner bearbeiteten Thon hergestellt wären, der deshalb nicht ohne weiteres als theräischer kenntlich würde. Ich habe bei meinen Zuweisungen an die theräische Fabrik, wo nicht die Dekoration die charakteristische Ausbildung zeigt, immer in erster Linie Thon und Ueberzug zu Rate gezogen, und ich bestreite nicht, daß unter den zahlreichen kleinen Gefäßen, welche im weiteren Verlaufe dieses Kapitels vorsichtshalber unter den fremden Gattungen erscheinen, ein und das andere Gefäß auch in Thera verfertigt sein könnte.

In der Ornamentik der theräischen Vasen überwiegt durchaus das geometrische Ornament. Nur vereinzelt tritt daneben bereits ein Ornament auf, das aus den orientalisierenden Stilen des Ostens herüber genommen ist und uns zeigt, daß auch die theräische Töpferei wie alle anderen geometrischen Stile sich auf die Dauer dem Einflusse der überlegenen ostgriechischen Ornamentik nicht verschließen konnte. Aber in Thera ist nichts gefunden, was wir dem frühattischen oder dem jüngeren protokorinthischen Stile vergleichen könnten. Noch hat der geometrische Stil in Thera die Kraft, auch das übernommene Gut seinem Ornamentschatze anzupassen, so daß es nicht als etwas Fremdartiges aus dem Ganzen der geometrischen Dekoration herausfällt. Die Anordnung der Dekoration wird noch in keiner Weise von den fremden Elementen beeinflußt.

---

[79] Beispiele Arch. Jahrb. XIV 214 Fig. 96 ff.

[80] Arch. Jahrb. XIV 209 Fig. 78 ff.

[31] Vergl. Arch. Jahrb. III 334 ff. Abb. 6. 7. 8. Taf. 12. Auch im Dipylonstil kommen ähnliche Henkelbildungen vor, z. B. Arch. Jahrb. XIV 214 f.

Abb. 96 ff. Hier sind die Henkel bandförmig flach, sodaß man das Vorbild auch vielleicht in Blechstreifen suchen darf, welche als Henkel an Metallgefäße angelötet wurden.

[32] z. B. Ἐφ. ἀρχ. 1898, 107.

20*

Gleichheit   Auch darin zeigt der theräische Stil besonders strengen Charakter, daß er sich fast ausschließlich auf das Ornament beschränkt. Niemals erscheinen menschliche Figuren, die der Dipylonstil schon zu großen Darstellungen zu vereinigen weiß, die aber auch auf böotischen, argivischen, lakonischen, melischen geometrischen Vasen vorkommen. Nie erscheinen Vierfüßler. Das einzige Lebewesen, dessen Bild vorkommt, ist ein Stelzvogel in strengster Stilisierung, der einen Wurm im Schnabel halten soll; aus dem Wurm ist aber meist eine frei vor dem Kopfe des Vogels schwebende Zickzacklinie geworden. Dieser Vogel kehrt in allen geometrischen Stilen wieder, in mehreren, wie gerade den östlichen, dem kretischen und rhodischen als einziges Tierbild. Im theräischen Stil erscheint der Vogel stets einzeln oder paarweise ein Feld füllend. Reihen solcher Vögel, wie sie in anderen Stilen häufig sind, haben wir in Thera nur ein einziges Mal auf der Amphora 15.

Streifenteilung   Die meisten Ornamente der theräischen Vasen sind bandförmig oder doch geeignet, fortlaufende Streifen zu füllen. Der theräische Stil teilt sie mit anderen gleichzeitigen, wie überhaupt die Teilung des zu schmückenden Raumes in Streifen wohl nirgends so weit geführt ist wie im geometrischen Stil. Bis zum äußersten Extrem hat das Prinzip der Streifenteilung wieder der Dipylonstil ausgebildet. Hier ist oft die ganze Fläche, welche das Gefäß bot, in einzelne schmale umlaufende Zonen zerlegt, deren jede einzeln ornamentiert wird. In anderen Stilen bleibt, wie oben schon bemerkt, ein Teil der Fläche frei. Niemals aber ist auf einer geometrischen Vase die ganze Fläche als einheitlich zu dekorierender Raum aufgefaßt, wie es z. B. bei frühmykenischen Vasen geschieht, zu denen überhaupt die geometrischen Vasen den stärksten Gegensatz bilden.

     Die häufigsten streifenbildenden Ornamente des theräischen Stiles sind Mäander, Doppelkreise, die durch Tangenten verbunden sind, Zickzacklinien, Reihen von Dreiecken, alles Ornamente, die auch im Dipylonstil besonders häufig sind.

Mäander   Der Mäander tritt auf den theräischen Vasen stets in seiner Grundform auf. Von all den phantastischen komplizierten Varianten, in denen der Dipylonstil einen Teil seines Reizes sucht, findet sich keine Spur. Sie sind specielles Eigentum des attischen Stiles und der von ihm abhängigen. Eine Schwingung mehr macht die Mäanderlinie nur auf ein paar Skyphoi und der Amphora 35, die ihrem Ornament nach zu den spätesten Erzeugnissen der theräischen Keramik gehört. Auf der schlechten Amphora 44 kommt gleichzeitig am Halse ein komplizierter Mäander und auf der Schulter das verständnislos aus dem Zusammenhange gerissene vereinzelte Glied eines solchen vor. Auch sonst weist das Gefäß Besonderheiten auf, vor allem das riesige Hakenkreuz, das ebenfalls dem theräischen Stil fremd, im Dipylonstil dagegen häufiger ist. Auf den Skyphoi erscheint auch noch eine Art Verkürzung des Mäanders, ein durch abwechselnd von oben herabhängende und von unten aufsteigende Haken gebildetes, mäanderartiges Ornament [33]. Dasselbe kommt auch auf der späten Amphora 34 vor. — Die Mäander sind stets schraffiert gezeichnet. Ein voll gezeichneter findet sich wieder nur auf der Amphora 35 und 15 (hier bezeichnenderweise nicht auf dem in gewöhnlicher Art verzierten Halse, sondern in dem eigentümlich zerstückelten unteren Streifen) und auf der Scherbe 31. Für die feste Ausprägung der Ornamente spricht es auch, daß der Mäander auf theräischen Vasen fast stets in derselben Richtung läuft. Ausnahmen machen wieder bloß die Skyphoi, der schon eben erwähnte Mäander des Fragmentes 31, der Mäander auf der Amphora 46, der durch seine Tüpfelfüllung von streng theräischer Ornamentik abweicht, und endlich der

---

[33] Diesen „Hakenmäander" giebt es auch in anderen geometrischen Stilen, z. B. im argivischen (Schliemann Tiryns Taf. XVIII), kretischen und frühprotokorinthischen (Arch. Jahrb. III 248). Ansätze dazu schon auf einem monochromen Gefäße aus Aphidna (Ath. Mitth. XXI Taf. XIV 1). Vergl. auch oben S. 78 Abb. 279.

auf der flüchtig ausgeführten Amphora 20. Gerade verglichen mit der Freiheit der Zeichenweise mykenischer Zeit ist diese schablonenmäßige Ausführung so recht bezeichnend für den
strengen geometrischen Stil. Wo übrigens Anfang und Abschluß des Mäanderornamentes
noch einen Schluß gestatten, können wir feststellen, daß der Maler stets rechts begann und
nach links hin zeichnete — uns, die wir von links nach rechts zu arbeiten pflegen, auffällig,
dagegen leicht verständlich in einer Zeit, in der man auch linksläufig schrieb.

    Gleich häufig wie der Mäander sind auf den theräischen Vasen Reihen von Doppel-   *Konzentrische Kreise*
kreisen, welche durch Tangenten verbunden sind. Auch hier laufen die verbindenden Striche
immer in der gleichen Richtung (Ausnahme nur wieder die Amphora 20). Die Kreise sind
stets mit dem Zirkel geschlagen, und das Centrum ist durch einen Punkt, der bisweilen recht
groß ist, markiert. Auf einigen Gefäßen fehlen die verbindenden Tangenten. Auch das ist
zweifellos ein „jüngerer" und laxerer Zug. Die Gefäße, auf denen die unverbundenen Kreise
vorkommen, erweisen sich teils in der That als spät (34. 35. 37. 21. 22. 23), oder sie haben
auch sonst Besonderheiten. Vollkommen seinen ursprünglichen Charakter eingebüßt hat das
Ornament auf dem Amphorenhals 33, wo aus den konzentrischen Kreisen ein getüpfelter Ring
geworden ist, der einen starken Punkt als Centrum umschließt. Als Modifikation dieser Kreis-
reihen können wir auch noch das Ornament der Amphora 18 betrachten, wo große Punkte
durch Tangenten verbunden sind. Das Ornament ist im Dipylonstil beliebt und kommt in
verflüchtigter Form — Wellenlinie, bei der der abwärts gezogene Teil des Bogens verdickt
wird — auf böotisch-geometrischen Vasen vor [34]).

    Diese Reihen tangentenverbundener Doppelkreise vertreten in den geometrischen Stilen   *Tangenten-kreise und Spirale*
bekanntlich die echten fortlaufenden Spiralen der mykenischen Kunst, wie die mykenische
Volute im geometrischen Stil durch konzentrische Kreise ersetzt wird. Lehrreiche Belege
dafür hat Wide gegeben, der das Verhältnis zwischen mykenischer Spirale und geometrischem
Kreis schon richtig andeutet [35]). Besonders interessant ist ein seitdem von Pollak [36]) bekannt
gemachtes kellenartiges Gefäß von den Inseln, auf dem ein bekanntes mykenisches Spiralornament — je drei verbundene Spiralen — vollkommen korrekt ins geometrische übertragen
und durch drei tangentenverbundene Doppelkreise ersetzt ist. Ein entscheidendes Stück hat
dann Tsuntas [37]) veröffentlicht. Hier finden sich in dem gleichen Streifen zuerst Spiralen und
dann als Fortsetzung die Doppelkreise mit Tangenten; beide Ornamente schienen also dem
Verfertiger gleichwertig, und der Augenschein zeigt auch, daß in der That für den flüchtigen
Blick die Erscheinung ziemlich die gleiche ist. Oft finden sich auf geometrisch dekorierten
Vasen konzentrische Kreise, in deren Mittelstern ein helles Kreuz aus dunklem Grunde aus-
gespart ist. Uebersetzt man dieses Ornament ins Mykenische zurück, so erhält man eine
Spirale, deren Mitte durch eine gleiche dunkle Scheibe mit ausgespartem Kreuz eingenommen
wird. Und so erscheint das Ornament in der That auf einer der mykenischen Larnakes aus
Kreta, die Orsi veröffentlicht hat.

    Der Grund für den Wechsel ist leicht zu verstehen. Jeder kann sich selbst davon
überzeugen, daß es leichter ist, konzentrische Kreise zu zeichnen und zu verbinden als eine
fortlaufende, sich aufrollende und wieder loswickelnde Spirale zu stande zu bringen, vor allem,
wenn man über das technische Hilfsmittel des Zirkels verfügt. Und nun ist bekannt, daß
gerade in der geometrischen Vasenmalerei die Verwendung des Zirkels beginnt. Damit war
entschieden, daß die Spirale den konzentrischen Kreisen weichen mußten. Der Vorgang ist

---

[34]) Arch. Jahrb. XIV 81. 83 Fig. 36 und 38; *Gaz. arch.*
1888 Taf. 25.
[35]) Wide Ath. Mitth. XXII 244 ff.

[36]) Ath. Mitth. XXI Taf. V 14.
[37]) Ἐφ. ἀρχ. 1899, 88.

aber auch wieder im höchsten Grade bezeichnend für die Eigenart mykenischer und geometrischer Kunst. Hier die freihändig gezeichnete, wenn auch nicht mathematisch tadellose, so doch gefällig und geschmeidig sich windende Spirale — dort die starre, aber planimetrisch korrekte Figur. Der Uebergang ist allmählich erfolgt. Es giebt falsche Spiralen schon auf späteren mykenischen Kunstwerken, und die Spirale ihrerseits ist den geometrischen Stilen nicht vollkommen fremd. Interessant ist Furtwänglers Beobachtung an den Bronzen von Olympia. Die ältesten Dreifüße, die noch in die Zeit vor der Ausbildung des geometrischen Stiles fallen, verwenden zur Dekoration keine Tangentenkreise, wohl aber kommen hier kleine abgekürzte Spiralen vor, abgekürzt — weil jede Volute neu angesetzt wird, sich nicht wieder aus sich herausrollt. Wir haben hier eine Art Zwischenglied zwischen dem mykenischen und dem geometrischen Ornament. Auf den Dreifüßen der geometrischen Periode sind dann bekanntlich die Tangentenkreise das Hauptornament. Die geometrischen Vasenstile verhalten sich nicht ganz gleich in diesem Falle. Der Dipylonstil scheint durchweg die Tangentenkreise zu verwenden; dem protokorinthischen dagegen sind sie ganz fremd, und an ihrer Stelle ist auch bei den am strengsten geometrisch dekorierten stets die Spirale beibehalten. Der theräische Stil hat, wie bemerkt, massenhaft tangierte Kreise; ein paarmal tritt aber auch die Spirale auf (Amphora 15 und 8). Einzelnen geometrischen Stilen fehlen beide Ornamente. Hier hat man die unbequeme Spirale aufgegeben, ohne einen Ersatz dafür zu suchen.

Mäander   Mit der Spirale hängt zweifellos auch der Mäander zusammen, der doch eben nichts anderes ist als eine eckig gezeichnete Spirale. Auch der Mäander tritt erst vereinzelt ganz

a   b   c

Abb. 366 a, b, c.

am Ende der mykenischen Kunst auf; auch seine Blütezeit ist die der geometrischen Stile, in der er meist die Spirale vertritt. Auch er ist aber keineswegs allen geometrischen Stilen gemeinsam; im allgemeinen kann man sagen, daß er sich in denselben Stilen findet wie die Tangentenkreise, im Dipylonstil, im argivischen, böotischen, soweit dieser vom Dipylonstil abhängig ist, im melischen, theräischen, rhodischen. Auf Kreta fehlt er in seiner ausgebildeten Form, ebenso im italisch-geometrischen; im protokorinthischen kommt er wenigstens vereinzelt vor. Einige interessante Gleichungen zwischen mykenischem und geometrischem Ornament kann man auch hier wieder aufstellen, durch welche Gleichwertigkeit von Spirale, Tangentenkreisen und Mäander bewiesen wird. Ich setze nebeneinander (Abb. 366 a, b, c) ein Goldblech aus dem mykenischen III. Schachtgrab (a = Schliemann Mykenae S. 234 Fig. 316), die Rosette einer argivisch-geometrischen Scherbe aus Tiryns (c = Schliemann Tiryns Taf. XX) und (b) die eines geometrischen Dreifußes im Louvre, der wohl von einer der Inseln stammt[38]), die als Beispiel dienen mögen. — Auch die Bandornamente der mykenischen Kunst finden in geometrischen Ornamenten entsprechenden Ersatz. Mit dem Bandornament der vierten

---

[38]) Pottier *Vases du Louvre* I Taf. 19 A 491. Dasselbe Ornament auch im Dipylonstil, z. B. Jahrb. XIV S. 209 Fig. 81 ; S. 212 Fig. 91.

mykenischen Stele hat schon Schlie (bei Schliemann Mykenae 102) richtig ein Mäanderornament verglichen, das wir z. B. auf der Abb. 91 S. 32 abgebildeten Scherbe haben. In demselben Verhältnis steht das Mäanderband, das auf theräischen, kretischen, attischen Vasen vorkommt, zu mykenischen Bandmotiven, wie z. B. Mykenae Fig. 128.

Das Zickzackornament kommt als einfache Linie wie als schraffiertes Band fast *Zickzacklinie* auf jeder theräischen Vase vor. Die Zickzacklinien, deren Ecken durch kurze Striche mit den den Streifen begrenzenden Linien verbunden sind (12. 19. 21. 51), finden sich auch auf böotischen geometrischen Vasen[39]). Auf eine eigenartige Weiterbildung, die aus anderen geometrischen Stilen nicht zu belegen ist, hat schon Wide aufmerksam gemacht (Arch. Jahrb. XIV 32). Es ist das eine senkrechte Zickzacklinie, an deren Ecken kleine auf der einen Seite aufwärts, auf der anderen abwärts gerichtete Häkchen angesetzt sind (25. 26. 53). Daneben hat die Amphora 25 auch senkrecht aneinander gereihte Rauten, an die in gleicher Weise Häkchen angesetzt sind, letzteres wieder die geometrische Stilisierung eines mykenischen Ornamentes, wo gereihte Rauten mit Häkchen, die hier aber mykenischem Geschmack entsprechend gerundet gezeichnet sind, versehen werden[40]).

Sehr häufig verwendet der theräische Stil das Dreieck, auch reihenbildend, meist ganz *Dreieck* oder bis auf einen Streifen längs den Schenkeln mit Gitterwerk gefüllt. Spät kommt auch die Füllung mit Schachbrettmuster (Amphora 24 und 25) und einfarbig dunkler Fläche vor (Amphora 15. 37. 46). Der Maler von 34 setzte in die Gitterfüllung noch Punkte; ebenso machte er es bei den Rhomben, die sonst wie die Dreiecke gefüllt sind. Vielfach finden sich Rechtecke, die durch Diagonalen in vier Dreiecke zerlegt sind, von denen dann zwei Strichfüllung erhalten. Daraus ist leicht das Ornament Abb. 337 abzuleiten, das im Dipylonstil und im italisch-geometrischen besonders häufig, dagegen dem theräischen Stil ursprünglich sicher fremd ist. Es kommt nur auf den jungen Gefäßen 34 und 35 vor.

Nur einmal kommt auf einem theräischen Gefäße eine Wellenlinie vor, in dem eigen- *Wellenlinie* tümlich zerschnittenen Streifen der Amphora 14. Auf der kleinen Amphora 40 haben wir eine Wellenlinie, welche abwechselnd über und unter dieselbe gesetzte Punkte tangiert. Es ist offenbar eine Verkümmerung des Ornamentes, welches sich auf einer geometrischen Vase aus Melos findet, wo an Stelle der Punkte noch Kreise mit Punkten in der Mitte stehen. Wide hat schon auf letzteres Ornament aufmerksam gemacht und sieht wohl mit Recht darin die geometrische Umbildung eines mykenischen Rankenornamentes. Noch weiter verflüchtigt tritt uns das Ornament dann auf der Amphora 35 entgegen, wo die Punkte nicht mehr die Linie berühren, sondern frei in den Bogen der Linie schweben. Hierzu ist auch das Ornament eines Bronzebleches aus Olympia zu vergleichen, wo statt der Punkte Kreise in den Bogen schweben[41]). Bezeichnenderweise ist auch dieses Blech nicht mehr geometrisch verziert, sondern zeigt einen früh orientalisierenden Stil. In dieser Form kann das Ornament wohl aus den orientalisierenden Stilen, in denen es sich nicht selten findet[42]), nach Thera gekommen sein. Das Auftreten gerade auf der stark orientalisierenden Amphora 35 spricht dafür. Ich will aber auch auf eine andere mögliche Genesis dieses Ornamentes hinweisen. Sein Ursprung könnte auch in den mykenischen Bandornamenten liegen, welche sich in der Regel um Punkte schlingen und ihren Ursprung wohl in Drahtwindungen haben, welche um Nagelköpfe gelegt wurden.

---

[38]) Athen Nat. Mus. No. 256.

[39]) Furtwängler-Loescheke Myk. Vasen Taf. XXXIV 343. Auch Zickzacklinien mit angesetzten Häkchen kommen vor: Myk. Vasen Taf. XXXV 351.

[41]) Olympia IV Taf. XX 331. Vergl. auch Pithos

aus Mykenae Furtwängler und Loescheke Myk. Vasen 53. Schild aus Cypern Perrot III 869.

[42]) z. B. auf spätmilesischem Gefäß, Böhlau Nekropolen 80.

Halb-kreise Endlich sind von reihenbildenden Ornamenten noch die doppelten oder dreifachen Halbkreise zu erwähnen, die hängend oder aufrecht an eine Linie gereiht sind. Wide hat den mykenischen Ursprung des Ornamentes dargelegt. Von den ganz ungeometrischen Ornamenten der Amphoren 34. 35. 37. 46, dem Flechtband, der Lotosguirlande u. s. w., kann ich hier absehen da sie weiterhin noch gesondert zu behandeln sind.

Schulter-dekoration Während bei der Halsdekoration eine strenge Streifenteilung beibehalten ist und nur auf ganz wenigen Gefäßen von ein oder dem anderen Streifen einzelne Felder abgetrennt werden, wird die Schulterdekoration freier behandelt. Hier gaben die Henkel einen seitlichen Abschluß. Die Bänder liefen doch nicht um das ganze Gefäß. Da lag es nahe, das Schulterfeld noch weiter zu zerlegen. Die Zonendekoration wird allmählich überwunden. Sie wirkt noch nach auf den halslosen Amphoren, die stets noch eine vorwiegend horizontale Teilung zeigen. Rechts und links werden zwar ein oder zwei übereinander befindliche Felder als Abschluß abgeteilt, das breitere Mittelstück aber wird mit einem horizontal verlaufenden Ornament gefüllt. Auch bei einigen Pithoi finden wir diese Anordnung noch. Stücke wie 1—6. 40. 41. 45 sind ganz in der Art der halslosen Amphoren verziert. Die meisten Pithoi aber zeigen das deutliche Streben, auf der Schulter die Streifendekoration zu unterdrücken und durch eine Felderdekoration zu ersetzen. Die verschiedenen Stadien dieser Geschmackswandlung lassen sich noch gut verfolgen und durch Beispiele belegen. Die Anordnung des Verzeichnisses der Gefäße innerhalb der einzelnen Gruppen ist, soweit möglich, unter diesem Gesichtspunkte gemacht. Da haben wir Gefäße, bei denen die horizontal verlaufenden Streifen durch ein die ganze Höhe einnehmendes Mittelfeld unterbrochen werden, dessen großes Kreisornament dadurch zu erhöhter Wirkung gebracht wird, während die Seitenfelder daneben zurücktreten. Die Seitenfelder werden bisweilen auch hier schon durch ein schmales Feld mit Schachbrettmuster abgeschlossen. Das Unbefriedigende dieser Dekoration liegt auf der Hand. Ornamente, welche ihrer Natur nach bestimmt sind, sich in längeren Reihen zu entwickeln, sind in kurze Stücke zerschnitten, so daß sie ihren Charakter verlieren. Eine weit befriedigendere Lösung fand man, indem man auch in den Seitenfeldern die Längsrichtung der Ornamente unterdrückte, sie mit Motiven füllte, bei denen sich diese nicht aufdrängte (z. B. Gitterwerk, Schachbrettmuster, ein Feld mit Vierblatt und ein Feld mit einem Wasservogel darunter u. s. w.), oder direkt vertikal verlaufende, wie z. B. eine vertikale Rautenreihe, Flechtband, Mäander, an die Stelle setzte. Daraus folgte, daß man diese Felder schmal machen mußte. Es entstand so eine Einteilung, die man am besten dem dorischen Triglyphen- und Metopenfries vergleicht. Mit den breiten Metopen, welche mit einem großen Kreisornament gefüllt sind, wechseln schmälere Zwischenglieder, die jetzt wirklich als untergeordnete Teile der Dekoration in erster Linie trennen sollen und in denen die Vertikale dominiert. Eine Auflösung dieser Dekorationsweise finden wir dann auf der Amphora 25 und dem ihr sehr verwandten Fragment 26. Ohne einen begrenzenden Streifen zu benutzen, hat der Maler es hier verstanden, eine Teilung des Schulterstreifens in drei Abschnitte zu erreichen, und die gewählten Ornamente sind so geschickt kombiniert, daß sie zugleich aufs beste den Raum zwischen den Kreisornamenten füllen und sich diesen anschmiegen.

Kreis-ornamente Als Füllung der Hauptfelder benutzten die theräischen Maler Kreisornamente, Rosetten, Sterne, Kreuze verschiedener Form, in Kreise eingezeichnet. Sie sind ein Charakteristikum des theräischen Stiles und kommen in dieser Mannigfaltigkeit in keinem anderen geometrischen Stil vor. Einzelne einfache Formen des Kreisornamentes lassen sich auch aus anderen geometrischen Stilen beibringen. So ist der Blattstern auch in Melos, Rhodos, Attika gebräuchlich, ebenso das ordenskreuzartige Ornament, und die Form, bei welcher durch vier in den Kreis hineingemalte Dreiecke ein helles Kreuz ausgespart wird. Das Ornament der

Amphora 8 kommt auf Dipylonvasen vor [2]. Andere Formen weiß ich aus weiteren geometrischen Stilen nicht zu belegen.

Eine ähnliche Vorliebe für Kreisornamente hat der kretische geometrische Stil, und Wide hat schon bemerkt, daß gerade hier mancherlei mykenische Reminiscenzen stecken [3]. Ich glaube, daß wir in diesen rosettenartigen Bildungen überhaupt mykenisches Gut innerhalb der geometrischen Stile vor uns haben. Denn fast alles, was in dieser Art auftritt, läßt sich schon auf Erzeugnissen mykenischer Kunst nachweisen, teils in der Vasenmalerei, vor allem aber auf Metallarbeiten. Daß das Vierblatt und der Blattstern der mykenischen Kunst geläufig ist, habe ich schon erwähnt. Für den von einem Kreis umschlossenen Blattstern ist besonders auf Goldornamente zu verweisen [4], das Radornament der Amphora 8 kehrt auf einem Goldblatt aus dem III. mykenischen Schachtgrabe wieder [5]. Für die Rosetten der Amphora 17 und 19 sind ähnliche Gebilde auf dem Golddiadem des III. Grabes und auf Goldknöpfen des IV. zu vergleichen [6]. Besonders beliebt ist die Rosette, wie sie auf der Amphora 25 erscheint, in der mykenischen Kunst, wo sie sowohl auf Thongefäßen als auch auf Gold, Elfenbein, Glas häufig vorkommt [7].

Füllornamente, die in anderen geometrischen Stilen oft jeden leeren Raum überwuchern, *Füllornamente* verwenden die theräischen Töpfer fast garnicht. Das liegt natürlich daran, daß der theräische Stil figürliche Bilder, in deren Rahmen das Füllornament sich in anderen Stilen besonders breit macht, so gut wie nicht kennt. Fast typisch ist in den Feldern, die einen Wasservogel zeigen, die eine obere Ecke von einem Rechteck mit Diagonalen eingenommen. Dasselbe erscheint auch häufig in den Feldern mit Kreisornamenten, ebenso das Dreieck. Füllornamente im eigentlichen Sinne sind das nicht. Solche frei im Raum schwebende kleine Ornamente kommen nur selten vor, und niemals irgendwie aufdringlich, raumdeckend. Mit ein paar kleinen Sternchen auf den Amphoren 16 und 24, Hakenkreuzen auf den Amphoren 20, 25, 39, kleinen Punktrosetten auf 39, 40, 41 ist alles erschöpft, was hierher gehört.

Die Analyse der Schulterdekoration der theräischen Vasen ergab einen Wechsel *Entwickelung* derselben. Wir müssen fragen, ob die Entwickelung, die wir theoretisch feststellten, auch that- *des theräischen* sächlich diesen Weg gegangen, ob wir damit zugleich die historische Entwickelung des *Stiles* theräischen Stiles haben. Giebt es andere Anhaltspunkte, welche es wahrscheinlich machen, daß die theräischen Gefäße, welche eine Metopendekoration zeigen, im allgemeinen jünger sind als die mit Streifendekoration? Aeußere Anhaltspunkte, die das höhere Alter des einen oder anderen theräischen Gefäßes bewiesen, sind kaum vorhanden und die wenigen dahin zielenden Beobachtungen reichen nicht aus. Durch mitgefundene Gefäße anderer geometrischer Stile können wir ebenfalls in den seltensten Fällen datieren, weil auch hier nur längere Beobachtungsreihen wirklich gesicherte Resultate geben könnten. Und vor allem können wir bei den meisten unserer fremden Gefäße noch gerade so wenig Altes und Junges scheiden, wie im theräischen Stile selbst. Deshalb können wir uns auch zunächst die Entwickelung des theräischen Stiles nicht einfach durch den Vergleich mit der eines anderen Stiles konstruieren. Denn es ist bisher, soviel ich weiß, noch für keinen der wichtigen geometrischen Stile der Versuch gemacht, seine Entwickelung festzustellen. Festgestellt ist bei allen nur der Endpunkt der Entwickelung. In allen Stilen, für die ein ausreichendes Material vorliegt, sehen wir, wie

[2] Es ist einfach das Wagenrad dieser Periode. Als Ornament wird es auch an Schmucksachen verwendet, Vergl. Furtwängler Bronzefunde von Olympia 40 f.
[3] Ath. Mitth. XXII 233 ff.
[4] Mykenae 371 Fig. 502; 365 Fig. 481.

[5] Mykenae 231 Fig. 316.
[6] Mykenae 215, 302 und 303. Vergl. besonders Fig. 404 und 411.
[7] Auf Thongefäßen Myk. Vasen Taf. XXVIII 233; Taf. XXXVII 380; Taf. XXXVIII 393.

der streng geometrische Stil früher oder später dem Einflusse der orientalisierenden Stile unterliegt; immer mehr neue Elemente dringen aus der ostgriechischen orientalisierenden Kunst ein, sodaß der geometrische Charakter verloren geht.

Dieser Einfluß der orientalisierenden Kunst bezeichnet aber nur das Ende. Vorher liegt eine lange Zeit, in der man rein geometrisch verziert hat, und in die große Masse dieser rein geometrisch dekorierten Gefäße eine zeitliche Gliederung zu bringen, ist noch nie recht versucht worden. Die Schwierigkeiten liegen auch auf der Hand. Einmal giebt es bisher wenig wirklich sorgfältig beobachtete größere Funde aus dieser Zeit und unter diesen wieder nur ganz wenige, die überhaupt für eine relative Chronologie — und um etwas anderes kann es sich zunächst nicht handeln — verwendet werden können. Da die Funde dieser Zeit einen so ausgesprochen lokalen Charakter tragen, können wir selten eine Nekropole durch den Vergleich mit einer anderen datieren. Die Jahrhunderte, in welche die geometrischen Stile fallen, sind überhaupt für uns, soweit das griechische Mutterland in Betracht kommt, historisch ein großer Abschnitt ohne rechte Gliederung, in dem auch keine rechte Entwickelung festzustellen ist. Eine solche ist natürlich vorhanden gewesen, aber sie war langsam. Jede Geschichte kennt solche Perioden, in denen wenigstens für den späteren Forscher die Entwickelung langsam fortzuschreiten, ja fast zu stocken scheint, weil keine oder wenig markante Ereignisse sich mehr erkennen lassen und Gliederung hineinbringen. Das spiegelt sich dann im kulturellen und im künstlerischen Leben wieder. In den Zeiten des großen Aufschwunges Attikas geht die Entwickelung auch auf dem Gebiete der Kunst rapid vorwärts, so daß wir hier, unterstützt von einem selten großen und günstigen Material, wirklich berechtigt sind, Datierungen bis auf etwa zehn Jahre nach rein stilistischen Gründen zu geben. Das können wir in der Zeit der geometrischen Stile nicht, werden es auch nie können. Aber wenigstens ob ein Gefäß hundert Jahre älter ist als ein anderes, sollten wir allmählich erkennen lernen. Vergessen darf man freilich auch nicht, daß in solchen Zeiträumen einmal Gefundenes weit zäher festgehalten wird als in den Zeiten frisch vorwärts drängender Entwickelung, und daß neben Neuem das Alte noch Jahrzehnte lang fortgeführt wird. Das ist offenbar auch in der Periode der geometrischen Stile der Fall. Die Fülle der attischen geometrischen Vasen z. B. läßt sich leicht in einige Gruppen teilen, die nach verschiedenen Dekorationsprinzipien verziert sind. Wide hat schon die Frage aufgeworfen, ob hier eine stilistische und geschichtliche Entwickelung vorliege, kommt aber durch Verwertung der Fundnotizen zu dem Ergebnis, daß die verschiedenen Dekorationsweisen nebeneinander im Gebrauch gewesen seien und gleichzeitig bestanden hätten [12]. Abgesehen davon, daß die Fundnotizen doch etwas mehr ergeben, als Wide meint, dürfen wir uns dadurch nicht entmutigen lassen, für einen geometrischen Stil die Frage zu stellen, ob sich nicht doch prinzipiell Aelteres von Jüngerem scheiden läßt, ob nicht die eine oder andere Dekorationsweise erst später üblich wird und neben der älteren hergeht, wenn sie diese auch nicht gleich verdrängt, und ob sich so nicht doch in großen Zügen eine Entwickelung auch in der rein geometrischen Dekoration feststellen läßt.

Bei der Beantwortung dieser Frage beschränke ich mich zunächst nach Möglichkeit auf den theräischen Stil und stelle die Anhaltspunkte, die er für sich betrachtet bietet, zusammen; bringt dann der Vergleich anderer Stile eine Bestätigung, so ist es um so besser.

Ich gehe aus von ein paar zweifellos jungen Gefäßen, den Amphoren 35, 37 und dem Bruchstück 36, die eine mehr oder weniger ungeometrische Dekoration haben. Das stilistisch jüngste Stück ist die Amphora 37, deren schlechte Technik auch deutlich den Verfall zeigt. Als äußere Bestätigung tritt hier hinzu, daß in dieser Amphora zwei kleine Skyphoi der schlechten

Amphora 37

spätesten protokorinthischen Gattung gefunden wurden, wie sie für den dem VI. Jahrhundert angehörenden Massenfund charakteristisch sind; in den Gräbern von Syrakus und Megara Hyblaia sind sie sogar noch mit spät-schwarzfigurigen Vasen zusammen gefunden. Auf den Henkelplatten der Amphora 37 erscheint das ungeometrische Flechtband, das die ostgriechische Kunst aus der mykenischen Ornamentik bewahrt hat. Auf der Schulter haben wir das Stab-ornament und die Hakenspiralen, beides Ornamente, welche zu dem orientalisierenden Gute des späteren protokorinthischen und frühattischen Stiles gehören [30]. Vollkommen ist der orientali-sierende Charakter auch bei den senkrechten Trennungsgliedern der Schulterdekoration gewahrt. Ueber das Abb. 342a abgebildete Ornament hat bereits Furtwängler gehandelt [31]. Es hat in der mykenischen Kunst seinen Ursprung und bedeutet dort anfangs ineinander gesteckte Blüten. Doch dominieren schon hier bald die Voluten, und Zwischenglieder treten auf. In derselben Richtung haben die orientalisierenden Stile dann das Ornament weiter entwickelt; zwischen den Voluten treten Palmetten auf, wie bei unserer Vase als oberer Abschluß, und auch die Zwickel werden mit Palmettenblättchen gefüllt. Das Ornament findet sich mehrfach in verschiedenen Varianten auf olympischen Bronzen, kommt auf den melischen Vasen vor, in deren Stil neben den orientalisierenden Ornamenten die geometrischen fast ganz verschwunden sind; endlich begegnet es uns auf frühattischen und protokorinthischen Vasen [32]. Es kehrt noch auf einer zweiten theräischen Vase wieder, auf der gleich zu behandelnden Amphora 35, wo es in sehr viel feinerer Ausführung die Henkelplatte schmückt. Auf dem theräischen Gefäß erscheint das Ornament in vollkommen orientalisierender Stilisierung. Mehr dem geometrischen Charakter der übrigen Ornamente angepaßt begegnet es auf einem rhodischen Gefäße [33].

Aus dem mykenischen Ornamentschatz ist auch das zweite Schulterornament (Abb. 342 b) herzuleiten. Verwandte Bildungen zeigen mykenische Goldornamente, über deren geometrische Umbildungen Wide bereits gehandelt hat [34]. Ebenso gehört in die von Wide zusammen-gestellte Reihe das ganz geometrisch stilisierte Ornament im Hauptstreifen des Halses unserer Vase. Ob in den Zickzacklinien mit ansetzenden Punkten eine Verkümmerung des ost-griechischen Granatapfelornamentes vorliegt, wage ich nicht so bestimmt zu behaupten. Möglich ist es immerhin. Rein geometrisch ist wieder das Ornament im obersten Streifen des Halses; dafür ist es aber ebenso wie die beiden zuletzt genannten dem theräischen Stil fremd. Es kommt nur noch auf der Amphora 34 vor. Dem theräischen Stil gehören die Kreisornamente der Schulter an, während die Füllornamente auch in diesen Feldern zum Teil wieder un-geometrischen Charakter tragen [35]. Die Ornamentik dieser Vase zeigt also neben einigen echt theräischen Motiven fremde Einflüsse. Diese stammen teils aus anderen geometrischen

[30] Gerade auf sicher jonischen s. f. Vasen ist das Stabornament häufig. Vergl. Vasen aus Tel el De-fenneh Jahrb. X 30 Fig. 2. Dümmler Röm. Mitth. III 175. Viel früher tritt es schon auf milesischen und protokorinthischen Vasen auf.

[31] Olympia IV 109 f., wo zahlreiche Belege aus my-kenischer Kunst angeführt sind. Derselbe, Bronze-funde von Olympia 44 f.

[32] Olympia IV Taf. 42. 736a. 737. 738. Melisch: Conze Melische Vasen Taf. I; frühattisch: Jahrb. II Taf. 3–5; böotisch: Bull. de corr. 1898 Taf. IV und V; protokorinthisch: Amer. Journal of Arch. 1900 Taf. IV.

[33] Pottier Vases du Louvre Taf. 10. A. 286.

[34] Wide Ath. Mitth. XXII 233 ff. Hierher gehört

auch das dem theräischen besonders nahe ver-wandte Ornament auf einer gepreßten Scherbe von Kreta. Mon. dei Lincei VI Taf. 12. 61. Auch in den orientalisierenden Stilen wird das Orna-ment noch weitergebildet. An Stelle der myke-nischen Knöpfe und Voluten erscheinen angesetzt an das rautenförmige Ornament vegetabilische Zipfel (Olympia IV Taf. 42. 748), endlich Palmetten (Olympia IV Taf. 43. 754).

[35] Das eigenartige Kreuz, an dessen Enden kleine Blättchen ansetzen, kommt beispielsweise auch unter den Füllornamenten einer protokorinthischen Lekythos vor. Amer. Journal of Arch. 1900 Taf. VI. Auch dieses ist schon mykenisch. Myk. Vasen Taf. XXXIII 320.

Stilen, teils aus orientalisierenden. Mykenisches Gut ist den Theräern von beiden zugetragen; während ein Teil der Ornamente es in der Weiterbildung zeigt, welche die orientalisierenden Stile ihm gegeben, sind andere in der Umstilisierung östlicher geometrischer Stile vertreten.

Amphora 35   Zweifellos jung ist auch die dicht daneben gefundene Amphora 35, ein technisch sorgfältiges und ornamental besonders geschmackvolles Stück, bei dem aber theräisch eigentlich nur noch die Disposition der Ornamente und die Reihen von Doppelkreisen sind. Alle anderen Ornamente sind untheräisch und wieder haben wir orientalisierendes neben geometrischem. Der Mäander ist stärker gewunden als sonst in Thera, außerdem gegen dortige Gewohnheit nicht schraffiert. Für das treppenförmige Ornament fehlt mir eine genaue Analogie. Verwandt sind wohl die nebeneinander gesetzten treppenförmigen Linien, welche durch ihr Vorkommen auf chalkidischen, kyrenäischen, altattischen und rotthonigen korinthischen Vasen als jonisch erwiesen werden[36]. Ueber die Wellenlinie mit Punkten ist schon oben gesprochen, ebenso über das prächtige Ornament der Henkelplatte. Die Punktrosette kommt in dieser vollständigen Form, wo die einzelnen Punkte mit dem Mittelpunkt durch Linien verbunden sind, schon in mykenischer Kunst vor[37], der festländisch griechischen Ornamentik ist sie ursprünglich fremd. Besonders ins Auge fallend ist der ostgriechische Einfluß aber durch das Lotosband der Schulter, das zwar sehr stark stilisiert ist und dem man die Hand anmerkt, welche geometrisch zu zeichnen sich gewöhnt hat, das aber doch unverkennbare Verwandtschaft mit der schweren spitzblätterigen Form der jonischen Lotosblüte zeigt, wie wir sie namentlich von milesischen Vasen her kennen. Wie etwa die Knospe ausgesehen hätte, wenn unser Töpfer eine solche gemalt hätte, kann ein getriebenes Bronzeblech aus Olympia lehren[38], dessen Blüten mit ihren teilweise getüpfelten Blättern und Stielen überhaupt die lehrreichste Analogie zu der Blüte auf der theräischen Vase bilden. Giebt uns diese Tüpfelung, welche bei getriebenen Metallarbeiten ein durch die Technik gegebenes Dekorationsmotiv war, vielleicht einen Hinweis, daß es importierte Metallarbeiten waren, welche den theräischen Künstlern dieses orientalisierende Ornament vermittelt haben?

Scherbe 36   Von einer dritten orientalisierenden Amphora stammt das Bruchstück 36. Das (übrigens wieder getüpfelte) Ornament kann verschieden ergänzt werden, ist aber jedenfalls den Ornamenten der Amphora 37, wenn nicht gleich, so doch nächst verwandt, und Aehnliches aus dem Bereiche der orientalisierenden Kunst ist in jedem Falle leicht beizubringen[39].

Spät-
theräisches   Die drei besprochenen Stücke liefern den Beweis, daß sich auch in Thera allmählich der Einfluß der überlegenen ostgriechischen Ornamentik geltend gemacht und der geometrische Stil fremde Elemente aufgenommen hat. Bis zu einer völligen Unterdrückung desselben ist es nicht gekommen; vor allem ist die Verteilung der Dekoration immer noch die alte geometrische geblieben. Daß beide besprochenen Amphoren die Form b mit senkrechten Schulterhenkeln haben, von der schon oben vermutet wurde, daß sie die jüngste Ausgestaltung der Pithoi sei, bestätigt wohl die relativ späte Entstehung der beiden Gefäße. Wir werden danach geneigt sein, auch alle Gefäße, welche vereinzelte orientalisierende Ornamente zeigen, für relativ jung zu erklären.

Amphora 34   Das Flechtband kehrt wieder auf der Amphora 34, hier sogar, ganz gegen theräischen Geschmack, hell ausgespart aus einem dunklen Streifen. Wieder ist es eine Amphora mit senkrechten Henkeln, und wieder weicht sie auch sonst vom theräischen Stil ab. Die Doppelkreise sind nicht mehr durch Tangenten verbunden, am Halse findet sich wieder das Ornament wie

---

[36]) Chalkidisch: *Mon. d. Inst.* I Taf. 27; kyrenäisch: Böhlau Nekropolen Taf. X 5; altattisch: Ἐφ. ἀρχ. 1897 Taf. 5; korinthisch: Pottier *Vases du Louvre* Taf. 50.

[37]) z. B. Myk. Vasen Taf. XXV 191.

[38]) Olympia IV Taf. 43. 755.

[39]) Vergl. jetzt auch das Bruchstück eines kretischen Reliefpithos. *Amer. Journal of Arch.* 1901 Taf. XIII 8.

Abb. 337, wieder finden wir die Vorliebe für Tüpfelung der Ornamente (in den Rauten, Dreiecken, auf den Henkeln). Das Kreisornament hat dieselbe Form wie auf 37 und 46. Gerade auf 46 kehrt nun auch das Flechtband, kehren voll gezeichnete Dreiecke und ein getüpfelter Mäander wieder. Ich halte mich danach für berechtigt, auch diese beiden Gefäße der späteren Entwickelung der theräischen Töpferei zuzuweisen. Ebenso dürfen wir nun wohl unbedenklich auch den Amphorenhals 33 hierherziehen, der senkrechte Henkel und statt der Doppelkreise Ringe mit Tüpfeln darin hat. Ferner das Bruchstück 83 (Abb. 90a, b), auf welchem Flechtband mit Tüpfelung und dunkle Dreiecke vorkommen. Wir haben damit einen Anhalt gewonnen, um die späten Erzeugnisse theräischer Keramik auszuscheiden, und können nun vorsichtig weitergehen. Amphora 33
und
Scherbe 83

Für die Geschichte eines Stiles wird immer die Beobachtung wichtig sein, daß die einzelnen Gefäßformen innerhalb desselben sich auch durch ihre Ornamentik unterscheiden. In Thera besteht ein solcher Unterschied gerade zwischen den Hauptformen, dem Pithos und der halslosen Amphora. Auf keiner der halslosen Amphoren erscheint eines der auf den Pithoi so beliebten Kreisornamente, auf keiner irgend ein orientalisierendes Ornament; überhaupt fehlen ihnen alle die selteneren Ornamente und Varianten von solchen; umgekehrt kommt auf den halslosen Amphoren kein Ornament vor, das sich nicht von den Pithoi belegen ließe. Die Dekoration dieser halslosen Amphoren ist eine entschieden ärmere, zugleich aber auch altertümlichere. Die reichste Entwickelung des Stiles ebenso wie seine allmähliche Zersetzung können wir nur aus den Pithoi kennen lernen. Umgekehrt dürfen wir alles, was auf den halslosen Amphoren vorkommt, für älteren Bestand des theräischen Stiles halten. Dasselbe gilt dann aber auch von der Einteilung der Dekoration: die streng durchgeführte Teilung des Schulterstreifens nach Art der Triglyphen und Metopen, wie ich sie oben theoretisch als letzte Stufe angenommen habe, findet sich auf keiner halslosen Amphora, noch weniger natürlich eine so freie Dekorationsverteilung, wie auf der Amphora 25. Die Dekorationseinteilung der halslosen Amphoren steht im wesentlichen ganz auf der Stufe der ersten Gruppe der Pithoi (1—6). Diese ist somit offenbar die stilistisch ältere, wie oben angenommen, und die dort konstruierte Entwickelung entspricht der thatsächlichen Wandlung der Dekorationsweise.

Damit erhalten wir weiter die Möglichkeit, den alten ursprünglichen Bestand des theräischen Ornamentschatzes festzustellen und seine allmähliche Bereicherung zu verfolgen. Besonders stereotyp ist stets die Dekoration des Halses, an dem auch, wie gesagt, die Streifenteilung ganz besonders starr festgehalten ist und nur in ganz seltenen Fällen ein Streifen in mehrere Abschnitte geteilt und mit verschiedenen Ornamenten gefüllt ist, wobei aber niemals die Breite eines Streifens überschritten und ein größeres Hauptfeld herausgehoben wird. Die Ornamente, die hier sich stets wiederholen, dürfen wir zum ältesten Ornamentbestande rechnen. Die normale Dekoration des Halses wird gebildet durch falsche Spirale, Zickzacklinie und schraffierten Mäander. Streben nach Symmetrie zeigt sich in der Anordnung, bei der der Mäander als das breiteste Ornament die Mitte einnimmt. Als Grundschema darf man falsche Spirale — Zickzack — Mäander — Zickzack — falsche Spirale auffassen. Eine Verkürzung ist es, wenn eines der Ornamente wegfällt, wobei dann aber meist gleich zwei Streifen ausgeschaltet werden und damit die Symmetrie gewahrt bleibt. Eine Erweiterung ist es, wenn bei ein paar besonders reich verzierten großen Gefäßen noch ein Band hinzutritt, z. B. ein zweiter Mäander (25), Mäander und falsche Spirale (15), Wellenlinie (14). Andere Ornamente finden sich nur am Halse von Gefäßen, die auch sonst in der Dekoration junge Elemente haben, so namentlich bei 34, 35, 37, 18. Bezeichnung
des
theräischen
Ornament-
schatzes

Diese Ornamente des Halses, zu denen noch die schraffierten Dreiecke, auch zu zweien mit den Spitzen aufeinander stehend, der Wasservogel, das Vierblatt und Schachbrettmuster treten, sind es, mit denen die ganze Dekoration der Amphoren der ersten Gruppe bestritten wird und die auch die wesentliche Dekoration der halslosen Amphoren ausmachen.

In der zweiten Gruppe (7—15) treten dann vor allem die Kreisornamente hinzu, die hier als Füllung noch stets (mit Ausnahme von 8) den alten Blattstern tragen. Ferner findet sich hier die Spirale, die Wellenlinie; bei den freiesten Gefäßen kommt auch schon einmal ein

Abb. 367.

unschraffierter dunkler Mäander vor. Bisweilen tritt auch Punktierung der Ornamente auf. Endlich findet sich auf einem der jüngsten Gefäße (14) das merkwürdige Ornament Abb. 367. Die Füllung der Hauptfelder neben dem Kreisornament zeigt bisweilen noch eine gewisse Unsicherheit und Ungeschicklichkeit (vergl. z. B. Amphora 9).

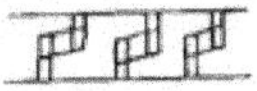

Die dritte Entwickelungsstufe bringt dann alle die Varianten der Kreissterne, die senkrechten Rautenbänder; neben die Tangentenkreise treten die mittels einer Linie verbundenen Punkte; auch unverbundene Doppelkreise werden häufiger, die ganze Ornamentik überhaupt freier, weniger schematisch; die Ornamente werden immer häufiger dunkel gemalt, Punktrosetten, kompliziertere Mäanderformen, Zickzacklinien und Rauten mit angesetzten Häkchen erscheinen, von denen nur erstere auf einer halslosen Amphora einmal vorkommen. Auf dieser Entwickelungsstufe steht die Dekoration, als die orientalisierenden Ornamente einzudringen beginnen.

Eine genaue Analyse des theräischen Stiles allein hat somit bereits die Entwickelung dieses Stiles feststellen lassen, ohne daß wir andere Stile zum Vergleich heranzuziehen brauchten. Der theräische Stil tritt uns als ein vollkommen ausgebildeter geometrischer Stil entgegen. Seine Vorstufen kennen wir bisher noch nicht. Wie er auftritt, steht er auf der Entwickelungsstufe des ausgebildeten frühen Dipylonstiles. Auch sein Ornamentschatz ist diesem nächst verwandt. Einzig die oft verwandten Dreiecke scheinen dem frühen Dipylonstil zu fehlen. Gemäß der Vorliebe der geometrischen Stile für Zonendekoration sind die reihenbildenden Ornamente Mäander, Zickzacklinie, falsche Spirale, Schachbrettmuster in beiden Stilen die häufigsten. Daneben kommen, als zur Füllung kleiner Felder geeignet, Vierblatt und Wasservogel vor. Dieser Stil hat sich auf Thera weiter entwickelt, zunächst ohne starke Bereicherung des Ornamentschatzes. Der neuen Felderdekoration sucht man, so gut es geht, durch die alten Ornamente zu genügen. Erst die dritte Stufe bringt viel Neues.

Interessant ist nun, daß offenbar der Dipylonstil eine ganz gleiche Entwickelung durchmacht. Auch in ihm tritt allmählich an Stelle der Streifendekoration eine Felderdekoration. Aus den umgebenden kleinen Ornamenten heben sich einige Hauptfelder heraus, die mit einem großen Ornament gefüllt sind. Wie im theräischen Stil ordnen sich die schmalen Felder allmählich mehr und mehr den Hauptfeldern unter. Auch das Streben, ihrer Dekoration eine senkrechte Richtung zu geben, finden wir in Attika wie in Thera. Anfangs arbeitet man mit den alten Ornamenten weiter. Aber bald sieht man sich genötigt, neue Motive zu suchen und den Ornamentschatz zu vergrößern. So viel läßt, meine ich, unser Material an Dipylonvasen ohne weiteres erkennen, daß mit der Ausbildung der Metopendekoration auch mehr und mehr neue Ornamente erscheinen, und zwar nicht nur solche, die man für die Füllung der großen Felder brauchte. Metopendekoration zeigen aber auch gerade die Dipylonvasen, welche ungeometrische Ornamente zu verwenden beginnen. Damit ist bewiesen, daß die Dipylonvasen mit Metopendekoration wie in Thera die stilistisch jüngere Stufe repräsentieren. Genauere Auseinandersetzung hierüber würde hier zu weit führen und muß einer anderen Stelle vorbehalten bleiben. Es genügt, zur Erläuterung beispielsweise auf die drei in dem gleichen eleusinischen Grabe gefundenen Vasen Ἐφ. ἀρχ. 1898 Taf. IV 1. 8. 9 zu verweisen. Alle drei haben Metopendekoration, und auf allen finden sich Motive, welche dem Dipylonstil ursprünglich fremd sind, Reihen von Dreiecken auf 1, die eigentümlich verflüchtigte falsche Spirale auf 9,

(Marginalie links:) Gleiche Entwickelung im Dipylonstil

ebendort Punktkreis, Punktrosette, Zweigornament; auf 8 endlich ein großes unverstandenes Blattornament.

Schon ein flüchtiger Blick auf die Dipylonvasen hat somit eine Bestätigung für die *Fremde Einflüsse* Entwickelung gebracht, die ich für Thera feststellen zu können glaubte. Es wäre nun die Frage zu stellen, wie sich diese gleichartige Entwickelung in Thera und Attika erklärt. Da in der in Betracht kommenden Zeit weder theräischer Einfluß in Attika noch attischer in Thera wahrscheinlich und nachweisbar ist, und auch die Uebereinstimmungen im Einzelnen nun doch nicht so groß sind, daß man die beiden Kunststile unmittelbar verbinden könnte, müssen wir annehmen, daß die neuen Motive den beiden Stilen durch die gleiche oder doch eine verwandte Quelle vermittelt seien. Wer den theräischen Töpfern die neuen Muster gebracht hat, welche ihre alte Dekoration umgestalteten, ist mit Sicherheit noch nicht auszumachen. Gemalte Vasen haben sie ihnen nicht vermittelt, denn unter allen auf Thera gefundenen fremden Vasen aus dieser Zeit findet sich keine Gattung, in der wir diese Vorbilder erkennen könnten, und ich wüßte überhaupt keinen gleichzeitigen Vasenstil namhaft zu machen, der diese Rolle gespielt haben könnte, auch den kretischen nicht, der mit dem späteren theräischen zwar die Vorliebe für Kreisornamente im allgemeinen teilt, in diesen aber ganz andere Muster bringt. Es müssen also die neuen Ornamente und das neue Dekorationsprinzip den Theräern durch eine andere Technik vermittelt sein, und da liegt es am nächsten, an Metallarbeiten zu denken. Früher *Metall-vorbilder* Import von Metallarbeiten ist in Thera sehr wahrscheinlich, da sich auf der kleinen Insel, der alle Voraussetzungen dafür fehlen, wohl nie eine eigene Metallindustrie entwickelt haben wird. Die Metallindustrie hat sich überhaupt weit mehr an bestimmte Orte gebunden als die Keramik. Erhalten ist von diesen Metallarbeiten nichts, weil die Theräer ihren Toten keine Metallgegenstände in die Gräber gethan haben. Wo diese Metallarbeiten fabriziert sind, weiß ich noch nicht zu sagen. Ueber die Art ihrer Ornamentik läßt sich etwa folgendes erschließen: sie war im wesentlichen geometrisch; neben den auch anderen Stilen geläufigen Mäander-, Hakenkreuz- und Dreieckmotiven scheint sie einige weitere Ornamente verwandt zu haben, welche sie teils unmittelbar der mykenischen Ornamentik entlehnt hatte (Kreisornamente, Rosetten, echte Spirale), teils durch geometrische Umstilisierung aus dieser gewann (z. B. Rautenbänder mit ansetzenden Häkchen). Die strenge geometrische Streifenornamentik hatte sie bereits überwunden und durch eine Felderdekoration ersetzt.

Hier möchte ich für jetzt Halt machen, ohne Hypothesen aufzustellen, denen ich doch momentan keine festere Begründung zu geben vermöchte. Ich hoffe die Frage bald wieder aufnehmen zu können. Ihre Lösung kann sie nur auf breitester Grundlage finden, durch eine umfassende Bearbeitung der gesamten nachmykenischen Ornamentik. Noch fehlt uns eine Kenntnis der nachmykenischen Zeit in großen und vielleicht den wichtigsten Teilen der griechischen Welt. Wir wissen noch nicht einmal, wie weit rein geometrischer Stil sich auf den Inseln und in Kleinasien verbreitet hat, geschweige denn Näheres über den Stil der einzelnen in Betracht kommenden Centren, von denen wir uns eine weitgehende Beeinflussung des griechischen Kunsthandwerkes ausgehend denken können. So lange da nicht glückliche Funde aushelfen, müssen wir suchen, die Ursachen aus ihren Wirkungen zu erschließen, und das kann man nur mit weitester Heranziehung allen Materiales. Was der griechische Boden bietet, reicht nicht aus; von ganz besonderer Bedeutung sind gerade in dieser Zeit die italischen Funde. Diese in ausgiebiger Weise heranzuziehen, fehlt mir im Augenblick vollkommen die Möglichkeit. Besonders wichtig wären sie, weil wir hier nicht nur zahlreiche Metallarbeiten haben, mit denen der griechische Boden bisher geizt, sondern weil die italische Keramik ihre griechischen Metallvorbilder viel sklavischer nachahmt als die griechische. Möglicherweise wird das italische Material gerade in unserem speciellen Falle einmal weiter führen. Böhlau hat in seinem Aufsatze zur Ornamentik der Villanovaperiode[50] darauf aufmerksam gemacht, daß sich auf den Villanova-Ossuaren der Einfluß eines griechischen Ornamentsystemes geltend macht, daß dem Dipylonstile nahe verwandt, wenn auch nicht mit ihm identisch gewesen sein muß. Es wurde den Italikern ebenfalls nicht durch keramische, sondern durch Metallarbeiten zugetragen. Für uns ist interessant, daß dieses hypothetisch erschlossene Ornamentsystem sich auffällig dem nähert, dessen Einflüsse wir, von den Thongefäßen ausgehend, für Attika und Thera angenommen haben. Die Hauptmotive des in Italien wirkenden Systemes sind wieder Mäander, Hakenkreuze, Treppenlinien, Dreieckmotive, und die primitive Streifendekoration ist auch hier bereits durch Metopenteilung ersetzt. Böhlaus Annahme des griechischen Ursprunges der Villanova-Ornamentik erhält durch diese Verwandtschaft des späteren theräischen Stiles zweifellos eine willkommene Stütze. Es wird auch kein Zufall sein, daß man sich bei einzelnen der späteren theräischen Malereien an italische Bronzebleche erinnert fühlt. Und zur Bestimmung der Heimat dieser Metallarbeiten, welche die erste wirklich fortgesetzte Beeinflussung des italischen Handwerkes durch griechisches verursacht haben, vermag die Einreihung Theras vielleicht einmal etwas beizutragen.

Orientalische Einflüsse   Für die letzte Periode des theräischen Stiles ist das Auftreten orientalisierender Ornamente nachgewiesen. Auch diese sind den Theräern nicht durch Thonware aus dem Osten zugetragen worden, wie eben ein Import nie mit der Einfuhr der zerbrechlichen und verhältnismäßig billigen Thonware beginnt, sondern mit Waren, welche bei geringerem Risiko größeren Gewinn versprachen. Erst wenn so ein festes Absatzgebiet gewonnen ist, bringt man wohl auch Erzeugnisse der heimischen Töpfereien mit in den Handel. So gut wie in Italien der Einfluß griechischer Industrie viel älter ist als der Import griechischer Thonwaren, und diese erst erscheinen, als die gesicherten langjährigen Handelsbeziehungen zur Anlage von Kolonien geführt hatten, treten auch in Thera orientalisierende Ornamente früher auf, als sich importierte Thongefäße orientalisierenden Stiles nachweisen lassen. Das Eindringen ostgriechischen Ornamentik in den theräischen Stil sagt uns also bloß, daß die Einfuhr ostgriechischer Erzeugnisse, nicht die ostgriechischer Vasen begonnen habe. Am wahrscheinlichsten dürfte auch in diesem Falle sein, daß die Theräer die ostgriechischen Ornamente importierten Metallwaren entnommen haben. Ein paar Einzelheiten, wie die Punktfüllung der Ornamente auf diesen späten Stücken[51], das gleichzeitige Erscheinen einer Henkelform, welche sicher Metallvorbilder hat, dürften noch besonders dafür sprechen. Wie wir uns diese Metallarbeiten ungefähr zu denken haben, dafür geben Funde aus Olympia, von denen ich oben bereits einige zur Erläuterung herangezogen habe, einen Anhalt. Nahe verwandt muß der orientalisierende Stil gewesen sein, dessen Wirkungen wir auf den melischen Vasen feststellen können; auch die orientalisierenden Ornamente des frühattischen Stiles könnten zum Vergleich herangezogen werden. Die Heimat dieser Metallarbeiten kann ich ebenfalls noch nicht bestimmen. Möglich wäre a priori, daß sie aus derselben Quelle stammen wie die älteren, und nur im Laufe der Zeit mehr ostgriechische Ornamente aufgenommen haben. Nötig ist dies indessen nicht, da die ganzen Beziehungen Theras, wie sie sich in den Funden wiederspiegeln, eine allmählich immer lebhafter werdende Verbindung mit Jonien andeuten, wie sich aus dem Schlusse dieses Kapitels ergeben wird.

---

[50] Festschrift der XXVI. Jahresversammlung der deutschen anthropologischen Gesellschaft.

[51] Es ist eine gute Bestätigung, daß dieselbe Punktfüllung ganz gleichartiger orientalisierender Ornamente auf soeben von Savignoni veröffentlichten Bruchstücken von Reliefgefäßen aus Kreta wieder-

kehrt. *Amer. Journal of Arch.* 1901 Taf. XIII No. 6. 7. 8. 10; XIV 3. 6. 10. Auch hier haben wir zweifellos Einfluß toreutischer Arbeiten festzustellen. Die kretischen Pithoi dürften von den gleichen Metallvorbildern abhängig sein wie die theräischen.

Es erübrigt endlich noch, so viel als möglich dem theräischen Stil seine Stellung innerhalb der Fülle nachmykenischer Vasenstile anzuweisen. Ich muß hier notgedrungen etwas
weiter ausholen und meine Auffassung des geometrischen Stiles klarlegen. Daß es nur in
knappster Form geschehen kann, ist selbstverständlich, und dieser Teil macht daher am aller-
wenigsten Anspruch darauf, für abschließend zu gelten.

Die nachmykenische Vasenmalerei eines großen Gebietes der griechischen Welt verwendet Der geometri-
sche Stil
fast ausschließlich planimetrische Figuren zur Dekoration. Die Maler sehen von allen natürlichen
Vorbildern ab und geben nur gleichsam abstrakte Formen, die nach den strengsten Gesetzen von
Symmetrie und Rhythmus gestaltet sind. Starre geometrische Ornamente treten an Stelle der
frischen Naturnachahmung der älteren und der frei stilisierten Figuren der späteren mykenischen
Kunst. Dieser nachmykenische Stil bildet eine Einheit gegenüber nichtgriechischen geometrischen
Stilen. Innerhalb desselben lassen sich eine Fülle lokaler Stile scheiden, die sich zu einander verhalten wie die verschiedenen Dialekte einer Sprache, die bei allen Abweichungen doch wurzelhaft
verwandt bleiben. Das Problem des geometrischen Stiles in Griechenland hat sich kompliziert, seit
wir wissen, daß ihm ein naturalistischer Stil voraufging und vor diesem wiederum ein primitiver
geometrischer Stil in Uebung war. Das Verhältnis, in dem diese beiden geometrischen Stile zu
einander und zu dem sie trennenden mykenischen Stile stehen, muß zunächst kurz berührt werden.

Daß ein geometrischer Stil a priori als etwas besonders Primitives zu betrachten sei, Herleitung
haben die Thatsachen widerlegt. Ich teile auch nicht die Ansicht, daß der geometrische Stil
aus einer bestimmten Technik herzuleiten sei, bekanntlich ein Lieblingsgedanke vieler Archäologen, seit Semper den Ursprung der bezeichnenden Motive des geometrischen Stiles aus der
textilen Technik, der Weberei und Flechterei, herleitete. Daß Material und Technik von Einfluß
auf Formen und Zierformen sind, wird niemand bestreiten, ebensowenig die Thatsache, daß die
verschiedenen Techniken einander beeinflussen können, eine die von der anderen geschaffenen
Motive übernehmen kann. Das giebt uns aber noch nicht die Berechtigung, nun e i n e Technik
gleichsam als die Urtechnik an die Spitze zu rücken. Es reicht denn auch keine Technik aus,
um den gesamten Ornamentschatz des griechischen geometrischen Stiles zu erklären. Gerade
gegen die oben angeführte Theorie ist schon mit Recht geltend gemacht, daß die Annahme der
Uebertragung der geometrischen Ornamentik der Vasen aus der Weberei und Flechterei nur
einen Teil der geometrischen Motive, nämlich die geradlinigen, erklären würde, während andere
beliebte Motive, alle Kreisornamente, falschen und echten Spiralen u. s. w. unerklärt blieben,
da sie der Weberei besondere Schwierigkeiten bieten, sich jedenfalls aus ihrer Technik nicht
natürlich ergeben. Erstere ließen sich beispielsweise viel leichter aus der Graviertechnik, letztere
aus der Drahtarbeit herleiten. Der Weberei liegen vermöge ihrer Technik geradlinige Ornamente
in streifenförmiger Anordnung besonders bequem. Deshalb hat sie gewiß wesentlich zu ihrer
Ausbildung beigetragen und sie zähe festgehalten, auch als andere Techniken schon zu anderer
Dekoration übergegangen waren; geometrisch dekorierte Gewänder begegnen uns auf Vasenbildern noch, als der geometrische Stil sonst längst überwunden war. Aber gewiß ist die
Weberei deshalb nicht die einzige Quelle des geometrischen Stiles. Sie selbst hat gewiß auch
manches geometrische Ornament aus anderen Techniken übernommen, und ich bin überzeugt,
daß, wenn wir Stoffe der geometrischen Periode z. B. aus Thera hätten, hier gewiß auch die
auf theräischen Vasen so beliebten Kreisornamente erscheinen würden. Aus gleichem Grunde,
wie die Weberei, hält auch die Graviertechnik an den geometrischen Motiven fest; die geradlinigen Ornamente empfahlen sich ihr, weil man das Lineal, die Kreise, weil man den Zirkel
benutzen konnte. Ritztechnik führt also genau so leicht zu geometrischer Ornamentik wie
Weberei und Flechterei, ja sogar zu einer weit reicheren. Wer aber wollte entscheiden, welche
dieser Techniken die ältere sei?

Die Herleitung des geometrischen Stiles aus einer Technik ist also abzulehnen, wenigstens bei einem so reichen Stile wie dem nachmykenischen griechischen. Das Problem seines Erscheinens, des eigentümlichen Geschmackswechsels, der an Stelle des lebendigen mykenischen Stiles diesen starren leblosen geometrischen treten ließ, bleibt bestehen. Wir haben in neuerer Zeit mehr und mehr erkannt, daß es auch schon in vormykenischer Zeit im griechischen Gebiet einen geometrischen Stil gegeben hat. Aus Kypros, Troia, von den Inseln kennen wir ihn massenhaft, aber auch in Attika, auf Aegina, in der Argolis, in Thessalien können wir ihn nachweisen. Eine gegenwärtig weit verbreitete Ansicht, die namentlich von Böhlau und Wide[42]) ausgesprochen ist, sucht eine direkte Verbindung zwischen vormykenischem und nachmykenischem geometrischen Stil herzustellen, letzteren als eine Fortsetzung des ersteren zu erweisen. Während der Herrschaft des mykenischen Stiles sei der alteinheimische geometrische, der dem verfeinerten Geschmack nicht mehr entsprach, zurückgedrängt worden. Auf dem groben Bauerngeschirr aber habe er auch während der mykenischen Periode fortgelebt, und als der mykenische Stil erstarrte, da sei diese Unterströmung wieder zu Tage gekommen. Technisch vervollkommnet durch die Errungenschaften der mykenischen Zeit, wohl auch bereichert um einige Ornamente, sei diese verfeinerte Bauernkunst nun auch im Stande gewesen, höheren Ansprüchen zu genügen. Auch das feine Geschirr des vornehmen Mannes sei jetzt mit dem geometrischen Zierrat bemalt worden. Diese Annahme hat viel Bestechendes. Ein strikter Beweis für ihre Richtigkeit ist bisher noch nicht erbracht. Noch fehlen uns die Träger dieser angenommenen Bauernkunst — wirklich geometrische Funde aus echt mykenischer Schicht. Die grobe monochrome Ware, wie sie in Eleusis und Athen gefunden ist, gehört schon nachmykenischer Zeit an. Die geometrisch verzierten Vasen von Aegina und Aphidna sind vormykenisch oder fallen in den ersten Anfang der mykenischen Zeit[43]). Es fehlen also noch Funde, welche die Verbindungen zwischen vor- und nachmykenischen geometrischen Stilen thatsächlich herstellten. Daß gewisse Zusammenhänge zwischen beiden bestehen, halte aber auch ich für sicher. Sie aufzudecken, bleibt vorab noch neuen Funden und genauerer Durchforschung unseres Materiales vorbehalten. Eines möchte ich im folgenden näher ausführen, was mir für diese Frage wie für das ganze Verständnis des geometrischen Stiles und seines Erscheinens in nachmykenischer Zeit wichtig scheint.

Geometrisches im mykenischen Stil

Die Neigung zu geometrischer Dekoration, welche die vor- und nachmykenische Zeit auszeichnet, fehlt auch während der mykenischen Zeit nicht. Während in Griechenland und auf den Inseln ein geometrischer Stil herrscht, tritt, von den südlichen Inseln, vor allem wohl

---

[42]) Böhlau Zur Ornamentik der Villanovaperiode. Festschrift d. XXVI. Jahresvers. d. deutsch. anthropol. Ges. 4 f. Wide Ath. Mitth. XXI 402 ff.

[43]) Wide selbst giebt Ath. Mitth. XXI 398 ff. die Argumente hierfür, zu denen noch einige weitere kommen. Dem Grabe von Aphidna fehlt die mykenische Thonware; die Grabform ist unmykenisch; gleiche Pithoi wie im Tumulus von Aphidna sind unter dem Steinboden vormykenischer Häuser in Thorikos gefunden ('Εφ. 'αρχ. 1895. 232), gleiche Gefäße mit Mattmalerei unter den Ruinen mykenischer Häuser in Aegina. Eine Scherbe mit Mattmalerei, die denen von Aphidna gleich ist, hat sich aber auch noch in einem der mykenischen Schachtgräber gefunden, ist also frühmykenisch. Die plastische Blüte am Henkel des einen Gefäßes von Aphidna entspricht in ihrer Stilisierung den frühmykenischen Blumen, wie sie z. B. auf einer protomykenischen Vase von Thera

gemalt sind. Der Tumulus von Aphidna ist also spätestens frühmykenisch, vielleicht noch älter. Auf der Burg von Aphidna fand Wide mykenische Scherben. In der Blütezeit mykenischer Thonindustrie hatte also auch Aphidna seinen mykenischen Import. Die Gräber des Tumulus fallen folglich nicht in diese Zeit. Die Vorstellung Wides, „daß die Herren auf der Burg schon bemalte mykenische Thongefäße gehabt haben, während die Bauern in der Ebene unterhalb der Burg ihre Thonwaren in alter herkömmlicher Weise verfertigten", läßt sich mit den Funden Wides nicht beweisen, denn die von den Funden Wides nicht beweisen, denn der stattliche Tumulus von Aphidna ist natürlich ein Herrengrab und gehört einer Zeit an, wo auch die Herren noch nicht mykenische Thonware kauften, sondern „Bauerngeschirr" brauchten.

Kreta ausgehend, eine naturalistische Kunst auf. Man kann sagen, daß nun während der mykenischen Periode diese zwei grundverschiedenen Tendenzen miteinander ringen. Auf der einen Seite eine frisch naturalistische Kunst, auf der anderen die Neigung zu strenger Stilisierung und Hand in Hand damit zu geometrischer Dekorationsweise; es ist, als seien hier zwei in ihrer künstlerischen Eigenart grundsätzlich verschiedene Elemente miteinander in Verbindung getreten. Eine Weile ist das naturalistische Element das stärkere. Dann aber sehen wir, wie wenigstens in der festländischen Keramik [54]) die Neigung zu strenger Stilisierung mehr und mehr die Oberhand gewinnt. Es beginnt hier ein Prozeß, den man die Geometrisierung der mykenischen Kunst nennen möchte. Er füllt wohl die längste Zeit der mykenischen Kunstperiode aus und endet schließlich wenigstens auf dem griechischen Festlande mit dem vollen Siege der geometrischen Kunstweise und dem Absterben der naturalistischen Kunst. Der vollendete geometrische Stil ist also von diesem Gesichtspunkte aus betrachtet nur der letzte Akt einer Entwickelung, deren Anfänge tief in mykenischer Zeit liegen, und die Verbindung des vor- und nachmykenischen geometrischen Stiles ist damit in gewissem Sinne schon hergestellt.

Damit habe ich bereits das Verhältnis zwischen mykenischer und geometrischer Kunst- $^{\text{Das Auftreten}}_{\text{des geometrischen Stiles}}$ weise berührt. Besonders auffällig schien früher das anscheinend plötzliche und fertige Auftreten $^{\text{und die Dorer}}$ des geometrischen Stiles. Technisch und stilistisch fertig, „greisenhaft erstarrt" schienen die geometrischen Stile, oder, wie man damals meist sagte, der Dipylonstil in die Geschichte einzutreten. Ein scharfer Schnitt schien mykenische und geometrische Kunstepoche zu trennen. Daraus entnahm man ein Hauptargument für die Hypothese, daß der geometrische Stil auf ein neu eingedrungenes Bevölkerungselement, die Dorer, die sich erst kurz zuvor über die Kulturstufe der europäischen Bronzealters erhoben hatten, zurückzuführen sei [55]). Ihre einzige bisher geübte Kunstfertigkeit bestand, neben einfacher Gravierarbeit in Knochen und Metall, in Weberei nach konventionell überkommenen, aber stilistisch äußerst konsequent entwickelten Mustern. In Griechenland machten sich die Dorer die meisterhafte Behandlung des Thones und die Benutzung der Firnisfarbe zu eigen; ihre alten Webe- und Graviermuster übertrugen sie auf die Thongefäße. Die Anfänge der geometrischen Stiles lagen somit für uns verborgen außerhalb der uns bekannten Teile Griechenlands und in Techniken, deren Reste uns nicht erhalten geblieben sind. So mußte man früher schließen, und noch Wide, der im übrigen die Dorerhypothese bekämpfte, hebt es als auffallend hervor, daß wir nicht von den Anfängen des Dipylonstiles reden können; auch er kannte keine eigentlichen Vorstufen desselben.

Unser Material führt heute weiter. Schon durch den Nachweis vormykenischer geometrischer Stile modifiziert sich die Dorerhypothese von selbst, indem der geometrische Stil wenigstens nicht mehr als etwas vollkommen Neues in Griechenland auftritt. Weiter können wir schon jetzt mit Bestimmtheit aussprechen, daß der geometrische Stil in Griechenland nicht fertig auftritt, sondern sich in der uns geläufigen Form erst hier entwickelt hat und entwickelt haben kann. Er tritt auch nicht plötzlich auf, sondern es gehen ihm vorbereitende Erscheinungen voraus.

Während sich früher mykenische und geometrische Vasen unvermittelt, aber auch unmittelbar zu folgen schienen, sind wir jetzt immer häufiger in Verlegenheit, wo wir eigentlich den Schnitt zwischen beiden Perioden machen sollen. Immer häufiger finden sich Uebergangsformen. Am besten können wir die Entwickelung in Attika verfolgen. Neben einer mykenischen Schicht, welche die Stilentwickelung bis zum späten IV. Stil verfolgen läßt,

---

[54]) An dem festländisch-griechischen Ursprung der großen Masse der gewöhnlichen mykenischen Thonware zu zweifeln, sehe ich noch keinen durch- schlagenden Grund, trotz gegenteiliger neuerer Ausführungen. Vergl. Arch. Anz. 1901 24 ff. (Zahn). [55]) Furtwängler und Loeschcke Myk. Vasen XI f.

22 *

haben wir eine andere mit sogenannten Dipylonvasen. Mykenische Vasen und Dipylonvasen schließen sich aus. Noch nie ist eine mykenische Vase in einem Dipylongrab oder eine Dipylonvase in einem mykenischen Grabe gefunden. Diese Beobachtung allein hätte bereits zu dem Schlusse führen müssen, daß die mykenische Zeit und die Zeit des ausgebildeten geometrischen Stiles nicht unmittelbar aneinander schließen, sondern eine Uebergangsperiode beide trennt. Denn man beschließt nicht, von heute auf morgen alles mykenische Geschirr abzuschaffen und den Toten nur noch Dipylongeschirr mitzugeben. Diese Uebergangsperiode hat auch in unseren Funden Spuren hinterlassen; die Thongefäße, welche sie bringt, können wir mit gleichem Recht als letzte Ausläufer des mykenischen, wie als erste Anfänge des geometrischen Stiles bezeichnen [66]. Der Fehler, den man bisher gemacht hat, war, daß man die Verhältnisse, wie sie in der Nekropole vor dem Dipylon herrschen, zu sehr verallgemeinert hat. Die Funde aus der Uebergangszeit sind noch gering und ärmlich. Sie werden auch wohl nie sehr reich werden. Denn zweifellos war es eine unruhige Zeit, eine Zeit der Unsicherheit, des Niederganges. Aber die Hoffnung, daß sie zahlreicher werden und auch in Landschaften, aus denen wir sie bisher nicht kennen, zum Vorschein kommen werden, ist deshalb nicht aufzugeben. Man braucht bloß daran zu denken, wie kurz wir überhaupt erst mykenische Fundschichten kennen.

"Salamis-vasen"   Solche Uebergangsformen von der mykenischen zur geometrischen Keramik enthielt eine ärmliche Nekropole auf Salamis neben spätesten mykenischen [67]. Gleichartige Gefäße sind in Athen und im übrigen Attika vereinzelt gefunden [68], einige auch schon von Wide abgebildet (z. B. Jahrb. XV 50 ff. Fig. 103, 106, 108, 109). Die Fundumstände bestätigen, was der Stil lehrt, daß diese Gefäße am Ende der mykenischen Periode als lokales Fabrikat neben die importierte mykenische Ware treten und den ausgebildeten Dipylonstil vorbereiten. Aber auch außerhalb Attikas begegnen ähnliche Gefäße, welche ganz gleich zu beurteilen sind. Die Beobachtung der Funde aus dem Heraion haben, wie ich sehe, Hoppin zu einem ganz ähnlichen Resultate geführt [69]. Auch hier tritt eine Uebergangsperiode mit einem ärmlichen linearen Stil trennend zwischen mykenische und geometrische Periode. Eine Kanne, wie Schliemann bei Mykenae 71 abbildet, entspricht geschichtlich vollkommen den "Salamiskannen". Aus Lemnos stammt die von Wide a. a. O. Fig. 110 abgebildete Kanne, von den Inseln die Amphora Ath. Mitth. XXII 245 Fig. 16. Ferner gehören hierher eine Reihe von Gefäßen aus Assarlik [70].

Kreta   Besonders lehrreich werden aber auch hier die Funde aus Kreta werden, welche den allmählichen Uebergang zu geometrischer Kunstweise deutlich erkennen lassen. Wide hat schon mit Recht auf interessante Gefäße kretischer Fundorte hingewiesen, deren geometrischer Stil voller mykenischer Reminiscenzen steckt. Die Funde namentlich italienischer Archäologen haben eine Fülle neuen Materiales hinzugebracht, das den allmählichen Uebergang vom mykenischen zum geometrischen Stil klar vor Augen stellt [71]. Zwischen den mykenischen Stil und den eigentlich geometrischen Stil schiebt sich hier eine lange Uebergangsepoche, der eben die von Wide zuerst hervorgehobene Gattung angehört. Diese geht also der "Salamis"-Gattung, dem frühargivischen u. s. w. parallel.

---

[66] Daß zwischen mykenische Periode und geometrische sich eine Uebergangszeit schiebt, lehren auch die Funde von Olympia. Mykenisches fehlt dort. Die Funde beginnen aber auch nicht mit ausgebildetem geometrischen Stil, sondern mit Bronzen, die ihrem Charakter nach ganz zu dem Uebergangsstil anderer Landschaften passen. Ihre Dekoration zeigt eine ärmliche Auswahl aus im letzten Grunde mykenischen Reminiscenzen.

[67] Die Funde sind im Nat.-Mus. in Athen. Eine Publikation fehlt bisher. Schon Wide hat Jahrb. XV

49 auf sie hingewiesen und sie richtig als aus dem mykenischen Stil entwickelt angesprochen.

[68] Beispiele in Athen, Bonn. Ich notierte eine hierhergehörige Kanne in Athen im Kunsthandel.

[69] Amer. Journal of Arch. 1900, 444 ff.

[70] Journ. of hell. stud. 1887, 69 ff.

[71] Richtig beurteilt sind die von Wide veröffentlichten kretischen Gefäße auch schon von Orsi. Amer. Journal of Arch. 1897, 252 ff. Jetzt kommen namentlich die Amer. Journal of Arch. 1901, 303 ff. veröffentlichten Vasen hinzu.

Vergleicht man mit den hier zusammengestellten Gefäßen eine Kollektion wie die des Museums von Neuchâtel [1]), die von den jonischen Inseln stammt, so zeigt sich, daß auch hier neben Mykenischem manches steht, was zu unserer Uebergangsgruppe gehört, ohne daß man es doch scharf von der mykenischen Gruppe lösen könnte.

Die hier zusammengestellten Vasen stammen aus ganz verschiedenen Werkstätten. Sie werden meist lokales Fabrikat sein. Es sind ihnen allen aber gewisse Züge gemeinsam. Von den mykenischen Vasen unterscheiden sie sich durch den meist roten Thon. Das Gefäß aus Lemnos sucht den hellen mykenischen Malgrund durch einen Ueberzug auf dem roten Thon nachzuahmen. Der Firnis ist bei den meisten schlecht, wenig glänzend, dunkelbraun. Die Formen sind meist die mykenischen oder stehen ihnen doch sehr nahe. Die für die ausgebildeten geometrischen Stile bezeichnenden Formen fehlen noch, während die mykenische Bügelkanne noch fortlebt. Auch die Henkelkrüge kommen ganz gleichartig in der mykenischen Keramik vor. Vor allem ist der ganze Formcharakter noch der mykenische. Die Ornamentik ist an den meisten Orten eine ärmliche. Teils ist sie noch wirklich mykenisch, teils zeigt sie solche Elemente, welche dem spätmykenischen und geometrischen Stil gemeinsam sind, namentlich konzentrische Kreise und Halbkreise, Dreiecke mit Gitterfüllung, Rauten u. s. w. Bei Herstellung der Kreise wird entgegen dem Brauch geometrischer Technik meist noch kein Zirkel verwendet. In der Dekorationsverteilung herrscht das Prinzip der späteren mykenischen Keramik — Beschränkung des Ornamentes auf den Hauptstreifen der Schulter, während das übrige Gefäß nur durch umlaufende Linien eine Gliederung erhält.

Die gesamte Entwickelung des griechischen keramischen Stiles dieser Zeit stellt sich nach dem Gesagten jetzt kurz folgendermaßen dar: Schon zur Zeit der größten Ausbreitung mykenischer Kultur, im späteren III. Stil beginnt eine Verarmung der Ornamentik. Hand in Hand damit geht eine immer stärkere Stilisierung der Ornamente, immer häufigeres Verwenden geometrisch stilisierter linearer Ornamente, immer ausgesprochenere Neigung zur Streifendekoration. Der IV. Stil bringt weiteren Verfall in dieser Richtung. Gleichzeitig mit den Vasen des IV. Stiles treten in verschiedenen Landschaften lokale Gattungen auf, welche in Form und Dekorationsprinzip an den IV. Stil anknüpfen, in der Ornamentik eine weitere Verarmung zeigen. Bald hört der Import der mykenischen Thonware auf. Die einzelnen Landschaften entwickeln eigene Stile. Während an Orten, wo wie in Kreta die mykenische Kultur besonders fest wurzelte, der Stil noch lange einen gemischten Charakter behält, beschränkt er sich an anderen Orten schon jetzt auf wenige geometrische Motive. Im weiteren Verlauf der Entwickelung gehen aus diesen Uebergangsstilen die nachmykenischen hervor, deren Hauptunterschiede ebenfalls in der mehr oder weniger konsequenten Durchbildung der geometrischen Verzierungsweise bestehen. Für die im eigentlichen Sinne geometrischen Stile aber ist gegenüber den mykenischen nicht so sehr das Verwenden geometrischer Ornamente charakteristisch — diese verwendet der mykenische Stil auch schon —, als vielmehr das Verzichten auf alles naturalistische Ornament, die Beschränkung auf das geometrische Ornament und die konsequente Durchbildung dieser geometrischen Linearornamentik.

Daß die Dorerhypothese bei dieser Sachlage eine Einschränkung erfahren muß, ist klar. Ein Hauptargument, das fertige Auftreten des geometrischen Stiles am Ende der mykenischen Periode, fällt ohne weiteres fort. Den Haupteinwand Böhlaus gegen die Dorerhypothese kann ich freilich in der Fassung, die er ihm gegeben, nicht gelten lassen. Böhlau stellt die Behauptung auf [2]), daß gerade an den späteren Sitzen der Dorer die Dipylonstile

[1]) *Rev. arch.* 1900 II, 128 ff. (Dessoulavy). Vergl. besonders Fig. 14, 16, 18, No. 25, 26, Fig. 25.   [2]) Zur Ornamentik der Villanovaperiode S. 4.

(d. h. die geometrischen Stile, welche den Mäander verwenden) fehlen. Wir kennen jetzt „Dipylonstile" aus der Argolis, von Melos, Thera u. s. w., d. h. gerade aus Gegenden, wo Dorer gesessen haben. Auch ein weiteres Argument, das namentlich von Wide in den Vordergrund gerückt ist[1]), daß Attika, welches zweifellos dem geometrischen Stil seine höchste Ausbildung gegeben hat, niemals von Dorern besetzt und von den Stürmen der Wanderung überhaupt besonders wenig berührt worden sei, ist nicht durchschlagend, da die Attiker auch ohne dorische Zuwanderung sich an der weiteren Entwickelung des geometrischen Stiles beteiligt haben können. Ein Stil ist bis zu einem gewissen Grade Modesache und findet häufig seine Ausbildung fern von seinem Ursprungsort. Gerade die Attiker zeigen noch mehrfach im Verlaufe der griechischen Kunstgeschichte die besondere Fähigkeit, übernommene Anregungen weiterzubilden, erst etwas Rechtes, Fertiges daraus zu machen.

Eine Beziehung zwischen der geometrischen Kunstweise und den Dorern besteht meiner Ansicht nach doch und zwar nicht nur, insofern durch die Wirren der Wanderzeit unmittelbar das Ende der mykenischen Kultur und Kunst herbeigeführt wird. Wenn es richtig ist, was oben ausgeführt wurde, daß in Griechenland geometrischer Stil seit langem heimisch ist und daß der naturalistische Stil seinen Ursprung auf den ägeischen Inseln hat, so bedeutet das Nachrücken verwandter europäischer Stämme aus dem Norden, die bisher außerhalb der Einflußsphäre ägeischer Kultur gelebt hatten, eine allmähliche Stärkung des „geometrischen" Elementes in der mykenischen Kunst, dem ein Zurückweichen des ägeischen Einflusses entspricht. Mehr und mehr gewinnt das geometrische europäische Element die Oberhand, bis es endlich auf dem griechischen Festland wie kulturell, so auch künstlerisch den vollen Sieg davonträgt.

Aber schon ehe es mit der mykenischen Herrlichkeit ganz zu Ende war, hatte ein Teil der Bevölkerung Griechenlands, von der Flut der Eindringenden geschoben, neue Sitze weiter im Osten gewonnen. Er hat, wie er den alten an Griechenland haftenden Sagenschatz rettete, auch den künstlerischen Besitz des vordorischen Griechenland am treusten bewahrt und gerettet. Nicht nur dieses oder jenes Ornament der ostgriechischen Kunst ist mykenisch, sondern das Beste, was in ihr steckt und was ihre Befruchtung dann in späterer Zeit auch in Griechenland selbst wieder erstehen ließ, ist dasselbe, was auch schon die mykenische Kunst so hoch über alle gleichzeitige Kunst des Morgen- und Abendlandes erhebt.

Diese Gedanken weiter auszuführen, naheliegende Konsequenzen aus ihnen zu ziehen, unterlasse ich. Es wäre verfrüht, in einer Zeit, wo gerade der mykenischen Forschung ungeahnt reiches Material zuzuströmen beginnt. Aber das historische Verhältnis zwischen mykenischer und geometrischer Kunstweise mußte klargestellt werden, damit das folgende verständlich sein konnte. Ich will nun versuchen, die gewonnene Erkenntnis für die Gruppierung der geometrischen Stile zu verwerten.

Gruppierung der geometrischen Stile. Maßgebend wird nach dem Ausgeführten für die Gruppierung der geometrischen Stile in erster Linie das Verhältnis zum mykenischen Stil sein. Die Fülle dessen, was wir geometrische Stile zu nennen pflegen, läßt sich unschwer zu mehreren größeren Gruppen zusammenfassen. Für ein weites Gebiet konnten wir bereits einen ärmlichen Uebergangsstil feststellen, der sich unmittelbar aus dem spätmykenischen herleiten läßt. Es ist eine wichtige Aufgabe, zu deren Lösung uns noch das Material fehlt, festzustellen, wie weit sich das Gebiet dieser letzten wesentlich geometrischen Ausläufer des mykenischen Stiles nach Osten über die Inseln und an die kleinasiatische Küste erstreckt und wie weit den orientalisierenden Stilen ein solcher Stil vorausgegangen ist.

---

[1]) Ath. Mitth. XXI 406.

Unter den geometrischen Stilen hebt sich eine Gruppe heraus, welche, wenn sie auch [margin: Oestliche Gruppe] in erster Linie geometrische Ornamente verwendet, es doch nie zu einer wirklich straffen Durchbildung des geometrischen Stiles gebracht hat. Sie bleibt mehr oder weniger auf der Entwickelungsstufe der Uebergangsstile stehen. Die geometrischen Ornamente dieser Gruppe stammen aus dem mykenischen Stil. Daneben steht mancherlei anderes mykenisches Erbe, das in linearer Zeichnung neben die geometrischen Ornamente tritt. Formen der Gefäße und Dekorationsverteilung sind ebenfalls im wesentlichen mykenisch. Zu dieser Gruppe gehört in erster Linie der cyprische nachmykenische Stil. Bei ihm ist die Entwickelung aus dem [margin: Cypern] mykenischen Stil besonders augenfällig. Gerade unter diesem Gesichtspunkt verdiente der Stil, für den wir ein so reiches Material haben, einmal eine erschöpfende Behandlung.

Ihm nahe verwandt ist der kretische nachmykenische Stil, dessen allmähliche Ent- [margin: Kreta] wickelung vom mykenischen weg oben bereits berührt ist. Formen, wie z. B. die kleinen Kannen mit trichterförmig sich erweiterndem Halse, um den sich an der Stelle des Henkelansatzes ein plastischer Ring zieht, kehren in Kreta wie in Cypern vollkommen gleich wieder. Auch die Vorliebe für konzentrische Kreise teilen beide Stile. Erst spät kann man in Kreta von einem einigermaßen durchgebildeten geometrischen Stil sprechen. Auch da überraschen bisweilen noch Ornamente, welche sich nicht nur aus dem mykenischen herleiten lassen, sondern auch noch ganz den mykenischen Charakter tragen und aus dem sonstigen Ensemble der Dekoration herausfallen. Es fehlt ein wirkliches geometrisches Stilgefühl bei den Erzeugnissen dieser Werkstätten. Besonders klar zeigt das im cyprischen wie im kretischen Stil die Zeichnung von Menschen- und Tierfiguren, die sich eng an Spätmykenisches anschließt und nie die geometrische Stilisierung wie auf festländisch-griechischen Vasen aufweist.

Dieser Gruppe läßt sich, wie auch das nachfolgende Verzeichnis der auf Thera gefundenen Vasen zeigen wird, noch manches angliedern, was bisher zu vereinzelt steht, um sich schon recht verwerten zu lassen. Es ist wichtig, daß die Hauptvertreter dieser Gruppe an Orten zu Hause sind, wo mykenische Kultur nicht nur besonders feste Wurzeln hatte und lange lebte, sondern auch sich wirklich ausleben konnte und kein gewaltsames Ende fand. Ich betrachte diese Gruppe als die östliche. Was ihr angehört, dessen Heimat suche ich zunächst auf den Inseln und auf kleinasiatischem Boden, wo ein längeres und intensiveres Fortleben mykenischen Gutes historisch leicht zu erklären ist. Eine gewisse Gegenprobe auf die Richtigkeit dieser Vermutung, welche ich im einzelnen noch nicht begründen kann, wird sogleich die zweite Gruppe, die der festländischen geometrischen Stile geben, welche uns zwingt, die erste nach Möglichkeit ostwärts zu schieben. Weitere Reste ostgriechischer geometrischer Dekoration leben in den orientalisierenden Stilen fort, namentlich in deren Füllornamentik. Und was hier vorkommt, hat auch wieder nahe Beziehungen zu mykenischen Ornamentmotiven. Kurz, wir halten hier bereits Trümmer in Händen, welche, wenn erst noch einige weitere Mittelglieder hinzugefunden sein werden, sich allem Anschein nach zu etwas Einheitlichem werden zusammenfügen lassen.

Sehr viel besser kennen wir schon eine zweite Gruppe geometrischer Stile, nämlich [margin: Westliche Gruppe] die, als deren Hauptvertreter der attische sogenannte Dipylonstil gelten kann. Was diese Gruppe charakterisiert und einigt, ist einmal das Auftreten des Mäanders und der falschen Spirale. Beide Ornamente gehen, wie oben ausgeführt, auf die mykenische Spirale zurück, sind aber in streng geometrischem Sinne umgebildet. Das führt zu dem zweiten Charakteristikum dieser Gruppe: hier zeigt sich die geometrische Ornamentik nicht als ein kümmerlicher Rest einer ursprünglich reicheren andersartigen und ein buntes Mischmasch, sondern hier als sie wirkliche Lebenskraft, ist konsequent durchgebildet nach einheitlichen Prinzipien und wenigstens eine Zeit lang auch weitergebildet worden, ohne dadurch den geometrischen Charakter einzuhüllen. Während die erste Gruppe sich zu bereichern sucht, indem sie mykenisierende Ornamente aufnimmt und zwischen ihre geometrischen setzt, wird in dieser zweiten Gruppe zunächst alles dem geometrischen Stil assimiliert, wie das beispielsweise das Hauptornament, der Mäander, deutlich zeigt. Der tiefgehende Unterschied zwischen beiden Gruppen wird vielleicht am klarsten, wenn man die Menschen- und Tierbilder der cyprischen Vasen mit denen des Dipylonstiles vergleicht. Den Verfertigern dieser Gefäße sitzt die geometrische Kunstweise wirklich tief in Fleisch und Blut; sie haben ein geometrisches Stilgefühl.

Dieser Gruppe gehören außer dem attischen Dipylonstil von bisher sich aussondernden an der argivisch-geometrische, der melisch-geometrische, wahrscheinlich auch der älteste rein geometrische protokorinthische Stil und der lakonische, von dem wir freilich erst sehr geringe Proben haben. In diese Gruppe reiht sich als sehr charakteristisches Glied der theräische Stil ein. Es zeigt sich nun sofort, daß diese Stile auch eine lokal geschlossene Gruppe bilden. Sie herrschen im östlichen Teile des griechischen Festlandes und auf den südlichen, d. h. dorischen Kykladen. Auf dem griechischen Festlande hat also der geometrische Stil seine eigentliche Entwickelung gefunden, die ihn hoch über den ärmlichen Uebergangsstil erhob. Wie lange diese Entwickelungszeit gedauert hat, können wir noch nicht mit Sicherheit sagen. Die Thatsache der Verbreitung auf den Inseln legt aber die Vermutung nahe, daß der geometrische Stil voll entwickelt war, als der dorische Kolonistenstrom ostwärts auf diese Inseln zog. Daher finden wir auf den dorischen Kykladen den festländisch-griechischen Stil, während sonst auf den Inseln der östliche geometrische herrscht. Für Melos und Thera ist dieser geometrische Stil also wohl in der That der dorische Stil. Mit diesem Ergebnis steht im Einklang, was schon oben hervorgehoben wurde, daß im Bereiche der Stadt Thera bisher nichts gefunden ist, was älter sein müßte, als die dorische Besiedelung der Insel. Die dorische Besiedelung von Kreta ist besonders alt. Dem würde entsprechen, daß hier der ausgebildete festländisch-geometrische Stil fehlt. Als die Dorer nach Kreta gingen, herrschten auf dem griechischen Festlande noch die Uebergangsstile.

Die einzelnen Stile dieser zweiten Gruppe unterscheiden sich voneinander wieder erheblich. Jeder hat seine Sonderentwickelung durchgemacht. Am stärksten ist diese beim attischen Stil, der nicht nur die reichste Entwickelung in Ornament und Formen zeigt, sondern die geometrischen Prinzipien in der Dekorationsverteilung bis zu den äußersten Konsequenzen ausgebildet hat. Demgegenüber hat der theräische Stil wie der protokorinthische an dem spätmykenischen Prinzip festgehalten, die Dekoration auf den oberen Teil des Gefäßes zu beschränken und den unteren Teil mit Bändern zu umziehen.

Was sich aus den Beobachtungen in der theräischen Nekropole für die Chronologie der ausgebildeten geometrischen Stile im allgemeinen und des theräischen Stiles im besonderen ergiebt, will ich am Schluß dieses Kapitels geben, da hierzu vor allem eine vollständige Uebersicht über den Vasenimport in Thera gehört, wie sie in den folgenden Abschnitten versucht werden soll.

3. Andere geometrische Stile.

Neben den Vasen einheimischer Fabrik finden sich in der Nekropole nun auch eine ganze Reihe geometrisch verzierte Gefäße, die zweifellos nicht auf Thera gefertigt sind. Bei einzelnen können wir den Fabrikationsort mit mehr oder minder Sicherheit angeben, andere sind für uns bisher heimatlos. Die einen lassen sich einer schon bekannten Gruppe angliedern, andere stehen mehr oder weniger vereinzelt. Sie alle sollen in Kürze hier Erwähnung finden.

Besonders zahlreich sind Gefäße und Scherben, welche sich der östlichen geometrischen Gruppe zuweisen lassen. Diese mögen daher die Aufzählung beginnen.

Leicht kenntlich sind ein paar sicher kretische Vasen. Ihr Auftreten hat bei der Kretischen Nachbarschaft der großen Insel nichts Befremdendes. Kretisch sind die beiden Amphoren aus Grab 80 und 93 (Abb. 193 und 212 S. 57 und 61).

Beide aus feinem rotem an der Oberfläche lederbraunem hart gebranntem Thon, auf den Verzierungen mit dunkelbraunem mattem Firnis gemalt sind. Den unteren Teil schmücken Firnisstreifen, die Schulter jederseits zwei siebenfache Kreise. Bei Abb. 212 sind auf den Firnisüberzug des Randes, bei Abb. 193 außerdem auch auf die breiten Firnisstreifen des Bauches umlaufende Linien mit weißer Deckfarbe gemalt.

Der gleichen Gattung gehört ein Gefäß der Sammlung Nomikos in Thera (Abb. 368) an. Hier sind die konzentrischen Kreise mit weißer Deckfarbe auf den Firnisüberzug gesetzt. Auch hier finden sich umlaufende weiße Linien. Von einem vierten Gefäß dieser Art fanden sich eine Anzahl Scherben im Schutt (Einzel-funde 5). Die Scherben sind steinhart und dunkel gebrannt; außer Weiß (konzentrische Kreise) sind hier auch rote Linien mit Deckfarbe auf den Firnis gesetzt. Ferner gehören wohl die Scherben zweier schwarz gefirnißter Gefäße mit aufgesetztem Weiß hierher, die vor Grab 17 gefunden wurden, und endlich wurde mit der Amphora 80 zusammen das Bruch-stück einer Schale gefunden, die mir nach Thon und Firnis der gleichen Gattung anzu-gehören schien. Ein den unserigen besonders ähnliches Stück befindet sich, freilich ohne Pro-venienzangabe, in Athen (National-Museum) [6]).

Auf das besondere Interesse, welches die nachmykenischen kretischen Vasen bieten, ist schon oben hingewiesen worden. Das Material für die Gattung, auf welche zuerst Wide und Orsi aufmerksam machten [16]), hat sich schon bedeutend vermehrt [17]). Hier werden wir wohl einmal die ganze allmähliche Entwickelung vom spätmykenischen Stil bis zu ausgebildeter

Abb. 368. Kretische Amphora der Sammlung Nomikos. Höhe 0,39 m.

geometrischer Dekorationsweise verfolgen können. Daß die kretischen Vasen nicht nur in ihren Formen sich an mykenische anschließen, sondern auch in ihrer Dekoration voller mykenischer Reminiscenzen stecken, ist nicht verwunderlich, da Kreta sich als eines der Centren mykenischer Kultur herausstellt. Wichtig wird es sein, durch genaue Fundbeobachtung festzustellen, ob sich neben zeitlichen Unterschieden in Kreta auch lokale feststellen lassen werden. Die in Thera gefundenen kretischen Vasen werden wohl der jüngeren Phase der nachmykenischen Keramik angehören. Die Form ist den theräischen bauchigen Amphoren nahe verwandt und sehr entwickelt. Für verhältnismäßig späte Datierung spricht, daß zur

[15]) Arch. Jahrb. XIV 38 Fig. 18.
[16]) Vergl. Wide Arch. Jahrb. XIV 35 ff., besonders Fig. 13—20. Ath. Mitth. XXII 234 ff. Fig. 2. Orsi Amer. Journal of Arch. 1897, 251 ff. Mariani Mon. ant. VI Taf. 12 No. 58. 60. 62.
Thera II.

[17]) Amer. Journal of Arch. 1901, 125 ff. 259 ff. Autopsie fehlt mir für die kretischen Vasen fast vollständig. Eine Anzahl Vasen des Museums in Heraklion kenne ich durch Notizen Zahns, welche dieser mir freundlichst zur Verfügung stellte.

23

Bedeckung der Amphora aus Grab 93 eine große theräische Scherbe mit ausgebildeter Metopendekoration verwendet ist. — Die großen konzentrischen Kreise auf der Schulter rufen die großen Spiralen mykenischer Vasen ins Gedächtnis. Sollte auch in der Verwendung von Rot und Weiß neben dem Firnis, welche bei geometrischen Vasen singulär ist, noch ein Rest mykenischer Tradition stecken? Daß die schwarz-weiß-roten mykenischen Vasen gerade auf Kreta heimisch waren, haben die Funde der letzten Jahre sichergestellt [79]).

Nicht urkundlich beglaubigt ist die theräische Herkunft einer bauchigen Amphora in Leiden (II 1550 Conze a. a. O. Taf. I 2). Sie stammt aus der Sammlung van Lennep-Smyrna (vergl. oben S. 131).

In der Form ist sie den theräischen Amphoren ähnlich. Am Halse Reihe konzentrischer Kreise, darunter Streifen mit Gruppen senkrechter Striche. Der Bauch ist durch breite Firnisbänder in mehrere Streifen zerlegt, in denen sich ebenfalls größere und kleinere Kreise befinden.

Stammt das Gefäß aus Thera, so dürfte es — soweit die flüchtige Abbildung allein überhaupt ein Urteil gestattet — am ehesten mit den kretischen Vasen zusammengehören.

Ich schließe hier die beiden Kannen aus Grab 84 an (Abb. 369a, b). Das Bruchstück einer gleichartigen wurde im Grab 17 (No. 14) gefunden.

Abb. 369a, b (= Abb. 200 und 201). Kannen aus Grab 84.

Sie sind aus hellbräunlich-rotem Thon gefertigt, der an der Oberfläche stark geschlemmt ist, so daß eine Art heller Ueberzug entsteht. Die Bemalung ist mit schwarzbraunem mattem Firnis ausgeführt. Mündung und unterer Teil der Gefäße sind ganz mit Firnis überzogen, die Schulter unten durch umlaufende Linien begrenzt. Auf der Schulter als einzige Dekoration vier Doppelkreise.

Zu dieser Gattung scheint mir eine Kanne im Athenischen National-Museum zu gehören, die aus Amorgos stammt (Inv.-No. 46). Sie hat nach Art der Hydrien zwei wagerechte seitliche und einen rechten Henkel. Der Hals ist durch ein Sieb geschlossen. Vorne auf der Schulter befindet sich noch ein kleiner Ausguß. Thon und Firnis entsprechen den theräischen Exemplaren. Das Sieb, die Mündung und der untere Teil bis auf drei ausgesparte Streifen sind mit Firnis überzogen. Am Halse ist ein Doppelkreis gemalt, auf der Schulter zwei dreifache Kreise und dazwischen ein Dreieck mit Gitterfüllung. Auch hier ist die Schulter von drei umlaufenden Linien abgeschlossen. Ueber die Heimat dieser Gefäße können nach diesem geringen Material natürlich nur Vermutungen geäußert werden. Die Formen, welche noch ganz mykenischen Charakter tragen, die Dekoration, welche ebenfalls direkt aus der mykenischen herzuleiten ist, endlich die Fundorte Thera und Amorgos lassen auf eine der östlichen Inseln als Fabrikationsort schließen. Auch die Verwandtschaft mit manchem Kretischen — dort ist auch die dreihenkelige Kanne nicht selten — spricht dafür. Vielleicht werden sie sich noch einmal als kretisch herausstellen. Für möglich halte ich, daß aus derselben Fabrik eine ganze Gruppe kleiner Kännchen stammt, welche namentlich in dem von A. Schiff im Sommer 1900 nachträglich gefundenen Grabe häufig sind, dessen genaues Inventar nach Schiffs Notizen diesem Bande als Anhang beigegeben werden soll. Auch unter den Funden von 1895 war diese Gattung schon durch ein paar Beispiele vertreten. Es sind das die drei Kännchen,

---

[79]) Mariani *Mon. ant.* VI 333 ff. *journ. of hell. stud.* 1901, 78 ff. Zahn Arch. Anz. 1901, 24. Furtwängler Berl. phil. Woch. 1896, 1520 f.

die in Grab 17c (S. 30) und als Einzelfund 13 aufgeführt sind. Der Thon ist fein, braungelb, etwas dunkler als der der protokorinthischen Vasen, der Firnis schwarzbraun. Auch hier ist der untere Teil stets gefirnißt. Auf die Schulter sind gittergefüllte Dreiecke gemalt.

Ganz mykenisch mutet auf den ersten Blick auch noch eine Gattung kleiner K ä n n c h e n an, von denen Abb. 370a, b den besten Begriff geben. Andere Beispiele in Grab 17 (Abb. 85. 86), Grab 82 und Grab 84; wahrscheinlich gehört auch die schlecht erhaltene Kanne aus Grab 64 (Abb. 169) hierher. Eine Anzahl weiterer lieferte Schiffs Grab. Mir war die Gattung, die zum Feinsten gehört, was die theräischen Gräber enthielten, vollkommen neu. Zahn verdanke ich die Mitteilung, daß sich die gleiche Gattung jetzt auch auf Paros gefunden habe. Derselbe hat auch einiges Zugehörige in Kreta notiert [57]. Diese Kännchen sind aus feinstem braungelblichem Thon geformt, dessen Oberfläche auf das sorgfältigste geglättet ist und sich fast fettig anfühlt [58]. Die Form der Gefäße ist alt. Die östlichen geometrischen Stile haben sie aus der mykenischen Keramik übernommen; in Attika findet sie sich noch in der Uebergangszeit, ist im ausgebildeten geometrischen Stil aber aufgegeben worden [59].

Abb. 370a, b (b = Abb. 195). Kännchen aus Grab 17 (a) und 82 (b).

Mykenische Reminiscenzen zeigt auch die Dekoration. Die Farbe ist zwar vollkommen abgesprungen, die Ornamente ließen sich aber bei einzelnen Gefäßen noch an dem verschiedenen Glanze der Oberfläche erkennen und Gilliérons Geschicklichkeit gelang es, danach die Abb. 370a, b zu Grunde liegende Zeichnung herzustellen. Auch auf der Photographie eines solchen Kännchens aus Schiffs Grab lassen sich noch Reste gleichartiger Dekoration erkennen. Den unteren Teil der Gefäße umziehen feine Parallellinien, auf der Schulter finden sich Gruppen konzentrischer Kreise und die eigentümlichen senkrechten Wellenlinien, deren unteres Ende sich ebenfalls spiralartig

[57] Syllogos Heraklion 1137 aus Καβάσι. Kanne gleich den theräischen. Hellbräunlicher gutgeglätteter Thon. Die Oberfläche zum Teil abgesplittert. Höhe 0.07 m. Ibid. No. 255. Farbe hell-rotbraun, Firnis matt-violettbraun, auf der Schulter ein geometrisch stilisierter hängender Zweig, wie oft bei mykenischen Vasen. Ibid. 334 aus Κούρτσι, schlanke hohe Form mit trichterförmig erweiterter Mündung. Thon wie bei den theräischen, hell, im Bruch bräunlicher. Matter vielfach abgesprungener Firnis. Ein verwandtes Gefäß ist auch in einer Grabkammer in Kamiros mit der rhodisch-geometrischen Kanne des

Berliner Museums gefunden (Arch. Jahrb. I 135). Form etwas altertümlicher, ohne Standfläche, feiner gelblicher Thon. Auf der Schulter Reihe eingeritzter Dreiecke mit Punktfüllung.

[58] Zahn glaubt sogar an die Möglichkeit einer Glättung mittels Specksteines.

[59] Dagegen fanden sich in Gräbern in Eleusis mit Dipylongefäßen zusammen kleine Kännchen ähnlicher, etwas unentwickelterer Form, aus unattischem weißlichem Thon. Vergl. Έφ. άρχ. 1898, 102 Fig. 25. Anscheinend auch dort jüngerer Zeit angehörig, da eines im „Grabe der Isis" gefunden ist.

aufrollt. Letzteres Ornament erinnert im allgemeinen an manches Spätmykenische, wo die
Maler es lieben, die Figuren in Parallellinien aufzulösen und die Enden spiralförmig aufzurollen.
Genau entsprechend kenne ich das Ornament nur von cyprischen nachmykenischen Vasen.

Ueber den Fabrikationsort dieser Vasen sich zu äußern, wäre noch verfrüht. Nach
dem Vorkommen in Thera darf man sie etwa dem VIII. bis VII. Jahrhundert zuschreiben.
Das in Grab 84 gefundene Kännchen gehört zu einer theräischen Amphora II. Stiles, Grab 82
enthielt außer einem Kochtopf einen Deckelknopf feinster protokorinthischer Art. Grab 17
ist sicher längere Zeit hindurch benutzt worden, doch scheint sein Inhalt im wesentlichen dem
VII. Jahrhundert anzugehören.

Vielleicht gehört der gleichen Fabrik eine Anzahl A m p h o r i s k o i an, die sich in
Grab 17 (Abb. 100 S. 34) und im Massenfund (Abb. 21 S. 20) gefunden haben. Sie zeigen
ebenfalls einen sehr feinen braungelben Thon mit sehr schön geglätteter Oberfläche, aber
keine Dekoration. Die Form — weiter Hals mit blechartiger Lippe, scharf abgesetzt gegen
die Schulter, senkrechte Henkel, kugeliger Bauch, abgeplattete Standfläche — erinnert an die
der großen Pithoi.

In der Dekoration ist noch eine Scherbe von der Schulter eines Kännchens verwandt,
ebenfalls aus Grab 17 (No. 30 Abb. 105 S. 34). Auf glatten rotbraunen Firnis sind mit Weiß
umlaufende Linien und konzentrische Kreise gemalt.

Rhodisch-
Geometrisches

Die rhodische geometrische Gattung wird vertreten durch den im Grab 17 gefundenen
Napf, dessen Gesamtansicht S. 30 Abb. 80 abgebildet ist; das Detail der Dekoration ist

aus der nebenstehenden Abb. 371 ersichtlich, welche die Hälfte der einen Seite
wiedergiebt. Beide Seiten sind gleich
verziert.

Feiner roter Thon, der an der Oberfläche
eine mehr lederbraune Färbung annimmt. Firnis
ausgesprochen dunkelbraun. Mit diesem Firnis
ist das Gefäß außen und innen vollkommen
überzogen bis auf einen Streifen zwischen den
Henkeln, in dem die auf der Abbildung genügend
kenntlichen Ornamente mit flüchtigem Pinsel und
ziemlich unkorrekt gezeichnet sind.

Abb. 371. Detail der Vase Abb. 80 (S. 30).

Derselben Gattung gehören noch zwei Scherben an, die oben Abb. 263a, b (S. 74)
abgebildet sind.

Geometrisch dekorierte Vasen aus Rhodos befinden sich in Berlin, Karlsruhe, London,
Paris[87]. Leider ist der größte Teil des Materiales, die Gefäße des Britischen Museums noch
nicht publiziert, und es fehlt eine eingehende Bearbeitung der sehr interessanten Gattung, welche
in den Gräbern von Kamiros die Periode vor dem Beginn des orientalisierenden milesischen
und samischen Importes bezeichnet. Auch ich kann augenblicklich eine solche nicht geben,
da ich auf das publizierte Material und eine Anzahl Skizzen von Gefäßen des Britischen
Museums, die ich durch die Freundlichkeit Wides kennen lernte, angewiesen bin. Der
rhodisch-geometrische Stil zeigt wiederum ganz eigenartiges Gepräge und ist augenscheinlich
auch lokales Produkt. Es scheint mir auch nach dem wenigen mir zugänglichen Material
eine Entwickelung des Stiles deutlich erkennbar, die mit Stücken beginnt, welche denen des
Uebergangsstiles vom mykenischen zum geometrischen gleichzusetzen sind, dann zu einem

---

[87]) Furtwängler Jahrbuch I 134 ff. Pottier *Vases du*
Louvre Taf. 10. Winnefeld Vasensammlung in Karls-   ruhe No. 7—10. Vergl. Dümmler Arch. Jahrb. VI
268 ff. Pottier *Catalogue* 135 ff.

reich entwickelten Stil führt, welcher neben echt geometrischen Elementen mancherlei mykenische Reminiscenzen aufweist. Bald macht sich dann auch der Einfluß fremder, namentlich orientalisierender Stile geltend. Die älteste Gruppe zeigt sehr einfache Motive. Meist ist das ganze Gefäß gefirnißt bis auf einen schmalen Schulterstreifen. Dahin gehören die Karlsruher Gefäße und ein Teil der von Furtwängler angeführten (Arch. Jahrb. I 136 f., wo einige Beispiele abgebildet sind). Die Schulter trägt gewöhnlich bloß ein einfaches Ornament, Zickzacklinien, gittergefüllte Dreiecke oder Rauten, konzentrische Halbkreise. Bei einer Amphora im Britischen Museum (A 435) tritt dann neben der Zickzacklinie schon ein Mäander auf, bei einer Amphora, die aus Salzmanns Nachlaß ins Museum von Colmar gekommen, auf der Schulter konzentrische Kreise, am Halse ein Hakenmäander. Die meisten Gefäße dieser älteren Gruppe sind ziemlich klein. Neben Amphoren verschiedener Form (auch die halslose Amphora kommt hier vor) sind es namentlich Kannen mit kleeblattförmigem Ausguß und Tassen [a]. Ein ringförmiges Salbgefäß erinnert noch unmittelbar an Mykenisches; in einem Salbgefäß in Form eines Vogels, das sich in Karlsruhe befindet und dem ein ähnliches im Baseler historischen Museum zur Seite zu stellen ist [b], haben wir den Vorläufer der später in der orientalisierenden Kunst so häufigen figürlichen Salbgefäße. — Die zweite jüngere Gruppe wird in Berlin durch die von Furtwängler veröffentlichte große Kanne und den Krater vertreten. Gleichartige Gefäße sind im Britischen Museum und im Louvre. Die Formen sind die des reifen geometrischen Stiles. Als Lieblingsform kann man die kelchförmigen Kratere auf hohem, oft wagerecht gerilltem Fuße bezeichnen, deren wagerecht angesetzte Henkel mittels eines Bügels mit dem Gefäßrande verbunden sind. In gleicher Ausgestaltung finden wir den Krater z. B. in Melos. Auch die großen kelchförmigen Dipylongefäße sind nahe verwandt. Die Kanne mit eiförmigem Körper und hohem, nach der kleeblattförmigen Mündung zu etwas verjüngtem Halse und der plastischen Schlange auf dem Henkel kehrt unter den italisch geometrischen Vasen wieder, während sie in genau entsprechender Ausgestaltung in Attika erst im frühattischen geometrischen Vasen erscheint, deren Ornamentik übrigens gerade mit den italisch geometrischen manche Berührung hat. Daneben tritt eine kleinere Kannenform gedrückterer Form mit trichterförmigem Halse auf. Der Skyphos ist randlos, mit nach oben etwas eingezogener Wandung, ganz dem theräischen Exemplar entsprechend. Daneben erscheint auch einmal eine Schale mit ausladendem Rande von der Form der jonischen Schalen, und ein kantharosartiges Gefäß (Louvre). Auch bei dieser Gruppe ist meist noch ein großer Teil des Gefäßes mit Firnis überzogen. Aber der Schmuckstreifen wird viel breiter, und vor allem ist er horizontal und vertikal geteilt und mit einer reichen Fülle von Ornamenten gefüllt. Neben geläufigen geometrischen Ornamenten, wie dem Mäander, Zickzacklinien, Rautenbändern, Schachbrettmustern, Dreiecken, Vierblättern, Wasservögeln, Ordenskreuzen in konzentrischen Kreisen, erscheinen mehrere, die an Mykenisches anknüpfen. Hierhin gehört das Ornament des Berliner Krater und des Pariser Kantharos, welches Furtwängler wohl mit Recht aus dem mykenischen Palmbaumornament ableitet [c], ferner der Rhombus mit an den Ecken ansetzenden eckigen Spiralen, wie die Berliner Kanne und eine Kanne im Britischen Museum ihn aufweisen. Besonders beliebt sind von geometrischen Ornamenten Felder mit zahlreichen untereinander gesetzten Zickzacklinien und mit Gitterwerk oder Schachbrettmuster gefüllte Rauten, die von einer Linie eingefaßt sind. Dies Ornament erscheint auch auf der in Thera gefundenen Schale. Das zweite dort

---

[a] Eigentümlich ist das Gefäß in Colmar, das vier Henkel, zwei wagerechte unter der Schulter und zwei senkrecht vom Hals zur Schulter geführte

hat. Diese Häufung der Henkel liebt u. a. der kretische nachmykenische Stil.
[b] Aus Kamiros, 1864 in Paris erworben.
[c] Arch. Jahrb. I 135.

verwandte Ornament, ein Dreieck mit angesetzten eckigen Spiralen, gehört natürlich unmittelbar zu dem oben behandelten mykenisierenden Ornamente und kehrt auf einer Kanne des Britischen Museums[10]) genau entsprechend, sogar mit den daneben gesetzten beiden Z-förmigen Füllornamenten wieder. Diese ist überhaupt der theräischen Schale aufs nächste verwandt; auch das Feld mit dem Vogel und drei Dreiecken als Füllornamenten findet sich hier, ebenso das Ornament des unteren Streifens. Im ganzen genommen macht die Ornamentik des entwickelten rhodischen Stiles einen etwas willkürlichen Eindruck. Die freie Art, mit der die Ornamente verwandt werden, in kleine Stücke zerschnitten, bald senkrecht, bald wagerecht, ist besonders auffällig. gerade z. B. dem strengen theräischen Stil gegenüber.

Allmählich dringen in den rhodischen Stil orientalisierende Motive ein. Auf einer Pyxis des Louvre[11]) erscheinen Spiralmotive, welche denen der spättheräischen Amphora 37 nächstverwandt, wenn auch noch etwas mehr im Sinne geometrischer Dekoration stilisiert sind. Auf einer Schale des Britischen Museums (A 433) sind neben dem Wasservogel als Füllornament ein Glied eines Eierstabes und vier Viertelrosetten, wie sie die milesischen Vasen so häufig verwenden, angebracht[18]). Im unteren Teile desselben Gefäßes finden wir schon die Strahlen, aber noch etwas verständnislos verwendet, nicht unmittelbar über den Fuß gesetzt. Eine Kanne des Britischen Museums bringt das Bild einer bärtigen Sirene. Es macht sich hier deutlich der Einfluß orientalisierenden Importes geltend; bald können wir diesen auch mit Händen greifen in den milesischen Vasen, welche nun in solcher Masse auftreten, daß sie bekanntlich lange nach diesem Hauptfundort als rhodische Vasen bezeichnet wurden. Einige rhodische Töpfer bemühten sich anfangs, die schönen milesischen Gefäße nachzuahmen. Schon Dümmler hat auf einige zweifellose rhodische Nachahmungen hingewiesen[19]). Aber sie vermochten der Konkurrenz der milesischen Töpfer, namentlich als zu diesen auch samische und korinthische traten, auf die Dauer nicht zu widerstehen. Auch die korinthischen Vasen werden nachgeahmt[20]); der rhodische geometrische Stil dagegen ist schnell abgestorben. Selbst eine ganz einfach dekorierte Gattung von Amphoren aus dieser Zeit erweist sich in Rhodos als Import[21]). Das lokale Fabrikat, das neben diesem und dem attischen Import des V. Jahrhunderts und seinen Nachahmungen sich erhalten hat, macht einen sehr kümmerlichen Eindruck[22]). Die alte Form der halslosen Amphora lebt noch fort, die Dekoration aber ist eine gänzlich verwahrloste, zusammengestoppelt aus allerhand geometrischen und orientalisierenden Motiven. Es ist also in Rhodos ganz ähnlich gegangen wie in Thera. Der geometrische Stil wird unter dem Einflusse orientalisierender Kunst zersetzt; bald folgt massenhafter Import orientalisierender Vasen und damit das Ende der einheimischen Industrie. Da die geometrischen Vasen in Rhodos durch den reifen orientalisierenden Import, durch Milesisches, vorgeschritten Protokorinthisches und Korinthisches abgelöst werden, so müssen wir ihre Fabrikation wie in Thera bis ziemlich weit ins VII. Jahrhundert hinein ausdehnen. Interessant ist, daß der rhodisch geometrische Stil, welcher in seiner ältesten Phase ganz den Charakter der östlichen Stilgruppe trägt, weiterhin mancherlei Züge in den Ornamenten wie in den Gefäßformen mit der festländischen Gruppe gemein hat. Ich sehe auch hierin Einfluß der dorischen Zuwanderung vom Festlande aus.

[16]) Schon publiziert von Conze Anfänge Taf. VI 4.

[17]) Pottier Vases du Louvre Taf. 10 A 286.

[18]) Interessant ist es, mit diesem Gefäß eine Amphora aus Eleusis zu vergleichen, die wohl nicht attisches Fabrikat ist. Ἐφ. ἀρχ. 1898 Taf. III 2. Die Zeichnung des Vogels weicht von der im attischen Stil üblichen erheblich ab, und die Füllornamente entsprechen ganz denen des rhodischen Stückes.

[19]) Arch. Jahrb. VI 269 ff.

[20]) Beispiele hat Furtwängler Arch. Jahrb. I 146 ff. zusammengestellt.

[21]) Beispiele Arch. Jahrb. I 149. Auch für diese Gattung scheint milesische Herkunft durch das Vorkommen in Südrußland und Naukratis gesichert. Loeschcke Arch. Anz. 1891, 18.

[22]) Beispiele Arch. Jahrb. I 152 f. Pottier Vases du Louvre 13 A 335. Winnefeld Beschreibung der Vasensammlung in Karlsruhe No. 35—39.

Ich schließe hier die schöne schlanke Amphora aus Grab 64 an (Abb. 372), deren
rhodischer Ursprung zwar keineswegs sicher ist, die aber doch eine gewisse Verwandtschaft
mit der besprochenen rhodischen Gattung zeigt.

Sie ist aus schönem lederbraunem Thon gefertigt und mit gutem braunschwarzem Firnis bemalt.
Die Form ist die der späteren jonischen Amphora. Auf der ungefirnißten Lippe finden sich kurze Parallel-
linien, in einem schmalen ausgesparten Felde am Halse eine dreifache
Zickzacklinie, auf der Schulter jederseits ein in voller Silhouette gemalter
Wasservogel zwischen zwei einfachen Kreisornamenten. Das übrige Gefäß
ist mit breiteren und schmäleren Firnisstreifen umzogen.

Die Ausführung ist wie die Technik besonders sauber und
sorgfältig. Die Zeichnung des Vogels in voller Silhouette und mit
dem herabgezogenen Schwanz entspricht der auf den Scherben
Abb. 263 (S. 74). Als gleichartig in Thon und Firnis habe ich mir
seiner Zeit zwei Kannen im Museum von Bologna notiert. Das
eine ist ein kleines bauchiges Kännchen, dessen Bauch gefirnißt
ist bis auf vier ausgesparte Streifen. Auf der Schulter gittergefüllte Dreiecke. Das zweite Gefäß, eine Kanne mit schlankem
Halse und kleeblattförmiger Mündung, ist merkwürdig durch
die beiden plastisch aufgesetzten Warzen auf der Schulter —
einen Rest ältester Dekoration. Am Halse schmale Felder, die
mit untereinander gesetzten Zickzacklinien gefüllt sind, auf der
Schulter gittergefüllte Dreiecke, zwischen die je ein Punkt gesetzt ist; darunter ein in Metopen zerlegter Streifen; die Metopen
sind mit Vierblättern, Diagonaldreiecken, Punktrosetten, Sternen,
Zickzacklinien, einem mäanderartigen Glied gefüllt. Die Felder

Abb. 372 (= Abb. 171). Amphora
aus Grab 64. Höhe 0,36 m.

mit Zickzacklinien, die Diagonaldreiecke, der ganze etwas will-
kürliche Charakter der Dekoration erinnert an die rhodischen Gefäße, und jedenfalls gehören
die Kannen in diesen Kreis mit hinein.

Endlich gehört in diesen Zusammenhang das Kännchen der Sammlung Delenda,
dessen Aufnahme ich Zahn verdanke (Abb. 373). Es ist verbrannt und dadurch grau geworden.
Die Schulter schmücken Dreiecke mit Gitterfüllung.

Denselben feinen braunen Thon und dunklen Firnis hat endlich noch ein Napf der
Sammlung de Cigalla in Thera (Abb. 374). In der Form unterscheidet sich dieser Skyphos von

Abb. 373. Kanne der Sammlung
Delenda. Höhe 0,155 m.

Abb. 374. Skyphos der Sammlung de Cigalla.
Höhe 0,09 m.

den theräischen durch die Rille, welche Rand und Körper des Gefäßes trennt. Auf der
Schulter finden sich senkrechte Punktreihen, Zickzacklinien und Striche.

Auch die oben S. 120 schon abgebildete Klapper scheint aus dieser Fabrik zu stammen.

Wieder einer anderen geometrischen Gattung gehören die drei Bruchstücke eines großen
Gefäßes aus Grab 17 an, von denen eines Abb. 91 S. 32 wiedergegeben ist. Sie bestehen aus
sehr feinem rotem Thon ohne Ueberzug, auf den mit violettbraunem Firnis mehrere Ornamentstreifen gemalt sind. Dazu gehören Scherben eines Deckels mit hohem Griff, die in dem
gleichen Grabe gefunden sind. Sowohl Material und Technik, als auch die Ornamente sprechen
gegen theräisches Fabrikat. Das gleiche Kreisornament kennen die theräischen Töpfer nicht.
Es findet sich an den Seiten der schönen Kanne aus Kreta, die sich im Berliner Museum
befindet und von Wide veröffentlicht ist [20]. Diese schien mir auch in der Qualität des Thones
unseren Scherben zu entsprechen, mit denen sie auch die mykenischen Reminiscenzen in der
Ornamentik verbinden. Die Form des Mäanders, herzuleiten aus einem mykenischen Band-
motiv, ist theräischen Vasen ebenso fremd, wie die Gitterfüllung des Mäanders. Sie findet sich
auf dem Gefäß wie auf dem Deckel. Das eigentümliche Ornament, das sich in drei Reihen
an dem Deckelknopf wiederholt (Abb. 375), kehrt bloß als fremde Erscheinung auf einer theräischen Vase wieder (vergl. Abb. 367) [21]. Besonders merkwürdig ist das Ornament, das auf
den Scherben zwischen den Kreisen erscheint. Ich vermute, daß es, wie das S. 181 erwähnte
Ornament auf zwei rhodisch-geometrischen Vasen, auf den mykenischen Palmbaum zurückgeht.

Abb. 375.

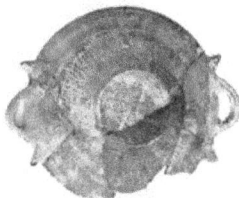

Abb. 376 (= Abb. 153). Teller
aus Grab 55.

Abb. 377. Sammlung de Cigalla.
Durchm. 0.14 m.

Mehrfach kamen in unserer Nekropole flache Teller mit Schlingenhenkeln
vor. Sie waren aus feinem lederbraunem Thon gefertigt, ziemlich schwach gebrannt, woraus
sich die schlechte Erhaltung erklärt. Das besterhaltene Exemplar aus Grab 55 ist hier wiederholt [22] (Abb. 376). Die Standfläche wird durch eine Abplattung gebildet. Ueber die Henkelform
ist schon S. 155 gesprochen. Während die Form der theräischen entspricht, weicht die Dekoration
beträchtlich ab.

Die Teller sind mit mattem ziemlich festem Firnis flüchtig bemalt, und zwar nur an der Außenseite,
wie die böotischen. Auf dem Boden findet sich ein Vierblatt, zwischen dessen Blätter gitergefüllte Dreiecke
gesetzt sind; dann folgt eine Reihe linsenförmiger Ornamente, endlich zunächst dem Rande eine Punktreihe.

Ein zu dieser Gattung gehöriges Stück habe ich mir auch im National-Museum in Athen
notiert (Inv.-No. 728).

[20]) Ath. Mitth. XXII 239 Taf. 6. Furtwängler Berliner
Vasensammlung No. 307.

[21]) Verwandt findet es sich im protokorinthischen
Stile, dann auf einer Scherbe, die schon Früh-
attischem verwandt ist (Ath. Mitth. XXII 267
Fig. 2), auf Frühattischem (Arch. Jahrb. II 57
Fig. 23), auf Phaleronkännchen (ibid. 46 Fig. 6).
Berührungen zwischen Frühattischem und Proto-

korinthischem sind überhaupt zahlreich. Aus dem
protokorinthischen Kreis ist das Ornament dann
auf die griechische Topfware nachahmenden alt-
italischen Vasen übergegangen, die auf hellem
Ueberzug Malerei mit matter roter Farbe tragen
(z. B. Arch. Jahrb. XV 167 Fig. 9).

[22]) Andere Beispiele in Grab 17 No. 12, in Grab 28
etc.

Nahe verwandt ist die vorstehend abgebildete Schüssel der Sammlung de Cigalla (Abb. 377), technisch etwas besser gearbeitet, aber doch wohl derselben Fabrik angehörig. Die Dekoration ist aus der Abbildung zu ersehen, der Thon hellbraun mit weißen Einsprengungen, der Firnis matt dunkelbraun. Zahn, dem ich die Kenntnis des Stückes verdanke, macht mich darauf aufmerksam, daß durchaus entsprechende Stücke in Paros bei Rubensohns Ausgrabungen gefunden seien. Zu unserer Gattung gehört wohl auch die Kanne mit weitem Halse, Einzelfund 7 (Abb. 236 S. 71), die mit umlaufenden Linien und Punktreihen in dem gleichen etwas schmutzigen Firnis geschmückt ist. Ihr entspricht eine Kanne im National-Museum in Athen (No. 880), die aus Melos stammt. Die Gattung wird also wohl ihre Heimat auf einer der südlichen Inseln haben.

Endlich ist hier die Schüssel zu erwähnen, welche als angeblicher Deckel der Amphora 2 in der Sammlung Nomikos aufbewahrt wird und schon von Wide veröffentlicht ist[16]) (Abb. 378). Sie ist zweifellos nicht theräisches Fabrikat wie die Amphora, sondern stimmt im Thon, nach Angabe Zahns, mit den geometrischen Vasen von Paros überein. Die Herkunft von den Inseln legt auch die Verzierung nahe. Die Innenseite ist gefirnißt bis auf Rand und Mitte, die ebenso wie bei der in der Abbildung wiedergegebenen Außenseite verziert sind. Das Ornament der letzteren ist interessant, weil es wieder unmittelbar aus Mykenischem herzuleiten ist. Ueberraschend ähnlich ist die Verzierung eines goldenen Schmuckstückes, das aus den mykenischen Gräbern von Ialysos stammt[17]).

Abb. 378. Schale der Sammlung Nomikos. Durchm. 0,32 m.

Gegenüber den bisher behandelten geometrischen Gattungen, die mit mehr oder weniger Sicherheit den östlichen geometrischen Stilen zugewiesen werden konnten, tritt festländisch-griechischer Import sehr zurück. Dipylonvasen sind nicht mit absoluter Sicherheit nachgewiesen. Am nächsten stehen ihnen drei Gefäße, die zweifellos e i n e r Fabrik entstammen, die Amphora aus Grab 18 (Abb. 379a), eine genau entsprechende, die sich schon seit längerer Zeit im Louvre befindet und ebenfalls aus den Gräbern des Messavuno stammt[18]), und endlich der Krater aus Grab 17 (Abb. 379 b). Die beiden Amphoren gleichen einander so, daß sie wohl aus der gleichen Werkstatt kommen. Bei beiden fehlt jetzt der Hals. Da bei dem Exemplar des Louvre aber sicher ein Hals vorhanden war, wie Paul Jamot auf meine Bitte bereitwilligst festgestellt hat, so wird er auch bei dem von mir gefundenen Exemplar gewesen sein; er hat sich hier aber so sauber herausgelöst, daß keine sichere Spur mehr zu finden war. Zu ergänzen ist der Hals nach Analogie von Amphoren wie Jahrb. XIV 199 ff. Fig. 65 ff. Auch in der Dekoration entsprechen die angeführten Dipylonamphoren ebenso wie in Thon und Firnis den beiden theräischen so vollkommen, daß man diese unbedenklich für Dipylongeschirr halten würde. Eine Schwierigkeit macht der Krater, der von den beiden Amphoren nicht getrennt werden kann, da seine Technik und Dekoration gleich ist. Seine Form aber ist meines Wissens der Dipylonkeramik fremd. Ich kenne da bloß ein Gefäß verwandter Form, den Krater Arch. Jahrb. XIV 213 Fig. 92. Dagegen scheint sie — auch ein Erbe mykenischer Zeit — in den

Festländisch-Griechisches

---

[16]) Arch. Jahrb. XIV 30 Fig. 3.
[17]) Furtwängler-Loeschcke Myk. Vasen 17. Vergl. auch Arch. Ztg. 1884 Taf. 9 Fig. 6. Perrot-Chipiez Histoire II 741 No. 405. Verwandt auch Gold-Thera II.

knöpfe aus Mykenae. Schliemann Mykenae 304 Fig. 414.
[18]) Sie kam durch Cessac in den Louvre. Pottier Vases du Louvre Taf. 10 A 266. Catal. des vases 127.

24

geometrischen Stilen der Inseln häufiger vorzukommen⁹⁹). Auch das Auftreten außerhalb Attikas erregt Befremden, da Dipylonvasen kaum über die nächste Nachbarschaft Attikas hinausgedrungen zu sein scheinen. Ein zu unserer Gruppe gehöriges Stück läßt sich aber auch noch in einer Scherbe aus der Necropoli del Fusco bei Syrakus nachweisen, das Orsi ebenfalls an die Dipylongefäße erinnerte¹⁰⁰). Ich kann mich nicht entschließen, die gleichartigen Amphoren in Athen für Import zu erklären, möchte aber wenigstens die Frage aufwerfen, ob sich vielleicht diese Gruppe der Schwarzdipylonamphoren, die sich von den gewöhnlichen Dipylongefäßen nicht nur durch die Dekorationsverteilung und manche Ornamente, sondern auch durch ihre Formen scheidet, als ein Zweig der Dipylonkeramik erweisen läßt, welcher größere Verwandtschaft mit anderen geometrischen Stilen bewahrt oder durch auswärtige Einflüsse gewonnen hat, und ob wir die in Thera gefundenen Stücke einer solchen verwandten Fabrik zuzählen dürfen.

Abb. 379a, b (a = Abb. 106; b = Abb. 81). Gefäße aus Grab 17 (b) und 18 (a).

Es zeigt sich hier wieder, ein wie dringendes Bedürfnis die sorgfältige Durcharbeitung der attischen geometrischen Vasen ist. Noch sind wir hier über die Hauptsachen im unklaren. Eine Entwickelung des Stiles wird sich zweifellos feststellen lassen. Ich wies schon darauf hin, daß die Streifendekoration allmählich einer Metopendekoration Platz macht — ein Wandel, der offenbar auf äußere Einflüsse zurückzuführen ist. Dagegen zeigen die Formen der Dipylongefäße eine Entwickelung, welche sich so gut wie ganz auf den attischen Stil beschränkt. Die eigentümliche Neigung, gewisse Teile des Gefäßes unverhältnismäßig zu vergrößern und die Hauptteile dafür zusammenschrumpfen zu lassen, findet sich nur in Attika. Die Skyphoi, die eigentlich nur noch aus dem senkrechten Rand bestehen, die Tassen, bei denen die Lippe zu einer senkrecht stehenden Wandung geworden ist, die Kannen mit den übergroßen weiten Hälsen sind specielle Liebhaberei der attischen Töpfer¹⁰¹); ihre Urtypen dagegen, aus denen sie entwickelt sind, finden sich in den meisten anderen geometrischen Stilen wieder. Daß diese

⁹⁹) Vergl. Myk. Vasen Taf. XXXIII 328, Taf. XXVIII 241. 242, Taf. XXX 276, Taf. XXXII 306. Myk. Thongefäße IV 17. Orsi *Amer. Journal of Arch.* 1897, 252 (mykenisch-geometrisch). Conze Anfänge Taf. X 3 (unattisch-geometrisch). Arch. Jahrb. XIV 34 Fig. 11 (melisch-geometrisch). Arch. Jahrb. XV 54 Fig. 115 unbekannten Fundortes. Auch die Aristonophosvase gehört hierher.
¹⁰⁰) *Not. degli scavi* 1895, 189.
¹⁰¹) Vergl. Beispiele Arch. Jahrb. XIV 214 f. Fig. 96 bis 100, 209 Fig. 78—84, 205 ff. Fig. 71—77.

Formen einer verhältnismäßig späten Phase der Dipylonkeramik angehören, wird dadurch nahegelegt, daß auf ihnen gerade sich die Metopenteilung der Streifen und späte Ornamentmotive häufig finden. Auch sind es diese Formen, welche dann vom frühattischen Stil übernommen werden.

Eine andere Frage wäre, ob die sogenannten „Schwarzdipylongefäße", d. h. eine Gruppe von Dipylonvasen, welche zum größten Teil mit dem dunklen Firnis überzogen sind, während sich das Ornament auf wenige Streifen, namentlich an Hals und Schulter, beschränkt, jünger sind als die Gefäße, bei denen alles mit Ornamentstreifen überzogen ist, oder älter. Die Frage ist an dieser Stelle von Interesse, weil die Amphora aus dem Grabe 18 dieser Gruppe angehören würde. Ich neige dazu, diese Gruppe in die frühere Zeit des Dipylonstiles zu setzen. Mein Hauptgrund ist, daß diese Schwarzdipylonvasen noch die alte Dekorationsverteilung zeigen, welche die geometrischen Stile als Erbe der mykenischen Kunst überkommen haben und welche auch dem attischen Uebergangsstil eigen ist. Die barocken späten Gefäßformen fehlen dieser Gruppe, ebenso wie die Dekoration, wenn sie auch die Metopenteilung aufweist, doch Ornamente augenfällig späten Charakters, namentlich alles Orientalisierende, vermeidet. Auch menschliche Figuren fehlen auf diesen Amphoren. Ich denke mir die Entwickelung in Attika etwa so, daß der geometrische Stil auch hier zunächst das mykenische Dekorationsprinzip beibehalten hat. Immer konsequentere Entwickelung des geometrischen Stiles führte dann zu immer weiterer Durchführung der Streifenornamentik. Die beiden Gruppen gehen eine Zeit lang nebeneinander her und machen noch gemeinsam den Uebergang zur Metopendekoration durch. Dann stirbt allmählich die Schwarzdipylongattung ab, während die Ornamentstreifen der hellen Dipylongefäße einerseits durch die Aufnahme fremder Ornamente, andererseits durch bildliche Darstellungen bereichert werden. Daß die großen Prothesisvasen verhältnismäßig jung sind, wird wohl allgemein angenommen [101]. Dem entspricht meine Annahme, daß die Schwarzdipylongefäße prinzipiell alt seien, gut. Ein paar äußere Daten aus Fundumständen kommen hinzu. Wide [102] wurde zwar zu dem Schluß geführt, daß die verschiedenen Gruppen des Dipylonstiles gleichzeitig nebeneinander bestanden hätten. In der That haben sich bei den gut beobachteten Ausgrabungen vor dem Dipylon mehrfach in demselben Grabe Gefäße gefunden, die man ihrer Dekoration nach verschiedenen Zeiten zuschreiben würde. Doch beweist das bloß, daß Gefäße der verschiedenen Stilgruppen noch nebeneinander vorhanden waren. Der Inhalt des Grabhügels von Marathon bietet die vollkommene Parallele dazu. Eine Dekorationsweise stirbt nicht sofort ab, wenn eine neue auftritt, und außerdem hat die Thonware ein besonders zähes Leben, weil das Zerbrechen die einzige Gefahr ist, die ihr droht. Was nicht zerbrach, behielt man; als unmodern fortgeworfen haben die attischen Bauern ihre Töpfe ganz gewiß nicht. So kommen altmodische Gefäße in junge Gräber [103]. Alte und altmodisch dekorierte Gefäße in jungen Gräbern können deshalb nicht viel beweisen; wichtiger ist es, wenn altertümliche Vasen sich auch in notorisch alten Gräbern finden. Und dafür giebt es jetzt durch Skias Ausgrabungen in Eleusis wenigstens ein paar Belege. Eine schöne „Schwarzdipylonamphora" (Ἐφ. ἀρχ. 1898 Taf. III 5) wurde zusammen mit einem Napf und einer Kanne alter Form in der tiefsten Gräberschicht gefunden; zwei andere (Taf. III 7. 8) fanden sich in der mittleren

[101] Sie fehlen in Eleusis fast ganz; ebenso bei den sehr alten Gräbern, welche bei Dörpfelds Ausgrabungen am Areopag gefunden sind. Ihre Hauptfundstätte sind die Gräber vor dem Dipylon.

[102] Arch. Jahrb. XV 56 f. Die dort gegebene Gruppierung der Dipylonvasen ist vollkommen korrekt.

[103] Es ist gewiß kein Zufall, daß in einem Grabe (Brückner-Pernice XIII) die große Amphora der ältesten Gattung angehört, während die kleinen Gefäße späteren Charakter tragen. Grab II, das als Brandgrab gewiß verhältnismäßig jung ist, enthielt ebenfalls eine Amphora älteren Stiles, während die Pyxis und die als τέφρ auf das Grab gestellte Vase den späten Stil zeigen. Erstere war nie bereits vorhandenes Gefäß, letztere wurde erst für den speciellen Zweck des Begräbnisses beim Töpfer gekauft.

24*

Schnitt, die beiden altertümlich verzierten auf Taf. III 1. 2 stammen ebenfalls aus der tiefsten bez. mittleren Schicht. Bei diesen beiden ist freilich der attische Ursprung nicht zweifellos. Ein paar weitere Belege sind nicht so schlagend. Es wird eine Hauptaufgabe bei künftigen Grabungen sein, die Beobachtungen womöglich zu vermehren, damit wir zu einer gesicherten Stilentwickelung dieses wichtigsten aller geometrischen Stile gelangen. Hier wollte ich nur darauf hinweisen, daß es mir möglich scheint, die Entwickelung des Dipylonstiles festzustellen, und daß die Sache doch nicht so desperat ist, wie man nach Wides kurzen Andeutungen glauben möchte.

Amphora aus Sammlung Sabouroff

Aus Thera stammt auch eine Amphora geometrischen Stiles, die aus der Sammlung Sabouroff ins Berliner Antiquarium gekommen ist[104]. Sie ist aus schmutzig-graugelbem Thon gefertigt; die Malerei, in verblaßtem bräunlichem Firnis ausgeführt, ist teilweise undeutlich geworden. Der ganze untere Teil ist mit umlaufenden Streifen bemalt. Am Halse jederseits ein Vierfüßler (Pferd oder Reh), zwischen seinen Beinen ein Wasservogel, hinter ihm ein nackter stehender Mann mit einem Stab. Auf der Schulter weidendes Reh, dahinter ein anspringender Hund, zu dem auf der Rückseite noch ein zweiter kommt. Einige geometrische Füllornamente vervollständigen den Schmuck. Ein genau entsprechendes Gefäß kenne ich weder aus Thera, noch von anderem Fundorte. Die Zeichnung der Tiere erinnert an die der Dipylonvasen und manches Böotische, von denen aber der Thon ganz verschieden ist; auch die Füllornamente haben auf den böotischen Gefäßen Analogien. Böhlaus Bezeichnung als lokale Dipylonimitation ist kaum aufrecht zu erhalten[105]. Weder ist die Verwandtschaft mit der typischen Dipylonware so überzeugend, noch gleicht der Thon dem sicheren theräischen.

Amphora aus Grab 64

Abb. 380 (= Abb. 168).
Amphora aus Grab 64.
Höhe 0.50 m.

Zu der Amphora Abb. 380 aus Grab 64 weiß ich bisher nur zwei vollkommen entsprechende Gefäße zu stellen, die sich im National-Museum in Athen befinden und von Stais in Trözen gefunden sind[107]. Alle drei sind aus feinem ziegelrotem Thon gefertigt und bis auf den Hals vollständig mit mattem, eigentümlich grauschwarzem Firnis überzogen. Am Halse findet sich ein einziges einfaches Ornament, ein Kreis mit Kreuz bei dem theräischen, ein Doppelkreis und ein Viereck mit durchgezogener senkrechter Linie bei den athenischen Exemplaren. Die Form ist die schon mehrfach erwähnte Vorstufe der jonischen Amphora. Die drei Gefäße stehen noch zu vereinzelt, als daß man aus ihrem Fundort Schlüsse auf die Heimat der Gefäße ziehen könnte. Attisch, was Wide für möglich hielt, sind sie sicher nicht. Thon und Firnis unterscheiden sie von den Dipylongefäßen. Aber Beziehungen haben sie zu einer bestimmten Gruppe von Gefäßen, die teils im Kerameikos, teils in Eleusis mit Dipylonvasen zusammen gefunden und bereits von Wide zusammengestellt sind[108]. Diese haben alle die gleiche Form der Amphora, welche sonst im Dipylonstil selten ist. Die Dekoration beschränkt sich auch hier auf ein vereinzeltes Ornament am Halse, während der Bauch des Gefäßes mit Firnisbändern umzogen ist. Daß die in Athen gefundenen Gefäße Import seien, wage ich nicht zu behaupten. Sie können auch eine unter fremdem Einflusse ausgebildete Spielart des Dipylonstiles sein. Ebensowenig reicht natürlich unser Material aus, um zu beweisen, daß dieser Einfluß gerade von Trözen, zu dem Athen alte Beziehungen hat, ausgegangen sei. Vielleicht liegt die gemein-

[104] Furtwängler Sammlung Sabouroff Taf. 47. Berl. Vasenkatalog 3901.
[105] Arch. Jahrb. III 356 Anm. 22.
[107] No. 816 und 817. Vergl. Arch. Jahrb. XIV 88 Fig. 46 und 47.
[108] Arch. Jahrb. XIV 190 ff.

same Quelle für Athen und Trözen an einem dritten Orte. Dafür läßt sich einiges anführen. Die gleiche Grundform der Amphora und die gleiche Beschränkung der Dekoration auf ein einfaches Ornament am Halse zeigt eine Gruppe von großen Vorratsgefäßen, die in Thera durch die Amphora aus Grab 100 vertreten ist. Auch hier ist das aus feinem rotem Thon *Amphora aus Grab 100* gefertigte Gefäß bis auf den Hals und ein paar schmale Streifen mit mattem schwarzem Firnis überzogen. Am Halse finden sich als einzige Dekoration jederseits zwei Doppelkreise (Abb. 381). Die auf der Schulter eingravierte archaische Inschrift läßt eine genauere Datierung nicht zu; die Beigaben des Grabes, eine Schale mit Punktrosetten und ein Napf mit senkrechten Wandungen, wie er im Massenfund mehrfach vorkommt, sprechen für VII. oder Anfang des VI. Jahrhunderts. Damit stehen die Funde gleichartiger Amphoren in vollem Einklange. Sie kommen in alten Schichten in Daphne vor, ebenso in Syrakus [109], vor allem aber in Etrurien. Der Louvre besitzt mehrere solche Amphoren, welche in Caere gefunden sind [110]. Besonders charakteristisch ist für die Halsdekoration ein Doppelkreis zwischen senkrechten Schlangenlinien. Die Gefäße des Louvre sind sämtlich, offenbar um sie unbrauchbar zu machen, vor ihrer Verwendung im Grabe am Boden durchbohrt. Eines von ihnen trägt einen eingravierten etruskischen Namen an der Schulter [111], der also seinen Besitzer nennt. Zwei andere dagegen sind schon von dem früheren griechischen Besitzer signiert [112]. Daraus geht wohl hervor, daß nicht sie selbst, sondern ihr Inhalt den eigentlichen Handelsgegenstand bildete. Es sind Vorratsgefäße, und ich glaube, wir können auch noch mit einiger Sicherheit sagen, was die griechischen Händler in ihnen nach Etrurien brachten: eine genau entsprechende Amphora ist es, die Dionysos auf der Françoisvase heranschleppt, und sie enthält als Gabe des Gottes natürlich Wein. Durch den Weinhandel werden also wohl auch die in Etrurien, in Thera und Daphne gefundenen Stücke an ihren Fundort gelangt sein, und zwar wahrscheinlicher aus Griechenland als aus Unteritalien. Ihre Heimat wird entweder an einem hervorragenden Weinorte oder in einer Stadt mit ausgedehntem Zwischenhandel zu suchen sein.

Abb. 381 (= Abb. 221). Amphora aus Grab 100. Höhe 0.655 m.

Bei frühem Vorkommen in Italien denkt man zunächst an Korinth oder Chalkis. Korinth kann der Inschriften wegen nicht in Betracht kommen. Diese können chalkidisch sein, und im euböischen Kreise wenigstens möchte ich die Heimat der Gattung suchen. Damit ließe sich auch das Vorkommen auf der Françoisvase gut vereinigen. Endlich können dafür zwei schwarzfigurige Amphoriskoi im Bonner Museum angeführt werden. Sie stammen aus dem Hinterlande von Chalkis, Böotien, und sind, wenn nicht frühchalkidisch, so in Böotien nach chalkidischem Muster gefertigt. Ihre Form ahmt in den ganzen Proportionen, der Henkel- und Lippenbildung getreu die Weinamphoren nach. Der Firnisüberzug des Körpers ist schwarzfiguriger Malerei gewichen, am Halse aber steht immer noch das alte geometrische Ornament des Kreises zwischen senkrechten Schlangenlinien [113].

---

[108] Flinders-Petrie Tanis II Taf. 24 Fig. 9. *Arch. d. anorr* 1895, 130 f. Grab CXCIV Fig. 9.
[109] Ein Beispiel bildet Pottier *Vases d. Louvre* Taf. 30 D. 39 ab. Die anderen dort S. 36 D. 33 ff. erwähnt.
[111] D. 35: „Lasar Larth".

[112] D. 33: MYPM F ?O?.
D. 34: Γ F PAΔO R I M I.
[113] Ich verdanke Loeschcke Photographien und die näheren Angaben: „a) Höhe 0.16 m. Am Bauch

Endlich ist in diesem Zusammenhange noch ein Miniaturgefäß (Abb. 52 S. 23) aus dem Massenfunde zu erwähnen. Das feine kleine Salbgefäß bildet in zierlichster Weise eines der großen Vorratsgefäße nach. Auch hier ist das Gefäß bis auf den Hals und einen Streifen auf der Schulter mit glänzendem schwarzem Firnis überzogen. Scherben eines gleichen Amphoriskos fanden sich im Grab 17 (S. 34 No. 20) und kommen auch in Italien vor[114]. Für die Datierung und den Ursprung ist wichtig, daß sie in Thera, wie auch z. B. in Megara Hyblaia und Corneto, mit den feinen jonischen Skyphoi zusammen vorkommen, denen sie auch technisch — es kommen auch bei ihnen in den ausgesparten Partien Streifen mit verdünntem Firnis vor — ganz entsprechen. Alle diese in dem letzten Abschnitt angeführten Gefäße gehören meines Erachtens eng zusammen. Neben den Formen ist für sie auch Thon und Farbe charakteristisch. Es sind vielleicht die ältesten griechischen Vasen, welche mit wirklich schwarzem Firnis auf roten Thon malen und darin von den geometrischen und orientalisierenden Stilen hinüberleiten zu den schwarzfigurigen. Daß wir durch sie in den — nennen wir es einmal euböischen Kreis gewiesen werden, stimmt zu der Rolle, welche Böhlau diesem in der Ausbildung der schwarzfigurigen Malweise angewiesen hat[112]).

Proto-korinthisches

Endlich gehören der westlichen geometrischen Stilgruppe noch die protokorin-thischen Gefäße an, die wie in allen gleichzeitigen Nekropolen auch in Thera häufig sind. Interessant ist aber, daß wir hier nicht nur die kleinen protokorinthischen Väschen späteren Stiles haben, sondern auch große und solche, welche noch rein geometrischen Stil zeigen. Während erstere allerweiteste Verbreitung gefunden haben, sind letztere auf einen viel engeren Bezirk beschränkt[110]).

Furtwängler hat zuerst zwei große, in der Art der Dipylongefäße geometrisch verzierte Vasen des Berliner Museums veröffentlicht und der protokorinthischen Gattung zugezählt[111]). Derselben Gattung gehören vier Gefäße an, welche zu verschiedenen Zeiten in Thera gefunden sind.

1) Abb. 382. Thera. Sammlung Nomikos. Höhe 0.45 m. Großes kelchartiges Gefäß. Die Henkel sind durch einen Bügel mit dem Rande verbunden. Thon graugelb, Firnis olivbraun, vielfach abgesprungen. Dekoration: umlaufende Linien, am Rande senkrechte Zickzacklinien, auf der Schulter jederseits schraffierter Mäander von zwei senkrechten Spiralen eingefaßt. Die Photographie verdanke ich Zahn.

Abb. 382. Protokorinthisches Gefäß der Sammlung Nomikos auf Thera. Höhe 0.45 m.

Herakles, der auf dem Rücken des Triton reitet, ihn umklammernd. Herakles blickt zurück, wie entsprechende Darstellungen zeigen, nach einem der Tiere, in die der Triton sich verwandelt. Auf der Rückseite: zwei Löwen stehen einander gegenüber mit abgewendeten Köpfen. Zottige Mähnen. — Schulter: Kreuz aus drei Palmetten und einem Lotos gebildet. Auf der Rückseite zwei schreitende Löwen, der eine mit gesenktem Kopf, der andere umblickend. — b) Höhe 0.17 m. Zwei Löwen zerfleischen ein niedergeworfenes

Reh. Unter dem Bauch des Rehes und hinten zwischen den beiden Löwen je eine Rosette."

[114]) Ich notierte Beispiele in der Raccolta Cumana (No. 85733), aus Megara Hyblaia (Grab 112. 186. 583. 531, in Grab 153 mit korinthischem Aryballos), in Corneto.

[115]) Böhlau Nekropolen 105 ff.

[116]) Loeschcke Ath. Mitth. XXII 262 f.

[117]) Arch. Jahrb. III 248. Andere Beispiele Ath. Mitth. XXII 294 f. (Pallat).

2) Abb. 383. Skyphos aus dem von Schiff im Sommer 1900 gefundenen Grabe auf der Sellada (vergl. Anhang). Höhe 0.095 m. Gelber Thon, roter Firnis. Innen ganz gefirnißt bis auf zwei Streifen. Rand: Spirale. Schulterstreifen: Hakenmäander, jederseits ein schraffiertes Vierblatt. Unterer Teil: umlaufende Linien. Besonders nahe steht diesem Skyphos ein „aus Griechenland" stammendes Stück gleicher Form im Dresdener Antiquarium[113]; am Rande Spirale, darunter Hakenmäander.

3) Abb. 384. Skyphos im Museum von Sèvres. No. 3085¹. Aus Thera. Erworben durch Baron Roux. Gesandten in Griechenland 1837—39. Wagerechte Linien. Lippe mit umlaufenden Linien, Schulter mit schraffiertem Hakenmäander geschmückt. Der untere Teil gefirnißt. Sehr saubere Ausführung. Nach der Photographie, die ich der Freundlichkeit des Herrn Ed. Garnier verdanke, zu den frühprotokorinthischen Gefäßen gehörig. Höhe 0.105 m. Wohl identisch mit dem „cotylique à deux anses" aus Thera (Brogniart et Riocreux *Inscription* p. 98).

Abb. 383. Skyphos von der Sellada. Höhe 0.095 m.   Abb. 384. Skyphos in Sèvres. Höhe 0.105 m.

4) Abb. 385. Thera. Sammlung Nomikos. Durchm. 0.05 m. Kleines Näpfchen mit senkrechten Wandungen und zwei wagerechten, am Rande angeklebten Henkeln. Thon gelb, Firnis braun, innen rot. Sehr sauber ausgeführte Malerei. Umlaufende Linien, doppelte Zickzacklinien, dunkle Parallelogramme zwischen zwei Linien. Die Zeichnung nach einer Photographie, die ich Zahn verdanke.

Die Dekoration ist bei allen diesen eine rein geometrische. Vom Dipylonstil unterscheidet sie sich durch die Beschränkung auf Hals bezw. Rand und Schulter, durch die Vorliebe für umlaufende Linien, die meist den ganzen unteren Teil des Gefäßes schmücken, für den Hakenmäander und die echte Spirale, während andererseits die für den Dipylonstil charakteristischen komplizierten Mäander und die tangierten konzentrischen Kreise fehlen, der Ornamentschatz überhaupt kleiner ist. Das enge Verhältnis, in dem der italisch-geometrische Stil zum protokorinthischen steht, zeigt sich gegenüber diesen frühen Gefäßen besonders deutlich. Das ist auch für die Chronologie unserer Vasen wichtig. Sie sind ihrem Charakter nach älter als fast alle in Italien gefundenen protokorinthischen Vasen. Dagegen lehren die Fundumstände, daß italisch-geometrische Gefäße noch gleich-

Abb. 385. Näpfchen der Sammlung Nomikos. Durchm. 0.05 m.

zeitig mit den protokorinthischen im Gebrauch waren, die seit dem letzten Viertel des VIII. Jahrhunderts in italischen Gräbern in Masse erscheinen[114]. Die rein geometrisch verzierten protokorinthischen Vasen müssen wir danach noch durchweg dem VIII. Jahrhundert zuschreiben. Im Verlaufe des VIII. Jahrhunderts hat die Fabrik Einflüsse aus orientalisierenden Stilen erfahren, die auf den meisten der in Italien gefundenen Stücke sich schon zeigen. Die allmähliche Umbildung des geometrischen Stiles zu einem orientalisierenden kann man besonders gut an den von Pallat veröffentlichten Scherben aus Aegina verfolgen.

---

[113] Herrmann Arch. Anz. 1892, 162. Ebendort wird auf ein im Britischen Museum befindliches Gefäß aufmerksam gemacht, in Form einer Pyxis mit hohem Bügelhenkel und zwei tüllenförmigen Aus-

güssen am Rande. Zur Dekoration gehören hier auch Wasservögel.

[114] Vergl. Karo *Bull. di paletnol. ital.* XXIV 1898, 147.

Die ältere Form der protokorinthischen Lekythos, wie sie auch in der Necropoli del Fusco noch in einigen Exemplaren vorkommt, vertritt das Gefäß aus Grab 90 (Abb. 386 = Abb. 210 S. 64). Die Form ist hier noch schwerfälliger, bauchig, die Mündung kleiner und mit schmälerem Mündungsrande versehen. Den unteren Teil schmücken umlaufende Linien, die Schulter Haken-

Abb. 386.
(= Abb. 210). Ge-
fäß aus Grab 90.

spiralen. Fast genau entspricht eine Lekythos in Syrakus[170]. Die für die späteren protokorinthischen Gefäße typischen Strahlen fehlen bei diesen älteren noch.

Reichlich ist die gewöhnliche gute protokorinthische Ware vertreten, die im wesentlichen dem VII. Jahrhundert angehören wird, Skyphoi und Lekythoi mit oft flüchtig gemalten Tierfriesen, umlaufenden Linien, Strahlen am Fuß[171]; auch einige Bruchstücke von feinen Deckeln fanden sich.

Hierher gehört auch ein hohes protokorinthisches Gefäß mit Deckel in Leiden (II 1560).

Abgebildet bei Conze a. a. O. Taf. III 2. Erwähnt von Furtwängler Arch. Jahrb. III 248. Es stammt aus Thera, wurde vom holländischen Gesandten Baron van Zuylen van Nyevelt 1830 dem Museum in Leiden überlassen. Es hat gerade und fast senkrechte Wandungen, zwei fest an die Wandungen angelegte Henkel. Das ganze Gefäß und sein Deckel ist von Parallellinien umzogen. Nur zwei breitere Streifen finden sich zwischen den Henkeln und unmittelbar unter denselben. Der obere ist mit einer Reihe von Wasservögeln, der untere, wie bei protokorinthischen Gefäßen häufig, mit Gruppen kurzer Schlangenlinien gefüllt.

Von einem ähnlichen großen Gefäß stammt das Abb. 239 (S. 71, Einzelfund 9) wieder-gegebene Bruchstück.

Es fehlt dagegen die feinste protokorinthische Gattung, wie sie durch die Berliner Kentaurenlekythos, Exemplare des Britischen Museums, des Museums in Boston, in Tarent u. s. w. vertreten ist.

In besonderer Menge treten dann die spätesten Ausläufer des protokorinthischen Stiles auf, denen z. B. der größte Teil des Massenfundes angehört. Die Technik dieser späteren Stücke ist geringer, der Thon meist grüngrau und schlecht geglättet, der Firnis olivbraun, glanzlos und oft verblaßt, die Dekoration auf die einfachsten Elemente, umlaufende Linien, senkrechte Zickzacklinien beschränkt. Neben dem Firnis wird bisweilen auch violette oder braunrote Deckfarbe verwandt. Die gleiche Ware findet sich in großer Masse auch in den sizilischen Gräbern, wo sie noch mit schwarzfigurigen attischen Lekythoi vorkommt. Sie ist also das ganze VI. Jahrhundert hindurch im Gebrauch geblieben. Besonders zahlreich sind von den altprotokorinthischen Formen die Skyphoi, stets sehr klein, vertreten. (Vergl. Massen-fund 33. Grab 10. 28.) Daneben kommen die flachen Schachteln mit senkrechten Wandungen vor (Massenfund 33 und 36)[172], während der Lekythoi vollständig fehlen. Dafür erscheinen andere Formen, welche die ältere protokorinthische Keramik nicht kennt, deren Zugehörigkeit aber durch die Beschaffenheit von Thon und Firnis bestätigt wird. Dahin gehört vor allem die aus der halslosen Amphora entwickelte runde Pyxis (z. B. Massenfund 10 und 11), eine auch der korinthischen Keramik eigene Form. Die Mündung ist bald mit senkrechtem Rande versehen, bald randlos. In ersterem Falle wird sie durch einen Deckel mit entsprechendem übergreifenden senkrechten Rande geschlossen, in letzterem durch einen flachen Deckel. Auf der Schulter finden sich oft zwei senkrechte Henkel. Gleichartige Gefäße derselben Fabrik

---

[170] Not. d. scav. 1893, 473. Andere hierhergehörige Stücke ebendort 451 und 1895, 151 etc.; auch in der Raccolta Cumana in Neapel.

[171] Beispiele in Grab 7 (Skyphos mit Tierfries), Grab 17 (feine Lekythos Abb. 101, No. 25 Leky-

thos, 26 Pyxis, 27 Deckel, 29 Lekythos), Grab 43 und Grab 53 (Skyphos), Grab 81 (Deckelknopf), Einzelfund 12 (Lekythos).

[172] Gleichartige z. B. Arch. Jahrb. II Taf. 2 Fig. 1 (aus Tanagra), Annali 1877 Taf. CD 9 (Necr. del Fusco).

sind sehr häufig [115]. Nicht sicher kann ich einstehen für die Zugehörigkeit der Näpfe mit Doppel-bogenhenkel und ausladender Lippe, wie Massenfund 7 (Abb. 22 S. 20), Grab 8 (Abb. 9 S. 16), Grab 17 No. 16 (Abb. 97 S. 33), Einzelfund 17 (Abb. 247 S. 72). Thon und Firnis stimmen mit denen unserer Gruppe überein; dagegen kenne ich die Form von den zahlreichen anderen Fund-orten spätprotokorinthischer Vasen nicht. Die Wandungen sind dicker als sonst meist bei diesen, und auch für die flüchtig angedeuteten geometrischen Ornamente, die in ihrer Anordnung mehr altgeometrischen Prinzipien folgen, habe ich aus protokorinthischem Kreise keine Parallele.

Auch eine ganze Reihe weiterer kleiner Gefäße des Massenfundes sind ihrem allge-meinen Charakter nach diesen spätprotokorinthischen nächst verwandt, ohne daß sie doch mit Sicherheit denselben Töpfereien zugeschrieben werden könnten. Bald ist es die Farbe des Thones, bald die des Firnisses, die nicht ganz zur sicher protokorinthischen stimmt. Die meisten von ihnen lassen sich aber auch von anderen Fundstätten der spätprotokorinthischen Ware belegen. Die kleinen Kännchen mit Kleeblattmündung, gefirnißtem Halse und Streifen (Massenfund 12. 13 Abb. 27. 28 S. 20) kommen in Samos vor [118], ebendort, in Megara Hyblaia, Reggio, Kumae, Rhodos auch die schlauchförmigen Kännchen mit Streifendekoration (Massen-fund 15, Abb. 30 S. 21) [117]. Für die kleinen Hydrien (Massenfund 17, Abb. 32 S. 21) sind zahl-reiche Parallelen im Museum in Reggio. Der Guttus (Massenfund 19, Abb. 34 S. 21) begegnet in Samos [120], die kleinen Omphalosschälchen in Syrakus und Megara Hyblaia; auch der Kothon ist eine sehr beliebte Form im protokorinthischen und korinthischen Kreise [121]. Von all diesen kann man wieder die Amphoriskoi 8 und 9 des Massenfundes, die kleinen Luteria (Massen-fund 29, Abb. 43 S. 22) und die kleinen Näpfchen und Tellerchen (Massenfund 21 ff.), die Deckel S. 73 Abb. 255 nicht trennen. Auch der flache Teller aus Grab 14 (Abb. 14 S. 18) gehört hierher. Mehr ins Gelbliche spielend ist der Thon der kleinen cylindrischen Becher mit wagerechten Henkeln, wie Massenfund 20 (Abb. 35 S. 21), Grab 79/80, Grab 100 (Abb. 225 S. 64), Einzel-fund 16 (Abb. 246 S. 72). Daß auch diese Form, wie eben eigentlich alle diese Miniaturformen, noch aus der Periode der geometrischen Stile stammt, ist bereits oben S. 154 gesagt. Aus anderen Funden kenne ich die Form nicht.

Diese ganze zuletzt genannte Gruppe ist späte schlechte Dutzendware, wohl zum Teil für sepulkrale Zwecke bestimmt und aus Handelsinteresse immer wieder nach denselben Mustern gefertigt. Eine große Masse muß von einem Centrum aus weit verbreitet worden sein. Daneben aber stehen gewiß zahlreiche lokale Nachahmungen. Eine reinliche Scheidung wird bei der großen Masse und schlechten Qualität kaum zu erreichen sein. Daß aber die Gattung an die proto-korinthische anknüpft und zuerst jedenfalls in der Heimat dieser Gattung gefertigt ist, ist sicher.

Die Frage nach der eigentlichen Heimat der protokorinthischen Vasengattung ist noch nicht vollkommen gelöst [122]. Mit dem Namen wollte Furtwängler zunächst nur das Verhältnis des Stiles zu dem durch mancherlei Fäden eng mit ihm verbundenen korinthischen bezeichnen [123].

---

[115] z. B. aus Megara Hyblaia. Mon. ant. I 819 869. 878 (Orsi). Aus Gela (Mus. von Palermo), Reggio (Museum).

[116] Böhlau Nekropolen 149 Taf. VIII 7.

[117] Böhlau Nekropolen 149 Taf. VIII 15. 17, wo darauf aufmerksam gemacht wird, daß die Form schon aus geometrischen Kreisen übernommen sei. Sie hat sich aber ins VI. Jahrhundert hinein ge-halten. In Megara Hyblaia Grab 219 ist sie mit zwei der jonischen figürlichen Salbgefäße zu-sammengefunden. Aus Kumae in der Raccolta Cumana, zum Teil mit vollständiger Schwärzung

der oberen Hälfte, was auch bei den Exemplaren aus Reggio häufig ist.

[118] Böhlau Nekropolen 149 Taf. VIII 18. Die Form ist schon mykenisch.

[119] Vergl. oben S. 117.

[120] Für Chalkis sprach sich Helbig (Italiker in der Poebene S. 84) aus, ebenso Dümmler (Arch. Jahrb. II 19); wenigstens die besten und fortge-schrittensten ist auch Studniczka geneigt, Chalkis zuzuschreiben (Serta Harteliana S. 54).

[121] Bronzefunde von Olympia 46. 51. Abh. d. Berl. Akad. 1879.

Daß sie alle auch in Korinth gefertigt seien, halte ich für ausgeschlossen; ich halte es sogar bei der Hauptmasse für unwahrscheinlich. Sehr wahrscheinlich ist es dagegen, daß sie in einem ausgedehnten Gebiet ziemlich gleichartig gefertigt sind. Ich habe auch den Eindruck, daß genaue Durcharbeitung des großen Materiales nicht nur die allmähliche Entwickelung des Stiles klarer stellen wird, sondern wenigstens für die spätere Zeit auch die Scheidung von lokalen Gruppen ermöglichen wird, welche verschiedenen Fabriken zugeschrieben werden können. Das setzt aber sehr umfassende Vorarbeiten voraus, zu denen mir augenblicklich jede Möglichkeit fehlt. Ich hoffe, daß Karo in dem versprochenen Text zu der prachtvollen Chigi'schen Vase uns der Lösung näher bringen wird. Weiter wird die Publikation der Vasenfunde aus dem Heraion von fundamentaler Wichtigkeit werden. Bis zu ihrem Erscheinen ist eine Behandlung der Frage verfrüht. Die schon früher[130] und jetzt wieder von Hoppin[131] geäußerte Ansicht, für welche er in der Heraionpublikation die genauere Begründung bringen wird, daß ein Hauptcentrum protokorinthischer Keramik in der Argolis zu suchen sei, scheint mir sehr wahrscheinlich. Der Charakter des ältesten protokorinthischen Stiles zeigt, daß der Stil der westlichen Gruppe angehört. Die weite Verbreitung zeigt, daß der Stil entweder an einem der hauptsächlichsten Handelscentren archaischer Zeit, oder doch in einer Landschaft zu suchen sei, welche zu einem solchen unmittelbare Beziehungen unterhielt. Das Gleiche verlangt der Umstand, daß der protokorinthische Stil schon so besonders früh fremde, namentlich ostgriechische Einflüsse erfahren hat. Im VIII. Jahrhundert sind die Gefäße schon in Griechenland durch den Handel verbreitet worden; vor allem aber bezeichnen sie den ältesten regelmäßigen griechischen Vasenimport in Italien, müssen also mit den ältesten dortigen Kolonien im Zusammenhange stehen. Chalkis und Korinth sind die Namen, die man unwillkürlich nennt. Sie oder eine von beiden müssen die protokorinthische Ware vertrieben haben; hier oder in der nächsten Nachbarschaft einer dieser Städte müssen die Vasen ursprünglich gefertigt sein. Möglich wäre es, daß die beiden in so engen Beziehungen stehenden Städte in dieser Zeit auch in ihren Kunsterzeugnissen sehr eng verwandt waren[132]. Daß die protokorinthischen Vasen aus dem chalkidisch-korinthischen Kunstkreise stammen, scheint mir eine notwendige Annahme. Aber sicher chalkidische Vasen des VIII. und VII. Jahrhunderts haben wir nicht. In Korinth selbst verfertigt man im VII. Jahrhundert Vasen, welche zwar in vielem an die protokorinthischen anknüpfen, aber weder einfache Abkömmlinge dieser sind, noch auch einfach an ihre Stelle treten. Der Umstand, daß neben dem altkorinthischen, ihm technisch überlegen, der protokorinthische Stil weiterlebt, drängt zu dem Schluß, daß dessen eigentliche Heimat nicht in Korinth selbst zu suchen sei. Mit der Annahme, daß die Masse der älteren protokorinthischen Gefäße in der Argolis gefertigt seien, wäre alles gut zu vereinigen — die vielfache Anknüpfung an das Mykenische, die lückenlose Stilentwickelung, wie die Heraionfunde sie zu geben scheinen, das frühe und massenhafte Vorkommen auf Aegina, der frühe Vertrieb nach Westen durch Korinth. Auch Sekyon kommt daneben in Betracht. Seit dem VII. Jahrhundert fabriziert dann Korinth selbst eigene Vasen, zum Teil in Anlehnung an die argivischen Vorbilder. Ich denke mir, daß in Korinth gewiß auch viele der späteren schlechten protokorinthischen Gefäße fabriziert sind, welche im Thon und Firnis den sicher korinthischen gleich sind und auch in der Auswahl der Formen diesen entsprechen. Aus Geschäftsinteresse hat man an den alten Mustern lange festgehalten, die als Verpackung auf dem ganzen weiten Markt, den Korinth sich gerade auch mit Toilettenölen erobert hatte, bekannt waren. Die spätesten protokorinthischen Vasen können mit den korinthischen an demselben Orte fabriziert sein,

---

[130] Furtwängler Berl. phil. Wochenschr. 1895, 202.   [131] Amer. Journal of Arch. 1900, 444 ff.
Loescheke Ath. Mitth. XXII 262.   [132] So schloß Dümmler Arch. Jahrb. II 19.

die guten protokorinthischen nicht. Diese Annahme würde auch erklären, warum große protokorinthische Gefäße in späterer Zeit aufhören. Für sie hatte der Korinther keine Verwendung;
er brauchte nur die kleinen Toilettengefäße. Allmählich hat man dann auch an den verschiedensten anderen Orten protokorinthische Gefäße nachgeahmt. Solche Nachahmungen
finden sich fast an allen Orten, an die in größerer Zahl und dauernd protokorinthische Gefäße
gebracht sind.

An die protokorinthischen Gefäße schließe ich noch einiges an, was sicher nicht aus
denselben Töpfereien stammt, aber doch durch manche verwandte Züge mit ihnen verbunden
ist und vor allem auch den hellen gelben Thon verwendet. Es sind vereinzelte Stücke, deren
Verhältnis zum protokorinthischen Kreise noch untersucht werden muß.

Dahin gehört vor allem eine Klasse von Schalen, die durch die Bruchstücke Abb. 387a, b
vertreten wird. Die Abbildung eines ganz erhaltenen Stückes der Gattung giebt z. B. Pottier
Vases du Louvre Taf. XI A 290. Es stammt aus Kamiros; aus Rhodos auch ein ähnliches
Gefäß des Berliner Museums (Kat.-No. 293). Unter den Funden von Aegina hat Pallat[133]) die
Gattung nachgewiesen. Auch unter den Funden vom argivischen Heraion kommt sie vor.

Ferner findet sie sich in Italien — ein Beispiel
aus der Necropoli del Fusco ist schon *Annali* 1877
Taf. CD 5 veröffentlicht — und in Naukratis (Bruchstück mit Weihinschrift an Apollo im Museum in
Gizeh). Die Form — ein randloser Napf mit horizontalen Henkeln — kommt in VII. Jahrhundert in
mehreren ostgriechischen Vasenstilen vor[134]). Die
Dekoration ist sehr einförmig. Charakteristisch sind
für sie die ungefüllten, vom Fuße aufsteigenden
Strahlen. Im oberen Dekorationsstreifen erscheint
meist ein Wasservogel im Mittelfeld und ein ein-
geschriebener Rhombus in den Seitenfeldern. Es ist

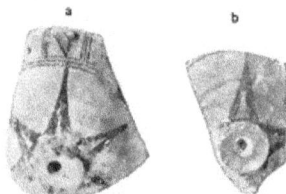

Abb. 387a, b (= Abb. 262a. b).

mehrfach, so zuletzt noch von Pallat (a. a. O.), die Ansicht ausgesprochen worden, daß diese
Gefäße im Bereiche des protokorinthischen Stiles hergestellt seien. Ich kann das nicht zugeben;
denn eigentlich trennt sie vom protokorinthischen Stil jede Einzelheit. Der Thon ist dunkler, bräunlicher, als der charakteristische protokorinthische; die Gefäße sind dickwandig, die Form fehlt
dem protokorinthischen Stil; die ungefüllten Strahlen kommen dort ebensowenig vor, wie die
eingeschriebenen Rhomben. Alle diese Einzelheiten aber haben ihre Parallelen in ostgriechischen
Stilen, im rhodisch-geometrischen Stil, der überhaupt nahe verwandt ist, und auf jonischen Vasen
aus Aegypten und Südrußland[135]). Danach bin ich weit eher geneigt, die Heimat dieser Schalen-
gattung im Bereiche der Inseln zu suchen, ohne sie einstweilen näher bestimmen zu können[136]).
Als Zeit läßt sich mit annähernder Sicherheit das VII. Jahrhundert erschließen durch das Vorkommen in Naukratis, Rhodos, Syrakus und das Fehlen in den theräischen Gräbern, wo sie
nur im Schutt gefunden sind.

Mit dieser Gruppe steht in verwandtschaftlichem Verhältnis die Schale aus Grab 100
(Abb. 388). Schon die Form ist identisch. Ebenso kehren die ungefüllten Strahlen wieder.
Unter dem Rande findet sich ein Kranz von großen Punktrosetten. Das Gefäß ist aus seinem

---

[133]) Ath. Mitth. XXII 272.
[134]) Vergl. Böhlau Ath. Mitth. XXV 70 ff.
[135]) Der eingeschriebene Rhombus z. B. außer auf
den rhodisch-geometrischen Vasen auf der Typhon-
situla von Daphne (Petrie Tanis II Taf. 25, 3).

Auch auf den attapulischen Gefäßen findet er
sich; z. B.: *Mon. d. Lincei* VI 380, 24 etc.
[136]) Auch bei Dumont-Chaplain I 81 unter den *„type
des îles"* gerechnet.

rotem Thon gefertigt, die Verzierungen sind mit rotem Firnis gemalt, der auch das Innere der Schale überzieht. Hier sind zwei weiße Linien auf den Firnis gesetzt. Zu dieser Schale gehört eine gleiche, die in Kertsch gefunden ist [137]. Es wiederholen sich die ungefüllten Zacken und die Punktrosetten, letztere aber hier mit weißer Farbe auf ein Firnisrund

aufgesetzt. Der Firnis ist bei diesem Gefäße dunkel. Das Vorkommen in Südrußland, in Verbindung mit der Form und Dekoration, läßt wieder auf ostgriechischen Ursprung schließen. Vielleicht ist auch der Umstand nicht bedeutungslos, daß der theräische Napf in demselben Grabe gefunden wurde, welches die oben S. 189 als jonisch angesprochene Weinamphora enthielt.

Abb. 388 (= Abb. 222). Schale aus Grab 100.

Der helle Thon und die weite Verbreitung verbinden mit den protokorinthischen Gefäßen weiter eine Gruppe kleiner Kannen, von denen mehrere auch in Thera, namentlich in dem von Schiff geöffneten Grabe gefunden sind. Die Form ist eine unvollkommene Variante der im protokorinthischen Kreise beliebten kegelförmigen Kanne mit hohem Halse, in vielen Fällen zweifellos ohne Verwendung der Töpferscheibe hergestellt. Der Hals verengert sich nach oben zu, steht häufig etwas hintenüber geneigt und trägt dann eine einfache, stark ausladende Lippe. Der Thon ist gelblich, fein, die Oberfläche aber nicht fest und glänzend geglättet, wie bei protokorinthischer Ware. Dekoration fehlt in der Regel ganz. Gleichartige Kännchen sind am Dipylon gefunden [138], beim Kuppelgrab von Menidi [139], in Eleusis [140], ferner in Aegina, wo auch solche mit einfachen eingepreßten Ornamenten vorkommen [141], im argivischen Heraion [142], in Böotien [143], aber auch in der Necropoli del Fusco und in Megara Hyblaia [144]. Derselben Gattung gehört wohl die Miniatur-amphoriskos Abb. 245 (Einzelfund 15 S. 72), der Miniaturskyphos Abb. 244 (Einzelfund 14 S. 71) und ein kleines dreihenkeliges Näpfchen Abb. 253 (Einzelfund 23 S. 72) an, ferner die kugelförmigen undekorierten Kannen, wie sie in Menidi, Eleusis etc. gefunden sind. Nach der Qualität des Thones würden sich an diese Gattung auch am ehesten die kleinen Näpfchen mit senkrechter Wandung anschließen (z. B. Abb. 225 S. 64).

Abb. 389 (= Abb. 197). Kännchen aus Grab 82.

Aus feinem hellem Thon, der dem protokorinthischen ähnelt, waren ferner die beiden Teller gearbeitet, deren Bruchstücke S. 71 (Abb. 240 und 241) abgebildet sind. Die Dekoration weicht freilich von allem mir bekannten Protokorinthischen ab, und auch die Form ist mir für diesen Stil nicht bekannt. Die stilistische Stellung bestimmt sich durch die sehr ungelenke Verwendung orientalisierender Elemente. Die beiden Scherben gehören einem von orientalisierender Kunst ähnlich beeinflußten, ursprünglich geometrischen Stil an, wie etwa der frühattische.

Endlich erwähne ich noch die beiden fragmentierten Kännchen aus feinstem hellgelblichem Thon, welche Abb. 237 und 238 (S. 71) abgebildet sind. Derselben Fabrik dürfte nach

---

[137] C. R. 1882/83 Taf. VIII 2.
[138] Athen. Nat.-Mus. No. 681. 685. Ath. Mitth. XVIII 111. 118.
[139] Athen. Myk. Samml. 2035. Arch. Jahrb. XIV 124.
[140] Ἐφ. ἀρχ. 1898 92. 106.
[141] Ath. Mitth. XXII 296 f.
[142] Ath. Mitth. XXII 297.

[143] Ein Ring von zehn zusammenhängenden solchen Gefäßen aus Theben befindet sich in Berlin. Arch. Anz. 1895, 33.
[144] Syrakus Mus. Necr. del Fusco Grab 305. 378. 396 gefunden mit guter protokorinthischer Ware. Megara Hyblaia Grab 65, größer als gewöhnlich, gefunden mit schlechter protokorinthischer Ware und einem jonischen Salbgefäß in Vogelform.

der Beschreibung ein Kännchen aus Pitigliano in Berlin angehören, welches Böhlau der Fabrik der schwarzbunten Ware zuschreibt[145].

Schließlich bleiben, wie wohl bei jeder derartigen Uebersicht, eine Anzahl vereinzelter Vereinzeltes Gefäße und Scherben geometrischen Stiles übrig, die ich bisher keiner der mir bekannten Gattungen mit irgendwelcher Sicherheit anzugliedern vermag. Dahin gehört, um einige geringfügige Scherben und kleine Gefäße zu übergehen, der halslose Amphoriskos aus Grab 43 (Abb. 390), der aus auffallend rotem Thon gefertigt ist und auf einer helleren Oberfläche einige einfache geometrische Ornamente mit rotem Firnis trägt. Ferner die Amphora aus Grab 51 (Abb. 391), die sich ebenfalls in erster Linie durch ihren Thon auszeichnet, der sehr fein, steinhart gebrannt, im Kern grünlich, an der Oberfläche rot ist. Die obere Hälfte des Gefäßes ist mit dünner weißlicher Farbe angestrichen, welche hier und dort den Thongrund durchscheinen läßt, und trägt einfache Ornamente mit braunem Firnis.

Abb. 390 (= Abb. 140). Amphoriskos aus Grab 43.

Abb. 391 (= Abb. 147). Amphora aus Grab 51.

Aus feinem rotem Thon, der sehr hart gebrannt ist, besteht auch die halslose Amphora aus Grab 66, und die Schale, welche ihr als Deckel diente (Abb. 175 und 176 S. 53). Auf die Schulter, welche unten durch eine in den weichen Thon gerissene Linie begrenzt wird, sind mit braunem Firnis flüchtig Haken, vielleicht rudimentäre Hakenspiralen gemalt. — Die beiden als Abb. 392 und 393 abgebildeten Gefäße der Sammlung de Cigalla in Phira haben beide schmutzigbraunen Firnis. Ersteres ist aus orangerotem, letzteres aus lehmfarbigem Thon geformt. Eine halslose Amphora mit breiten bandförmigen Henkeln, ganz ähnlich der theräischen auf S. 147 Abb. 356, aber aus untheräischem lederbraunem Thon besitzt Frau Delenda in Phira. Auf der Schulter zwei wagerechte Firnisstreifen, zwischen die dreimal drei senkrechte Striche gesetzt sind. Auf den Henkeln gekreuzte Linien. Höhe 0.14 m.

Nicht theräisch sind auch zwei Näpfe aus Grab 64, die sich schon durch ihre Form mit den senkrecht angesetzten bandförmigen Henkeln von den theräischen unterscheiden. Historisch genommen, ist es eine Art Kantharos, eine der ältesten Formen des griechischen

Abb. 392. Höhe 0.135 m.

Abb. 393. Höhe 0.08 m.

Gefäße der Sammlung de Cigalla.

Trinkgeschirres, dessen allmähliche Entwickelung sich vom troischen δέπας ἀμφικύπελλον an durch die mykenische und geometrische Keramik hindurch in die altattische und weiter bis in die späteste unteritalische Keramik verfolgen läßt[146]. Unsere beiden Gefäße sind aus einem

---

[145] Arch. Jahrb. XV 187 Fig. 29, 4.

[146] In der geometrisch dekorierenden Keramik tritt

die Form gegenüber dem Skyphos zurück. Beispiele bieten Athen, Nat.-Mus. No. 851 und 859.

grünlich-grauen Thon gefertigt, ohne Ueberzug. Das eine ist unverziert, auf dem anderen ist mit mattem schlechtem Firnis jederseits ein Mäander zwischen zwei Wasservögeln gemalt.

Vereinzelt steht auch die Amphora, deren Hals nebenstehend Abb. 394 wiederholt ist. Die Beschreibung ist schon S. 70, No. 6 gegeben.

Mehrere interessante geometrische Gefäße aus Thera befinden sich noch im Museum in Sèvres. No. 3085a und c sind von Baron Roux, der 1837 – 1839 Gesandter in Griechenland war, mitgebracht worden.

1) No. 3322. Abgebildet bei Brogniart, *Traité des arts cér.* I 577 Fig. 55. Erwähnt auch von Conze Anfänge S. 514. Große Amphora *a colonnette* altertümlicher Form. Der Hals niedrig. Rand und Fuß sind gefirnißt. An der Schulter schraffiertes Mäanderband, darunter Zickzacklinie.

2) No. 3085a. Großer Napf mit tief angesetzten wagerechten bandförmigen Henkeln. Abgebildet Brogniart und Riocreux *Description* Taf. XIII 16. Danach Conze Anfänge Taf. X 4. *„Pâte rougeâtre pâle“*. Höhe 0.21 m. Im oberen Streifen eine Reihe von Wasservögeln, vor jedem eine Punktrosette. Zwischen den Henkeln tangierte konzentrische Kreise. Der untere Teil des Gefäßes fast ganz mit Firnis überzogen. Farbe stark verblaßt.

Abb. 394 (= Abb. 235).

Abb. 395. Napf im Museum von Sèvres. Höhe 0.20 m.

3) No. 3085c. Abb. 395. Abgebildet bei Brogniart et Riocreux *Description* XIII 13a. Danach Conze Anfänge Taf. X 3. Da das Gefäß interessant ist, habe ich es hier nach einer Photographie, welche ich Ed. Garnier verdanke, noch einmal abgebildet. Tiefer Napf. Höhe 0.20 m. Die wagerechten Henkel sind durch einen Bügel mit dem Rande verbunden. An dem wenig ausladenden Rand zwei Punktreihen. Nach je 4 oder 5 Punkten hängt abwechselnd von unten und von oben ein solcher Punkt an einem Strich in den Streifen hinein. Hauptstreifen jederseits vierteilig. Die Felder durch Gitterstreifen, Flechtbänder und ein eigentümliches federartiges Ornament geschieden. In den beiden Mittelfeldern ein Vogel und Punktstern, seitwärts durch ein senkrechtes Flechtband abgeschlossen. In den Seitenfeldern ein Rechteck mit eingeschriebenen konzentrischen Kreisen, über und unter demselben eine Zickzacklinie, rechts und links senkrechte Punktreihe. Den unteren Abschluß bildet eine Punktreihe. Es folgen einige umlaufende Linien und dann im untersten Teil zwei breite Firnisstreifen. Genau Entsprechendes kenne ich nicht. Einzelheiten, z. B. die in voller Silhouette gezeichneten Vögel, das federartige Ornament, die Punktrosetten, dann auch die ganze reiche, aber etwas willkürlich zusammengestoppelte Dekoration erinnern an Rhodisch-geometrisches.

Endlich gehört hierher, falls sie aus Thera stammt, die schlanke hohe Amphora des Museums in Leiden (II 1551, aus der Sammlung van Lennep-Smyrna)[141].

An der Lippe Tangentenkreise, am Halse umlaufende Linien, eine Punktreihe und ein schraffiertes Mäanderband. Unterhalb der Schulter ein Streifen, der abwechselnd Gruppen senkrechter Striche und Zickzacklinien enthält, darunter Tangentenkreise. Die senkrecht vom Halse zur Schulter geführten Henkel sind wagerecht gestreift.

4. „Böotische" Amphoren.

Neben dem theräischen Lokalfabrikat ist in Thera durch besonders stattliche Zahl und ansehnliche Stücke die Gruppe von Amphoren vertreten, welche in diesem Abschnitt eingehender

---

beide leider unbekannter Herkunft. Ein böotisches Stück in Bonn hat jetzt Poulsen Ath. Mitth. XXVI 33 publiziert und dabei die Entwickelung der

Form in dem oben angedeuteten Sinne noch etwas eingehender besprochen.

[141]) Conze Anfänge Taf. III 4.

behandelt werden soll. Wegen ihrer unverkennbaren Verwandtschaft mit einer Gruppe böotischer Vasen ist sie im Vorhergehenden schlechtweg als „böotisch" bezeichnet.

Die Gefäße sind aus feinem hartem rotem Thon sorgfältig geformt und an der Ober- Technik fläche schön geglättet. Diese ist bei den meisten Exemplaren mit einem ganz dünnen Anstrich, vielleicht nur mit Wasser überstrichen, sodaß sie etwas heller und gelblicher aussieht als der Kern der Wandungen. Nur bei der Amphora 6 ist ein stärkerer heller Ueberzug vorhanden. Der Firnis ist schwarzbraun, bisweilen etwas ins Violette spielend, glänzend. Bei der Amphora 10 ist er ganz rot geworden. Bei ein paar Gefäßen wird auch schon neben dem Firnis Deckfarbe verwandt, und zwar bei 13. 15. 18 ein Rötlichgraubraun, bei 14 Weiß.

Die Form der Amphoren ist der theräischen nächst verwandt, nur etwas schwer- Form fälliger. An Stelle des niedrigen Fußes tritt bei vielen Exemplaren ein hoher cylindrischer, welcher unten mit einem Profil abschließt. Bisweilen ist er von rechteckigen Löchern durchbrochen. Diese Form des Fußes tritt bei zahlreichen archaischen Vasen neben dem niedrigen Ringfuß auf. Es ist ein ursprünglich selbständiger Untersatz, ein ὑποκρατήριον, auf das man fußlose Gefäße stellte und das dann oft mit dem Gefäße verwachsen ist [149]).

Lippe und Henkel sind stets, der Fuß häufig mit Firnis überzogen. Ebenso ist der Verteilung der Dekoration ganze sich verjüngende Teil des Körpers gefirnißt, und es sind nur einige breitere oder schmälere helle Streifen ausgespart. Ueber diesem gefirnißten Teil folgt stets eine größere Anzahl umlaufender Firnislinien. Die eigentliche Dekoration trägt die Schulter, während am Halse fast ausnahmslos senkrechte Wellenlinien gemalt sind. Rückseite und Vorderseite werden unterschieden, erstere ist einfacher behandelt. Die senkrechte wie die wagerechte Teilung der Flächen erfolgt stets durch Komplexe von Parallellinien. Diese regelmäßig wiederkehrenden Dekorationselemente erwähne ich in dem folgenden Verzeichnis, in welchem ich die mir bekannt gewordenen Vasen dieser Gattung zusammengestellt habe, nicht mehr.

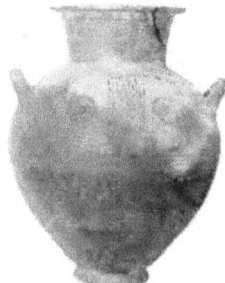

Abb. 396 (= Abb. 12). Böotische Amphora 1.

1) Abb. 396. Thera, Grab 11. Kleines schlechtes Exemplar. Höhe 0.41 m. Die Schulter ist jederseits durch senkrechte Linien in zwei Felder geteilt, deren jedes drei konzentrische Kreise enthält.

2) Abb. 397a, b. Thera, Grab 32. Höhe 0.47 m. Amphora schlechter Technik, der Firnis ist rot geworden. Oberer Abschluß der Schulterdekoration Wellenlinie. Schulterbild: Auf der Vorderseite dreiteilig. Das Mittelfeld auffallend breit. Die einzelnen Ornamente sind besser aus der Abbildung zu erkennen als zu beschreiben. — Rückseite zweiteilig. In der Mitte jedes Feldes vier konzentrische Kreise, in jeder Ecke drei Punkte.

3) Thera, Sammlung Nomikos. Höhe 0.44 m. Der Fuß fehlt, war aber nach seinem Durchmesser gewiß ein hoher. Thon rotbraun. Einsprengungen im Thon besonders an der Oberfläche, so daß der Thon vielfach ausgesprungen ist. Der Firnis ist olivbraun, hebt sich jetzt gar nicht mehr von dem Thon ab. Dekoration auf beiden Seiten gleich. Hals: Reihe von Stelzvögeln. Auf der Schulter zunächst eine Reihe von S. Dann drei Felder. In den Seitenfeldern je drei konzentrische Kreise; das Mittelfeld durch Diagonalen geteilt; die Dreiecke sind durch ineinander gesetzte ∧-förmige Linien gefüllt.

4) Abb. 398a, b. Athen, Nat.-Mus. No. 895. Wide Arch. Jahrb. XII 196; XIV 79. Höhe 0.635 m. Fundort unbekannt. Ziemlich schlechtes Exemplar. Die Dekoration sehr einfach und aus der Abbildung genügend deutlich.

---

[149]) Für das Nähere kann ich auf Wolters Arch. Jahrb. XIV 131 f. verweisen.

a
b

Abb. 397a, b (= Abb. 122a, b). Böotische Amphora 2. Höhe 0.47 ᵐ.

a
b

Abb. 398a, b. Böotische Amphora 4. Höhe 0.645 ᵐ.

Abb. 400. Detail der Amphora 5.

Abb. 399. Böotische Amphora 5. Höhe 0.44 ᵐ.

5) Athen, Nat.-Museum 896. Wide Arch. Jahrb. XII 197; XIV 80 Fig. 33. Danach unsere Abb. 399. Hals fehlt. Höhe 0,44 m. Fundort unbekannt. Obere Begrenzung der Schulter Zickzacklinien. Schulter hier nach meiner Skizze Abb. 400 abgebildet. Eigentümlich das Ornament des Mittelfeldes, gleichsam aus den

Abb. 401 a, b (= Abb. 134 a, b). Böotische Amphora 6. Höhe 0,50 m.

gegeneinander gekehrten Voluten zweier jonischer Kapitelle gebildet. — Rückseite Abb. 399. In den Seiten-feldern je vier konzentrische Kreise, in jeder Ecke des Feldes ein Punkt. Mittelfeld ähnlich dem der Vorder-seite, nur einfacher.

6) Abb. 401, b. Thera, Grab 40. Höhe 0,50 m. Der Thon hat hier hellen Ueberzug. Schulter: Band mit $\}$ - förmigen Linien. Dann jederseits drei Felder. Die vier Seitenfelder sind durch übereinander gelegte Zickzacklinien gefüllt. Im Mittelfeld der Vorderseite ein Wasservogel, der den langen Hals weit zurückbiegt, so daß er fast auf dem Rücken aufliegt. Als Füllornament eine Zickzacklinie. — Mittelfeld der Rückseite: schraffiertes Vierblatt; in die vier entstehenden Zwickel ist je ein schraffiertes Dreieck eingesetzt.

7) Thera, Sammlung Nomikos. Gut erhalten bis auf einen Henkel und den hellen Ueberzug, der vielfach ab-gesprungen ist. Höhe 0,52 m. Auf der Schulter im Mittelfeld

Abb. 402. Detail der böotischen Amphora 7. Thera II.

Abb. 403. Böotische Amphora 7. Höhe 0,52 m.

26

ein Vogel (Abb. 402). In den Seitenfeldern ein Ornament, das fast genau dem an gleicher Stelle angebrachten der Amphora 8 entspricht. — Die Rückseite (Abb. 403) hat im Schulterstreifen ein sehr großes Flechtband. Genauere Angaben, Photographie und Zeichnung verdanke ich Zahn.

a   b

Abb. 404a, b (= Abb. 75a, b). Böotische Amphora 8. Höhe 0.59 m.

8) Abb. 404a, b. Thera, Grab 17. Besonders gutes Stück. Obere Begrenzung der Schulter Band von ξ-förmigen Strichen. Schulter: jederseits drei Felder. Vorderseite (Abb. 405): die beiden äußeren Felder tragen ein eigentümliches Blütenornament. Mittelbild: Vogel in Konturzeichnung ausgeführt. Der Flügel ist gehoben, der Schwanz gleichsam von oben gesehen gezeichnet, der Körper getüpfelt. Die langen Beine endigen in unförmig große Füße, die lange Krallen tragen. Der Vogel hat einen Menschenkopf; Nase und Lippe sind deutlich erkennbar; das Auge ist oval gezeichnet mit Angabe der Pupille. Hinten hängt ein Schopf herab, dessen Ende spiralförmig aufgerollt ist. Es ist also offenbar eine Sirene gemalt und wohl die älteste bekannte Darstellung einer solchen. Vor und hinter diesem Fabelwesen steht je ein Wasservogel der in den geometrischen Stilen üblichen Art. Füllornament: Rhombus, von zwei sich kreuzenden geraden Linien durchschnitten. In jedem der entstehenden vier Felder ein Punkt. — Rückseite: die äußeren Felder sind mit je zwei sich kreuzenden Linsen gefüllt. Im Mittelfeld ein Ornament, das wohl eine mißverstandene Knospe ist.

9) Abb. 406. Paris, Cab. des Médailles Inv.-No. 749. de Ridder Cat. des vases peints No. 25. Taf. I. Erwähnt von

Abb. 405. Detail der böotischen Amphora 8.

Conze Anfänge S. 514. Fundort wahrscheinlich Thera. Vergl. de Ridder a. a. O. p. 11 f. Genauere Angaben und die Möglichkeit, die Vase hier in Abbildung zu veröffentlichen, verdanke ich de Ridders Entgegenkommen. Dieser bestätigt mir auch die Zugehörigkeit zu der hier behandelten Vasenklasse. Höhe 0.50 m. Am Halse unter den Schlangenlinien noch ein Schachbrettstreifen. Die Schulter oben durch ξ-Linien, unten durch senkrechte Striche begrenzt. Seitenfelder: je vier konzentrische Kreise, an die vier nach den Ecken der Felder weisende Dreiecke ansetzen. Mittelfeld: Pferd nach rechts. Der Kopf ist in Kontur gezeichnet. Ueber seinem Rücken ein Vogel. Den Gegenstand vor dem Pferd erklärt de Ridder fragweise für eine Krippe.

10) Abb. 407. Thera, Grab 6. Höhe 0.35 m. Der Firnis ist vollkommen rot geworden. Auf der Schulter eine Wellenlinie, dann drei Felder, durch senkrechte Linien geschieden (vergl. Abb. 408). Im Mittelfeld Kopf und Hals eines Raubtieres. Der Kopf in Kontur gezeichnet, der Hals durch parallele Linien

Abb. 406. Böotische Amphora 9.
Höhe 0.50 m.

Abb. 407 (= Abb. 5). Böotische Amphora 10.
Höhe 0.35 m.

gefüllt, die vielleicht die Mähne des Löwen andeuten sollen. Was vor dem Halse zum Vorschein kommt, ist mir nicht verständlich, vielleicht ein Bein mit Kralle? Füllornamente: Zickzacklinien, Rauten, Kreuz. In den Seitenfeldern eine Art Vierblatt. — Auf der Rückseite ist nur noch zu erkennen, daß ein Feld mit konzentrischen Kreisen gefüllt war.

11) Abb. 409. Thera, Grab 90. Jetzt in Athen im Nat.-Museum. Der Hals fehlt. Jetzige Höhe 0.44 m. Die Technik dieses Stückes ist besonders gut. Das Schulterbild wird oben durch ein Zickzackband, unten durch ein senkrecht gestreiftes Band begrenzt. Schulterbild dreiteilig. In den beiden Seitenfeldern ein Ornament, ähnlich wie auf Abb. 405. Im Mittelfeld ein Löwe. Er steht nach rechts gewandt und legt die rechte Vordertatze auf einen kastenartigen Gegenstand. Der Leib ist getüpfelt, um

Abb. 408. Detail der Amphora 10.

Abb. 409. Böotische Amphora 11.
Höhe 0.44 m.

das Fell anzudeuten. Zwischen den Beinen Füllornament. — Rückseite: die Seitenfelder haben konzentrische Kreise, das Mittelfeld das Ornament Abb. 410.

12) Leiden, Mus. No. 1547. Aus der Sammlung van Lennep. In Smyrna erworben, Fundort wahrscheinlich Thera. Conze Anfänge 523 Taf. XI 2. Die Schulterdekoration oben durch ein Stabornament abgeschlossen. Darunter drei Felder: im Mittelfeld ein liegender Löwe, der Kopf in Kontur gezeichnet, der
Schenkelkontur ausgespart. In den Seitenfeldern zwei Bogenlinien, die einander
berühren und einen Rhombus durchschneiden.

13) Paris, Cab. des Médailles. de Ridder *Cat. des vases peints* No. 26. Conze
Anfänge 523 Taf. XI 1. 1a. Milliet-Giraudon 1 Taf. 4. Fundort wahrscheinlich Thera.
Höhe 0.58 ᵐ. Im Hauptfelde ein liegender Löwe, über dessen Ausführung ich de Ridder
folgende genauere Auskunft verdanke: Kopf in Kontur gezeichnet, ebenso wie das
rechte Vorderbein, dann mit rötlicher Deckfarbe gefüllt; nur das Auge thongrundig
ausgespart. Die Schnurrhaare durch zwei Reihen brauner Punkte, welche auf die
Deckfarbe gesetzt sind, angegeben. Zähne und Krallen in Konturzeichnung. Der
übrige Körper flüchtig und ungleichmäßig mit Firnis gefüllt. — Rückseite: zwei
Metopen, in jeder ein dreifacher Kreis.

Abb. 410.
Amphora 11. Detail
der Rückseite.

14) Stockholm, Nat.-Museum. 1847 in Athen erworben. Wide Arch. Jahrb. XII 195 ff. Taf. VII.
Höhe 0.59 ᵐ. Am Halse über den senkrechten Wellenlinien noch ein Zickzackband. Am Fuße in einem
breiteren ausgesparten Streifen eine Wellenlinie. Schulter: Vorderseite ein Feld mit weidendem Hirsch; die
Tupfen sind mit weißer Farbe auf den Firnis gesetzt; Kopf, Schwanz, ein Teil der Hinterschenkel und der
rechte Vorderschenkel sind nur in Kontur gemalt und mit schwarzen Tüpfeln gefüllt. — Rückseite: zwei
Felder. In jedem drei konzentrische Kreise.

a   b

Abb. 411a, b (= Abb. 8a, b). Böotische Amphora 15. Höhe 0.63 ᵐ.

15) Abb. 411a, b. Thera, Grab 8. Fragmentiert. Höhe 0.63 ᵐ. Die obere Begrenzung des Schulterbildes wird durch ein Band mit kurzen senkrechten Zickzacklinien gegeben, die untere durch ein ähnliches,
in welchem immer je fünf Striche zu einer Gruppe zusammengefaßt sind. Schulterbild dreiteilig. In den
Seitenfeldern je viermal drei konzentrische Kreise. Mittelfeld sitzender Vogel in sehr ungeschickter Zeichnung;
namentlich ist der Maler mit der Wiedergabe des geschlossenen Flügels, der am Körper anliegt, gar nicht
zurecht gekommen. Der Kragen des Vogels ist mit brauner Deckfarbe gefüllt. — Die Rückseite ist sehr
flüchtig behandelt. An Stelle der Zickzacklinien des Halses und der Schulter treten nur ein paar Komplexe
von je fünf Strichen auf. Das untere die Schulter begrenzende Band fehlt ganz. Die Schulterfläche füllen
zwei fliegende Vögel, die unglaublich flüchtig und roh gemalt sind. Sie haben gebogene Schnäbel, wie der
auf der Vorderseite.

Unter den ziemlich zahlreichen Fragmenten von Gefäßen dieser Gattung, die an der Beschaffenheit des Firnisses und Thones leicht kenntlich sind, hebe ich die folgenden hervor:

16) Thera. Drei Fragmente einer Amphora, gefunden im Grab 59. Der Firnis stark ins Violette spielend. Der Hals war mit auffallend breiten senkrechten Schlangenlinien bemalt, darunter ein flüchtiges Flechtband, dann eine Punktreihe. Der Rest des Schulterbildes ist Abb. 159 S. 49 gegeben. Erhalten ist der gesenkte Kopf und die Vordertatze eines Raubtieres. Darunter Flechtband.

17) Vergl. Abb. 232 S. 70. Bruchstück eines Schulterbildes. Bauch und Hinterteil eines getüpfelten Raubtieres. Den Abschluß bildet ein Gitterstreifen.

18) Bruchstück von Hals und Schulter. Der senkrechte Hals war ganz niedrig und ohne Lippe, mit einem Flechtband geschmückt. Ein ganz geringer Rest des Schulterbildes zeigt das Ohr und den oberen Halskontur eines Raubtieres, der mit hellbrauner Deckfarbe gefüllt war.

19) Bruchstück mit dem Rest eines Wasservogels mit gekrümmten Zehen.

20) Endlich noch eine Anzahl Bruchstücke von Hälsen und zwei Bruchstücke von den hohen Füßen solcher Gefäße.

Zu diesen Amphoren kommen noch ein paar Gefäße anderer Form, welche ich nach Qualität von Thon und Firnis derselben Fabrik zuzuschreiben geneigt bin.

21) Thera. Mehrere Fragmente einer bauchigen halslosen Urne, die etwa den theräischen Amphoren der Gruppe e entsprochen haben muß. Zwei Bruchstücke sind S. 70 Abb. 231 abgebildet. Der Henkel war breit, bandartig. Der Rand war ganz gefirnißt; dann folgte ein Band, das Gruppen von je fünf senkrechten Schlangenlinien mit einem dazwischen gesetzten breiten Strich zeigt. Die Schulter war in Felder geteilt; in diesen konzentrische Kreise und ein einfaches Bandornament.

Abb. 412 (= Abb. 233).   Abb. 413 (= Abb. 234).   Abb. 414 (= Abb. 83).

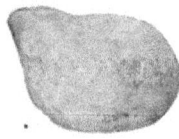

Abb. 415 (= Abb. 95).   Abb. 416. Sammlung de Cigalla.   Abb. 417. Sammlung de Cigalla.
Höhe 0.105 m, Durchm. 0.075 m.   Höhe 0.05 m.

Abb. 412—417. Kleine Gefäße der böotischen Gattung.

22) Abb. 412. Thera. Einzelfund 8. Skyphos mit senkrechtem Rande. Zwischen den Henkeln jederseits ein Streifen, in zwei Felder geteilt; in jedem Felde drei konzentrische Kreise.

23) Abb. 413. Thera. Kanne. Einzelfund 9. Mündung fragmentiert. Verziert mit umlaufenden Linien und Punktreihen.

24) Abb. 414. Thera. Grab 17. Kännchen. Am Halse senkrechte Schlangenlinien. Auf der Schulter Gitterdreiecke, Rautenband.

25) Abb. 415. Thera. Grab 17. Deckel mit Knopf. Ausgesparte helle Linien. Auf der Platte des Knopfes vier sich kreuzende Striche.

26) Abb. 416. Sammlung de Cigalla in Thera. Rundliches Gefäß mit einem Loch und einer Durchbohrung zum Aufhängen. Thon hellbraun mit weißlichen Einsprengungen, Oberfläche hell. Firnis dunkelbraun, meist geschwunden. Nach Zahn, dem ich Notiz und Abbildung verdanke, der böotischen Gattung ähnlich.

27) Abb. 417. Sammlung de Cigalla in Thera. Primitives Gefäß mit Ausguß. Nach Zahns Angabe technisch gleich No. 26.

Allgemeiner Charakter

Wie diese Vasengattung kunstgeschichtlich zu beurteilen sei, kann einem Zweifel nicht unterliegen. Es ist eine jener Gattungen, an der die aus dem Osten eindringende Kunstweise schon ihre Wirkung gethan hat. Der geometrische Charakter des Stiles ist bereits vollkommen zersetzt und nur noch in geringen Resten erhalten. Aber in der Zeichenweise fühlt man ihn noch heraus. Ein wirklicher rein orientalisierender Stil ist es noch nicht geworden. Man hat den Eindruck, daß die Töpfer die neuen Anregungen begierig aufgegriffen haben, ohne schon recht im stande zu sein, sie sich voll zu eigen zu machen.

Geometrisches

Daß die Gefäßformen aus der geometrischen Periode übernommen sind, wurde schon gesagt. Auch die Verteilung der Dekoration auf Hals und Schulter ist von dorther genügend bekannt. Aus dem geometrischen Stil stammen die beliebten, für die Gattung geradezu charakteristischen senkrechten Wellenlinien, die in verschiedenster Verwendung vorkommen, ferner die Gitterstreifen, die konzentrischen Kreise, Dreiecke, Rauten, Zickzacklinien, wie die sämtlichen Füllornamente. Der Mäander scheint dem zu Grunde liegenden geometrischen Stil gefehlt zu haben.

Orientalisierendes

Neben diese geometrischen Ornamente, auf welche sich die Dekoration nur noch bei den kleinen Gefäßen und ein paar Amphoren beschränkt (No. 1. 3. 4), treten solche, die den geometrischen Stilen fremd sind. Mehrfach begegnet das Flechtband. Dann gehört hierher eine Anzahl von Ornamenten, für welche es schwer fällt, einen Namen zu finden, die mir aber im letzten Grunde nichts anderes als vollkommen unverstandene und ungeschickt gezeichnete orientalisierende Ornamente zu sein scheinen. Bei einigen wenigstens können wir den Ursprung noch ahnen. So ist das Ornament im Mittelfeld der Rückseite von 8 doch wohl im letzten Grunde als Lotosblüte zu verstehen; die Kelchblätter sind zu einfachen Linien verkümmert; ähnlich, nur flüchtiger, auf 12. In dem Ornament der Seitenfelder der Vorderseite dieser Vase scheint ebenfalls ein Blütenmotiv (zwei gegenständige Blüten, deren äußere Blätter in Parallellinien aufgelöst sind; an den Seiten Rest eines Rankengeschlinges?) zu stecken. Ebenso in dem Ornament der Amphora 5, wo man an die umschriebenen Palmetten ostgriechischer Kunst denken kann[149]. Auch in dem Ornament Abb. 410 steckt ein Motiv, das im letzten Grunde sich vielleicht bis in die mykenische Ornamentik zurückverfolgen läßt (siehe oben S. 163)[150]. Ich glaube, daß die Vorliebe dieser Maler für Zwickelfüllung durch Dreiecke auf die Benutzung orientalisierender Ranken-, Blüten- und Spiralmotive zurückgeht. Auch die Ornamentik der melischen Vasen kombiniert ihre Ranken und Spiralen oft mit Dreiecken oder ersetzt Blumenblätter u. s. w. durch solche.

Tiere

Noch deutlicher zeigen die Tierbilder fremde Einflüsse. Ganz im Stile geometrischer Figuren sind noch die Wasservögel auf 6 und 8 gezeichnet. Aber schon die Zeichnung der Raubvögel auf 7 und 15 weicht beträchtlich ab. Wie wir uns die Vorbilder etwa zu denken haben, mögen die Vögel auf milesischen Vasen zeigen. Da wird der Flügel namentlich ganz ähnlich durch Parallellinien und ein Querband gegliedert. Auch die Perspektive ist eine etwas andere als bei den in rein geometrischem Stil gezeichneten. Der Schwanz des Vogels wird wie von oben gesehen gezeichnet. Die fliegenden Vögel auf 15 gleichen in der perspektivischen Zeichnung vollständig den Vögeln auf den böotischen orientalisierenden Vasen: Körper und Schwanz von oben gesehen, ein Flügel über, der andere unter dem Körper, der Kopf im Profil. Neben dem gewöhnlichen Vogel erscheint der menschenköpfige auf 8. Es ist wohl die altertümlichste bildliche Darstellung der Sirene in griechischer Kunst. Der Typus ist noch recht ungeschickt, aber doch vollkommen deutlich. Der Schopf oder die Ranke an dem Kopf

---

[149] Sie werden auch, wenngleich geschickter nachgebildet, von den frühattischen Gefäßen verwendet. Arch. Jahrb. II Taf. 5. Man könnte auch an Motive,

wie sie von cyprischen Vasen bekannt sind, denken: vergl. z. B. Cesnola-Stern Cypem Taf. IV.
[150] Aehnliches auf melischen Vasen.

kommt ebenso auch bei der Sphinx vor. Bekanntlich bezeichnet das Auftreten solcher Fabelwesen in den Stilen des Mutterlandes den beginnenden Einfluß ostgriechischer Kunst. Auf
den gleichen Einfluß ist das Auftreten des Löwen zu schieben. Er ist recht eigentlich das
Lieblingstier unserer Maler. Nicht weniger als siebenmal kehrt er wieder. Seine Wiedergabe
ist eine ziemlich unbeholfene, namentlich machen die Tatzen mit den Krallen den Malern
Schwierigkeiten. Immerhin ist aber die Charakterisierung des Tieres besser als auf den
frühattischen Vasen, wo es auch gern verwandt wird. Während dort durch rein äußerliches
Hinzufügen der Krallen und Zähne der Raubtiercharakter hervorgehoben wird, zeigt auf
unseren Vasen der Körper und die Stellung mehrfach schon recht charakteristische Züge, und
namentlich der Kopf mit den kleinen zurückgelegten Ohren gelingt dem Maler mitunter schon
ganz gut.

Lehrreich ist auch der Vergleich des Hirsches auf 14 und des Pferdes auf 9 mit den
gleichartigen Tierbildern auf geometrischen Vasen. Gegenüber den primitiven eckigen
Silhouetten haben wir hier ein sorgfältig und wenn auch noch nicht richtig, so doch mit
einem gewissen Verständnis gezeichnetes Tier. Die saubere Konturzeichnung des Kopfes
und des Bauches, die feinen Beine erinnern an die Tiere milesischer Vasen. Aehnlich wie
diese werden auch die Vorbilder unserer Töpfer ausgesehen haben. Die Art, wie bei
Hirsch und Pferd Silhouette und Umrißzeichnung kombiniert sind, entspricht vollständig
der Malweise der orientalisierenden Stile. Eigenartig ist die Zeichnung der Schulter bei
den Vierfüßlern: das dem Beschauer zugekehrte Bein ist wie äußerlich angesetzt, die Schulter
scharf umgrenzt gezeichnet und bisweilen mit anderer Füllung versehen als der übrige
Körper (vergl. No. 11. 12. 13. 14). Ganz gleiche Zeichnung haben wir beispielsweise auf der
prachtvollen Greifenkanne aus Aegina[151]), deren Tierbilder denen unserer Gruppe überhaupt
nahe verwandt sind. Der auffallend spitze Pferdekopf, die Wellenlinien zur Andeutung der
Mähne, die Tüpfelung des Felles — alles kehrt auf unserer Gattung wieder. Aehnliches
begegnet aber auch bei Gravierungen auf archaischen Metallarbeiten[152]), und solche nicht-
keramische Arbeiten werden wohl auch hier wieder in erster Linie als die Vermittler des
orientalisierenden Gutes anzusehen sein. Die Greifenkanne hat den Charakter der Metall-
vorbilder auch im Ornament weit besser gewahrt als unsere Vasen. Genauer die Herkunft
der benutzten Vorbilder zu bestimmen, sind wir natürlich noch nicht imstande. Dazu bieten
unsere Vasen eine zu geringe Auswahl aus dem Formenschatz ihrer Vorbilder und diese in
zu starker Umbildung. Es muß einstweilen genügen, den ostgriechischen Charakter im
allgemeinen festzustellen.

Die kunstgeschichtliche Stellung unserer Vasenklasse ist damit hinlänglich bestimmt. *Heimat*
Es bleibt noch die Frage nach ihrem Fabrikationsort. Denn daß sie theräisches Fabrikat
seien, worauf man durch das zahlreiche Vorkommen auf der Sellada geführt werden könnte,
ist von vornherein ausgeschlossen durch die Technik, den Thon und das Fehlen jeglichen
Zusammenhanges mit den sicher theräischen Vasen. Zwei so absolut verschiedene Vasengattungen können nicht an dem gleichen Ort gemacht sein, selbst wenn man einen gewissen
zeitlichen Abstand annähme. Wir haben überdies gesehen, in welcher Weise der orientalisierende
Stil auf den theräischen Vasen sich kenntlich macht. Hier haben wir es mit importierter
Ware zu thun, und um ihren Ursprung zu ergründen, müssen wir uns nach verwandtem
umsehen. Nächstverwandtes können wir in der That außerhalb Theras nachweisen.

---

[151]) *Mon. d. Inst.* IX Taf. 5. Loeschcke *Ath. Mitth.*
XXII 259 ff.
[152]) z. B. Olympia IV Taf. 37 No. 688 S. 98; Taf 58.
Die Tüpfelung als Andeutung des Felles ergiebt

sich leicht aus der Technik dieser Bronzearbeiten.
Sie findet sich auch auf den von Metallarbeiten
abhängigen Reliefpithoi aus Böotien z. B. *Bull.
de corr. hell.* 1898 Taf. IV.

Jeder wird sich sofort an eine Gruppe von böotischen Amphoren erinnert fühlen, deren bestes Beispiel Wolters publiziert hat [152]. Da haben wir die gleiche Form und Verteilung der Dekoration: die vertikalen Schlangenlinien am Halse, die umlaufenden Linien und den unteren gefirnißten Teil der Vase. Und auch hier haben wir bei einer Zeichenweise, welche noch stark an die geometrische erinnert, und bei zahlreichen geometrischen Motiven das Eindringen fremder neuer Dekorationselemente. Die Spiralen, die Löwen sind dahin zu rechnen. Wide hat daher die Stockholmer Vase 14 und die beiden athenischen Stücke 4 und 5 unbedenklich für böotisches Fabrikat erklärt, und Couve ist ihm darin gefolgt [154]. Damit würden auch alle in Thera gefundenen Stücke für böotischen Import erklärt werden müssen.

Näheres Zusehen zeigt aber, daß bei aller Verwandtschaft doch auch erhebliche Unterschiede vorhanden sind. In Athen, wo ich Vasen unserer Gattung neben solchen böotischen Fundortes sehen konnte, waren mir diese gleich klar. Aber auch durch die Publikationen lassen sie noch genügend hervortreten. Die echt böotischen Stücke machen einen roheren, in manchem primitiveren Eindruck. Schon die Form ist weniger geschickt proportioniert. Vor allem ist die Zeichnung der einzelnen Figuren eine entschieden altertümlichere, rein geometrischer Stilisierung näher stehende. Man braucht nur die Artemis und die mageren Löwen neben ihr mit den Löwen der in Thera gefundenen Exemplare zu vergleichen, um des Unterschiedes inne zu werden. Die Köpfe der Tiere sind auf der Artemisvase noch in Silhouette gezeichnet. Die theräischen Tiere zeigen schon durchweg Konturzeichnung des Kopfes. Etwas so Unbeholfenes, wie die Zeichnung der Arme der Artemis oder des Raubtieres auf der von Pottier veröffentlichten Vase [155], kommt auf den theräischen überhaupt nicht vor. Lehrreich ist auch der Vergleich der von Couve publizierten böotischen Amphora in Athen [156], mit der Amphora des Cab. des Médailles (9 unserer Liste). Das nach rechts gewandte angebundene Pferd könnte bei beiden fast nach der gleichen Vorlage kopiert sein, und doch, wie verschieden wirken die Bilder, und wie viel eckiger, unbeholfener ist das böotische gezeichnet! Der Löwe auf der anderen Seite dieser Vase [157] zeigt ebenfalls deutliche Verwandtschaft mit denen der Vasen von Thera, und doch wirkt das Bild ganz anders. Das führt zu einem weiteren Unterschiede, zu der viel stärkeren Verwendung der Füllornamente auf den böotischen Vasen. Leerer Raum ist da eigentlich nirgends gelassen. Sie folgen darin noch ganz den Gewohnheiten des Dipylonstiles. Eine bunte Fülle von Hakenkreuzen verschiedener Form, Mäanderrudimenten, Dreiecken, Sternen drängen sich um die Figuren. Dagegen sind die Füllornamente auf den Vasen aus Thera äußerst spärlich; ein paar Zickzacklinien, einige Rhombenmotive, das ist alles. Große Flächen läßt der Maler ungefüllt. Bemerken möchte ich besonders, daß das Hakenkreuz, das in der ganzen böotisch-geometrischen Malerei eine so hervorragende Rolle spielt und in ganz besonderen Formen auftritt, bei unseren theräischen Gefäßen nur ein einziges Mal vorkommt (No. 4). Ebenso fehlen die Mäandermotive. Das Resultat des Vergleiches läßt sich dahin zusammenfassen, daß die oben behandelte Gruppe von Vasen bei aller Verwandtschaft mit den böotischen, technisch besser, in der Form eleganter, in der Zeichnung fortgeschrittener ist und den Charakter der geometrischen Stile mehr eingebüßt hat.

Man könnte versucht sein, die theräischen Exemplare für spätere Erzeugnisse der gleichen böotischen Fabrik zu erklären. Das ist aus allerhand Gründen nicht angängig. Die böotischen Gefäße gehören nach den mitgefundenen Beigaben ins VII. Jahrhundert [158], und

[152] Έφ. άρχ. 1892 Taf. 10. Vergl. Couve *Bull. de corr. hell.* 1898, 273 ff. Ein Beispiel im Louvre Pottier *Revue arch.* 1899, 5 Taf. III 1.
[154] Arch. Jahrb. XII 196 ff., XIV 78 ff. *Bull. de corr. hell.* 1898, 273.
[155] *Rev. arch.* 1899 Taf. III 1.
[156] *Bull. de corr.* 1898, 274 Fig. 1.
[157] Arch. Jahrb. XIV 82 Fig. 37a.
[158] Wolters a. a. O.

später können wir die theräischen auch nicht ansetzen. Auch die offenbare Abhängigkeit von
gleichartigen Vorbildern, für die ich oben ein Beispiel gab, spricht für ungefähre Gleich-
zeitigkeit. Angeführt darf noch werden, daß auch die Erzeugnisse einer anderen gleichzeitigen
böotischen Fabrik, welcher die von Böhlau[159] grundlegend behandelten Vasen angehören,
trotzdem sie in der Ornamentik eine Fülle rein orientalisierender Elemente bringen, viel mehr
als die Vasen der uns hier beschäftigenden Klasse, in der Zeichnung der Tiere nicht weiter
gelangt sind und die in Thera gefundenen nicht erreichen. Entscheidend scheint mir aber gegen
den böotischen Ursprung der in Thera gefundenen Vasen der Unterschied des Materiales zu
sprechen. Die athenische Artemisamphora und ihre Verwandten geben sich als böotisches
Fabrikat allein schon durch den Thon zu erkennen, den bekannten schlechten Thon mit
groben Einsprengungen, dem erst durch einen hellen Anstrich oder Ueberzug eine zur Aufnahme der Malerei geeignete Oberfläche gegeben wird[160]. Anders die in Thera gefundenen
Gefäße, die, wie oben gesagt, aus einem vorzüglich bearbeiteten, gleichmäßig feinen roten
Thon bestehen. Ich kann daher Wide und Couve, welche die Gattung mit Sicherheit für
böotisch erklären, nicht zustimmen. Zwischen unserer Gruppe und den sicher böotischen besteht
ein ähnlicher Unterschied, wie zwischen den attischen Dipylongefäßen und ihren unbeholfenen
böotischen Nachahmungen[161], und ich sehe daher in den in Thera gefundenen Gefäßen, wenn
nicht die Vorbilder der böotischen, so einen anderen Zweig aus derselben Wurzel, der den
ursprünglichen gemeinsamen Mustern treuer geblieben ist.

Die künstlerische Produktion ist in Böotien stets gering gewesen. Auf dem Gebiete
der Kunst und des Kunstgewerbes blieb Böotien stets abhängig von seinen Nachbarn. So
erklärt sich der verschiedenartige gleichzeitige Import in Böotien, so auch, daß die böotischen
Töpfereien gleichzeitig so verschiedenartig arbeiten. Denn die von Wolters publizierte Amphora
und die Böhlauschen Vasen aus Böotien sind etwa gleichzeitig, ebenso wie die rein geometrisch
verzierten Fibeln aus böotischen Gräbern den schönen Bronzebändern mit Palmetten und Lotosblüten gleichzeitig sind. Es sind verschiedene Werkstätten, die ihre Anregungen von verschiedenen Seiten empfangen. Es kann die Frage aufgeworfen werden, ob die in Thera
gefundenen Vasen nicht auch einer anderen böotischen Werkstatt entstammen. Dagegen aber
spricht meiner Ansicht nach der Fundort unserer Vasen. Bis auf 6 Nummern sind sie alle
bei unseren Ausgrabungen auf Thera gefunden. Von diesen sechs stammen die beiden
Amphoren des Cab. des Médailles wahrscheinlich ebenfalls aus Thera, und für die Amphora
des Leidener Museums kann man mit einiger Sicherheit die gleiche Provenienz erschließen
(vergl. oben S. 130 f.). Die Stockholmer Amphora ist im athenischen Kunsthandel erworben,
kann also überall gefunden sein. So bleiben nur die beiden Stücke des athenischen National-
Museums, für welche bei Wides Angabe, der daraus ein Hauptargument für ihre böotische
Fabrik entnahm, die Herkunft aus Böotien feststeht. Ich weiß nicht, woher diese Kenntnis
stammt, vermute aber, daß ein Irrtum vorliegt. Die Vasen sind als unbekannter Herkunft
bezeichnet; so habe ich sie mir seiner Zeit in Athen notiert. Das Inventar, welches Herr
Dr. Watzinger noch einmal die Freundlichkeit hatte, zu befragen, enthält keinerlei Angabe
über die Herkunft. Herr Dr. Stais wußte ebenfalls keine Auskunft darüber zu geben und
bezweifelte die böotische Herkunft. Es handelt sich offenbar um alten Museumsbesitz und
wenn ich eine Vermutung über die Herkunft der beiden Gefäße äußern darf, so ist es die,
daß die beiden Vasen auf dieselbe Weise ins athenische Museum kamen, wie die Amphoren 9,
12 und 13 ins Cabinet des Médailles und ins Museum in Leiden, d. h. zusammen mit den

---

[159] Arch. Jahrb. III 325 ff.

[160] Vergl. Wolters a. a. O. 279.

[161] Vergl. z. B. Pottier *Vases du Louvre* Taf. 20 mit
Taf. 21.

theräisch geometrischen Vasen. Sie werden wohl auch aus Thera stammen und zu Ross'
Beute gehören.

Eine äußere Beglaubigung der böotischen Herkunft ist also nicht vorhanden. Die
innere Wahrscheinlichkeit ist nicht größer. Es müßte in der That überraschen, in so großer
Zahl Erzeugnisse böotischen Kunsthandwerkes in dem fernen Thera zu finden, in einer Zeit,
wo Böotien im griechischen Handelsverkehr gar keine Rolle spielt[167]. An böotischen See-
handel ist nicht zu denken. Es müßte durch die Vermittelung von Chalkis oder Eretria, deren
Hinterland Böotien bildet, die böotische Ware vertrieben sein. Dies annehmen, hieße aber
doch die wirklichen Verhältnisse umkehren für eine Zeit, wo alle gesicherten Beobachtungen
uns Böotien kunstgewerblich und speciell auf keramischem Gebiet durchaus abhängig von
anderen und als empfangenden, nicht als gebenden Teil zeigen. Soviel ich weiß, ist denn
auch keine sicher böotische Vase außerhalb Böotiens gefunden, d. h. böotisches Thongeschirr
bildete außerhalb des Landes keinen Handelsartikel, weil es zu schlecht war, als daß sich der
Zwischenhandel damit abgegeben hätte, und weil Böotien selbst nicht im stande war, ihm
einen weiteren Markt zu erobern. Ich halte deshalb auch den böotischen Ursprung der in
Thera gefundenen Vasen für ausgeschlossen. Bestehen bleibt nur die nahe Verwandtschaft mit
böotischem Fabrikat.

Das zahlreiche Vorkommen in Thera spricht dafür, daß unsere Vasen von einer der
größeren Handelsstädte in den Handel gebracht sind, und zwar muß es eine Gegend sein,
deren archaische Schichten wir noch nicht kennen. Die Verwandtschaft mit den böotischen
legt den Gedanken nahe, daß sie irgendwo in der Nachbarschaft Böotiens fabriziert sind. Die
Ware, welche Korinth und Attika nach Böotien gebracht haben, kennen wir. Was dagegen
von Chalkis und Eretria aus in alter Zeit seinen Weg nach Böotien fand, kennen wir noch
nicht. Ich möchte die Vermutung aussprechen, daß unsere Vasengattung irgendwo im
euböischen Kreise zu Hause ist und von dort aus einerseits nach Thera gelangt ist, andererseits das böotische Kunsthandwerk beeinflußt hat. Der ursprünglich geometrische Stil[168], das
frühe Eindringen orientalisierender Kunst, passen dazu gleich gut. Archaische Funde von
Euböa fehlen uns noch fast ganz. Sie werden hoffentlich einmal die Entscheidung bringen.
Erwähnen will ich aber schließlich noch, daß einige neuerdings in Eretria gefundene Vasen
gewisse Beziehungen zu unserer Gattung zeigen[169]. Sie gehören etwas späterer Zeit an, als
die theräischen, haben aber nicht nur die Amphorenform bewahrt, sondern auch noch die
typischen senkrechten Wellenlinien am Halse. Auch eine merkwürdige Einzelheit kehrt hier
wieder, die bei böotischen, aber auch bei einem der in Thera gefundenen Gefäße sich findet,
daß nämlich der Hals ohne Lippe endet.

5. Weitere Vasen des Uebergangsstiles.

Die gleiche Stilstufe wie die böotischen Vasen zeigen noch ein paar weitere Gefäße
von der Sellada, die in diesem Abschnitt vereinigt werden mögen. Wie jene, geben auch sie
sich als von orientalisierenden Vorbildern beeinflußt zu erkennen, ohne daß doch der geometrische
Stil vollkommen überwunden wäre.

---

[167] An die uralten Beziehungen Theras zu Böotien,
von denen die Sage zu berichten weiß, darf man
hier natürlich nicht erinnern.

[168] Dieser war offenbar auch schon dem altböotischen
verwandt. In beiden kann man als das Haupt-
motiv die senkrechte Zickzacklinie bezeichnen.

Tangierte Kreise scheinen beiden zu fehlen.
Auch der Mäander scheint erst sekundär in
Böotien übernommen zu sein.

[169] Beispiele hat Couve Bull. de corr. hell. 1898 279 ff.
veröffentlicht.

Eine eigentümliche, noch nicht näher zu lokalisierende Gattung wird am besten Einzelfund 2 durch Einzelfund 2 (Abb. 230) vertreten und ist S. 69 bereits charakterisiert. Derselben Gattung gehören noch ein paar vereinzelte Scherben und die Amphora b aus Grab 93 an. Der schmutzig-graue Thon ist von einer Rohheit der Qualität, wie ich sie sonst kaum kenne. Um überhaupt Bemalung anbringen zu können, wurde die Oberfläche mit einem dünnen Ueberzug versehen, welcher wie schlechte Oelfarbe abblättert. Auf diesen ist mit blaß-braunem Firnis gemalt. Bei dieser mangelhaften Technik des Thones überrascht bis zu einem gewissen Grade noch die detaillierte Ausführung der Schulterdekoration, welche durch

a

Abb. 418a, b. Details der Vase Abb. 230.

Abb. 418a, b verdeutlicht wird. Diese ist auch stilistisch interessant. Die Störche der Rückseite sind noch ganz im Stile der geometrischen Kunst gemalt, dagegen gehen die Enten auf der Vorderseite schon weit darüber hinaus. Die weiche Rundung der Körper, die verhältnismäßig reiche Innenzeichnung, welche die verschiedene Anordnung und Gestalt der Federn wiederzugeben sucht, die Art, wie die Füße gezeichnet sind, erinnern an die Tierbilder der orientalisierenden Stile; vor allem aber hat auch die Charakterisierung der plumpen beschaulichen Wasservögel auf geometrischen Gefäßen nicht ihresgleichen. Interessant ist ferner die Art, wie der Maler die beiden Beine der Tiere vollkommen zur Deckung brachte und konsequent nur ein Bein zeichnete — eine Verkürzung, die dem geometrischen Stil fremd, dagegen den orientalisierenden Stilen geläufig ist, wo bei laufenden Vierfüßlern bloß je ein Vorder- und ein Hinterbein, bei Rindern u. s. w. bloß ein Horn gezeichnet wird[165]). Die schwere Form der Amphora, deren Mündungsprofil speciell an Gefäße wie die theräischen Amphoren 44 und 45 erinnert, das Umziehen des Gefäßkörpers mit Firnisbändern sind noch ganz im Geschmack des geometrischen Stiles. Man hat den Eindruck, daß der Maler dieser Vase erst ganz kürzlich unter dem Einfluß orientalisierender Kunstwerke alte geometrische Zeichenweise aufgegeben habe. Das Grab 93 habe ich schon aus anderen Gründen dem VII. Jahrhundert zugewiesen. Die Zeichnung der Tiere auf der Amphora bestätigt durch ihre Beziehungen zum reifen orientalisierenden Stil diese Datierung und spricht eher für die zweite Hälfte dieses Jahrhunderts.

b

Abb. 418b.

[165]) Das Material giebt Delbrück Beiträge zur Kenntnis der Linearperspektive 20 ff.

Vereinzelt steht vorab noch eines der schönsten von allen in Thera gefundenen Gefäßen, die Amphora aus Grab 7 (Abb. 419a, b).

Die Form entspricht etwa der theräischen Amphora 39, nur ist sie etwas schlanker und eleganter. Roter Thon mit einigen hellen Einsprengungen; gelbweißer fester Ueberzug, der an einigen Stellen ins Grünliche und Bräunliche spielt. Brauner Firnis. Die Dekoration beschränkt sich auf Hals und Schulter; auf der Rückseite sind nur die Hauptstreifen mit Ornamenten gefüllt, während die Ornamente der schmalen

Abb. 419a, b. Amphora aus Grab 7, Vorder- und Rückseite. Höhe 0.82 m.

Trennungsstreifen gleich hinter den Henkeln abschließen. Die beiden Hauptstreifen der Vorderseite sind auf Abb. 420 a, b wiederholt, so daß eine Beschreibung unterbleiben kann. Als Trennungsstreifen sind Gitterstreifen und Flechtbänder benutzt, letztere zum Teil hell aus dunklem Grunde ausgespart. Unter jedem Henkel ist ein Auge gemalt.

Stil   Der Stil der Vase hat sich unter dem Einflusse orientalisierender Kunst auf geometrischer Grundlage entwickelt. Die Form des Gefäßes, die Oekonomie des Ornamentes, das Zerlegen der Hauptstreifen in einzelne Felder entspricht geometrischer Kunstweise. Auch die Füllornamente, die zwar den orientalisierenden Stilen nicht fremd sind, tragen hier noch rein

geometrischen Charakter. Sie sind allereinfachster Art und auffallend symmetrisch verteilt.
Die Füllung der Felder aber hat der Maler orientalisierenden Vorbildern entlehnt. Er übernahm deren Manier, den Tierkörper in Silhouette, den Kopf dagegen in Kontur zu zeichnen,
ferner das Aussparen der Innenzeichnung, wo solche vorhanden. Auch die gerundeten und
schon recht reichen Konturen der Körper hat er seinen Vorbildern ganz ordentlich nach-

a) Hals.

b) Schulter.

Abb. 420a, b. Details der Amphora Abb. 419.

gebildet. In der übertriebenen Schlankheit der Leiber, der steifen Zeichnung der Flügel, die
in seiner Vorlage gewiß schon eleganter gebogen waren, steckt dagegen noch die Manier des
geometrischen Stiles, und mit den krallenbewehrten Füßen vollends kam der Maler noch gar
nicht zurecht. Sie sind riesengroß und sehr ungeschickt geraten, um nichts besser, wie etwa
auf der frühattischen Kanne von Analatos, die in der Zeichnung der Tiere sonst ungeschickter
ist. Daß die auf unserer Vase gemalten Tiertypen ostgriechischer Kunst entlehnt sind, bedarf

keiner besonderen Ausführung. Die beiden wappenartig gegeneinander gestellten Raubtiere
am Halse (es werden wohl Löwen sein sollen) können ihren Stammbaum bis in die mykenische
Kunst zurückführen; als mykenisches, durch die ostgriechische Kunst vermitteltes Erbe
erscheinen sie auf den phrygischen Monumenten [149] so gut, wie im böotischen und frühattischen Stile. In dem Ornament zwischen ihnen darf man vielleicht einen nicht mehr
verstandenen Rest des trennenden Pfeilers auf seiner Basis erkennen [147]. Die Auswahl an
Typen, die dem Maler zu Gebote stand, war nicht groß, denn er hat dieselben Tiere am Halse
noch einmal wiederholt, nur willkürlich voneinander getrennt und zur Füllung der beiden
schmalen Seitenfelder benutzt. Ebenso dürften wohl auch die beiden jetzt durch das Mittelfeld des Schulterstreifens getrennten geflügelten Wesen ursprünglich zusammengehört haben.
In seiner Vorlage hatte der Maler hier offenbar Sphingen. Der runde Kopf mit der vorstehenden
Nase war doch wohl ein menschlicher (vergl. auch den Kopf der Sirene auf der „böotischen"
Amphora 8), und von dem Kopfe des überhaupt sorgfältiger gezeichneten rechten hängt der
Schopf herab, der schon in mykenischer Kunst am Kopfschmuck der Sphinx sichtbar
und aus ihr in die jonische Kunst übergegangen ist. Bei allen diesen sechs Tieren unterließ
es der Maler, die Basis zu zeichnen, auf welche der Vorderfuß tritt; doch giebt es dafür
gerade aus der Kunst dieser Uebergangszeit Analogien [148]. Das merkwürdigste Bild erscheint
im Mittelfelde des Schulterstreifens, ein mächtiger geflügelter Löwe, dessen Schwanz in einen
züngelnden Schlangenkopf endet, wieder eines jener Fabelwesen, die aus der orientalisierenden
Kunst ihren Weg nach Griechenland gefunden haben und für deren bunte Mannigfaltigkeit
die uns überlieferten Namen solcher Ungeheuer lange nicht ausreichen. Auch diesem Tiere
vermögen wir mit Sicherheit keinen Namen zu geben, denn zur Chimaira, an welche der
Löwe mit Schlangenschweif erinnert, fehlt eben die Hauptsache, der Ziegenkopf oder irgend
etwas von der Ziege, das vorhanden sein muß; denn daß χίμαιρα Ziege heiße, wußte man [149].
Daß der Maler unseres Gefäßes etwa den ihm unverständlichen Typus einer Chimaira
umgemodelt hätte, indem er ihm statt des aus dem Rücken hervorkommenden Ziegenkopfes
Flügel gab, glaube ich kaum [170]. Angesichts der sich immer vergößernden Zahl phantastischer

---

[145] Vergl. A. Körte Ath. Mitth. XXIII 131 f.

[146] Die alte Ansicht, daß die Säule zwischen den
Löwen des mykenischen Reliefs ein anikonisches
Kultobjekt sei (vergl. O. Müller Handb. d. Arch.
§ 64, 2), scheint sich neuerdings wieder zu befestigen (Evans *Journ. of hell. stud.* 1901 p. 99 ff.;
Studniczka Gött. gel. Anz. 1901 514). Die Säule
als Kultobjekt ist bis in mykenische Zeit zu verfolgen; speciell im Artemiskult hat sie sich lange
gehalten (Thera I 273). Auf mykenischen Steinen
erscheinen offenbar gleichwertig die πότνια ϑηρῶν
und die Säule zwischen den Tieren — das eine
Mal das Bild der Gottheit, das andere Mal ihr
Symbol. Immer braucht deshalb die Säule aber
kein Kultobjekt zu sein und speciell beim Löwen-
thor trage ich Bedenken, sie so zu deuten. Hier
ist das Gebälk auf der Säule angegeben, das bei
dem Kultsymbol keinen Sinn hat. Die Säule
wird hier doch wohl das ganze Haus vertreten,
und die Löwen, die vom Thore her den An-
kommenden drohend anschauen, sind die Wächter
des Hauses.

[148] Vergl. z. B. den Panzer Olympia Bd. IV Taf. 58
und 59. Auch auf der von Wolters ('Εφ. ἀρχ. 1892

Taf. 8. 9) veröffentlichten böotischen Vase finden
wir sie so; die Bildung der Löwen ist hier
überhaupt der unserigen verwandt.

[169] Die Dreiköpfigkeit steht schon bei Hesiod (Theog.
319 ff.) fest, und anders wird sichs der homerische
Dichter wohl auch nicht gedacht haben, der sie
beschreibt πρόσϑε λέων, ὄπιϑεν δὲ δράκων, μέσση δὲ
χίμαιρα. Wenn der Verfasser des Scholion zu der
Stelle ihr einen Ziegenleib mit Löwenkopf und
Schlangenschwanz giebt und gegen Hesiod pole-
misiert, so liegt dem wohl keine Ueberlieferung
zu Grunde. Er zeigt uns selbst, durch die Bemerkung, daß sonst nicht das ganze Tier χίμαιρα
heißen würde, wie er zu seiner Interpretation gekommen ist.

[170] Es kam mir einmal dieser Gedanke, als ich in
Furtwänglers Gemmen auf Taf. VII 10 den joni-
schen Goldring sah, wo die Ziegenprotome der
Chimaira ganz entsprechend dem Flügel unseres
Löwen gebogen ist. So ist wohl der sonderbare
Typus entstanden, den wir auf der Wandmalerei
der *Tomba dei tori* in Corneto finden (Ant. Denkm.
II Taf. 41. 41 a). Hier wächst aus dem Flügel des
Löwen ein Ziegenkopf heraus.

Mischwesen auf archaischen Denkmälern[171]) muß man sich hüten, uniformieren zu wollen. Nebeneinander spielen die Phantasie des bildenden Künstlers und die des fabelnden Volkes. Aus einer reichen Fülle von Typen, welche die Kunst geschaffen, sind allmählich bestimmte ausgesondert und zur Darstellung bestimmter ungeheuerlicher Gebilde der Dichter- und Volksphantasie benutzt worden. Beides beeinflußt sich nun wechselseitig. Auf der einen Seite sind es die bildlichen Typen, welche oft den Phantasiegebilden des Volkes erst eine feste typische Gestalt geben. Auf der anderen Seite sterben zahlreiche Kunsttypen, welche keine Anlehnung an eine Volksvorstellung gefunden haben, ab. So wenig aber, wie die Phantasie der Künstler jemals ganz aufgehört hat, neue Formen zu suchen, so wenig hat auch die Typologie der bildenden Kunst sich je die dichtende Phantasie des Volkes vollständig unterworfen. Beide schaffen nebeneinander weiter, bis auf den heutigen Tag. So haben wir neben dem normalen Chimairatypus im VII. Jahrhundert den geflügelten Löwen mit Schlangenschwanz, den ungeflügelten mit Schlangenschwanz[172]), endlich den Löwen, dem ein Menschenkopf mitten aus dem Rücken hervorwächst[173]). Sie alle gehören der ostgriechischen Kunst an, wie das gleichzeitige Vorkommen auf protokorinthischen und frühattischen Vasen einerseits, etruskischen Münzen und Goldarbeiten andererseits zeigen. Wenn man aber sagt, im VII. Jahrhundert schwanke der Chimairatypus noch, so ist das nur bedingt richtig. Die Kunst verfügt eben neben dem des Ziegenlöwen, welchen sie für die Darstellung der Fabelziege verwandte, noch über mehrere verwandte Typen. Ob man einen von diesen auch jemals mit dem Namen χίμαιρα benannt hat, wissen wir nicht.

Das Alter der Amphora läßt sich ungefähr aus der Dekoration und den Fundumständen erschließen. Die Mischung von orientalisierendem und geometrischem Stil, ganz wie in Attika, Böotien u. s. w., weist ins VII. Jahrhundert. Aus derselben Zeit stammen auch alle die Parallelen, die oben für die Tiertypen angeführt sind. Der orientalisierende Stil, dem die Tiere entlehnt sind, stand zeichnerisch auf der Stufe der milesischen Vasen und ihrer Verwandten. Das schließt wohl auch eine Datierung über das VII. Jahrhundert hinauf aus. In der Amphora lag ein kleiner Skyphos mit Tierfries in protokorinthischem Schmierstil — er weist in die gleiche Zeit; und auch die Gräber in der nächsten Nachbarschaft des Grabes 7 gehören zu den späteren; aus ihnen stammen böotische Amphoren, die späten theräischen Amphoren 35 und 37, endlich der ganze Massenfund. Ich datiere die Amphora danach ins VII. Jahrhundert.

Ueber den Fabrikationsort lassen sich vorab nur Vermutungen anstellen. Thon, Ueberzug und Firnis des Gefäßes könnten, soweit der Augenschein für eine Beurteilung ausreicht, theräisch sein. Doch fehlt mir bisher die Möglichkeit, das Gefäß für theräisches Fabrikat zu erklären. Wir kennen den theräischen Stil bis zur Wende des VII. und VI. Jahrhunderts, ohne irgend etwas auch nur annähernd Gleichartiges aus den reichen Gefäß- und Scherbenfunden anführen zu können, was doch der Fall wäre, wenn wir uns in der Heimat dieser Gattung befänden. Denn nach einem vereinzelten Versuch sieht unsere Vase nicht aus. Auch spricht dagegen, daß theräische Vasen nicht exportiert sind, unsere Gattung dagegen wenigstens noch an einem anderen Orte nachgewiesen ist. G. Karo verdanke ich die Mitteilung, daß sich unter den Funden von Rhenaia Scherben der gleichen Gattung befinden,

---

[171]) Vergl. z. B. G. Karo Strena Helbigiana 146.

[172]) G. Karo macht mich auf älteste etruskische Münzen (Deecke Etr. Münzwesen Taf. I 2 d) und die frühattische Schüssel (Dennis Cit. and Cem. I 3 XCI) aufmerksam, die diesen Typus zeigen.

[173]) Protokorinthische Lekythos feinsten Stiles. Amer. Journal of Arch. 1900 Taf. V. Derselbe auch auf einem Goldschmuck von Praeneste Mon. X 31 a 1. 1 b.

mehrere Halse, der eine wie der theräische mit zwei aufgerichteten Löwen verziert; auf der Schulter einer gleichen Amphora eine Sphinx. Das Auftreten in Rhenaia und auf Thera legt den Gedanken an Entstehung im Bereiche der griechischen Inseln nahe. Der jonische Osten ist ausgeschlossen, weil der Stil unserer Amphora sich aus einem geometrischen entwickelt hat, also im Verbreitungsgebiet der geometrischen Kunstweise entstanden sein muß und die jonischen Typen erst übernommen hat. Auf dem Festlande wüßte ich die Vase nicht unterzubringen. Der frühe intensive Einfluß orientalisierender Kunst ist auf einer Insel des Aegeischen Meeres verständlich, und wir haben dort auch eine Vasengattung, deren Stil ebenfalls unter stärkstem orientalisierenden Einflusse sich aus geometrischer Kunstweise entwickelt hat, die sogenannten melischen Vasen. Diese kennen wir bisher nur von Melos, und daß sie dort auch gefertigt seien, scheint mir nicht unmöglich. Fremde Einflüsse zeigen sich in der griechischen Keramik stets zuerst in den einzelnen Ornamenten, während die alten Formen und die Dekorationsverteilung viel zäher festgehalten werden. So ist es auch bei den melischen Amphoren. Die Form stammt aus den geometrischen Stilen; auch die Verteilung und Anordnung der Dekoration hat noch viel vom geometrischen Charakter gewahrt. Die Dekoration dagegen ist auf den ersten Blick eine rein orientalisierende. Bei genauerem Zusehen wird man freilich auch in der Zeichnung einzelner Ornamente, z. B. der Lotosblüten am Halse der Apolloamphora, und der Figuren mit ihren Wespentaillen und ihren auf den ältesten Exemplaren der Gattung noch eckig und fast geradlinig gezeichneten Gliedern vieles finden, was an die geometrische Zeichenweise erinnert. Auch die Füllornamente mischen in ganz anderer Weise Motive beider Kunststile als auf irgend einer ostgriechischen Gattung. Namentlich die untereinander gesetzten Zickzacklinien zwischen den Figuren sind unmittelbar aus dem geometrischen Stil übernommen. Mit diesen melischen Amphoren hat unsere theräische Vase zweifellos Verwandtschaft. Schon der erste Eindruck des reich geschmückten Gefäßes ist ein ähnlicher. Auch Thon und Ueberzug gleichen dem der melischen Amphoren, und die kleinen Einsprengungen in Thone, die an die theräische Ware erinnern, würden sich gerade auch auf dem vulkanischen Melos erklären lassen [174]. Die Frage wenigstens möchte ich aufwerfen, ob die theräische Amphora nicht eine etwas ältere Stufe des melischen Stiles repräsentiert. Böhlau hat bereits ausgesprochen, daß die stilistische Entwickelung, die sich an den damals bekannten melischen Amphoren nachweisen ließ, eine rasche gewesen sein musse. An das von ihm publizierte, damals jüngste Stück hat sich jetzt das noch jüngere angeschlossen, das Mylonas veröffentlicht hat und das, wie z. B. der Vergleich mit den feinen polychromen Scherben von Naukratis lehrt, mit denen die melischen überhaupt mancherlei Verwandtes haben, gewiß erst ins VI. Jahrhundert zu setzen ist. Als ältestes Stück würde die stilistisch und auch technisch unentwickeltere theräische Vase hinzutreten, die wir deshalb kaum über die Mitte des VII. Jahrhunderts hinaufzurücken brauchen [175].

---

[174] Auch auf die Aeußerlichkeit der unter die Henkel gesetzten Augen möchte ich hinweisen, die sich bei melischen Amphoren wiederholt. Conze Mel. Vasen Taf. III f.; Böhlau Jahrbuch II Taf. 12; Ἐφ. ἀρχ. 1894 Taf. 12.

[175] Die Fundnotiz für die in Berlin befindliche melische Scherbe schwankt bekanntlich zwischen Melos und Thera. Furtwängler Berliner Vasensamml. No. 301; Gerhard Arch. Ztg. 1854 Taf. 61 S. 182. Wenn auch das Vorkommen einer meli-

schen Scherbe auf Thera nach dem Gesagten an sich nichts Unwahrscheinliches hätte, so kann doch wohl in diesem Falle an der Provenienz aus Melos kaum gezweifelt werden. Ross, der die Scherbe von einer seiner Reisen auf den Inseln mitbrachte, scheint sich später selbst daran erinnert zu haben, daß die Scherbe nicht zu den von ihm auf Thera erworbenen und gefundenen gehörte. Vergl. Gerhard a. a. O.

6. Orientalisierende Vasen.

Vasen und Scherben der ostgriechischen orientalisierenden Stile fehlen in der Nekropole auf der Sellada fast ganz, und das wenige ist fast ausnahmslos nicht in Gräbern, sondern im Schutt gefunden. Etwas mehr derartige Scherben sind an anderen Stellen im Stadtbereiche aufgelesen.

Unter den Scherben orientalisierenden Stiles stehen obenan die milesischen. Zu dem schönen Tellerfragment mit dem Rest eines geflügelten Löwen, das Abb. 264 (S. 74) abgebildet ist, tritt eine Scherbe der gleichen Form aus Grab 17 (Abb. 94 S. 33); der geringe Rest der Darstellung ist vielleicht als Hinterteil und Schwanz eines Raubtieres zu deuten. In der Stadt sind die drei Bruchstücke Abb. 287–89 (S. 81) gefunden. — Mit den Scherben Abb. 250. 251 (S. 72) kann man die spätmilesischen Bruchstücke vergleichen, welche Böhlau Nekropolen Taf. X S. 12 abbildet, mit Abb. 249 die ebendort Taf. XII 9. 11 abgebildeten spätsamischen. Der Thon dieser letzteren ist hell, der Firnis violettbraun.

Ich schließe hier die Scherbe eines Amphoriskos aus Grab 17 an (Abb. 421). Erhalten ist ein Stück des Gefäßkörpers und Halses. Der Rest des Bildes am Halse ist unverständlich (vielleicht ein Tier?).

Abb. 421 (= Abb. 93).

Unter den Doppelhenkel sind ganz wie bei den melischen Amphoren zwei Augen gemalt, so daß die Bügel des Henkels gleichsam die Augenbrauen, sein Mittelstück die Nase bildet. Die jonische Kunst erst hat der Sitte, Gefäße mit Augen auszustatten, welche sich bis in die troische Keramik zurück verfolgen läßt, ein künstlerisch wirksames Dekorationsmotiv abgewonnen [176]. Ob unsere Scherbe jonisch ist, kann natürlich danach nicht entschieden werden. Auf ostgriechischen Ursprung weisen aber wohl die Dekorationsreste im untersten Streifen hin, offenbar die Reste von Lotosblüten.

Jonische Schalen

In einer beträchtlichen Zahl ließen sich die feinen schwarz gefirnißten Schalen mit abgesetztem Rand nachweisen, deren besterhaltenes Beispiel Abb. 422 wiedergiebt. Die Gattung ist von zahlreichen Fundorten bekannt. Ihre Verbreitung in Samos, Rhodos, Naukratis einerseits, Sicilien, Etrurien [177] andererseits läßt auf jonischen Ursprung schließen. Die Form ist eine elegantere Umbildung des Skyphos der geometrischen Stile, dem manche Exemplare noch recht nahestehen [178]. Der Rand wird jetzt gern (aber nicht immer) nach innen geschweift, die Wölbung des Gefäßes flacher, der Fuß höher und leichter. So kehrt die Randschale in verschiedenen Stilen ostgriechischen Ursprunges wieder und ist von dort auch nach Attika und Korinth gelangt [179]. Wo im jonischen Osten speciell die undekorierten verfertigt sind,

Abb. 422 (= Abb. 98). Jonische Schale.

---

[176] Vergl. Loeschcke Boreas und Oreithyia am Kypseloskasten 8 Anm. 21. Böhlau Ath. Mitth. XXV 76 ff.

[177] Samos: Böhlau Nekropolen 143 Taf. VIII 21—24. Rhodos; z. B. Pottier Cat. des vases 161 No. 291 - 296 und im Museum von Colmar unter Salzmannschen Funden. Naukratis: Flinders Petrie Naucr. Taf. X 4 6. In Sicilien in der Necropoli del Fusco, in Megara Hyblaia, in Catania, Taormina (Sammlung Cacciola, aus Naxos stammend; letztere

Notiz verdanke ich K. Zahn). Aus etruskischen Funden besonders viele im Museum von Corneto.

[178] Die Vorliebe für scharf umbiegende Ränder teilt die geometrische nachmykenische Keramik mit der vormykenischen, wo sie namentlich an den feinen monochromen Gefäßen (sog. „Jydischen" und Aehnlichem) vorkommen; die mykenische Keramik hat derartige Schalenformen nicht.

[179] Für die Einzelheiten kann ich jetzt auf Böhlaus Ausführungen Ath. Mitth. XXV 65 ff. verweisen.

und ob alle am gleichen Orte, vermag ich nicht zu sagen. Der Thon dieser Schalen, deren Güte übrigens eine sehr verschiedene ist, ist ein feiner roter, die Wandungen sind sehr dünn, die Oberfläche bei guten Exemplaren, wo sie nicht von Firnis bedeckt ist, aufs feinste geglättet. Der größte Teil des Gefäßes wird mit einem glänzend schwarzen, bisweilen ins Grünliche spielenden, harten Firnis überzogen, der dem Firnis des ausgebildeten schwarzfigurigen Stiles entspricht. Der Rand bleibt meist thongrundig, bisweilen werden auch auf der Außen- und Innenseite der Schalen noch thongrundige Streifen ausgespart. Bei ganz feinen Stücken sind in den thongrundigen Streifen noch feine Linien mit verdünntem Firnis aufgesetzt. Derselben Fabrik wie diese Schalen dürfen wir wohl eine Anzahl weiterer Gefäßformen zuweisen, die derselben Zeit angehören, denselben Verbreitungsbezirk haben und mit Vermeidung weiterer Ornamentik ihre Wirkung in feiner Form und dem Wechsel von rotem Thongrund und schwarzen Firnisstreifen suchen. Dahin rechne ich eine Gruppe feiner Salbgefäße in der Form der sogen. Kugelgefäße [150]. Auch bei diesen finden sich die verdünnten Firnislinien auf den thongrundigen Streifen. Weiter giebt es Amphoren jonischer Form in gleicher Technik unter den Funden aus Syrakus wie aus Rhodos [151]. Auch Aryballoi dieser Technik scheinen vorzukommen, und schließlich gehören wohl auch die Amphoriskoi, die oben S. 190 erwähnt sind, hierher. Die ganze Gruppe müßte einmal zusammengefaßt werden. Auch diese Formen sind sämtlich über die Grenzen unserer Fabrik hinaus der jonischen Keramik eigen, und zwar schon in recht früher Zeit [152]. Am schnellsten hat sich, wie es leicht verständlich ist, wieder die Form des Salbgefäßes verbreitet, die schon unter den italischgeometrischen Gefäßen auftritt, also schon im VIII. Jahrhundert im euböisch-korinthischen Kunstkreise bekannt war [153]. Die weitere Verbreitung der Erzeugnisse unserer Fabrik fällt erst in spätere Zeit. Die theräischen Gräber, in denen sie vorkommen, zählen, soweit sie eine Datierung erlauben, zu den jüngeren (Grab 17, mit einer Inschrift der II. Stufe des theräischen Alphabets, Grab 68 mit spättheräischer Amphora, Grab 79/80 mit kretischer Amphora; die kleinen zugehörigen Amphoriskoi fanden sich in Grab 17 und im Massenfund). Sie scheinen im VI. Jahrhundert noch ganz gebräuchlich gewesen zu sein, wie ihr häufiges Vorkommen in Naukratis und in der samischen Nekropole beweist. In Sicilien kommen sie in Gräbern zusammen mit der spätesten protokorinthischen Sorte und sogar noch mit schwarzfigurigen Vasen vor [154].

Reliefgefäße Orientalisierende Ornamentik zeigen auch die meisten Bruchstücke von Reliefgefäßen, welche schon S. 78 ff. genauer beschrieben sind. Aelterer Zeit mögen die Scherben Abb. 279, 281 angehören; jünger sind die übrigen, welche auch weit bessere Thonbehandlung zeigen. Bronzebänder mit gleichartigen Ornamenten, wie wir sie beispielsweise aus Böotien und Olympia haben, gehören dem VII. Jahrhundert an, und so werden diese Reliefgefäße, deren Zusammenhang mit Metallarbeiten wohl klar ist, auch zu datieren sein. Die Scherbe 285 mag auch erst dem VI. Jahrhundert angehören. Interessant ist, daß neben Bruchstücken von Pithoi auch solche von Schalen auftreten.

Die Funde von Reliefgefäßen archaischer Zeit mehren sich allmählich auch auf griechischem Boden [155]. Wir können die Technik von der mykenischen Zeit an verfolgen.

---

[150]) Beispiele aus Gela in Palermo, aus der Necropoli del Fusco und Megara in Syrakus; in Florenz, Corneto. Aus Rhodos in Colmar. Aus Samos Böhlau Nekrop. Taf. VIII 5. 6. 10.

[151]) Nekrop. del Fusco Grab 67. Colmar, Museum.

[152]) Vergl. Böhlau Nekrop. 133 ff. 144 ff.

[153]) Not. de scavi 1885 Taf. XIV 6 aus Corneto; italisch geometrisch: Mon. XII Taf. 3 2; Böhlau a. a. O.

[154]) Vielleicht ist es kein Zufall, wenn die Trinkgefäße mit abgesetztem Rand, die oft in den Händen der Zecher auf den jonisch beeinflußten rotthonigen korinthischen Vasen erscheinen, einen thongrundigen Rand und gefirnißten Körper aufweisen.

[155]) Eine Zusammenstellung von Stücken griechischer Provenienz hat einmal Pottier gegeben. Bull. 1888.

Die geschlossene Reihe von dieser Zeit an scheinen wir wieder in Kreta bekommen zu sollen, wo besonders viel Scherben dieser Art gefunden sind [160]. Die älteren nachmykenischen Stücke halten die bandartige Verzierungsweise mykenischer Zeit noch fest, und auch die Ornamente -- Spiralen, Rosetten, Grätenornament, Buckel -- tragen noch durchaus mykenisches Gepräge. Diesen kretischen Stücken schließen sich die älteren theräischen an, welche allenfalls aus den gleichen Werkstätten stammen könnten. Dann folgt in Kreta eine Gruppe mit orientalisierendem Ornament (vergl. besonders *Amer. Journal of Arch.* 1901 Taf. XIII 6, 7, 8, 10, 11, XIV 10), bei denen der Charakter der getriebenen Metallarbeiten ganz besonders treu gewahrt ist, indem die gleichsam getriebenen Ornamente noch durch gravierte Linien und eingeschlagene Punkte und Kreise gegliedert scheinen [161]. Daneben kommen hier auch schon figürliche Typen vor. Diese Gattung kommt auf Thera nicht vor. Die dortigen orientalisierenden Reliefscherben tragen anderen Charakter und sind wohl nicht kretischen Ursprunges. Auch von den rhodischen Reliefpithoi unterscheiden sie sich erheblich [162]. Diese verwenden neben mykenischen Spiralmotiven hauptsächlich geometrische Ornamente und bilden wieder eine Gruppe für sich, ebenso die böotischen Pithoi [163]. Interessant ist, daß die theräischen Reliefgefäße, welche mannigfache enge Beziehungen mit den in Böotien gefundenen Metallbändern hatten, zu den dortigen Reliefgefäßen gar keine Beziehungen zeigen. Es ist wieder ein Fall, bei dem sich erweist, wie den Böotern die Anregungen von den verschiedensten Seiten zufließen. Die Pithoi weisen ostwärts, wie namentlich die barbarischen reitenden Bogenschützen, aber auch manche von den Tierbildern zeigen. Für die Bronzebänder hat Wolters argivisch-korinthischen Ursprung angenommen [164]. Für den Ursprung der theräischen Reliefscherben kann daraus natürlich kein Schluß gezogen werden. Eigentümlich ist der Gegensatz, in dem alle diese aus Griechenland stammenden Reliefgefäße zu den in Italien gefundenen, namentlich der sogen. Red-ware stehen. Während diese ihre Streifen häufig metopenartig zerteilen und mit figürlichen Typen füllen, überwiegt bei den griechischen das Ornament, das sich in fortlaufenden Bändern um das Gefäß zieht. Die Wurzeln der beiden Gruppen liegen offenbar in ganz verschiedener Kunstrichtung.

Zu dem ostgriechischen Import gehört endlich noch ein großer Teil der Terrakotten und figürlichen Salbgefäße, die teils im Schutt des Abhanges, namentlich aber in Massenfunde gefunden wurden. Sie gehören meist einer bekannten Serie an, welche im Gegensatz zu anderen Terrakotten eine sehr weite Verbreitung über die ganze griechische Welt gefunden haben. Für die weitläufige Litteratur verweise ich auf Winters Zusammenstellung [165]. Die einzelnen Typen sind schon oben auf S. 123 ff. aufgeführt.

Daß diese Terrakottenserie aus dem griechischen Osten stammt, ist heute wohl allgemein anerkannt [166]. Es wird das nahegelegt durch die weite Verbreitung von Kleinasien bis Italien, bewiesen durch einige der Typen, die um diese Zeit eben nur in ostgriechischer Kunst oder in direkter Abhängigkeit von ihr nachweisbar sind. Ebenso finden wir für den Stil hier die nächsten Analogien. Genauer wage ich das Fabrikationscentrum noch nicht zu

---

491 ff. Das Material hat sich seitdem natürlich vermehrt. Sie stammen aus verschiedenen Landschaften, namentlich sind die Inseln vertreten. Ein Stück aus Amorgos in Bonn.

[160] Zu den von Fabricius bekannt gemachten Pithoi von Knossos tritt jetzt namentlich eine Anzahl Scherben, die Savignoni im *Amer. Journal of Arch.* 1901, 404 bespricht.

[161] Vergl. darüber S. 164.

[162] Salzmann *Nécrop. de Camiros* Taf. 25 ff. Furtwängler-Loeschcke Myken. Thongefäße 3.

[163] de Ridder *Bull. de corr.* 1898, 439 ff. 497 ff.

[164] *Έφ. άρχ.* 1892, 238.

[165] Arch. Jahrb. XIV 73 ff.

[166] Heuzey *Terres cuites du Louvre* 9. Kekulé Terrakotten von Sicilien 5. Furtwängler Archäologische Studien 11. Brunn dargebracht 74. Pottier *Les statuettes de terre cuite* 38. Winter Arch. Jahrbuch XIV 73. Böhlau Nekropolen 155.

28*

umschreiben. Winter bemerkt richtig, daß sie in der Regel als Begleiter der sogen. protokorinthischen und der milesischen Ware auftreten. Das läßt sich noch etwas schärfer fassen: sie sind, wie bei ihrer Zeit kaum anders zu erwarten, Begleiter der schlechten spätesten protokorinthischen Sorte, der die zahllosen kleinen Gefäße angehören, welche wie diese Terrakotten kaum in einer Nekropole ihrer Zeit fehlen. Daneben erscheinen mit ihnen korinthische und auch schon schwarzfigurige Vasen. Mit schlecht protokorinthischen und korinthischen Vasen zusammen haben wir sie auch in Thera im Massenfunde. Mit ihnen zusammen sind offenbar unsere Terrakotten von einem Orte aus verbreitet worden. Dieser Ort braucht nun nicht der Fabrikationsort zu sein, sondern die Salbgefäße können sich mit den Vasen in einem Handelscentrum zusammengefunden haben, das dann ihre weitere Verbreitung übernahm. Das ist in diesem Falle sogar sicher. Denn mit den schlecht protokorinthischen Gefäßen können unsere Terrakotten nach der Beschaffenheit des Thones nicht aus den gleichen Töpfereien stammen. Als der Verbreiter dieser spätprotokorinthischen und korinthischen Schundware ist Korinth selbst anzusehen, das deshalb wohl auch unseren Terrakotten einen Teil ihres Marktes erobert haben dürfte.

Den Fabrikationsort der Terrakotten haben wir damit noch immer nicht. Böhlau [192]) glaubte für die in Samos gefundenen nach der Beschaffenheit des Thones auch samischen Ursprung annehmen zu können, und Winter [193]) suchte diese Annahme durch kunstgeschichtliche Erwägungen zu stützen. Daß nach manchen Gegenden Korinth die Terrakotten verbreitet hat, würde nicht dagegen sprechen, denn Samos und Korinth sind damals eng befreundet. Die Mittelstellung Korinths würde auch erklären, weshalb die Terrakotten sich an Orten finden, an denen samische Vasen gar nicht oder nur ganz vereinzelt vorkommen, wie z. B. in Thera und Italien. Doch wage ich noch nicht, Winters Annahme als sicher anzusehen. Die Typen der Terrakotten scheinen allgemein jonisch zu sein. Der von Winter in den Vordergrund gerückte Typus zeigt allerdings weitgehende äußere Verwandtschaft mit Figuren wie der samischen Hera des Cheramyes. Aber er ist nur einer unter vielen, und der stilistische Unterschied zwischen diesen Figuren und sicher samischen Kunstwerken ist doch sehr bemerkenswert. Den großen Fortschritt, den diese Terrakotten und die Hera von Samos vor früheren zeigen, daß sie wirkliche plastische Rundfiguren sind, bringt Winter ebenso wie die eigentümliche Formgebung in Zusammenhang mit der Erfindung des Bronzegusses, d. h. des Hohlgusses mit Stückformen, durch Rhoikos und Theodoros von Samos, die in die erste Hälfte des VI. Jahrhunderts fallen muß. In der That sind die Formen, wie etwa die Hera des Cheramyes sie zeigt, besonders geeignet für einen primitiven Bronzeguß. Nur darf man da, glaube ich, nicht vergessen, daß für Terrakotten, welche aus zwei Formen gepreßt werden, — und unsere Serie ist die erste, bei der dieser technische Fortschritt sich findet — ganz ähnliche Beschränkungen existieren. Auch für ihre Herstellung sind die gerundeten Formen und das enge Anliegen der Glieder an den Leib besonders bequem. Und ob man ohne weiteres dem Metallarbeiter den Vorrang geben soll, ist fraglich. Ich könnte mir auch denken, daß Rhoikos und Theodoros sich die Errungenschaften der jonischen Thonplastik für ihre Bronzearbeiten zu nutze gemacht hätten. Denn der Hohlguß setzt gerade eine ausgebildete Thonplastik voraus.

Fast ebenso weite Verbreitung wie diese Terrakotten hat noch eine zweite Serie gefunden, die in Thera durch den liegenden Widder (Abb. 71 S. 28) und zwei Widderköpfe (Abb. 276, 3. 4. S. 77) vertreten ist. Sie sind namentlich in Italien häufig, ebenfalls, wie es scheint, im Gefolge korinthischer Vasen. Ihre Characteristica sind feiner gelblicher Thon mit schön geglätteter Oberfläche; olivbrauner, ziemlich heller Firnis. Besonders beliebt sind Tiere,

---

[192]) Nekropolen 52 ff.   [193]) a. a. O. 74 ff.

namentlich Hasen. Das Fell derselben wird, wie bei unseren Stücken, durch feine Tüpfelung bezeichnet. Ob sie korinthisch oder nur von Korinth aus verbreitet sind, weiß ich nicht. Aus den Grabfunden von Syrakus ergiebt sich, daß sie im ganzen etwas älter sind als die jonischen.

Von korinthischer Ware des VII. und VI. Jahrhunderts fanden sich kugelförmige Korinthisches Aryballoi, zum Teil auch mit einer abgeplatteten Standfläche. So im Massenfund No. 31 (Abb. 48 S. 23), in Grab 17 (No. 23. 24 Abb. 102. 103 S. 34) und im Schutt (Abb. 257 S. 73). Außer dem so häufigen Vierblattornament begegnet auch einmal das Bild eines Pegasus. Bei einem anderen ist der gefirnißte Körper durch senkrecht vom Halse zur Mitte des Bodens geführte gravierte Linien in Felder geteilt, welche zum Teil mit roter und gelber Deckfarbe gefärbt sind [159]. Hierher gehört auch die kegelförmige Kanne mit hohem Halse und Kleeblattmündung aus dem Massenfunde (Abb. 51 S. 23). Sie ist mit dunklem Firnis überzogen, der mit roten und weißen Deckfarbenstreifen und gravierten Linien verziert ist. Die Form ist schon altproto-korinthisch; auf die Beziehungen der korinthischen Keramik zu der schwarz - weiß - roten „äolischen" hat schon Böhlau hingewiesen. Auch einfach ornamentierte schlauchförmige Aryballoi und kleine Amphoriskoi der üblichen Form kommen vor (Einzelfund 26 Abb. 256 S. 73, Massenfund 18 Abb. 33 S. 21).

Eine Pyxis gewöhnlichen korinthischen Stiles befindet sich auch in der Sammlung Delenda in Thera. Höhe 0,13 m. Dekoration: Zwei Tierfriese in flüchtiger Ausführung. Füllornament: Blattrosetten. Am Halse eine Zickzacklinie.

Ein schlauchförmiger korinthischer Aryballos der Sammlung de Cigalla in Thera hat am Halse Stabornament, dann drei Tierstreifen (Abb. 423). Zahn, dem ich die Kenntnis des Stückes verdanke, fiel der eigentümlich orangebraune Thon auf, welcher ihn an die Möglichkeit einer Nachahmung denken ließ.

Endlich sei hier noch auf die vier Scherben einer Pyxis mit senk-recht stehenden, etwas geschweiften Wandungen aufmerksam gemacht, welche unter den Einzelfunden abgebildet ist (No. 28 Abb. 258 S. 73). Die

Abb. 423. Sammlung de Cigalla. Thera.

Form ist aus der korinthischen Keramik bekannt [160]. Der Thon und auch die Tierstreifen erinnern auf den ersten Blick an Korinthisches. Doch einige Unterschiede von der gewöhnlichen korinthischen Ware nicht zu verkennen [161]. Die Zeichnung der Tiere ist straffer, und an Stelle der in der korinthischen Malerei üblichen Blattrosetten erscheinen hier Kreise mit einem Punkt darin. Ist das Stück nicht korinthisch, dann wird man es wohl für ostgriechisch halten müssen, denn von dort haben die korinthischen Töpfer ihre Tierfriese bekanntlich im letzten Grunde erhalten.

Das Gefäß in Form eines behelmten Kopfes (Abb. 72 S. 28) ist nach Material und Technik wohl korinthisches Fabrikat. Aehnliche kommen auch sonst mit korinthischer Ware zusammen vor [162]. Erfunden haben die Korinther aber auch diesen Typus nicht, sondern wieder Vorbilder aus dem Osten benutzt. Dort kommt der behelmte Kopf unter den glasierten Gefäßen aus ägyptischem Porzellan vor, die jedenfalls aus dem Delta, sei es nun

[159] Aehnlich z. B. Berlin No. 1086–88 des Vasen-kataloges.
[160] Syrakus Necr. del Fusco Gr. 309 (Orsi Mon. ant. I Taf. V 12). Lau Griech. Vasen Taf. VI 2.
[161] Aehnlich scheinen die Stiere auf der neuerdings von Kuruniotis gefundenen Amphora aus Eretria zu

sein, deren Publikation durch Laurent (Ἐφ. 321. 1901 Taf. 9) ich während der Korrektur kennen lerne.
[162] Vergl. Heuzey Gaz. arch. 1880, 145 ff. Taf. 28. Fragment eines ähnlichen in Grab 476 der Necro-pole von Syrakus. Auch im Mus. Kircheriano habe ich mir eines notiert.

aus einer griechischen oder einer griechisch beeinflußten Fabrik stammen [199]). Der Zufall hat
es gewollt, daß gerade eines dieser glasierten Gefäße in Helmform in Korinth selbst gefunden
ist. Es trägt die Cartouche des Königs Ouabra, des Ἀπρίης der Griechen, und ist damit in
die erste Hälfte des VI. Jahrhunderts datiert [200]).

Vereinzelt stehen die Scherben einer Kanne aus Grab 17 (No. 32). Sie sind aus
hellem Thon gefertigt; über dem Fuße waren Strahlen angebracht, das ganze übrige Gefäß
mit festem braunschwarzem Firnis überzogen, auf den auf der Schulter mit weißer und roter
Deckfarbe ein Stabornament mit gravierten Umrissen gemalt ist. Das Gefäß glich also
technisch und nach dem Ornament den schwarz-weiß-roten Gefäßen der ältesten italischen
Schichten, deren ostgriechischen Charakter schon Karo richtig erkannt und Böhlau näher
präzisiert hat [201]). Da jedoch ähnliche Färbung und Ornamentation auch im korinthischen
Kreise vorkommt, der dieser kleinasiatischen Gruppe auch mancherlei Formen entlehnt hat,
so wage ich bei der Geringfügigkeit der in Thera gefundenen Scherben nicht den verlockenden
Schluß zu ziehen, daß hier die bisher nur aus Italien bekannte Gattung zum ersten Male auf
griechischem Boden nachzuweisen sei.

Attisches   Erst spät erscheint attischer Import in Thera. Als er begann, war die Nekropole
auf der Sellada fast gänzlich geschlossen. Nur ein Grab fand sich hier, das Gefäße attischer
Provenienz enthielt, das Grab 89, in dem die Bruchstücke einer schwarzfigurigen Amphora
a colonnette und einer schwarzfigurigen Schale lagen. Beide Gefäße zeigen spät-schwarzfigurigen Stil und werden frühestens dem ausgehenden VI. Jahrhundert zugeschrieben werden
dürfen. Auch im Schutt des Gräberfeldes fanden sich keine weiteren attischen, und die überhaupt sehr geringfügigen Scherbenfunde aus dem Gebiete der Stadt haben diese Lücke kaum
ergänzt; auch dort sind nur wenige Brocken attischer schwarz- und rotfiguriger Technik
gesammelt, gerade genug, um zu beweisen, daß die zeitweise alle Konkurrenz aus dem Felde
schlagenden Erzeugnisse des athenischen Kerameikos auch Thera sich erobert hatten.

Ob die vollkommen mit glänzend schwarzem olivgrün schimmerndem Firnis überzogene
Amphora Abb. 311 (Vignette über diesem Kapitel) attisch oder etwa jonisch ist, vermag
ich nicht zu entscheiden, da ich sie nur aus einer Photographie kenne, welche ich Zahn
verdanke. Ihr genauerer Fundort ist unbekannt. Sie befindet sich im Besitz der Witwe
Delenda in Thera. Die Form ist die der jonischen Amphora, die aber seit dem VII. Jahrhundert auch in Attika und Korinth heimisch ist. Der aus zwei Rundstäben zusammengesetzte
Henkel findet sich auch sonst. Der Thon ist braun.

7. Der polychrome Teller.

Dem Massenfund verdanken wir eine der eigenartigsten Vasen, die in Thera gefunden
sind, den polychromen Teller, welcher auf Tafel II verkleinert wiedergegeben ist. Er wurde,
in drei scharf zusammenpassende Stücke gebrochen, in der übrigen Masse der kleinen Gefäße

---

[199]) Böhlau Nekropolen 160 f. Oesterr. Jahreshefte
III 210 fl. wo noch manche Litteratur angeführt
ist. Naukratis ist als ein Fabrikationsort glasierter
Ware durch Petries Entdeckung einer Werkstatt
gesichert. Doch gebe ich Böhlau zu, daß im Typen-
schatz manches für ungriechische Arbeit spricht.
Ob wir aber die Phöniker hineinbringen dürfen?
Die Technik ist altägyptisch, ebenso wie die Sitte,
Gefäße in Tierform zu bilden. Neben ägyptischen
Inschriften kommt nur noch eine griechische vor.

[200]) Heuzey a. a. O. Taf. 28. Wiedemann Geschichte
Aegyptens 636 fl. giebt die Regierungszeit des
Apries auf 589—570 resp. 564 an. Der Name des-
selben Königs erscheint auch noch auf einem
glasierten Aryballos gleicher Fabrik im Louvre.
Dieser stammt aus Rhodos. Longpérier Mus.
Napol. III Taf. XLIX 6.

[201]) Karo De arte vascul. 35 f. Böhlau Nekropolen
91 ff.

und Terrakotten als das einzige große Gefäß gefunden. Gilliéron hat es übernommen, die Reste der Malerei direkt nach dem Originale zu reproduzieren, und diese Aufgabe mit bekannter Meisterschaft gelöst, so daß die Tafel ein getreues Bild des jetzigen Erhaltungszustandes giebt. Die Farben waren unmittelbar nach der Auffindung vielleicht um ein geringes dunkler. Gilliérons Kopie ist erst 2 Jahre nach der Auffindung angefertigt.

Flacher Teller von 0.25ᵐ Durchmesser. An dem scharf umgebogenen wagerechten Rand vier etwa rechteckige Ansätze. Oben finden sich unter dem Rande zwei Durchbohrungen zum Durchziehen einer Schnur, an der der Teller aufgehängt werden konnte. Grauer Thon, wie bei der schlechten spätproto-korinthischen Ware. Auf diesem ist die Malerei mit weißer, violettroter und rotbrauner Deckfarbe ausgeführt.

Darstellung: Zwei Frauen, jede mit einem Kranz in der rechten bezw. linken Hand, stehen einander gegenüber, indem die eine ihre linke Hand gegen das Kinn der anderen erhebt. Auffallend ist, daß der Künstler nicht die ganzen Figuren zeichnete; der Bildrand schneidet den unteren Teil der Beine ab. Vorzeichnung ist überall vorhanden, ganz wie bei schwarz- und rotfigurigen Vasen. Die Farben sind vielfach abgesprungen, und dieser Zerstörungsprozeß hat sich leider fortgesetzt. Eine früher gefertigte Photographie läßt noch einige Einzelheiten erkennen, die Gilliéron nicht mehr fand. Die Frauen tragen einen weißen Chiton mit halblangen Aermeln, welcher bei der einen noch durch einen violetten, jederseits durch drei feine thongrundige Streifen begrenzten Einsatz geschmückt ist. Thongrundig mit aufgesetzten weißen Streifen sind auch die Gürtel und die Säume der Aermel. Ueber der Brust haben beide den kleinen Mantel geworfen, dessen Zipfel hinter dem Rücken herabhängen. Der Mantel war rotbraun, mit einem weißen Rand, auf den rotbraune Tupfen aufgesetzt sind. Das Fleisch der Frauen war ebenfalls weiß gemalt. Mund, Auge, Augenbraue, Ohr sind jetzt thongrundig, waren aber wohl ursprünglich auch gefärbt. Das Haar ist bei der einen jetzt teils thongrundig, teils weiß, bei der anderen ganz weiß. Ob das das Ursprüngliche ist, oder ob ein kleiner, jetzt verschwundener Fleck rotbrauner Farbe die ursprüngliche rote Färbung der Haare beweist, vermag ich nicht sicher zu entscheiden. Abgesehen von der Auffälligkeit, daß bei weißer Färbung die beiden Frauen als Greisinnen charakterisiert wären, würden sie sich auch von den weißen Gesichtern schlecht abheben. Bei der Annahme ursprünglicher Braunfärbung macht andererseits wieder die Abgrenzung gegen den Mantel auf der Schulter Schwierigkeiten. Der Erhaltungszustand der Figur rechts läßt darauf schließen, daß ein Band das Haar um den Oberkopf zusammenhielt. Beide Frauen trugen rote Halsbänder und riesige scheibenförmige Ohrringe, welche einen violetten Mittelpunkt hatten. Die Kränze waren weiß mit roten Punkten, welche wohl die Blumen wiedergeben sollten. — Der Grund, von dem die Figuren sich abheben, ist violett gefüllt. Hinter jeder Frau war noch eine halbe ins Bildfeld hineinragende Palmette gemalt, wie wir ihr ähnlich auf milesischen Vasen begegnen. — Das Bild umrahmt ein weißer Streifen mit einer aufgesetzten roten Zickzacklinie und einer Punktreihe. Ebenso ist der wagerechte Rand weiß, mit nach außen gekehrten roten Strahlen. Auch die Randansätze sind rot gefärbt; an diese rote Fläche setzen gegen den Rand hin kurze gleichfarbige Striche an.

Der Teller ist ein Unikum; Gleichartiges fehlte bisher. Jetzt sollen, wie mir Zahn mitteilt, ein paar Scherben gleicher Teller bei den Ausgrabungen auf Paros gefunden sein, die also beweisen, daß es sich nicht nur um eine Laune des Töpfers handelt. — Die Fabrik, aus der unser Gefäß stammt, glaube ich bestimmen zu können: es ist dieselbe Fabrik, der auch die Masse der spätprotokorinthischen Ware entstammt, mit der zusammen der Teller in Thera gefunden wurde. Wir haben denselben grüngrauen, etwas rauhen, aber feinen Thon, die starken Drehringe auf der Oberfläche, und die Farben, mit denen die Malerei ausgeführt ist, sind keine anderen als die drei Deckfarben, welche auch bei besseren Vasen dieser Gattung aufgesetzt werden. Das Singuläre liegt in erster Linie darin, daß der Maler sich auf diese Deckfarben, welche unmittelbar auf den Thongrund gesetzt sind, beschränkte und auf den Firnis gänzlich verzichtete, der sonst die Hauptfarbe ist, neben welcher die Deckfarben bloß zur Hervorhebung von Einzelheiten verwandt werden. Durch diese Beschränkung auf die Deckfarben erreichte der Maler, daß sein Bild trotz der geringen Farbenskala einen polychromen Eindruck machte, der von dem der gleichzeitigen schwarzfigurigen Vasen ganz verschieden ist.

Ein zweites Moment aber unterscheidet unser Bild fast noch mehr von den gleichzeitigen Vasenbildern. Indem der Maler die dunkelste Farbe, das Violett, zur Deckung des Grundes verwandte, bewirkte er, daß seine Figuren sich hell vom dunklen Grunde abhoben. Da der Teller nach seinem Stil, seiner Zusammengehörigkeit mit den schlechten protokorinthischen Gefäßen und den Fundumständen dem VI. Jahrhundert angehört, so wird die Frage nahegelegt, wie er sich zu den Anfängen des rotfigurigen Stiles verhält. Ich glaube, daß direkte Beziehungen nicht bestehen. Die Vorstufen für die Malweise unseres Tellers liegen in demselben Kreise, in dem auch die Vorstufen seiner sonstigen Technik liegen. In den orientalisierenden Stilen wirken die Figuren gewöhnlich dunkel auf hellem Grunde. Man malt einen Teil der Figur in Silhouette, in welcher man die nötigste Innenzeichnung ausspart. Die Teile, bei denen eine ausgesparte Innenzeichnung zu schwierig wäre, z. B. den Kopf, zeichnet man in Kontur und setzt dunkle Innenzeichnung hinein. Das ist im Prinzip schon die Zeichenweise der mykenischen Töpfer. Am feinsten entwickelt zeigen sie die Vasen von der Art der milesischen. Diese Zeichenweise läßt sich nun nach verschiedenen Richtungen weiter entwickeln. Sie führt einmal zu vollständiger Konturzeichnung (z. B. Odysseuskanne von Aigina, Athen. Mitth. XXII Taf. 8; manches von den „böotischen" Vasen, von den klazomenischen Sarkophagen u. s. w.), andererseits zu der vollen Silhouette des schwarzfigurigen Stiles mit gravierter Innenzeichnung und aufgesetzten Farben. Endlich kann man aber auch die Verbindung von Silhouette und Konturzeichnung beibehalten und die Flächen durch verschiedene Färbung beleben (z. B. melische Vasen, Euphorbosteller, einzelne Scherben aus Naukratis). Ihre höchste Entwickelung findet diese Richtung in den feinsten Gefäßen des protokorinthischen Kreises, wie der Berliner Kentaurenlekythos, der Chigischen Vase u. s. f. — Daneben geht seit alters in der ostgriechischen Keramik eine andere Zeichenweise her, welche die Figuren und Ornamente hell auf dunklen Grund setzt. Der dunkle Grund war hier ursprünglich durch den dunklen Thon gegeben, so gut wie der helle Grund der mykenischen Vasen und ihrer Nachkommen durch den hellen in diesen Fabriken verwandten Thon. An Stelle der dunklen polierten Oberfläche tritt dann ein fester Firnisüberzug. Auf diesen dunklen Grund konnte man nur mit hellen bunten Farben malen. In diese Entwickelungsreihe gehören die bunten Buccherogefäße von der Art der sog. Polledravasen, die Gattung der schwarz-weiß-roten Gefäße aus Italien, die schwarzgrundigen Gefäße aus Samos und in der milesischen Gattung, ein Kantharos aus Böotien in Bonn und manches andere. Beide Zeichenweisen vereinigt zeigen neben den sog. italisch-korinthischen Vasen die Chigische Vase und einzelnes andere aus protokorinthischem Kreise. In diese Reihe gehört auch unser Teller. Sobald man die dunkle Färbung der Oberfläche nicht mehr durch Färbung des Thones, sondern durch einen Firnisauftrag auf hellen Thon erreichte, lag es weiter nahe, die hellen Figuren nicht mehr mit den weniger haltbaren Deckfarben aufzusetzen, sondern sie in dem Firnisüberzug auszusparen und den hellen Thon als Farbe wirken zu lassen, wie es auf klazomenischen Sarkophagen geschehen ist. Als letztes Glied fügt sich in diese Entwickelungsreihe der rotfigurige Stil ein, wenigstens prinzipiell. Ob er auch thatsächlich in einem Zusammenhange mit den aufgezählten Stilen oder gar in einem Abhängigkeitsverhältnis zu einem derselben steht, ist bisher noch nicht zu beweisen. An eine direkte Abhängigkeit des frühen rotfigurigen Stiles von der Kunst von Klazomenae glaube ich nicht[102]. Zunächst ist mir fraglich, ob die Sarkophage, welche hell ausgesparte Figuren zeigen, älter oder auch nur gleichalt sind wie die frühesten rotfigurigen Vasen. Und dann kann ich überhaupt nicht an eine maßgebende Bedeutung der klazomenischen Kunst glauben. Die Sarkophage, welche oft zwei, ja sogar drei verschiedene Entwickelungsstadien griechischer Zeichenweise auf einem Stück vereinigen, beweisen gerade die Unselbständigkeit dieser Kunst. Je nachdem der Klazomenier Tierbilder oder mythische Scenen malt, arbeitet er in einer anderen Technik; mit anderen Worten, er lehnt sich jedesmal eng an

[102] Ich stelle mich dadurch in Gegensatz zu R. Zahn und bin mir wohl bewußt, daß seine scharfsinnigen und detaillierten Ausführungen in den Ath. Mitth. XXIII 38 ff. eine eingehendere Behandlung und Widerlegung verlangen dürfen, als ich sie hier geben kann. Allzukühn scheint mir die Verknüpfung dieser klazomenischen Kunst in Attika mit dem Namen des Kimon von Kleonai

das betreffende Vorbild an und übernimmt mit den Typen selbst die jedesmalige Technik. Eine solche Kunst ist aber kaum befähigt, ihrerseits befruchtend zu wirken.

Die hellen Bilder auf klazomenischen Sarkophagen, die rotfigurigen Vasen und unser Teller sind also in gewissem Sinne als Parallelerscheinungen aufzufassen. Sie alle versuchen die Vorteile auszunutzen, welche die helle Figur, die eine reiche Innenzeichnung ermöglichte, gegenüber der Silhouettenmalerei bot. Am wenigsten ist das dem Maler unseres Tellers gelungen, der meist noch durch große verschiedenfarbige Flächen seine Figuren gliedert, während die klazomenischen Maler ebenso wie die Meister des rotfigurigen Stiles durchaus linear zeichnen.

Ein Gefäß, das wie das unsrige ein mehrfarbiges Bild trägt, regt stets die Frage an, wie es sich wohl zur gleichzeitigen großen Malerei verhalte. Das Verhältnis der Vasenbilder zur großen Malerei ist natürlich ein sehr verschiedenes. Die Wand- und Tafelmalerei der älteren Zeit dürfen wir uns im wesentlichen nach Analogie der sorgfältigeren orientalisierenden Gefäßmalerei denken, d. h. die Figuren waren teils silhouettenartig mit geringer Inzeichnung, teils in Kontur mit stärkerer Betonung der zeichnerischen Details und Trennung der Flächen durch verschiedene Farben ausgeführt. Die naukratitischen hellgrundigen Scherben und die entwickelten melischen Vasen geben wohl den annäherndsten Begriff von der zeichnerischen und koloristischen Wirkung der Malereien am Anfange des VI. Jahrhunderts. Anders der schwarzfigurige Silhouettenstil, der zweifellos mit der Malerei nicht konkurrieren will. Das ist ein Stil, der an der Keramik haftet, von den Töpfern ausgebildet ist, den man auch nur versteht, wenn man sich die Mittel des Töpfers vergegenwärtigt. Die schwarzen Figuren auf hellem Grunde sollen dekorativ wirken. Die Gesamtwirkung des Gefäßes soll in erster Linie eine gute sein, und das wird durch die schwarzen Silhouetten mit ihren großen roten und weißen Lichtern auf dem hellen Grunde erreicht.

Auch die rotfigurige Malweise strebt in koloristischer Beziehung keine Konkurrenz mit der großen Malerei an, in richtiger Erkenntnis der Grenzen, die ihrer Technik gezogen waren, und zugleich ihrer dekorativen Aufgabe. So gewiß wir aus ihren Typen und aus der rein zeichnerischen Leistung Rückschlüsse auf das Können der gleichzeitigen Malerei ziehen können, so wenig aus der koloristischen Wirkung. Das fortschreitende zeichnerische Können, das Streben, immer neue, kompliziertere Bewegungen, Gruppierungen wiederzugeben, wies die attischen Meister auf die Konturzeichnung hin. Fein ausgeführte Konturfiguren aber hätten auf dem hellen Grunde zu wenig dekorative Wirkung ausgeübt. Mit dem Moment, wo die attischen Vasenmaler zur reinen Konturzeichnung übergehen, decken sie den ganzen Grund des Gefäßes schwarz. Die Parallelerscheinung haben wir in der Malerei auf Marmor und in der damit aufs engste verbundenen Reliefplastik. Durch Ausnutzung des schönen Tones, den der Marmor bot, werden die Künstler zu einer verhältnismäßig hellen Kolorierung ihrer Figuren geführt. Die Folge ist, daß man den Reliefgrund oder den Grund der Marmorplatte, auf die man zeichnet, mit einem satten Farbtone deckt. Ich könnte mir sogar denken, daß die Erfinder des rotfigurigen Stiles gerade durch das Beispiel der Reliefplastik und der Marmormalerei zu dem Wechsel ihrer Technik angeregt seien [203]. Jedenfalls ist auch die koloristische Wirkung des theräischen Tellers weit eher der eines Marmorreliefs als der eines gleichzeitigen Wand- oder Tafelbildes zu vergleichen.

8. Undekorierte Gefässe.

Den Schluß dieser Uebersicht über die auf Thera gefundenen Vasen sollen ein paar Bemerkungen über die undekorierten Gefäße, die großen Vorratsgefäße, Amphoren, Koch-

---

[203] Auf den engen Zusammenhang zwischen den frühen rotfigurigen Vasen und den bemalten Stelen, Thera II. auch in stilistischer Beziehung, hat schon Loeschcke hingewiesen (Ath. Mitth. IV 40 f.)

topfe u. s. w. bilden, deren Reste zu sammeln ich mich ebenfalls bemüht habe. Es ist das leider bisher nur in seltenen Fällen geschehen [50]), das Vergleichsmaterial daher gering. Aber ich möchte mir nicht das gleiche Versäumnis zu schulden kommen lassen und wenigstens das Material zusammenstellen, das vielleicht später einmal zu ausgiebigeren Resultaten verhelfen wird. Denn der Nutzen liegt auf der Hand. Erstlich ergänzen diese undekorierten Gefäße den Formenvorrat der einzelnen Vasenfabriken. Es ist eine bekannte Thatsache, daß die künstlerische Verzierung der Vasen sich in jeder Fabrik auf bestimmte Formen beschränkt, sie zu Trägern des heimischen Stiles macht, während andere Formen undekoriert bleiben. Weiter aber bieten gerade die undekorierten Vorrats- und Transportgefäße wichtige Beiträge zur Handelsgeschichte. Die feinen ornamentierten Gefäße waren teils selbst Handelsobjekt, teils enthielten sie kostbarere Stoffe, wie feines Oel, Salben u. s. w. Für die Geschichte des Großhandels sind die großen groben Transportgefäße weit wichtiger, die nur in seltenen Fällen ornamentiert sind. Sie lehren uns, woher man seinen Wein, sein Oel, sein Getreide u. dgl. bezog. Sie können es uns wenigstens mit der Zeit lehren, wenn wir erst für die archaische Zeit über ein reicheres und besser beobachtetes Material verfügen werden. Die Griechen archaischer Zeit haben es uns leider nicht so bequem gemacht, wie in späterer Zeit etwa die Rhodier, Thasier, Knidier oder die Römer. Sie haben ihren Gefäßen keine Heimatsmarke aufgedrückt. Wir sind also im wesentlichen auf Beobachtung der Formen und der Technik angewiesen. Daß wir auch daraus bisweilen schon etwas gewinnen können, glaube ich oben S. 189 gezeigt zu haben. Und wir werden allmählich weiterkommen.

Die undekorierten Gefäße aus Thera sind technisch sehr verschieden gut gearbeitet. Neben solchen, die geradezu erstaunlich roh aus gröbstem Material gefertigt sind, stehen andere, die sehr sorgfältig und fest aus schönem Material geformt sind. Erstere dürften wohl meist als theräisches Lokalfabrikat anzusehen sein.

Mehrfach fanden sich Amphoren, die in Form, Thon und Ueberzug den theräischen gleichen, also bloß unverziert gebliebene theräische Vasen sind. Dahin gehört das Aschengefäß aus Grab 23, dessen Form der Abb. 108 (S. 36) entspricht. Auch die Amphora des Grabes 57 (Form etwa gleich Abb. 3 S. 14) ist der Technik nach theräisch. Ebenso der Topf aus Grab 79 (Abb. 192 S. 57), dem ein anderer aus Grab 26 entspricht. Die Form ist die gleiche, wie bei den kretischen Urnen, die Technik sehr roh. Der grobe schmutzig-braune Firnis ist von Steinchen durchsetzt, die Oberfläche nur etwas geschlämmt, aber durch die groben Einsprengungen vollkommen uneben. Die einzige Dekoration bilden ein paar tief in den noch weichen Thon eingerissene umlaufende Linien.

Interessant ist die Amphora Abb. 424a. Sie befindet sich in der Sammlung Delenda in Thera, wo sie von Zahn aufgenommen ist. Die Bildung von Hals und Schulter erinnert an die theräischen Pithoi, doch ist das Gefäß fußlos, unten gerundet ohne Standfläche. Die Henkel sind fünfteilig mit plastisch aufgelegten Knöpfen, welche an der Ansatzstelle des Henkels sitzen, also Nachbildung eines Metallhenkels [51]). Der Thon ist rot mit Einsprengungen, lebhaft gelber guter Ueberzug. Zahn dachte daran, das Gefäß zu den „böotischen" Amphoren zu stellen. Ich habe mir die Scherben eines ganz gleichartigen Stückes aus Grab 37 als theräisch notiert.

In der Sammlung Delenda befinden sich noch drei weitere undekorierte Pithoi (Abb. 424b, c, d). Die Form ist bei allen dreien im wesentlichen die gleiche und nächstverwandt der der theräischen dekorierten Pithoi. b und c sind henkellos. Alle drei scheinen

[50]) Hervorheben will ich Petries Beobachtungen in Naukratis, Daphne u. s. w. und die Böhlaus in Samos.

[51]) Diese Nachahmung der Nagelköpfe findet sich

mehrfach auch bei Gefäßen geometrischen Stiles. Als Beispiel verweise ich auf Berlin No. 192, eine Amphora italisch-geometrischen Stiles.

derselben Fabrik zu entstammen. Der Thon ist lederbraun und scheint einen Ueberzug gehabt zu haben. Die Oberfläche der Gefäße weist starke Drehringe auf. Bei d finden sich auf dem Rande Reste blauer Farbe. Der Vergleich mit den dekorierten theräischen Pithoi macht es wahrscheinlich, daß die drei Gefäße in die gleiche Zeit wie diese zu setzen sind.

Abb. 424a, b, c, d. Pithoi der Sammlung Delenda. a Höhe 0.45, b 0.64, c 0.59, d 0.63 m.

Mehrfach kommen eiförmige, unten sehr stark zusammengezogene und nur mit einem kleinen Fußring versehene Amphoren vor (vergl. Abb. 425 a aus Grab 96; gleiche in Grab 60, 93, 97, und mehrfach durch aus dem Schutt aufgelesene Scherben bezeugt). Charakteristisch

29*

sind die starke wulstige Lippe und die unmittelbar unter dieser ansetzenden Henkel. Die
ziemlich dünnwandigen Gefäße bestehen aus einem eigentümlichen graubraunen feinen Thon,
dessen Oberfläche gut geglättet ist. Bei einem Exemplare sind mit hellbraunem Firnis umlaufende Linien aufgemalt. Die Gefäße sind nach dem Thon sicher nicht theräisch. Die Form
ist weit verbreitet, kehrt unter den Vorratsgefäßen von Naukratis, Tanis [206]), Samos etc. wieder.
Aus ihr ist die Form der dekorierten jonischen Amphora entwickelt, wie sie schon in einzelnen
geometrischen Stilen, dann vor allem in der milesischen und samischen Keramik geläufig ist.
Zwei der Gefäße dieser Gattung tragen wohl zu Handelszwecken eingeritzte Signaturen, Buchstaben und Zeichen, denen ein Sinn nicht abzugewinnen ist; der Charakter der Buchstaben
weist die Gefäße archaischer Zeit zu. Beigaben, die eine genauere Datierung ermöglichten,

Abb. 425a, b, c. Amphoren von der Sellada. (a = Abb. 215, b = Abb. 214, c = Abb. 218.)

fehlen. Ich bin, nach dem Fehlen geometrisch verzierter Beigaben, geneigt, diese Gräber den
jüngsten archaischen auf der Sellada zuzuzählen, die den gleichartigen Funden von Samos und
Naukratis etwa gleichzeitig sein, also dem Beginn des VI. Jahrhunderts angehören mögen.
Ueber die Herkunft der Amphoren ergeben die Inschriften nichts; doch ist bei diesen wie
den folgenden wegen des Vorkommens in Naukratis und Italien ostgriechischer Ursprung
wahrscheinlich.

Verwandt ist die Form der Amphora aus Grab 94 (Abb. 425 b), die aus feinem ziegelrotem Thon besteht und mit mehreren breiten umlaufenden Firnisstreifen verziert ist. Außerdem

Abb. 426. Signatur der
Amphora Abb. 425 b.

läuft über den flachen Henkel ein breiter Firnisstreifen abwärts, der
sich auf dem Gefäß fortsetzt und die umlaufenden Streifen schneidet.
Diese Malerei ist mit mattem braunem Firnis ausgeführt. Auf die
Schulter ist eine Signatur gemalt (Abb. 426); hier ist der Firnis rot.
Außerdem ist an den Hals mit schwarzer Farbe noch das Zeichen ∨I
gemalt. In allem stimmt zu diesem Gefäß eine Amphora aus Caere,
die sich im Louvre befindet [207]). Auch die Größe (0.60 m) ist die
gleiche. Die jedenfalls nachträglich aufgesetzte Signatur des Halses
fehlt hier natürlich. An Stelle der Schultersignatur tritt bei der Amphora des Louvre ein
großes liegendes ∿.

[206]) Tanis II Taf. XXXIII 1.   [207]) Pottier Vases 36 Taf. 30 D. 40.

Eine archaische Spitzamphora fand sich im Grab 98 (Abb. 425 c). Hier ist die Technik eine sehr charakteristische und gute. Der unreine, mit kleinen Steinchen durchsetzte Thon ist klingend hart gebrannt und mit einem festen eigentümlich rötlich-weißen Ueberzug versehen, auf welchen mit dünnem rotbraunem Firnis einige Linien und flüchtige Schnörkel gemalt sind. Eine gleiche Amphora aus Naukratis bildet Flinders Petrie ab [208]) und schreibt sie der Mitte des VII. Jahrhunderts zu. Auch in Daphne [209]) ist die Gattung häufig, schon in den älteren Schichten. An beiden Orten kommt sie mit dem Siegel des Aames verschlossen vor. In diesen Amphoren haben die Leute von Daphne und Naukratis und also wohl auch die Theräer Wein erhalten [210]). – Die spätere Form der Spitzamphora unterscheidet sich wenig von dieser. Die Schulter ist stärker vom Bauch getrennt, und dieser in der Regel schlanker gebildet. Letzteres hatte den praktischen Vorteil, daß die Gefäße sich noch enger zusammenstellen ließen und damit gerade auch beim Transport eine bessere Ausnutzung des Laderaumes möglich war, ein Gesichtspunkt, unter dem die Form der Spitzamphora sicher erfunden ist.

Etwas späterer Zeit gehören wohl die Amphoren aus Grab 1 und 2 an (Abb. 3 S. 13), die aus ziegelrotem feinem Thon bestehen, der ganz, auch im Innern des Gefäßes, mit mattem schwarzbraunem Firnis überzogen ist.

Eine Hydria altertümlicher Form fand sich im Grab 62 (Abb. 160 S. 50). Den Fuß vertritt eine einfache Abplattung [211]). Das Gefäß ist aus feinem rotem, an der Oberfläche hellerem Thon geformt, auf den mit mattem rotem Firnis umlaufende Bänder und ein ～-förmiges Ornament gemalt sind. Etwas entwickelter ist die Form einer zweiten, offenbar derselben Gattung angehörigen Hydria, welche Frau Delenda in Thera besitzt (Abb. 427). Hier ist ein niedriger Ringfuß vorhanden, der Körper ist eleganter geformt, die scharf umgebogene Lippe durch eine wulstige

Abb. 427. Hydria der Sammlung Delenda. Höhe 0.43 m.

ersetzt. Der Thon ist auch hier rot mit hell-orangeroter Oberfläche; mit dünnem schwarzem bis rotbraunem Firnis sind umlaufende Linien und auf der Vorder- und Rückseite eine hufeisenförmig gebogene Linie, die mit zwei Spiralen endet, gemalt; zwischen letzteren ein pfeilförmiges Blatt. Dieses Pfeilblatt kommt als Ornament schon in mykenischer Mattmalerei vor.

Wiederum bringt Daphne ein Gefäß der gleichen Gattung [212]).

Eine weitere Gruppe undekorierter Gefäße wird durch das Merkmal des grauen Thones zusammengefaßt. Als Beispiele seien angeführt:

[208]) Naucratis 21 Taf. XVI 4.

[209]) Tanis II 36, 5. Auch die Technik scheint nach der Beschreibung der unsrigen zu entsprechen.

[210]) Weinimport auf Thera ist bei der heutigen eigenen Produktion der Insel so gut wie ausgeschlossen. Im Altertum lagen die Verhältnisse anders. Der Ackerbau überwog damals noch den Weinbau, und auch eine starke Oelproduktion geht aus den Katasterinschriften I. G. I. III 343 ff. hervor.

[211]) Zur Form vergl. die aus ältesten Schichten stammende Hydria aus Eleusis. Έφ. άρχ. 1898, 74 Fig. 14.

[212]) Tanis II Taf. 32, 5. Harter hellbrauner Thon, dunkler Firnis. Umlaufende Linien; ～ auf der Schulter, Wellenlinie zwischen den Henkeln.

1) Amphora aus Grab 5. (Abb. 4 S. 14.) Höhe 0.675 m. Schlankes Gefäß, in der Form den theräischen ähnlich. Die Henkel sind deutlich Metallhenkeln nachgeahmt. Vom Halse zur Schulter ist ein flacher bandförmiger Henkel geführt. Der Zwischenraum zwischen diesem und dem Halse ist an der Vorderseite mit einer durchbrochenen, gleichsam aufgelöteten Platte geschlossen, während er hinten offen bleibt, so daß man in den Henkel hineingreifen kann. Den Eindruck der Metallimitation verstärkt die Farbe. Das Gefäß ist aus feinem hellgrauem, nicht sehr fest gebranntem Thon gefertigt und die ganze Oberfläche mit einem matten schwarzen Ueberzug versehen, der offenbar mit dem Pinsel aufgestrichen ist. Die Form weist das Gefäß in archaische Zeit, wohl ins VII. oder VI. Jahrhundert, in dem diese Henkelbildung beliebt ist (vergl. oben S. 153).

2) Amphora aus Grab 27. Ganz zerdrückt gefunden. Große schlanke Amphora mit kleiner Standfläche, ohne eigentlichen Fuß, mit scharf umgebogener Lippe, wie die theräischen Amphoren sie haben. Metallnachahmung zeigen auch die Henkel, welche vom Halse zur Schulter hinabgeführt sind und gleichsam aus drei Stäben zusammengesetzt sind, von denen der mittlere schnurartig gerillt ist. Die Amphora besteht aus dunkelgrauem Thon mit weißen Einsprengungen, der vom Brande an einzelnen Stellen gerötet ist. Die Oberfläche ist schlecht geglättet und hat einen grauen, wohl durch Schlemmung hergestellten dünnen Ueberzug. Auf der Schulter stand die Inschrift I. G. I. III 986, deren Buchstaben der mittleren Stufe des theräischen Alphabetes angehören, also das Gefäß etwa dem VII. Jahrhundert zuweisen.

Ich schließe hier noch ein paar kleine monochrome Gefäße an, welche ebenfalls aus grauem Thon bestehen. Wichtig ist die Scherbe eines kugelförmigen Gefäßes, wohl eines Aryballos aus feinem Thon, in dessen geglättete Oberfläche vor dem Brande leicht eingedrückte, von oben nach unten laufende Linien gedrückt sind. Ein wohl verwandtes Gefäß, eine kleine Kanne mit Kleeblattmündung und senkrecht eingeritzten Linien, befindet sich im Athenischen National-Museum (No. 108, „Κύργος").

Endlich kommen kleine Täßchen aus grauem Thon mit dunklem Ueberzug vor, z. B. in Grab 49 (Abb. 145 S. 45). Die Form, die schon mykenisch ist [213], zeigt wieder wie die Farbe die unmittelbare Nachahmung von Metallvorbildern.

Der Ursprung dieser Technik liegt im letzten Grunde in der vormykenischen monochromen Keramik, die sich verfeinert in einzelnen Landschaften bis in nachmykenische Zeit fortgepflanzt hat. Daß ein Centrum dieser Technik im nördlichen Kleinasien und auf den vorliegenden Inseln zu suchen sei, haben Loeschcke, Karo und Böhlau gezeigt. Von dort aus hat die Technik sich allmählich, zur Zeit der orientalisierenden Stile wieder weiter verbreitet. An Stelle des wenig haltbaren matten Ueberzuges tritt vielfach ein schwarzer Firnisüberzug. Der Zusammenhang mit der Metallurgie wird besonders zähe gewahrt. Daß unter den Formen der monochromen Ware der Kugelaryballos erscheint, ist interessant. In der festländisch-griechischen Kunst taucht diese Form in der korinthischen Keramik auf, die überhaupt manche Anregungen aus dem Gebiet dieser schwarzgrundigen Töpferei empfangen hat. Unsere in Thera gefundenen Stücke als Import aus der eigentlichen Heimat dieser Technik anzusprechen, wäre gewagt, da sich die Technik in dieser Zeit eben weiter verbreitet hatte, die wenigen Gefäße außerdem in der Qualität des Thones, der Technik seiner Behandlung erheblich differieren, so daß der Herleitung aus einer Bezugsquelle Schwierigkeiten entgegenstehen; es kommt hinzu, daß unter den reichen Funden von Thera gerade solche, die in das Gebiet des nördlichen Aegeischen Meeres wiesen, fehlen. Interessant ist, daß auch unter den wenigen theräischen Stücken das Schwanken zwischen geschwärzter Oberfläche und Firnisüberzug bemerkbar ist.

Kochtöpfe   In großer Zahl sind in der theräischen Nekropole einhenklige Töpfe gefunden, die aus grobem unreinem dunkelgraurotem Thon verfertigt sind, ohne jede Pflege der Oberfläche.

---

[213] Furtwängler-Loeschcke Myk. Vasen Taf. 44, 99, Taf. II 11 (Text 9) ist ein Täschen gleicher Form aus Jalysos abgebildet, ganz mit fast glanzlosem rotgelbem Firnis ungleichmäßig überzogen. Ein
oder zwei vollkommen entsprechende fanden sich auch in Thera. Roten Thon hat das Exemplar Böhlau Nekropolen Taf. VIII 11.

Die Form veranschaulicht Abb. 428 [211]. Es ist das einfachste alltäglichste Gebrauchsgeschirr, der Kochtopf, der noch rauchgeschwärzt dem Toten ins Grab gegeben ward, die χύτρα, die auch in dem ärmlichsten Haushalte nicht fehlen durfte. Die Form ist uralt und hat sich wohl Jahrhunderte lang im wesentlichen unverändert erhalten. Sie kommt schon in Troja und Cypern vor, dann in mykenischen Schichten und Gräbern geometrischer Zeit [212], bald etwas weniger, bald mehr gegliedert, einhenklig, zweihenklig, bisweilen auch mit einem niedrigen Fuß versehen, in der Regel aber unten gerundet, da das Gefäß zum Gebrauche doch auf einen Dreifuß über das Feuer gesetzt wurde; letzterer ist bisweilen auch schon an das Gefäß angefügt. Auch eine χύτρα δίωτος aus gleichem Material haben wir aus Thera, den großen Topf mit zwei bandförmig flachen Henkeln (Abb. 428d). Seine Form ist interessant, weil sie vollkommen entsprechend in altetrurischen Funden wiederkehrt [213]. Böhlau hat schon die Form als eine altgriechische in Anspruch genommen [214]. Der theräische Fund bestätigt das, indem die Form in dieser spezielleren Ausgestaltung hier zum ersten Male, soweit mir bekannt, auf griechischem Boden erscheint, und zwar als gewöhnlichstes Gebrauchsgeschirr. Die feinere Ausbildung der primitiven Form hat dann offenbar die Metallurgie übernommen, denn im letzten Grunde geht, wie ebenfalls schon Böhlau ausgesprochen hat, die eigenartige

Abb. 428 a, b, c, d. Theräische Kochtöpfe. (a = Abb. 198, b = Abb. 177,5 c = Abb. 109, d = Abb. 111.)

Amphorenform des Nikosthenes und die gleiche des Bucchero auf diese Urform zurück. Die Buccherokeramik aber sowohl wie Nikosthenes ahmen hier und sonst, wie längst erkannt, sklavisch Metallgefäße nach.

Von besonders altertümlicher Form und Technik ist die im Grab 17 gefundene bauchige Schnabelkanne (Abb. 77 S. 29). Sie ist anscheinend aus demselben Thone wie die Kochtöpfe gefertigt, mit stark verblaßter weißer Farbe sind ein paar einfache Ornamente, umlaufende Linien und hängende Dreiecke auf das Gefäß gemalt. In Form, Ornament und Technik gleicht das Gefäß also Vormykenischem. Es ist eine Form, die gerade der älteren Kykladenkultur geläufig ist. Ob sie wirklich noch im VI. Jahrhundert im Gebrauch war, wie Böhlau aus ihrem Vorkommen in Massilia schließt, bedarf noch der Bestätigung [215]. Das theräische Exemplar ist in einem Grabe des VII. Jahrhunderts gefunden. Bei seiner Vereinzelung aber ist die Möglichkeit in Erwägung zu ziehen, ob hier nicht wirklich ein vormykenisches Gefäß, das man gefunden hatte, zum zweiten Male benutzt ist.

[211] Abgesehen von zahlreichen Scherben aus dem Schutt fanden sie sich in Grab 13. 18 b. 19. 21. 22. 39. 47. 56. 63. 67. 72. 81. 82. 83. 86. 91 und in dem von Schiff geöffneten Grabe. Aus Thera stammt auch ein Exemplar im Louvre, Cat. No. 264. Auch eine Amphora aus dem gleichen Material fand sich in Grab 19.

[212] z. B. aus Menidi, Kuppelgrab 8. Jahrb. XIV 113

Fig. 20, von Wolters noch für mykenisch gehalten. Aus dem Kerameikos in Athen: Nat.-Mus. 680. 730. Aus Eleusis Ἐφ. ἀρχ. 1898, 99. Wesentlich anders werden aber wohl auch die χύτραι in klassischer Zeit nicht ausgesehen haben.

[213] Jahrb. XV 165 Fig. 8.

[214] Jahrb. l. c.

[215] Böhlau Nekropolen 64. Jahrb. XV 179.

9. Chronologie.   Historische Ergebnisse.

Wann die ältesten Gräber auf der Sellada angelegt wurden, können wir nur ungefähr abschätzen. Die ältesten Vasen, die sich hier fanden, zeigen einen vollentwickelten lokalen geometrischen Stil, der dem entwickelten Dipylonstil und dem rein geometrischen protokorinthischen gleichartig ist und auch etwa in dieselbe Zeit gesetzt werden darf. Der rein-geometrische protokorinthische Stil hat, wie die italischen Funde zeigen, das VIII. Jahrhundert nicht überdauert. Auch für Attika gilt Aehnliches. Die Periode des Dipylonstiles schließt auch dort mit dem VIII. Jahrhundert ab [119]. Das VII. Jahrhundert füllt in Attika der frühattische Stil, im korinthisch-euböischen Kreis der orientalisierende protokorinthische, in Böotien der dortige orientalisierende Stil, alles Parallelerscheinungen, die wir im wesentlichen gleichzeitig anzusetzen haben. Eine obere Grenze ist für die rein geometrischen Stile noch nicht gefunden. Das VIII. und IX. Jahrhundert dürften ihnen aber vollkommen gehören, denn unter das X. Jahrhundert wird man mit mykenischem und Uebergangsstil kaum herabgehen dürfen [220]. Die ältesten theräischen Vasen können somit nach unseren allgemeinen Begriffen von Vasenchronologie schon dem IX. und VIII. Jahrhundert angehören. Schon während des VIII. Jahrhunderts würde sich im theräischen Stil die Metopendekoration herausgebildet haben, die in Attika in dieselbe Zeit fallen muß. Die Beziehungen, welche diese mit den italischen Funden verbinden (vergl. S. 167 f.), lassen sogar noch eine etwas frühere Datierung zu [221]. Im VII. Jahrhundert hätten wir dann den steigenden orientalisierenden Einfluß im theräischen Stil. Die Beziehungen, die sich hier zu Frühattischem, Prothokorinthischem einerseits, Melischem, Milesischem andererseits ergeben, bestätigen die Datierung. Dem VII. Jahrhundert gehören ferner die Gräber an, welche die „böotischen" Vasen und andere Vasen der Uebergangsstile enthielten, welche auch mehrfach mit protokorinthischen Gefäßen des VII. Jahrhunderts zusammen gefunden wurden. Eine ganz späte theräische Vase, wie Amphora 37, mag auch sogar noch dem Beginn des VI. Jahrhunderts angehören; die mit ihr zusammen gefundenen kleinen spätprotokorinthischen Skyphoi erlauben diese Datierung sehr wohl. Ebenso werden einzelne der undekorierten Gefäße, für welche wir die Parallelen in Naukratis und Daphne fanden, hierhin zu rücken sein; endlich der ganze Massenfund.

Ein weiteres chronologisches Hilfsmittel, die Grabinschriften, ergiebt auch nur annähernde Daten, die sich aber mit den eben gewonnenen decken. Es ließ sich leider keine dieser Grabinschriften mehr einem bestimmten Grabe zuweisen. Wir können also nur sie als ein Ganzes fassen. Von den Grabinschriften gehören einige noch der ältesten Stufe des theräischen Alphabetes an. Weitaus die meisten fallen in die zweite Periode. Auch die dritte Stufe ist noch vertreten, wenn auch nur durch einige wenige Steine. Diese dritte Stufe des theräischen Alphabetes wird wohl kaum älter als der Beginn des VI. Jahrhunderts sein, da sie offenbar jünger ist als die Gründung von Kyrene [222]. Weitaus die meisten Inschriften sind also sicher älter, wie eben auch die meisten Gräber älter sind. Eine Inschrift der II. Stufe des

---

[119] Krokers Versuch, eine bedeutend spätere Datierung mit Hülfe der Schiffsbilder auf Dipylonvasen zu geben, ist wohl allgemein aufgegeben. Vergl. z. B. Pernice Ath. Mitth. XVII 285 ff. Das VII. Jahrhundert vom Dipylonstil frei zu halten: Brückner-Pernice Ath. Mitth. XVIII 137 ff.

[220] Skias ('Εφ. ἀρχ. 1898, 119) setzt die eleusinischen Gräber etwas älter an, möchte sie dem X. Jahrhundert zuschreiben. Abgesehen davon, daß er

den Fehler macht, die Dipylongräber unmittelbar auf die mykenischen folgen zu lassen (vergl. oben S. 170 f.), datiert Bissing einen in dieser Nekropole gefundenen Skarabäus des Pianchi ca. 750—730. Das würde mit meiner Annahme vortrefflich übereinstimmen.

[221] Die ältere Villanovaperiode fällt etwa ins IX. Jahrhundert.

[222] Vergl. auch Thera I 156.

Alphabetes findet sich auf einer jonischen Schale des Grabes 17. Die Schale würde ich an und für sich für nicht älter als das VII. Jahrhundert halten. Der Inhalt des Grabes, neben wenig und zum Teil spätem Theräischen (Scherbe 83!) eine „böotische" Amphora, Protokorinthisches, auch schon einiges Korinthische u. s. w., weist direkt ins VII. Jahrhundert. Für die II. Alphabetstufe kommen wir also ins VII. Jahrhundert. Wie lange sie schon vorher im Gebrauch war, wissen wir natürlich nicht. So viel aber darf man ohne weiteres annehmen, daß die Inschriften der I. Stufe ins VIII. Jahrhundert gehören, vielleicht zum Teil noch älter sind. Wir dürfen also auch danach mit den ältesten Gräbern unbedenklich ins VIII. Jahrhundert hinaufrücken. Die ältesten Vasen von der Sellada müssen mindestens so alt sein wie die ältesten Inschriften. Man darf aber mit der Möglichkeit rechnen, daß einzelne von ihnen älter sind, da sich die Sitte der Grabinschrift wohl erst allmählich eingebürgert hat. Es hat also keine Bedenken, die ältesten theräischen Vasen, wie oben geschehen, bis ins IX. Jahrhundert hinauf zu datieren. Bis in diese Zeit hinauf dürfen wir also auch die Anfänge der Stadt auf dem Messavuno rücken und würden damit, wenn die Annahme richtig ist, daß die Stadt erst von den dorischen Besiedlern angelegt sei, einen terminus ante quem für deren Einwanderung gewinnen.

Außer Vasen und Inschriften haben die Gräber auf der Sellada kaum etwas geliefert, was für eine Datierung verwendet werden könnte. Das einzige Fibelpaar, gefunden in dem Grab 52 (Abb. 149 S. 47), welches seiner Amphora nach wohl zu den älteren zu rechnen ist, zeigt die Form der griechischen Fibel geometrischer Zeit[218]. Charakteristisch ist vor allem das viereckige Fußblech, in das die Nadel eingreift. Die Form des Bügels variiert; ganz genau den theräischen entsprechend kann ich sie bisher nicht nachweisen[219]. Diese Fibelform war offenbar schon aus der Mode, als die griechischen Pflanzstädte in Italien angelegt wurden, d. h. in der zweiten Hälfte des VIII. Jahrhunderts; dort finden sich nur noch ihre jüngsten Ausläufer[220].

Die Form des Bronzekessels aus Grab 17 (Abb. 78 S. 29) entspricht den älteren olympischen. Es fehlt ihm noch der flache Rand, welcher die jüngeren olympischen Kessel auszeichnet. Wir dürfen ihn demnach unbedenklich dem VII. Jahrhundert zuweisen. Er könnte auch älter sein[220].

Zu dem ὁρμός von kleinen flachcylindrischen Perlen (Grab 10, vergl. S. 112) aus ägyptischem Porzellan ist beispielsweise ein gleichartiger aus einem der Gräber von Pitigliano zu vergleichen[221]. Das Grab, tomba a camera, das unter anderen Beigaben eine schwarzbunte Schale, protokorinthisches und korinthisches Geschirr, enthält, gehört wohl dem ausgehenden VII., vielleicht auch erst dem VI. Jahrhundert an. Das in Frage stehende theräische Grab ist in die gleiche Zeit zu datieren. Es enthielt die stilistisch jüngste theräische Vase. Doch ist auf dieses Zusammentreffen nicht viel Gewicht zu legen. Gerade die Formen der Perlen bleiben zum Teil Jahrhunderte lang die gleichen.

Der Stil der theräischen Vasen weist nach dem griechischen Festlande, dorthin, von wo aus die Kolonisation der Insel erfolgte. In der frühesten Zeit spielt der Import von Vasen natürlich nur eine geringe Rolle. Entsprechend läßt sich auch ein sicherer Export theräischer Vasen nicht nachweisen. Eine Scherbe ist bisher außerhalb Theras gefunden (S. 137. 12); könnte sie nicht auch neuerdings verschleppt sein? Was dann zuerst an importierten Gefäßen erscheint, weist, wie leicht verständlich, einerseits nach dem griechischen Festlande, namentlich

[218]) Vergl. z. B. Studniczka Ath. Mitth. XII 14 ff. Böhlau Arch. Jahrb. III 361 ff.

[219]) Als eine Art Vorstufe könnte man die Fibel aus Olympia, Furtwängler Bronzefunde Taf. No. 7, und die Fibel Ath. Mitth. X Beilage zu S. 59, betrachten.

[220]) Studniczka a. a. O. 16.

[220]) Der schöne Bronzekessel aus Leontinoi (Winnefeld 59. Berliner Winckelmannsprogramm), der der Wende des VII. und VI. Jahrhunderts angehört, zeigt die jüngere Form mit Rand.

[221]) Arch. Jahrb. XV 185 (Böhlau).

Thera II.   30

der Peloponnes, andererseits nach den benachbarten Inseln, unter denen besonders Kreta greifbar hervortritt. Seit dem VIII. Jahrhundert haben wir den Import protokorinthischer Vasen, die, wie bemerkt, in sehr alten Exemplaren auftreten. Mit der theräischen Amphora 45 (I. Stil) fand sich im Grab 52 eine altprotokorinthische Lekythos. Auch die „trözenische" Amphora (S. 188) kann gut noch dem VIII. Jahrhundert angehören; denn das ganze Grab 64 ist wohl früh zu datieren. Neben halslosen Amphoren kommt hier eines der feinen Kännchen, die S. 179 behandelt sind, vor. Im Grab 84 fanden sich neben der theräischen Amphora II. Stiles die zwei Kannen des östlichen geometrischen Stiles. Diese beiden Sorten von Kännchen treten nebeneinander auch in dem von Schiff gefundenen Grabe auf. Sie vertreten, wie oben angenommen ist, den Import der östlichen Inseln. Dazu kommen die sicher kretischen Vasen, welche gerade nach den Funden in Thera sich als nicht besonders alt, etwa dem ausgehenden VIII. und dem Beginn des VII. Jahrhunderts angehörig ausweisen. Alte Beziehungen sowohl zur Peloponnes (Argolis, Lakonien, Epidauros) wie auch zu Kreta sind von Hiller auch in Schrift, Staatswesen und Kultus nachgewiesen [218]).

In diese Zeit fällt nun auch schon die aus dem Wechsel der Dekorationsweise erschlossene Beeinflussung des theräischen Handwerkes durch fremde Metallwaren. Deren Heimat ist zur Zeit leider noch nicht genauer zu fixieren.

Der weitere Verlauf des VII. Jahrhunderts bringt dann eine bedeutende Steigerung des Verkehres. Die alten Beziehungen bleiben bestehen. Die protokorinthische Ware, zu der jetzt auch korinthische kommt, ist in allen Abstufungen zahlreich vertreten. Ebenso dauert der Import der östlich-geometrischen Kannen fort. Die beiden eben genannten Gattungen finden sich nebeneinander auch noch im Grab 17. Daneben treten dann neu die Amphoren auf, welche ich oben Euböa zuzuschreiben versucht habe, und zwar so zahlreich, daß wir einen geregelten dauernden Import annehmen dürfen. Vor allem aber tritt nun auch schon der Osten bedeutsam hervor. Die in den theräischen Stil eindringenden orientalisierenden Elemente habe ich auf importierte ostgriechische Metallware zurückgeführt. Es ist interessant, daß gerade die II. Stufe des theräischen Alphabetes, welche ich dem VII. Jahrhundert zugeschrieben habe, ebenfalls deutlich jonische Einflüsse zeigt [219]). Es ist die Zeit des Aufblühens der großen jonischen Handelsstädte, die ihre Spuren auch in Thera hinterlassen hat. Im Gefolge des ostgriechischen Importes beginnt nun allmählich auch die Einfuhr sicher ostgriechischer Vasen. Rhodisch-geometrische Schalen treten auf. Sie lehren uns zugleich, daß in Rhodos gerade so gut wie in Thera der geometrische Stil sich, wenn auch mit manchen fremden Beimischungen, bis tief ins VII. Jahrhundert hinein erhalten hat, die Masse der dort gefundenen milesischen und samischen Vasen somit erst der zweiten Hälfte dieses Jahrhunderts angehört. In demselben Grabe 17, das eine rhodisch-geometrische Schale enthielt, fand sich dann eine echt jonische Trinkschale; endlich beginnt auch milesischer Import. Dieselben Handelsstädte, welche am Ende des VII. und Anfang des VI. Jahrhunderts die Pflanzstädte Unterägyptens und Italiens mit Wein u. s. w. versorgten, haben auch nach Thera hin gehandelt, wie die gefundenen Vorratsgefäße lehren. Jonische Parfümerien kamen in Originalverpackung nach Thera und traten in Konkurrenz mit der Ware, welche Korinth auf den Markt brachte. Auch einzelne Gefäße aus grauem und schwarzem Thon wurden in dieser Zeit eingeführt. Sie fanden sich auch stets mit jüngeren theräischen Gefäßen zusammen. Im großen und ganzen wird all dieser jonische Vasenimport erst dem Ende des VII. und dem VI. Jahrhundert angehören. Denn in den Gräbern, welche noch gute bemalte theräische Vasen enthalten, fanden sich weder milesische Scherben, noch jonische Terrakotten, noch Reliefgefäße mit orientalisierenden Ornamenten. Die hierhin gehörigen

---

[218]) Thera I 141.   [219]) Thera I a. a. O. 29.

Scherben stammen entweder aus anderen Teilen der Nekropole, oder sie sind aus dem Schutt aufgelesen oder gehören zum Massenfunde.

Bis ins VI. Jahrhundert hinein sind also, soweit die Funde ein Urteil darüber gestatten, die Beziehungen Theras zum Mutterlande sehr rege geblieben. Die Beziehungen zu Jonien haben sich erst allmählich daneben angebahnt. Mit dem VI. Jahrhundert haben die Beziehungen zum Westen eher noch eine Steigerung erfahren. Der enge Anschluß Theras an Sparta fällt in diese Zeit [230]. Es ist die Periode, wo auch im theräischen Alphabet sich mutterländisch-griechische Einflüsse geltend machen [231]. Eine gute Bestätigung erhalten die Resultate dieser Betrachtungen auch noch durch den großen archaischen Münzfund von Thera, dessen Stücke dem VII. und VI. Jahrhundert angehören und in dem Jonien und die östlichen Inseln so gut wie garnicht vertreten sind, während der Löwenanteil Aigina zufällt, neben dem einiges von den Nachbarinseln, Korinthisches und vor allem nach euböischem Fuß Geprägtes sich findet [232]. Bei der großen Bedeutung, welche Aigina, Korinth und Chalkis als Durchgangsstationen für den griechischen Handel und speciell die Vermittelung zwischen Jonien und dem Mutterlande hatten, mag auch manches jonische Fundstück nicht direkt, sondern erst auf dem Umwege über eine dieser Städte nach Thera gelangt sein.

Noch ein paar interessante Schlüsse lassen sich aus den Funden von Thera ziehen. Phönikisches oder auch nur auf Vermittelung durch phönikischen Handel Hinweisendes fehlt vollkommen. Wir können in den Phönikern danach nicht einmal ein wichtiges Element im Handelsverkehr der Insel sehen, geschweige denn eine Besiedelung durch sie nachweisen, wie Herodot IV 147 erzählt. Hier wie anderwärts sind die Kadmeer daran schuld, daß die Phöniker in die Vorgeschichte hineingemengt werden.

Weiter ist wichtig, daß die blühende Thonindustrie der Tochterstadt Kyrene, obgleich sie sich in der ersten Hälfte des VI. Jahrhunderts einen weiten Markt, auch im Osten, erobert hatte, in Thera auch nicht durch eine Scherbe vertreten ist, eine deutliche Illustration für das schlechte Verhältnis, das zunächst zwischen Thera und seiner Kolonie bestanden hat. Es wäre auch unter diesem Gesichtspunkte von größtem Interesse, die älteste Nekropole von Kyrene zu finden, die gewiß das Gegenbild dazu geben wird. Durch diesen Abbruch der Beziehungen erklärt sich auch, daß wir die Kyrenäer so bald nach ihrer Auswanderung auf ganz anderen Kunstbahnen finden als die Theräer.

Auch von der großen Freundschaft mit Samos, von der Herodot zu berichten weiß und die er in sehr frühe Zeit setzt (IV 152), ist in den Funden noch nichts zu bemerken. Sicher Samisches ist bisher in Thera nicht gefunden. Die engen Beziehungen, welche zu Herodots Zeit bestanden, werden danach wohl frühestens im Verlaufe des VI. Jahrhunderts angeknüpft sein [233].

Spät und spärlich erscheint in Thera Attisches. Ob Attika sich je in Thera einen rechten Markt für seine Thonware erobert hat, müssen weitere Grabungen lehren. Es darf aber hier wohl darauf verwiesen werden, daß auch auf Kreta attische Vasen der Blütezeit ganz selten sind [234], ebenso wie sie auch in den Funden von Rhodos u. s. w. keine Rolle spielen, die sich auch nur annähernd mit der in Italien und in der späteren Zeit auch in Südrußland vergleichen läßt [235].

[230]) Thera I 143. 148. Dabei ist schließlich gleich-
gültig, ob es sich nur um Erneuerung eines alten
Verhältnisses handelt, oder ob erst jetzt das
dorische Thera sich an Sparta selbst anschloß.
[231]) Thera I 136.

[232]) Head *Hist. num.* 407 f. Thera I 154 f.
[233]) Thera I 1 f. 146 f. 160.
[234]) Vergl. Mariani *Mon. dei Lincei* VI 344.
[235]) Pottier *Cat. des vases antiques* I 157 f.

Abb. 429. Heroon beim Evangelismos. Nordseite.

Fünftes Kapitel.

Hellenistische Gräber.

1. Einleitendes. Vereinzelte Grabfunde.

Es ist bereits gesagt, daß sich schon im Verlaufe der archaischen Zeit eine Abnahme der Beisetzungen auf der Sellada feststellen läßt. Aus dem VI. Jahrhundert haben wir nur noch vereinzelte Gräber und Grabinschriften, während fortdauernder Totenkult sich an den in den oberen Erdmassen aufgelesenen Scherben und anderen Resten erkennen läßt. Gerade die weitere pietätvolle Fürsorge für die Toten und die Schonung der alten Gräber wird der Hauptgrund gewesen sein, welcher die Theräer zwang, allmählich andere Begräbnisplätze weiter von der Stadt aufzusuchen. Wo diese in der nächstfolgenden Zeit gelegen haben, ist bisher nicht mit Sicherheit festgestellt, weder durch unsere Untersuchungen, noch, wie es scheint, durch frühere zufällige Funde. Denn auch unter den in früherer Zeit aus Thera in die Museen gelangten Vasen findet sich kaum eine, die nicht archaischer Zeit angehörte.

Unsere Ausgrabungen haben nur zwei Grabinschriften des V., eine des IV. und drei weitere, die dem III. und II. Jahrhundert zuzuschreiben sind, ergeben [1]). Auch unter den früher gefundenen Inschriften des V.–II. Jahrhunderts sind nur wenige, deren Herkunft von der Sellada gesichert ist; freilich ist darauf kein allzugroßes Gewicht zu legen, da nachweislich viele Steine aus dem Gebiet der alten Stadt verschleppt und an anderen Orten, namentlich bei den Kirchen und Kapellen in der Ebene aufgestellt worden sind. Eine leichte Zunahme der Bestattungen auf der Sellada ist in hellenistischer Zeit an den Inschriften zu bemerken und die Grabfunde entsprechen dem. Das V. Jahrhundert fehlt durchaus und auch dem IV. wüßte

---

[1]) I. G. I. III 816. 817. 825. 835. 838. 851.

ich nichts mit Sicherheit zuzuweisen. Der hellenistischen Zeit dagegen gehören wenigstens fünf bei unserer Ausgrabung gefundene Gräber an.

Grab 33 enthielt eine zierliche hellenistische Hydria (vergl. S. 40 Abb. 126), in der sich Grab 33 neben verbrannten Gebeinen Teile eines einfachen Bronzekranzes befanden. Für die Gattung der Hydria kann ich eine vollkommene Parallele nicht beibringen. In ihrem allgemeinen Formcharakter ähnelt sie den Amphoren aus der Nekropole von Hadra bei Alexandria. Die Verwandtschaft braucht in dieser Zeit, wo Thera in engsten Beziehungen zum Ptolemäerreich steht, nicht zu überraschen[2]). Bemerkenswert ist die mit weißer Deckfarbe ausgeführte Malerei, namentlich der ganz naturalistisch gezeichnete knorrige Baum. Derselben Gattung könnte nach der Qualität von Thon, Firnis und weißer Deckfarbe auch die tiefe Schale Abb. 268 S. 75 angehören.

Dicht neben Grab 33 fanden sich in Grab 34 und 35 zwei weitere wohl hellenistische Grab 34 u. 35 Hydrien, leider in sehr zerstörtem Zustande. Auch sie enthielten verbrannte Knochen. Die Sitte der Totenverbrennung hat also in hellenistischer Zeit weiter bestanden, ebenso wie der alte Brauch, die Gebeine in ein Tuch zu wickeln; von diesem fanden sich in Grab 35 noch Reste. Zu beachten ist, daß zwei von den drei Gräbern Reste von Bronzekränzen enthielten. Die Sitte, den Toten zu bekränzen, war also auch in Thera heimisch geworden, wo die älteste Zeit sie ebensowenig kennt, wie anderwärts. Auch Homer ist sie bekanntlich fremd. Die Metallkränze ersetzen natürliche. Bekannt sind die herrlichen Goldkränze, wie namentlich südrussische Gräber sie gegeben haben, die in naturalistischer Weise die verschiedenen Blumen und Blätter wiedergeben. Ihnen gegenüber sind die theräischen von denkbar einfachster Ausführung. Reste ähnlicher aus Blech geschnittener Blätter, die bloß mit einer eingeschlagenen Mittelrippe versehen sind, haben beispielsweise die Ausgrabungen in Olympia gebracht[3]).

Weitere Gräber hellenistischer Zeit sind 101, das eine der gewöhnlichen Spitzamphoren enthielt und 105, in dem ein zweihenkliges Gefäß mit Deckel stand. Leider fehlen bei der Spitzamphora Hals und Henkel, also auch der Stempel, der uns möglicherweise Herkunft und Zeit des Gefäßes angegeben hätte. Ueber das Gefäß aus Grab 105, das Abb. 226 (S. 65) abgebildet ist, wird im VI. Kapitel noch zu handeln sein.

Der Vollständigkeit halber sei hier noch ein hellenistisches Thongefäß des Museums von Sèvres erwähnt (No. 3085[4])[5]). Es ist eine der bekannten feinen Henkelkannen mit festem weißem Ueberzug, auf deren Schulter ein einfacher Blattkranz mit bräunlichem Firnis gemalt ist. Die Gattung ist in Griechenland, Kleinasien, Südrußland sehr häufig, kommt auch in Italien vor, während sie in Aegypten zu fehlen scheint[6]). Für die Datierung ist in erster Linie ihr Vorkommen in dem Tumulus von Taman wichtig, der durch Goldmünzen des Lysimachos und Pairisades in die Mitte des III. vorchristlichen Jahrhunderts datiert wird[6]). Die gleiche Form hat die „homerische" Kanne des Dionysios, die dem Ende des III. Jahrhunderts angehört[7]); ferner kommt sie unter den rot gefirnißten Gefäßen mit fein gravierten Ornamenten vor, welche man als Vorstufen der Sigillatagefäße betrachten darf[8]), und auch

---

[1]) Es ist interessant, und darf in diesem Zusammenhange erwähnt werden, daß sich gerade unter den dem III. und II. Jahrhundert zuzuweisenden Inschriften von der Sellada mehrere finden, auf denen die Namen von Ausländern zu lesen sind. Allein schon die ptolemäische Garnison brachte zahlreiche Fremde nach Thera. Manche Grabsteine rühren gewiß von diesen Soldaten her. Vergl. oben S. 68 No. 27.

[2]) Olympia IV Taf. 66. 1173. 1174 (Oelblätter) 1178 (Epheublatt).

[3]) Brogniart et Riocreux Déscription XIII 15. Conze

Anfänge S. 520 Anm. 1 zählt sie irrtümlich zu den archaischen Vasen.

[4]) Vergl. Bonn. Jahrb. 101. 144 Anm. 2. Mein Versprechen, auf diese Gattung eingehender zurückzukommen, habe ich bisher nicht eingelöst, hoffe aber bald dazu zu kommen.

[5]) Compte rendu 1880 13 ff.

[6]) Robert 50. Berl. Winckelmannsprogramm 62 ff. 90 ff. Bonn. Jahrb. 96. 29.

[7]) Ein schönes Beispiel seit einigen Jahren im Antiquarium in Berlin. Dekoration teils graviert, teils mit feinem Thonschlamm aufgesetzt.

noch unter südrussischen Sigillatagefäßen findet sie sich[9]. Endlich mag auf die Kanne gleicher Form hingewiesen werden, welche die bekannte, in mehreren Repliken vorliegende Figur der trunkenen Alten in Händen hält; diese geht doch wohl zurück auf die berühmte Figur des Künstlers Myron, der im III. Jahrhundert in Pergamon thätig war[10]. Die Form ist eine Vorläuferin der italisch-römischen Henkelkrüge, deren älteste Beispiele namentlich in der Bildung der rechtwinklig gebogenen, senkrecht geriefelten Henkels, der ein Stück unterhalb der Mündung an den cylindrischen Hals ansetzt, verwandt sind. Auch die scharfe Trennung von Bauch und Schulter kommt noch bei Henkelkrügen aus Pompei vor. Der Charakter der Dekoration, die frei gezeichneten, zum Teil naturalistischen Ornamente haben in der sonstigen Keramik des III. und II. vorchristlichen Jahrhunderts ihre Parallelen, beispielsweise auf den Vasen der Nekropole von Hadra, weißgrundigen Gefäßen aus Myrina, der Kyrenaïka u. s. w. Derselben Zeit gehört also auch das in Thera gefundene Gefäß an. Von wo es nach Thera kam, wissen wir nicht, da wir den Fabrikationsort noch nicht kennen. Die Fundstatistik: Griechenland, besonders Bootien und Chalkis, griechische Inseln, Kleinasien (Myrina und Pergamon), Südrußland einerseits, Italien andererseits, weisen entweder auf Kleinasien oder auf Griechenland, und entstanden möchte ich mir die Technik eher in Kleinasien als im Mutterlande denken. Dort scheinen überhaupt die neuen keramischen Techniken, die dann die nächste Zeit beherrschen, ihren Ursprung zu haben.

Grabbauten   Das sind die wenigen Einzelgräber und Grabbeigaben aus Thera, die ich bisher hellenistischer Zeit zuweisen kann. Dafür sind uns eine Anzahl prächtiger Grabbauten dieser Zeit mehr oder weniger gut erhalten, die zeigen, wie auch auf der kleinen Insel der private Luxus in dieser Zeit zugenommen hat. Zugleich sind sie ein Beweis für die gesteigerten Ehren, mit denen man den Toten bedacht hat.

Gesteigerte
Verehrung
der Toten   Daß die Vorstellungen von einem thatkräftigen Weiterleben der Seelen nach dem Tode in hellenistischer Zeit an Lebendigkeit nicht ab-, sondern im Gegenteil noch zugenommen hat, lehrt die Litteratur in gleicher Weise wie die Grabinschriften und die Grabfunde. Nach wie vor ist die erste Pflicht der Ueberlebenden nicht nur für das rituale Begräbnis der Toten zu sorgen, sondern auch durch regelmäßige Totenopfer für das Wohlbefinden der Verstorbenen Sorge zu tragen. Stiftungen für den Totenkult sind keine Seltenheit. Selbst ein Mann wie Epikur bestimmt testamentarisch gewisse πρόσοδοι, aus denen jährlich die ἐναγίσματα für seine Eltern, seine Brüder und ihn selbst bestritten werden sollen[11]. Man darf wohl sagen, daß eher noch eine Steigerung der Vorstellungen von der Bedeutung der Seelen der Verstorbenen erfolgt ist, wie überhaupt eine Zunahme des religiösen Lebens in späterer Zeit unverkennbar ist[12]. Die förmlichen Tempel, die man den Toten erbaut und in denen ein komplizierter Kult sich abspielt[13], die Grabaltäre, die seit dem III. Jahrhundert immer häufiger auftreten, sprechen deutlich genug[13]. Wir sehen daraus, daß das fast familiäre Verhältnis der Ueberlebenden zu den Toten, wie es im V. Jahrhundert herrscht, wenigstens in einzelnen Landschaften sich geändert hat. Dies Verhältnis der Ueberlebenden zum Verstorbenen, die Steigerung der Vorstellung von Macht und Würde des Toten spricht sich besonders deutlich in den immer zahlreicher werdenden

---

[9] Bonn. Jahrb. 101. 144 Fig. 8.
[10] Vergl. Weißhaeupl Ἐφ. ἀρχ. 1891, 143.
[11] Diog. Laert. X 18.
[12] Es genügt, auf die zahlreichen Tempelbauten, auf die beständige Einführung neuer Kulte, für die wir gerade auf Thera in den Stiftungen des Artemidoros ein charakteristisches Beispiel haben, auf das immer stärkere Hervortreten einzelner Heiligtümer, auf die Ausbildung des Asylrechtes hinzuweisen. Gerade

dem III. Jahrhundert gehört sie an. Der politische und wirtschaftliche Rückgang, äußere Ereignisse, wie der Galliereinfall, haben gewiß dazu beigetragen. Vergl. Polyb. V 106. Hiller in dem Artikel Delphi in Pauly-Wissowas R. E. IV 2570.
[13] Vergl. Hiller Arch. epigr. Mitt. XVII 247 ff. und Jahresber. über d. Fortschr. d. Altertumswiss. CX (1901, III) 60 f. Benndorf Reisen in Lykien und Karien I 110.

Heroisierungen aus [14]. Wenn auch der Begriff des Heros dadurch zweifellos von seiner Geltung verloren hat, so zeigt die Verallgemeinerung der Ehre doch, daß man immer mehr Toten dieselbe Macht und dieselbe Kraft zutraute, die man früher bloß einigen Auserwählten zuwies. Die Zahl der Heroen ist unbeschränkt. Heroisierungen sind zu allen Zeiten erfolgt. Aber immer war doch das Aufsteigen zu heroischer Würde eine Folge von besonderer im Leben bewiesener Tugend und Kraft, und das Orakel war es, das diese Heroisierung gleichsam bestätigte. Auch Alexander befragt noch der Form halber das Orakel, ehe er den Hephaistion als Heros verehren läßt [15]. In Thera selbst haben wir das Beispiel des Artemidoros von Perge aus der Mitte des III. Jahrhunderts, dem vom Orakel schon bei seinen Lebzeiten sogar künftige göttliche Ehren verhießen werden [16]. Die gewöhnlichen theräischen Grabsteine des III. und II. Jahrhunderts bezeichnen die Toten noch nicht als Heroen. Wie abgegriffen aber um die Wende des III. und II. Jahrhunderts doch der Begriff des Heros schon ist und wie häufig die Bezeichnung des Toten als Heros gewesen sein muß, zeigt das Testament der Epikteta (I. G. I. III 330), in dem die Toten sämtlich als Heroen, ihre Ruhestätten als ἡρῷα bezeichnet sind [17]. Daß hier in jedem Falle die Pythia eingegriffen habe, scheint kaum glaublich. Es spricht die Inschrift auch nicht davon, daß diesen Leuten eine besondere Ehre zu teil geworden. Der Ausdruck erscheint als etwas ganz Selbstverständliches. Immerhin handelt es sich hier noch um Leute aus den vornehmsten Kreisen. In späteren Inschriften — in Thera etwa seit Beginn der Kaiserzeit [18] — wird dann unumwunden ausgesprochen, was für die Zeit der Epikteta wohl schon vorausgesetzt werden darf, daß es die überlebenden Angehörigen oder der Staat sind, die ihren Verstorbenen diese Ehren zuerkennen. Die Heroisierung der Verstorbenen ist gerade in Thera nach Ausweis der Inschriften besonders gebräuchlich gewesen. Auch die Vorliebe, welche die Theräer noch spät für den Typus der Totenmahle auf ihren Grabreliefs zeigen, paßt dazu. In der Verehrung und Pflege seiner Toten hat Thera jedenfalls keiner anderen Landschaft nachgestanden. Das zeigt sich nun auch deutlich in den Grabbauten dieser Zeit.

Seit langem ist als „Testament der Epikteta" eine große Inschrift aus Thera bekannt, welche die Errichtung eines Heroons, die Einsetzung eines Kultus in demselben und einer Kultgenossenschaft, sowie die Satzungen, welche letztere sich gegeben hat, enthält [19]. Es ist eines der wichtigsten Dokumente für den Totenkult der späteren griechischen Zeit. Wir erfahren, daß hier zu Ehren verstorbener Familienangehöriger ein mit Skulpturen geschmücktes Museion errichtet wird mit einem Musenkult [20]. In diesem Museion sollen auch die Statuen der Verstorbenen Aufstellung finden. Auf der gemeinsamen Basis derselben stand die uns erhaltene Inschrift (Zeile 274 ff.). Mit dem Museion verbunden war ein τέμενος τῶν ἡρώων, in

---

[14] Eine Fülle von Material bei Rohde Psyche II 660 ff. Vergl. auch Thera I 171 f.

[15] Arrian. anab. VII 14. 7. 23. 6.

[16] I. G. I. III 863.

[17] Vergl. z. B. I. G. I. III 871. 874 etc. Der Ausdruck ἡρωΐζειν ist in Thera auch nicht früher nachzuweisen. In Attika kommt er schon im II. vorchristlichen Jahrhundert vor. C. I. A IV 2 623 e. Deshalb ist es doch gewagt, ihn mit Deneken. Rosch. lex. I 2548 für ursprünglich theräisch zu halten.

[18] Dieselbe Bezeichnung auch an anderen Orten. Vergl. Deneken. Rosch. lex. I 2547. Usener Götternamen 249 f.

[19] Der Text jetzt I. G. I. III 330. Daselbst auch ältere Litteratur angeführt, auf die ich hier verweisen kann. Vergl. Thera I 170 ff. Besonders hervorheben möchte ich Benndorfs Behandlung im Text zur Ausgabe des Heroon von Giölbaschi.

[20] Die Zeile 15 genannten Bilder der Musen sind offenbar identisch mit den Zeile 11 vorkommenden ᾠδα. Es handelt sich also wohl um einen Musenfries. So Keil Hermes XXIII 293. Von Musenstatuen ist nicht die Rede. Ricci Mon. Ant. II 128 meint, es seien τὰ ἀγάλματα im Museion und im τέμενος τῶν ἡρώων unterschieden und hält die Musenbilder für Statuen. Da nun aber ἀγάλματα im Museion die Unterschriften und Zeile 274 ff.), so können die Bilder der Musen ihrerseits in den τέμενος τῶν ἡρώων zu stehen, was eine auffallend verwirrte Aufstellung wäre.

dem sich die ἡρῷα der einzelnen Verstorbenen befanden, d. h. die eigentlichen Grabmäler [21]), über deren Form wir näheres nicht erfahren, die wir uns aber wohl nach Analogie der Sargkapellen oder Nischen späterer Nekropolen denken dürfen. Im Museion, das also mindestens einen großen geschlossenen Raum enthalten haben muß und das wir uns wohl tempelartig zu denken haben, findet jährlich ein dreitägiges Opfer und Gelage, veranstaltet von dem testamentarisch gebildeten ἀνδρεῖος τῶν συγγενῶν statt. Es zerfällt in das Opfer für die Musen und die Opfer für die Toten. Um diesen fortgesetzten Kult zu ermöglichen, werden die Einkünfte bestimmter Ländereien testamentarisch angewiesen. Das Museion soll außer zu dieser jährlichen Veranstaltung nur zu Hochzeiten im Geschlechte der Epiteleia, der Tochter der Epikteta, benutzt werden. Auch im Inneren sollen keine Veränderungen stattfinden, außer daß der Bau einer Halle gestattet wird (Zeile 49). Leider ist der genauere Fundort der Inschrift nicht bekannt. Es wäre von größtem Interesse, die Reste dieser Anlage zu finden. Sie würden das Bild, das wir uns nach der Inschrift von dieser vornehmen Begräbnisstätte machen können, noch ergänzen. Aehnliche Anlagen, die wir zum Vergleich heranziehen können, kennen wir auch aus anderen Landschaften, namentlich aus Kleinasien, während sie im eigentlichen Griechenland seltener sein dürften. In Kleinasien, namentlich in Lykien, das stets zu besonders prunkvollem Grabkult neigte, können wir schon früh, schon im V. Jahrhundert ähnliches nachweisen. Benndorf hat schon bei Behandlung des Heroon von Giölbaschi auf die Analogie der im Testamente der Epikteta geschilderten Anlage verwiesen und eine Anzahl ähnlicher Bauten angeführt [22]). Daß derartige Anlagen ungriechisch seien, von den Griechen erst im Laufe der Zeit übernommen, soll damit nicht gesagt sein. Nur sind in den bescheidenen Verhältnissen Griechenlands die prunkvollen Anlagen selten und wo sie auftreten, wohl meist erst hellenistischer Zeit angehörig. Ihren Ursprung haben sie in den umhegten Heroenbezirken, welche die Gräber umschließen. Seit der mykenischen Zeit können wir solche Periboloi mit Gräbern nachweisen. Es ist alles nur eine Weiterentwickelung desselben Gedankens, wenn Baumpflanzungen hinzutreten, die Gräber schön ausgestattet werden und endlich auch für die Bequemlichkeit derer, die den Kult versehen, d. h. der Angehörigen, Aufenthaltsräume, Räumlichkeiten, in denen sie ihre Totenmahle abhalten können, u. a. m. hinzutreten [23]). Das Beispiel barbarischer Großer mag hier und dort anregend mitgewirkt haben, etwas prinzipiell neues aber bringt es kaum hinzu.

Eine zweite Anlage von der Art der im Testament der Epikteta genannten vermag ich auf Thera nicht nachzuweisen. In mehreren Beispielen aber sind tempelförmige Grabstätten erhalten. Die größte dieses Typus ist das Heroon bei der Kirche Evangelismos.

2. Das Heroon bei der Kirche Evangelismos.

Wahrscheinlich schon Fauvel, sicher Ross fanden während ihrer Arbeiten auf dem Messavuno Unterkunft in dem kleinen Metochi bei der Kirche Evangelismos, das am Endpunkte des heutigen Weges von der Sellada und dem Hag. Stephanos her neben einem großen Maulbeerbaume, einem der wenigen Bäume, welche der kahle östliche Felsabhang unterhalb der Ruinen der Stadt trägt, gelegen ist. Auch Hiller hatte 1896 hier sein Quartier aufgeschlagen. Daß das Kirchlein und seine Nebengebäude in antike Mauern hineingebaut seien, war ohne weiteres klar. Sie genauer zu untersuchen und die Natur des Baues festzustellen, war eine der ersten Aufgaben der Kampagne des Sommers 1896. Der Bau wurde

---

[21]) Zeile 13 ff. 20 ff. 41 ff.
[22]) Benndorf Heroon von Giölbaschi, Text 42 ff.
[23]) Wohl das weitgehendste in dieser Beziehung bietet der Bezirk des Antigonos Gonatas, wo sogar Ring-

halle und Laufbahn mit dem Heroon verbunden sind. Usener Rh. Mus. XXIX 29 ff. Für anderes verweise ich auf Benndorfs Zusammenstellung.

Abb. 430. Heroon beim Evangelismos. Südseite.

vollkommen freigelegt. Die Herren R. Heyne und W. Wilberg maßen damals schon die Reste genau auf und fertigten die Pläne und Zeichnungen an. Später hat dann W. Dörpfeld bei seinem Aufenthalte auf dem Messavuno den Bau genau untersucht. Ich darf hier seinen Bericht über den Thatbestand und seine Rekonstruktion, die ursprünglich für den ersten Band bestimmt war, zum Abdruck bringen. Ein paar Ergänzungen, welche im wesentlichen nur Bestätigungen bringen und namentlich auf Wilskis Beobachtungen zurückgehen, habe ich mit Dörpfelds Erlaubnis hinzugefügt. Sie sind durch eckige Klammern kenntlich gemacht. Dörpfeld schreibt:

[D   Der antike Bau, welcher durch seine verhältnismäßig gute Erhaltung das Interesse der früheren Besucher Theras erregt hat und auch jetzt nach den Ausgrabungen zu den stattlichsten Ruinen der Stadt gehört, ist das Heroon oder Grabgebäude, dessen Reste bei der kleinen Kirche Evangelismos am östlichen Abhange des Stadtberges nicht weit von der mutmaßlichen Linie der Stadtmauer erhalten sind. Wie der malerische Baukomplex jetzt aussieht, zeigen die Abbildungen 429 und 430. Auf der Abb. 430 sieht man rechts die kleine Kirche, kenntlich an ihrer weißen Apsis und der kleinen dunklen Eingangsthür. Nach links schließt sich ein aus zwei Kammern bestehendes Gebäude an, das man auf dem Bilde und auch in Wirklichkeit zunächst leicht für ganz modern hält, aber bald als Rest eines größeren antiken Bauwerkes erkennt. Seine beiden Zimmer sind durch Errichtung einer modernen Zwischenmauer aus einem einzigen antiken Raume entstanden. Als Unterbau der ganzen Anlage sehen wir auf dem Bilde stattliche antike Mauern, die erst durch die Ausgrabungen ganz zum Vorschein

gekommen sind. Sie umschließen mehrere kellerartige Räume, wohl unzweifelhaft Grabkammern, und trugen einst einen stattlichen Säulenbau, ein Heroon.

Einen Grundriß der ganzen Anlage giebt Abb. 431. Von den Mauern sind die antiken
durch Kreuzschraffur, die modernen oder mittelalterlichen durch einfache Schraffur unterschieden.
Die antike Bauanlage bestand in ihrem Oberbau aus einer Cella *KL*, einem Vorraume *B* und
einer Vorhalle *O*. Die Cella ist der am besten erhaltene noch aufrechtstehende Bauteil; von
den beiden anderen Räumen ist nur so viel erhalten, daß ihr Plan sich in der Zeichnung

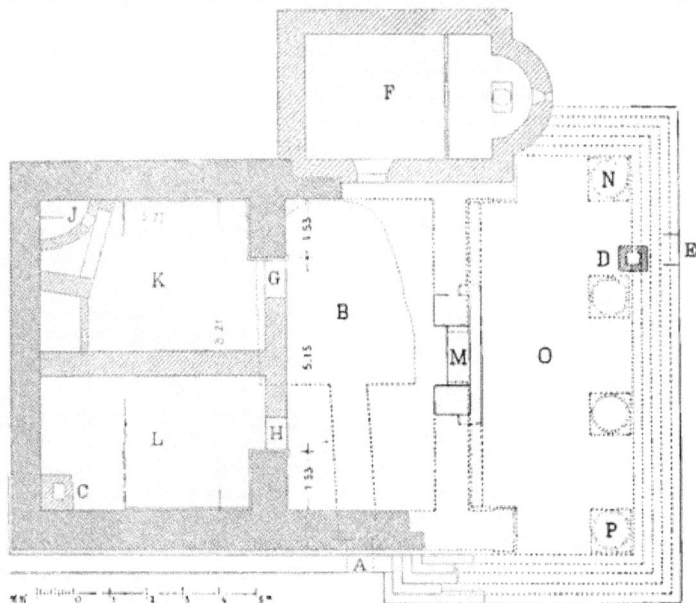

Abb. 431. Grundriß des Heroon beim Evangelismos.

einigermaßen ergänzen läßt. So sieht man noch deutlich die Schwelle, Stufe und Pfeiler der
Thür *M*, welche die Vorhalle und den Vorraum miteinander verband. Von der Vorhalle
sind nur die Fundamente und einige Stufen erhalten. Aus der Thatsache, daß nur dieser Vor-
raum mit Stufen umgeben war, während der mittlere Raum ebenso wie die Cella geschlossene
Wände ohne Stufen hatte, darf mit Sicherheit geschlossen werden, daß der vordere Teil eine
Vorhalle mit Säulen war und auf drei Seiten Interkolumnien hatte.

Die Zahl der Säulen an der Vorderfront läßt sich bei dem Fehlen von Stylobaten und
Säulenspuren, von Architraven und anderen Gebälkstücken leider nicht mit Sicherheit bestimmen
und kann nur vermutungsweise aus dem Breitenmaß des ganzen Gebäudes ermittelt werden.
Da unter Berücksichtigung des Umstandes, daß die Eingangsthür in der Mitte des Pronaos

liegt, nur eine gerade Anzahl von Säulen, nämlich vier oder sechs, für die Front in Frage kommt, so zeigt eine Berechnung, daß bei sechs Säulen die Axweite etwa 1.85 m, bei vier Säulen etwa 3.10 m betragen würde. Beide Maße scheinen mir zu passen. Den Vorzug verdient aber wohl die letztere Zahl, weil die durch die Mauerstärke bedingte Breite der Anten eine Säulendicke verlangt, die für kleinere Axweiten zu groß ist. Aus diesem Grunde sind im Grundrisse vier Säulen an der Front der Halle ergänzt.

Ueber die Form der Säulen und der Architektur des Gebälkes ist gar nichts bekannt, weil keine zugehörigen Stücke gefunden sind. Zwar liegen in der Nähe des Baues mehrere jonische oder korinthische Architravblöcke, die man gerne unserem Gebäude zuteilen möchte; aber einerseits gehören sie zu Säulen, die nur eine Axweite von etwa 2.10 m hatten, was zu unserem Bau nicht paßt, und andererseits sind sie nur 0.43 m stark und können daher nicht zu einem Gebäude gehören, dessen Mauern und Anten etwa 1 m breit waren. Wir müssen sie irgend einem anderen in der Nähe liegenden Bau zuteilen.

Die Gestalt der Anten, wie sie im Grundriß skizziert ist, ergiebt sich aus den Axweiten an der Front, die in gleicher Größe auf die Langseiten übertragen werden müssen. Hätten wir nicht vier, sondern sechs Säulen und fünf Axweiten von 1.85 m an der Front angenommen, so würde an den kurzen Seiten der Vorhalle zwischen der Ecksäule und der Ante noch je eine weitere Säule ergänzt werden dürfen. Eine andere, scheinbar mögliche Lösung des Grundrisses, nämlich die Ecksäulen (N und P) ganz zu streichen und die Anten unter Verlängerung der Längswände vorn an die Front zu setzen, ist nicht zulässig, weil sich dann nicht erklären würde, warum die fünf Stufen der Front auch an den beiden kurzen Seiten der Vorhalle fortgeführt sind. An diesen kurzen Seiten muß mindestens je eine Oeffnung gewesen sein.

Aus der Vorhalle trat man durch eine Thür, deren Schwelle noch gut erhalten ist, in einen geschlossenen Vorraum (B), an dessen Wänden wahrscheinlich Bänke entlang liefen. Wir schließen dies aus dem Umstande, daß das in dem Hauptraum vorhandene untere Wandprofil im Vorraum fehlt und zu beiden Seiten der großen, beide Räume verbindenden Thüröffnung nur auf ein kurzes Stück fortgeführt ist. Wie die 5.15 m breite Oeffnung architektonisch gestaltet war, ist unbekannt. Am liebsten möchte man zwischen den beiden Thürpfeilern eine oder noch besser zwei Säulen zur Unterstützung des Gebälkes annehmen. Da jedoch keinerlei Standspuren für solche Zwischenstützen erhalten sind, haben wir im Grundrisse keine Säulen ergänzt.

Der Hauptraum ist jetzt durch eine Querwand in zwei Zimmer K und L geteilt und hat als Decke zwei mittelalterliche Steingewölbe. Eine zweite moderne Wand füllt die Mitte der großen Thüröffnung. Nur zwei kleine Thüren (G und H) sind als Zugänge zu den beiden Zimmern offen geblieben. Die in der Zeichnung ebenfalls durch helle Schraffur als modern charakterisierten Anlagen im Innern der Zimmer sind ein Backofen (J), ein Getreidebehälter und eine Brunnenmündung (C). Eine spätere Zuthat ist ferner auch die schon erwähnte kleine Kirche F, die ihren Zugang von dem alten Vorraum B, dem jetzigen offenen Hofe, hat. Es ist die Kirche Evangelismos, nach der unser antiker Bau gewöhnlich benannt wird.

Zur Ermittelung des Zweckes des Gebäudes sind von großer Wichtigkeit die kleinen Räume, welche sich unter dem Boden des Hauptgeschosses befinden. Von ihnen ist der eine in dem Grundrisse durch eine punktierte Umrißlinie unter dem Zimmer B angedeutet. [Auf dem Plane des Unterbaues Abb. 432 und dem Durchschnitt Abb. 433 sind auch die beiden anderen, jetzt als Cisternen dienenden Räume gezeichnet. Der Plan ist nach einer Aufnahme Wilskis hergestellt, welcher die trockene Jahreszeit zu einem Rekognoscierungszug in die ausgetrockneten Cisternen benutzte.] Durch eine in dem Unterbau der Südwand befindliche

31*

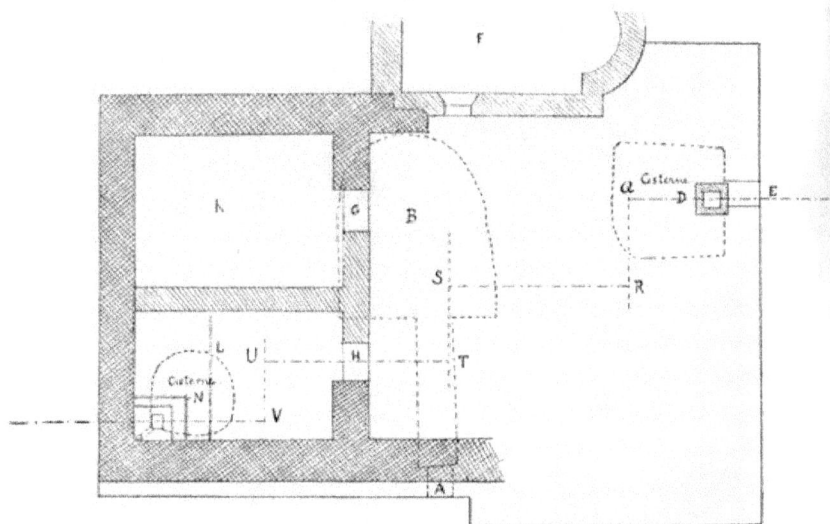

Abb. 432. Unterbau des Heroon mit den drei Grabkammern.

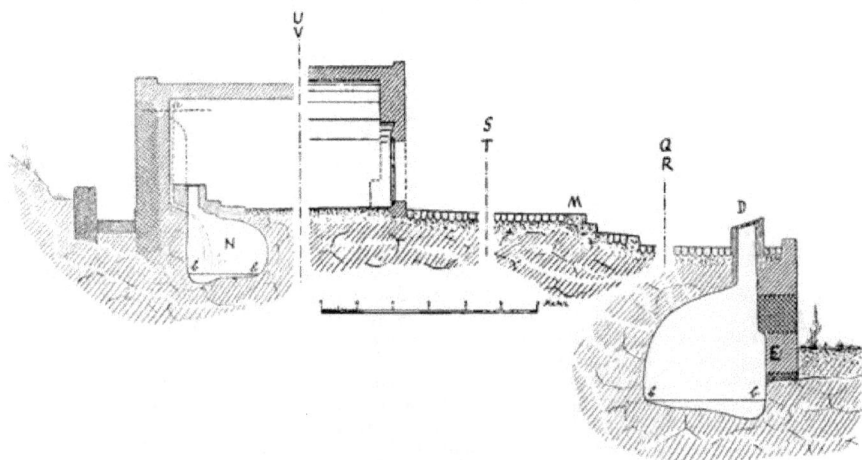

Abb. 433. Längenschnitt durch das Heroon.

Abb. 434. Front des Unterbaues des Heroon. In der Mitte die zugemauerte Thür der Kammer.

kleine Thür *A* betritt man zuerst einen etwa 4 m langen Korridor und gelangt durch ihn in einen 5 m tiefen und 4 m breiten Raum, der teils von gemauerten Wänden, teils von gewachsenem Fels umgeben ist. Da auch seine Decke aus dem natürlichen Fels besteht, ist der ganze Raum offenbar ursprünglich eine Felshöhle gewesen. Wir dürfen in ihm eine von außen zugängliche Grabkammer erkennen.

Noch zwei weitere Grabkammern scheinen unter den beiden übrigen Haupträumen gelegen zu haben, sind aber jetzt nicht mehr zu betreten. [Für ihre Abmessungen und Gestalt vergleiche jetzt Abb. 432 und 433.] Die eine liegt unter der Vorhalle *O* und ist jetzt durch eine schmale Cisternenmündung *D* zu sehen. Im Altertum scheint sie ebenso wie die Kammer unter *B* von außen einen Zugang gehabt zu haben; denn an der Außenseite des Unterbaues der Vorhalle sind bei *E* unter den ehemaligen Stufen die Spuren einer im Mittelalter oder in der Neuzeit zugemauerten Thür zu sehen. Man erkennt sie am besten auf der Abb. 434. Ziemlich in der Mitte der dort abgebildeten Mauer sieht man unter dem größten Stein eine mit Kalkmörtel verstrichene Stelle. Dort dürfen wir die Thür zu der jetzt als Cisterne dienenden Grabkammer annehmen. Der Oberteil der auf der Photographie dargestellten Mauer ist augenscheinlich modernen Ursprunges. [Die antike, später mit Mauerwerk aus Bruchstein und Mörtel zugesetzte Thür erkennt man jetzt gut auf Wilskis Längenschnitt (bei *E*). Der Boden des Raumes, für dessen Anlage auch eine Höhlung des Felsens benutzt ist, liegt an dieser Seite etwa 1 m tiefer als die Schwelle der Thür. Möglicherweise hat man die Stelle erst später, als man die Kammer zu einer Cisterne umschuf, vertieft. Sie bildet jetzt, gerade unter dem Schöpfloch gelegen, das sogen. Tiani, d. h. die Stelle, an der bei niedrigstem Wasserstand sich der letzte Rest des Wassers sammelt. Wilski macht mich darauf aufmerksam, daß diese Einrichtung bei den antiken Cisternen, soweit solche ausgeräumt worden sind, auf Thera nur in einem Falle beobachtet ist und in diesem einen Falle auch zufällig sein könnte. Dieser Umstand weist in Verbindung mit der vermauerten seitlichen Thür darauf hin, daß der Raum erst später zu einer Cisterne umgestaltet ist. Auch der Stuck, welcher das Innere der Cisterne überzieht, ist modern. Er ist brüchig, mit Porzellanerde und Bimstein gemischt, während der antike Cisternenstuck diese Beimischungen wahrscheinlich nicht enthält, und steinhart ist.]

Eine dritte Grabkammer dürfen wir unter dem Hauptraume des Gebäudes, unter den beiden späteren Kammern L und K vermuten, weil auch dort sich jetzt eine große unterirdische Cisterne N befindet, die nur durch das im Grundriß gezeichnete Schöpfloch C zu sehen ist. Eine Messung der Cisternen konnte wegen der Kleinheit der Löcher und des Vorhandenseins von Wasser leider nicht vorgenommen werden. Es ist anzunehmen, daß auch die dritte Grabkammer von außen und zwar von der südlichen Seite her einen Zugang besaß, der aber jetzt durch Erdmassen und eine Treppe verdeckt ist. [Die Untersuchung des Innern dieser Cisterne durch Wilski hat keine Spur einer Thür ergeben. Im übrigen ist auch dieser Raum, wie sein unregelmäßiger Grundriß zeigt, ursprünglich eine natürliche Höhle und ganz gleich wie die anderen zu beurteilen. Wilskis Zeichnung der Cisterne giebt zugleich ein gutes Bild einer modernen theräischen Cisternenanlage. Eine antike Cisternenanlage scheint innerhalb unseres Baues nicht vorhanden gewesen zu sein, was in Thera beinahe als Kuriosum hervorgehoben zu werden verdient.]

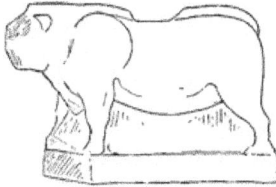

Abb. 435. Marmorfigur eines Schweines.
Länge 0.23 m, Höhe 0.15 m.

Mag nun eine oder mögen drei Grabkammern in der Unterbau gewesen sein, auf jeden Fall war der ganze Bau ein stattliches Grabgebäude, ein Heroon. Zu dieser Bestimmung paßt auch einerseits seine Lage außerhalb der Stadtgrenze und andererseits der Umstand, daß in dem Hauptraume, wie es auch in anderen Heroen der Fall ist, einst mehrere Sarkophage gestanden zu haben scheinen. In den beiden heutigen Kammern (K und L) kann man nämlich noch erkennen, daß das Fußprofil der Wand nur etwa 4.5 m an den Längswänden der alten Cella entlang läuft und dann plötzlich bei einer Felsstufe aufhört; der hintere, 2.25 m tiefe Teil der Cella enthielt also auf erhöhtem Platze irgend einen Gegenstand, in dem wir nach Analogie des Heroon bei der Echendra (vergl. unten) zwei Sarkophage vermuten dürfen. Irgendwelche Funde, welche die Erklärung der Anlage als Heroon bestätigten, sind weder in, noch unmittelbar neben dem Gebäude gemacht worden[71]).

Den jetzigen Zustand des antiken Baues in seinem Aeußeren veranschaulichen am besten die beiden von Herrn Heyne angefertigten, in den Abb. 436 und 437 veröffentlichten Zeichnungen. Die eine giebt die Ansicht des Baues von Süden; rechts von der kleinen Thür ist der aus regelmäßigen Quadern errichtete Unterbau der Vorhallenstufen und über ihm noch

---

[71]) [Die wenigen kleinen Skulpturreste, die sich beim Ausräumen des Dromos der Grabkammer A fanden, lassen keine besondere Beziehung erkennen und sind zweifellos hierhin verschleppt. Aus Hillers Tagebuch und Wolters Notizen über die Skulpturfunde entnehme ich folgendes: 1. Juni: Kleine Figur eines stehenden Schweines aus feinkörnigem geruchlosem Marmor mit hellen Glimmerkörnchen,

der also wohl pentelisch sein wird. Länge 0.23 m, Höhe 0.15 m. Flüchtige Arbeit ohne Feinheit, doch ist die Gesamtanlage gut und die Bewegung des Thieres richtig beobachtet. (Abb. 435 nach Wolters Skizze.) 2. Juni: Kleines spätes korinthisches Kapitell. Ein Gewandstück und ein Handfragment von Marmor.

einige Reste dieser Stufen selbst zu sehen. Die linke Hälfte des Bildes nimmt der Unterbau der beiden Haupträume ein. In ihm erkennen wir unten die kleine, zu der mittleren Grabkammer führende Thür und links davon im Durchschnitte eine Treppe, auf der man zu einer anderen, noch weiter links liegenden Treppe gelangen kann. Der über der ersten Treppe und der kleinen Thür liegende Bauteil entspricht den Stufen der Vorhalle und ist oben mit einem Wandprofil abgeschlossen, das als Basis für die eigentliche Cella dient; von letzterer sind nur noch einige der großen Wandquadern erhalten.

Abb. 436. Heroon beim Evangelismos. Südseite.

Abb. 437. Heroon am Evangelismos. Westseite.

Die zweite Zeichnung (Abb. 437) giebt eine Ansicht des Baues von Westen [vergl. auch die von der gleichen Seite, aber etwas höherem Standpunkt aus genommene Abb. 438]; die Cellawand ist hier bis zu sieben Schichten noch erhalten und hat an ihrem rechten Ende wiederum jenes Basisprofil, das auf der südlichen Seite bis zu der Vorhalle reicht; es schließt an der Westseite mit der vorher erwähnten, hier im Durchschnitt gezeichneten Treppe ab und scheint an dem linken Teile der Wand, wo sich das Heroon an den Fels lehnt, niemals vorhanden gewesen zu sein.

Abb. 438. Ansicht des Heroon von Westen.

Ob die beiden auf den Zeichnungen dargestellten Treppen antiken Ursprunges sind, kann wenigstens für die südliche bezweifelt werden. Die Beantwortung dieser Frage hängt ab von der Vorstellung, welche wir uns von der nächsten Umgebung des Heroon zu machen haben. War der Unterbau, auf dem die Stufen der Vorhalle liegen, sichtbar, oder war er von dem das Heroon umgebenden Fußboden überdeckt? Trotz des Vorhandenseins der beiden kleinen Thüren *A* und *E* glauben wir das letztere annehmen zu müssen, weil der Unterbau viel schlechter gebaut ist als der obere Teil, weil ferner an einer Stelle südlich von *E* der gewachsene Fels noch jetzt ungefähr bis zur Höhe der Unterstufe ansteht und weil endlich die Stufen der Vorhalle ohne einen horizontalen Fußboden in der Höhe der untersten Stufe nicht zu verstehen sind. Die kleinen Thüren der Grabkammern waren bei dieser Annahme für gewöhnlich unzugänglich und werden vermauert gewesen sein.   D]

So weit Dörpfelds Schilderung und Rekonstruktion des Bauwerkes, das jetzt einsam an dem steilen steinigen östlichen Abhange des Stadtberges liegt. Im Altertum war das anders. Nahe an der Grenze der bewohnten Stadt gelegen, war es von anderen Monumenten umgeben. Und wenn es auch gewiß als das prächtigste Monument seine Umgebung überragte, so scheint es doch mitten unter anderen Grabmälern gelegen zu haben. Leider hat sich von diesen so gut wie nichts mehr erhalten. Es ist gerade noch möglich, das ehemalige Vorhandensein festzustellen. Bei den Aufräumungsarbeiten in der Nähe des Evangelismos wurden eine Anzahl Bauglieder gefunden, welche zu Grabkapellen gehört haben werden. Hillers Ausgrabungsjournal erwähnt unter anderem mehrere Bruchstücke kleiner jonischer Säulen, eine Säulenbasis, zwei jonische Architravblöcke von 2.10 m bez. 2.06 m Länge, ein Simabruchstück mit Palmetten, auch ein paar Reste eines gänzlich zerstörten Relieffrieses, die alle im Osten unterhalb des Evangelismos zu Tage kamen.

Schon Olivier [25]) notierte beim Evangelismos *„un hexagone assez grand, peu élevé, sur lequel il est probable qu'il y avait autrefois une statue"*. Er wird wohl identisch sein mit dem vom Ross erwähnten Oktogon, das von Hiller bis auf die Steinkern zerstört gefunden wurde, so dass über seine speziellere Verwendung nichts mehr gesagt werden kann. Aller Marmor, dessen man in dieser Gegend habhaft wurde, ist in einen bei diesem Oktogon gelegenen Kalkofen gewandert.

Unter den sonstigen Einzelfunden beim Evangelismos sind besonders wichtig einige Bruchstücke eines Marmorsarkophages. Schon Choiseul-Gouffier [26]) sah bei der Kapelle einen giebelförmigen Sarkophagdeckel, dessen Ornament die schuppenförmigen Dachziegel nachahmt. Als Länge desselben notiert er 6 Fuß 8 Zoll, also etwa 1.75 m. Ueber den Verbleib dieses Stückes ist nichts bekannt. Olivier [27]) schreibt dann bei seiner Erwähnung des Evangelismos: *Nous avons remarqué au bas d'un mur* (des Evangelismos) *un sarcophage de marbre sur les faces duquel étaient sculptés en relief des feuillages; il y avait aux deux extrémités des satyres très-dégradés.* Leider genügt seine Beschreibung nicht, um mit voller Sicherheit einige Bruchstücke eines Sarkophages, die von Hiller bei der Ausgrabung des Heroon gefunden wurden, diesem Sarkophage zuschreiben zu können. Das größte Stück ist in Abb. 439 wiedergegeben. Es zeigt Reste eines nackten knieenden Mannes, der eine vor ihm auf den Knien liegende Frau an sich zieht (Satyr und Nymphe?). Unten schließt das Bruchstück mit fein ornamentierten Profilen ab. Außerdem fanden sich zwei Bruchstücke, die zur Giebelfüllung eines Sarkophagdeckels gehören. Dargestellt

Abb. 439. Bruchstück eines Sarkophages vom Evangelismos.

waren hier zwei gegeneinander gekehrte Panther, die ihre eine Vorderpfote auf einen Krater setzen; außerdem eine Traube. Mögen alle diese Stücke nun von ein und demselben oder von mehreren Sarkophagen stammen, immerhin zeigen sie, daß wir uns hier im Gebiete der Nekropole befinden, und die Möglichkeit ist wenigstens nicht ausgeschlossen, daß der oder die Sarkophage ursprünglich in dem Heroon gestanden haben.

Von weiteren Einzelfunden aus dem Bereiche des Evangelismos erwähne ich:

a) Bruchstücke einer Inschrift (I. G. I. III 915). Die Buchstabenreste zeigen, daß sie die Heroisierung einer Frau durch ihren Mann enthielt. I. oder II. Jahrhundert nach Chr.

b) Bruchstück eines lebensgroßen Marmorkopfes (Abb. 440). Erhalten Stirn, Augen und Nasenansatz. Die Stirnhaare fehlen; zwei Bohrlöcher am oberen Rande zeigen, daß hier Metall angesetzt war, und zwar wahrscheinlich ein Helm. Denn der Kopf gehört seinen Formen

[25]) *Voyage dans l'empire ottoman* I 359.
[26]) *Voyage pittoresque de la Grèce* I 37 Taf. XX.

[27]) a. a. O.

nach sicher noch archaischer Zeit an, und in dieser ist eine aus Bronze gearbeitete Perücke,
wie sie in der Spätzeit vorkommt, nicht anzunehmen.

c) Bruchstück einer Statuette im Typus der knidischen Aphrodite des Praxiteles, aus
parischem Marmor. Größte Höhe 0.21 m. Schlechte Arbeit. Erhalten ist nur die Basis, die
Füße, die Vase neben der Göttin und das ganz gerade auf
diese hinabfallende Gewandstück nebst der Hand, welche
es hält.

d) Fragment eines nackten weiblichen Oberkörpers aus
parischem Marmor. Höhe 0.07 m. Es scheint von einer kleinen
Nachahmung der Aphrodite von Melos herzurühren. Diese
beiden Brocken sind erwähnt, weil einer von ihnen es offenbar
gewesen sein muß, dessen Fund zu der merkwürdigen, namentlich von englischen Zeitungen weitergegebenen Nachricht von
dem Fund einer „Venus des Phidias" auf Thera geführt hat!
Leider ist kein Fund beim Evangelismos gemacht,
der eine genauere Datierung des Baues ermöglichte. Bei

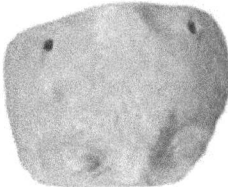

Abb. 440. Skulpturfragment vom
Evangelismos.

der Ausgrabung drängte sich natürlich die Frage auf, ob das tempelartige Gebäude etwa
identisch sei mit dem in dem Testament der Epikteta genannten Museion. Die Ruinen
dieses Museion müssen doch wohl im XVI. Jahrhundert offen gelegen haben, als man die
Inschrift der Basis aus ihm entnahm; und es war gewiß ein ähnlicher Bau, auch von ähnlichen
Abmessungen, da er Raum für die Festlichkeit einer ansehnlichen Versammlung bieten mußte.
Aber die Identität ist zweifellos zu verneinen. Die Reste des Evangelismos, namentlich in
Verbindung mit dem gleich zu behandelnden Heroon bei der Echendra, zeigen, daß in der
Cella an der Hinterwand die Sarkophage gestanden haben. Damit ist aber der einzige
angemessene Platz in dem Bau für die große in dem Museion befindliche Basis, welche Statuen
der vier Verstorbenen aufnehmen sollte, anderweitig eingenommen. Ferner ist entscheidend,
daß in dem in der Inschrift erwähnten Temenos noch besondere Heroa für jeden Bestatteten
vorhanden waren. Die Sarkophage standen also nicht in dem Museion, sondern in diesen
kleinen Grabkapellen.

Da also aus dem Testament der Epikteta kein Anhalt für die Datierung des Heroon
am Evangelismos zu gewinnen ist, sind wir auf Mutmaßungen angewiesen. Ich neige dazu,
es späthellenistischer oder frührömischer Zeit zuzuschreiben. Auf der
einen Seite dürfte die Bauweise — ein Kern von Bruchsteinen und
Mörtel, der mit dünnen Marmorquadern verkleidet ist (vergl. beistehende Abb. 441 nach einer Aufnahme Wilskis) — eine zu frühe
Datierung verbieten, wenngleich wir kein genügendes Material an
datierten theräischen Bauten haben, um diese Technik einer bestimmten
fest begrenzten Periode zuweisen zu können. Bauten, die in gleicher
Weise gebaut sind, wie z. B. das Heroon an der Echendra, ein Heroon
auf der Sellada u. a., sind ebenfalls nicht fest datiert. Andererseits
möchte man den Bau seiner einfachen strengen Formen wegen und
wegen seines Grundrisses, der noch ganz nach dem Schema des klassischen Tempelgrundrisses
gestaltet ist, auch nicht zu spät datieren. Gegenüber späteren römischen Grabbauten, wie etwa
denen von Termessos, von denen jetzt einige durch gute Aufnahmen bekannt geworden sind[19],
sieht unser Heroon noch altertümlich aus. Von den Weiterbildungen der einfachen Cellaform,

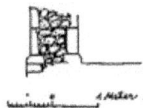

Abb. 441. Durch-
schnitt einer Mauer des
Evangelismos.

---

[19] Oesterreichische Jahreshefte III 177 ff.

wie die römische Zeit sie bringt, haben wir in Thera noch nichts, und nichts weist darauf hin, daß im Oberbau Bogen konstruktiv oder dekorativ verwendet gewesen seien. Auch das Sarkophagbruchstück, dessen Zeugnis freilich nicht sehr schwer wiegt, da die Zugehörigkeit zu unserem Bau nicht sicher ist, macht einen besseren Eindruck als die üblichen Reliefsarkophage römischer Zeit. Schön sind namentlich die ornamentalen Verzierungen der Profile des Sockels.

Genaueres über die Zeit des Grabmales werden wir vielleicht einmal ermitteln können, wenn wir eine Typengeschichte der griechischen Grabbauten haben werden. Die fehlt uns jetzt noch, und wir tappen deshalb noch recht im Dunkeln. Wann und wo man zuerst tempelförmige Grabbauten zur Aufnahme der Sarkophage aufgeführt hat, läßt sich wohl noch nicht übersehen.

Auf einen Punkt, der unseren Grabtempel betrifft, möchte ich noch kurz eingehen, nämlich das Verhältnis zwischen der Grabcella im Oberbau und den Kammern im Unterbau. Die Kammern im Sockel des Heroon können nicht gut etwas anderes gewesen sein als Grabkammern. Andererseits standen in der Cella Sarkophage. Daß diese leer gewesen und nur gleichsam als Schmuck der Cella gedient hätten, die eigentliche Beisetzung dagegen in den unterirdischen Räumlichkeiten vor sich gegangen sei, ist kaum glaublich, und ich wüßte eine Analogie dafür nicht anzuführen. Wir müssen annehmen, daß sowohl in dem oberen Raume als auch in den Kammern Beisetzungen stattfanden. Eine solche Verdoppelung der Grabkammer findet sich nun auch bei manchen kleinasiatischen Gräbern, namentlich bei lykischen, bei denen sowohl der Sockel als auch der obere Aufbau eine Grabkammer birgt. Schon Benndorf hat festgestellt, daß in diesem Falle die in dem Sockel belegene Kammer, das ἱποσόριον, dazu bestimmt war, die Leichen der Dienerschaft aufzunehmen, während in der vornehmeren oberen Kammer die Herren ihren Platz fanden [27]. Wir dürfen vielleicht ein ähnliches Verhältnis für Thera voraussetzen. Auch hier handelt es sich sicher um ein Familiengrab, und nach patriarchalischer Sitte wird auch die Dienerschaft im weiteren Sinne zur Familie gerechnet.

3. Andere Grabtempel.

Das Heroon beim Evangelismos war nicht das einzige in seiner Art auf Thera. Eine stattliche ähnliche Anlage findet sich in der Nekropole an der Südküste der Insel, bei der sogen. Echendra, ziemlich gut erhalten und ohne störende moderne Umbauten, so daß sie ein gutes Bild einer derartigen Grabstätte giebt. Von dem Orte Emborio zieht sich in genau südlicher Richtung ein niedriger Rücken, der Gawrilosberg, zum Kap Exomyti, dem südlichsten Punkt der Insel; etwa 700 m vom Strande entfernt bricht dieser Höhenzug steil ab. Er erhebt sich hier in mehreren Terrassen aus dem ebenen bimssteinüberdeckten Küstenlande, zum Teil senkrecht wie eine Mauer aufsteigend. Dieser Steilabhang heißt die Ἐχεντρα oder Ἀχέντρα nach dem Bilde einer riesigen Schlange, welche, in Relief aus dem Fels gemeiselt, die Bestimmung dieser Gegend klar bezeichnet. An dem Abhang hin zieht sich eine Reihe von Grabanlagen verschiedenster Art — wohl die Nekropole des Hafenortes der hier unmittelbar am Ufer entstand. Reste der Molen sind westlich vom Kap Exomyti noch kenntlich. Bereits Ross hat diese Grabstätten genauer untersucht, zum Teil auch publiziert [28]. Der uns hier interessierende Grabtempel liegt, wie Wilskis Karte (Blatt 2 der Kartenmappe) zeigt, etwa in

---

[27]) Benndorf Reisen in Lykien und Karien I 101 ff. Vergl. Anthol. Pal. VII 178. 179. Weißhäupl Grabgedichte 63. Altmann *Diss. de archit. et orname. sarco-*   *phagorum* 7 f. Derselbe, Architektur u. Ornamentik der antiken Sarkophage 10.

*) Arch. Aufsätze II 415 ff.

Abb. 442. Grabtempel bei der Echendra.

der Mitte des Abhanges, ungefähr 30 ^{m} über der Strandebene, mit der Rückwand an den steil ansteigenden nackten Kalkfelsen gelehnt, die Front nach Südosten gerichtet. Die genauere Lage ist auf dem Plane, der Kap. VI 2 beigegeben ist, zu erkennen, wo auch einige darunter befindliche andere Grabstätten eingetragen sind. Ross beschreibt das Gebäude kurz [51]). Den heutigen Zustand zeigt Abb. 442, welche den Blick von der Front ins Innere giebt, Grundriß und Längenschnitt Abb. 443 nach W. Wilbergs Aufnahme.

Wie der Evangelismos besteht auch dieses Heroon aus einem kellerartigen unteren Raume und einem tempelförmigen Oberbau. Eine natürliche Senkung im Felsen bot den geeigneten Raum zur Anlage der unteren Kammer, die infolgedessen keine ganz regelmäßige Form aufweist. Durch einige große Kalksteinquadern wurde der Raum nach vorn abgegrenzt. Ungefähr in der Mitte dieser Mauer öffnet sich die 1 ^{m} hohe, 0.50 ^{m} breite Thür, die ins unterirdische Gemach führte. Dieses war durch Mauerwerk aus kleinen unregelmäßigen Bruchsteinen und Mörtel überwölbt. Das Gewölbe endet hinten arcosolienförmig, wie aus dem Längenschnitt zu entnehmen ist.

Ueber diesem Unterbau, teils auf ihm, teils auf dem gewachsenen Fels ruhend, erhob sich der eigentliche Grabtempel, der aus regelmäßig geschnitten Quadern aus rötlichem vulkanischem Tuff, wie er seit hellenistischer Zeit häufig für Bauten in Thera benutzt ist, aufgeführt war. Zwei Stufen führten in die Cella, welche 5.40 ^{m} Tiefe bei 3.23 ^{m} Breite hatte.

⁵¹) Inselreisen I 70.

Beide sind nicht mehr in ganzer Länge erhalten. Die letzten erhaltenen Steine auf beiden Seiten weisen Stoßflächen auf. Vermutlich hatten die Stufen ursprünglich die volle Breite des Gebäudes.

Der Fußboden der Cella lag etwa 0.10 m tiefer als die obere Stufe. Er war mit großen Platten belegt, welche, durch eine Mörtelschicht getrennt, auf dem Gewölbe des ἱποδόφιον ruhten. Auf einem niederen Sockel, welcher außen und innen das gleiche einfache Profil aufweist, erhoben sich die Mauern. Wie die Abbildung erkennen läßt, war ihre Dicke durch je zwei mit den roh-
behauenen Seiten gegenein-
ander gekehrte Quadern gebildet, zwischen die etwas Füll-
material gepackt ist. Die Dicke
der Mauern beträgt 0.80 m. Bei
der Hinterwand, welche sich an
den Fels lehnt, war, soweit sie
erhalten ist (etwa 2.20 m hoch),
nur eine Quaderschicht mit
Hinterfüllung vorhanden. Die
Seitenmauern sind nicht mehr
in ganzer Länge erhalten, denn
der vorderste erhaltene Stein
hat vorn Anschlußfläche. Sie
griffen also ursprünglich auf
die obere Stufe über und
endeten hier wohl mit einer
Ante. Jedenfalls war wohl
auch das Sockelprofil an ihrer
Stirnseite herumgeführt. Von
Säulen, die zwischen den Anten
auf der oberen Stufe gestanden
haben könnten, hat sich keine
Spur erhalten. Solche waren
bei dem kleinen Gebäude wohl
nie vorhanden; vielmehr scheint
die offene Front des Gebäudes
durch eine Flügelthür oder ein
Gitter verschlossen gewesen zu

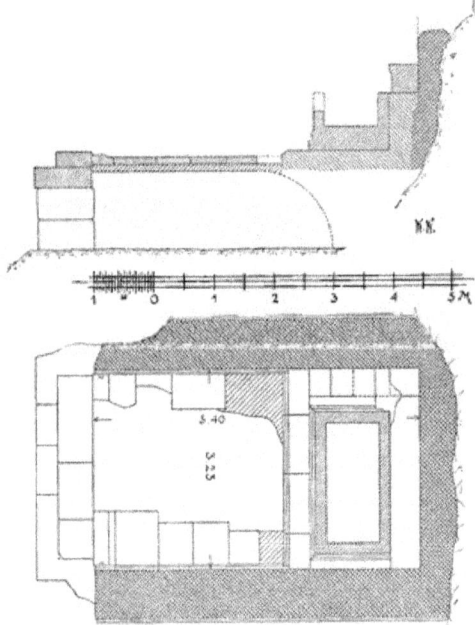

Abb. 443. Grabtempel bei der Echendra. Durchschnitt und Grundriß.

sein. Hinter der oberen Stufe
bemerkt man unmittelbar an den Seitenwänden im Fußboden jederseits ein Loch (vergl. den Plan), das zur Befestigung derselben gedient hat.

Von dem oberen Abschluß der Mauern, Kranzgesims, Geison oder ähnlichem habe ich nichts mehr gesehen. Ebensowenig von dem Dach, das aber doch wohl giebelförmig gestaltet war. Auch die ursprüngliche Höhe der Mauer läßt sich natürlich nur annähernd schätzen. Die größte erhaltene Höhe beträgt jetzt 2.92 m.

Fast die ganze hintere Hälfte des Cellaraumes wird von einem niedrigen Podium von 2.30 m Tiefe eingenommen, an dessen vorderem Rand sich das Sockelprofil der Wände fortsetzt. Auf demselben steht, nicht in der Axe des Gebäudes, sondern ganz nahe an die NO-Wand geschoben, ein großer Sarkophag aus rotem Tuff, aus einem riesigen Block gearbeitet. Seine Länge beträgt 2.50 m, seine Breite 1.40 m, die Höhe der vollständig erhaltenen Hinterwand 0.95 m. Die glatten Wände des Sarkophages erhoben sich auf einem einfach profilierten Sockel. Der Deckel ist nicht mehr vorhanden. In dem Raume zwischen dem Sarkophage und der N-Wand ist das Podium um eine Stufe erhöht. Neben der Rückwand des Sarkophages folgt eine zweite höhere Stufe von geringer Tiefe. Die Steine der Stufen greifen in die Mauer ein, die Stufen waren also von Anfang an beabsichtigt. Der Sarkophag ist fest an einen 0.50 m vor die Rückwand vorspringenden gemauerten Sockel geschoben, welcher die Höhe des Sarkophages hat. Dieser wird von drei Gesimsblöcken von gleicher Breite und 0.45 m Höhe bekrönt. Daß diese drei Blöcke sich hier in ihrer ursprünglichen Lage befinden, bestätigt mir Hiller nach erneuter Untersuchung. Alle drei binden in die Hinterwand ein. Welchem Zweck dieser Sockel hinter dem Sarkophag diente, kann ich nicht sagen. Vielleicht trug er einst ein Bild des Verstorbenen oder sonstigen plastischen Schmuck des Heroon.

Weiterer Schmuck ist an dem Bau nicht mehr festzustellen. Die Wände waren im Innern offenbar nie verkleidet. Die Glättung der Quadern ist eine sehr saubere; außerdem zeigt jeder Stein einen schmalen äußeren Rand, der den etwas höher liegenden Spiegel umschließt.

Trotz der sehr viel geringeren Größe und bescheideneren Ausführung stimmt dieser Bau an der Echendra in allem Wesentlichen mit dem Heroon am Evangelismos überein, so daß die beiden Bauten sich gegenseitig ergänzen und erläutern. Hier wie dort haben wir die in dem Unterbau gelegene Grabkammer, bei deren Anlage beide Male von der Natur gebotene Vertiefungen im Fels benutzt wurden. Darüber erhebt sich der tempelförmige Oberbau. Der hintere Teil der Cella wird in beiden Fällen von dem niedrigen Podium eingenommen, auf dem in dem Heroon an der Echendra noch der Sarkophag steht, dessen einstiges Vorhandensein Dörpfeld auch für den Grabbau des Evangelismos angenommen hatte. Interessant ist, daß das Podium der Cella des Evangelismos genau die gleiche Tiefe (2.30 m) hat wie das des Heroon an der Echendra. Nehmen wir etwa gleiche Abmessungen des Sarkophages für das Heroon am Evangelismos an, wie der bei der Echendra sie aufweist, so können hier bequem zwei solche stehen, bei ganz enger Aufstellung sogar drei.

Sicher sind bei diesen weitgehenden Uebereinstimmungen die beiden Heroa nicht allzulange nacheinander entstanden.

Etwa die gleichen Abmessungen wie der Grabtempel bei der Echendra hatte ein tempelförmiges Heroon, dessen Reste Wilski bei seiner genauen Aufnahme des südlichen Abhanges der Sellada wenig unterhalb der archaischen Nekropole auffand[9]). Der Grundriß des Baues ist in dem Plane der Südsellada (vergl. Kap. VI 1) eingetragen. Seine Front war sehr wahrscheinlich dem antiken Wege zugekehrt, dessen mutmaßlichen Lauf Wilski auf Grund seiner Beobachtungen auf derselben Tafel rekonstruiert hat. Auf zwei Stufen, deren untere im Fels vorgerichtet ist, erhob sich die Cella, über deren weitere Gestaltung nichts mehr auszumachen ist, da von dem Oberbau sich keinerlei entscheidende Bauglieder erhalten haben. Technisch ist interessant, daß die Mauern des Gebäudes aus einem Kern von Bruchsteinen und Mörtel mit einer Verkleidung durch Quadern bestehen, also ganz denen des Heroon am Evangelismos entsprechen. Ein Kellerraum ist bei diesem Heroon nicht vorhanden.

---

[9]) Vielleicht ist dieses Heroon identisch mit dem „Fundament eines kleinen Heroon aus Marmorquadern", welches nach Ross' Angabe (Inselreisen III 28) seiner Zeit von dem russischen Konsul in Thera auf der Sellada freigelegt wurde.

Endlich ist in diesem Zusammenhange noch einmal die Frage aufzuwerfen, ob etwa auch der noch vollkommen erhaltene Tempel der ϑεὰ βασίλεια, die Kapelle des Hagios Nikolaos Marmarenios, ursprünglich ein Heroon gewesen sei. Bekanntlich ist dieser antike Bau, der westlich von dem Dorfe Emborio liegt, schon von Ross untersucht und mit architektonischen

Abb. 444. Tempel der ϑεὰ βασίλεια. Inneres.

Aufnahmen Schauberts herausgegeben worden[35]. Weitere Angaben brachten Michaelis und Vidal-Lablache, eine Aufnahme der Fassade mit einigen Bemerkungen die Gazette archéologique von 1883[36]. Eine Ansicht der Fassade, ein Durchschnitt und Grundriß von Wilbergs Hand

[35]) Arch. Aufs. II 421 f. Taf. XIII. XIV.   1870, 2. 285 Anm. 6. Vergl. Gaz. arch. 1883 Taf.
[36]) Annali dell' Ist. XXXVI 1864, 256 f. Rev. arch. XXII   XXXII. I. G. I. III 416.

sind im I. Bande veröffentlicht[35]). Auf Hillers Bemerkungen zu denselben verweise ich. Ich füge hier die photographische Aufnahme des Inneren hinzu, welche die Nische und die interessante Deckenkonstruktion gut erkennen läßt (Abb. 444). Ross und Vidal-Lablache hielten den Bau für ein Heroon, während Michaelis auf Grund der Inschrift, welche sich an der Nische der Rückwand befindet, das Gebäude für einen Tempel der Thea Basileia erklärte. Studniczka ist neuerdings wieder auf die erste Annahme zurückgekommen[36]). Die Sache liegt so: die Inschrift enthält eine Weihung des Epilonchos und der Kritarista an die Thea Basileia. An sich ist es nicht undenkbar, daß eine Weihung an die Unterweltsgöttin sich in einem Grabe befände, das damit gleichsam unter ihren Schutz gestellt würde[37]). Aber einen Beweis dafür, daß das Gebäude ein Grab gewesen, vermag ich nicht zu bringen. Auch für die Annahme, daß der Bau ursprünglich ein Heroon gewesen und erst später in ein Heiligtum umgewandelt sei, Nische und Inschrift also nachträglich hinzugefügt wären, finde ich keine Stütze. Die Nische scheint von Anfang an vorhanden gewesen zu sein. Studniczka schienen die sehr einfachen Bauformen des Tempelchens für höheres Alter zu sprechen, als es die Schriftzüge für die Inschrift ergeben. Diese weist Hiller dem I. vorchristlichen Jahrhundert zu und auch die Zierformen der Nische sind ziemlich späte. Die Bogennische unter der Giebelumrahmung dürfte vor späthellenistischer Zeit kaum nachzuweisen sein. Auch die Verbindung des dorischen Gebälkes mit jonischen Säulen ist nicht im Geschmack älterer Kunst. Sie findet sich beispielsweise in der Halle der Athena in Pergamon und an der Attalosstoa in Athen. Endlich macht auch die Form der jonischen Säulen mit den mageren unelastischen Voluten einen späten Eindruck[38]). Für das I. vorchristliche Jahrhundert scheinen mir nun aber doch auch die sehr einfachen Profile des oberen Wandabschlusses und der Thür ganz gut zu passen, so daß ich keinen Grund sehe, Tempel und Nische verschiedener Zeit zuzuschreiben.

[35]) Thera 1 306 f.
[36]) Gött. Anz. 1901, 552.
[37]) Vergl. Loeschcke Vermutungen zur Kunstgeschichte.
    Kera in Pauly-Wissowas Realenoyklop. III 43 ff.

[38]) Vergleichbar ist etwa das Kapitell, das Vitruv als
    Norm konstruiert (III 5, 5—7), und dessen Typus
    ein hellenistischer ist. Vergl. Puchstein Jonisches
    Kapitell, besonders 33 ff.

Abb. 415. Weg von der Sellada zur Zoodochos Pege.

Sechstes Kapitel.

Die Felsnekropolen.

Die verhältnismäßig geringe Ausdehnung des nutzbaren Landes hat in Thera dazu geführt, daß man nach Möglichkeit die Toten an Orten bestattete, die nicht bebaut oder bepflanzt werden konnten. An den steinigen Abhängen und zwischen den nackten Felsen suchte man den Toten eine Ruhestätte. Weithin finden wir heute im Gestein die Spuren alter Beisetzungen. Bald vereinzelt, bald zu kleinen und größeren Gruppen vereinigt treten die Felsgräber in Thera auf, in einer Zahl, wie ich sie kaum bei einer anderen Stadt kenne. Nicht nur nahe bei der Stadt sind die Felsabhänge mit Einarbeitungen bedeckt, sondern auch noch in beträchtlicher Entfernung trifft man ausgedehnte Nekropolen an. Auf die wichtigsten dieser Nekropolen soll im folgenden kurz hingewiesen werden. Durch möglichst zahlreiche Abbildungen habe ich versucht ein anschauliches Bild der Grabanlagen zu geben, deren Typus teilweise so eigenartig ist, daß ich kaum etwas zum Vergleich heranziehen konnte. Um die Felsnekropolen hat sich Wilski ein besonderes Verdienst erworben. Nicht nur rühren die sämtlichen Pläne von ihm her, sondern er hat auch bei Streifzügen, die er zum Zweck der Aufnahme des Terrains und der Feststellung der antiken Wege in die Felswildnis von Thera unternahm, die meisten dieser Grabstätten erst entdeckt, und mehrfach beruht meine Kenntnis derselben überhaupt nur auf seinen Mitteilungen. So ist sein Anteil an diesem Abschnitt größer als der meine, und nur die Rücksicht auf die Einheitlichkeit des Planes unserer Publikation ließ es wünschenswert erscheinen, daß ich dieses Kapitel meinem Bericht über die Nekropolen hinzufügte. — Die photographischen Aufnahmen verdanken wir A. Schiff.

1. Felsgräber auf der Sellada und am Nordabhange des Eliasberges.

Sellada   Steigt man von der Felsstufe, welche heute die Kapelle des Hagios Stephanos trägt, zur Sellada hinab, so führt der Weg zwischen wild durcheinander geworfenen Felsblöcken hindurch, ein Felsenmeer von großen und kleinen Blöcken, in dem man an verschiedenen Stellen auf Reste von Grabstätten stößt. Der markanteste Punkt ist ein riesiger Felsblock, der hoch aus seiner Umgebung emporragt. Er erregte schon Ross' Aufmerksamkeit, der eine Ansicht in den Monumenti des Institutes herausgab [1]. Eine photographische Aufnahme, welche zugleich einen Begriff von seiner beherrschenden Lage giebt, bietet Abb. 2 auf S. 10. Stufenförmige Einarbeitungen bedecken seine Oberfläche. In diese sind cylindrische und viereckige Löcher zur Aufnahme von Aschenbehältern eingetieft. Mehrfach umgiebt sie ein vertiefter Rand, in den eine Deckplatte als Verschluß eingelassen werden konnte. Auch eine große sarkophagförmige Einarbeitung ist vorhanden, deren Deckplatte, jetzt abgehoben, auf der obersten Stufe des Blockes liegt. Ob die Mühe, welche seine Bewegung den Grabräubern gekostet haben muß, sich gelohnt hat, wissen wir nicht, denn heute sind diese wie alle ähnlichen Gräber auf Thera längst ausgeraubt, und von ihrem einstigen Inhalte hat sich nichts erhalten. Auch die Stelen, welche die Namen der Verstorbenen nannten und deren einstige Existenz durch kleine Zapfenlöcher zwischen den Einarbeitungen bezeugt wird, sind heute verschwunden.

Aehnliche Anlagen folgen, wenn wir auf den Kamm der Sellada hinabsteigen. Hier und dort tritt in dem Geröll der nackte Fels zu Tage, namentlich gegen die Abhänge des Eliasberges zu. Ueberall finden sich ähnliche Grabanlagen, bald vereinzelt, bald zu kleinen Gruppen vereinigt. Eine größere Anzahl vereinigt der nebenstehende mit 3 bezeichnete Plan, den Wilski 1896 aufgenommen hat.

Weg nach Somari   Auf dem Kamm der Sellada gabelt sich der Weg heute wie im Altertum. Von dem am Südabhange hinabführenden Arme zweigt bald ein Pfad ab, welcher westwärts zu den Schluchten am Südabhange des Eliasberges hinführt. Wilski hat diesen Wegen besondere Aufmerksamkeit geschenkt und aus ihren antiken Spuren den einstigen Verlauf festgestellt. Er wird darüber im III. Bande genauer berichten. Für uns kommt besonders das Stück in Betracht, das Wilskis beigeheftete Aufnahme 4 zeigt. Der Weg senkt sich zunächst rasch bis zu der zu Tage tretenden Felsstufe, welche das archaische Gräberfeld der Sellada unten begrenzt. An dieser zieht er entlang, so daß sie stets unmittelbar rechts vom Wege liegt. Er endet schließlich bei einer Somari genannten Stelle, wo ein vorzüglicher Marmor ansteht und Spuren antiker Steinbrüche erhalten sind. Auf der Felsstufe rechts vom Wege liegt, anschließend an das im vorigen Kapitel erwähnte Heroon, ein Felsgrab am anderen, Stufen mit Einarbeitungen, wie wir sie eben schon kennen gelernt haben und wie Wilskis beiliegender Plan sie erkennen läßt; bald dichter gedrängt, bald durch weitere Zwischenräume getrennt, wie der Fels zu ihrer Aufnahme geeignet war, im allgemeinen aber doch der Flucht des Weges folgend, die hier freilich auch durch den Verlauf der Felsstufe bestimmt wird.

Weg nach der Zoodochos Pege   Ein weit interessanteres Bild bietet sich dem, der sich dem Nordabhang der Sellada zuwendet. Von dem Weg nach Kamari zweigt hier der Pfad ab, der nach der Zoodochos Pege führt; auch er war im Altertum begangen und zum Teil kunstvoll angelegt. Nahe dem Kamm geht man zunächst an einigen unbedeutenderen Gräbern vorüber, die nach Schiffs

---

[1] *Mon. d. Inst.* III Taf. 26.

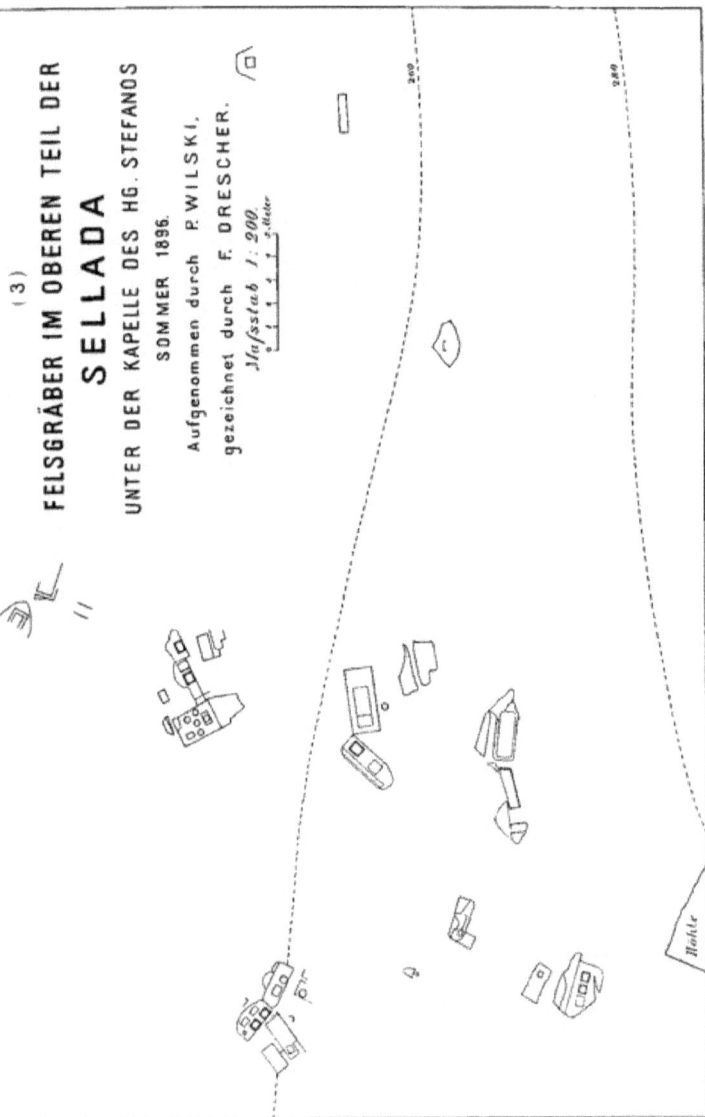

(3)

FELSGRÄBER IM OBEREN TEIL DER

SELLADA

UNTER DER KAPELLE DES HG. STEFANOS

SOMMER 1896.

Aufgenommen durch P. WILSKI,

gezeichnet durch F. DRESCHER.

Maßstab 1 : 200.

Hütte von Guertlingen, Thera.

Verlag von Georg Reimer.

Lith. v. Wilms, Bonn.

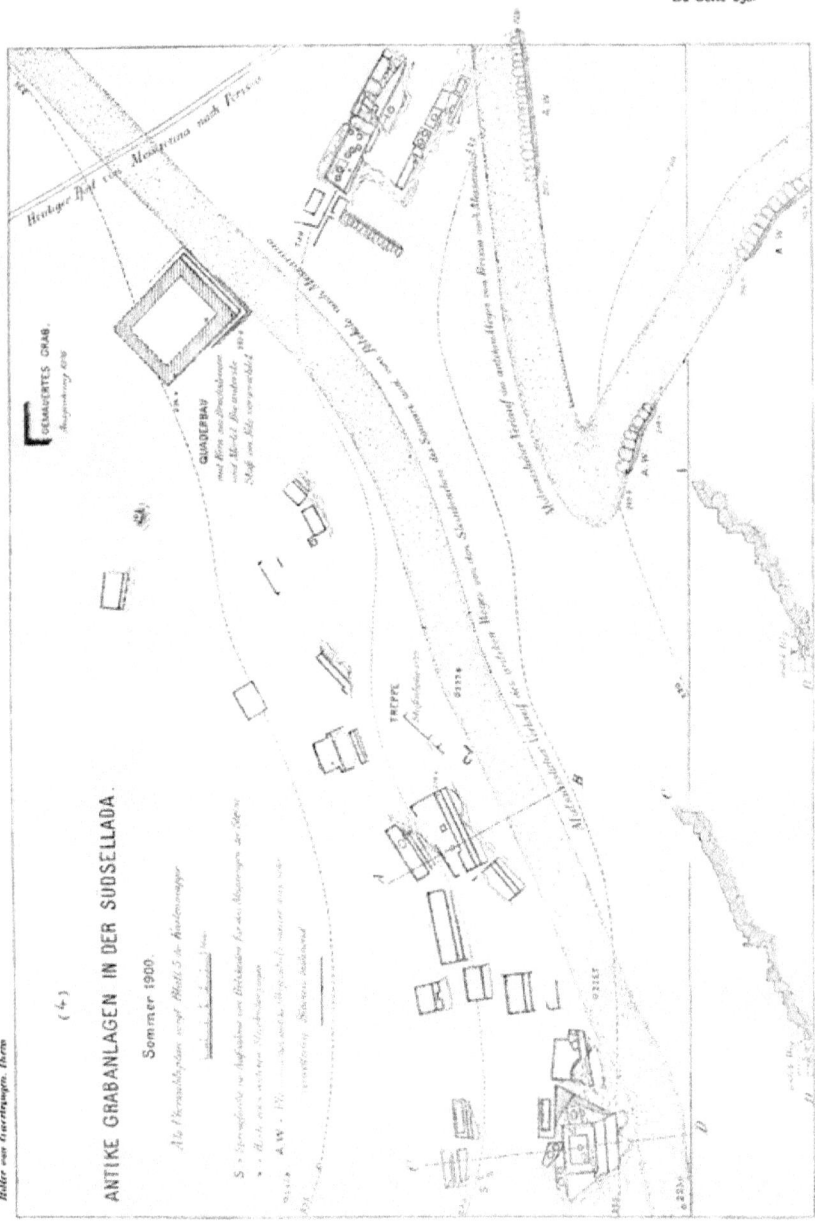

Haller von Gaertringen, Thera

(4)

ANTIKE GRABANLAGEN IN DER SÜDSELLADA.

Sommer 1900.

GEMAUERTES GRAB.
Ausgrabung 1896

QUADERBAU

Heutige Pfad von Messaplana nach Perissa

Abb. 446. Felsgrab auf dem Kamm der Sellada.

Abb. 447. Felsgrab auf dem Kamm der Sellada.

Abb. 448. Felsgrab auf dem Kamm der Sellada. Nordseite.

Abb. 449. Felsgrab auf dem Kamm der Sellada. Nordseite.

Photographien (Abb. 446 bis 449) wiedergegeben sind. Interessant ist Abb. 447, weil uns hier zum ersten Male die anthropoide Form des Sarkophages begegnet, die in anderen Teilen der Nekropole häufig ist. Rechts neben dem Sarkophag bezeichnet wieder eine kleine viereckige Einarbeitung die Stelle, wo die Stele eingezapft war.

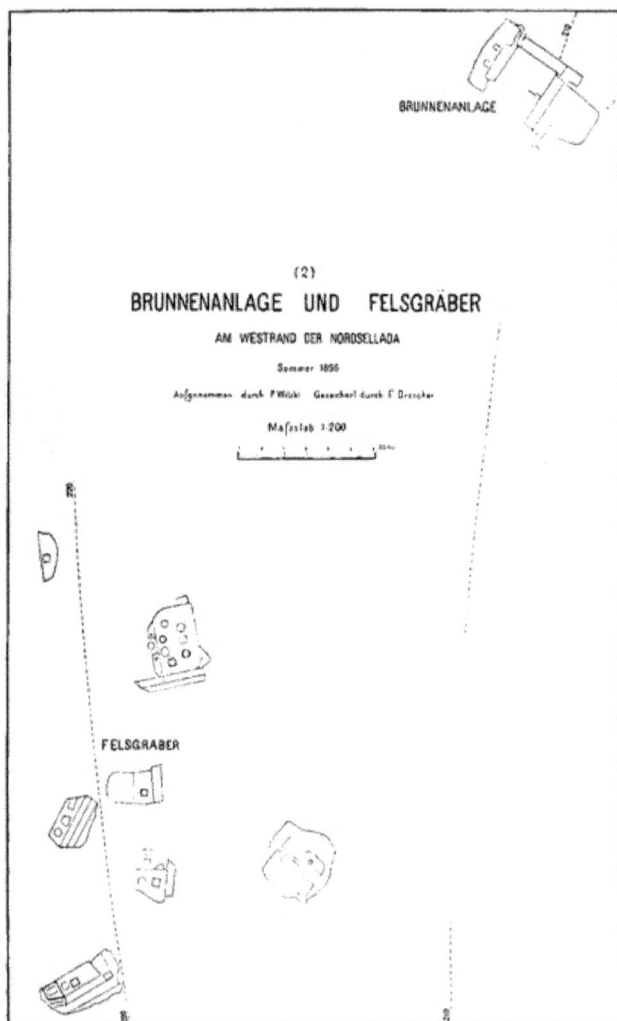

(2)

BRUNNENANLAGE UND FELSGRÄBER

AM WESTRAND DER NORDSELLADA

Sommer 1895

Aufgenommen durch P.Wölbi   Gezeichnet durch F. Drescher

Maßstab 1:200

Abb. 450.

Abb. 451. Gräber im Felsenmeer στά μώλη am Wege nach der Zoodochos Pege.

Abb. 452. Gräber im Felsenmeer στά μώλη am Wege nach der Zoodochos Pege. (Detail von Abb. 451.)

στά μώλη   Der Weg überschreitet nun das Bimssteingerölle des Abhanges und führt in eine
großartige Felswildnis. Linker Hand steigen die grauen Kalksteinwände des Eliasberges fast

senkrecht empor, unter ihnen liegt ein wildes Gewirr von Felsblöcken, die vor Zeiten von diesen Wänden herabgebrochen sind. Zwischen ihnen hindurch windet sich der Pfad. In der Tiefe breitet sich die Ebene von Kamari bis zum Meere aus. Abb. 445 über diesem Kapitel giebt den στὰ μάλη genannten Teil des Abhanges. Auch auf dem kleinen Bilde sind unmittelbar über dem Wege die Stufen einer Gruppe von Gräbern erkennbar, deren Plan Abb. 450 giebt. Abb. 451 führt unmittelbar in das Felsenmeer. Links erkennt man die Stufen der Gräber, von denen das eine (Abb. 452 und 453) in zwei Spezialaufnahmen gegeben ist. Wenige Schritte weiter ist eine breite Felsplatte durch zwei Stufen zugänglich gemacht. Die Abb. 454 (vergl. auch den Plan Abb. 450) läßt ihre verschieden geformten und hergerichteten Einarbeitungen besonders deutlich erkennen. Sehr merkwürdig wirkt dann ein etwas unterhalb des Weges liegender vereinzelter Block (Abb. 455). Auch er ist sicher vor Zeiten herabgestürzt und bis an seinen jetzigen Platz gerollt. Aber das ist in alten Zeiten geschehen; als die Theräer auch ihn für Aufnahme von Beisetzungen herrichteten, lag er offenbar schon wie heute neben dem Wege.

Abb. 453. Dasselbe Grab von Süden her gesehen. In der Tiefe die Ebene und das Meer.

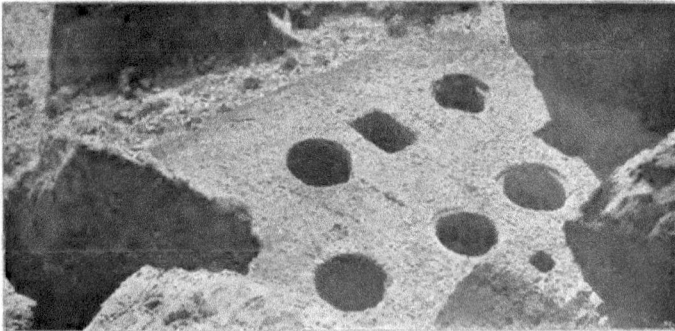

Abb. 454. Gräber im Felsenmeer στὰ μάλη am Wege zur Zoodochos Pege.

Abb. 455. Felsblock mit Einarbeitungen am Wege zur Zoodochos Pege.

Das nächste Ziel des Weges, dem wir bisher gefolgt sind, ist ein Brunnenhaus, dessen Reste von Wilski aufgenommen und am oberen Rande des Planes Abb. 450 gezeichnet sind. Die genaueren Einzelheiten der Anlage werden im III. Bande erörtert werden.

Zoodochos Pege   Der antike Weg zog von hier in gleichmäßigem sanftem Gefälle weiter, der Quelle Zoodochos Pege zu, die schon im Altertum eine der wenigen Quellen der wasserarmen Insel und deshalb jedenfalls früh mit der Stadt durch einen guten Pfad verbunden war (vergl. Bd. I S. 52. 188). Unter der im Hintergrunde von Abb. 445 sichtbaren Felswand öffnet sich eine wilde Schlucht, in deren Tiefe die Quelle entspringt. Eine Ansicht ist schon im Bd. I S. 188 gegeben. Heute ist der kunstvolle Weg, auf dem man im Altertum zu ihr gelangte, unpassierbar geworden. Ein anderer Pfad führt etwas höher am Abhange hin bis zum Rande der Schlucht und steigt dann auf einer schwindelnden Treppe unter überhängenden Felsen hindurch in die Tiefe hinab, wo sich neben einer kleinen Kapelle die Höhle befindet, in der das Wasser von der Decke herabtropft (Abb. 456).

Plagades   Von der Zoodochos weiterführend umzog der alte Weg die senkrecht abstürzende Fels-wand, welche die Schlucht nach Norden begrenzt. Spuren wie Einarbeitungen, Inschriften, welche heute nur mit Leitern zugänglich sind, zeigen seinen einstigen Verlauf; zugleich lehren sie, daß hier seit dem Altertum bedeutende Felsmassen abgestürzt sind und den Weg in die Tiefe ge-rissen haben. Ueber die Kremaste gurna genannte Wand weg erreichte er einst sein Endziel, die große Felsnekropole der Plagades, die ausgedehnteste, welche in Thera überhaupt erhalten ist. Hart über dem schwindelnden Abgrund liegt das am weitesten nach Osten vorgeschobene Grab, dann folgen weitere. Auf eine weite Strecke hin ist hier der schräge Felsabhang mit

Stufen überzogen, die hier nicht regellos durcheinander liegen, wie in den bisher betrachteten Fällen. Von der Anordnung und dem Aeußeren der Gräber geben die beiden von Wilski aufgenommenen Pläne (Blatt 6 der Kartenmappe und der große Plan am Schluß dieses Bandes) einen Begriff. Unterstützt wird er durch die trefflichen Aufnahmen A. Schiffs. Die genauere

Abb. 456. Zoodochos Pege.

Lage jeder der photographierten Gruppen in Wilskis Plan bezeichnen die Unterschriften der Abb. 457 bis 462. Die Hauptrichtung giebt der antike Weg an, an welchem die Gräber sich hinziehen. Von hier steigen sie wie Treppen den Abhang hinauf, deren Stufen mit verschieden geformten Einarbeitungen bedeckt sind.

Die Grabstätten der Plagades scheiden sich in zwei durch einen längeren freien Zwischenraum getrennte Gruppen, von denen die von der Stadt weiter entfernt liegende (Blatt 6) die kleinere ist.

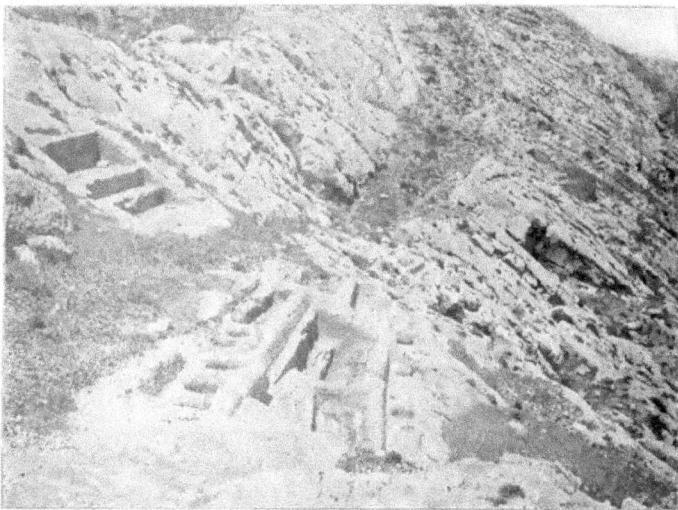

Abb. 457. Gruppe von Felsgräbern in den Plagades (bei *A* auf dem Plan).

Abb. 458. Gruppe von Felsgräbern in den Plagades (bei *B* auf dem Plan).

Abb. 459. Gruppe von Felsgräbern in den Plagades (bei C auf dem Plan).

Die Formen der Einarbeitungen sind die gleichen, wie sie schon bei den anderen Gruppen begegneten: runde und viereckige Aschenbehälter, rechteckige und anthropoide Sarkophage. Ganz selten kommen auch in den senkrecht abgearbeiteten Wänden Nischen vor.

Wilski konnte, als er die Gräber zum Zweck der Aufnahme reinigen ließ, auch noch **Herrichtung der Gräber** einige wichtige Feststellungen machen, welche erst ein rechtes Bild der Herrichtung dieser Gräber geben. Wichtig ist vor allem die Beobachtung, daß der Fels mit Hilfe von Stuck vielfach verkleidet war; und zwar waren nicht nur die kleinen Aschenbehälter innen mit Stuck ausgekleidet, sondern auch die Risse und Unebenheiten im Felsen, ganz wie z. B. in dem Temenos des Artemidoros in der Stadt, mit Stuck verschmiert. Besonders aber diente eine dicke Stuckschicht dazu die Deckel der Aschen- und Leichenbehälter zu befestigen, die Ebene der Nische wiederherzustellen und ein Oeffnen der Deckel zu erschweren. Als Deckel dienten ziemlich roh bearbeitete Platten aus Kalkstein, von denen noch mehrere gefunden wurden. Diese wurden bald einfach über die Vertiefung gedeckt, bald in den Rand derselben eingepaßt. Dann wurde eine Stuckschicht bis an den Rand des Deckels oder auch über diesen weggeführt, so daß nun die Deckplatte vollkommen den Blicken entzogen war. Abb. 463 nach Wilskis Skizze mag das Gesagte erläutern. An ein paar Stellen ist die Hinterwand der Felsstufen offenbar auch verkleidet worden, und zwar durch eine vorgesetzte Platte, welche rechts und links in einen senkrecht verlaufenden Falz eingriff. Auch ein paar sorgfältig bearbeitete Quadern aus vulkanischem Tuff, welche in der Nekropole liegen, dürften zur Ausschmückung der Stufen verwendet worden sein. Wilski beobachtete auch noch, daß einmal

eine Stufenfront in gebogener Linie geführt war, weil sie auf einen höher gelegenen Urnen-
behälter Rücksicht nahm. Daraus würde folgen, daß wenigstens in diesem Falle das höher
gelegene Grab das ältere war und daß man ganz allmählich eine Stufe nach der anderen
hinzugefügt hat.

Abb. 460. Gruppe von Felsgräbern in den Plagades (bei *D* auf dem Plan). Die Buchstaben *a, b, c*
bezeichnen die Stellen, wo die folgende Abb. 461 an diese ansetzt.

Funde   Die Felsgräber sind, wie schon gesagt und bei ihrer exponierten Anlage leicht verständlich, vollkommen ausgeraubt. Um so erfreulicher war es, daß bei den Reinigungsarbeiten,
welche Wilski vornehmen ließ, noch ein paar Funde gemacht wurden, welche auf die Zeit der
Anlagen ein Licht zu werfen geeignet sind. Der wichtigste Fund war das Abb. 464 wiedergegebene Aschengefäß, das noch in einer der Einarbeitungen stehend gefunden wurde. Das
schmucklose Gefäß gleicht vollkommen dem in Grab 105 auf dem Grat der Sellada gefundenen

Abb. 461. Gruppe von Felsgräbern in den Plagades. Fortsetzung der Abb. 460.

Abb. 462. Gruppe von Felsgräbern in den Plagades (bei *E* auf dem Plan).

(Abb. 226 S. 65). An der Vorderseite ist die Inschrift: *NIKOTEΛΩΣ* eingraviert; die Inschrift gehört nach ihren Buchstabenformen späthellenistischer Zeit an. In dieselbe Zeit weist die Scherbe eines „megarischen" Bechers mit der bekannten Schuppenverzierung im unteren Teil und kleinen Spiralen am Rande. Ein paar kleine thönerne „Thränenfläschchen" der gewöhnlichen Gattung ermöglichen eine genaue Datierung nicht, denn ihre Form hat sich sehr lange gehalten. Wichtig war sodann aber noch der Fund des unteren Teiles einer Marmorstele, welche mittelst eines Zapfens in die Felsstufe verzapft gewesen war. Die Inschrift: *ΝΕΟΠΤΟΛΕΜΟΣ* ‖ *ΝΕΟΠΤΟΛΕΜΟΥ* datiert Hiller „kaum älter als 100 a. Chr.". Vielleicht darf hier auch noch die zuerst von Ricci veröffentlichte Namensinschrift I. G. I. III 845 angeführt werden, welche auf dem Fragment eines zweihenkligen Gefäßes ohne Firnisüberzug stand, das, mit Asche gefüllt, bei Karterados auf Thera gefunden wurde und ebenfalls späte Buchstabenformen zeigt [?].

Wilskis Funde legen den Gedanken nahe, daß diese ganzen Felsnekropolen mit ihren eigenartigen Stufengräbern in die spätere hellenistische und vielleicht auch noch frührömische Zeit zu datieren seien. Auf die gleiche Zeit weisen die wenigen im folgenden Abschnitt zu erwähnenden Zierformen an Gräbern verwandter Art. Für einen großen Teil der Nekropolen

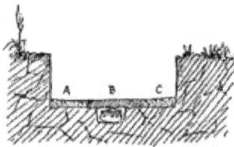

Abb. 463. Durchschnitt eines Felsgrabes in den Plagades.
A und *C* Stuckschicht, *B* Deckplatte des Grabes.

Abb. 464. Thongefäß aus einem Grab
in den Plagades.

wird das zweifellos die richtige Datierung sein. Ich möchte aber doch auf ein paar Umstände hinweisen, welche möglicherweise nötigen, eine längere Benutzungsdauer anzunehmen und die Anfänge dieser Begräbnisstätten beträchtlich älter anzusetzen. Da ist vor allem die Beobachtung wichtig, daß der von Wilski festgestellte Weg, dem wir gefolgt sind, bereits in archaischer Zeit, mindestens im VI. Jahrhundert vorhanden war. Es folgt das aus Inschriften, die an seiner Seite im Felsen angebracht sind. Dieser Weg hat nun aber offenbar nie einen anderen Zweck gehabt, als die Verbindung der Sellada mit der Begräbnisstätte in den Plagades herzustellen. Letztere müßte danach ebenso alt sein wie der Weg, d. h. bis ins VI. Jahrhundert zurückgehen. Die Annahme lange dauernder Benutzung der Felsnekropole findet vielleicht eine Stütze in den verschiedenartigen Formen, welche die Einarbeitungen zeigen. Nebeneinander finden wir solche für Leichenbrand, wie solche für unverbrannte Leichname. Freilich ist auch dies wieder kein durchschlagender Grund, denn gerade in hellenistischer Zeit scheinen auch in Thera diese Bestattungsformen nebeneinander herzugehen, und eine Einarbeitungsform, die wir mit voller Sicherheit für alt erklären müßten, ist nicht vorhanden. Auffällig ist einzig das verhältnismäßig häufige Vorkommen der anthropoiden Form des Sarkophages. Diese ägyptische Form des Sarges ist von den Griechen gelegentlich nachgeahmt worden, aber eigentlich nur an Orten und zu Zeiten,

---

[?] *Mon. ant.* II 282 f.

FELSGRÄBER AUF DEM EXOS EGREMNOS

AN DER NORDSEITE DES ELIASBERGES

Sommer 1896

Vermessen durch P.Wilski Gezeichnet durch F.Drescher

Maßstab 1:200

wo sich starker orientalischer Einfluß geltend macht, oder wo Griechen für Orientalen
arbeiten[3]. So finden sich kastenförmige Särge mit anthropoider Form des Inneren in
Samos im VI. Jahrhundert[4]. Ein noch jüngeres Beispiel aus dem V. Jahrhundert ist
der Satrapensarkophag aus Sidon. Dann scheinen sie aber erst wieder in allerspätester
Zeit vorzukommen. Die äußerlich anthropoiden Särge sind namentlich im phönizischen
Kulturkreise vertreten[5]. Aus späterer hellenistischer Zeit wüßte ich aus rein griechischem
Gebiet keine anthropoiden Sarkophage anzuführen.
Dennoch wäre es gewagt, die theräischen Einarbeitungen danach mit Sicherheit der Frühzeit, etwa
dem VI. oder V. Jahrhundert zuzuschreiben. Wir
werden uns vielmehr daran erinnern müssen, daß
Thera gerade in der späteren hellenistischen Zeit unter
ptolemäischer Herrschaft steht und eine Anlehnung
an ägyptische Sarkophagformen deshalb nicht so auffallend wäre.

For die Zeitdauer der Benutzung dieser eigentümlichen Felsnekropolen müssen wir also noch weitere
Aufklärung durch glückliche Funde erhoffen. Interessant
aber bleibt, daß wenigstens ein Fingerzeig, die Anlage
des Weges, ins VI. Jahrhundert weist, d. h. gerade in
die Zeit, in welcher, wie oben ausgeführt, die Benutzung
der Nekropole auf der Sellada stark nachzulassen scheint.
Hat damals bereits die Benutzung der Felsnekropole
begonnen, so erklärt sich, weshalb wir seit dem VI. Jahrhundert so auffallend spärliche Fundstücke aus Thera
besitzen: Die offen zu Tage liegenden Gräber auf den
Felsen sind früh ihres Inhaltes beraubt.

(6)
FELSGRÄBER ZWISCHEN EMBORJO UND PYRGOS
Abb. 465.

Neben diesen großen Gruppen von Felsgräbern finden sich zahlreiche kleine, die **Vereinzelte Gräber**
nicht alle angeführt zu werden brauchen. Eine solche trägt beispielsweise der nördlich vom
Eliasberg aus dem Bimssteingeröll aufragende, etwa 50 m hohe Kalkfels Exos Egremnos
(vergl. den Plan zu dieser Seite). Seine Gräber wird man wohl der Ansiedlung zurechnen
dürfen, welche bei Kamari am Fuße des Messavuno durch Baureste nachgewiesen ist. Eine
andere Gruppe liegt zwischen den Orten Pyrgos und Emborio, nordwestlich vom Eliasberg
(bei 6 auf Karte 2 der Kartenmappe). Auch dort sind anderweitige Spuren von Ansiedlungen
nachgewiesen. Einen Plan giebt Abb. 465. Ebenso finden sich kleine Gruppen am Südabhange des Eliasberges, bei Katevchiani und beim Somari.

2. Die Gräber bei Kap Exomyti.

Auf eine ausgedehnte und stattliche Nekropole stößt man am südöstlichen und südlichen
Absturze des Gawrilosberges, des Höhenzuges, der sich von Emborio in südlicher Richtung
zum Kap Exomyti hinzieht. Die Lokalität ist schon S. 251 geschildert. Ross hat bereits
einige besonders in die Augen fallende Gräber dieser Gegend in seinem mehrfach citierten

---

[3] Ich kann jetzt auf die Zusammenstellung des Materiales bei Altmann Architektur und Ornamentik
der antiken Sarkophage 6 ff. u. 22 verweisen.

[4] Böhlau Nekropolen 15.
[5] Reinach *Nécropole royale à Sidon* 154 ff.

Aufsatz veröffentlicht. Ihm schienen diese Anlagen besonders interessant, weil verschiedene Indizien, vor allem der Fund des sog. Apollo von Thera vor einem dieser Gräber, ihn zu der Annahme verleiteten, er habe es hier mit besonders alten Gräbern zu thun. Ross' Aufnahmen sind nicht sehr genau, auch nicht vollständig. Ich gebe im folgenden die Pläne und Durchschnitte, welche Wilski von den Gräbern aufgenommen hat. Die den Autotypien zu Grunde liegenden Photographien hat auch hier Schiff angefertigt. Genaueres Zusehen zeigt leicht, daß diese Stelle zwar schon in alter Zeit zu Beisetzungen benutzt worden ist, daß aber die augenfälligsten Grabanlagen erst jüngerer Zeit angehören.

Abb. 466.   Felsgrab 8 bei Exomyti.

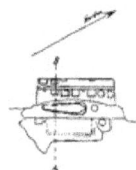

(8)
FELSGRAB IN DER ECHINDRA

Abb. 467.

Grabolschen Wenn man, durch die Weingärten von Emborio wandernd, sich dem Ostabhang des Gawrilosberges nähert, so gelangt man zuerst zu dem Abb. 466 abgebildeten Grabe (auf der Karte Felsgrab 8)[*]. Vor diesem Grabe im Weinberg wurde angeblich der Apollo von Thera gefunden. In die senkrechte Felswand ist etwa 3,50 m über dem Boden eine große rechteckige Nische gebrochen, der hintere Teil derselben liegt, wie Grundriß und Durchschnitt (Abb. 467) zeigen, um eine Stufe höher. Hier finden sich zwei der rechteckigen kastenförmigen Ein-

---

[*] Ross Ges. Abh. II 418 Taf Ia, Ib.

arbeitungen, daneben an der Hinterwand zwei schmale Zapfenlöcher für Stelen. Die vordere Stufe trägt fünf kastenförmige und eine cylindrische Einarbeitung nebst zwei kleinen Zapfenlöchern. Rings um die Nische herum ist ein Streifen des Felsens glatt gearbeitet. Vor ihr auf einer niedrigeren Stufe, die sich über die ganze Breite der Nische erstreckt, findet sich außer einer cylindrischen Einarbeitung eine langgestreckte in Form eines anthropoiden Sarkophages. Hier sowohl wie bei einzelnen der kleinen Einarbeitungen ist wieder der Falz vorhanden, in den die darübergelegte Deckplatte eingreifen sollte. Unter dieser Stufe ist der Fels etwa 2 ᵐ hoch senkrecht abgearbeitet. Vor der glatten Wand befindet sich die unterste Stufe der ganzen Anlage, welche eine große kastenförmige Einarbeitung und außerdem eine kleine viereckige, eine cylindrische und ein Zapfenloch enthält.

(9)
FELSGRAB IN DER ECHINDRA.
1:100

Abb. 468. Felsgrab 9 bei Exomyti.　　　　Abb. 469. Grundriß und Aufriß zu Abb. 468.

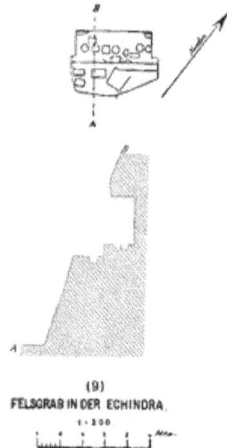

Diese erste Anlage vereinigt also bereits wieder die sämtlichen verschiedenen Formen von Einarbeitungen, welche uns auch in der Nekropole der Plagades immer wieder begegneten, ein Umstand, der jedenfalls zur Vorsicht bei Datierung der Einarbeitungen nach ihren Formen nötigt.

Folgt man dem Steilabsturz des Berges in südlicher Richtung, so gelangt man nach etwa 150 ᵐ (bei 9 auf der Karte) zu einer zweiten ähnlichen, nur roheren Nische (Abb. 468 und 469), deren Größe auf der Abbildung durch den darinstehenden Mann veranschaulicht wird. Auch hier befindet sich vor der Nische, deren Boden zahlreiche eckige und runde Aschenbehälter und Stelenlöcher aufweist, eine etwas niedrigere Felsstufe, auf der ebenfalls noch Beisetzungen stattgefunden haben.

Etwa in gleichem Abstand folgt dann schon am Südrande des Gawrilosberges ein schönes Doppelgrab [1]) (Abb. 470 und 471). Unmittelbar nebeneinander finden sich hier zwei Nischen mit architektonischer Umrahmung. Drei Pfeiler mit Volutenkapitellen trennen und begrenzen die beiden Nischen. Auf den Pfeilern liegt ein glatter Architrav, über dem sich die beiden Giebel mit Eck- und Firstakroterien erheben. Aller dieser architektonische Schmuck ist in flachem Relief aus dem Felsen herausgearbeitet. Interessant ist, wie die beiden Giebel aneinander ansetzen. Bei der rechten Nische ist der Giebel mit seinen Akroterien vollständig. Dem linken Giebel dagegen fehlt das rechte Eckakroterion, so daß das linke Eckakroterion der rechten Nische gleichsam beiden Giebeln dient. Man darf daraus den Schluß ziehen, daß die beiden Nischen nicht einem einheitlichen ursprünglichen Plan entsprungen sind, sondern daß die rechte Nische bereits vorhanden

(10)
FELSGRAB IN DER ECHINDRA
1 : 200

Abb. 470. Felsgrab 10 bei Exomyti.   Abb. 471. Grundriß zu Abb. 470.

war, als die linke hinzugefügt wurde. Die tiefere rechte Nische schließt hinten mit einer Rundung, die linke dagegen geradlinig ab. In jeder Nische findet sich eine Stufe von gleicher Höhe, mit einem Profil, das ebenfalls ursprünglich in beiden übereinstimmte, jetzt rechts, wie die Stufe überhaupt, schlecht erhalten ist. Vor den Nischen ist eine ziemlich breite Plattform hergestellt. Auffällig ist, daß bei dieser Anlage alle Einarbeitungen fehlen. Man wird wohl mit Ross annehmen müssen, daß freistehende Sarkophage in die Nischen hineingestellt wurden.

[1]) Vergl. Ross Ges. Abh. II Taf. XII 3a, b, c; Taf. X 3d.

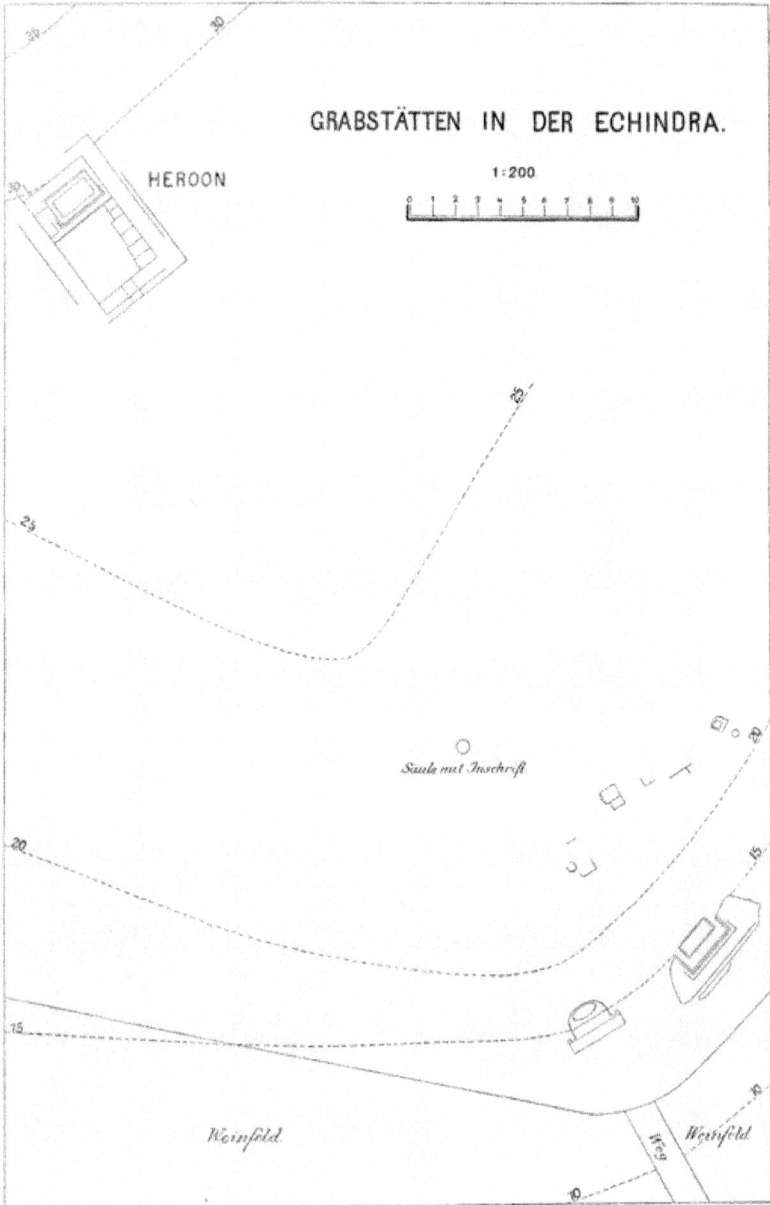

GRABSTÄTTEN IN DER ECHINDRA.

HEROON

1:200

Säule mit Inschrift

Weinfeld.

Weg

Weinfeld

Westwärts weiterwandernd, gelangt man zu der Gruppe von Gräbern, welche auf dem beigegebenen Specialplan verzeichnet und zum Teil auch auf Tafel III erkennbar sind. Zunächst steht hier ein großer Sarkophag auf drei Stufen vor der roh geglätteten Felswand[9] (Abb. 472). Sockel, Sarkophag und Deckel — alles ist aus dem lebendigen Fels gehauen. An der der Felswand zugekehrten Seite des Deckels befindet sich eine Oeffnung, die ursprünglich durch eine Platte verschlossen werden konnte; hier konnte der Leichnam in die Höhlung des Sarkophages hineingeschoben werden. Auf dem Deckel ist ein kleiner Sockel angebracht, der wohl die Bestimmung hatte, ein Bild des Verstorbenen zu tragen.

Etwas rechts oberhalb unseres Sarkophages ist an dem Felsen eine mächtige Schlange in Relief ausgeführt, die, weithin sichtbar, den Charakter des Ortes als Totenstadt anzeigt. Ross hat sie in einer Zeichnung veröffentlicht[9]. Auch auf der Heliogravüre Tafel III ist sie deutlich erkennbar.

Abb. 472. Sarkophag bei Exomyti.

Dicht neben dem Sarkophag öffnet sich ein weiteres Grab (vergl. Tafel III, Abb. 473 und den Plan)[10]. Ueber zwei Stufen erhebt sich eine arcosolienförmige Nische, welche von zwei Pfeilern mit Volutenkapitellen und einem darüberliegenden glatten Architrav und Giebel eingerahmt wird. Im Innern der Nische finden sich wieder eine hohe untere und eine niedrigere obere Stufe. Letztere trägt eine ovale Einarbeitung von ca. 1.20 m Länge, die offenbar nach den angeführten Analogien zur Aufnahme des Toten bestimmt war. Konnte man die rechteckigen und anthropoiden Einarbeitungen den betreffenden Formen der Sarkophage gleichsetzen, so entspricht diese den wannenförmigen Sarkophagen, den λιτροί, die sich ebenfalls seit mykenischer Zeit nachweisen lassen[11].

[9] Ross Arch. Aufs. II 419 Taf. XIII 42, b.
[9] Ross Ges. Abh. II 419 Taf. XIV.
[10] Ross Ges. Abh. II 418 Taf. XI.

[11] Vergl. oben S. 89 f. Fredrich Sarkophagstudien, Gött. Nachr. 1895, 72. Altmann Architektur und Ornamentik der antiken Sarkophage 46 ff.

Ueber diesen Anlagen finden sich noch mehrere kleine Einarbeitungen für Aschenurnen, die aus dem Plane ersichtlich sind. Noch höher hinauf endlich, alle diese kleinen Grab-

stätten überragend, liegen die Reste
des Heroon, das im vorigen Kapitel
(S. 251 ff.) eingehend behandelt ist.

Weiter westlich trifft man hoch
auf der Fläche des Felsens den aus
dem anstehenden Gesteine gehauenen
Sarkophag, welcher Abb. 474 wiedergegeben ist (Grundriß und Durchschnitt Abb. 475). An seiner Langseite ist in großen Buchstaben die Inschrift Θεοθέμιος eingegraben [12]. Der
Deckel des Sarkophages ist verloren.

Auf der Fläche des Gawrilosberges finden sich noch zahlreiche
vereinzelte Einarbeitungen, die nicht
alle einzeln aufgezählt werden können.
Ich hebe noch ein paar bemerkens-
wertere hervor, von denen Aufnahmen angefertigt sind. Bei 12 auf
der Karte liegen dicht nebeneinander
3 viereckige Aschenbehälter (Abb. 476).
Neben einer sarkophagförmigen Einarbeitung (Abb. 477) steht auf dem
Fels die Inschrift Ὑπερυδίδος [13]. Zwei
Einarbeitungen in der Form anthropoider Sarkophage liegen noch nörd-

Abb. 473. Felsgrab 11 bei Exomyti.

lich von der an erster Stelle genannten
Nische, bei 7 auf der Karte (Abb. 478).

Zeitbestim-
mung
      Was nun die Frage nach der Zeit der Anlage dieser Gräber betrifft, so muß Ross'
Annahme besonders hohen Alters jedenfalls modifiziert werden. Der Fund des Apollo vor
einem dieser Gräber kann nicht beweisend sein. Selbst wenn die Fundnotiz feststünde [Ross
kaufte die Figur in Emborio, wo ihm die Fundangabe gemacht wurde [14]], wäre damit noch
nicht gesagt, daß die Figur zu der dahinter in den Fels gehauenen Grabnische gehören müßte.
Für das Bild der Schlange wage ich eine bestimmte Datierung überhaupt nicht, glaube aber
nicht, daß es sehr alt ist. Endlich irrte Ross zweifellos, wenn er in den Pfeilerkapitellen der
Nischengräber die älteste und einfachste Form des korinthischen Kapitells sah. Diese Annahme
ist schon in dem citierten Artikel der *Gazette archéologique* korrigiert, wo das Grab nach seinen
architektonischen Formen als frühestens dem IV. Jahrhundert angehörig bezeichnet wird [15].

      Es scheint mir von vornherein klar zu sein, daß die Gräber bei der Echendra in
sehr verschiedener Zeit entstanden sind. Sehen wir auch von dem „Apollo" und von der
archaischen Inschrift Ὑπερυδίδος ab, bei denen die Zugehörigkeit zu dem betreffenden Grabe
nicht sicher bezw. unwahrscheinlich ist, so haben wir als ältestes Grab den Felssarkophag mit

---

[12] Ross Ges. Abh. II 420. I. G. I. III 815.   [14] Inselreisen 81.
[13] I. G. I. III 800.   [15] Gaz. arch. 1883, 220 f.

Abb. 474. Grab mit der Inschrift ΘΕΟΘΕΜΙΟΣ.

der Inschrift Θεοθέμιος. Hier ist die Zusammengehörigkeit von Inschrift und Grab zweifellos, und dieses wird danach spätestens ins V. Jahrhundert datiert. Aehnliche aus dem Fels gehauene Sarkophage unter freiem Himmel finden sich auch sonst häufiger in griechischem Gebiet [16]. In Thera wüßte ich ein sicher ebenso altes Beispiel nicht anzuführen. Der Sarkophag lehrt uns, daß zum mindesten im V. Jahrhundert die Sitte der Bestattung, welche in archaischer Zeit in Thera ganz fehlte, aufgekommen sei.

Sehr viel stattlicher präsentiert sich der freistehende Sarkophag Abb. 472. Auch für **Sarkophag** ihn giebt es viele Analogien. Eingegraben sollten überhaupt nur die schmucklosen Steinkisten werden [17]. Die mit Reliefschmuck versehenen Sarkophage waren dagegen stets darauf berechnet, freistehend an einem wenigstens bis zu einem gewissen Grade zugänglichen Ort aufgestellt zu werden. Freistehend — das beweist doch wohl die Gepflogenheit gut

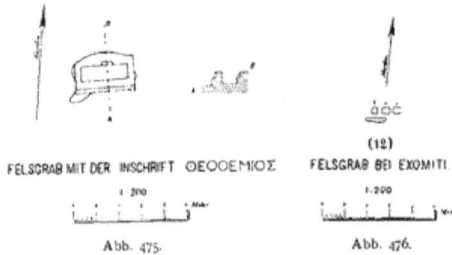

FELSGRAB MIT DER INSCHRIFT ΘΕΟΘΕΜΙΟΣ

Abb. 475.

FELSGRAB BEI EXOMITI.

Abb. 476.

[16] Ross erwähnt sie mehrfach in seinen Schilderungen der östlichen Inseln. Für Karien werden sie im *Journ. of hell. stud.* 1896, 256 ff. erwähnt.
[17] Die bemalten Thonsarkophage von Klazomenai sind anders zu beurteilen. Sie dienten wohl in erster Linie bei der Prothesis, denn ihr Schmuck verschwindet schon bei Schließung des Sarges durch einen Deckel.

griechischer Zeit, den Sarkophag auf allen vier Seiten gleichmäßig zu schmücken.   Man stellte
ihn dann entweder in eine Grabkammer oder, wie die lykischen Sarkophage, auf einen Unterbau
unter freien Himmel.   Es wird sich im weiteren zeigen, daß da überhaupt ein prinzipieller
Unterschied nicht gemacht wird.   Dieselben Grabmalsformen begegnen in unterirdischen
Kammern wie unter freiem Himmel.   Lokal wird man bald mehr zum einen, bald mehr zum
anderen geneigt haben.   Der Θεόθεμις-Sarkophag, der doch eben nichts ist als eine primitivere
Form des freistehenden Sarges, datiert die Anfänge dieser offenen Beisetzung in Thera
wenigstens bis ins V. Jahrhundert zurück.   In der Folgezeit ist der Brauch immer häufiger
nachzuweisen.   Der theräische Sarkophag wird hellenistischer oder frührömischer Zeit angehören.
Nahe Analogien zu ihm bieten Grabmäler, die Rubensohn in Paros gefunden hat[18].   Auch
hier steht der Sarkophag auf einem dreistufigen Unterbau; auf dem Deckel findet sich die
gleiche Unterlage zur Aufstellung eines Bildes; und wie in Thera gegen die Felswand, ist er
dort mit der einen Langseite gegen eine Mauer
geschoben.   Ein Schritt weiter führt dann zu
den nischenförmigen Bauten, die als ein prunk-
voller architektonischer Rahmen den Sarg umgeben[19].

FELSGRAB MIT DER INSCHRIFT ΥΓΕΡΦΥΔΙΔΑΣ
1:250.

Abb. 477.

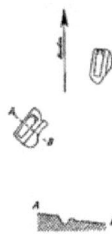

(7)
FELSGRÄBER AM OSTABHANG DES GAWRILOSBERGES.
1:200

Abb. 478.

Nischen-
gräber

Auch diese Nischengräber finden sich in gleicher Weise überirdisch wie unterirdisch.
Entwickelt hat sich die Form sicher an oberirdischen Bauten, und auch hier liegen die Wurzeln
schon in früher Zeit.   Seit dem V. Jahrhundert schon wird die architektonische Umrahmung
des Grabreliefs mehr und mehr durchgebildet.   Aus der Umrahmung wird bald eine förmliche
Nische, in die die in Hochrelief ausgeführten Figuren hineingesetzt werden.   Für Unteritalien
bezeugen uns die tarentinischen Vasen schon für das Ende des V. Jahrhunderts vollkommen freistehende Aediculae, in welche man eine Statue des Verstorbenen oder auch ein
Becken und Aehnliches stellte[20].   Wo die Sitte, den Toten in einem unter freiem Himmel
stehenden Sarkophag zu betten, sich einbürgerte, da lag der Gedanke nahe, Aedicula bezw.

[18]) Rubensohn Arch. Anz. 1900, 23. Andere z. B. in
Assos.
[19]) Es ist hier natürlich nicht der Ort, diese langen,
sich mehrfach kreuzenden und gegenseitig beein-
flussenden Entwickelungsreihen zu verfolgen, die
für die Geschichte der Grabbauten, namentlich
der Spätzeit, von Interesse sind. Aber unter diesen
Gesichtspunkte versteht man auch, wie mir scheint,

die altarförmigen Sarkophage erst richtig. Vergl.
Altmann a. a. O. 43 ff.   Watzinger *De vasculis
pictis tarentinis* 5. Aus der τράπεζα auf dem Grabe
entwickelt sich der Altar; dieser wird nun zugleich gelegentlich als Totenbehälter benutzt
und schließlich als Sarg in die Grabkammer
gesetzt.
[20]) Watzinger *De vasculis pictis tarentinis* 1 ff.

Grabnische und Sarkophag zu verbinden, den Sarg in jene hineinzustellen. Wann das zuerst geschehen, vermag ich nicht zu sagen; offenbar aber auch schon in hellenistischer Zeit [21]. So gut wie neben dem frei aufgebauten Sarkophag der aus dem Fels gehauene, kommt nun neben der frei aufgebauten Nische auch die in die Felswand gehauene vor. Und diese Form des Grabschmuckes wird nun auch wieder auf die unterirdische Grabkammer übertragen, deren Wände nischenförmig gegliedert werden. — In die Nischen können nun wiederum entweder Sarkophage hineingestellt werden (so offenbar in Thera in die beiden Nischen Abb. 470), oder es kann eine trogartige Vertiefung für den Leichnam aus dem Felsen, wie bei dem Grab Abb. 473, geschnitten werden. So in zahllosen Fällen in den Arcosolien der Katakomben. Das Arcosoliengrab halte ich demnach für entstanden durch Zusammenwachsen der Nische mit einem Sarkophag.

Architektonische Zierformen

Wie die Formen in der wirklichen Architektur im Laufe der Zeit wechseln, so wandelt sich ganz entsprechend auch die Scheinarchitektur der aus dem Fels oder aus Grabeswänden gehauenen Nischen. Besonders wichtig ist natürlich das Auftreten des Bogens als Zierform. Da attische Grabreliefs und solche von Rhenaia die Bogennische als Umrahmung schon etwa seit dem Ende des II. vorchristlichen Jahrhunderts verwenden [22], dürfen wir annehmen, daß auch die Architektur sie damals schon ähnlich verwendete. Die Form der theräischen Grabnische auf Abb. 473 entspricht der der attischen Grabreliefs. Ein Zwang, diese Nische für wesentlich jünger als die Reliefs zu halten, liegt meines Erachtens nicht vor. Vom Beginn des I. vorchristlichen Jahrhunderts an halte ich sie für möglich. Die Form des Kapitells widerspricht dem nicht. Verwandte Pfeilerkapitellbildungen, für welche die steil aufsteigenden Voluten und das Zurücktreten des Akanthusschmuckes bezeichnend sind, finden sich auch schon in hellenistischer Zeit [23]. Auf späthellenistische oder frührömische Zeit aber führt endlich auch die Verwandtschaft mit den Felsgräbern der Sellada und der Plagades, für welche dieses das einzige sicher gefundene Datum ist. Von diesen kann man die Nischen der Echendra nicht trennen, wie ein Blick auf die Einarbeitungen zeigt. Die Nischen sind bloß die vornehmere Form jener, verhalten sich zu ihnen etwa wie die oft schön ausgeführten Einzelnischen in den Katakomben zu den einfachen Loculi. Mit dieser sehr summarischen Datierung müssen wir uns meines Erachtens vorab noch begnügen [24].

Vergleich mit den Columbarien

Fordern die Nischen den Vergleich mit den Arcosolien der Katakomben heraus, so die Einarbeitungen zur Aufnahme einer Aschenurne den Vergleich mit den römischen Columbarien [25]. Die Aehnlichkeit liegt auf der Hand. In Rom die kleinen, in einer senkrechten Wand übereinander angebrachten Nischen mit den Einarbeitungen, welche die Aschen-

[21]) Beispiele aus späterer Zeit in Assos, Termessos (Anf. III. Jahrh. n. Chr.). Oesterr. Jahresh. III 192. Einen sicheren terminus ante quem für das Aufkommen giebt Pompei. Dort kommen nischenförmige Grabmäler vor. Da man hier die Leichen verbrannte, fehlt der Sarkophag in der Nische. Gerade das weist darauf hin, daß es sich um eine schon früher ausgebildete, hier übernommene Grabform handelt.

[22]) Brückner Ornament und Form der attischen Grabstelen 55 ff. Michaelis Arch. Ztg. 1871, 146.

[23]) z. B. in Priene, am Didymaion und sonst.

[24]) Eine spätere Datierung würde sich ergeben, wenn A. Körte (Ath. Mitth. XXIII 147 ff.) recht hätte, der die Arcosolien für eine italische Grabform hält, die sich erst in der Kaiserzeit von dort allmählich nach Osten verbreitet habe, und der danach auch die theräische Nische datiert. Der Beweis dafür scheint mir aber nicht sicher erbracht zu sein, und der Umstand, daß die Arcosolienform schon in den ältesten bis ins I. Jahrhundert zurückreichenden Katakomben fertig vorliegt (Schultze Katakomben 79) in Verbindung mit dem, was oben über die allmähliche Entwickelung dieser Grabformen gesagt ist, nötigen zur Vorsicht. Alle Elemente, aus denen sich die Arcosoliengräber zusammensetzen, sind schon in späthellenistischer Zeit auf griechischem Boden vorhanden. Die christlichen Grabstätten werden vermutlich auch hier an bereits Vorhandenes anknüpfen.

[25]) Die Litteratur am bequemsten zusammengestellt in Daremberg und Saglios *Dictionnaire* I 1333 ff. und in Pauly-Wissowas Realencyklop. IV 1. 593 ff. (Samter).

urnen aufnehmen; daran die Tafel, welche den Namen des Verstorbenen nennt. In Thera der stufenförmig aufsteigende Fels mit den gleichen Einarbeitungen, neben denen die kleinen Grabstelen standen. Ein wichtiger Unterschied aber ist vorhanden. Jene Columbarien sind von Genossenschaften oder von Unternehmern errichtet, und ihre Benutzung haben demnach die Mitglieder der betreffenden Genossenschaft oder solche, die das Recht käuflich erwerben. Und die in ihnen Beigesetzten gehören den untersten Ständen an, die so einen Ersatz für ein eigenes Begräbnis finden. Was hier, zunächst durch praktische Rücksichten hervorgerufen, sich anbahnt, der Uebergang vom Familiengrab zum Gemeindefriedhof, ist dann durchgeführt in den christlichen Katakomben [26]. Aehnliches bei den Gräbern in Thera vorauszusetzen, scheint mir nicht statthaft. Trotz der einheitlichen Anlage, welche auf den ersten Blick die ausgedehnten Gräberreihen der Plagades machen, tritt der altem griechischem Brauch entsprechende familienhafte Charakter der Begräbnisstätten doch noch deutlich hervor. Dabei geht man am besten von den Nischen der Echendra aus, bei denen man von vornherein nicht bezweifeln wird, daß sie Familiengräber sind. Sie sind nicht, wie die Columbarien, nach einem einheitlichen, von Anfang an feststehenden Plane eingerichtet, sondern allmählich, je nachdem sich das Bedürfnis ergab, vergrößert. Ein Begüterter ließ eine solche Nische herrichten. Seine Angehörigen wurden dann neben ihm im Innern derselben beigesetzt. Als dort der Raum gefüllt war, senkte man in den Boden vor der Nische ebenfalls Aschengefäße und Leichname hinein, und endlich füllte man auch die unter der Nische befindliche Stufe mit Gräbern. Besonders deutlich sieht man das an den Gräbern Abb. 467 und 469. Auch bei der Doppelnische Abb. 470 wurde schon hervorgehoben, daß sie keineswegs von Anfang an in dieser Weise geplant war, sondern daß die linke Nische an die schon bestehende rechte angesetzt wurde. Beweist das einerseits, daß ursprünglich bloß eine Nische geplant war, so spricht andererseits die enge Verbindung der beiden, ihre förmliche Verschmelzung dafür, daß die beiden Gräber zusammengehören [27].

Wie diese Grabstätten durch einen architektonischen Rahmen ihren geschlossenen Charakter erhalten, so andere durch ihre Lage. Vor allem die kleinen Gruppen, die auf dem Grat der Sellada und am Wege nach der Zoodochos zum Teil auf vereinzelten Felsblöcken liegen. Auch hier ist von einer planmäßigen Anlage nicht die Rede. Der eine hat sich diese, der andere jene Stelle ausgesucht, und seine Angehörigen und Nachkommen ließen ihre Urne daneben setzen. Aber auch die große Masse der Grabstätten in den Plagades löst sich bei genauerem Zusehen in lauter einzelne Gruppen auf, bald kleinere, bald größere, von denen manche auch deutliche Spuren allmählichen Wachsens tragen. Ein wirklich einheitlich durchgeführter Plan ist auch hier nicht vorhanden.

---

[26] Schultze Katakomben 23.
[27] Eine gute Parallele, auf die Hiller auch aufmerksam macht, bieten die parischen Sarkophage, in denen nacheinander mehrere Beisetzungen stattfanden. Bei jeder Beisetzung wurde eine neue Inschrift oder auch ein neues Relief zu den schon vorhandenen hinzugefügt. Auch sie gehören übrigens ins I. vor- bis I. nachchristliche Jahrhundert. Verwandtschaftliche Beziehungen zwischen den in einem Sarkophage Beigesetzten sind in mehreren Fällen gesichert, und irgend welche nähere Beziehungen werden wohl in jedem Falle vorausgesetzt werden müssen. Vergl. Löwy Arch. epigr. Mitth. XI 176 ff.

Abb. 479. Skelettgrab 69, unmittelbar nach der Auffindung aufgenommen.

Siebentes Kapitel.

Die späten Skelettgräber.

Ich muß zum Schluß noch kurz der späten Skelettgräber gedenken, welche sich ebenfalls in beträchtlicher Zahl auf der Sellada wie in anderen Teilen der Insel fanden. Schon Ross fand bei seinem Aufenthalt auf Thera neben archaischen auch späte Gräber. Das eine, dessen Anlage er genauer beschreibt — es lag auf der Westseite des Messavuno (d. h. der Sellada) noch in festerem Erdreich (also weiter oben) — war aus Stein und Mörtel aufgemauert, enthielt eine Lampe, zwei thönerne Fläschchen, drei ähnliche gläserne, einen Glasbecher und unkenntliche Bruchstücke von Bronze. Aus anderen zog er gläserne Thränenfläschchen, Glasbecher, kleine Gefäße, zum Teil mit hübschen gepreßten Ornamenten (megarische Becher?), Figürchen aus gebrannter Erde, bronzene Badestriegel. Auch bei Kamari und an anderen Orten haben sich gleiche Gräber gefunden.

Eine interessante Anlage sei noch erwähnt, welche im Jahre 1869 bei dem Dorfe Burbulo zu Tage kam. In dem Bericht, welchen die Zeitung „*Le courrier d'Athènes*" am 28. Februar 1870 von dem Funde giebt[1]), wird sie beschrieben als ein Gebäude von etwa 6 m Länge, 5 m Breite und 1.5 m Höhe. Die Thür war nach Osten gewandt. Im Innern fand sich ein Grab von 1.90 m Länge, 0.85 m Breite, bedeckt mit einer Marmorplatte. Das Grab enthielt eine Menge Knochenreste, die teils verbrannt waren und von mehreren Personen herrührten. Vor dem Grabe lagen Scherben und mehrere Platten mit Angelosinschriften[2]). Auf einer kleinen Marmorbasis dagegen stand die Heroisierung der Ammia durch ihren Gatten Theotimetos[3]). Der Umstand, daß hier heidnische und christliche Grabinschriften nebeneinander vorkommen in Verbindung mit dem Vorkommen verbrannter und unverbrannter Gebeine im Innern, weist

---

[1]) Mitteilung von Schiff.
[2]) I. G. I. III 968—974. Vergl. Ath. Mitth. II 78 (Weil).

[3]) I. G. I. III 910.

wohl mit Sicherheit auf eine mehrmalige Benutzung der Grabkammer hin.   Bei einer späteren
Benutzung werden auch die Scherben der früheren Beisetzungen herausgeworfen sein.

Als wir 1896 das Gebiet der archaischen Nekropole auf der Sellada zu durchgraben
begannen, stellte sich heraus, daß auch sie im weitesten Umfange in der Spätzeit wieder als
Begräbnisstätte benutzt worden war.   Allenthalben stießen wir beim Suchen nach archaischen
Gräbern auch auf späte Skelettgräber.   Am Ende des Altertumes hatte man die entfernter
liegenden Friedhöfe verlassen und die Toten wieder unmittelbar vor der Grenze der Stadt,
deren Fortdauer bis in byzantinische Zeit festgestellt ist[1], begraben.

Anlage   Die späten Skelettgräber sind in dem Verzeichnis im zweiten Kapitel nur so weit
angeführt, als sie Beigaben enthielten oder sonst irgend etwas Bemerkenswertes aufwiesen.
Ihre Zahl war also bedeutend größer, als es nach dem Grabinventar scheint.   Meist lagen sie
tief unter der heutigen Oberfläche, bisweilen sogar tiefer, als benachbarte archaische Gräber[2].
Bei der Anlage der Skelettgräber sind die alten Aschengefäße und ihre Beigaben häufig
zerstört worden, und man darf wohl sagen, daß die archaische Nekropole in dieser Zeit am
meisten geschädigt worden ist.   Bei dieser Gelegenheit wurden die Scherben der alten Gefäße
achtlos herausgeworfen.   Die große Masse der auf der Oberfläche zerstreut liegenden Scherben
wird damals aus dem Boden gekommen sein[3].

Richtung   Am Abhang der Sellada hatten die Skelettgräber fast stets west-östliche Richtung.
Doch muß man sich hüten, darauf besondere Schlüsse zu bauen; denn da der Abhang steil
nach Süden abfällt, ist diese Richtung der Gräber die natürliche durch den Boden gegebene,
und man ist denn auch ohne weiteres von ihr abgewichen, wo besondere Umstände, z. B. die
Benutzung einer archaischen Grabkammer, dazu verleiteten.

Die regelmäßige Anlage eines solchen Skelettgrabes zeigt Abb. 479.   Vier rechtwinklig
aneinander stoßende niedrige Mauern aus lose aufeinander geschichteten Steinen umschließen
das Skelett.   Die Steinsetzung war mit einigen großen flachen Steinen zugedeckt.   Darin liegen
Särge   jetzt die Reste der Gebeine auf dem lockeren Bimssand.   In einzelnen Fällen aber ließ sich
noch feststellen, daß die Beisetzung in Holzkästen erfolgt war; an den Rändern des Grabes
lagen noch die Nägel, mit denen die Bretter zusammengenagelt waren.   Daß diese Holzsärge
immer vorhanden waren, darf man daraus natürlich nicht folgern.   Von den Gebeinen waren
bei der Auffindung meist nur noch ganz geringe Reste vorhanden, die schnell vollständig
zerfielen.   Das Grab Abb. 479 zeigt das am besten erhaltene Skelett.   Die auffallend schlechte
Erhaltung hängt natürlich mit der Beschaffenheit des Bodens, in dem die Skelette lagen,
zusammen.   Der lockere Bimssand läßt alles Wasser durchsickern, so daß die Knochen förmlich
ausgelaugt und dann wieder ebenso schnell ausgetrocknet werden.

Die Steinsetzungen schichtete man auf aus den Kalksteinen, welche man an Ort und
Stelle fand.   Auch die archaischen Grabstelen wanderten mehrfach hinein.   So wurden die späten Gräber
Wieder-
benutzung
der Grab-
kammern   eine ergiebige Fundgrube für archaische Grabinschriften.   Mehrfach wurden zwei, auch drei
derselben in einem Skelettgrab gefunden[4].   Ebenso benutzte man die schönen Tuffquadern
der alten Zeit gern.   Ein Grab war fast ganz aus solchen zusammengesetzt.   Besonders erfreut
wird man gewesen sein, wenn man bei der Anlage des Grabes auf eine der alten Grabkammern
stieß.   Diese waren fast alle wieder benutzt.   Dabei nahm man sich nicht einmal die Mühe, die
alten Beisetzungen zu entfernen.   In Grab 64 lag das Skelett mitten zwischen den archaischen
Aschenurnen, die sorgfältig an die Wände gerückt waren.   Bei Anlage eines Skelettgrabes
stieß man gerade auf die Rückwand von Grab 17, die man nun so weit ausbrach, als die

---

[1] Mindestens bis um 860 p. Chr. Vergl. Ath. Mitth.   [2] Ein interessantes Beispiel: Grab 48.
XXV 463.   [3] Vergl. z. B. Grab 30. 74. 99. 104.
[4] z. B. Grab 50. 58.

gewünschte Tiefe der Gräber es erforderte. Auf den Mauerstumpf bettete man den Toten. Man darf daraus wohl den Schluß ziehen, daß die Grabkammer damals schon nicht mehr benutzbar, vielmehr ihre Decke eingesunken war. In die Grabkammer 42 brachte man das Skelettgrab so hinein, daß man senkrecht zur Richtung der Thür eine Steinsetzung hineinbaute. Dann schob man von der Thür aus den Sarg hinein und setzte die alte Thürplatte wieder davor, so daß auch das Skelettgrab geschlossen war. Vor der Thür dieses Grabes fanden sich mehrere der Angelosinschriften. Man sollte daraus den Schluß ziehen, daß auch mehrere späte Beisetzungen hier stattgefunden hätten. Doch konnten wir noch die eine feststellen. In Grab 31 waren von den späten Gräbern, auf deren Vorhandensein die Angelosinschriften vor dem Grabe hinwiesen, nur noch ein paar Knochenreste zu finden.

Spärlich waren die Beigaben, die man diesen Toten mit ins Grab gab. Ein paar einfache Bronzenadeln, die die Gewänder zusammenhielten (z. B. in Grab 69), ein oder zwei knöcherne Haarnadeln (Grab 76), ein paar Strigiles (Grab 65, 87) und eine Anzahl kleiner Thon- und Glasgefäße, namentlich Salbfläschchen, das ist alles, was wir aus ihnen sammeln konnten.

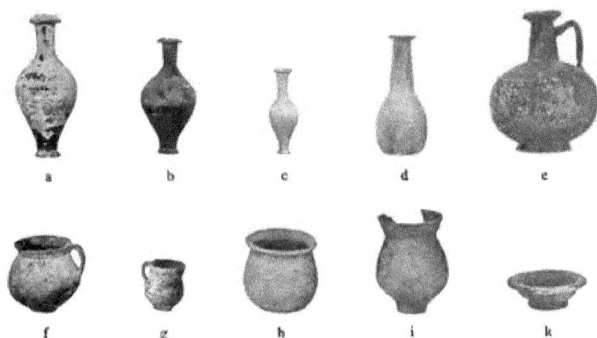

Abb. 480a—k. Thongefäße aus späten Gräbern.

Die hauptsächlichsten Typen der Thongefäße sind auf Abb. 480a—k der Uebersichtlichkeit halber noch einmal zusammengestellt. Besonders häufig waren die Salbfläschchen, die in verschiedener Größe und Güte sich fanden (Beispiele Abb. 480a—d). Die besten haben einen nach unten sich etwas verjüngenden, mäßig langen Hals, der oben mit scharf umbiegender Lippe endet. Der Körper ladet rasch ziemlich stark aus, um sich ebenso rasch wieder zusammenzuziehen. Ein gut profilierter Ringfuß giebt die nötige Standsicherheit. Die besten Exemplare sind aus feinem grauem Thon gefertigt, dünnwandig, schön geglättet, einzelne weisen auch eine oder mehrere feine umlaufende Linien von roter oder weißer Farbe auf. Die schlechteren Stücke sind weniger gut proportioniert, dickwandiger, aus gröberem rotem oder gelbem Thon gefertigt. Die Form dieser Gefäße ist alt, als Vorstufen darf man vielleicht ostgriechische archaische Thongefäße, wie Böhlau, Nekropolen Taf. VIII No. 10 eines abbildet, betrachten. In Südrußland und Aegypten finden sie sich ebenso gut wie in Italien, in Gallien und Germanien. Sie vertreten die Aryballoi und Lekythoi der archaischen und klassischen Zeit und sind in verschiedenartigstem Material und mit allerhand kleinen Ab-

36*

weichungen, z. B. auch kleinen, eng anliegenden Henkeln [8]), offenbar lange Zeit hindurch hergestellt worden. Eine genauere Umgrenzung ihrer Zeit vermag ich noch nicht zu geben. Ein Teil ist sicher noch aus früher griechischer Zeit, so namentlich zahlreiche italischen Fundortes, welche sehr fein aus hellrötlichem Thon hergestellt und mit braunen Firnisstreifen verziert sind. Sie finden sich beispielsweise in der Raccolta Cumana, weitere notierte ich mir in Corneto, wo sie einmal mit schwarzgefirnißtem Geschirr, ein andermal mit rotgefirnißten Tellern, die zur arretinischen Ware überleiten, gefunden wurden. Auch in der Nekropole von Todi (III. Jahrhundert vor Chr.) kommen sie vor. In hellenistische Zeit hinauf reichen aber auch schon die aus grauem Thon gefertigten, mit weißen Streifen versehenen. Durch südrussische Funde sind sie in die Mitte des III. Jahrhunderts datiert [9]). Gleichzeitig kommen auch metallene Fläschchen derselben Form vor, als deren billiges Surrogat die thönernen zu betrachten sind; bei den grauen speciell liegt es nahe, an Imitation von Silber zu denken. Ein silbernes besitzt seit einigen Jahren das Berliner Antiquarium [10]). Es stammt aus Böotien und gehört seiner Dekoration nach ins III. Jahrhundert [11]). Ein weiteres derselben Zeit aus Südrußland in der Eremitage [12]).

Daß die in den Felsgräbern von Thera gefundenen gleichartigen Thonfläschchen in späthellenistische Zeit gehören, folgt mit Wahrscheinlichkeit aus dem Fundort (vergl. oben S. 270 f.). In augusteische Zeit oder den Anfang der Regierungszeit des Tiberius gehören beispielsweise die in Haltern gefundenen, sicher aus dem Süden importierten Exemplare dieser Fläschchen [13]), ins erste nachchristliche Jahrhundert nach den mitgefundenen Beigaben auch noch manche, die ich unter den Tarentiner Grabfunden notiert habe [14]). Gleichzeitig finden sich in Pompei schon gläserne Exemplare dieser Form. Einige andere in Tarent gefundene von schlechterer Technik scheinen noch später zu sein. Eine untere Grenze für das Vorkommen vermag ich noch nicht zu geben.

Daneben findet sich eine zweite Form der Salbfläschchen mit flachem Boden (Abb. 480d), die gleich weite Verbreitung hat und mindestens seit der augusteischen Zeit vorkommt, wie Beispiele aus Haltern zeigen [15]). Häufig sind sie in Pompei und Tarent [16]). An beiden Orten finden sich auch schon Flaschen der gleichen Form aus Glas, die dann in der Folgezeit auch in den nördlichen Provinzen zum allergewöhnlichsten Grabinventar gehören und sich bis in späteste Zeit halten.

Henkelkrüge   Zu den gewöhnlichsten Gefäßformen römischer Zeit gehören die Henkelkrüge, von denen Abb. 480e ein Beispiel giebt. Auch ihre Form läßt sich weit zurückverfolgen. Vorläufer sind, wie schon oben S. 237 f. bemerkt, die weißen hellenistischen Kannen, die dem III. Jahrhundert vor Chr. angehören. Die Entwickelung der Form läßt sich dann weiter verfolgen bis zum Ende des Altertums [17]). Charakteristisch für die verschiedenen Zeiten ist vor allem die

---

[8]) Ein Beispiel *Mus. Greg.* Taf. XCI. Aehnliche aus Südrußland und Massilia im Akad. Kunstmuseum in Bonn.

[9]) *Compte rendu* 1880, 11. 14. 20. 24. Vergl. Watzinger Ath. Mitth. XXVI 99 Anm. 3.

[10]) Arch. Anz. 1899, 129 Fig. 11—13 (Pernice).

[11]) Watzinger Ath. Mitth. XXVI 99.

[12]) *Compte rendu* 1880 Taf. IV 9. Auch in einer Gruppe von kleinen Reliefgefäßen aus dunklem Thon, die sich zahlreich in Aegypten finden, kommt die Form vor. Ich habe für diese noch keine gesicherte Datierung, möchte sie aber für spätalexandrinisch halten.

[13]) Mitt. der Altertumskommission für Westfalen II 168 ff. Taf. XXXVII 15 (Ritterling).

[14]) z. B. Grab 73 mit einer Glasurne und einem Fläschchen früher Form. Grab 13 mit schwarzgefirnißtem Kännchen und Milchfläschchen aus hartem rotem Thon, wie ein Teil der in Pompei gefundenen Thonware ihn aufweist. Grab 15 mit einem Fläschchen aus blauem Glas, das auch noch dem I. vorchristlichen Jahrhundert angehören dürfte, u. s. w.

[15]) Mitt. der Altertumskommission für Westfalen II Taf. XXXVII 14.

[16]) z. B. Tarent, Grab 25 mit charakteristischen Glasfläschchen und solchen aus rotem Thon. Hier kommen auch solche aus rotem Thon vor, deren Hals gefirnißt ist; I. Jahrhundert nach Chr.

[17]) Vergl. Schumacher Bonner Jahrb. Heft 100, 103.

Bildung von Mündung, Hals, Schulter und Henkel, wie auch die Proportionen des Gefäßes. Die gesamte Entwickelung, wie sie bisher nur für die nördlichen Provinzen festgestellt ist, darf man natürlich nicht ohne weiteres auf Italien und Griechenland übertragen. Feststehend ist aber durch die Funde in Pompei, daß die Entwickelung wenigstens bis in die zweite Hälfte des I. Jahrhunderts nach Chr. hinein hier wie dort eine im wesentlichen gleichartige gewesen ist. Das in Thera gefundene Exemplar würden wir nach seinen charakteristischen Teilen, wenn es in Germanien gefunden wäre, etwa der zweiten Hälfte des I. Jahrhunderts nach Chr. zuschreiben, und dazu stimmt, daß es seine nächsten südlichen Analogien in Pompei und in Tarentiner Gräbern dieser Zeit hat. Die Lippe ist noch scharf gebildet, der Hals, wie es bei frühen Henkelkannen häufig ist, etwas nach unten erweitert, scharf von der Schulter abgesetzt, der Henkel etwas unter der Lippe angesetzt und in scharfem Knick gebogen; der Bauch kräftig gerundet; ein Fuß ist noch vorhanden, der bei späteren Henkelkrügen verschwindet. Ganz entsprechend sind auch gläserne Exemplare in Pompei geformt. Die Gleichheit der Formen von Thon und Glasgefäßen, wie wir sie schon in mehreren Fällen festgestellt haben, ist interessant. Sie fiel schon Ross auf, der an die Notiz des Athenaeus (XI 784 c) erinnert, wonach die Alexandriner alle Formen von Thongefäßen in Glas nachahmten. Erst allmählich im Laufe der Zeit macht sich der Einfluß des Materials in der Dekoration der Glasgefäße mehr und mehr geltend. In den Formen sind sie stets mehr oder weniger von der Töpferei und der Toreutik abhängig geblieben, und wenigtens der ganze Formcharakter ist bei gleichzeitigen Metall-, Glas- und Thongefäßen stets ein übereinstimmender.

Die kleinen Henkelkrüge Abb. 480 f, g, i sind aus feinem rotem, etwas glimmerhaltigem Thon dünnwandig geformt und hart gebrannt. Charakteristisch sind die scharfen Profile der Ränder. Auch für sie bietet die Keramik Pompeis nahe Analogien. Neben der terra sigillata kommen dort als etwas geringere Sorte häufig kleine dünnwandige Gefäße aus ganz ähnlichem Thon vor, bisweilen mit einem ganz dünnen firnisartigen rotbraunen Ueberzug. Die Formen zeichnen sich auch dort durch scharfe Profile, die bisweilen direkt Metallvorbildern nachgeahmt sind, aus. Dekoriert werden sie, wie die Sigillatagefäße, durch leicht eingedrückte gestrichelte Bänder, bisweilen auch durch en barbotine aufgesetzte Blätter. Mehrfach ist aus aufgelegten Thonwülstchen ein rohes Gesicht auf dem Bauch des Gefäßes geformt, ein altes Ornamentmotiv, das in dieser Zeit besonders die provinzialrömische Keramik wieder zu Ehren bringt. Gefäße ähnlicher Technik finden sich aber auch an vielen anderen Orten neben den feineren Sigillatagefäßen am Anfang der Kaiserzeit. Ein ähnliches Krüglein fand sich beispielsweise auch in einem der von Rubensohn gefundenen freistehenden Sarkophage auf Paros[18]).

Auch für das kleine Schälchen Abb. 480 k giebt die provinzialrömische Keramik manche Schälchen Parallelen. Es ist die Form, welche z. B. in Sigillata ausgeführt, mit Blättern in barbotine auf dem Rande verziert seit der zweiten Hälfte des I. Jahrhunderts nach Chr. auftritt. Die terra sigillata ist in Thera bisher nur durch einen Teller (S. 75 Einzelfund 45) vertreten. Er erinnert an die feine hellrote matte Sigillata, die vor allem in Südrußland und Aegypten vorkommt[19]).

Sehr viel späteren Charakter trägt der Topf Abb. 480 h, der durch seine starken Radspuren an der äußeren Wandung an Byzantinisches erinnert, wie es beispielsweise in Olympia gefunden ist[20]).

Die im Gebiet der Nekropole aufgelesenen Lampen (vergl. Abb. 274 S. 76) lassen sich Lampen leider nicht mehr bestimmten Gräbern zuweisen. Ein Teil von ihnen macht einen entschieden älteren Eindruck als der Inhalt der Skelettgräber. Abb. 274 e–i zeigen die üblichen römischen

---

[18]) Mitteilung von Karo.
[19]) Vergl. Bonn. Jahrb. Heft 101, 140 ff.

[20]) Olympia IV No. 1359 ff S. 211.

Formen Davon gehört f noch guter Zeit an, während die übrigen charakteristische Formen
der späteren Zeit zeigen, namentlich in der Bildung der Schnauze[71]. Sie mögen dem ausgehenden II. und dem III. Jahrhundert angehören. Bemerkenswert ist, daß die Lampen mit
christlichen Darstellungen und Zeichen, wie sie in Rom wenigstens seit dem IV. Jahrhundert
immer häufiger werden, noch fehlen.

Glasgefäße   Mannigfaltiger als die Thongefäße sind die Glasgefäße der späten Gräber. Eine Uebersicht über die Formen giebt Abb. 481a—w. Besonders zahlreich sind die Flaschen vertreten.

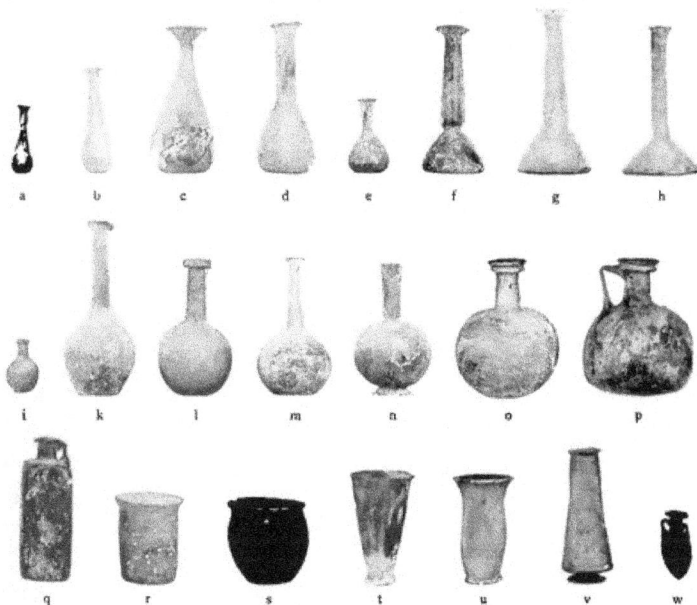

Abb. 481a—w. Glasgefäße aus den Skelettgräbern.

Daneben kommen auch eine Anzahl Becher vor. Kannen, Teller, Schalen und alle größeren
Gefäße, wie sie in den provinzialen, namentlich germanischen und gallischen Gräbern so
häufig sind, fehlen vollständig. Fast durchweg sind die therischen Gläser aus sehr dünnem
weißem Glas gefertigt. Verhältnismäßig selten tritt daneben das natürlich grüne Glas auf.
Die aus grünem Glas gefertigten Gläser sind in der Regel dickwandiger. Aus gefärbtem Glas
besteht nur das traubenförmige Gefäß Abb. 481w, das ein durchsichtiges Blaßviolett zeigt. Sonst
ist von buntem Glas nur eine Scherbe gefunden, welche mit ihren in dunkelblaue Masse ein-
geschmolzenen gelben und weißen Fäden noch an die „phönikischen" Gläser erinnert. Wie an

---

[71] Vergl. über die Lampenformen Dressel C. I. L. XV 2 782 f.

Formenreichtum, so stehen die theräischen Gläser auch in der Dekoration hinter den provinzialen Gläsern der späteren Kaiserzeit zurück. Es finden sich nur einige eingravierte und eingeschliffene umlaufende Linien (bei Abb. 481 l, o, r), einmal (bei m) ein feiner farbloser aufgeschmolzener Faden, der, am Halse beginnend, mehrmals um die Flasche geschlungen ist. Bei der Flasche laufen feine plastische Rippen vom Halse aus senkrecht über den Bauch des Gefäßes.

Die meisten in der theräischen Nekropole gefundenen Flaschen sind sog. Thränen-fläschchen oder Ampullen. Abb. 481a, b, c zeigen die schlauchförmige Gattung mit trichter-förmig erweiterter Mündung. Bei a ist der Hals durch eine deutliche Einschnürung vom Körper geschieden, während bei b und c Hals und Schulter nicht voneinander getrennt sind. Beide Formen kommen schon in Pompei vor, sind allgemein verbreitet und sehr häufig[21]. Bei den folgenden (d—h) ist der untere Teil mehr oder weniger kegelförmig erweitert. Auch diese Form ist örtlich und zeitlich ungemein verbreitet[22]. Im allgemeinen wird man die, bei denen der Kegel flacher, der Hals dagegen länger wird, als die jüngere Form betrachten dürfen, doch geht die ältere daneben nicht verloren. Die ältere Form (d, e) knüpft an eine keramische Form (Abb. 480d) an, während für die spätere Ausgestaltung die Parallele in der Keramik fehlt. Die ganz übertriebene Bildung, bei welcher der kegelförmige Teil fast zu einer Standplatte für den Hals zusammenschrumpft, fehlt in Thera noch[24].

Auch die Flaschen k — p bieten wenig Besonderes. Bemerkt darf werden, daß bei ihnen der Hals noch scharf gegen die Schulter absetzt, aber eine Einschnürung, wie sie bei älteren Exemplaren, namentlich solchen aus dem I. Jahrhundert, häufig ist, nirgends mehr vorhanden ist[25]. Zu l habe ich mir eine vollkommene Parallele, die sogar die eingeschliffenen Linien aufweist, aus Pompei notiert. Auch die Spiralfadenverzierung von m kommt schon im I. Jahrhundert nach Chr. vor, setzt sich aber dann lange fort[26]. Unsere Flasche dürfte nach der Bildung der Mündung erst späterer Zeit angehören. Die gerippten Gläser, von denen e ein gutes Beispiel giebt, scheinen wenigstens in Gallien und Germanien meist dem II. und III. Jahrhundert anzugehören[27]. Die Form dieser Flasche ist in der späteren Kaiserzeit sehr beliebt, nur ist die trichterförmige Erweiterung des Halses da meist viel stärker[28]. Bei o und p ist der gut profilierte Mündungsrand bemerkenswert. Er gleicht der Bildung bei den thönernen Henkelkrügen der frühen Kaiserzeit, wird sich aber an den Glasgefäßen zweifellos länger gehalten haben; immerhin scheint er auch hier im Laufe des II. Jahrhunderts allmählich seltener zu werden und dann zu verschwinden.

Die Flasche q gehört zu einer großen weitverbreiteten Gruppe viereckiger, sechseckiger und cylindrischer Flaschen, die meist aus dickem grünem Glase gefertigt sind, einen niedrigen Hals mit flachem Randwulst und rechtwinklig umgebogenem Henkel haben[29]. Sie finden sich schon sehr häufig in Pompei, kommen aber auch während des ganzen II. und noch im III. Jahrhundert nach Chr. vor.

Abb. 481 r giebt eine einfache Becherform mit wenig ausladender Lippe. s—v zeigen die beliebte Dekoration der gefalteten oder eingebogenen Wandungen. Auch dieser Schmuck, der bekanntlich in der römischen Keramik vom I. Jahrhundert an eine große Rolle spielt, kommt schon bei pompeianischen Gläsern häufig vor und hält sich bis ins III. Jahrhundert[30].

[21]) Beispiele giebt Kiesa Sammlung vom Rath 16 Taf. XXIX und XXX.

[22]) Beispiele: Kiesa a. a. O. 16 Taf. XXVIII. XXIX. XXX no. 25. In Pompei kommt die Form vor, ebenso in Tarent in Gräbern des I. Jahrhunderts nach Chr.

[24]) Ein Beispiel: Kiesa a. a. O. Taf. XXX 248.

[25]) Kiesa a. a. O. 17.

[26]) Kiesa a. a. O. 54 ff.

[27]) Kiesa a. a. O. 50 f. Der unsrigen sehr nahestehend, nur mit Henkel versehen, Taf. VIII 81.

[28]) Kiesa a. a. O. Taf. XXX 242. 243.

[29]) Kiesa a. a. O. 41 ff.

[30]) Ob den Töpfern oder den Glasfabrikanten die Erfindung zuzuschreiben ist, möchte ich noch nicht entscheiden. Kiesa nimmt ersteres an.

Auch das niedliche Salbfläschen in Form einer Traube zeigt einen häufigen Typus. Es gehört zu einer großen Gruppe figürlicher, in einer Doppelform geblasener Salbgefäße, die im Rheinland im II. und III. Jahrhundert nach Chr. besonders beliebt sind[31]); doch notierte ich ein ganz gleiches Traubenglas schon unter den pompeianischen Gläsern in Neapel.

Bei Behandlung der Beigaben habe ich viel Parallelen aus provinzialen Funden herangezogen. Sowohl die Keramik als auch die Glasindustrie der Kaiserzeit kennen wir für Italien und Griechenland noch fast garnicht. Die provinziale Forschung ist da bereits viel weiter. Gewiß muß man sich stets bei Heranziehung dieser Parallelen des lokalen Unterschiedes bewußt bleiben. Aber gewisse technische Errungenschaften, gewisse Geschmacksrichtungen in der Wandlung der Formen breiten sich in dieser Zeit sehr weit aus, so daß eine festdatierte Technik oder Form aus den nördlichen Provinzen wenigstens auch zu einer ungefähren Datierung eines gleichartigen griechischen Fundes verwandt werden kann.

Die genauere Zeitbestimmung der Skelettgräber ist durchaus an die Beurteilung der charakterisierten Beigaben gebunden. Münzen fanden sich in den von uns geöffneten gar nicht. Beachtenswert ist nun zunächst, daß in den Gräbern sich in der Regel nicht Glas- und Thongefäße nebeneinander fanden, sondern entweder die eine oder die andere Sorte[32]). Es liegt nahe, hierin einen zeitlichen Unterschied zu sehen und die Gräber mit Thongefäßen für die älteren zu halten. Nach den oben gegebenen Ausführungen nötigt nichts, die Masse der Thongefäße für wesentlich jünger als das I. Jahrhundert nach Chr. zu halten. Es würden demnach die Skelettgräber mit Thongefäßen sich unmittelbar an die Felsstufengräber, mit denen sie auch die grauen Thonfläschchen gemein haben, anschließen.

An diese ältere Gruppe der Skelettgräber würde dann die jüngere sich anreihen, welche gläserne Beigaben enthält. Einer Uebergangszeit würden die von Ross aufgedeckten Gräber angehören, welche Glas- und Thonbeigaben neben einander enthielten. Wie die Uebersicht über die Gläser zeigt, fehlen Formen und Techniken, welche auf das I. Jahrhundert nach Chr. beschränkt sind und dann verschwinden. Dagegen fanden wir auf Schritt und Tritt Parallelen unter den Gläsern, wie sie schon in Pompei gebräuchlich sind, und sich dann besonders während des II. und ins III. Jahrhundert hinein im Gebrauche halten. Charakteristische Formen und Techniken der späten Kaiserzeit, des ausgehenden III. und des IV. Jahrhunderts fehlen wieder. Es liegt also weder ein zwingender Grund vor, die Gräber mit Glasbeigaben vor dem II. Jahrhundert nach Chr. beginnen, noch sie über das III. hinausreichen zu lassen. Innerhalb dieses Zeitraumes neige ich dazu, sie wegen der starken Verwandtschaft mit pompeianischen Funden möglichst in das II. Jahrhundert zu schieben. Ross giebt an, daß er in Gräbern mit Glasgefäßen Münzen von Traian und von den Antoninen gefunden habe. Sie gehörten also auch dem II. Jahrhundert an. Allerdings behauptet Ross, in seinen Gräbern verbrannte Knochen gefunden zu haben. Es mag aber auch in dieser Zeit noch, wie in hellenistischer, die Sitte der Verbrennung neben der Bestattung weiter bestanden haben. Innerhalb der von mir aufgedeckten Gruppe von Gräbern mit Glasbeigaben noch zeitliche Unterschiede festzustellen, dürfte kaum möglich sein.

Es bleibt endlich noch die Frage, wie sich die Ausbeute an Grabinschriften der Spätzeit mit diesem Resultate vereinigen läßt. Grabinschriften der Spätzeit sind auf der Sellada

---

[31]) Kiesa a. a. O. 53. Zu s vergl. z. B. Taf. XIV. 114; zu t befindet sich eine vollkommene Analogie aus Pompei in Neapel.

[32]) Eine Ausnahme macht das Grab in der Grabkammer 42. Hier aber haben vermutlich mehrfach Beisetzungen stattgefunden. Die Grabkammer selbst ist archaisch, das Salbfläschchen ist späthellenistisch oder frührömisch, der Becher viel später. Vor dem Grab lagen neben Scherben archaischer Zeit auch mehrere Beigaben späterer, die wohl bei Gelegenheit der letzten Benutzung aus dem Grabe geworfen wurden. Ross fand, wie oben erwähnt, ebenfalls Glas- und Thongefäße neben einander.

in beträchtlicher Zahl gefunden, und viele von den jetzt in den Dörfern und bei den Kirchen der Ebene befindlichen mögen ursprünglich auch aus der Nekropole der alten Stadt stammen. Leider gilt auch hier, was schon für die archaischen Gräber galt: keine Grabinschrift läßt sich mehr mit voller Sicherheit mit einem bestimmten Grabe in Verbindung bringen, da keine mehr in situ gefunden wurde. Die Grabinschriften sind verschiedener Art. Neben einfachen Namensinschriften finden sich eine Anzahl Heroisierungen, letztere stets ohne Bildschmuck[33]. Die rohen Totenmahlreliefs[34], von denen Thera eine ganze Reihe aufzuweisen hat, scheinen alle von anderen Orten der Insel herzustammen, ein interessanter Beitrag dafür, wie selbst in so engem Gebiete noch lokale Verschiedenheiten zum Ausdruck kommen[35]. Aber auch die Gräber, welche zu diesen Totenmahlreliefs gehören, werden nicht wesentlich anders ausgesehen haben, als die Skelettgräber auf der Sellada. Hiller datiert die Inschriften nach den Namen und Buchstabenformen ins III. Jahrhundert[36], und damit lassen sich die Skulpturen wohl vereinen. Der Typus ist bekanntlich einer der am weitesten verbreiteten und langlebigsten der griechischen Kunst; bemerkenswert ist, wie diese lebendige und naive Vorstellung vom Leben der Toten im Jenseits gerade im niederen Volke hervortritt, dem nach Namen und Sprache die meisten dieser spätesten Erzeugnisse theräischer Kunst angehören.

Daß speciell Christliches unter den Beigaben der Gräber auf der Sellada noch fehlt, wurde schon hervorgehoben. Wohl aber wurden bei unseren Ausgrabungen hier nicht weniger als zwölf Angelosinschriften gefunden, die sich einer großen Zahl in früherer Zeit gefundenen anreihen[37]. Daß sie christlich sind, haben bereits Stephanos und Weil erkannt[38]. Nach den Schriftzügen wies schon Hiller die älteren unter diesen Grabsteinen früher Zeit, etwa dem II. Jahrhundert nach Chr. zu[39]. Seine Datierung hat Achelis noch weiter zu erhärten gesucht[40], und ich wüßte auch keinerlei Einwand dagegen zu erheben. So wenig wie in ihren Namen, unterscheiden sich in dieser Frühzeit die Christen in den Gaben, die sie den Toten mitgaben, von den Heiden. Die Gräber, auf denen einst diese Angelossteine gestanden haben, werden nicht anders ausgesehen und nichts anderes enthalten haben, als die gleichzeitigen heidnischen, und manches der von uns aufgedeckten Skelettgräber mag den Leichnam eines Christen bergen, dessen Namen wir auf einem der Grabsteine lesen.

In eigentümlicher Weise mischt sich in diesen Angelosinschriften Griechisches und Orientalisch-jüdisches, und seltsam treten hier am Ende der Entwickelung wieder Vorstellungen uralten Volksglaubens hervor. Die Steine nennen den Ἄγγελος, den Engel des betreffenden in dem Grabe ruhenden Toten. Das ist jüdischer Glaube, nach dem jeder Tote seinen Engel hat, der das Grab bewacht[41]. Aber gewiß haben die Theräer, bei denen wir gerade in der Spätzeit einen lebhaften Heroenkult finden, nicht immer klar zwischen diesem Schutzgeist des Toten und der fortlebenden Seele des Toten selbst geschieden. Vielfach sind gewiß beide zusammengeflossen, und man sah in dem Engel, der auf dem Grabe saß und es hütete, die Seele des Verstorbenen selbst, die darüber wachte, daß das Grab in Ehren gehalten wurde.

---

[33]) Falls nicht in der schwer zu deutenden Inschrift auf einem solchen noch unpublizierten Heroenmahl (vergl. Ath. Mitth. XXVI 426) eine Heroisierung ausgesprochen ist.

[34]) Einige Proben Thera I 179.

[35]) 1900 ist ein solches Relief in einem Hause der Stadt gefunden. Da in demselben Gebäude aber auch Fundstücke aus dem VI. Jahrhundert nach Chr. sich fanden, so kann das Relief hierher verschleppt sein. An seinem Bestimmungsort ist es ohnehin hier in der Stadt nicht.

[36]) Hiller Thera I 179 f.

[37]) I. G. I. III 933—74.

[38]) Stephanos Bull. de corr. hell. I 358 ff. Weil Ath. Mitth. v. 1877, 77 ff.

[39]) Thera I 181.

[40]) Zeitschr. f. neutestamentl. Wissensch. I 1900, 87 ff. Widersprochen hat neuerdings Harnack, Die Mission und Ausbreitung des Christentums 488, dem der Beweis weder in Bezug auf das Alter, noch auf die Christlichkeit erbracht scheint. Mir ist die Veröffentlichung, auf die Hiller mich hinweist, unzugänglich.

[41]) Stellen Thera I 181 Anm. 241.

Wie wenig der neue Glaube sofort alte Vorstellungen ganz zu ersticken vermochte, zeigt der Stein I. G. I. III 942: ἄγγελος Ζωσίμου ἀφρουρίσα ᾽Ρηγεῖνα τὸ(ν) ᾐδὺον εἶον [*]). — Die Angelossteine bezeichnen den Platz des Angelos, an dem er Wache zu halten hat. Damit wird die Stele gewissermaßen ihrer anfänglichsten Bestimmung wiedergegeben. Denn ursprünglich ist die Stele viel weniger für die Ueberlebenden als für die Seele der Verstorbenen da, gerade so gut, wie τράπεζα und λουτήριον. Das war mir, als ich S. 108 schrieb, noch nicht so klar geworden. Der Tote ist ins Grab gebettet. Man hat ihm mitgegeben, was er nach Anschauung jener Zeit auch nach dem Tode noch braucht; man bringt ihm Speise und Trank, die er ebenfalls noch nötig hat, zum Grabe. Aber die Seele haust nicht nur im Grabe; sie schweift auch unstät außerhalb des Grabes umher. Man bezeichnet das Grab äußerlich nicht nur, damit die Ueberlebenden es erkennen und die Opfer am rechten Ort niederlegen, sondern auch, damit die Seele die Stelle, wo die ihr zugedachten Gaben stehen, findet. Wie man die Stelle, wo man der Gottheit opfert, bezeichnet durch einen Stein, einen Baum oder sonst etwas, so auch die Stätte, wo die Seele ihr Opfer findet. Wie der Stein zum ἕδος der Gottheit wird, so auch die Stele zum ἕδος der Seele. Plastisch greifbar, wenn auch wohl von den Verfertigern nicht mehr verstanden, tritt uns diese Vorstellung entgegen in den zahlreichen attischen Grabstelen, auf denen eine Sirene, das Bild der Seele, sitzt. Die Stele wird geschmückt und gesalbt, dem Toten zur Freude, wie man das ἕδος der Gottheit salbt und schmückt. Vor sie stellt man die Gaben, an denen sich die Seele laben soll. Und wenn man die Statue des Toten auf das Grab stellt, ist's dieselbe Vorstellung. Auch sie ist ein ἕδος für die Seele, so gut wie die kleinen Nachbildungen der Leiber, die man — ursprünglich gewiß in der Meinung, daß die Seele sie brauchen könne — dem Toten ins Grab legt. Die Grabstatue verhält sich im letzten Grunde zur Stele, wie das Götterbild zum anikonischen Kultobjekt [**]). Auch der Angelosstein ist ein ἕδος, der Sitz des Schutzgeistes und damit wohl gar oft der Seele des Toten selbst. Wie auf den alten rohen Stelen der Sellada die Geister der dort begrabenen Theräer sich niederließen und sich der pietätvollen Pflege freuten, die ihnen zu teil ward, so setzten sich zu den Angelossteinen die Schutzengel der ersten Christen auf Thera.

---

[*]) Ich möchte dieses interessante Dokument für die Religionsmischung nicht mit Hiller anzweifeln. Es ist schließlich nicht merkwürdiger, als wenn auch dem christlichen Toten noch irdische Gaben ins Grab gelegt werden.

[**]) Im wesentlichen gleich finde ich diese Gedanken von Weicker in seinem Buche über den Seelenvogel S. 9 ff. ausgesprochen.

Abb. 482. Das von A. Schiff aufgedeckte Grab, von Süden gesehen: in der Mitte die archaische Grabstele
(vergl. Abb. 484), genau unter ihr die Ecke *BA* der Umfassungsmauer des Grabes (vergl. den Plan Abb. 483).
In der rechten unteren Ecke des Bildes ein Stück der Mauer *E*, darüber der Estrich des Gemaches *F* und
die Mauer *G*.

Anhang.

Das von A. Schiff entdeckte Grab.

Im Juni 1900 während erneuter Ausgrabungen Hillers im Gebiet der Stadt Thera
glückte es Alfred Schiff, auf der Sellada ein weiteres archaisches Grab aufzudecken, das an
Reichtum alle 1896 von mir gefundenen weit übertraf. Da sein Inhalt in vielen Punkten
erwünschte Ergänzungen zu dem im III. und IV. Kapitel Gegebenen bringt, komme ich gern
Hillers und Schiffs Wunsch nach und füge die Bearbeitung dieses Grabes als Anhang dem
Bande über die Nekropolen hinzu. Bei der Bearbeitung der keramischen Funde im IV. Kapitel
konnte ich die Ergebnisse von Schiffs Grabung bereits verwerten. Der Uebersichtlichkeit
halber soll aber hier das ganze Inventar des Grabes noch einmal zusammengestellt werden,
wobei sich zugleich die Gelegenheit bietet, einige Ergänzungen und Verbesserungen zum
IV. Kapitel, dessen Drucklegung jetzt zum Teil auch schon ein volles Jahr zurückliegt,
anzubringen.

Für das Grab und seinen Inhalt fehlt mir natürlich jede Autopsie. Aber freundschaftliche Hülfe wurde mir in reichem Maße zu teil und suchte diesen Mangel zu verringern.

A Schiff stellte mir seine Tagebuchnotizen zur Verfügung, nach denen ich, indem ich seine lebendige Schilderung nach Möglichkeit wörtlich übernahm, den Anlaß der Grabung und ihren Verlauf, sowie den Befund schildere. Schiff verdanke ich ferner ein vollständiges sorgfältiges Inventar des Grabinhaltes. Dieses ist angefertigt, nachdem Schiff bereits die mühevolle Aufgabe des Zusammensuchens und Zusammensetzens der zahlreichen Scherben gelöst hatte. Wie sorgfältig er dabei zu Werke gegangen, beweist der Umstand, daß sich nur ganz wenige Scherben noch nachträglich an Gefäße anpassen ließen. Unter Schiffs Aufsicht sind auch die meisten Photographien, die der Publikation zu Grunde liegen, gemacht.

Bald nach der Auffindung haben Zahn und Watzinger den Grabfund durchgesehen. Ersterem verdanke ich eine Reihe Mitteilungen über die Vasen, die ich schon im IV. Kapitel verwertet habe. Watzinger kehrte im Juni 1902 noch einmal nach Thera zurück, um den Grabfund eingehender zu studieren. Ihm verdanke ich als wichtige Ergänzung zu Schiffs Inventar ein nach Vasengattungen geordnetes Verzeichnis. Ferner hat er für die Herstellung von Zeichnungen der Bronzen, Skarabäen und einiger besonders interessanter Vasen gesorgt, sowie manche mich fördernde Mitteilung hinzugefügt. Die Zeichnungen hat wiederum Gilliéron angefertigt, womit ihre Güte verbürgt ist. Einen Plan des Grabes verdanke ich Wilski, mancherlei Mitteilungen Wolters und G. Koerte. Ihnen allen, die sich so für mich bemüht und mir damit die Veröffentlichung des wichtigen Grabfundes allein ermöglicht haben, nochmals Dank.

So ausgerüstet, hoffe ich ein einigermaßen erschöpfendes Bild des interessanten Fundes geben zu können. Hin und wieder hat freilich auch die reichste Hülfe anderer den Mangel an Autopsie nicht ganz ausgeglichen. Einzelne Lücken in den Beschreibungen müssen mit diesem bruchstückweisen Zustandekommen des Berichtes entschuldigt werden. Die Schwierigkeit, die beiden nach ganz verschiedenen Gesichtspunkten angefertigten Verzeichnisse der Vasen richtig zu vereinigen, hoffe ich überwunden zu haben.

Fundbericht   „Bei unserem gestrigen Herumklettern auf dem Abhange des Stephanosberges und auf der Sellada" — so schreibt Schiff am 29. Juni 1900 — „hatte eine von Hiller im vorigen Jahre entdeckte Felsstele mit archaischer, schwer lesbarer Inschrift deswegen meine besondere Aufmerksamkeit erregt, weil sie augenscheinlich in situ steht und eine γραμμή von Steinen, die eine Mauer vermuten läßt, sich anschließt. Eine Untersuchung des Platzes schien wünschenswert, und Hiller hatte die Freundlichkeit, sie mir zu übertragen. Ich begann die Grabung erst nach der Frühstückspause der Leute (um 9 Uhr), und zwar mit 4 Arbeitern. Grimanis kam als Epistat mit. Schon nach wenigen Minuten stießen wir auf ein archaisches, von einer Steinpackung umfriedigtes, ganz mit Bimssteinbrocken angefülltes Grab, das eine erstaunliche Fülle von Grabbeigaben barg. Wie die Eier in einem Vogelnest, so lagen die Vasen und Väschen dicht nebeneinander in den lockeren Bimssand gebettet: die kleineren waren meist völlig unbeschädigt, die größeren, die zerbrochen waren, werden sich zusammensetzen lassen. Dazu kamen auffallend viele Fragmente bronzener Gegenstände (Fibeln, Nadeln, Ringe, Ohrgehänge u. s. w.). Die ganze Erde war davon durchsetzt, so daß mit äußerster Vorsicht gearbeitet werden mußte. Ich ließ die Ausräumung des Grabes und die Durchsuchung des Bimssandes durch Grimanis selbst besorgen, der auch dabei wieder Geschick und Tüchtigkeit bewahrte. Von Bestattungsresten fanden sich viele kleine Knochen, die ganz mürbe waren; ein Schädel war nicht dabei. Die Freude über den hübschen und raschen Erfolg war groß, wenn ich auch allerdings auf einen archaischen Grabbau und nicht auf Gräberfunde gerechnet hatte. Bekanntlich findet man aber immer etwas anderes, als man sucht. Vielleicht kommt der Bau noch heraus. Daß es sich, abgesehen von dem Grabe, um eine ausgedehntere Bauanlage handelt, wurde durch freigelegte Mauerzüge wahrscheinlich gemacht. . . . Als ich um

12¹/₄ Uhr Mittagspause machte, füllten die Funde der dreistündigen Vormittagsarbeit bereits zwei ζεμπίλια."

„Der Nachmittag — ich beschäftigte, um rascher vorwärtszukommen, 7 Arbeiter — war noch ergebnisreicher als der Vormittag. Die Ausräumung des Grabes wurde beendigt. Das Ergebnis ist nicht nur um seiner Massenhaftigkeit willen verblüffend, sondern es sind auch einzelne Stücke darunter, die in Thera bisher singulär sind: so vor allem zwei merkwürdige hocharchaische Statuetten aus blasigem weißem strukturlosem Kalkstein, der anscheinend nicht theräischer Provenienz ist; ferner drei weibliche Terrakottafiguren; ein Votivpferd aus Terrakotta; zwei Skarabäen mit ägyptischen Hieroglyphen, von denen der eine noch an seinem Bronzering sitzt; zahlreiche Bronzefragmente; Perlen aus Porzellan und Glas; ein kleines Stückchen Goldblech. Von den Gefäßen sind gegen 50 kleinere Gefäße der verschiedensten Art unversehrt erhalten; einiges wird sicher sich außerdem aus den Scherben noch zusammenfügen lassen. Neben zierlicher geometrischer Topfware geht eine grobe monochrome Topfware nebenher."

Am 30. Juni und 2. Juli wurden die Arbeiten fortgesetzt. Es galt vor allem, Klarheit zu gewinnen über die zu Tage getretenen Mauerzüge, ihr Verhältnis zu einander, zu dem archaischen Grab, der Felsstele, sowie endlich dieser letzteren zu dem Grabe. Am 2. Juli mußten die Arbeiten abgebrochen werden; denn es herrschte wieder einmal Sturm auf Thera. „Ueber das bauliche Chaos, das zu Tage getreten ist, bin ich nicht zu völliger Klarheit gekommen. Es verlohnt sich auch nicht der Mühe. In und über alten Grabanlagen und Grabterrassen haben sich Römer und später Byzantiner eingenistet; von dem Ursprünglichen, das allein interessant wäre, ist mit Ausnahme des gleich am ersten Tage gefundenen Grabes wenig übrig geblieben. Der Fundbestand dieses Grabes ist im wesentlichen folgender: Das Grab liegt auf dem steilen Westabhang des Stephanosberges etwas höher wie der Selladarücken, aber weiter nach Süden, also oberhalb der südlichen Selladaschlucht. Es ist rechteckig, nord-südlich orientiert und von einer Steinpackung, deren Nordostecke an die Felsstele anschließt, seitlich umfriedigt. [Vergl. Wilskis Plan, Abb. 483. B A C D ist die hier gemeine Steinpackung, bei H steht die Stele.] Eine feste obere Abdeckung, etwa durch Platten, scheint nicht gewesen zu sein, jedenfalls ist keine Spur davon gefunden. Der Bimssand, der bei der Aufdeckung das Grab ausfüllte, muß von Anfang an dagewesen und kann nicht etwa später durch Rutschung hineingekommen sein: er hat also bei der Bestattung zur Bettung der Leiche und Einfüllung der Umfriedigung gedient. Die verhältnismäßig unbedeutende Verschüttung des Grabes ist durch Steintrümmer und Schutt, die vom oberen Abhang herunterrollten, erfolgt: bei dieser Gelegenheit ist die Nordwestecke des Grabes abgeschlagen worden und in der Tiefe verloren gegangen. So erklärt es sich, daß die zerbrochenen Vasen zum Teil nicht vollständig sind. Menschenhände haben das Grab anscheinend nicht wieder berührt. Die dünne Schutzdecke des auflagernden Schuttes hat, als man später hier allerlei baute, genügt, den knapp über dem steilen Abhang gelegenen Grabplatz zu konservieren. Die anstoßenden Gräber und Grabanlagen wurden damals zerstört oder überbaut; sie werden nur noch durch die archaischen Terrassenmauern und geringe sonstige Reste bewiesen. Da die archaischen Gräber auf Thera durchweg Einzelgräber sind, so dürfte auch in unserem Grab nur eine Leiche gelegen haben, wozu die Schmalheit des Grabes stimmt. Der Schädel muß bei dem Absturz der Nordwestecke mit in die Tiefe gerollt sein; die Leiche lag also mit dem Kopf nach Norden. Die Felsstele mit der Inschrift, die mir den ersten Anlaß zur Untersuchung des Platzes bot, kann nicht zu dem aufgedeckten Grabe gehört haben, da sie ganz unorganisch außerhalb der Nordostecke des Grabes steht. Ich möchte annehmen, daß östlich längsseits unseres Grabes ein gleiches Grab, an dessen nördlicher Schmalseite (Kopfseite) die Stele mit der Inschrift nach außen gestanden hat, sich anschloß. Dies Grab, zu dem außer der Stele eine bauliche, leider ihrem

Charakter nach nicht mehr bestimmbare Anlage gehört haben muß, ist bei der Errichtung des römischen Hauses oder vielleicht auch schon früher zu Grunde gegangen. Wir hätten also in der Felsstele, dem aufgedeckten Grabe und den Mauerresten isolierte Ueberbleibsel eines hocharchaischen Begräbnisplatzes. Die obere der beiden südlich anstoßenden Terrassen, auf die ich die letzte Hoffnung gesetzt hatte, zeigt ebenfalls einen römisch-byzantinischen Fußbodenestrich (*L*). Also auch dort ist nicht weiterzukommen. Immerhin hat der schöne Erfolg des ersten Tages die außerhalb des Rahmens der diesjährigen Campagne stehende und von Hiller daher anfänglich mit gemischten Gefühlen betrachtete Arbeit gerechtfertigt.

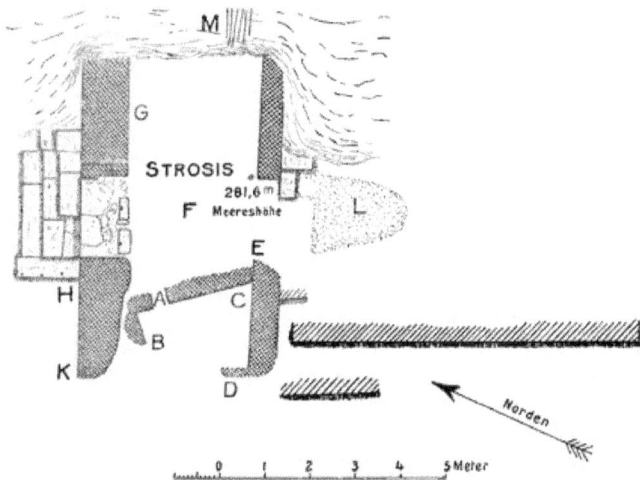

Abb. 483 Plan von Schiffs Ausgrabung. *BACD* Steinpackung. Rest der Umfriedigung des archaischen Grabes. Die Lücke bei *A* ist erst bei der Ausgrabung gebrochen worden. *GHK* und *E* Bruchsteinmauern mit Mörtel. *E* überbaut die Mauer *C* der Steinpackung. *F* Strosis, 1.15 ᵐ über dem Boden des alten Grabes. Bei *H* ist die archaische Stele eingemauert. *L* 0.02 ᵐ dicke Mörtelschicht, darunter 0.02—0.04 ᵐ lehmige Erde. Dann Steinpflaster. Bei *M* etwa 1,5 ᵐ höher als *F* menschliche Gebeine. Die beiden weitschraffierten Parallelmauern rechts von *E* sind Terrassenmauern von altertümlicher guter Bauart.

Der archaische Bau   Eine vollständige Klarstellung der verschiedenen in Resten erhaltenen Baulichkeiten ist also leider nicht gelungen. Klar ist, daß sich hier ein reiches archaisches Grab befand, von dessen Umfriedigung die Bruchsteinmauern *BACD* Reste darstellen. Die Umfriedigung ist nicht vollkommen rechteckig, die Mauer aus geschichteten Kalksteinen gebaut, ganz wie auch sonst bei archaischen Grabkammern. Auch sind sie wie dort als Stützmauern konstruiert, also in den Boden eingesenkt gewesen. Jedenfalls hat das Erdreich hier am steilen Abhange allmählich abgenommen, und mit ihm sind, wie das auch sonst beobachtet werden konnte (z. B. bei Grab 5), die an der aufsteigenden Seite liegenden Mauern in ihren oberen Teilen, die dem Abhang zugekehrten vollständig abgerutscht. Ueber den oberen

Verschluß des ursprünglichen Mauervierecks kann somit nichts Bestimmtes mehr gesagt werden. Doch halte ich nicht für unmöglich, daß wie sonst bei den archaischen Grabkammern auf der Sellada, so auch hier eine Art primitiven Gewölbes die Decke gebildet hat[1]). Die Frage nach der Beziehung der Stele mit der archaischen Inschrift zu diesem Grab hat nur eine negative Antwort gefunden: So, wie sie dasteht, gehört sie, wie auch Schiff bemerkt, nicht zu dem Grabe. Sie ist nicht mehr in situ, sondern als Eckpfosten in eine viel spätere

Mauer verbaut, damit scheint mir die Möglichkeit, daß sie ursprünglich zu dem Grabe gehört hat, etwa über demselben als σῆμα gestanden, keineswegs ausgeschlossen. Denn gewiß hat man den schweren unförmlichen Stein nicht von weit her geschleppt, sondern ihn verwendet, weil er an Ort und Stelle lag. Ob wirklich noch ein zweites Grab neben dem ausgebeuteten gelegen hat, was Schiff für möglich hielt, ist nicht sichergestellt. Abb. 484 zeigt den großen Block an seiner heutigen Stelle. Die Inschrift ist dem Beschauer, der von Norden her gegen die Baureste blickt, gerade zugekehrt. Leider ist eine gesicherte Lesung nicht mehr zu gewinnen, da die Zeichen unsicher und verwischt sind, . . ρ[ο]τερίας glaubt man zu erkennen. Selbst dann bleibt noch fraglich, ob ein Männer- oder Frauenname auf der Stele stand. Das geschlossene Ɛ dürfte beweisen, daß die Inschrift noch der II. Entwickelungsstufe des theräischen Alphabets angehört.

Abb. 484. Die archaische Grabstele, von Norden her gesehen.

An derselben Stelle ist dann in später Zeit ein Gebäude aufgeführt, bei dessen Anlage ein Teil des archaischen Grabes zerstört ist. Tritt man von Norden heran, so kommt man zunächst an eine Freitreppe von drei Stufen, aus großen Quadern leidlich sorgfältig gefügt. Sie führen zu einer Thür von 1.60 m Breite, deren rechter Pfosten durch den archaischen Inschriftstein H gebildet wird. Abb. 485 giebt den Blick auf den linken Thürpfeiler. An ihm hat sich noch eine sorgfältig bearbeitete Basis des Thürpfeilers erhalten. Vergl. auch Abb. 482. Die Mauern, die sich rechts und links anschließen, sind 1 m dick, aus Bruchsteinen (vereinzelt sind

Der römische Bau

---

[1]) Daß das Grab ohne Bedeckung gewesen und nur eine seitliche Umgrenzung gehabt habe, wie Schiff annimmt, scheint mir nicht wahrscheinlich. Auch die von Pfuhl neuerdings aufgedeckten Gräber zeigen die Urnen unter Steinpackungen oder in kleinen Kammern (vergl. vorläufigen Bericht im *Journal of hell. Stud.* 1902, 393). — Was ich oben S. 98 ff. über die Verwandtschaft der theräischen Grabkammern mit den mykenischen Kuppelgräbern ausgeführt habe, scheint mir jetzt noch weiter bestätigt durch neue Funde in Kreta, wo man die Entwickelung am deutlichsten verfolgen kann. Dort haben wir neben den Tholoi mit mykenischen Funden (*Amer. Journal of Arch.* 1901, 270 ff.) auch solche mit frühgeometrischen (ibid. 125 ff.). Neben die runde Tholos tritt dann die rechteckige Kammer mit Decke aus überkragenden Steinen und ohne Dromos, also ganz wie in Thera (ibid. 281 ff.).

Abb. 485. Freitreppe des römischen Baues. Rechts der archaische Inschriftblock.

gute alte Quadern verwendet) mit Mörtel aufgemauert. Oestlich stößt die Mauer an den steil
aufsteigenden Fels. Von der östlichen Abschlußmauer hat sich, falls eine solche überhaupt
vorhanden war, nichts erhalten. Auch die Westwand ist ganz zerstört. Das Stück Mauer
bei *D* gehört nicht, wie es nach dem Plan scheinen könnte, zu dem späten Bau, sondern ist
ein Rest der archaischen Steinsetzung. Durch die Thür gelangt man in ein Gemach, dessen
Boden aus einem Mörtelestrich besteht und 1.15 m über dem Boden des alten Grabes liegt.
Die Rückwand des Gemaches wird durch die Mauer *E* gebildet. Diese überdeckt die
Umgrenzung des alten Grabes auf dieser Seite vollständig. Oestlich setzt sie sich wieder
bis an den Felsabhang fort. Eine Thür in ihr scheint in ein zweites kleineres Gemach *L*
geführt zu haben, das ebenfalls mit einem Mörtelestrich versehen war. In welchem Verhältnis
die beiden südlich an das Grab anstoßenden Terrassenmauern, die Schiff für archaisch hält,
und einige geringere Mauerreste zu den Bauten stehen, vermag ich nicht zu entscheiden,
wie ja überhaupt manche Unklarheiten bleiben. Jedenfalls dürfte der Bau, der das archaische
Grab später überdeckte, wohl erst in römischer Zeit gebaut sein, wie aus der starken
Verwendung des Mörtels geschlossen werden darf. Vermutlich handelt es sich doch auch
hier um einen Bau sepulkralen Charakters, wie man wohl allein schon nach der Lage
im Gebiet der Nekropole und außerhalb der Stadt annehmen darf. Es wird ein Heroon
gewesen sein.

Das
byzantinische   Zum dritten Mal haben dann die Byzantiner an demselben Ort begraben. Bei *M*
Grab   lagen geschichtete menschliche Gebeine, etwa 1 ½ m über dem Boden des Gemaches *F*.

Als Beigaben fand sich hier das Bruchstück eines flachen pfannenartigen Gefäßes aus grobem grauem Thon mit kurzem, durch ein paar tiefe umlaufende Rillen verziertem Griff (Abb. 486)[2]. Wichtiger für die Datierung des Grabes als dieses Bruchstück und der Boden eines kleinen Glasgefäßes sind zwei bei den Gebeinen gefundene byzantinische Lampen (Abb. 487a, b). Sie zeigen die charakteristische Form und Dekoration der Spätzeit, die eine von ihnen überdies das christliche Kreuz. Sie sind später als alle sonst in der theräischen Nekropole gefundenen.

Inhalt des archaischen Grabes
Weit größeres Interesse als die baulichen Anlagen und das byzantinische Grab beansprucht der reiche Inhalt des archaischen Grabes. Daß er in vielem singulär sei und wichtige Ergänzungen zu dem bisher auf Thera Gefundenen bringe, hatte Schiff sofort gesehen. Während die von mir gefundenen Gräber fast keine Metallbeigaben enthielten, fand sich hier eine große Zahl von Fibeln, Nadeln, Ringen, von welch letzteren der eine zudem mit einem ägyptischen Skarabäus geziert war. Während sonst nie Terrakotten in den Gräbern gefunden waren, fanden sich hier sowohl Thon- als auch rohe Steinfiguren. Und während in keinem Selladagrab bisher Waffen gefunden waren, traten sie hier auf. Rechnet man dazu die Fülle der Thongefäße, welche zum Teil

Abb. 486. Aus dem späten Grabe.   Abb. 487a, b. Christliche Lampen aus dem späten Grabe.

Gattungen angehören, die bisher in Thera nur vereinzelt oder gar nicht vertreten waren, so darf man Schiff recht geben, daß der Erfolg der kurzen Grabung diese in der That gerechtfertigt hatte.

Nach der Beobachtung Schiffs enthielt das Grab ein Skelett — auch darin ganz singulär, denn bisher ist noch kein einziges archaisches Grab mit unverbrannten Resten auf der Sellada gefunden. Wie diese einzige Ausnahme zu erklären sei, werden wir wohl vergeblich fragen. An einen Zufall zu denken, das Skelett für nachträglich in ein älteres Grab gelegt zu halten, wird kaum statthaft sein, da der reiche Inhalt so unversehrt zum Vorschein gekommen ist. Aber — ich möchte wenigstens keine weiteren Schlüsse auf diesen einen Fall bauen. Nur eine Beisetzung ließ sich in dem Grab feststellen. Auch das ist bei der Menge der Beigaben, vor allem der Menge der Fibeln auffällig. Sonst sind in den Grabkammern stets mehrere Personen beigesetzt worden.

In dem Grab fanden sich folgende Gegenstände:

[2]) Schiff weist mich auf gleichartige sicher spätzeitliche Scherben aus Alexandria hin.

A. Metallgegenstände.

a) Schmucksachen.

1) Ein kleines Stück Goldblech.

2) Ein einfacher Fingerreif aus Silber (Abb. 488a).

3) Ein silberner Fingerring mit Platte für einen Ringstein, der jetzt fehlt (Abb. 488 b).

4) Ein silberner Ring mit einem ägyptischen Skarabäus (Abb. 488 c u. g). Der Ring ist aus einem Draht gefertigt, dessen Enden oben fein ausgezogen und umeinander geschlungen sind, wie an dem zweiten Exemplar (Abb. 484 d) besser zu sehen ist.

5) Ein gleicher Ring (Abb. 488 d) hat seinen Skarabäus nicht mehr.

6) Ein weiterer Skarabäus (Abb. 488 h). Ob er eventuell zu dem Ringe d gehören könnte, vermag ich nicht zu entscheiden.

7) Zwei spiralförmig gebogene Bronzeringe (Abb. 488 e, f).

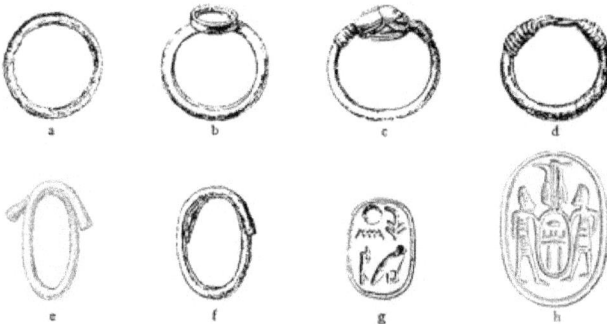

Abb. 488 a–h. Ringe und Ringsteine (g und h vergrößert).

Die Ringe a und b bieten nichts Besonderes. Auch Spiralen, wie e und f, sind nicht selten und können als Fingerringe gedient haben[3]. Wichtig dagegen sind c und d. Die Form dieser Ringe ist die bekannte ägyptische[4], und da einer der beiden noch mit einem ägyptischen Skarabäus versehen ist, dürfen wir sie wohl für Importstücke aus Aegypten ansehen. Die beiden Skarabäen g und h lassen leider eine ganz exakte Datierung nicht zu, wie mir v. Bissing angiebt. Seinen Mitteilungen entnehme ich, daß g wohl „Chons in Theben" zu lesen sei. Diese Aufschrift ist in der Spätzeit beliebt[5], der Skarabäus danach wohl keinesfalls vor die 21. Dynastie, d. h. vor 950 v. Chr. zu setzen; er könnte bis in die Perserzeit gehen. v. Bissing wirft die Frage auf, ob die mangelhafte Form der beiden letzten Zeichen dem Zeichner, dem Hieroglyphen nicht geläufig sind, zur Last falle oder ob sie etwa auf griechisch-ägyptische Imitation hinweise[6]. Griechisch-ägyptische Herkunft hält Bissing für wahrscheinlich bei dem Skarabäus h. Die beiden Männer neben der Cartouche finden sich bei solchen ähnlich[7].

---

[3] Für Ohrringe sind die theraischen Exemplare wohl zu dick, für Lockenhalter (vergl. Studniczka Arch. Jahrb. XI 284ff.) zu kurz.
[4] Beispiele: Perrot-Chipiez Histoire de l'art I fig. 496. 500. Maspero-Steindorff Aeg. Kunstgesch. 30f.

[5] Frazer Scarabs No. 415.
[6] Für den Stil vergl. Frazer Scarabs No. 428—429.
[7] v. Bissing verweist auf Flinders-Petrie Defenneh Taf. 41, 52; Taf. 8, 34. 37 (aus Nebesheh). Frazer Scarabs No. 455.

Die sonstigen Charakteristika des Siegelsteines weisen auf die gleiche Zeit, wie die des vorigen. Auch hier ist eine sichere Lesung des Namens in der Cartouche nach der Zeichnung nicht zu erzielen. Bissing vermutet entweder Menkare oder den Namen Tuthmosis III Mephres. Ueber das Material der Skarabäen, das für die Zeitbestimmung wichtig wäre, liegen mir genauere Angaben leider nicht vor. Zu beachten ist aber noch, daß silberne Ringe vorzugsweise in der Zeit nach 700 vorkommen.

b) Fibel- und Nadeltypen.

α) Bogenfibel.

1) Abb. 489a. Große Fibel des Villa-nova-Typus. Fast halbkreisförmiger Bügel, hergestellt aus einem gedrehten eckigen Draht. Kleiner Fuß. Der Typus ist sehr weit verbreitet; in Griechenland findet er sich vom Ende der mykenischen Periode an [8].

2) Abb. 489b. Kleine Fibel des gleichen Grundtypus. Nur ist der Bügel fast rechteckig gebogen, so daß sein vorderer Teil parallel zur Nadel verläuft. Aehnliches kommt auch in Italien vor [9].

3) Abb. 489t. Der Bügel ist halbkreisförmig, aber im mittleren Teile sehr verstärkt. Ueber der Federung, dem Fuß und in der Mitte ist er noch durch je ein mehrfach kanneliertes Band geschmückt. Zu diesem Typus sind Fibeln aus Olympia und Dodona zu vergleichen, die im einzelnen noch reicher sind [10]. Ganz genau entsprechen die Fibeln aus der samischen Nekropole [11] und aus Troia [12]. Auch in Gordion sind sie, nach gütiger Mitteilung von G. Körte, gefunden.

β) Typus der sogenannten Dipylonfibel mit breitgehämmertem, etwa rechteckigem Fußblech.

4) Abb. 489c. Kleine Fibel mit einfachem Bügel und schmalem, noch ziemlich kleinem Fußblech.

5) Abb. 489d. Größer, der Bügel stärker und eleganter gebogen, das Fußblech länger.

6) Abb. 489e. Aehnlich, nur ist der Bügel noch mehr verstärkt. Aehnliche Fibeln sind in griechischem Gebiete recht häufig [13].

7) Abb. 489f. Aehnlich der vorigen, nur ist die Mitte des Bügels durch eine Einschnürung markiert.

8—11) Abb. 489g—k. Varianten des gleichen Typus. Der Bügel ist hier durch mehrere Einschnürungen gleichsam in eine Reihe aufgereihter Perlen zerlegt. Die Mitte des Bügels ist stets markiert. Diese Ornamentierung verdankt ihren Ursprung gewiß auf den Bügel der Fibel aufgereihten Perlen, wie sie Exemplare aus Rhodos und Olympia noch aufweisen [14]. Auch die Nachbildung in Metallguß findet sich dort mehrfach [15].

12, 13) Abb. 489l, m. Verwandte Form. Der verstärkte Bügel ist hier in seiner stark

[8] Vergl. Montelius *Culture primitive en Italie* Taf. IV 24. 25, V 40. Schumacher Bronzen von Karlsruhe Taf. I, 5. Undset Zeitschr. für Ethnol. 1889, 214 (Mykenai). Furtwängler Olympia IV 51 Taf 21, 342.
[9] z. B. Montelius *Culture primitive* V Taf. 32. 33, aus Brescia und Sicilien.
[10] Olympia IV Taf. 22, 371. Carapanos *Dodona* Taf. 51, 5
[11] Böhlau Nekropolen Taf. XV 11. 12
[12] Dörpfeld Troia I 414 Fig. 434.

[13] Beispiele führt Undset Zeitschr. f. Ethnol. 1889, 215. 219. 222f. an.
[14] Vergl. Undset a. a. O. 215 (Rhodos, die Perlen bestehen hier aus aeg. Porzellan). Olympia IV Taf. 22, 367. 372.
[15] Undset a. a. O. 218 Fig. 27. Olympia IV Taf. XXII 367. Ein Beispiel aus Athen Daremberg und Saglio *Dict.* s. v. fibula S. 2005 Fig. 2981.

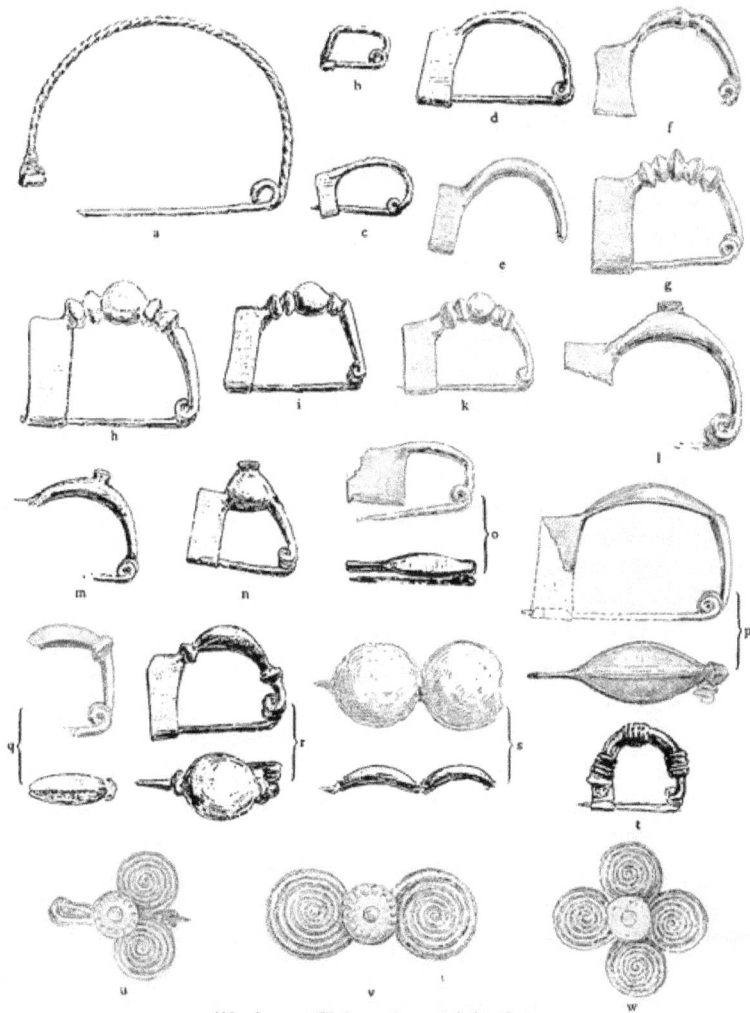

Abb. 489a—w. Fibeln aus dem archaischen Grabe.

anschwellenden Mitte mit einem oben angesetzten cylindrischen Knopf versehen. Genau entsprechende Fibeln kenne ich nicht

14) Abb. 489 n. Typus wie in Grab 52. Vergl. S. 47. Abb. 149, S. 233. Fußblech und Bügel konvergieren hier etwas nach oben und werden durch eine große Kugel mit ansetzendem cylindrischem Knopf verbunden. Auch diese Form ist mir außerhalb Theras noch nicht begegnet. Auf eine sehr ähnliche, die aus dem Delion auf Paros stammt, macht G. Körte mich aufmerksam. Es fehlt bei dieser der cylindrische Knopf. Die Kugel ist vom Bügel abgesetzt.

15) Abb. 489 o. Der wagerecht zur Nadel verlaufende hintere Teil des rechtwinklig gebogenen Bügels ist blattförmig breitgehämmert.

16) Abb. 489 p. Derselbe Typus, aber in viel geschickterer Ausgestaltung. Der senkrechte Teil des Bügels ist scharfkantig viereckig, nach oben sich verbreiternd. Der wagerechte bildet eine ovale gewölbte Platte mit scharf hervortretender Mittelrippe und einem schmalen Randsaum. (Vergl. die Oberansicht.) In allen Einzelheiten entspricht eine Fibel aus Böotien in Athen [16].

17) Abb. 489 q. Aehnlich der vorigen. Der Bügel ist hier ebenfalls breitgehämmert. Die Verbindung mit dem vorderen Teile stellt ein Knopf her. Der Fuß fehlt, war aber, wie die Richtung der erhaltenen Teile und die Analogie der übrigen Fibeln nahe legt, ebenfalls der hohe der Dipylonform.

18) Abb. 489 r. Der Bügel ist hier, wie die Oberansicht zeigt, zu einer runden beckenförmigen Bildung ausgearbeitet, welche an Fuß und Spirale mittelst eines Knopfes ansetzt. Vergleichbar ist die böotische Fibel Arch. Jahrb. III 363 f. [17]). Nur ist das Nadelblech hier schmäler, die Form kürzer und weniger elegant.

19) Abb. 489 s. Eiserne Fibel, unvollständig. Eine Weiterbildung des Motives von 18. Hier waren mindestens zwei solche beckenförmigen Ausbauchungen des Bügels vorhanden. Diese Behandlung des Bügels hat ebenfalls unter griechischen Fibeln der geometrischen Epoche ihre Analogien. Gerade bei den großen Fibeln mit geometrisch verziertem Fußblech finden sich zwei, drei, sogar vier solche Erweiterungen des Bügels [18]).

γ. Spiralbroschen.

20) Abb. 489 u. Der Draht geht von der Federung aus und rollt sich vorne nach beiden Seiten auf, so daß eine blütenförmige Brosche entsteht. Unterhalb der beiden Spiralen ist ein rundes Blech mit getriebenen Buckeln aufgesetzt.

21) Abb. 489 v. Die Spiralen sind S-förmig gestellt. Zwischen beiden das runde Blech mit Buckelverzierung.

22) Abb. 489 w. Vier kreuzweis gestellte Spiralen. An der Kreuzungsstelle ein Zierblech, wie bei den vorigen. Diese Spiralbroschen sind überaus häufig [19]). Sie sind namentlich in griechischem Gebiet und dann einerseits in Süditalien, andererseits im Gebiete der Hallstattkultur verbreitet. In Mittelitalien finden sie sich nur vereinzelt. Undset hält die Form für

---

[16]) Ἐφ. ἀρχ. 1892 Taf. 11, 1. Vergl. auch Olympia IV Taf. 22, 383. Sehr ähnlich Arch. Jahrb. III 363 c. Ein gleiches Exemplar im akad. Kunstmuseum in Bonn.

[17]) Böhlau citiert als nächste Analogie eine Fibel aus Iné in der Troas (Virchow Gräberfeld von Koban S. 27 Fig. 11) und eine rhodische im Berliner Museum. Erstere ist, nach G. Körte, eher mit No. 14 zu vergleichen, der auch noch auf Olympia IV. 368, 369 und de Ridder, Bronzes de l'Acrop. No. 243 hinweist.

[18]) Vergl. Olympia IV 364. Undset a. a. O. 221, Fig. 31, 224 Fig. 35. Ἐφ. ἀρχ. 1892 Taf. 11, 2[a]. Arch. Jahrb. III 362 d.

[19]) Vergl. z. B. Olympia IV Taf. 21, 359—361. Montelius Taf. XXI 283 ff. Schumacher Bronzen Taf. I 2, 3 S. 3. Undset a. a. O 224. Böhlau Jahrb. d. Arch. Inst. III 363 aus Böotien. Aus Suessula stammt die Brosche Röm. Mitth. II 251 Fig. 204.

eine griechische Erfindung, die sich dann einerseits nach Italien, andererseits nordwärts verbreitet habe.

δ) Nadeln.

23) Abb. 490a. Einfache Spießnadel. Der Kopf ist durch Aufrollen des oberen breit-
gehämmerten Endes gebildet.

24) Abb. 490b. Spießnadel. Oben scheibenförmiger Kopf. Der Hals der Nadel ist
durch einige Einschnürungen gegliedert.

Fibeltypen Ueberraschend ist die Fülle der Fibeln, die in diesem einzigen Grabe zu Tage gekommen
sind, während die ganze frühere Ausgrabung aus über hundert Gräbern bloß ein Fibelpaar
ergeben hat. In dem gegebenen Verzeichnis sind bloß die Typen der Fibeln aufgezählt.
Die meisten von ihnen waren mehrfach vertreten. Leider giebt das Inventar keine Auskunft,
wie oft ein jeder Typus vorkam. Als besonders häufig bezeichnet mir Watzinger die Typen
4—11 und 19. Außerdem gab es noch ein ganzes Kästchen voll Bruchstücken, die meist dem
Typus 1 anzugehören scheinen. Dagegen war der Typus 3 nur in einem Exemplare vertreten.
Noch überraschender aber als die Menge ist die Verschiedenartigkeit der Typen. Es ist eine ganze
Musterkarte archaisch-griechischer Fibeltypen hier vereinigt, und was besonders interessant ist: es
kommen hier Typen nebeneinander vor, welche man geneigt sein würde, aufeinander folgen zu
lassen. Die Abbildung giebt einen Ueberblick über die Entwickelung der griechischen Fibel vom
Ende der mykenischen Zeit bis etwa zum Ende des VI. Jahrhunderts[20]. Und doch enthielt nach

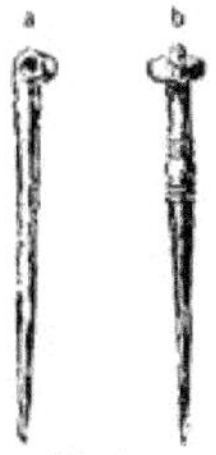

Abb. 490.
Nadeln aus dem
archaischen Grabe.

Schiffs Feststellung das Grab bloß eine Bestattung, und die sonstigen Funde, vor allem die
keramischen, geben keinerlei Anhalt, daß das Grab länger benutzt wäre.
Vielmehr müssen wir alles, was in dem Grabe gefunden ist, im wesentlichen für gleichzeitig ansehen. Der Grabfund hat daher auch ein metho-
disches Interesse. Er ist eine Warnung, nach den Typen derartiger Fundstücke allein eine zu scharfe Datierung eines Fundes zu geben. Nicht nur
dauern die älteren Typen neben den jüngeren noch längere Zeit fort, sondern
bei kostbareren und zugleich haltbareren Gegenständen, wie die bronzenen
Fibeln sind, dauert auch das einzelne Exemplar länger, und eine Fibel kann
eine lange Reihe von Jahren, Jahrzehnten im Gebrauch gewesen sein, ehe sie
ins Grab kam. Das gewöhnliche kurzlebige Thongeschirr ergiebt viel genauere
Datierungen als kostbare auswärtige Ware, Schmuckstücke oder gar Münzen.
Die gesamten Fibelformen von Abb. 490a—t gehen auf einen Grundtypus zurück, auf die einfache Sicherheitsnadel. Am Ende der mykenischen
Periode dringt diese Sicherheitsnadel in Griechenland ein, das bis dahin nur
die Spießnadel kannte. Gleichzeitig erscheint dieselbe Form auch in Italien, wo sie den
folgenden Typen ebenso zu Grunde liegt, wie in Griechenland. Diese älteste Form der
Sicherheitsnadel fehlt in Thera, sehr nahe steht ihr aber noch Abb. 489a, wo der Bügel bloß
höher geschwungen, fast halbkreisförmig ist. Auch diese Form findet sich noch ganz entsprechend in Italien. Weiterhin trennt sich die Entwickelung, wenngleich ein gewisser
Parallelismus unverkennbar ist. Die Entwickelung betrifft in der Frühzeit namentlich Bügel
und Fuß der Fibel. Schon in mykenischer Zeit beginnt man den Bügel plattzuhämmern
und blattförmig zu gestalten. Oder man verstärkt ihn. Beides kommt auch in Italien vor.

---

[20] In ähnlicher Masse treten die Fibeln übrigens in dem
Tumulus III und IV bei Gordion auf. Arch. Anz.
1901, 6. Auch hier läßt sich, worauf ich von G. Körte
hingewiesen werde, die Langlebigkeit der Fibeln

belegen. Der Fibeltypus 3 kommt in den Tumuli
I. III. IV. V vor, von denen III und IV der Zeit
um 700, I und V dagegen dem VI Jahrhundert angehören.

Aber während in Italien der Fuß zunächst klein bleibt, dann eine langgestreckte schlanke Form erhält, wird er in Griechenland zu einem großen, etwa rechteckigen Blech ausgebildet. Diese charakteristische Form der sogenannten Dipylonfibel fehlt in Italien so gut wie die langgestreckten Füße in Griechenland [21].

Von der Fibel des Typus Abb. 489a zu Abb. 489c—e leitet hinüber ein Typus, der durch mehrere Exemplare aus der Troas vertreten ist. Der Bügel ist verstärkt, von ovalem Querschnitt, der Fuß aber noch klein, etwa halbrund [22]. Ebendahin gehört der Typus der Fibel Abb. 489t. Es ist wohl kein Zufall, daß dieser der mykenischen Fibel nahestehende Typus, gerade im Osten häufig vorkommt. In Griechenland ist er, worauf Watzinger mich hinweist, bei der Ausgrabung des Brunnenhauses in Megara häufig gefunden, stammt also aus einer Zeit starken ostgriechischen Einflusses auf das Mutterland. Die meisten auf Thera gefundenen Fibeln haben dagegen den großen Fuß.

Die Weiterentwickelung zeigen dann die Fibeln Abb. 489f—k. Der Bügel ist durch Einschnürungen in eine Anzahl perlenartiger Bildungen zerlegt. Bei der Entstehung haben vielleicht, wie oben angedeutet, in der That auch Fibeln mit aufgereihten Perlen mitgewirkt, wie wir sie wieder aus Griechenland und aus Italien kennen. Vergleichbar sind diesen Fibeln auf italischem Boden die fibule a grandi coste, die namentlich in Norditalien häufig sind. Es ist eine Parallelbildung, wohl unabhängig an verschiedenen Orten entstanden.

Andererseits entwickelt sich aus der griechischen Fibel mit verstärktem Bügel der Typus Abb. 489l, m, n. Abb. 489n, bisher der einzige aus Thera bekannte Fibeltypus, ist die am weitesten geführte Bildung dieser Art. · Auch für diese Schwellung des Bügels giebt es Italien Parallelen.

Ebenso setzt sich das Breithämmern des Bügels fort. Mehr und mehr wird das dadurch entstehende Blech gewölbt bis zu Bildungen wie Abb. 489r, s, wo der Bügel sich in ein förmlich schalenförmiges Rund verwandelt. Auch diese haben stets den großen Fuß der griechischen geometrischen Fibel, während die vergleichbare Navicella-Fibel Italiens, welche eine ähnliche sich wölbende Verbreiterung des Bügels aufweist, den langgestreckten oder den kleinen Fuß zeigt [23].

Ein weiteres Interesse bietet der Vergleich dieser Fibeln mit den in Olympia gefundenen. Die in Thera gefundenen Fibeln zeigen alle den rein griechischen Typus mit dem großen Fußblech, oder es sind wenigstens Typen, welche in Griechenland heimisch sind. In Olympia finden sich diese Gattungen auch. Daneben aber treten dort italische Fibelformen auf. Es finden sich sowohl Fibeln mit langem Fuß als auch solche mit federndem Bügel, sog. Schlangenfibeln. Wir werden diese bei den starken Beziehungen, die Olympia früh zu Italien hat, wohl einfach als italischen Import betrachten, sicher aber italischem Einfluß zuschreiben dürfen. Gleiche Formen treten auch in Dodona auf. Es sind westliche Formen, von denen in Thera jegliche Spur fehlt. Die theräischen Fibeln sind durchaus griechisch. Unser Fibelmaterial aus Kleinasien ist leider noch zu gering, als daß wir feststellen könnten, wie weit die Dipylonfibel sich ostwärts verbreitet hat. Bisher scheint ihre Verbreitung im wesentlichen mit der der geometrischen Stile zusammenzufallen, während in Kleinasien die spätmykenische Bügelnadel mit kleinem Fuß weiter ausgebildet wird. Danach würde das Material der aus Thera stammenden Fibeln eine gute Parallele zu dem keramischen bilden. Die geometrischen Stile bilden davon den weitaus größten Teil, während Kleinasiatisch-griechisches nur erst ver-

---

[21] Vergl. Studniczka Athen Mitth. XII 14 ff.
[22] Abgebildet Zeitschr. f. Ethnol. 1889, 216 Fig. 22.
[23] Zu Abb. 489v kann man auch die sogenannte

Paukenfibel vergleichen, der aber wieder der charakteristisch griechische große Fuß fehlt.

einzelt auftritt. Entsprechend steht neben der Masse der Dipylonfibeln und der weit über deren Gebiet hinaus verbreiteten Bogenfibel die eine ostgriechische Fibel No. 3.

Bezüglich der Zeit, der diese Fibeln angehören, ist festzustellen, daß auch die jüngsten Typen noch dem VII. vorchristlichen Jahrhundert angehören können. Das italische Vergleichsmaterial führt auf die gleiche Datierung. Die ältesten Typen können, wie oben bemerkt, für eine Datierung nicht in Betracht kommen. Eine Fibel wie Abb. 489a könnte gerade so gut dem IX. Jahrhundert angehören.

c) Waffen.

Dieselben sind in sehr schlechtem Zustande, so daß über ihre Gestalt im einzelnen nicht viel mehr zu sagen ist.

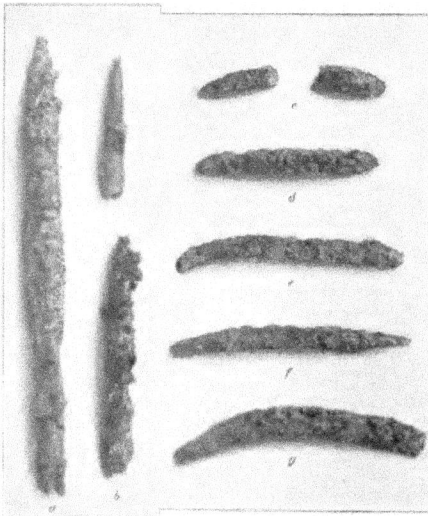

Abb. 491 a—g. Waffenreste.

1) Zwei schmale eiserne Lanzenspitzen mit Tülle; die eine unvollständig. Abb. 491 a, b. Länge 0.39 und 0.21 m.

2) Fünf eiserne Messer, unter denen eines unvollständig. Abb. 491 c—g; teils von gerader teils von etwas gebogener Form, wie sie seit mykenischer Zeit gebräuchlich ist.

B. Steinfiguren.

Zu den merkwürdigsten Fundstücken des Grabes gehören zwei primitive Figuren aus blasigem weißem strukturlosem Kalkstein, der offenbar nicht theräischer Provenienz ist. Beide Figuren stellen, nach der Haartracht und Bildung der Brust (vergl. Abb. 493) zu schließen, wohl ebenfalls Frauen dar. Aus einem rechteckigen Stein, dessen knappe Breitendimension die Formengebung bestimmt, sind sie ganz roh gehauen oder, besser gesagt, geschnitzt. Nur ein paar Hauptformen sind durch scharfe Schnitte eckig wiedergegeben: die Haargrenze gegen das Gesicht, die Augen, die Nase, der Mund, das Kinn. Die Brust tritt in der Seitenansicht die ich Abb. 493 nach einer Skizze Schiffs gebe, eckig hervor, das Gesäß ebenso zurück. Arme sind nicht vorhanden. Ihre Angabe war wohl der Malerei überlassen. Der Künstler dachte sich seine Figuren, die gerade aufgerichtet dastehen, wohl bekleidet, da eine Teilung der Beine ebenso wie der Brüste fehlt. Zwei Linien welche von der Hüfte zum Schoß hinablaufen und den Oberkörper dreieckig abschließen, könnten freilich auch für das Gegenteil sprechen, sind aber wohl eher ein primitives Auskunftsmittel des Verfertigers, die Körperformen unter dem

Gewande zu markieren. Unten treten die Füße ebenso unförmlich groß hervor, wie oben der Kopf.

1) Abb. 492a. Höhe 0.19ᵐ. Die Figur steht auf einer 0.045ᵐ hohen rechteckigen Basis, die mit ihr aus einem Stück gearbeitet ist. Das Haar fällt auf den Seiten und im Rücken lang herab.

2) Abb. 492b. In zwei aneinander passende Stücke gebrochen. Höhe 0.183ᵐ, wovon 0.055 auf die Basis entfallen. Etwas besser ausgeführt als die erste. An der linken Seite des Gesichtes fehlt etwas. Hier ist ein Splitter des Steines, sicher schon im Altertum, vielleicht schon bei Verfertigung der Figur, abgesprungen. Ein Bohrloch zwischen Brust und Hals kann ich nicht mit Sicherheit erklären. Vielleicht sollte hier ein Metallschmuck befestigt werden.

3) Kleine rechteckige Kalkstein-Basis. Länge 0.115ᵐ, Höhe 0.05ᵐ, Breite 0.075ᵐ. Die Rückseite ist roh gelassen. Oben schließt die Basis mit einem vorspringenden Profil ab. Auf der oberen Fläche eine rechteckige Einsatzspur von 0.085 zu 0.02ᵐ. Eine Abbildung liegt mir leider nicht vor.

4) Liegendes Tier aus weichem hellgelbem Sedimentgestein, das nicht theräischen Ursprunges ist (eine Art Poros?). Länge 0.065ᵐ, Höhe 0.025ᵐ. Auch hier fehlt leider eine Abbildung. Das Tier ist sehr zerstört, die Formen nur in ganz allgemeinen Umrissen zu erkennen. Es liegt auf einer rechteckigen Basis, die Hinterbeine sind unter den Körper gezogen, der Kopf, der sich wenig vom Rumpf abhebt, wird in Körperhöhe gehalten. Eine nähere Deutung des dargestellten Tieres dürfte kaum zu geben sein.

Abb. 492a, b. Steinfiguren aus dem archaischen Grabe.

Abb. 493. Steinfigur Abb. 492a von der Seite gesehen.

Die Steinskulpturen dieses Grabes scheinen, wie es schon für die einzige bisher in einem theräischen Grabe gefundene archaische Skulptur, den Stierkopf, angenommen wurde, alle aus fremdem Material, also auch wohl nicht auf Thera gearbeitet zu sein. Besonderes Interesse beanspruchen die beiden menschlichen Figuren, bezeichnenderweise wieder Frauen. Langgewandet und mit herabfallendem Haar stehen sie da, darin sehr ähnlich den Terrakottafrauen

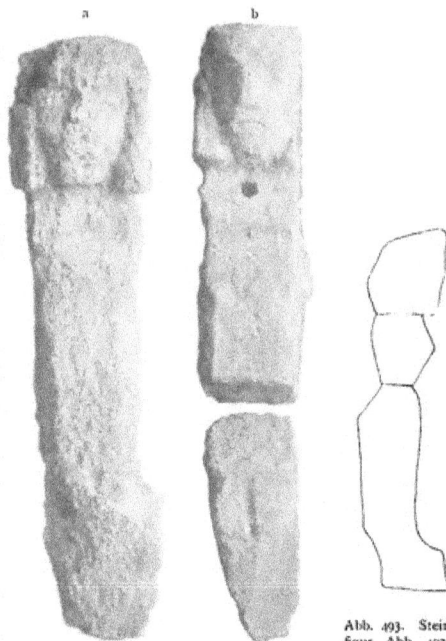

des Massenfundes, die auch dieselbe Anordnung des Haares zeigen [11]). Auch in der Bedeutung
werden sie ihnen gleichzusetzen sein. Die Arbeit ist unglaublich roh. Die Formen sind im
einzelnen durch die Natur des Materiales bestimmt. Die scharfen Schnittflächen und Linien
finden sich auch an einigen ganz primitiven Porosskulpturen von der Akropolis, und auch die
hocharchaischen Frauenfiguren aus Tegea und Kreta (vergl. Anm. 24) kann man zum Vergleich
heranziehen. Diese sind aus einem tuffartigen Stein, der sich in Kreta findet, gearbeitet. Leider
vermag ich ohne Autopsie nicht zu entscheiden, ob etwa die theräischen Figuren aus demselben
Materiale bestehen. Die Art und Weise, wie die Figuren in ihrer Raumentwickelung sich den
knappen Dimensionen des vorhandenen Steinbalkens anpassen, erinnert an hocharchaische
Werke, wie etwa die Statue der Nikandre aus Delos und Verwandtes. Jedenfalls handelt es
sich um sehr frühzeitige plastische Versuche, die über die brettförmigen böotischen Terrakottafiguren noch kaum hinausgehen.

C. Terrakotten.

1) Nackte weibliche Figur. Abb. 494 a. Arme und Beine sind abgebrochen. Erhaltene
Höhe 0.15 m. Roh geknetet. Die Brüste durch zwei kleine Erhöhungen markiert. Beim Gesicht
sind Nase und Mund plastisch hervorgehoben. Bemerkenswert ist die Bildung des Auges: die
Augenbrauen sind durch schwarze Linien angegeben, der Augapfel dagegen durch eine eingedrückte gebogene Linie, welche die Pupille umzieht und erhöht stehen läßt. Das Haar ist
ebenfalls plastisch hervorgehoben. Die einzelnen Strähne des hinten herabfallenden Schopfes
sind durch rote Linien wiedergegeben. Die Beine waren ziemlich weit auseinandergespreizt, der
weibliche Geschlechtsteil anscheinend durch Bemalung und einen kleinen Einschnitt hervorgehoben.

2) Nackte weibliche Figur, noch roher als die vorige, aber vollständig erhalten. Abb. 494 b.
Höhe 0.155 m. Die Augen sind hier durch zwei kleine aufgeklebte runde Thonplättchen, die
Nasenlöcher durch eingebohrte Löcher hervorgehoben. Brüste wie bei 1. Die Arme und
Beine viel zu kurz. Die ersteren wie zwei Henkel gebogen und mit den Händen, welche
übrigens nicht plastisch gebildet sind, an den Hüften befestigt. Die Beine etwas in den Knieen
gebogen, mit unförmlichen Füßen. Das Gesäß stark hervortretend. Spuren von roter und
schwarzer Bemalung.

3) Abb. 494 c. Bruchstück einer dritten Figur, der Kopf, Arme und Unterschenkel
fehlen. Höhe 0.07 m. Die weibliche Brust auch hier hervorgehoben. Um die Hüften trägt
die Figur eine Binde oder einen Schurz.

4) Pferd. Höhe 0.075 m. Abb. 494 d. Die Beine kurz, ohne Gliederung. Die Mähne kurz
geschnitten, emporstehend, durch kleine Einkerbungen gegliedert. Der männliche Geschlechtsteil angegeben. Von einem ähnlichen Pferdchen wird der von mir gefundene Kopf Einzelfund 57, Abb. 276, 5, S. 77, herrühren.

5) Bruchstück eines Stieres. Länge 0.04 m.

Sämtliche Terrakotten sind noch freihändig geformt. Der flüchtige Vergleich mit den
Terrakotten des Massenfundes (vergl. S. 219 f.) zeigt schon, daß sie älter sind, als jene. Während
im Massenfund teils importierte Terrakotten auftreten, welche mit Hohlformen gearbeitet sind,
teils einheimische, freihändig gearbeitete, die aber wenigstens schon den Versuch zeigen, es
der fremden Ware gleichzutun in der plastischen Entwickelung der Formen, haben wir hier

---

[11]) Für die Haartracht ist auch auf andere hocharcha-
ische Werke, z. B. die Statue der Nikandre von Delos
(Brunn-Bruckmann Denkmäler 57), die archaische
Sitzfigur aus Tegea (*Bull. de corr. hell.* XIV Taf. 11)
und die entsprechende aus Kreta (*Riv. Arch.* 1893
Taf. 3. 4) zu verweisen.

noch die nach alter Weise massiv gekneteten Figuren, bei denen der Verfertiger sich mit Hervorhebung einiger weniger charakteristischer Teile begnügt, aber weder weiter ins Detail geht, noch ernstlich den Versuch macht, die einzelnen Teile nun in Proportion zu setzen. Der Kopf mit der großen Nase und den Augen, der Hals, die Arme, die Brüste, das Gesäß, die Beine mit den hervortretenden Knieen, die Füße — alles besteht eigentlich für sich und wird durch den ganz summarisch behandelten Leib gleichsam nur zusammengehalten. Auch gegenständlich machen die Terrakotten einen älteren Eindruck, als die des Massenfundes. Der Verfertiger giebt vollkommen nackte Gestalten. Es kommt ihm nicht darauf an, daß er hübsche Figuren formt, aber darauf, daß seine Figuren weiblich sind, legt er großen Wert. Das weibliche

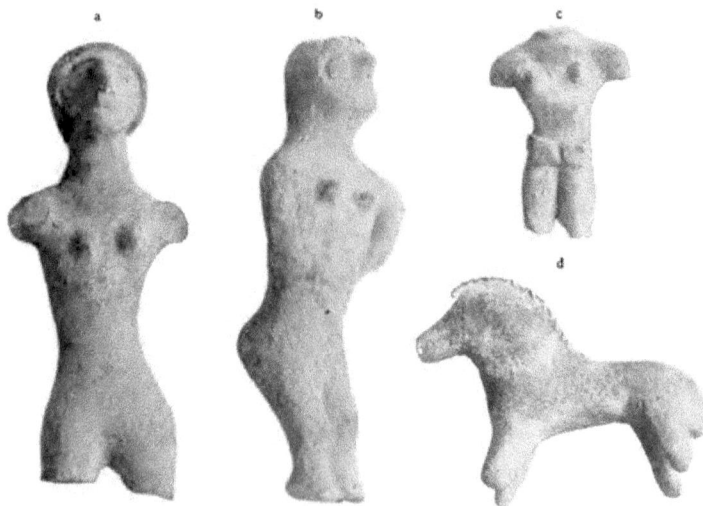

Abb. 494 a—d. Terrakotten aus dem archaischen Grabe.

Geschlecht wird, wie das ja auch schon bei den Inselidolen u. s. w. geschieht, deutlich hervorgehoben. — Die Bildung der Augen bei z findet Analogien in ältesten olympischen Terrakotten.

D. Thongefässe.

Die größte Masse der Fundstücke aus dem Grabe bilden natürlich wieder die Thongefäße, über welche die folgende Uebersicht orientieren soll. Fast durchweg handelt es sich um Gefäße geringer Größe, große Gefäße fehlen ganz, was sich zum Teil wenigstens aus dem Charakter des Grabes als Bestattungsgrab erklärt. Auffällig ist zunächst, daß der charakteristische theräische Stil in diesem Funde so stark zurücktritt. Doch hängt auch das mit dem Fehlen großer Gefäßformen zusammen, auf denen er sich, wie oben S. 152 bemerkt, am charakteristischsten entwickelt hat.

Theräische
Vasen

Als sicher theräisches Fabrikat geben sich unter den verzierten Gefäßen folgende zu erkennen:

1) Skyphos, abgebildet und beschrieben S. 140, Abb. 360. Scherben eines gleichen und eines weiteren von geringerer Technik ohne Ueberzug mit sehr flüchtig gezeichneter Dekoration stammen aus demselben Grab.

2) Bruchstücke eines Skyphos mit vertikal gestellten Henkeln. Feiner hartgebrannter heller gelbroter Thon mit gelblich-weißem Ueberzug. Hellbrauner Firnis. Dekoration: wagerecht übereinander gelegte Zickzacklinien; rechts und links davon je ein Vogel; vor diesem ein Hakenkreuz. Watzinger hält das Gefäß für wahrscheinlich theräisch. Zu vergleichen sind die auf S. 148 f. zusammengestellten Skyphoi.

3) Teller, abgebildet und beschrieben S. 150 Abb. 361.

4) Teller, abgebildet und beschrieben S. 150, Abb. 362. Scherben von etwa 10 weiteren Exemplaren sind vorhanden. Der Ueberzug fehlt hier oft, wie das gelegentlich auch sonst bei schlechten theräischen Vasen der Fall ist.

Abb. 495. Theräische Vase 6 (vergl. Abb. 364 S. 151).

5) „Räuchergefäß", abgebildet und beschrieben S. 151, Abb. 363.

6) „Räuchergefäß", abgebildet und beschrieben S. 151, Abb. 364. Seitdem ist zu dem Gefäß ein wichtiges Bruchstück hinzugefunden, so daß jetzt der obere Abschluß vorhanden ist und Gilliéron die Zeichnung für die neue Abbildung 495 anfertigen konnte, in der die ganze Form rekonstruiert ist. Für die Deutung der eigenartigen Gefäßform weiß ich Neues nicht vorzubringen.

7. 8) Zwei sehr fein gearbeitete Kännchen in Form einer geöffneten Blüte mit drei Kelchblättern. Abb. 496a, b. Die Abbildungen sind zu verschiedenen Zeiten gemacht und differieren

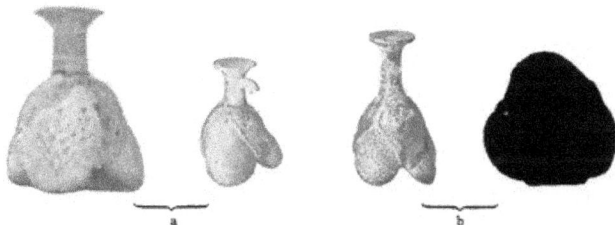

Abb. 496a, b. Theräische Salbgefäße 7 und 8.

daher leider in der Größe. Dunkler, anscheinend theräischer Thon mit hellerer Oberfläche. Chokoladebrauner Firnis. Der Stiel bildet den Hals, von dem ein kleiner Henkel zu dem einen Kelchblatt herabgeführt ist (Abb. 496a). Am Halse umlaufende Bänder. Die Kelchblätter sind dunkel gefärbt. Zwischen ihnen treten die getüpfelten Blütenblätter hervor, auf deren Endigung das Gefäß wie auf drei Füßchen ruht. Von unten blickt man in die geöffnete Blüte hinein. Die durch bogenförmige Linien umränderten Blütenblätter umschließen einen getüpfelten Kelch. Die Gattung der Blüte botanisch zu bestimmen, dürfte schwer fallen. Eine gefüllte Blüte wie die Rose mag wohl dem Verfertiger vorgeschwebt haben. Die Tüpfelung stimmt zu einer solchen freilich gerade so wenig, wie die Zahl der Kelchblätter. Es ist eben die Blüte, die der Künstler bilden wollte, und der Mangel an eingehender Ckarakteristik soll uns die Freude an dem niedlichen Einfall des Künstlers, die Blüte selbst als Behälter für die Wohlgerüche dienen zu lassen, nicht verkümmern. Die lokale theräische Kunst hat uns hier eines der hübschesten Erzeugnisse archaisch-griechischer Keramik hinterlassen.

9) Einhenkelige Kanne mit Kleeblattmündung. Abb. 497. Höhe 0.075 m. Roter Thon mit hellem Ueberzug. Schlechter Firnis. Am Halse Punktreihe; auf der Schulter unregelmäßige Strichelung.

Abb. 497.
Theräisches
Kännchen 9.

10) Bauchiger Amphoriskos mit einfachen Henkeln, in der Form Abb. 175 S. 13 entsprechend. Höhe 0.095 m, ohne Firnisüberzug. Der Thon nach Watzingers Angabe theräisch.

Ferner dürfen als theräisch wohl eine Anzahl kleiner flacher Schüsseln ohne Henkel dienen, von denen Abb. 498a – d Beispiele bieten. Sie sind stets am Rande durchbohrt, so daß hier eine Schnur durchgezogen werden konnte, an der man dann das Gefäß aufhängte. Einzelne mögen auch als Deckel gedient haben. Die Dekoration ist sehr einfach, beschränkt sich auf einige umlaufende Linien an der Außenseite. Der Thon ist bei allen ein grober, anscheinend theräischer.

11) Schüssel, Durchm. 0.125 m. Auf dem Rand ein paar Gruppen von je fünf kurzen Strichen.

12) Schüssel, Durchm. 0.115 m. Am Rande zweimal durchbohrt zum Durchziehen einer Schnur. Außen umlaufende Firnislinien. Auf dem Rande Strichgruppen, wie bei 11.

13) Flaches Tellerchen, Durchm. 0.11 m. Gleiche Dekoration und Durchbohrung.

14) Schüsselchen, Durchm. 0.085. Abb. 498b. Rand durchbohrt. Dekoration umlaufende Linien.

15) Schüsselchen, Durchmesser 0.105 m, Abb. 498d. Am Rand ein Bohrloch. Außen und innen umlaufende Streifen.

16) Schüsselchen, Durchmesser 0.075 m. Besonders dickwandiges plumpes Stück. Außen umlaufende Linien.

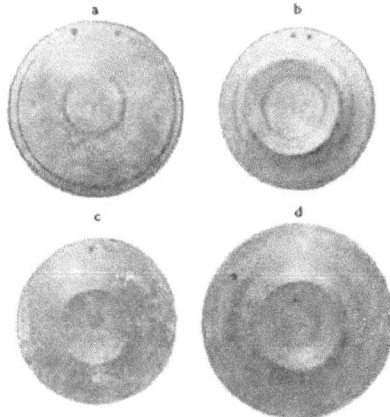

Abb. 498a—d. Kleine flache Schüsseln theräischer Fabrik.
No. 18, 14, 17, 15.

17) Schüsselchen, Durchmesser 0.085 m. Abb. 498c. Am Rande zwei Bohrlöcher. Mit rotem Firnis überzogen. Auf der Standfläche ein Stern.

18) Flaches Tellerchen, Durchm. 0.095 m. Ohne Abplattung zum Stehen. Abb. 498a. Am Rande zwei Bohrlöcher. Dekoration umlaufende Linien.

19) Flaches Schüsselchen. Durchm. 0.10^m. Außen und innen umlaufende Streifen.

20) Tellerchen. Durchm. 0.095^m. Am Rande zwei Bohrlöcher. Außen Firnisstreifen, innen Firnisüberzug. Fragmentiert.

21) Desgl., unvollständig. Außen und innen Streifen.

22) Größere Schüssel. Bruchstück. Durchm. 0.185^m. Außen umlaufende Linien.

Kretische Vasen In auffallend großer Zahl fanden sich in dem Grabe kleine K ä n n c h e n mit meist kugeligem oder eiförmigem Körper, kurzem engem Halse mit trichterförmiger Mündung. Der Henkel zeigt einen flachen Querschnitt. Bei den sorgfältig ausgeführten Stücken ist ein niedriger Ringfuß vorhanden, während die weniger guten sich mit einer kleinen abgeplatteten Standfläche begnügen. Eine Auswahl dieser Kännchen zeigt Abb. 499a—p. Von diesen gehört ein Teil, sicher a, b, d, e, f, g zu einer Gattung, die schon unter unseren früheren Funden durch die beiden Kannen aus Grab 84 (Abb. 200 und 201) und eine Scherbe aus Grab 17 vertreten war. Bei ihrer Besprechung auf S. 178 hatte ich bereits die Vermutung ausgesprochen, daß sie kretischen Ursprunges sein könnten. Watzinger, dem der Vergleich sicher kretischer Gefäße möglich war, und einige Notizen Zahns aus dem Museum des Syllogos in Heraklion, die mir freundlichst zur Verfügung gestellt wurden, bestätigen das. Wir haben es also hier mit importierter kretischer Ware zu thun, die sich den auf S. 177 angeführten sicher kretischen Amphoren anschließt, mit denen sie auch die Beschränkung des Ornamentes auf umlaufende Streifen und Kreise teilt.

Interessant ist nun, daß nach den Beobachtungen Watzingers das Material und die Feinheit der Ausführung bei den übrigen auf der Abbildung zusammengestellten so weit von den sicher kretischen differiert, daß sie als Nachahmungen derselben zu betrachten sind. Dann liegt es natürlich am nächsten, sie für einheimische theräische Nachahmungen zu halten. Dem scheint zu widersprechen, daß der Thon nicht der theräische grobe rote, sondern ein feiner gelblicher ist. Dieser scheinbare Widerspruch löst sich durch Watzingers Annahme, die ich für richtig halte, daß die theräischen Töpfer, um möglichst das Aussehen der Originale zu erreichen, aus feinem hellen Thon, den sie sonst nur für den Ueberzug verwendeten, die ganzen kleinen Gefäße geformt hätten. Es wäre also ein Fortschritt der Technik, den wir hier in der Spätzeit — der Grabfund gehört, wie sich zeigen wird, dem VII. Jahrhundert an — finden. In der That sind ein paar nach dem Ornament ganz sicher theräische Gefäße, z. B. die beiden „Räuchergefäße", auch nicht aus rotem Thon mit hellem Ueberzug, sondern vollständig aus hellem Thon geformt. Es leuchtet ein, daß wir nach dieser Beobachtung den Kreis der theräischen Vasen etwas weiter ziehen müssen, als ich es früher in dem Streben, zunächst nur das ganz Sichere zusammenzufassen, gethan habe. Zu der hier behandelten Gruppe von Nach-ahmungen kretischer Ware gehören zweifellos die drei Kännchen Abb. 79 S. 30 und Abb. 243 S. 71. Aber beispielsweise auch die kleinen Deckel Abb. 255 können theräisch sein, und vor allem wird auch ein Teil der kleinen hellthonigen Dutzendware, wie sie neben der proto-korinthischen im Massenfunde (S. 20 No. 7—10. 12 ff.) und unter den Einzelfunden vorkommt (vergl. S. 71 f. No. 14—18, 22—24), theräisches Fabrikat sein, und die theräische Fabrik, welche bis dahin fast nur größere Gefäße umfaßte, erhält dadurch auch kleine Gefäße zugewiesen.

Ich folge im weiteren Watzingers Scheidung echter und imitierter kretischer Ware, da nur der Augenschein eine solche zuläßt.

23) Kugelförmige kretische Kanne mit kurzem Hals und trichterförmiger Mündung. Abb. 499a. Höhe 0.09^m. Dünnwandig, aus feinem gelblichrotem Thon mit geschlemmtem gelblichem Ueberzug. Firnis bräunlich-lila. Auf der Schulter drei dreifache Kreise, am Bauch umlaufende Bänder und Linien.

24) Bruchstück einer gleichen, von dem ich leider keine Abbildung vorlegen kann. Um den Bauch waren Linien gezogen, die Schulter war durch je zwei senkrechte Linien in

Felder eingeteilt, die mit kleinen Figuren gefüllt waren. In einem Feld ist noch der Kopf eines Kriegers mit großem Helm erhalten.

Abb. 499a—p. Kannen aus dem von A. Schiff geöffneten Grabe (No. 23—38).

25) Kännchen mit Kleeblattmündung, Abb. 499 b. Höhe 0.08 m. Der Körper eiförmig mit niedrigem Fuß. Technik wie bei a. Auf der Schulter drei Doppelkreise.

26) Kännchen, Abb. 499 c. Höhe 0.095 m. Ganz ähnliche Dekoration. Nach Watzinger theräische Nachahmung.

27) Elegantes Kännchen mit Fuß, Abb. 499 d [28]). Höhe 0.095 m. Technik wie bei a. An den Seiten die schon in der mykenischen Vasenmalerei bei ähnlichen Kannen üblichen Holzringe [29]. Vorn eine Reihe untereinander gestellter kleiner Ringe gleichsam vom Halse herabhangend. Auch dies Motiv ist schon mykenisch, wie überhaupt nicht nur dieses Gefäß, sondern die ganze Gattung merkwürdig viel mykenisches Gut bewahrt hat. Sie stehen in Form und Dekoration mykenischen ähnlich nahe, wie die cyprisch-geometrischen Vasen, die als ihre nächsten Verwandten anzusehen sind. Mit letzteren hat unser Kännchen die Bildung des Halses gemein, der an der Stelle des Henkelansatzes mit einer plastischen umlaufenden Rippe versehen ist, ein Motiv, das sich schon in der ältesten cyprischen Keramik findet, bei der die Entstehung der Henkel aus umgeschlungenen und durchgezogenen Schnüren überhaupt besonders deutlich ist. Das Motiv hat die mykenische Zeit überdauert. Im VII.—VI. Jahrhundert begegnet es dann auch in Samos, bei den Henkelkannen, welche von Böhlau richtig als die Vorläufer der attischen Lekythos beurteilt sind [27]). Das Gefäß giebt wieder einen Beitrag zu der oben S. 175 schon hervorgehobenen nahen Verwandtschaft des cyprisch-geometrischen und kretisch-geometrischen Stiles, die in erster Linie auf dem gemeinsamen Verhältnis zur mykenischen Keramik beruht.

28) Kännchen, Abb. 499 e. Höhe 0.07 m. Technik und Form ähnlich a. Etwas weniger fein. Umlaufende Linien, auf der Schulter nachlässig über die Linien weggemalt drei flüchtig gezeichnete Vögel. Auch für die Zeichenweise dieser Vögel, die von der sonst auf geometrischen Vasen üblichen weit entfernt ist, bieten spätmykenische Vasen einerseits, cyprisch-geometrische andererseits die nächsten Analogien (vergl. oben S. 175).

29) Kännchen in Form einer Pilgerflasche, Abb. 499 f. Der Körper scharfkantig modelliert, scheibenförmig, die beiden Seiten verschieden stark gewölbt. Hellgelblicher Thon, lilabrauner Firnis. Dekoration — gittergefüllte Rauten an den Schmalseiten, konzentrische Ringe und vier mit den innersten Ringen einen Stern bildende Linien — ist aus der Abbildung zu erkennen.

30) Kegelförmiges Kännchen, Abb. 499 g. Technik wie bei a. Auf der Basis eine schöne Blattrosette. Ueber dieser sitzt der Hals, der durch einen kleinen senkrechten Henkel mit der Seite des Kegels verbunden ist. Sehr fein und zierlich.

31) Kännchen, Abb. 499 h. Höhe 0.055 m. Technik wie bei c, also theräische Nachahmung. Dekoration: konzentrische Kreise und umlaufende Streifen.

32) Kännchen, Abb. 499 i. Höhe 0,055 m. Der Henkel fehlt. Dekoration: umlaufende Linien, ein gittergefülltes Dreieck auf der Schulter. Theräische Nachahmung.

33) Kännchen, Abb. 499 k. Höhe 0.07 m. Dekoration: Mündung und unterer Teil gefirnißt. Schulter durch drei umlaufende Linien abgeschlossen. Im Felde der Schulter Dreieckornament, durch eine doppelte Zickzacklinie mit dem Halse verbunden, jederseits davon eine kleine Punktrosette. Zum Ornament vergl. No. 38. Theräische Nachahmung.

34) Kännchen, Abb. 499 l. Höhe 0.075. Dekorationsverteilung wie bei k, auf der Schulter große, bis an den Halsansatz reichende gittergefüllte Dreiecke. Theräische Nachahmung. Zu 34—37 vergl. Abb. 79 S. 40, Abb. 243 S. 71.

[28]) Ein sehr ähnliches Gefäß gleicher Gattung aus Knossos bildet Wide Arch. Jahrb. XIV 42 Fig. 31 ab.
[29]) z. B. Furtwängler-Loeschcke Myken. Vasen Taf. 14, 92. Taf. 20, 145. 149.
[27]) Ob wir es bei dieser in südjonischem Kunstkreise auftretenden Form mit einer ursprünglich orientalischen zu thun haben? In Aegypten finden sich in Funden des neuen Reiches, zusammen mit cyprischen Kännchen, schlanke Henkelflaschen und Kannen, die nicht nur in der allgemeinen Form Aehnlichkeit haben, sondern auch wieder den Wulst am Henkelansatz zeigen. Sie sind in Aegypten offenbar Import. Vergl. über die Gattung v. Bissing Arch. Jahrb. XIII 48 ff. 54 ff.

35) Kännchen, Abb. 499 m. Höhe 0.065 m. Dekorationsverteilung und Dekoration wie bei l. Theräische Nachahmung.

36) Kännchen, Abb. 499 n. Höhe 0.065 m. Dekoration und Technik wie bei l. u. m. Theräische Nachahmung.

37) Kännchen, Abb. 499 o. Mit etwas weiterem, weniger scharf abgesetztem Rand ohne Lippe. Höhe 0.05 m. Technik und Dekoration wie bei den vorigen. Theräische Nachahmung.

38) Kännchen, Abb. 499 p. Höhe 0.045. Dekorationsverteilung wie bei den vorigen. Dekoration der Schulter: in der Mitte gittergefülltes Dreieck, auf dessen Spitze zwei nebeneinander gesetzte Rechtecke mit Diagonalenteilung stehen. Rechts und links davon eine senkrechte doppelte Zickzacklinie, an deren Knickpunkte Häkchen angesetzt sind. Zum Ornament ist die theräische Amphora 25 (S. 140 Abb. 331) und die Scherbe 26 (S. 141 Abb. 332) zu vergleichen, also zwei spättheräische Stücke. Diese Gleichheit in der keineswegs unauffälligen Dekoration dürfte besonders für theräischen Ursprung dieser Kännchen sprechen.

39) Kännchen gleicher Form. Höhe 0.06 m. Dekorationsverteilung wie sonst. Vom Halsansatz hängen Hakenspiralen in das Schulterfeld hinein. Wahrscheinlich auch zu den theräischen Imitationen gehörig.

40) Kännchen, Form etwa wie Abb. 499 o. Henkel und Hals fehlen, das Ganze ist stark verrieben. Dekorationsverteilung wie gewöhnlich. Im Schulterfeld eine liegende doppelte Zickzacklinie. Von Watzinger ebenfalls den theräischen Nachahmungen zugezählt.

41) Kännchen, Form wie Abb. 499 e. Henkel und Hals fehlen. Stark verrieben. Auf der Schulter gittergefüllte Dreiecke.

42) Kännchen. Hals und Henkel fehlen. Vom Halse hängen eine Reihe kurzer Striche wie Fransen in das Schulterfeld hinein. Das Stück erscheint in Schiffs Inventar unter den eben behandelten Kännchen. Es könnte aber vielleicht auch identisch sein mit einer von Watzinger erwähnten protokorinthischen Lekythos mit Staborament auf der Schulter, die unter 65 aufgeführt ist.

Ein besonders interessantes Ergebnis von Schiffs Grabung ist, daß neben dieser der Cyprische
Vasen cyprisch-geometrischen Gattung nahe verwandten kretischen nun auch — zum ersten Male außerhalb Cyperns, soweit mir bekannt — cyprisch-geometrische Vasen auftreten. Es sind nur zwei Scherben, aber ihr Auftreten giebt trotzdem einen interessanten Beleg für die Beziehungen Kretas, Cyperns und Theras in dieser Zeit.

43) Hals und Mündung einer cyprischen Kanne oder eines Amphoriskos Abb. 500. Die charakteristische elegante Form der Mündung und der etwa in der Mitte den Hals umziehenden plastischen Rippe sind ebenso cyprisch wie der harte rote Thon mit den schwarzen Streifen, die um Mündung, Hals und Rippe gezogen sind.

Abb. 500.
Cyprische
Scherbe.

44) Schulter, Hals und Henkel einer Kanne ähnlicher Form. Hier ist der Thon gelblich mit rotem, leicht abzureibendem Ueberzug. Auf der Schulter schwarze konzentrische Ringe, um den Bauch umlaufend schwarze Streifen. Watzinger hält es für möglich, daß das Stück eine Nachahmung cyprischer Ware sei, bei der in ziemlich unsolider Weise die schön rote Oberfläche echt cyprischer Ware nachgemacht wäre. —

45) Bruchstück einer Flasche in Form eines Ringes von rechteckigem Querschnitt, Rote Vasen
mit
aufgesetztem
Weiß scharfkantig geformt. Bandförmiger Henkel. Abgebildet Abb. 501 nach rekonstruierender Zeichnung Gilliérons. Hartgebrannter, blätternder, rotgelber Thon, mit braunrotem Firnis überzogen, auf den die Ornamente, wie die Zeichnung zeigt, mit weißer Farbe aufgesetzt sind.

46) Bruchstück eines cylindrischen Gefäßhalses von 0,02 m oberem Durchmesser. Erhaltene Länge 0,07 m. Thon wie beim vorigen. Firnis lebhafter rot. Die mit weißer Farbe aufgesetzten Ornamente sind mit dem Firnisgrund abgesprungen. Es waren anscheinend zwei Reihen Doppelkreise, getrennt durch je vier Linien.

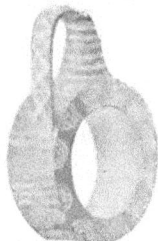

Abb. 501. Ringförmige Kanne 45.   Abb. 502. Kännchen 48.   Abb. 503. Kännchen 49.

47) Bruchstück eines Gefäßes unbekannter Form, wahrscheinlich einer Kanne. Thon und Firnis wie bei den vorigen. Am Bauch waren große weiße Kreise nebeneinander aufgemalt. Die Gattung dieser Vasen ist mir unbekannt. Eine gewisse Verwandtschaft im Ornament mit den kretischen, vor allem aber auch mit der folgenden Vasengruppe ist unverkennbar. Die Kombination von konzentrischen Kreisen mit Wellenlinien ist besonders charakteristisch. Jedenfalls gehört die Gattung in dieselbe Gruppe geometrischer Stile, wie diese beiden. Die Verwendung von aufgesetztem Weiß teilt sie mit dem kretisch-geometrischen Stil. Zu der Gattung gehört von den früheren Funden die Scherbe Abb. 105 S. 24 aus Grab 17, vergl. S. 180.

Halbthonige Kännchen   Auf S. 179 habe ich bereits eine Gruppe von Kännchen feinster Technik behandelt, und dabei schon der in diesem Grab gefundenen Erwähnung gethan. Es sind folgende Stücke:

48) Kännchen, Abb. 502. Aus feinstem gelblichem Thon sehr leicht gearbeitet. Ganz glatte Oberfläche. Von der jetzt fast verblaßten Dekoration giebt die Zeichnung Gilliérons, nach der die Abb. 502 hergestellt ist, einen Begriff.

49) Kännchen gleicher Form Abb. 503. Höhe 0,065 m. Auch die Ornamente waren ganz gleichartig, wie selbst die Autotypie noch erkennen läßt.

50) Gleiches Kännchen, etwas weniger fein im Thon. Höhe 0,07 m. Der Henkel abgebrochen. Dekoration ganz verblaßt.

51) Gleiches Kännchen. Höhe 0,075 m. Von der Dekoration sind nur noch Reste schwarzen Firnisses erhalten.

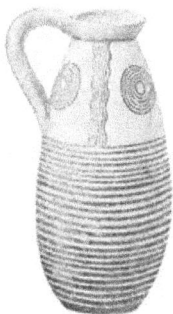

Abb. 504. Kännchen 52.   Abb. 505. Pilgerflasche 53.

52) Schlauchförmiges Kännchen. Thon und Technik wie bei den vorigen. Abb. 504 nach Zeichnung Gilliérons, zeigt die ursprünglich vorhandene Ornamentik.

53) Pilgerflasche, fragmentiert, Abb. 505. Nach Thon und Technik hierher gehörig. Von der Dekoration haben sich nur noch Reste konzentrischer Ringe erhalten. Höhe 0.13 m.

Alle diese Gefäße sind mit äußerster Sorgfalt gearbeitet. Watzinger spricht die Vermutung aus, daß die konzentrischen Kreise nicht mit dem Pinsel aufgemalt, sondern mit einem Stempel aufgesetzt seien. Es schien ihm dafür zu sprechen, daß die Farbe so matt und und dünn aufgesetzt und so gleichmäßig verblaßt ist. Gut erhaltene Exemplare der Gattung, die sich im Akademischen Kunstmuseum in Bonn befinden, schienen mir nichts zu bieten, was diese Vermutung beweisen könnte.

Daß diese Kännchen wohl zu der östlichen geometrischen Stilgruppe gehören, zeigen Formen und Ornamente. Die senkrechten Wellenlinien mit der Schnecke an der unteren Endigung haben wieder ihre Parallele in der cyprisch-geometrischen Keramik. Von den beiden erwähnten Beispielen der Gattung in Bonn stammt das eine, ein Kännchen, wie die unserigen, nur kleiner, aus Melos. Noch interessanter ist das zweite, das die Form eines Vogels in primitiver Weise wiedergiebt. Auch dieses ist in Griechenland erworben. Bei beiden kommt in der Dekoration die Schnecke vor. Vielleicht darf man auch in der Verwendung der Tierform für Gefäße einen Hinweis auf die östliche Heimat der Gattung sehen.

Zu den auf S. 106 charakterisierten hellthonigen Kännchen gehören:

54—57) Kegelförmige Kännchen aus hellem Thon. Für die Form vergl. Abb. 389. Die in diesem Grab gefundenen sind etwas größer, etwa 0.07 m hoch. Noch größere aus Eleusis, Aigina etc. sind schon erwähnt. Die theräischen Exemplare sind alle undekoriert, während anderwärts auch solche mit eingeritzten und eingepreßten Ornamenten vorkommen. Die Zugehörigkeit zum protokorinthischen Kreise im weiteren Sinne, für den namentlich auch das Verbreitungsgebiet spricht, ist dort auch schon ausgesprochen.

Weiter gehört zu dieser Gattung wohl:

58) Näpfchen ohne Fuß mit breitem, horizontal stehendem Rand, Abb. 506. Es scheinen innen zwei kleine Henkel an die Wandung angeklebt gewesen zu sein, die jetzt fehlen. Feiner gelbbrauner Thon.

Abb. 506.
Näpfchen
No. 58.

Nicht genauer urteilen kann ich über die folgenden Nummern, die alle den hellen feinen, dem protokorinthischen ähnlichen Thon haben.

59) Fragment eines bauchigen Kännchens. Aus sechs Stücken zusammengesetzt. Sehr feiner gelbbrauner Thon.

60) Fragment eines größeren bauchigen Kännchens. Aus neun Stücken zusammengesetzt. Thon wie beim vorigen.

61) Napf, aus zwei Stücken zusammengesetzt. Thon wie beim vorigen.

Verhältnismäßig wenig zahlreich waren die sicher protokorinthischen Gefäße in dem Grabe. Die das Grab ausstatteten, hatten offenbar mehr Freude an der mit der protokorinthischen in Thera konkurrierenden kretischen Ware. Bemerkenswert ist, daß die ganz späte protokorinthische Schleuderware noch ganz fehlt. Das Grab ist älter, als dieser Verfall des protokorinthischen Stiles.

Voranstehen mag, als das schönste Stück dieser Gruppe:

62) Protokorinthischer Skyphos. Abgebildet und beschrieben S. 191 Abb. 383. Bruchstücke eines gleichen aus feinstem gelbem Thon mit rotem Firnis. Ich glaube, das Gefäß oben richtig einigen weiteren in Thera gefundenen frühprotokorinthischen Stücken angegliedert zu haben, denen sich eine genügend große Zahl an anderen Orten gefundener rein geometrisch dekorierter anreiht.

40*

63) Protokorinthischer Skyphos mit horizontal stehenden Henkeln, also von der gewöhnlichsten Form. Grünlich-gelber Thon mit Resten schwarzen Firnisüberzuges. Sehr dünn und fein.

64) Unterer Teil einer Pyxis, Abb. 507. Gelblicher, dem protokorinthischen ähnlicher Thon. Mit rotem Firnis sind umlaufende Streifen und Punktreihen aufgemalt.

65) Kleine protokorinthische Lekythos. Auf der Schulter Staborament. Vielleicht identisch mit 42.

Abb. 507. Protokorinthische Pyxis 64.   Abb. 508. Protokorinthischer Skyphos 66.

66) Skyphos, Abb. 508. Durchm. 0.10 m. Mit kleinem Rand. Feiner rötlicher Thon. Innen rot, außen schwarz gefirnißt. Auf den Firnis sind weiße umlaufende Linien und zwischen den Henkeln ein aus vier mit den Spitzen gegeneinander gestellten Dreiecken gebildeter Stern gemalt. — Bruchstücke eines zweiten gleichen fanden sich ebenfalls.

Diese vollständig mit schwarzem Firnis überzogenen Gefäße, auf die mit Deckfarbe umlaufende Linien und ganz einfache Ornamente gemalt sind, finden sich auch sonst. Sie gehören offenbar schon der älteren protokorinthischen Gruppe an, wie ihr Vorkommen mit Dipylongeschirr zusammen beweist[m]). Die korinthische Fabrik hat ihre Technik aber dann übernommen und weitergeführt (vergl. oben S. 221).

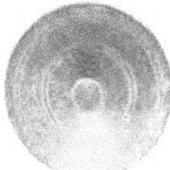  

a   b   c

Abb. 509a–c. Deckel 68, 69, 70.

Korinthisches   Die korinthische Fabrik ist nur durch eine Scherbe vertreten:

67) Bruchstück eines Aryballos. Flüchtige Malerei, Vögel und Rosetten.

Unbestimm-
bares   Es sind hier schließlich noch eine Anzahl von Gefäßen anzuschließen, deren Fabrik unbestimmt bleibt.

68) Deckel einer Pyxis, Abb. 509a. Durchm. 0.09 m. Rot gefirnißt. Dekoration besteht aus aufgesetzten weißen Streifen. In seiner Technik erinnert dieser Deckel also an die unter No. 45, 46, 47 zusammengestellten Gefäße.

---

[m]) Ἐφ. ἀρχ. 1898 Taf. 2 No. 3. 4.

69) Deckel mit Knopf aus hellgelblichem Thon. Abb. 509 b. Schwarzbrauner Firnis Durchm. 0.065 m.

70) Deckel, stark gewölbt, Abb. 509 c. Der Knopf besteht aus einem Vogel. Umlaufende Linien und tangentenverbundene Punkte. Durchm. 0.06 m.

71) Fragmentierter Deckel. Durchm. ca. 0.125 m. Streifen und Ringe.

69. 70. 71 könnten nach ihrem Thon protokorinthisch sein, sind aber wohl eher, wie die kleinen Schüsseln 11 ff., als feineres theräisches Fabrikat zu betrachten. Dabei bleibt zu beachten, daß die tangentenverbundenen Punkte nicht zu den gewöhnlichen theräischen Ornamenten zählen, sich aber immerhin einigemal auf späteren Erzeugnissen theräischer Werkstätten finden (vergl. S. 157). Im Dipylonstil ist das Ornament häufig. Ebendort sind auch die figürlichen Deckelknöpfe beliebt, die bisher aus Thera fehlten.

Abb. 510. Skyphos 72.　　　Abb. 511. Kännchen 73.

72) Skyphos mit horizontal gestellten Henkeln und ausladendem Rande. Die Form eleganter, als sonst bei den Skyphoi der geometrischen Stile. Abb. 510. Durchm. 0.11 m. Sehr dünnwandig, aus feinem gelblichrotem Thon geformt und mit rotem Firnis reich bemalt. Innen und außen dekoriert. Innen eine Reihe von gittergefüllten Dreiecken, am Rande Zickzacklinie. Außen Zickzacklinien, Punktreihen, Reihen von Vögeln, unter deren Schnabel, wohl mißverständlich für den sonst im Schnabel gehaltenen Wurm, eine schräge Punktreihe. Am Henkel Querstriche. — Bruchstück eines ganz entsprechenden.

Das Gefäß ist sicher nicht theräisch; die Bildung der Vögel hat ihre nächste Analogie auf Dipylonvasen, denen das Gefäß auch sonst in der Ornamentik nahe steht, während die Form von der üblichen des Dipylonnapfes abweicht.

73) Kleines Kännchen mit Kleeblattmündung, Abb. 511. Höhe 0.07 m. Rotbrauner Thon ohne Ueberzug, brauner, metallisch glänzender Firnis. Streifen und Punktreihen um Hals und Schulter. Durch senkrechte Linien und schräge Striche sind zwei Metopen begrenzt, in deren jeder ein Vogel in voller Silhouette gemalt ist.

74) Einhenkeliges Kännchen mit weitem, nicht scharf gegen die Schulter abgesetztem Halse, Abb. 512. Höhe 0.07 m. Technik wie bei den vorigen. Am Halse Linien, ein Punktstreifen und ein ausgespartes Feld mit Strichelung.

Abb. 512. Kännchen 74.

Watzinger denkt bei 73 und 74 an schlechte Dipylonware. Ich bin gegen das Vorkommen von attisch-geometrischen Gefäßen auf Thera immer noch skeptisch, solange nicht wirklich entscheidende Stücke vorliegen. Die Zeichnung des Vogels erinnert mich an die der Amphora aus Grab 64, die auf S. 183 besprochen ist und einer noch heimatlosen Fabrik angehört.

75) Einhenkeliger Krug, Abb. 513. Höhe 0.08 m. Schlecht erhalten. Umlaufende Linien. Am Bauch ein Streifen durch senkrechte Linien in Metopen geteilt. Ueber die Fabrik vermag ich Näheres nicht auszusagen.

76) Amphoriskos, Abb. 514. Höhe 0.06 m. Verziert mit umlaufenden Linien und Punktreihen. Das Gefäß erinnert auch in Dekoration und Zeichenweise an das Kännchen Abb. 413 S. 205, das ich dort vermutungsweise der Fabrik der „böotischen" Vasen zugeteilt habe.

Böotischen Ursprung vermutet Watzinger für:

77) Bruchstück eines größeren Gefäßes. Gelblichroter Thon, brauner Firnis. Oben falsche Spirale, unten Wellenlinienstreif, in der Mitte eine Rosette.

Abb. 513. Krug No. 75   Abb. 514. Amphoriskos 76.

Gefäße aus grauem Thon

Auch zu den Gefäßen aus grauem Thon, von denen S. 230 gehandelt ist, haben sich ein paar weitere hinzugefunden. Zu den kleinen Tassen aus hellgrauem Thon mit dunkelgrauem Ueberzug, wie Abb. 265 (S. 74) tritt

78) ein gleiches. Höhe 0.03 m. Der Henkel fehlt.

Interessanter ist:

79) Kleine Kanne mit Kleeblattmündung, Abb. 515 a, b. Höhe 0.08 m. Der Körper ist, wie die Abb. 515 b zeigt, welche gemacht ist, ehe der Hals dazu gefunden wurde, eiförmig, an der einen Seite spitz, an der anderen gerundet. Ein Fuß fehlt. Das Gefäß besteht aus grauem Thon mit dunkelgrauem geglättetem Ueberzug. Die Drehringe sind deutlich. Das Gefäß scheint danach technisch zu der großen Amphora aus Grab 5 zu gehören (vergl. S. 230).

80) Hals, Henkel und Schulterbruchstück eines ähnlichen Gefäßes. Grauer hartgebrannter Thon. Abb. 516. Aehnliches kommt auch in Cypern vor, so daß das Gefäß vielleicht dem cyprischen Import zuzuzählen ist. Auch die Form ist die cyprische.

Abb. 515 a, b. Kanne 79.   Abb. 516. Bruchstück 80.

81. 82) Zwei kleine henkellose Schüsselchen. Graubrauner Thon mit dunkelgrauem geglättetem Ueberzug. Höhe 0.06 und 0.05 m.

Undekorierte Gefäße

Endlich fand sich noch eine Menge gröberer undekorierter Gefäße, auch dies fast nur kleine Väschen.

83) Kochtopf wie die S. 231 behandelten, Abb. 428 abgebildeten. Höhe 0.135 m. Stark beschädigt. Geschwärzt durch Gebrauch. — Reste eines zweiten größeren.

84) Kleines Topfchen aus gleichem Thon, Abb. 517. Höhe 0.065 m. Ebenfalls mit Brandspuren.

85) Gleiche Form. Höhe 0.065 m. Reste von schwarzem Firnisüberzug.

Eine Anzahl Tassen aus theräischem Thon wie die S. 151 besprochenen zeigen stets die gleiche Grundform, die aus den Abb. 518a, b gegebenen Beispielen besser hervorgeht als aus den oben in sehr kleinem Maßstabe gegebenen. Alle haben einen Ueberzug von dunklem Firnis.

Abb. 517. Topf 84.

Abb. 518a, b. Tassen 91 und 92.

86) Höhe 0.08 m. Hohe Form mit schmalem Rand.

87) Höhe 0.065 m. Flachere Form.

88) Höhe 0.005 m. Noch flacher. Der Henkel bandförmig.

89) Höhe 0.06 m. Fragmentiert.

90) Höhe 0.055 m. Fragmentiert, plumpes Stück.

91) Abb. 518 a. Höhe 0.055 m. Gut profiliert. Unter dem Rande eine leicht vertiefte Rille.

92) Abb. 518 b. Höhe 0.05 m.

93) Höhe 0.05 m. Rand fast senkrecht stehend, mit zwei Firnisstreifen versehen zwischen denen ein thongrundiger.

94) Höhe 0.04 m. Aehnlich, nur flacher.

95) Schwarzgefirnißter Napf. Fragmentiert.

Daß diese Täßchen ebenso wie die Kochtöpfe und groben Krüge theräisches Fabrikat seien, ist schon oben S. 151 vermutet. Dasselbe darf wohl auch für die folgenden vorausgesetzt werden.

96) Tasse, Abb. 519. Der Henkel abgebrochen. Grober Thon. Einfache geometrische Bemalung mit braunrotem Firnis.

97) Tasse, Abb. 520. Der Henkel abgebrochen. Gelbroter Thon. Braunrot gefirnißt. Auf dem oberen Rande Gruppen radial gestellter Striche.

Abb. 519. Tasse 96.

Abb. 520. Tasse 97.

98) Kännchen bauchiger Form. Der kurze Hals und der Henkel fragmentiert. Rötlicher Thon, sehr dickwandig. Ohne Firnisüberzug.

99) Kännchen mit weitem Hals, ohne Lippe. Höhe 0.065 m. Henkel abgebrochen. Mit Firnisüberzug.

100) Napf aus braunem Thon. Plump, dickwandig, ohne Henkel. Höhe 0.04 m. Durchm. 0.085 m.

101) Flache Schüssel. Dickwandig. Durchm. 0.12 m. Höhe 0.035 m. Am Rande zwei Bohrlöcher. Außen schwarzgefirnißt bis auf ein paar umlaufende ausgesparte Linien.

102) Zweihenkelige Schale mit horizontal stehenden Henkeln, schwarzbrauner Firnis. Fragmentiert. Höhe 0.12 m. Durchm. 0.065 m.

103) Zweihenkelige Schale mit horizontalen Henkeln. Sehr dünnwandig aus gelblichbraunem Thon geformt. Durchm. 0.125 m. Höhe 0.07 m. Reste von schwarzem Firnis.

104) Flache Schale, unvollständig, wahrscheinlich zweihenkelig. Dickwandig. Am Rande an beiden Seiten des erhaltenen Henkels zwei ornamentale Buckel, also die verkümmerte Form des Schnurhenkels, wie z. B. Abb. 376 und 377 (S. 184) sie zeigen.

105) Einhenkelige Schale, unvollständig. Durchm. 0.095 m. Innen und außen schwarz gefirnißt. Dekoriert war nur der Henkel und die horizontale Oberfläche des Randes durch kurze Striche.

Außer den genannten 105 Gefäßen sind Scherben einer großen Anzahl weiterer Gefäße, nach Schiffs Schätzung von etwa 30—40, vorhanden. Das Grab ist also auch ganz abgesehen von den Metallfunden sehr viel reicher als irgend eines der bisher auf der Sellada geöffneten Gräber.

E. Verschiedenes.

1) Neun „phönikische" Perlen aus buntem Glas.

2) Eine Reihe größerer und kleinerer Nadeln aus Knochen, in der Form Abb. 490 b entsprechend.

3) Ein Spinnwirtel aus Thon, mit geometrisch eingeritzten Ornamenten. Abb. 521. Ein ganz ähnlicher war schon früher auf der Sellada aufgelesen worden (Abb. 277, S. 77).

4) Eine Anzahl Muscheln.

Zeit des Grabes Die Zeit des Grabes ergiebt sich ziemlich genau durch die Fundstücke selbst und den Vergleich der sonstigen Gräber von der Sellada. Die Skarabäen gehören der ägyptischen Spätzeit an; mehrere Beobachtungen scheinen sich dahin zu vereinigen, daß sie etwa aus dem VII. Jahrhundert stammen. Die Fibelformen zeigen neben älteren Typen solche, die dem VII. Jahrhundert angehören und auch noch bis ins VI. hinein vorkommen. Bei der Roheit der Steinskulpturen kann man eine genaue Datierung kaum wagen. Es darf aber festgestellt werden, daß die griechische Steinplastik im VII. Jahrhundert prinzipiell sich kaum über die Stufe der beiden Figuren hinaus entwickelt

Abb. 521. Spinnwirtel. hat, daß die Figuren Aeußerlichkeiten, wie die Haartracht, mit Statuen dieser Zeit gemein haben und daher auch dem VII. Jahrhundert angehören können. Auf der anderen Seite sind die Terrakotten nicht unerheblich altertümlicher als die des Massenfundes, welche der ersten Hälfte des VI. Jahrhunderts angehören (S. 219 f.). Die Grabinschrift endlich, deren Zugehörigkeit zu unserem Grab freilich nicht sicher erwiesen ist, zeigt die mittlere Stufe des theräischen Alphabetes, die ich S. 232 f. etwa dem VII. Jahrhundert zuzuweisen versucht habe. Alle diese Daten vereinigen sich also, um als Zeit des Grabes das VII. Jahrhundert wahrscheinlich zu machen. Und dies Resultat scheinen mir die Thongefäße vollauf zu bestätigen.

Zunächst mag als sicherer Terminus ante quem wieder der Massenfund, der mit seiner großen Zahl von Gefäßen ein gutes Vergleichsobjekt giebt, angeführt werden. Der Vergleich zeigt ohne weiteres, wie bei den Terrakotten, daß der Massenfund jünger als unser Grab ist, in dem die schlechte spätprotokorinthische Ware, die in dem Massenfunde so vorherrscht, ebenso fehlt, wie die sie so häufig begleitenden ionischen Terrakotten.

Andererseits fehlt im Massenfunde die charakteristische theräische Ware und die kretische, welche dem von Schiff gefundenen Grabe das Gepräge giebt.

Die charakteristische theräische Ware tritt auch in unserem Grabe schon stark zurück. Die sicher theräischen Stücke sind, wie z. B. das getüpfelte Ornament des Räuchergefäßes Abb. 493 zeigt, jung. Auch das blutenförmige Salbgefäß Abb. 496 macht doch einen entschieden jungen Eindruck unter den Erzeugnissen einer geometrisch dekorierenden Töpferei. Endlich zeigt die Beobachtung, daß die Theräer jetzt häufig den feinen gelben, früher nur für den Ueberzug der Vasen benutzten Thon zur Herstellung des ganzen Gefäßes nehmen, nicht nur eine Verfeinerung der ursprünglichen Technik, sondern diese Verfeinerung ist auch eine offenbare Folge der Einfuhr helithoniger Gefäße, die man nachzuahmen suchte. Während wir auf den bisher gefundenen theräischen Vasen nur den Einfluß auswärtiger Ornamentik, die aber offenbar nicht durch Thongefäße vermittelt wurde, feststellen konnten, sind jetzt Thongefäße die Vorbilder der theräischen Töpfer. Und diese Vorbilder sind auch aus Thera selbst im Originale erhalten. An erster Stelle stehen die kretischen Kännchen. Ich habe schon oben die Vermutung ausgesprochen, daß die kretischen Vasen, die in Thera gefunden sind, verhältnismäßig jung seien, etwa dem Ende des VIII. und dem VII. Jahrhundert angehören [29]). Und das scheint mir durch die Verhältnisse, die unser Grab aufweist, bestätigt. Wo auf den theräischen Nachahmungen dieser kretischen Vasen theräische Ornamente auftreten, wie bei Abb. 499k und p, da sind es auch wieder Ornamente, wie sie gerade auf spättheräischen Gefäßen sich finden [30]). Auch die importierten protokorinthischen Gefäße haben die theräischen Töpfer zu Versuchen der Nachahmung gereizt. Und endlich hat man in Thera vielleicht auch cyprische Ware, die importiert wurde, nachzuahmen versucht (vergl. No. 44).

Während so das feine theräische Fabrikat ein wesentlich anderes Gepräge zeigt als in anderen Gräbern, ist die grobe gewöhnliche Ware unverändert geblieben, ein natürlicher Vorgang, für den man Parallelen nicht erst anzuführen braucht. Die untheräische grauthonige Ware gehört nach den früheren Beobachtungen in Thera wohl auch erst dem VII. Jahrhundert an [31]).

Die protokorinthische Ware ist wenig zahlreich vertreten, so daß sie für die Datierung nicht viel ausgiebt. Das beste und einzig charakteristische Stück ist ein altes, das noch dem VIII. Jahrhundert angehören kann. Daneben steht aber gleich wieder eine korinthische Scherbe mit Figuren, die also sicher nicht älter als das VII. Jahrhundert ist, wohl erst seiner zweiten Hälfte angehören kann. Korinthische Ware fehlt sonst in den theräischen Gräbern. Sie kam bisher nur im Grab 17 vor, und dieses Grab 17 ist nun in der That auch dasjenige, welches nicht nur an Reichhaltigkeit seiner Thongefäße, sondern auch in der Zusammensetzung seines Inhaltes unserem Grabe am allernächsten kommt. Man darf wohl ohne weiteres sagen: diese beiden Gräber sind gleichzeitig.

Auch im Grab 17 tritt die theräische Ware stark zurück, und soweit es nicht Scherben sind, oder Näpfe, deren Dekoration sich nicht geändert hat, sind die Stücke spät (Abb. 76 grünlicher Thon; Abb. 90 mit Flechtband! Napf Abb. 87, wie im Massenfund). Daneben

---

[29]) Bis ins VII. Jahrhundert scheint auch die Nekropole von Kurtes auf Kreta zu reichen, die ähnliche Gefäße geometrischen Stiles mit starken mykenischen Reminiscenzen enthält. Vergl. Orsi Amer. Journal of Arch. 1898, 264 ff., 1902, 287 ff.

[30]) Vergl. vor allem die Amphora der Sammlung Nomikos No. 25. Dort findet sich auch die Form der Rosette, welche auf dem Gefäße Abb. 499g wiederkehrt.

[31]) Vergl. S. 230. Amphora aus Grab 5 hat die Metallhenkel, die im VII. Jahrhundert beliebt sind, Amphora aus Grab 27 eine theräische Inschrift der II. Alphabetstufe, die graue Scherbe eines Aryballos ist in Grab 17 gefunden, das dem VII. Jahrhundert angehört, die Täßchen fanden sich in Grab 49 mit einer theräischen Amphora späten Stiles.

erscheint, wie in unserem Grab, die kretische Ware und ihre Nachahmung (S. 33 No. 14, Abb 79 S. 30). Es erscheint die Gattung der feinen Kännchen mit den verblaßten Kreisornamenten (Abb. 85 und 86), protokorinthische und korinthische Ware; aber auch seltenere Gattungen, vor allem eine hellgraue Scherbe und eine Scherbe mit braunem Firnisüberzug und aufgesetztem Weiß (S. 34 Abb. 105 und 106), finden ihre Gegenstücke in unserem Grab.

Das Grab 17 ist nach den chronologischen Anhalten, die sein Inhalt bietet, dem VII. Jahrhundert zugewiesen. Derselben Zeit gehört nach allem auch das von Schiff aufgedeckte Grab an. Es ist also jünger als die meisten früher auf der Sellada gefundenen Gräber, und dadurch mag sich erklären, daß es in manchem eine Sonderstellung einnimmt. Vor allem mag sich so auch erklären, daß uns hier an Stelle der Verbrennung wieder die Bestattung begegnet.

Der Versuch, der auf S. 232 gemacht ist, die Chronologie der theräischen Funde zu bestimmen und die historischen Ergebnisse zusammenzufassen, scheint mir durch diesen neuen reichsten Grabfund im wesentlichen Bestätigungen zu erfahren. Es bestätigt sich, daß die Hauptentwickelung des theräischen geometrischen Stiles vor der zweiten Hälfte des VII. Jahrhunderts abgeschlossen ist. Wir sehen ferner, daß die Beziehungen zu Kreta noch viel intensivere waren, als es bisher die Grabfunde ergaben, ganz entsprechend den Beziehungen in Kultus, Staatswesen und Schrift, und daß diese Beziehungen wohl das ganze VII. Jahrhundert hindurch gedauert haben. Neu sind cyprische Gefäße auf Thera. Ob wir danach direkte Beziehungen zu Cypern annehmen dürfen, oder ob Kreta, dessen Keramik zur cyprischen manche Beziehungen zeigt [33], etwa den Vermittler gespielt hat, muß noch unentschieden bleiben.

Sicher jonischer Vasenimport fehlt auch in diesem Grabe noch. Unter den Fibeltypen ist bloß eine, Abb. 489 t, die ostgriechisch zu sein scheint.

Besonderes Interesse beanspruchen auch in diesem Zusammenhange die Skarabäen aus ägyptischem Porzellan. Auch aus ihrem Vorkommen wird es noch nicht ohne weiteres nötig sein, auf phönikischen Handelsverkehr zu schließen, wenngleich die Möglichkeit eines solchen nicht in Abrede gestellt werden soll. Aber die Skarabäen so gut wie die Glasperlen können gerade so gut durch ostgriechische, jonische Kaufleute nach Thera gebracht sein, welche gleichzeitig Handelsverkehr mit den griechischen Pflanzstädten im Delta unterhielten. Die Gefäßfunde, vor allem die Vorratsgefäße, zeigen so viel Uebereinstimmung mit den Amphorenfunden aus Unterägypten, daß einer derartigen Annahme nichts im Wege steht. Dinge, die von Phönikern selbst gebracht sein müßten, hat auch das neue Grab nicht ergeben.

---

[33]) Die Verwandtschaft zwischen cyprischen und kretischen Vasen betont auch Orsi *Amer. Journal of Arch.* 1898, 264 ff.

I. Sachregister.

II. Verzeichnis der benutzten Inschriften.

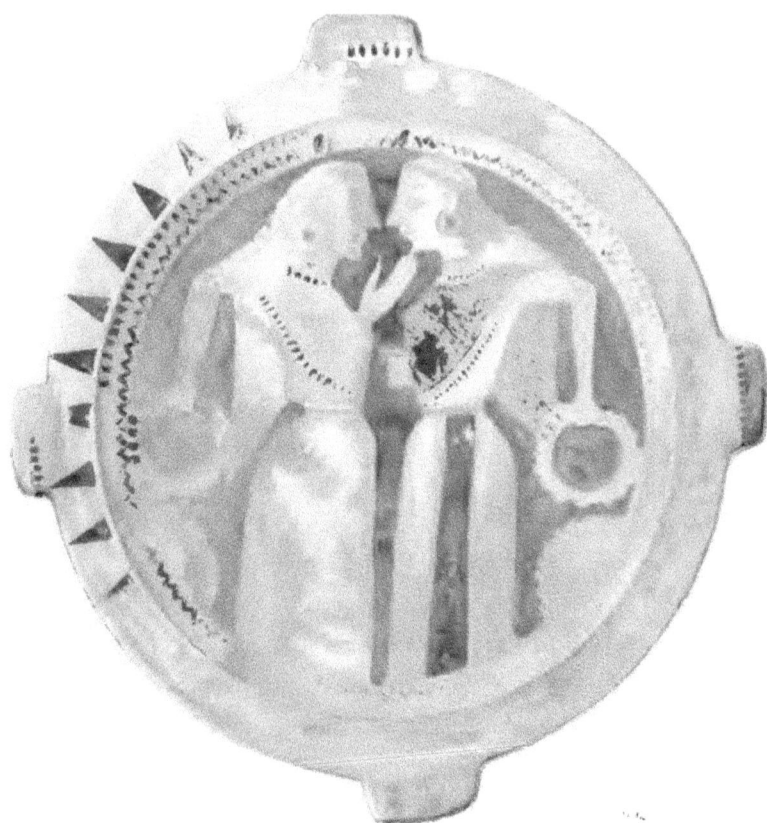

POLYCHROMER TELLER AUS THERA

THERA

OIA

Kameni

EMPORION

ELEUSIS

Eleusis

Perissa

DAS MEER

Cap Exomyti

www.ingramcontent.com/pod-product-compliance
Lightning Source LLC
Chambersburg PA
CBHW021403210326
41599CB00011B/994